JN182489

代数的組合せ論入門

坂内 英一・坂内 悦子・伊藤 達郎 著

共立出版株式会社

刊行にあたって

数学には，永い年月変わらない部分と，進歩と発展に伴って次々にその形を変化させていく部分とがある．これは，歴史と伝統に支えられている一方で現在も進化し続けている数学という学問の特質である．また，自然科学はもとより幅広い分野の基礎としての重要性を増していることは，現代における数学の特徴の一つである．

「21 世紀の数学」シリーズでは，新しいが変わらない数学の基礎を提供した．これに引き続き，今を活きている数学の諸相を本の形で世に出したい．「共立講座　現代の数学」から 30 年．21 世紀初頭の数学の姿を描くために，私達はこのシリーズを企画した．

これから順次出版されるものは，伝統に支えられた分野，新しい問題意識に支えられたテーマ，いずれにしても，現代の数学の潮流を表す題材であろう，と自負する．学部学生，大学院生はもとより，研究者を始めとする数学や数理科学に関わる多くの人々にとり，指針となれば幸いである．

編集委員

序

本書は題にある通り，代数的組合せ論への入門を目的にした本です．代数的組合せ論とは何かというはっきりした定義があるわけではありませんが，1984年に出版された Eiichi Bannai, Tatsuro Ito: *Algebraic Combinatorics I* では「群無しの群論」と標語的に述べて「組合せ論的対象の表現論の方向からの研究」，具体的には有限置換群の研究の発展として組合せ論の研究を進めて行くことを目指しました．本書においてもそこで示した方向性を念頭に置いています．それはまた，Philippe Delsarte が示した，アソシエーションスキームの枠組みの中でグラフ，符号，デザインなどを統一的に見て行こうという研究の方向でもあります．この考えに基づいて Delsarte の理論およびその様々な拡張，などをとりあげて解説しました．

上で述べた *Algebraic Combinatorics I* を書き上げた時点では，すぐにでも続けて *Algebraic Combinatorics II* を書き上げたいと思っていました．本当はそこで書き上げるべきだったとの後悔はありますが，種々の事情のため，書き上げることはできませんでした．筆者達の怠慢もなかったとは言いませんが，あえて弁解すればまだ素材が本にするのには発展が中途半端であると思われたこと，筆者達の興味がいろいろの方向に発展して，あまりにも取り扱いたい数学的対象が拡大してしまったこともあります．その中で，球面上の代数的組合せ論についてだけならば書けるし書くべきであると思い，坂内英一・坂内悦子で，『球面上の代数的組合せ理論』を 1999 年に日本語で発表しました．敢えて英語版は作りませんでした．その理由は，将来 *Algebraic Combinatorics II* をきちんとした形で書き上げたいので，その準備と考えていたからです．この『代数的組合せ論入門』でもう一つの準備として，アソシエーションスキームにおける Delsarte 理論を書きたいと思いました．それに加えて Terwilliger-Ito の Terwilliger 代数の研究を通じての P-かつ Q-多項式スキームの分類問題（*Algebraic Combinatorics I* の最重要課題）についても書き始めたいと思いました．そのような意味で，本書を書き上げることができて，これから本格的に *Algebraic Combinatorics II* にとりかかれると思えるようになったところです．いつのまにか筆者達も年をとってしまい，残された時間を勘定に入れながら，もう一仕事したいと思っています．

本書の内容は以下の通りです．第 1 章は古典的な組合せ論の本当の入門です．学部のレベルの組合せ論の講義で通常触れられる内容と思います．日本では組合せ論の学部での講義のあるところは少ないと思われるので，組合せ論に初めて出会う人を意識して基本的なあるいは知っていて欲しいと思われることがらを纏めました．講義にすると 1 学期分より少し多いくらいかと思います．第 2 章はアソシエーションスキームについての本当の入門です．*Algebraic Combinatorics I* とも（あるいは『球面上の代数的組合せ理論』とも）一部重複しますが，初めての人に予備知識なしで理解して貰おうと思って初めから書いています．第 3 章は，アソシエーションスキームの上での符号およびデザインの理論を扱う Delsarte 理論への入門です．取り扱い方は，Delsarte の原論文 (1973) にかなり忠実に沿った形で記述してあります．ここまでは学部生で十分理解可能と思います．第 4 章はその延長とも言える内容で，Delsarte の他のいくつかの論文の内容を紹介しようというのがその主旨でした．内容が前の章に比べて特に難しくなったというわけではありませんが，材料が上手く料理できたかどうか筆者自身としても少し気になるところは残っています．第 5 章は，アソシエーションスキームを離れて，球面上，あるいは他の空間の上での有限集合（代数的組合せ論）を取り扱います．球面上の場合は Delsarte-Goethals-Seidel (1977) がこの方向の研究の出発点であり，その理論の紹介が主な内容です．本章の内容は，当然『球面上の代数的組合せ理論』と重複しますが，基本的なこと以外は重複をさけて，その本を参照して貰うように書いてあるところもあります．さらに筆者達の最近の研究，最近興味を持っていることをサーベイ的に纏めてあるところもあります．敢えてこれらのことを入れたのは，アソシエーションスキームの上の代数的組合せ論と球面上の組合せ論がいかに同じような流れで研究が進んでいくか，そこに代数的組合せ論の本質があることを見せたかったわけです．

第 6 章はがらっと変わって，アソシエーションスキームに戻ります．*Algebraic Combinatorics I* で，あるいは第 5 章までのいくつかの章で見たようにボーズ・メスナー代数 (Bose-Mesner algebra) はアソシエーションスキームの研究において重要な役割を演じてきましたが，それをより深めた概念である Terwilliger 代数がいかにアソシエーションスキームの研究に重要な役割を果たしてきたか，またこれからも果たすであろうかについて，解説を加えます．この内容は，Ito-Terwilliger の長年にわたる研究の筆者伊藤自身による解説であり，非常にオリジナルな解説です．

第 6 章は，P-かつ Q-多項式スキームの分類問題を主題としており *Algebraic Combinatorics I* の第 3 章と重なる部分も多いのですが，そこで展開したボーズ・メスナー代数の表現論を Terwilliger 代数の主表現を用いて見直す立場をとっています．したがって「双対直交多項式系は Askey-Wilson 多項式である」という *Algebraic Combinatorics I* における Leonard の定理は，本書では Terwilliger による L 対 (Leonard pair) の分類定理に姿を変えます．その証明は道具立てが多くなって，*Algebraic Combinatorics I* の直接的証明よりも長くなるのですが，議論の筋道は見通しが良くなっていると思います．L 対とは Terwilliger 代数の主表現を拡張した概念であり，Terwilliger 代数の一般の既約表現からは TD 対 (Tridiagonal pair) という（L 対よりも広い）概念が派生します．実は TD 対の分類も「L 対のある種のテンソル積になる」という形で済んでいるのですが (まだ未発表の部分があります)，量子群 $U_q(\widehat{\mathfrak{sl}}_2)$ の表現論の準備が必要であったりしてあまりに長くなりすぎるので，本書ではとりあげないことにしました．興味のある方は原論文 ([249]) を読んでいただきたいと思います．そのために必要な TD 対の基本事項は本書では証明をつけて詳しく紹介しました．第 6 章 4 節の既知の P-かつ Q-多項式スキームの表には Hemmeter scheme, Ustimenko scheme および twisted Grassmann scheme が新たに加わりました．最後に P-かつ Q-多項式スキームの分類へ向けて現状と展望を筆者の主観を交えて述べました．

以上述べたように，第 6 章の内容はそれまでの第 5 章までと書き方が違いますが，それらの両方の流れをあわせたものとして，代数的組合せ論があるのだという筆者達の確信があります．その意味で，我々は自信を持って，本書をこの形に纏めました．

最後に個人的なことになりますが，本書を書くのに当たって多くの方に感謝したいと思います．実は最初に本書の話を貰ったのは 20 年近く前だったのではないかと思います．いつでも書けると思いながら，実際には延び延びになってしまい，出版社，編集者の方々（特に編集者の赤城圭さん）に大いに迷惑をおかけしてしまったことをまずお詫びしたいと思います．本当のところ，何年か前に書き上げることはできたし，書き上げなければいけなかったと改めて反省しています．言い訳になりますがその間に筆者達には多くの環境の変化が生じました．2008 年，2009 年に坂内悦子，坂内英一がそれぞれ九州大学を定年退職し，2011 年から坂内英一が上海交通大学に就職し，悦子とともに上海に住むようになりました．伊藤達郎は 2014 年に金沢大学を定年退職し中国の安徽大学に就職しました．それぞれ新しい環境のもとで代数的組合せ論を発展させようと頑張っています．中国での研究の機会を与えて下さった多くの方々，特に Zhexian Wan, Hao Shen, Yaokun Wu, Yangxian Wang, Suogang Gao, Michel Deza, Paul Terwilliger, Xiaodong Zhang, Yuehui Zhang, Yizheng Fan に感謝したいと思います．

この本を書き始めてから思っていたよりもずっと長い年月が流れてしまいました．その間に2011年に岩堀長慶先生が，2015年に伊藤昇先生が亡くなられてしまいました．完成した本を見ていただけなかったことが心残りに思われます．筆者達もどこまで歳を重ねて続けられるかはわかりませんができ得る限り数学の研究を続けたいと思っています．

最後に原稿を読んで種々のご意見を下さった方々，特に，野田隆三郎，原田昌晃，田上真，田中太初，三枝崎剛の諸氏に深く感謝したいと思います．また校正を手伝ってくださった編集者の大越隆道さんにも感謝します．

2016年4月

坂内英一

坂内悦子

伊藤達郎

目　次

1

古典的デザイン理論と古典的符号理論

代数的組合せ論の一つの出発点を与えたデザイン理論および符号理論について手短な解説を与えることが本章の目的である．本章の内容は非常に標準的であり，組合せ論に初めて触れる方を対象にしており，取り扱いについても特に目新しいことはない．筆者の一人が学部学生を対象に実際に行った半年間の講義「組合せ論入門」の内容に基づいている．すでにこれらのことを御存知の方はさっと読み通せると思う．

1. グラフ理論入門

デザインの話を始める前にまずグラフ理論について少し紹介しておく．

グラフ (graph)

グラフとは**頂点** (vertex) と呼ばれる集合 V と**辺** (edge) と呼ばれる集合 E の組 (V, E) のことを意味する．グラフの例を下に図示してみせたが平面図形としての形は問題ではなく，点がつながれているかどうかだけを気にする．頂点 $x \in V$ に対して x と x を結ぶ辺があるときに，グラフは**ループ** (loop) を持つという．2 本以上の辺で結ばれている頂点 $x, y \in V$ が存在するときにグラフは**多重辺** (multiple edge) を持つという．各辺に向きが定まっているようなグラフを**有向グラフ** (directed graph) という．

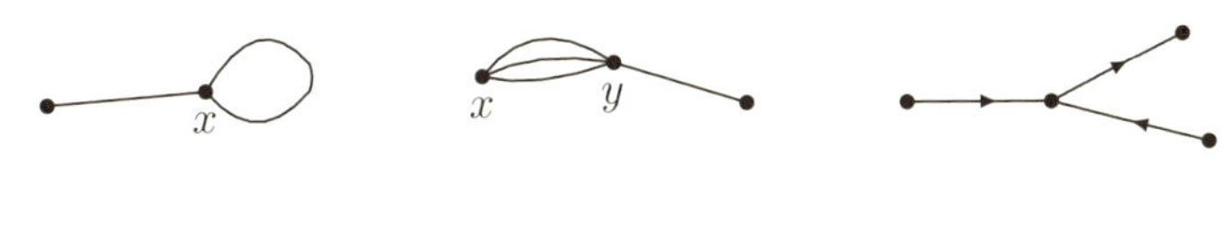

図 1.1　ループ　　**図 1.2**　多重辺　　**図 1.3**　有向グラフ

ループ，多重辺および向きのないグラフのことを**単純グラフ** (simple graph) という．以下では単純グラフを考える．グラフ $\Gamma = (V, E)$ において各頂点から出ている辺の個数が頂点によらず同じ値であるとき，グラフは**正則 (regular)** であるという．正則なグラフの各頂点から出る辺の個数は**次数 (degree)** と呼ばれる．次の図のグラフはいずれも六つの頂点からなる次数 3 の正則なグラフである．

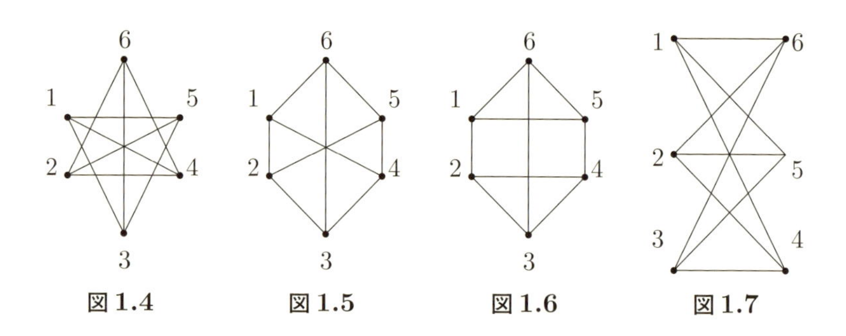

図 1.4　**図 1.5**　**図 1.6**　**図 1.7**

頂点を示す番号を振り替えることによって図 1.4 のグラフは図 1.6 のグラフと同じであり図 1.5 のグラフは図 1.7 のグラフと同じであることがわかる．

頂点の個数と次数を決めたときにそのような正則グラフが必ずあるとは限らない．例えば七つの頂点からなる次数 3 の正則グラフは存在しない．なぜならば各頂点から三本ずつ辺が出ているので $3 \cdot 7$ は辺の総数の 2 倍でなければならないが，それは不可能だからである．

どのような単純グラフが存在するのか？ どのような単純グラフが組合せ論的に面白いのか？ などを考えて分類を行ったりしたいのであるが，上の例で指摘したように見かけが異なるグラフでも実は変形させて行くと一致してしまうことがある．そこで，どのようなときに二つのグラフが同じであるとみなすかを，数学的に定義をする必要がある．ここまで少し曖昧にグラフを定義してきたのであるがここでもう少しきちんと定義を与える．グラフ (V, E) の二つの頂点 $x_1, x_2\ (\in V)$ を結ぶ辺 $e \in E$ が存在するとき x_1, x_2 を e の**端点 (end points)** と呼ぶ．$x_1 = x_2$ のときに e をループと呼んでいることになる．また単純グラフを考えるときは辺の集合 E を V の 2 頂点集合のなす集合の部分集合として考えることができる．

1.1 ［定義］　二つのグラフ (V_1, E_1) と (V_2, E_2) は次の条件 (1) と (2) を満たすときに同型であると定義し $(V_1, E_1) \cong (V_2, E_2)$ と表す．

(1) V_1 から V_2 への全単射 $\varphi_V :\ V_1 \longrightarrow V_2$ および E_1 から E_2 への全単射 $\varphi_E :\ E_1 \longrightarrow E_2$ が存在する．

(2) $e_1 \in E_1$ に対して e_1 の端点を x_1, x_2 とすると $\varphi_V(x_1), \varphi_V(x_2)$ は $\varphi_E(e_1)$ の端点である.

以下では単純グラフの辺集合 E は $\{\{x,y\} \mid x,y \in V, x \neq y\}$ の部分集合として考えることにする.

グラフの隣接行列 (adjacency matrix)

グラフ $\Gamma = (V,E)$ を調べるときに代数を使うことが有効である. 次のような行列を定義することによってグラフを代数的に考えることができるようになる. 頂点の個数を v とし $V = \{1,2,\ldots,v\}$ と表しておく. このとき次の式で定義される v 次の正方行列 $A = (a_{i,j})$ をグラフ $\Gamma = (V,E)$ の隣接行列という.

$$a_{i,j} = \begin{cases} 1 & \{i,j\} \in E \text{ のとき}, \\ 0 & \text{そうでないとき}. \end{cases}$$

単純グラフの隣接行列 A は実対称行列である. 組合せ論を研究するときに常に「良い構造を持った有限個の点の集合を探し出そう」という問題意識があるが, グラフのことを研究するときにもどんなグラフが良いグラフであるのか, あるいは美しいグラフであるのかを調べたいのである. そのために隣接行列を使って良い構造を持つグラフの性質を調べて行くのである. 図 1.4, 図 1.5, 図 1.6, 図 1.7 のグラフの隣接行列は順に次のようになる.

$$A_1 = \begin{bmatrix} 0&0&1&1&1&0 \\ 0&0&0&1&1&1 \\ 1&0&0&0&1&1 \\ 1&1&0&0&0&1 \\ 1&1&1&0&0&0 \\ 0&1&1&1&0&0 \end{bmatrix}, \qquad A_2 = \begin{bmatrix} 0&1&0&1&0&1 \\ 1&0&1&0&1&0 \\ 0&1&0&1&0&1 \\ 1&0&1&0&1&0 \\ 0&1&0&1&0&1 \\ 1&0&1&0&1&0 \end{bmatrix},$$

$$A_3 = \begin{bmatrix} 0&1&0&0&1&1 \\ 1&0&1&1&0&0 \\ 0&1&0&1&0&1 \\ 0&1&1&0&1&0 \\ 1&0&0&1&0&1 \\ 1&0&1&0&1&0 \end{bmatrix}, \qquad A_4 = \begin{bmatrix} 0&0&0&1&1&1 \\ 0&0&0&1&1&1 \\ 0&0&0&1&1&1 \\ 1&1&1&0&0&0 \\ 1&1&1&0&0&0 \\ 1&1&1&0&0&0 \end{bmatrix}.$$

このとき P_1 を置換 $(1,5)(3,6)$ に対応する 6 次の置換行列, P_2 を互換 $(2,5)$ に対応する 6 次の置換行列とすると $A_3 = P_1^{-1}A_1P_1$ および $A_4 = P_2^{-1}A_2P_2$ が成り立つことがわかる. すなわち図 1.4 と図 1.6 のグラフ, 図 1.5 と図 1.7 のグラフはそれぞれ頂点の名前が違うだけでグラフとしては同型なものであると判断する．また A_1，A_2 の固有多項式はそれぞれ $t^2(t-1)(t-3)(t+2)^2$，$t^4(t-3)(t+3)$ であることがわかる．このように隣接行列の情報により図 1.4 と図 1.5 のグラフが同型ではないと判定することができる．

1.2 ［問題］　正 n 角形の頂点集合 V と辺集合 E の作るグラフ $\Gamma=(V,E)$ の隣接行列およびその固有値を求めよ．

1.3 ［問題］　$\Gamma=(V,E)$ を下図で定義されるグラフとする．Γ の隣接行列およびその固有値を求めよ．

連結なグラフ (connected graph)

グラフ $\Gamma=(V,E)$ の頂点の組 $x,y\in V$ に対して V の頂点の列 $x_0=x,x_1,\ldots,x_\ell=y$ が存在して $\{x_0,x_1\},\{x_1,x_2\},\ldots,\{x_{\ell-1},x_\ell\}\in E$，かつ $x_i\neq x_j$, $i\neq j$ が成り立っているときに x と y は**路 (path)** で結ばれているという．ℓ を路 $x_0=x,x_1,\ldots,x_\ell=y$ の**長さ (length)** という．グラフ Γ の各頂点の組 $x,y\in X$ に対して x と y を結ぶ路が存在するときにグラフ Γ は**連結 (connected)** であるという．

連結なグラフ $\Gamma=(V,E)$ に対して二つの頂点 x,y の間の**距離 (distance)** を x と y を結ぶ路の中の一番小さい長さと定義し，$d(x,y)$ で表すことにする．$d(x,y)$ は三角不等式など距離の公理を満たす．また Γ の二つの頂点間の距離の最大値，すなわち $d=\max\{d(x,y)\mid x,y\in V\}$ を Γ の**直径 (diameter)** と呼ぶ．

次にグラフ $\Gamma=(V,E)$ の隣接行列の固有値がどんな性質を持つか考察する．

1.4 ［定理］　$\Gamma=(V,E)$ を v 個の頂点からなる次数 k の正則グラフとする．A を Γ の隣接行列，θ を A の固有値とする．このとき，θ は実数で $|\theta|\leq k$ が成り立つ．また k は A の固有値である．

証明　A は実対称行列なので固有値 θ は実数である．A は各行に 1 をちょうど k 個，0 をちょうど $v-k$ 個持つ．したがって $A\,{}^t(1,1,\ldots,1)=k\,{}^t(1,1,\ldots,1)$ が成り立つ．したがって k は A の固有値であり，${}^t(1,1,\ldots,1)$ は固有値 k の固有ベクトルである．$\boldsymbol{x}={}^t(x_1,x_2,\ldots,x_v)$ を固有値 θ の固有ベクトルとし，$i_0\in\{1,2,\ldots,v\}$ を $|x_{i_0}|\geq|x_j|$, $1\leq j\leq v$ を満たす整数とする．$\boldsymbol{x}\neq\boldsymbol{0}$ であるから $|x_{i_0}|>0$ が成り立

つ．Γ の次数が k であるので，A の第 i_0 行ベクトル $(a_{i_0,1}, a_{i_0,2}, \ldots, a_{i_0,v})$ に対して $a_{i_0,j_1} = a_{i_0,j_2} = \cdots = a_{i_0,j_k} = 1$，$a_{i_0,j} = 0, j \notin \{j_1, j_2, \ldots, j_k\}, 1 \leq j \leq v$ を満たす $j_1, j_2, \ldots, j_k \in \{1, 2, \ldots, v\}$ が存在する．$A\boldsymbol{x} = \theta\boldsymbol{x}$ の両辺の第 i_0 成分を計算すると $x_{j_1} + x_{j_k} + \cdots + x_{j_k} = \theta x_{i_0}$ を得る．したがって $k|x_{i_0}| \geq |x_{j_1} + x_{j_k} + \cdots + x_{j_k}| = |\theta||x_{i_0}|$ が成り立ち $k \geq |\theta|$ を得る．∎

1.5［定理］　$\Gamma = (V, E)$ を v 個の頂点からなる次数 k の正則グラフとする．Γ の隣接行列 A の固有値 k の重複度は Γ の連結成分 (connected component) の個数に等しい．

証明　$V = \{1, 2, \ldots, v\}$ と表しておく．$\boldsymbol{x} = {}^t(x_1, x_2, \ldots, x_v)$ を A の固有値 k の固有ベクトルとし，i_0 を $x_{i_0} \geq x_i, 1 \leq i \leq v,$ を満たす整数とする．$A\boldsymbol{x} = k\boldsymbol{x}$ の両辺の第 i_0 成分を比較すると $x_{j_1} + x_{j_2} + \cdots + x_{j_k} = kx_{i_0}$ となる $j_1, j_2, \ldots, j_k$ が存在する．このとき $\{j \mid \{i_0, j\} \in E\} = \{j_1, j_2, \ldots, j_k\}$ であることに注意しておく．したがって $x_{j_1} + x_{j_2} + \cdots + x_{j_k} = kx_{i_0} \geq x_{j_1} + x_{j_2} + \cdots + x_{j_k}$ より $x_{j_1} = x_{j_2} = \cdots = x_{j_k} = x_{i_0}$ が成り立たなければならない．$a_{i_0,j_1} = a_{i_0,j_2} = \cdots = a_{i_0,j_k} = 1$ であるから $\{i_0, j_\ell\} \in E, 1 \leq \ell \leq k,$ が成り立つ．すなわち $\{j_1, j_2, \ldots, j_k\}$ が i_0 と結ばれている点の全体である．$j \in V$ に対して i_0 と j をつなぐ路を $i_0 = \ell_0, \ell_1, \ldots, \ell_r = j$ とすると $\{i_0, \ell_1\} \in E$ であるから $\ell_1 \in \{j_1, j_2, \ldots, j_k\}$，したがって $x_{\ell_1} = x_{i_0} \geq x_\ell$，$1 \leq \ell \leq v$ が成り立つ．この ℓ_1 について i_0 に対して行ったものと同じ議論を繰り返すと $x_{\ell_1} = x_{\ell_2}$ が成り立つことがわかる．この議論を繰り返すと $x_{i_0} = x_{\ell_1} = x_{\ell_2} = \cdots = x_{\ell_r} = x_j$ が成り立つ．したがって Γ が連結であれば固有値 k の固有空間は ${}^t(1, 1, \ldots, 1)$ の張る 1 次元の部分空間であることがわかる．Γ が連結でない場合は連結成分への分割を $V = V_1 \cup V_2 \cup \cdots \cup V_r$ とし $E_i = E \cap (V_i \times V_i), 1 \leq i \leq r,$ と定義すると (V_i, E_i) は次数 k の連結な正則グラフになっている．A_i を (V_i, E_i) の隣接行列とし，上記の V の分割の順に A を表現すると次のようになる．

$$A = \begin{bmatrix} A_1 & 0 & \ldots & \ldots & 0 \\ 0 & A_2 & 0\ldots & \ldots & 0 \\ \vdots & \ddots & \ddots & \ddots & \vdots \\ \vdots & \ddots & \ddots & \ddots & 0 \\ 0 & \cdots & \cdots & 0 & A_r \end{bmatrix}.$$

このとき，各 A_i の固有値 k の固有空間は 1 次元となっている．したがって A の固有値 k の固有空間の次元，すなわち k の重複度はちょうど連結成分の個数 r に等しいこ

とがわかる. ∎

補グラフ

単純グラフ $\Gamma = (V, E)$ に対して頂点集合を V, 辺集合を $\overline{E} = \{\{x, y\} \subset V \mid \{x, y\} \notin E, x \neq y\}$ とするグラフ $\overline{\Gamma} = (V, \overline{E})$ を Γ の**補グラフ (complimentary graph)** と呼ぶ.

2. 強正則グラフと Moore グラフ

正則グラフの中でも特に良い性質を持つものとして**強正則グラフ (strongly regular graph)** が知られている.

1.6［定義］　グラフ $\Gamma = (V, E)$ が次の性質を持つときに**パラメーター** (v, k, λ, μ) の**強正則グラフ (strongly regular graph)** であるという.

(1) $|V| = v$,
(2) Γ は次数 k の正則グラフである,
(3) $|\{z \in V \mid \{x, z\}, \{z, y\} \in E\}|$ は $\{x, y\} \in E$ であれば常に λ に等しい.
(4) $|\{z \in V \mid \{x, z\}, \{z, y\} \in E\}|$ は $\{x, y\} \notin E$ であれば常に μ に等しい.

1.7［例］

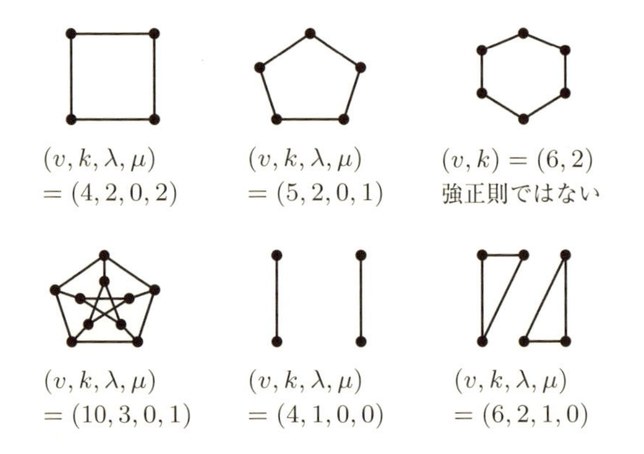

□

1.8［命題］　連結な強正則グラフ $\Gamma = (V, E)$ のパラメーター (v, k, λ, μ) は次の件

質を満たす.

$$k(k-\lambda-1)=\mu(v-k-1). \tag{1.1}$$

証明　$x\in V$ に対して集合 $\{\{y,z\}\mid\{x,y\}\in E,\ \{x,z\}\notin E,\ z\neq x\}$ に含まれる $\{y,z\}$ の個数を数える.

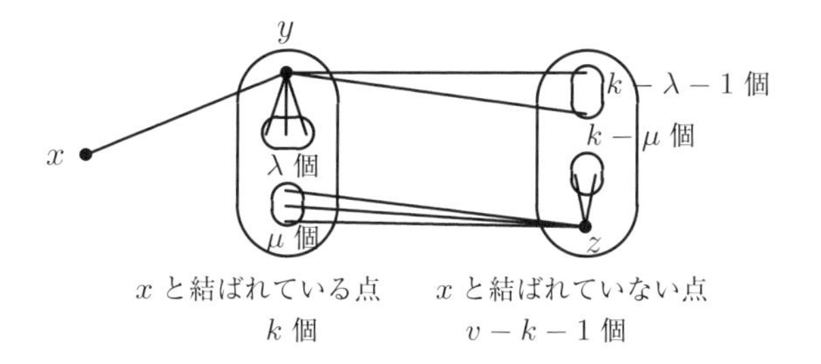

y を固定すると z のとり方は $k-\lambda-1$ 通り. z を固定すると y のとり方は μ 通り. したがって $k(k-\lambda-1)=(v-k-1)\mu$ を得る. ∎

どのようなパラメーター (v,k,λ,μ) に対して強正則グラフが存在するかという問題は面白い.

1.9 [命題]　強正則グラフの補グラフは強正則グラフである.

証明　$\Gamma=(V,E)$ をパラメーター (v,k,λ,μ) の強正則グラフ, $\overline{\Gamma}=(V,\overline{E})$ を Γ の補グラフとする. V の頂点 x と $\overline{\Gamma}$ で結ばれている頂点の個数は $v-k-1$ 個であるから $\overline{\Gamma}$ は次数 $\overline{k}=v-k-1$ の正則なグラフである. 下図はグラフ Γ において頂点 x と y が結ばれているときといないときの頂点の関係をそれぞれ表している.

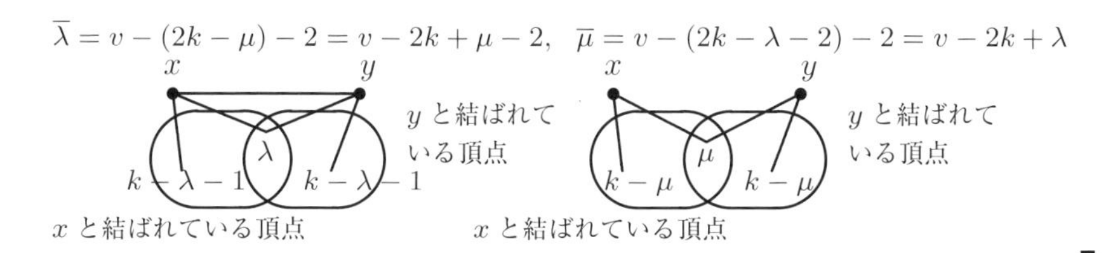

∎

1.10 [例] ($T(m)$ グラフ)　m を 3 以上の整数, $V=\{\{i,j\}\mid 1\le i\neq j\le m\}$ とする. V の二つの元 $x=\{i,j\}$, $y=\{k,l\}$ は $|x\cap y|=1$ を満たすときに辺で結ぶと定義する. すなわち $E=\{(x,y)\in V\times V\mid |x\cap y|=1\}$ と定義すると (V,E) はパラ

メーター $(\frac{m(m-1)}{2}, 2(m-2), m-2, 4)$ の強正則グラフである．このグラフを $T(m)$ **グラフ**という．　□

証明　頂点の個数は $|V| = \binom{m}{2} = \frac{m(m-1)}{2}$．$\{i_0, j_0\} \in V$ と結ばれる頂点の集合は $\{\{i_0, \ell\}, \{j_0, \ell\} \mid \ell \neq i_0, j_0\}$ であるから，次数は $k = 2(m-2)$ である．二つの頂点 $\{i_0, \ell_0\}, \{j_0, \ell_0\}$，$i_0 \neq j_0$，$i_0 \neq \ell_0$，$j_0 \neq \ell_0$，と同時に結ばれる頂点の集合は $\{\{\ell_0, \ell\} \mid \ell \neq \ell_0, i_0, j_0\} \cup \{\{i_0, j_0\}\}$ であるから $\lambda = m-2$ である．最後に二つの頂点 $\{i_1, j_1\}, \{i_2, j_2\}$（ただし i_1, i_2, j_1, j_2 は互いに異なる）と同時に結ばれる頂点は $\{i_1, i_2\}, \{i_1, j_2\}$, $\{j_1, i_2\}, \{j_1, j_2\}$ の4頂点のみであるから $\mu = 4$ である．　■

下に $T(4)$ グラフおよび $T(4)$ グラフを $\mathbb{R}^3$ に埋め込んだときの図を与えた．

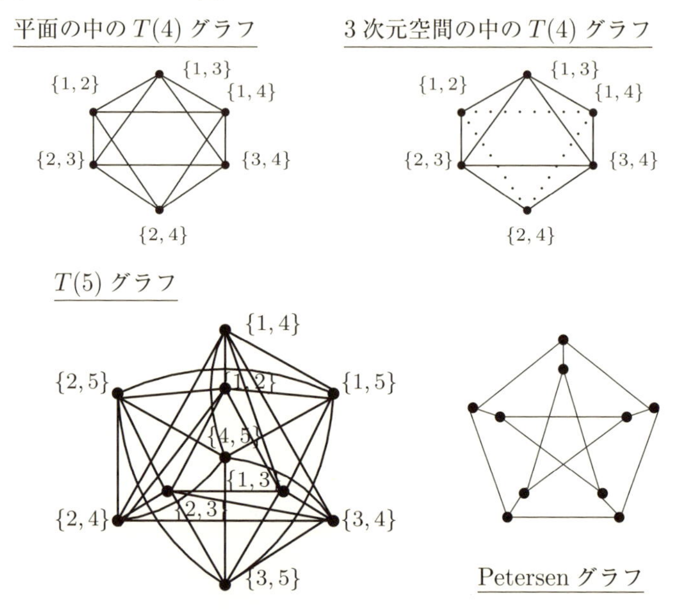

$T(5)$ グラフの補グラフは **Petersen グラフ**である．

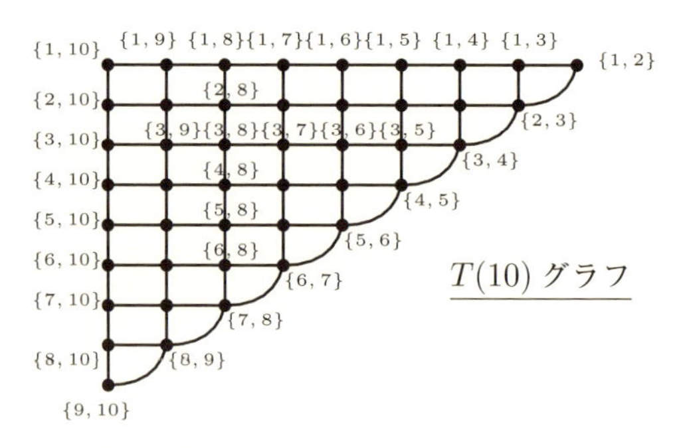

上図の $T(10)$ グラフでは例えば頂点 $\{3,8\}$ に辺でつながっている頂点は $\{1,3\}$ から $\{3,10\}$ に到る頂点の列 $\{1,3\}$, $\{2,3\}$, $\{3,4\}$, $\{3,5\}$, $\{3,6\}$, $\{3,7\}$, $\{3,9\}$, $\{3,10\}$ および $\{1,8\}$ から $\{8,10\}$ に到る頂点の列 $\{1,8\}$, $\{2,8\}$, $\{4,8\}$, $\{5,8\}$, $\{6,8\}$, $\{7,8\}$, $\{8,9\}$, $\{8,10\}$ の計 16 個となる.

1.11 [例] (完全グラフ (complete graph))　相異なるすべての頂点が辺で結ばれているグラフを完全グラフという. 頂点の個数が v の完全グラフを K_v で表す. すなわち $K_v = (V,E)$, $E = \{\{x,y\} \subset V \mid x,y \in V, x \neq y\}$.

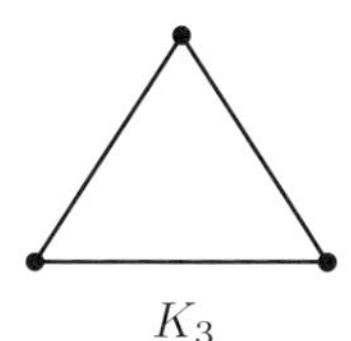

K_3

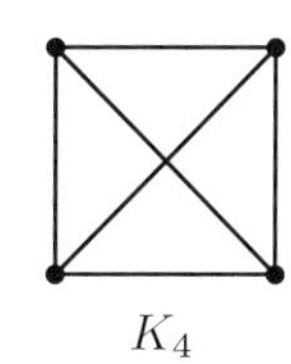

K_4

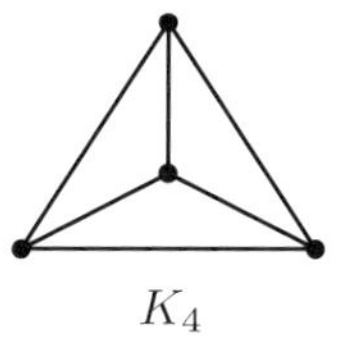

K_4

グラフ K_v の隣接行列 A は v 次の正方行列で $A = J - I$, となる, ただし I は単位行列, J はすべての成分が 1 の行列である. □

1.12 [例] (離散グラフ (discrete graph))　辺が一つもないグラフを離散グラフという. すなわち離散グラフは完全グラフの補グラフである. □

完全グラフと離散グラフは強正則グラフである.

1.13 [例] (完全 2 部グラフ (complete bipartite graph))　頂点数 $2v$ の強正則グラフでパラメーター $(2v, v, 0, v)$ のグラフは完全 2 部グラフと呼ばれている. 記号 $K_{v,v}$ であらわす.

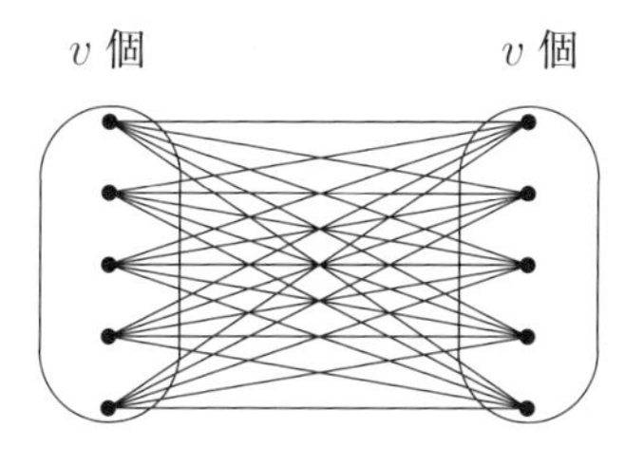

□

1.14 [例] (格子グラフ)　$X = \{1,2,\ldots,m\}$, $V = X \times X$, $L(m) = (V,E)$. $(x_1,y_1),(x_2,y_2) \in V$ とするときに $x_1 = x_2$ かつ $y_1 \neq y_2$ または $y_1 = y_2$ かつ $x_1 \neq x_2$ が成り立つときに辺で結ばれている, すなわち $\{(x_1,y_1),(x_2,y_2)\} \in E$ であると定義する. $L(m)$ はパラメーター $(m^2, 2(m-1), m-2, 2)$ の強正則グラフとなる. このグラフは格子グラフと呼ばれる. □

証明　頂点 (x_1, y_1) と辺で結ばれる頂点の集合は $\{(x_1, y) \mid y \neq y_1\} \cup \{(x, y_1) \mid x \neq x_1\}$ に一致するので $k = 2(m-1)$ が成り立つ．$x_1 \neq x_2$ を満たす二つの頂点 (x_1, y_1), (x_2, y_1) と同時に辺で結ばれている頂点の個数は $|\{(x, y_1) \mid x \neq x_1, x_2\}| = m - 2$ であり (y_1, x_1), (y_1, x_2) と同時に辺で結ばれる頂点の個数も $|\{(y_1, x) \mid x \neq x_1, x_2\}| = m - 2$ であるので $\lambda = m - 2$ となる．$x_1 \neq x_2$, $y_1 \neq y_2$ が成り立つとき (x_1, y_1), (x_2, y_2) と同時に辺で結ばれる頂点の個数は $|\{(x_1, y_2), (x_2, y_1)\}|$ に一致するので $\mu = 2$ が成り立つ．■

$L(3)$ グラフ

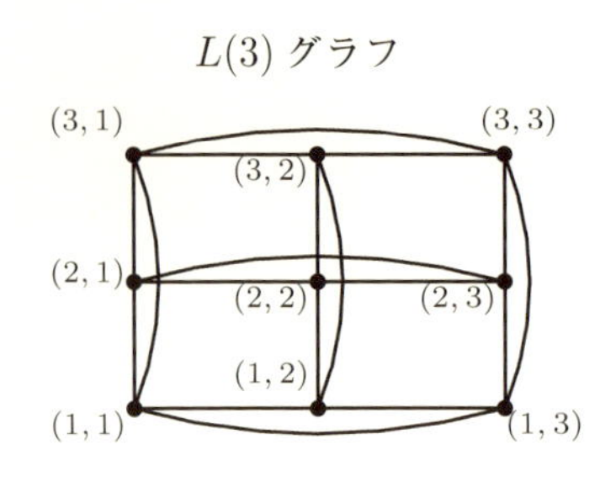

1.15 [例] (Paley グラフ)　q を 4 を法として 1 となる素数ベキとする $(q \equiv 1 \pmod 4)$．q 個の元からなる有限体を F_q とする．$V = F_q$．辺集合を $E = \{\{x, y\} \subset V \mid x - y$ は 0 でない平方数 $\}$ と定義する．$q \equiv 1 \pmod 4$ の場合は -1 は平方数であることが良く知られている（整数論の教科書参考）．したがって向きのないグラフ $\Gamma = (V, E)$ が定義できる．Γ はパラメーター $(q, \frac{q-1}{2}, \frac{1}{4}(q-5), \frac{1}{4}(q-1))$ の強正則グラフである．（$F_q^\times$ は平方数でない元を含む．）例えば $q = 5, 17$ の場合は下の表のようになる．

$q = 5$

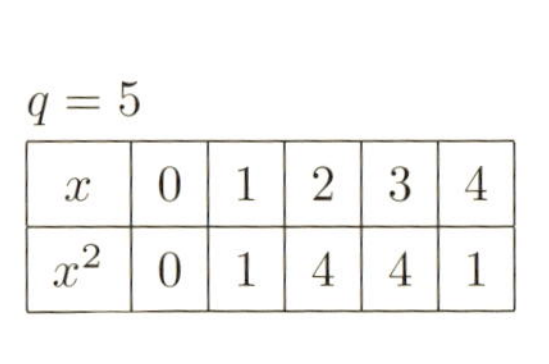

x	0	1	2	3	4
x^2	0	1	4	4	1

Paley グラフ $(q = 5)$

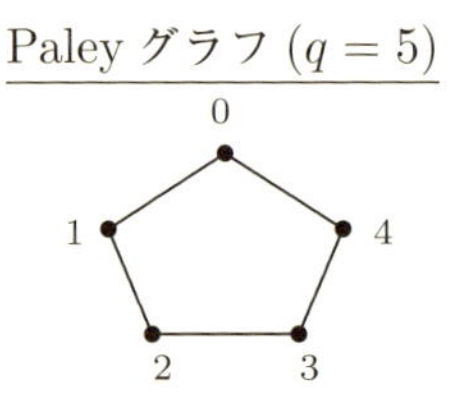

$q = 17$

x	0	1	2	3	4	5	6	7	8
x^2	0	1	4	9	16	8	2	15	13
x	9	10	11	12	13	14	15	16	
x^2	13	15	2	8	16	9	4	1	

$f:\ F_q^\times \longrightarrow F_q^\times$ を $f(x) = x^2$ と定義すると f は準同型写像で $1, -1$ は f の核 $\ker f$ に含まれている．したがって平方数でないもの $\eta \in F_q^\times$ が必ず存在する．$F_q^\times$ の生成元を ξ とする．$H = \langle \xi^2 \rangle$ とすると H は $F_q^\times$ の位数 $\frac{q-1}{2}$，指数 2 の巡回部分群になっている．また，H の元はすべて平方数であり ηH の元はすべて平方数ではない．したがって頂点 $x \in F_q$ に対して $y = x - z$ $(z \in H)$ と表される頂点 y は $x - y \in H$ を満

たすので x と辺で結ばれる．すなわち $k = \frac{q-1}{2}$ であることがわかる．　□

強正則グラフは現在頂点の個数が36以下のもの達については分類がなされている([191, 227頁] 参照[1])．

どのようなパラメーターに対して強正則グラフが実際に存在するのかなどの未解決な問題が山積している．ここでは線形代数の言葉で強正則グラフについて解説していく．$\Gamma = (V, E)$ を連結な強正則グラフとしそのパラメーターを (v, k, λ, μ)，隣接行列を A とする．I を v 次の単位行列，J をすべての成分が1である v 次の正方行列とする．このとき，Γ は次数 k の正則なグラフであるので，$AJ = kJ$, $JA = kJ$ が成り立つ．さらに，

$$A^2 = kI + \lambda A + \mu(J - A - I) \tag{1.2}$$

が成り立つ．なぜならば A の (x, y) 成分を $A(x, y)$ で表すことにすると

$$(A^2)(x, y) = \sum_{z \in V} A(x, z)A(z, y) = |\{z \mid \{x, z\}, \{z, y\} \in E\}|$$

が成り立つので

$$(A^2)(x, y) = \begin{cases} k, & x = y \text{ のとき}, \\ \lambda, & \{x, y\} \in E \text{ のとき}, \\ \mu, & \{x, y\} \notin E, x \neq y \text{ のとき} \end{cases}$$

が成り立つからである．

A と J は行列の積に関して可換であるので同じ直交行列によって同時に対角化することができる．J の階数は1であり，固有値は v と0である．固有値 v の重複度は1である．$\boldsymbol{j}$ をすべての成分が1となる縦ベクトルとすると $J\boldsymbol{j} = v\boldsymbol{j}$ となっている．定理1.5より，k は A の重複度1の固有値である．また $A\boldsymbol{j} = k\boldsymbol{j}$ が成り立っている．式(1.2)より $k^2\boldsymbol{j} = A^2\boldsymbol{j} = k\boldsymbol{j} + \lambda A\boldsymbol{j} + \mu(J - A - I)\boldsymbol{j} = (k + \lambda k + \mu(v - k - 1))\boldsymbol{j}$. したがって $k^2 = k + \lambda k + \mu(v - k - 1)$ が成り立つ．命題1.8で示した公式

$$k(k - \lambda - 1) = \mu(v - k - 1)$$

の別証が得られた．k 以外の A の固有値について調べてみる．A の対角成分がすべて0であるので A は k 以外の固有値を持つ (理由は A のトレースが0であるから)．もし A の固有値が k と $\rho(\neq k)$ の二つだけであると仮定すると定理1.5より $k+(v-1)\rho = 0$ が

[1] [191, 227頁] ではパラメーター $(25, 8, 3, 2)$ の強正則グラフは10個と書かれているが正確には15個であることが知られている．

成り立つ．したがって ρ は代数的整数 (algebraic integer) でありかつ有理数 (rational number) である．すなわち $\rho = -\frac{k}{v-1}$ は有理整数 (rational integer) でなければならない．したがって固有値の個数が2個の場合は完全グラフでなければならない（固有値は $k = v-1$ と -1）．したがって完全グラフでないグラフは必ず三つ以上の固有値を持つ[2]．次に Γ が完全グラフでないと仮定して，固有値を調べる．$\boldsymbol{u}$ を A の固有値 ρ の固有ベクトルとする．$\boldsymbol{u}$ は $\boldsymbol{j}$ と直交しているので $J\boldsymbol{u} = \boldsymbol{0}$ が成り立つ．したがって式 (1.2) より $\rho^2\boldsymbol{u} = A^2\boldsymbol{u} = k\boldsymbol{u} + \lambda A\boldsymbol{u} - \mu(A+I)\boldsymbol{u} = (k + \lambda\rho - \mu\rho - \mu)\boldsymbol{u}$ かつ $\boldsymbol{u} \neq \boldsymbol{0}$ より

$$\rho^2 = k - \mu + (\lambda - \mu)\rho. \tag{1.3}$$

A のすべての固有値 ρ は (1.3) を満たさなければならないので (1.3) は重根を持たない．したがって k 以外の A の固有値は次の r と s の二つに限る．

$$r = \frac{1}{2}\left(\lambda - \mu + \sqrt{(\lambda-\mu)^2 + 4(k-\mu)}\right), \tag{1.4}$$

$$s = \frac{1}{2}\left(\lambda - \mu - \sqrt{(\lambda-\mu)^2 + 4(k-\mu)}\right). \tag{1.5}$$

次に，r, s の重複度を f, g とすると，

$$v = f + g + 1 \tag{1.6}$$

が成り立っている．また A のトレースを計算すると

$$k + fr + gs = 0 \tag{1.7}$$

が成り立つ．したがって式 (1.4), (1.5), (1.6) および (1.7) より次の公式を得る．

$$f = \frac{1}{2}\left(v - 1 + \frac{(\mu-\lambda)(v-1) - 2k}{\sqrt{(\mu-\lambda)^2 + 4(k-\mu)}}\right), \tag{1.8}$$

$$g = \frac{1}{2}\left(v - 1 - \frac{(\mu-\lambda)(v-1) - 2k}{\sqrt{(\mu-\lambda)^2 + 4(k-\mu)}}\right). \tag{1.9}$$

1.16 [定理]　(v, k, λ, μ) をパラメーターとする連結な強正則グラフを $\Gamma = (V, E)$ とする．Γ は完全グラフでないと仮定すると次のいずれかが成り立つ．

(1) $k = v - k - 1$, $\mu = \lambda + 1 = \frac{k}{2}$, $f = g = k$.

---

[2] 一般に直径 d のグラフは少なくとも $d+1$ 個の相異なる固有値を持つことが知られている（[191, 186 頁, Lemma 8.12.1] 参照）．

(2) $D=(\lambda-\mu)^2+4(k-\mu)$ は平方数である．さらに，

(i) v が偶数であれば $\sqrt{D}$ は $2k+(\lambda-\mu)(v-1)$ の約数であり，

(ii) v が奇数であれば $2\sqrt{D}$ は $2k+(\lambda-\mu)(v-1)$ の約数である．

証明　(1) f, g は自然数である．もし

$$(\mu-\lambda)(v-1)-2k=0$$

であれば $f=g=\frac{v-1}{2}$ となる．$\ell=v-k-1$ とおくと $\ell\geq 0$ である．$v=\ell+k+1$ を上式に代入すると $(\mu-\lambda)(k+\ell)-2k=0$，したがって $\mu-\lambda>0$ となる．また $0\leq(\mu-\lambda)\ell=(2-(\mu-\lambda))k$．すなわち $\mu-\lambda=1$ または 2 となる．$\mu-\lambda=2$ のときは $\ell=0$ となり $v=k+1$，したがって Γ は完全グラフになる．したがって仮定より $\mu-\lambda=1$ としてよい．このとき $k=\ell=v-k-1$ が成り立ち $k(k-\lambda-1)=\mu(v-k-1)=(\lambda+1)k$ より $k=2(\lambda+1)$ を得る．

(2) もし

$$(\mu-\lambda)(v-1)-2k\neq 0$$

が成り立てば f, g は自然数であるので D は平方数でなければならない．$2g=v-1+\frac{2k+(\lambda-\mu)(v-1)}{\sqrt{D}}$ は整数であるから $\sqrt{D}$ は $2k+(\lambda-\mu)(v-1)$ の約数である．v が奇数であればさらに $\frac{2k+(\lambda-\mu)(v-1)}{2\sqrt{D}}$ も整数でなければならない．∎

定理 1.16 は強正則なグラフの分類問題において有効に利用できる．

$\Gamma=(V,E)$ を正則な連結単純グラフとする．次数 k，直径 d の連結なグラフの点の個数は下に描いた図でもわかるように高々 $1+k+k(k-1)+\cdots+k(k-1)^{d-1}$ であることが知られている．

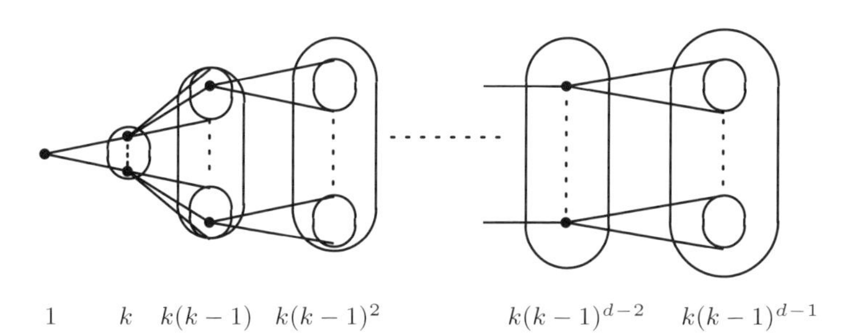

1.17 [定義] (Moore グラフ (Moore graph))　次数 k，直径 d の正則な単純グラフで頂点の個数がちょうど $1+k+k(k-1)+\cdots+k(k-1)^{d-1}$ に等しいものを**タイプ** (d,k) の Moore グラフという．

定義 1.17 から次の定理がすぐ導かれる．

1.18［定理］　$(2d+1)$ 角形の $(2d+1)$ 個の頂点と $(2d+1)$ 個の辺の作るグラフは次数 2 の Moore グラフである．逆に次数 2 の Moore グラフは $(2d+1)$ 角形の頂点と辺の作るグラフである．

1.19［定理］　直径 2 の Moore グラフ $\Gamma = (V, E)$ は強正則グラフであり，そのパラメーターを (v, k, λ, μ) とすると $\lambda = 0$, $\mu = 1$, $v = k^2 + 1$ であり，$k = 2, 3, 7, 57$ に限る．

1.20［注意］　$k = 2$ のときは五角形の頂点と辺の作るグラフに同型である（定理 1.18）．$k = 3$ のときは Petersen グラフに同型であることがすぐにわかる．$k = 7$ のときは Hoffman-Singleton グラフに同型であることが Hoffman-Singleton によって証明されている ([222])．直径 $d = 2$, $k = 57$ の Moore グラフについては存在するかしないかは未解決問題である．

定理 1.19 の証明　仮定より $v = |V| = 1 + k + k(k-1) = k^2 + 1$ が成り立っている．また $\lambda = 0$, $\mu = 1$ でなければならない．定理 1.16 (1) が起こる場合をまず考える．この場合は $k = v - k - 1 = k^2 - k$ が成り立たなければならないので $k = 2$, $v = 5$ となり正 5 角形の頂点と辺の作るグラフに等しいことがわかる．次に定理 1.16 (2) が起こる場合を考える．$D = (\lambda - \mu)^2 + 4(k - \mu) = 4k - 3$ は平方数である．$\sqrt{D}$ は $2k + (\lambda - \mu)(v - 1) = 2k - k^2$ の約数である．すなわち $\frac{k(k-2)}{\sqrt{4k-3}}$ は整数でなければならない．したがって $\frac{k^2(k-2)^2}{4k-3}$ は整数である．このとき $\frac{256k^2(k-2)^2}{4k-3} = 64k^3 - 208k^2 + 100k + 75 + \frac{3^2 5^2}{4k-3}$ も整数である．したがって k は $2, 3, 7, 57$ のいずれかであるが，$k = 2$ のときは $D = 5$ で D は平方数とならないので，定理 1.16 (2) の起こる場合は $k = 3, 7$ または 57 でなければならない．■

1.21［定理］(Bannai-Ito [57]，Damerell [151])　直径 $d \geq 3$，次数 $k \geq 3$ の Moore グラフは存在しない．

1.22［注意］　$d = 3$ の場合の非存在は 1960 年に Hoffman-Singleton [222] により証明された．$d \geq 4$ の場合の非存在は 1973 年に坂内英一・伊藤達郎，Damerell により独立に証明された．

定理 1.21 の証明の概略を以下に記して本節を終えることにする．

タイプ (d,k), $d,k \geq 3$, の Moore グラフ $\Gamma = (V,E)$ が存在したと仮定して矛盾を導きだす．仮定より $v = |V| = 1+k+k(k-1)+\cdots+k(k-1)^{d-1} = 1+\frac{k((k-1)^d-1)}{k-2}$ である．Γ の隣接行列を $A = (a_{i,j})$ とする．A の最小多項式は $(x-k)F_d(x)$ の形の $(d+1)$ 次式である．ここで次数 d の多項式 $F_d(x)$ は次のような漸化式で与えられることがわかる．

$$F_0(x) = 1, \quad F_1(x) = x+1,$$
$$F_i(x) = xF_{i-1}(x) - (k-1)F_{i-2}(x), \quad 2 \leq i \leq d.$$

一般にこのような多項式は相異なる d 個の零点を持つことが知られている．したがって隣接行列 A は $d+1$ 個の互いに異なる固有値を持つ．それらを $\theta_0\,(=k), \theta_1, \theta_2, \ldots, \theta_d$ とする．前に見たように k が最大の固有値である．θ_d を一番小さい固有値とし $\theta_i < \theta_{i-1}$, $1 \leq i \leq d$ と仮定する．$\mathrm{tr}(A) = 0$ であるので $\theta_d < 0$ が成り立つ．そして $\theta_1, \ldots, \theta_d$ は実直線上に下図のように分布されていることが観察された．

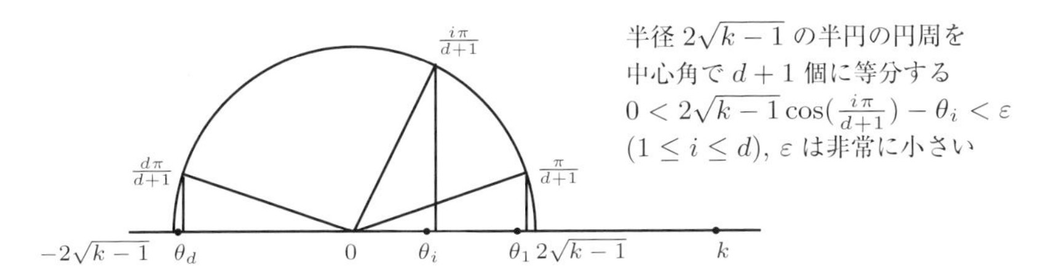

さらに $m(\theta_i)$ を θ_i の重複度とすると

$$m(\theta_i) = \frac{vk(k-1)^{d-1}}{(k-\theta_i)F_d'(\theta_i)F_{d-1}(\theta_i)}, \quad 1 \leq i \leq d$$

が成り立つことが観察された．それを用いて $m(\theta_i)$ の大雑把な値が求められる．

また $\theta_1, \ldots, \theta_d$ は A の固有値であり A は成分が 0 または 1 の行列であるから $\theta_1, \ldots, \theta_d$ は最高次の係数が 1 (monic) である整数を係数とする多項式の根となっている．すなわち代数的整数である．θ_i と θ_j が有理数体 $\mathbb{Q}$ 上共役ならば（すなわち $\mathbb{Q}$ 上のガロア群の作用で移り合うならば）$m(\theta_i) = m(\theta_j)$ が成り立つ．また次の不等式が成り立つ（d と k が小さいいくつかの例外を除いて考える）．

$$m(\theta_1) < m(\theta_2), \ldots, m(\theta_{d-1}),$$
$$m(\theta_d) < m(\theta_2), \ldots, m(\theta_{d-1}),$$
$$-1 < \theta_1 + \theta_d < 0.$$

したがってθ_1, θ_dはともに$\theta_2, \ldots, \theta_{d-1}$と$\mathbb{Q}$上共役ではないことがわかる．したがって$\theta_1 + \theta_d$はガロア群の作用で不変でなければならない．すなわち$\theta_1 + \theta_d$は有理整数（$\mathbb{Z}$の元）でなければならないことがわかる．これを利用して矛盾を導きだしMooreグラフの非存在定理の証明がなされた．（さらに詳しくは参考文献[57, 151, 58]を参照．また第2章のアソシエーションスキームに関する理論とも関係している．）

強正則グラフの概念を拡張したものが**距離正則グラフ (distance regular graph)**と呼ばれるグラフである．距離正則グラフについては次の章で詳しく論じるが良い性質を持つグラフの仲間達である．勿論Mooreグラフも距離正則グラフの一例である．すなわち次数k，直径dの正則なグラフ$\Gamma = (V, E)$は次に述べる性質を満たすときに距離正則グラフと呼ばれる．

$x \in V$および$d(x, y) = i$となる$y \in V$を任意に固定したときに

$$a_i = |\{z \in V \mid d(x, z) = i,\ d(y, z) = 1\}|,$$
$$b_i = |\{z \in V \mid d(x, z) = i + 1,\ d(y, z) = 1\}|,$$
$$c_i = |\{z \in V \mid d(x, z) = i - 1,\ d(y, z) = 1\}|$$

の値がx, yのとり方に依存しないでiのみにより定まる定数である．

この条件を満たすときにグラフはタイプ

$$\begin{bmatrix} * & c_1 & c_2 & \cdots & c_{d-1} & c_d \\ a_0 & a_1 & a_2 & \cdots & a_{d-1} & a_d \\ b_0 & b_1 & b_2 & \cdots & b_{d-1} & * \end{bmatrix} \tag{1.10}$$

の距離正則グラフという．Mooreグラフのタイプは

$$\begin{bmatrix} * & 1 & 1 & \cdots & 1 & 1 \\ 0 & 0 & 0 & \cdots & 0 & k-1 \\ k & k-1 & k-1 & \cdots & k-1 & * \end{bmatrix}$$

である．

3. 古典的t-デザイン，定義と基本的な性質

「全体を近似する良い部分集合を求めよ」というのが**デザイン理論 (design theory)**の本質である．以下の章で，いろいろのデザインがあらわれる．本節では，組合せ論

における通常のデザイン，特に **t-デザイン (t-design)** について解説する．種々のデザインの概念の中でも重要であり，歴史的にもかなり古い．（歴史については次の 4 節の注意 1.70 などを参照.）

1.23 [定義] (t-(v,k,λ) デザインの定義)　t,k,v,λ を自然数（= 正の整数）とし，$t \leq k \leq v$ を仮定する．v 個の点からなる有限集合 V と V の k 点部分集合の全体の作る集合 $V^{(k)}$ を考える[3]．V と $V^{(k)}$ の部分集合 $\mathcal{B}$ の組 $(V,\mathcal{B})$ が次の条件を満たすとき，**t-(v,k,λ) デザイン**（あるいは単に **t-デザイン**）であるという．すなわち，ある自然数 λ が存在して任意の $T \in V^{(t)}$ に対して

$$|\{B \in \mathcal{B} \mid T \subset B\}| = \lambda$$

が成り立つ．

t-デザイン $(V,\mathcal{B})$ の集合 V の元は**点 (point)** と呼び，$\mathcal{B}$ の元は**ブロック (block)** と呼ばれる．デザインのことを**ブロックデザイン (block design)** とも呼ぶ．

1.24 [例] (2-$(7,3,1)$ デザイン)　V は図のように 7 点集合．ブロックはそれぞれ，三角形の三つの辺，三つの中線，および三角形に内接する円周上の 3 点集合からなり全部で 7 個ある．　□

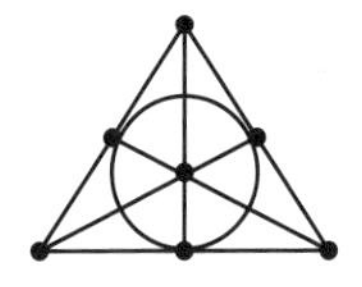

1.25 [問題] (自明な t-デザイン)　$\mathcal{B} = V^{(k)}$ とすると，$(V,\mathcal{B})$ は t-デザインであることを示しなさい．λ の値を求めなさい．このような t-(v,k,λ) デザインを**自明な t-デザイン (trivial t-design)** と呼ぶ．t-デザインを扱うときに通常は自明でないもののみを考える．

1.26 [注意] (重複を許したブロックデザイン)　通常 t-デザインを考えるとき，ブロックの集合 $\mathcal{B}$ は集合 $V^{(k)}$ の部分集合とするが，$\mathcal{B}$ の元として同じ部分集合が重複して現れることを許して t-デザインを考える流儀もある．群論，組合せ論などの純数学的立場からは重複を許さないものを考えるほうがより自然であると思われるが，統計などの立場からは重複を許しても特に不都合ないと思われる．そのようなデザインを**重複を許したデザイン (design with repeated blocks)** と呼ぶ．重複をゆるさないデザインを，**単純デザイン**とも呼ぶ．以下特に断わらない限り単純デザインを考える．

---

[3] $1 \leq \ell \leq v$ に対して $V^{(\ell)}$ は V の ℓ 点部分集合全体のなす集合とする．

1.27 [定義] (ブロックデザインの同型)　二つの t-デザイン $(V, \mathcal{B})$ と $(V', \mathcal{B}')$ が同型であるとは，V から V' への集合としての全単射が存在して，この全単射が $\mathcal{B}$ から $\mathcal{B}'$ への集合としての全単射を誘導し，さらにこの全単射を σ で表すと，$p \in B$ が $(V, \mathcal{B})$ において成り立つならば $p^\sigma \in B^\sigma$ が $(V', \mathcal{B}')$ において成り立つことを言う．

1.28 [注意]　正確に言うと，上の定義はブロックの重複を許さないデザインにのみ妥当であり，重複を許すデザインについては，V から V' への全単射 σ と $\mathcal{B}$ から $\mathcal{B}'$ への全単射 ρ があって，$p \in B$ が $(V, \mathcal{B})$ において成り立つならば $p^\sigma \in B^\rho$ が $(V', \mathcal{B}')$ において成り立つとすべきである．以下では重複を許さないデザインを主に考えるので，このことは特に気にしないことにする．

1.29 [注意]　$(V, \mathcal{B})$ から自分自身へのデザインとしての同型写像の全体は群を作る．この群をデザイン $(V, \mathcal{B})$ の**自己同型群 (automorphism group)** と呼ぶ．この自己同型群 $\mathrm{Aut}(V, \mathcal{B})$ は点の集合 V の上の**置換群 (permutation group)** と見ることができ，またブロックの集合 $\mathcal{B}$ の上の置換群と見ることもできる．これらの置換群の作用は必ずしも**可移 (transitive)** とはかぎらない．

次の事実は易しいことであるが重要である．

1.30 [命題]　$(V, \mathcal{B})$ を t-(v, k, λ) デザインとする．$0 \leq s \leq t$ を満たす任意の整数 s に対して $(V, \mathcal{B})$ は s-デザインとなる．すなわち

$$\lambda_s = \frac{\binom{v-s}{t-s}}{\binom{k-s}{t-s}} \lambda \tag{1.11}$$

とおくと λ_s は自然数であり，$(V, \mathcal{B})$ は s-(v, k, λ_s) デザインとなる．(0-デザインであるという概念は特に意味を持たないが，λ_0 はブロックの個数 $|\mathcal{B}|$ と考えることができる．)

証明　$S \in V^{(s)}$ に対して $\lambda(S) = |\{B \in \mathcal{B} | S \subseteq B\}|$ とおく．$\lambda(S)$ が S のとり方によらないことが以下のように証明できる．$S \subseteq T \subseteq B (\in \mathcal{B})$ となる $T \in V^{(t)}$ と B の組 (T, B) の個数を二通りに数えると，

$$\lambda(S) \binom{k-s}{t-s} = \binom{v-s}{t-s} \lambda$$

が得られる．(最初に T を選ぶ数え方が右辺であり，最初に B を選ぶ数え方が左辺である．) したがって $\lambda(S) = \frac{\binom{v-s}{t-s}}{\binom{k-s}{t-s}} \lambda = \lambda_s$ であり S のとり方に依存しない．すなわち λ_s は自然数であり，$(V, \mathcal{B})$ は s-(v, k, λ_s) デザインである．　■

この証明からもわかるように，t-デザインが存在するための次の必要条件が得られる．

1.31 ［命題］　t-(v,k,λ) デザインが存在するためには，任意の整数 s $(0 \le s \le t)$ に対して，λ_s は自然数でなければならない．

1.32 ［注意］　特にこの命題を $t=2$ の場合に適用すると，次が成り立つ．

$(V,\mathcal{B})$ を 2-(v,k,λ) デザインとし，r を 1 点を含むブロックの個数，b をブロックの個数 $(=|\mathcal{B}|)$ とおくと，$r=\lambda_1=\frac{v-1}{k-1}\lambda$, $b=\lambda_0=\frac{v(v-1)}{k(k-1)}\lambda$ が成り立つ．すなわち，

$$r(k-1)=(v-1)\lambda, \tag{1.12}$$

$$bk=vr \tag{1.13}$$

が成り立つ．これら二つの式は重要である．なお，自明でない 2-(v,k,λ) デザインを **BIBD (balanced incomplete block design)** とも呼ぶ．また，$\lambda=1$ のデザイン t-$(v,k,1)$ は **Steiner 系 (Steiner system)** とも呼ばれる．

1.33 ［定義］（デザイン $(V,\mathcal{B})$ の結合行列 (incidence matrix)）　デザイン $(V,\mathcal{B})$ に対して行をブロックの集合 $\mathcal{B}$ で添字付けし，列は点の集合 V で添字付けした行列 M を次のように定義する．$B\in\mathcal{B}$, $P\in V$ に対して M の (B,P) 成分を

$$M(B,P)=\begin{cases} 1 & (P\in B \text{ のとき}), \\ 0 & (P\notin B \text{ のとき}) \end{cases}$$

と定義する．この行列 M をデザイン $(V,\mathcal{B})$ の**結合行列 (incidence matrix)** と呼ぶ．

先の例 1.24 で述べた 2-$(7,3,1)$ デザインの結合行列 M は次で与えられる．

$$M=\begin{bmatrix} 0&1&1&0&1&0&0\\ 0&0&1&1&0&1&0\\ 0&0&0&1&1&0&1\\ 1&0&0&0&1&1&0\\ 0&1&0&0&0&1&1\\ 1&0&1&0&0&0&1\\ 1&1&0&1&0&0&0 \end{bmatrix}.$$

ここでもう一つ基本的な定義を与えておく．

1.34 ［定義］（補デザイン (complementary design)）　t-(v,k,λ) デザイン $(V,\mathcal{B})$ に対して $(V,\mathcal{B}')$ を $\mathcal{B}'=\{V\backslash B \mid B\in\mathcal{B}\}$ で定義すると $(V,\mathcal{B}')$ はブロックデザイン

になることが知られている．そのパラメーターを t-(v,k',λ') とすると．$k'=v-k$，$\lambda'=\frac{\binom{v-k}{t}}{\binom{k}{t}}\lambda$ となる．$(V,\mathcal{B}')$ は $(V,\mathcal{B})$ の**補デザイン (complementary design)** と呼ばれる．詳しくは [308, 192 頁にある Corollary] もしくは [355] などを参照されたい．

一般に t-(v,k,λ) デザイン $(V,\mathcal{B})$ の結合行列 M の各行には 1 がちょうど k 回現れまた，各列には 1 がちょうど r 回現れる．J をすべての要素が 1 である正方行列とする．上記の事実を行列で表すとそれぞれ $MJ=kJ$，および $JM=rJ$ が成り立つと言い表される（ここで J はそれぞれ次数が違うことに注意されたい，煩雑を避けるために以後，行列 J および単位行列 I は次数を明記しないで使うことが多い)．また特に，$(V,\mathcal{B})$ が 2-デザインであるときには，M の任意の異なる二つの列に 1 がちょうど λ 回同時に現れるので，

$$
{}^{t}MM=\begin{bmatrix} r & & & \lambda \\ & r & & \\ & & \ddots & \\ \lambda & & & r \end{bmatrix} \tag{1.14}
$$

が得られる[4]．

1.35 [問題]　2-デザインの結合行列 M に対して ${}^{t}MM$ の行列式は

$$
\det({}^{t}MM)=(r+(v-1)\lambda)(r-\lambda)^{v-1}
$$

で与えられることを示せ．

1.36 [定理] (Fisher の不等式 (Fisher type inequality))　2-(v,k,λ) デザインにおいて，条件 $v>k$ のもとで，不等式 $b\geq v$ が成り立つ．

証明　$k<v$ の仮定および式 (1.12) より $r>\lambda$ を得る．したがって問題 1.35 で求めた行列式 $\det({}^{t}MM)$ は 0 ではない．すなわち行列 ${}^{t}MM$ は次数 v の正則行列であり，したがって $b\geq v$ を得る．（一般に二つの行列 A, B の積 AB の階数は A および B の階数を越えない．）■

1.37 [定義] (対称な 2-デザイン (symmetric design))　2-(v,k,λ) デザインで $b=v$ を満たすものを**対称な (v,k,λ) デザイン (symmetric (v,k,λ) design)** と呼ぶ．

---

[4] ${}^{t}M$ は M の転置行列を表す．

1.38 ［注意］　対称な 2-(v,k,λ) デザインにおいては，（式 (1.13) より）$r=k$ が成り立つ．

今，M を対称な 2-(v,k,λ) デザインの結合行列とする．このとき，M は正方行列であり，$MJ=JM=kJ$ が成り立つ．また，式 (1.14) は

$$
{}^tMM=(r-\lambda)I+\lambda J
$$

とも表すことができ，かつ定理 1.36 の証明で示したことより M は正則な行列である．したがって，

$$
{}^tM=\{(r-\lambda)I+\lambda J\}M^{-1}
$$

と表される．今，$M\,{}^tM$ を考えると，

$$
\begin{aligned}
M\,{}^tM &= M\{(r-\lambda)I+\lambda J)\}M^{-1}=\{(r-\lambda)I+\lambda J)\}MM^{-1} \\
&= \{(r-\lambda)I+\lambda J)\}=\begin{bmatrix} r & & & \lambda \\ & r & & \\ & & \ddots & \\ \lambda & & & r \end{bmatrix}
\end{aligned} \tag{1.15}
$$

が成り立つ．このことは，二つのブロック B_i と B_j はちょうど λ 個の点を共通に含むことを意味する．このことに注意して，次の命題を述べる．

1.39 ［命題］　2-(v,k,λ) デザインにおいて $v>k$ が成り立っているとする．このとき，次の四つの条件は同値である．

(1) $b=v$,

(2) $r=k$,

(3) 任意の二つのブロックはちょうど λ 個の点を共通に含む，

(4) 任意の二つのブロックはちょうどある定数（$=m$ と置く）個の点を共通に含む．

証明　(1) と (2) の同値性は $bk=vr$ による．

(2) から (3) が出ることは直前の議論で示した．

(3) から (4) は自明である．

(4) から (1) を示そう．点とブロックを入れ替えて考える．すなわち，行列 ${}^tM$ を考えると各行に 1 がちょうど r 回現れており ${}^tM$ の各列には 1 がちょうど k 回現れる．また ${}^tM$ の任意の二つの列に 1 が同時にちょうど m 回現れていることになる．した

がって ${}^tM$ は 2-(b,r,m) デザインの結合行列となる．このデザインは各ブロックが r 個の点を含んでおり，各点はちょうど k 個のブロックに含まれている．(1.13) を与えられたデザインに適用すると $bk = vr$．また，$v > k$ であるから $b > r$ が成り立つ．次に (1.12) を得られた 2-(b,r,m) デザインに適用すると，$k(r-1) = (b-1)m$ となり，$k > m$ を得る．問題 1.35 より $\det(M\,{}^tM) = (k+(b-1)m)(k-m)^{b-1} > 0$ を得る．したがって $M\,{}^tM$ は次数 b の正則行列であり，$b \leq v$ が成り立つ．一方，与えられたデザイン $(V,\mathcal{B})$ に対する Fisher の不等式 $b \geq v$ より，$b = v$ を得る．■

1.40［注意］　上記の命題 1.39 の証明で考察したように 2-(v,k,λ) デザイン $(V,\mathcal{B})$ において上記命題 1.39 の条件 (4) が成立していれば点とブロックの役割を入れ換えて考えると 2-(b,r,m) デザインが存在していることがすぐわかる．この 2-(b,r,m) デザインを $(V,\mathcal{B})$ の双対構造 (dual structure) あるいは双対デザイン (dual design) という．

1.41［注意］　以上をまとめると，対称 2-(v,k,λ) デザインの結合行列 M は

$$MJ = JM = kJ(= rJ), \quad {}^tMM = M\,{}^tM = (r-\lambda)I + \lambda J$$

を満たしている．

1.42［注意］　M. Hall, Jr. [200, Section 10.2] で述べられているように，対称な 2-(v,k,λ) デザインにおいて，デザイン $(V,\mathcal{B})$ と双対デザイン $(\mathcal{B},V)$ は同じパラメーターを持つが，デザインとしては同型でないこともある．

デザインの重要な定理

先に述べた，t-(v,k,λ) デザインの存在のための必要条件，命題 1.31 および式 (1.11)，はどれくらい強いのであろうか？ どれくらい十分条件に近いのであろうか？ 正確なところはまだ解かっていない．それでも，$t=2$ のときに限れば，かなり強い条件であることはわかっている．

例えば，2-$(v,3,1)$ デザインは Steiner 3 重デザインと呼ばれ，多くの研究がなされてきた．この 2-$(v,3,1)$ デザインに関しては命題 1.31 および式 (1.11) は存在のための十分条件にもなっていることが示されている．そしてそれは

$$v \equiv 1, 3 \pmod 6$$

と同値であることが直ちにわかる（詳しくは [308, Example 19.11, Example 19.15] を参照）．もちろん，このようなことは一般の t-(v,k,λ) デザインにおいては成り立たず，

十分条件にならない多くの場合が知られている．次の Wilson の定理はこの方向での決定的な結果と言える．詳しくは Wilson [501, 502, 503], および RayChaudhuri-Wilson [388, 390] を参照されたい．

1.43 [定理] (Wilson)　k, λ が与えられているとする．このとき，k, λ により定まるある数 v_0 が存在して，$v \geq v_0$, $\lambda(v-1) \equiv 0 \pmod{k-1}$, $\lambda v(v-1) \equiv 0 \pmod{k(k-1)}$, が成り立つならば，2-$(v,k,\lambda)$ デザインで，$r = \lambda(v-1)/(k-1)$, $b = \lambda v(v-1)/k(k-1)$ となるものが存在する．

1.44 [注意]　$t \geq 3$ のとき，同様のことが成り立つことを示せれば非常に望ましいと思うが未解決である．ブロックに重複を許せば，この必要条件は十分条件にかなり近いことが知られている．（詳しくは Graver-Jurkat [195], Wilson [500] または Khosrovshahi-Tayfeh-Rezaie [265] 参照[5]．）

対称な 2-(v,k,λ) デザインにおいては次の存在のための必要条件が知られている（[315, 113] 参照）．

1.45 [定理] (Bruck-Ryser-Chowla の定理)　対称な 2-(v,k,λ) デザインにおいては次が成り立つ．ただし，$n = k - \lambda$ とおく．

(1) v が偶数ならば，n は平方数である．
(2) v が奇数ならば，$z^2 = nx^2 + (-1)^{(v-1)/2}\lambda y^2$ は全部が 0 でない整数解 x,y,z を持つ．

証明　(1) $\det({}^tMM) = (r+(v-1)\lambda)(r-\lambda)^{v-1}$ の左辺は平方数である．また，デザインの対称性により $r = k$ さらに (1.12) より $r+(v-1)\lambda = k^2$ を得る．したがって，$(r-\lambda)^{v-1}$ は平方数であるが，$v-1$ が奇数であることに注意すれば，$n = k - \lambda$ は平方数でなければならない．

(2) の証明は非常に面白いのではあるが，かなり複雑になるので詳細は他の本を見られたい．（いくつかの証明が知られている．M. Hall, Jr. [200]，山本幸一 [507]，E. S. Lander [292] など参照されたい．）■

[5] 最近の仕事として $t \geq 3$ の場合への拡張が進展していることに注意しよう [178, 282].

4. デザインの具体例

有限射影平面 (finite projective plane)

K を体とし，K 上の $n+1$ 次元ベクトル空間 K^{n+1} を考える．K^{n+1} の 0 ではない二つのベクトルが互いに他の定数倍になっているときに同値であるとし，この同値関係 $\sim$ による商空間 $KP^n = (K^{n+1}\backslash\{0\})/\sim$ を n 次元**射影空間** (**projective space**) と呼ぶ．KP^n の元を点と呼ぶ．すなわち射影空間 KP^n の点は K^{n+1} の 1-次元部分空間に対応する．K^{n+1} の 2-次元部分空間に対応する KP^n の部分集合は直線と呼ばれることが多い．また K^{n+1} の 3-次元部分空間に対応している KP^n 集合は平面と呼ばれることが多い．特に $n=2$ で考えたものが K 上の**射影平面** (**projective plane**) で，点と直線からできている．特に K を位数 q の有限体 F_q にとれば，有限個の点からできている（有限体上の）射影空間，射影平面ができる．これらはある意味で非常に標準的な射影空間，射影平面であるが，射影平面に関しては次に与える定義のように点と直線の集合の間の含む含まないで定義される結合関係を公理化したものとしてとらえるのが自然であり一般的である．このような有限個の点，直線，あるいはそのようなもの達からなるような構造を有限幾何という．有限幾何は必ずしも有限体の上の幾何というわけではなくて，もっと広い概念と言える．

1.46 [定義] (射影平面 (projective plane))　P を点の集合，L を直線の集合とする．また，点と直線の間には含む含まないの結合関係 $\in$ が定義されている．次の三つの公理を満たすとき，$(P, L, \in)$ の三つ組を射影平面であるという．

公理 (1) 2 点を結ぶ直線は唯一つだけ必ず存在する．

公理 (2) 2 直線は必ず唯一つの点で交わる．

公理 (3) 4 点部分集合で，どの 3 点も同一直線上にないものが存在する．

1.47 [注]　この射影平面の定義では P が無限集合の場合も許される．また多くの場合，結合関係 $\in$ については暗黙のうちに仮定し，はっきり述べない場合が多い．したがって，以下では射影平面を通常 $\pi = (P, L)$ で表す．(3) の条件はある意味で自明な右のような退化した場合を除くために課せられている．

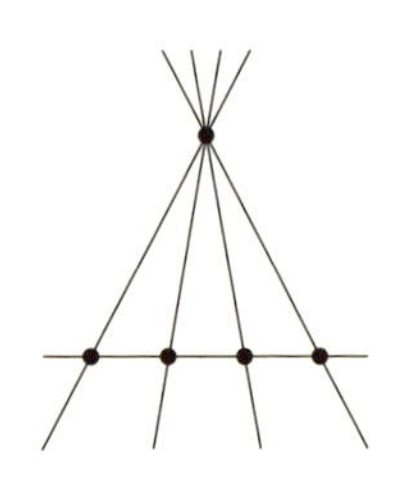

1.48 [注意]　特に，P が有限集合であるとき，$\pi = (P, L)$ は**有限射影平面** (**finite projective plane**) という．このとき，あとでもうすこし詳しく述べるが，1 より大

きい自然数 n が存在して，点および直線の個数はそれぞれ n^2+n+1 であり，一つの直線は $n+1$ 個の点を含み，一つの点は $n+1$ 個の直線に含まれることがわかる．この数 n を有限射影平面の**位数 (order)** という．体 F_q 上の射影平面は位数 q の射影平面で **Desargue 平面**と呼ばれている．また，体 F_q 上の射影平面以外にも標準的でない射影平面の存在がいろいろと知られている．それらは**非 Desargue 平面**と呼ばれる．ただし現在までのところ，知られている有限射影平面の位数はすべて素数ベキなものに限られている．有限射影平面の位数が常に素数ベキになるか否かは現在**未解決**な重要問題である．専門家の間でもそれが成り立つと思っている人と思っていない人の両方に意見がわかれていると思われる．これら非 Desargue 平面が体よりも弱いどのような代数的構造を持ったもので座標付けられるか，またそれらを何らかの形で分類しようという問題も昔からいろいろと研究されているが，非常に難しい問題で，現在でもある程度のことしか解っていない．有限射影平面に関することだけでも，未解決の興味ある問題がごろごろと転がっている．もちろん，位数 n を与えればそのような有限射影平面は同型なものを除いて「有限個しかない」わけであるが，またこの種類の問題ではいつもそうなのであるが，「有限個しかない」ということはほとんど役に立たないのである．有限のことなら何でもコンピューターでやればできるのではと思うかもしれないが，まったくそうではない．点の個数が非常に小さいときならばすこしはコンピューターも役に立つが，点の個数が増えるとすぐコンピューターでも間に合わなくなってしまうわけである．

上で述べた有限射影平面の概念は，実はデザインの言葉で特徴付けられる．このことを問の形で述べておく．（読者は証明を試みると面白いと思うであろう．）

1.49 ［問題］　位数 n の有限射影平面の存在と，2-$(n^2+n+1, n+1, 1)$ デザインの存在は同値であることを証明せよ．

また，次のことも問の形で述べておく．

1.50 ［問題］

(1) 各素数ベキ $q=p^f$ に対して q 個の元からなる有限体が同型を除いて唯一つ存在することが知られている．このことを代数の教科書を用いて確認せよ．この有限体を F_q で表す．（GF(q) で表す流儀もある．）

(2) 各有限体 $K=F_q$ に対して KP^2 は位数 q の有限射影平面となることを確認せよ．別の言葉で言うと，有限体 F_q 上の 3 次元ベクトル空間 F_q^3 を考える．F_q^3 の 1 次元部分空間の全体の集合を V，$\mathcal{B}$ を V の 2 次元部分空間の全体の集合とする．($\mathcal{B}$

の元ブロックは V の $q+1$ 個の 1 次元部分空間からなることに注意されたい.）このとき $(V,\mathcal{B})$ は $2\text{-}(q^2+q+1, q+1, 1)$ デザインになることを，すなわち位数 q の射影平面になることを示せ.

1.51 [定理]　射影平面 $\pi=(P,L)$ において，次の六つの条件は同値である.

(1) ある一つの直線はちょうど $n+1$ 個の点を含む.
(2) ある一つの点はちょうど $n+1$ 個の直線に含まれる.
(3) どの一つの直線もちょうど $n+1$ 個の点を含む.
(4) どの一つの点もちょうど $n+1$ 個の直線に含まれる.
(5) 全部で n^2+n+1 個の点が存在する.
(6) 全部で n^2+n+1 個の直線が存在する.

上の定理の証明は他の本にゆずる.（順番に考えればそれ程難しくはない. 詳しくは [200] などを参照. 実際の講義のときはこの一部を簡単に説明し，残りの証明の完成をレポート問題にした.）

この定理の証明を考えるとき，定義 1.46 の射影平面の三つの公理 (1), (2), (3) に対して，それらが成り立つとき，次の公理 (3′) が成り立つことに注意しよう.

公理 (3′)　四つの直線でそのどの三つも 1 点で交わらないものが存在する.

この公理 (3′) は，公理 (3) の双対な条件であり，射影平面 $\pi=(P,L)$ の点と直線の役割を入れ替えた双対構造 $\pi'=(L,P)$ が射影平面になることを保証していることに注意されたい.

射影平面，射影幾何についてもう少し解説を加えよう. Bruck-Ryser-Chowla の定理を射影平面 $2\text{-}(v,k,\lambda)$ デザインの場合に適用すると次のようになる.

1.52 [定理]　$n \equiv 1, 2 \pmod 4$ のとき，位数 n の射影平面が存在するならば，$n=x^2+y^2$ と n は二つの平方数の和で表される.

1.53 [系]　位数 $n=6, 14, 21, 22, \ldots$ の射影平面は存在しない.

1.54 [注意]　各位数 n に対して，位数 n の射影平面がどれくらいあるかということについては多くの研究がなされてきた. それでも，わからないことがまだ沢山残されている. $n=2,3,4,5,7,8$ についてはその位数の射影平面は同型を除いて一意的であることが知られている. 位数 9 に対しては四つの同型でないものが存在するという形で分

類が完成している [290]．位数 10 の場合の分類は非常に多くの人の努力と研究の歴史がある．あまりにも計算の量が多く複雑なので，この問題にとりかかると気が変になってしまうという言い伝えまで一時期あったようだ．M. Hall, Jr., Parker, MacWiliams, Sloane, Thompson などの初期の研究を経て，この問題は最終的に Lam-Thiel-Swiercz [291] により 1989 年に非存在が証明され最終的な解決を見た（[289] も参照）．この証明は本質的にしらみつぶしの方法であり，当時で最速の大型計算機を 1000 時間以上用いているとのことである．その意味でこの解決は，コンピューターの役割について，4 色問題の解決，Kepler 予想（3 次元ユークリッド空間における球の最適の充填についての予想）の解決などと同種の特質と興味を数学の世界にもたらしている．なお，位数 10 の次の問題として，位数 12（また人によっては位数 15）の場合に本気で挑戦している人が何名かいる．先に述べたように，射影平面の位数 n は常に素数ベキであるかというのがこの分野の最重要問題と考えられているが，n が素数 p そのものであるときにその位数の射影平面は同型を除いて一意的かという問題も，反例は一つも知られていないが，まだ未解決の興味ある問題である．他方，位数 n によっては，非常に多くの同型でない射影平面が存在する場合もあることが知られている．

アフィン平面 (affine plane)

射影平面と深く関係した，また同じく重要な概念として，次に述べるアフィン平面の概念がある．

1.55 [定義]（アフィン平面 (affine plane)）　点の集合 P と直線の集合 L の組 (P, L) が次の条件を満たすとき，(P, L) はアフィン平面であるという．

(1) 2 点を通る直線が唯一つだけ存在する．
(2) 1 直線とその上にない 1 点があるとき，その 1 点を通り初めの直線と交わらない直線が唯一つだけ存在する．
(3) 1 直線上にない 3 点が存在する．

1.56 [注意]　このとき，次のことが同値であることが知られている．（簡単に証明できる．読者の演習問題．）

(1) 1 直線はちょうど n 個の点を含む．
(2) 1 点はちょうど $n+1$ 個の直線に含まれる．
(3) 全部で n^2 個の点が存在する．
(4) 全部で n^2+n 個の直線が存在する．

このようなアフィン平面を**位数 (order)** n のアフィン平面と呼ぶ.

1.57 [問題]　位数 n のアフィン平面の存在と 2-$(n^2, n, 1)$ デザイン $(n \geq 2)$ の存在は同値であることを証明せよ.

1.58 [問題]　位数 n のアフィン平面の存在と位数 n の射影平面の存在は同値である. 2-$(n^2, n, 1)$ デザインの存在と 2-$(n^2+n+1, n+1, 1)$ デザインの存在は同値であることを証明せよ.

1.59 [注意]　位数 n のアフィン平面から位数 n の射影平面を構成する方法は, (実) ユークリッド平面に無限遠直線を付け加えて (実) 射影平面を作り出す方法と本質的に同じである (詳しくは射影幾何の教科書, 例えば [480], [200], [162], [233] などを参照のこと).

逆に, 位数 n の射影平面の一つの直線とそれに含まれる $n+1$ 個の点を取り除いたものとして位数 n のアフィン平面が得られる.

一般に位数 n のアフィン平面から位数 n の射影平面を構成する方法は一意的であるが, 逆に位数 n の射影平面から位数 n のアフィン平面を作り出す方法は直線の選び方に依存するので, 得られる位数 n のアフィン平面は同型でないものが出てくる可能性がある (実際にそうなっている場合が色々とある. そのような一番小さい例は位数 9 のときに起こることが知られている).

多重 (t-重) 可移置換群 (multiply transitive group) と t-デザイン

1.60 [定義] (t-重可移群)　群 G を集合 X 上の置換群とする. (以下特に断らなければ, X が有限の場合, すなわち有限置換群のみを考える.) このとき, G が X 上の可移置換群 (あるいは簡単に可移群) であるとは, X の任意の 2 元 α, β に対して, $\alpha^g = \beta$ となる元 $g \in G$ が存在することを言う. ここで α^g は g を α に働かせたものを表す. さらに, G が X 上の t-重可移置換群 (あるいは t-重可移群) であるとは, X の任意の (順序も考えた) 異なる t 個の元の二つの組 $(\alpha_1, \alpha_2, \ldots, \alpha_t)$, $(\beta_1, \beta_2, \ldots, \beta_t)$ に対して, $\alpha_i^g = \beta_i$ $(1 \leq i \leq t)$ となる元 $g \in G$ が存在することを言う. $t \geq 2$ の t-重可移置換群を多重可移群と呼ぶ. よく知られているように, 対称群 S_n は n 文字の上に自然に働かせたときに n-重可移群であり, 交代群 A_n は $(n-2)$-重可移群である. 対称群 S_n, 交代群 A_n は**自明な多重可移群**と呼ばれる.

1.61 [注意] (多重可移群から作られる t-デザイン)　t-デザインの概念は群論におけ

るt-重可移置換群の概念と深い関係がある．特に歴史的にはt-デザインの概念はt-重可移置換群の概念を出発点にしていたとも言える．以下においてGは$X = \{1, 2, \ldots, n\}$に働く有限群とする．次の命題はその意味で非常に重要である．

1.62 ［命題］　Gを有限集合$X = \{1, 2, \ldots, n\}$上に働くt-重可移置換群とする．BをXの任意の部分集合で，$|B| \geq t$とする．このとき，$\mathcal{B} = \{B^\sigma | \sigma \in G\}$とおくと，$(X, \mathcal{B})$は$t$-デザインである．（ただし，自明なデザインとなる可能性はある．）

証明　証明はほとんど明らかであると思う．$T, T' \in X^{(t)}$ならば，$T^g = T'$となる$g \in G$が存在する．$\lambda(T) = |\{B \in \mathcal{B} | T \subset B\}|$から$\lambda(T') = |\{B^g \in \mathcal{B} | T \subset B\}|$であるので，$\lambda(T) = \lambda(T')$が成り立つ．■

t-重可移置換群と類似の少し弱い概念として次の **t-重均質群 (t-homogeneous group)** の概念がある．

1.63 ［定義］（t-重均質群 (t-homogeneous group)）　X上の置換群Gが次の条件を満たすときにX上のt-重均質置換群であるという．

Xの任意の（順序を考えない）t個の元の組$\{\alpha_1, \alpha_2, \ldots, \alpha_t\}$, $\{\beta_1, \beta_2, \ldots, \beta_t\}$に対して$\{\alpha_1, \alpha_2, \ldots, \alpha_t\}^g = \{\beta_1, \beta_2, \ldots, \beta_t\}$となる元$g \in G$が存在する．

定義から明らかなように，t-重可移置換群はt-重均質置換群である．また$n = |X|$とおくとき，t-重均質群は$(n - t)$-重均質群であるので，t-重均質群というとき通常は$t \leq n/2$を仮定する．

1.64 ［注意］　t-重均質群についても先の命題1.62がまったく同様な形で成り立つ．この証明も明らかであろう．逆にt-重均質群はこの性質の成り立つ群として特徴付けられることも定義から明らかである（$|B| = t$を考えればよい）．次の定理は$t \geq 5$のとき，t-重均質群はt-重可移群になることを主張する非常に興味深い定理である．ここでは有限置換群であるということが重要である．（無限群に対しては一般には成り立たない．）

1.65 ［定理］（Livingstone-Wagner の定理 ([309])）　$t \geq 5$のt-重均質群は常にt-重可移になる．（ただし，$t \leq n/2$を仮定する．）

1.66 ［注意］　次に述べるように，自明でない$t \geq 6$のt-重均質群は（また自明でない$t \geq 6$のt-重可移群も）存在しないことが1980年代の初めの有限単純群の分類の完成を用いると示される．その意味ではこの定理はほぼ具体例のない定理とみなされるかもしれない．しかし Livingstone-Wagner によるこの定理の証明 (1965) は非常に初等的でかつ非常に美しいものである．（筆者の一人にとっては）個人的には，置換群の多くの定理の中でも一番好きな定理である．$2 \le t \le 4$ の t-重可移群でない t-重均質群で有限群のものは完全に分類されている (Kantor [260]).

1.67 [注意]（多重可移置換群の例，特に $\mathbf{PGL}(n,q)$, $\mathbf{PSL}(n,q)$）　詳しい解説は群論を扱った他書に譲るが，一番重要な例は，一般線形群 $\mathrm{GL}(n,q)$ あるいはその部分群である特殊線形群 $\mathrm{SL}(n,q)$ の射影空間の点の集合の上への作用が 2-重可移であるということであろう．命題 1.62 参照．なお，$\mathrm{GL}(n,q)$ は有限体 F_q を要素とする正則な $n \times n$ 行列の全体の作る群，$\mathrm{SL}(n,q)$ はその行列式の値が 1 となるものの作る指数 $q-1$ の部分群である．$\mathrm{GL}(n,q)$, $\mathrm{SL}(n,q)$ を射影空間の点の上の置換群と見たものを，それぞれ射影一般線形群，射影特殊線形群と呼び $\mathrm{PGL}(n,q)$, $\mathrm{PSL}(n,q)$ で表す．$n=3$ のとき，すなわち $\mathrm{PGL}(3,q)$, $\mathrm{PSL}(3,q)$ は位数 q の Desargue 有限射影平面の q^2+q+1 個の点の集合の上に 2-重可移となっているわけである．なお，一般線形群 $\mathrm{GL}(n,q)$ の位数は $|\,\mathrm{GL}(n,q)| = q^{n(n-1)/2}(q^n-1)(q^{n-1}-1)\cdots(q-1)$ であり，$|\,\mathrm{PGL}(n,q)| = |\,\mathrm{SL}(n,q)| = |\,\mathrm{GL}(n,q)|/(q-1)$, $|\,\mathrm{PGL}(n,q) : \mathrm{PSL}(n,q)| = (n,q-1)$ である．ここで $(n,q-1)$ は n と $q-1$ の最大公約数を表す．なお，$\mathrm{PGL}(2,q)$ は F_q 上の射影直線の $q+1$ 個の点の上の 3-重可移置換群となっている．他にもいろいろの興味ある 2-重，3-重可移置換群が知られているが，詳しくは群論の本を参考にされたい．

1.68 [定義]（置換群の拡大 (extension)）　群 G が集合 X 上の t-重可移置換群であれば，X の 1 点 α に対してその固定部分群 G_α は X から 1 点 α を除いた集合 $X\setminus\{\alpha\}$ の上の $(t-1)$-重可移置換群になる．逆に，群 G が集合 X 上の t-重可移置換群であるとき，X に 1 点（例えば ω）を付け加えた集合 $X \cup \{\omega\}$ の上の可移置換群 $\hat{G}$ で $\hat{G}_\omega$ の X への置換群と見たものが群 G の集合 X 上の置換群と（置換群として）同型のとき，置換群 $\hat{G}$ は置換群 G の可移拡大であると呼ばれる．（このとき $\hat{G}$ は必ず $(t+1)$-重可移置換群になる．）

いつ可移拡大が存在するかを決めるのは一般には難しい問題であるがいろいろと研究されている．$\mathrm{PSL}(3,4)$ は F_4 上の射影平面の 21 点の上の 2-重可移置換群であり，これは 3 回続けて拡大されて，3-重可移群 M_{22}，4-重可移群 M_{23}，5-重可移群 M_{24} が得られる．群の位数は，$|M_{24}| = 24|M_{23}|$, $|M_{23}| = 23|M_{22}|$, $|M_{22}| = 22|\,\mathrm{PSL}(3,4)|$, $|\,\mathrm{PSL}(3,4)| = 20160$ である．なお，ある 10 文字上の 3-重可移群を 2 回続けて拡大して別の Mathieu 群，4-重可移群 M_{11}，5-重可移群 M_{12}，が得られることも知られて

いる．このとき，$|M_{12}| = 12|M_{11}|$, $|M_{11}| = 7920 = 2^4 \cdot 3^2 \cdot 5 \cdot 11$ である．これらのMathieu 群が最初に発見されたのは 100 年以上前であったが，それ以外の 4 重以上の群は，色々の発見の試みにもかかわらず，一切見つからなかった．

1.69 [注意]（有限単純群の分類と多重可移置換群の分類の完成）　先に述べたように，有限単純群の分類を用いることにより，すべての多重置換有限群は分類されている．すなわち，$t = 2, 3$ のときはいくつかの無限系列といくつかの例外からなる．一方，自明でないものは $t \geq 6$ のとき一切存在せず．$t = 5$ のものは Mathieu 群 M_{12}，M_{24} の二つだけ，$t = 4$ のものは Mathieu 群 M_{11}，M_{12}，M_{23}，M_{24} の四つだけである．$t \geq 6$ のときは一切存在しないのであるから，多重置換群であるという強い条件を使ってそのことが直接に（非常に難しい有限単純群の分類を用いずに）示されれば非常に望ましいところであるが，どうやればそれができるかというアイデアも現在のところ一切存在しない状態である．読者のどなたかにより，このことの突破口を見つけていただきたいと切に思う．

1.70 [注意]　t-デザインは歴史的には t-重可移置換群と関連して生じた概念と思われるが，それらの二つの間の関係は単純ではない．上に述べたように自明でない $t \geq 6$ の t-重有限可移置換群は存在しないことがわかったわけであるが，t-デザインについてはまったく状況が異なる．自明でない t-(v, k, λ) デザインの存在問題も長い歴史を持っている．t が比較的小さいときは以下に述べるようにいろいろな具体例が知られていた．特に $t = 5$ まではいくつかの例が知られていたが，1960 年代の初めの時点では，$t \geq 4$ の知られている t デザインは t-重可移置換群から作れるものだけであった．その後 $t = 4, 5$ の場合に，直接には多重可移置換群と関係していないデザインの例がいくつか見つかったが，1970 年代の初めになっても $t \geq 6$ の自明でないデザインは一つも知られていなかった．その後，$t = 6$ の自明でないデザインがいくつか見つかったりしたが，任意の（どのように大きな）t に対しても自明でないデザインが存在するという事実は 1987 年の Teirlinck の論文 [447] で初めて証明されるまでわからなかった．ただし，Teirlinck の場合の λ は非常に大きい．どれくらい小さい λ に対して，t デザインが存在するか否かは，現在でも未解決な興味深い問題である（次に述べる注意参照）．

1.71 [注意]　t-(v, k, λ) デザインの中で，$\lambda = 1$ のものは，Steiner 系 (Steiner system) あるいは Witt 系 (Witt system) と呼ばれ，一般の t-(v, k, λ) デザインよりも歴史的に古くから，幾何学の中で研究されてきた．任意の（どのように大きな）t に対しても $\lambda = 1$ のデザインが存在するか否かは興味ある未解決問題である（正確には，あった？　最近 Keevash [262] により解決されたと思われる).

1.72 [問題]　有限体 F_q 上の m 次元ベクトル空間 F_q^m の1次元部分空間の全体の集合を V, $\mathcal{B}$ を F_q^m の ℓ 次元部分空間の全体の集合とする．ただし $\ell \geq 2$ とする．このとき $(V, \mathcal{B})$ は 2-デザインになることを示せ．またこのデザインのパラメーター $t = 2, v, k, \lambda$ を求めよ．
(答．$t = 2$, $v = \frac{q^m-1}{q-1}$, $k = \frac{q^\ell-1}{q-1}$, $\lambda = \frac{(q^{m-2}-1)(q^{m-3}-1)\cdots(q^{m-\ell+1}-1)}{(q^{\ell-2}-1)(q^{\ell-3}-1)\cdots(q-1)}$)
　読者はこれらの値を確かめられたい．
　なお，この証明は群を用いずにも直接できるが，命題 1.62 において，$\mathrm{PGL}(m, q)$ が V 上の 2-重可移群であることを用いても直ちに得られる．

1.73 [注意]　先に述べたように，$b = v$ の成り立つ 2-(v, k, λ) デザインを**対称な 2-デザイン (symmetric 2-design)** と呼ぶ．対称な 2-デザインはかなり沢山存在する．射影平面すなわち 2-$(n^2 + n + 1, n, 1)$ デザインは対称な 2-デザインの例である．なお，直前の問題で，$\ell = m - 1$ としたものは，対称な 2-デザインの例になっている．

1.74 [注意]　自明でない t-(v, k, λ) デザインに対してはより強い一般化された **Fisher 型不等式 (Fisher type inequality)**, $b \geq \binom{v}{[t/2]}$, が成り立つ．また，等号の成り立つとき，tight な t-デザインであるという．（正確に言うと，t が奇数のときはより強い不等式（第3章6節参照）が成り立ち，そこで等号が成り立つ場合に **tight な t-デザイン (tight t-design)** と呼ぶ．したがってこの tight な t-デザインの定義は t が偶数の場合のみの定義と考えるべきであろう．）tight な 2-デザインは対称な 2-デザインである．一般化された Fisher 型不等式，その他種々の拡張については，第3章を参照されたい．

ラテン方陣 (Latin square) と直交配列 (orthogonal array)

1.75 [定義] (ラテン方陣 (Latin square))　$S = \{1, 2, \ldots, n\}$ を n 個の数字からなる有限集合とする．S の元を要素とする $n \times n$ 行列 $A = (a_{ij})(a_{ij} \in S)$ が n 次のラテン方陣であるとは，行列 A の各行，各列に同じ数字がちょうど1回ずつ現れることを言う．

1.76 [定義] (直交するラテン方陣)　二つの n 次のラテン方陣 $A = (a_{ij})$ と $B = (b_{ij})$ が直交するとは，$S \times S$ の任意の元 (x, y) が n^2 個の元の組達 $\{(a_{ij}, b_{ij})\}$ の中にちょうど1回ずつ現れることを言う．また，r 個の n 次のラテン方陣 $A_1, A_2, \ldots, A_r$ が互いに直交するとは，そのうちの任意の二つが直交することと定義する．

1.77 [定義] (直交する方陣)　S の元を要素とする $n \times n$ 行列 $A = (a_{ij})$ を n 次の方陣と呼ぶ．ラテン方陣の場合と同様に，二つの n 次の方陣 $A = (a_{ij}), B = (b_{ij})$ が直交するとは，$S \times S$ の任意の元 (x, y) が $\{(a_{ij}, b_{ij})\}$ の中にちょうど 1 回ずつ現れることを言う．また，r 個の n 次の方陣 $A_1, A_2, \ldots, A_r$ がお互いに直交するとは，そのうちの任意の二つが直交することと定義する．

より一般に，次の概念を定義する．

1.78 [定義] (直交配列 (orthogonal array))　S は前述の通りとする．S の元を要素とする $n^2 \times k$ 行列 $A = (a_{ij})$ が直交配列 $\mathrm{OA}(n, k)$ であるとは，$S \times S$ の任意の元 (x, y) が行列 A の任意の二つの列，第 p 列と第 q 列，に対して，$\{(a_{ip}, a_{iq})\}(1 \le i \le n^2)$ 達の中にちょうど 1 回ずつ現れることを言う．

1.79 [定理]　次の三つの条件は同値である．

(1) $\mathrm{OA}(n, k)$ が存在する．
(2) 互いに直交する $k-2$ 個の直交する n 次のラテン方陣が存在する．
(3) 互いに直交する k 個の直交する n 次の方陣が存在する．

証明　読者の演習問題とする．■

次の定理も成り立つ．この証明も演習問題にしよう．

1.80 [定理]　次の五つの条件は同値である．

(1) $\mathrm{OA}(n, n+1)$ が存在する．
(2) 互いに直交する $n+1$ 個の直交する n 次の方陣が存在する．
(3) 互いに直交する $n-1$ 個の直交する n 次のラテン方陣が存在する．
(4) 位数 n のアフィン平面（すなわち 2-$(n^2, n, 1)$ デザイン）が存在する．
(5) 位数 n の射影平面（すなわち 2-$(n^2+n+1, n+1, 1)$ デザイン）が存在する．

1.81 [注意]　2-(v, k, λ) デザイン (BIBD) あるいは Steiner 系 2-$(v, k, 1)$ が t-デザインの特殊な場合であったように，$\mathrm{OA}(n, k)$ はより一般な直交配列 t-$\mathrm{OA}(n, k; \lambda)$ の特殊な場合と考えられる．

次に一般の直交配列 t-OA$(n,k;\lambda)$ を定義しよう．

1.82 [定義] (直交配列 t-OA$(n,k;\lambda)$)　S の元を要素とする $\lambda n^t \times k$ 行列 $A=(a_{ij})$ が次の性質を持つときに A を直交配列 t-OA$(n,k;\lambda)$ であるという．行列 A の任意の t 個の列の作る行列は S の直積集合 S^t の任意の元 $(x_1,\ldots,x_t)$ をちょうど λ 回含む．(明らかに，$t=2$, $\lambda=1$ の場合が初めに述べた直交配列 OA(n,k) である．）なおこの一般の直交配列 t-OA$(n,k;\lambda)$ は以下の章で（第 3 章 3 節の最後および第 4 章)，ハミングスキームにおける t-デザインとして現れ，重要な役を演ずる．

Euler の予想 (Euler conjecture) の否定的解決

任意の自然数 n に対して，次数 n のラテン方陣が存在することは明らかである．例えば第 1 行が $(1,2,\ldots,n)$ で第 2 行以下はそれを巡回的に動かして得られる行列が一つの例である．では，どのような n に対して互いに直交する二つのラテン方陣が存在するであろうか．n が奇数のときおよび n が 4 の倍数のときはそのようなものが存在することが比較的容易に示される．また $n=2$ のときは存在しないことが明らかである．Euler は $n=6$ のときを，6 個連隊から 6 階級を代表する士官 36 人を方陣に配置し，縦横ともに各連隊，各階級が現れるようにできるかという，36 士官の問題として提出し，この場合を研究した．そして，不可能であろうとの感触を得た．また，$n=4k+2$ の場合もいつも不可能であろうとの推測を 1782 年に述べている．$n=6$ の場合が実際に不可能であることの証明は 1900 年になってフランス人の Tarry によって初めて証明された．その証明はしらみつぶしの方法でありそれが厳密であるか否かについては議論もあったが，現在ではコンピューターにより容易にチェックできるであろう．その後，この Euler の予想は長い間信じられ，これを証明した論文も発表されたり，また高木貞治の日本語の本 [436] の初版では Euler の予想が正しいという間違った証明が紹介されたりした．1960 年になり，Bose-Shrikhande-Parker [99] により，$n=2,6$ を除くすべての $n=4k+2\geq 10$ に対して直交する二つのラテン方陣の構成がなされ，Euler の予想の完全に否定的な解決を見た．これは当時非常な驚きであったと思う．

さて，Euler の予想自身は否定的に解決されたが，この方向の研究がそれで終わったというわけではない．例えば n に対して，次数 n の互いに直交するラテン方陣の最大個数 $N(n)$ は何になるかという問題は興味深く，いろいろと研究されている．一般に $n=2,6$ を除くと $2\leq N(n)\leq n-1$ であり，$N(n)=n-1$ のものの存在は位数 n の射影平面（あるいはアフィン平面）の存在と同値である．例えば，$n=10$ のとき

$2 \leq N(10) \leq 8$ であることはわかったわけであるが，$N(10)$ の正確な値，あるいは $N(10) \geq 3$ か否かは，まだ未解決であると思われる．他にも $N(n)$ のある程度の評価が知られている場合もある．（例えば [200] 参照．）

アダマール行列

$n \times n$ 行列，$A = (a_{i,j})$ を考える．ここで $a_{i,j}$ は各 i, j に対して，$|a_{i,j}| \leq 1$ である実数とする．このとき，$A = (a_{i,j})$ の行列式 $\det A$ に対して，$|\det A| \leq n^{n/2}$ が成り立つ．

（なぜか考えよ．解答：行列 A の行ベクトルを $\boldsymbol{a}_1, \boldsymbol{a}_2, \ldots, \boldsymbol{a}_n$ で表す．このとき，$|\det A|$ はベクトル $\boldsymbol{a}_1, \boldsymbol{a}_2, \ldots, \boldsymbol{a}_n$ で張られる平行 $2n$ 面体の体積の絶対値を表す．今各ベクトル $\boldsymbol{a}_i$ の長さは $\sqrt{a_{i1}^2 + a_{i2}^2 + \cdots + a_{in}^2}$ で，（各 a_{ij} の絶対値が 1 で押さえられていることから）$\sqrt{n}$ で上から押さえられている．したがって，平行 $2n$ 面体の体積の絶対値が最大になるのは，$\boldsymbol{a}_i$ の長さがすべて $\sqrt{n}$ に等しく（したがって，各 $a_{i,j}$ が 1 または -1 であり）かつベクトル $\boldsymbol{a}_1, \boldsymbol{a}_2, \ldots, \boldsymbol{a}_n$ が互いに直交するときで，このとき $|\det A|$ は $n^{n/2}$ で上から押さえられている．）

では，いつ等号 $|\det A| = n^{n/2}$ が成り立つであろうか．等号が成り立つとき行列 A を**アダマール行列 (Hadamard matrix)** と呼ぶ．すなわち，

1.83 ［定義］（アダマール行列の定義）　$n \times n$ 行列，H が（次数 n の）アダマール行列であるとは，H の各要素は 1 または -1 であり，$|\det H| = n^{n/2}$ が成り立つことと定義する．

直ちにわかるように，次の命題が成り立つ．

1.84 ［命題］　各要素が 1 または -1 の $n \times n$ 行列，H について次の三つの条件は同値である．

(1) $|\det H| = n^{n/2}$ である（すなわち H はアダマール行列である），
(2) $H {}^tH = nI$（行の直交関係が成り立つ），
(3) ${}^tH H = nI$（列の直交関係が成り立つ）．

アダマール行列の定義は，上の命題の (2) または (3) の直交条件を用いて定義するのが普通である．どのような n に対してアダマール行列が存在するか，また任意の n に対しての完全な分類は無理としても，アダマール行列を何らかのかたちで分類することが，この分野の中心問題である．

1.85［例］ 次の行列はいずれもアダマール行列である．

(1) $H = [1]$,

(2) $H = \begin{bmatrix} 1 & 1 \\ 1 & -1 \end{bmatrix}$,

(3) $H = \begin{bmatrix} 1 & 1 & 1 & 1 \\ 1 & 1 & -1 & -1 \\ 1 & -1 & 1 & -1 \\ 1 & -1 & -1 & 1 \end{bmatrix}, H' = \begin{bmatrix} 1 & -1 & 1 & 1 \\ 1 & -1 & -1 & -1 \\ -1 & -1 & -1 & 1 \\ 1 & 1 & -1 & 1 \end{bmatrix}$. □

次の定理は非常に基本的である．

1.86［定理］ 次数 n のアダマール行列が存在するならば，n は 1, 2 または 4 の倍数である．

1.87［注意］ 4 の倍数である任意の自然数に対してその次数のアダマール行列が存在するか否かは有名な未解決問題である．4 の倍数である任意の自然数に対してその次数のアダマール行列が存在するという予想を**アダマール予想 (Hadamard conjecture)** と呼ぶ．アダマール予想は成り立つと考えている専門家のほうが成り立たないと考える人に比べて多いとは思われるが，何とも言えない．本書の原稿を書き始めた時点では 428 が存在の知られていない最小の次数であったが，Kharaghani と Tayfeh-Rezaie によってその存在が証明された（2005 年 [263]）．現在（2015 年 12 月時点）では未解決な最小の次数は $668 = 4 \cdot 167$ であると思われる [263]．

証明　一つのアダマール行列に対する行の置換，列の置換，ある行を -1 倍する，ある列を -1 倍するという変換達は，アダマール行列であるという性質を変えない．（二つのアダマール行列がこれらの変換を何回か施して移りあうとき，二つの**アダマール行列は同値**であるという．例えば上の例 (3) の H と H' は同値になることを確認されたい．また，この同値という関係は同値関係になることに注意されたい．）以下 $n \geq 3$ を仮定する．上述の変換を用いて H の第 1 行はすべて 1 であるようにできる．このときの第 2 行目と第 3 行目を考え，第 2 行目と第 3 行目の要素が，$(1,1)$, $(1,-1)$, $(-1,1)$, $(-1,-1)$ となる列の個数をそれぞれ，x, y, z, w とおく．このとき，1 行目と 1 行目，1 行目と 2 行目，1 行目と 3 行目，2 行目と 3 行目，の内積をそれぞれ計算すると行の直交性からそれぞれ，$x+y+z+w = n$, $x+y-z-w = 0$, $x-y+z-w = 0$, $x-y-z+w = 0$ が得られる．したがって，$x = y = z = w = n/4$ が成り立ち，n

は 4 の倍数でなければならない. ∎

アダマールデザイン

H を次数 n のアダマール行列とする. このとき, 必要ならばいくつかの行あるいは列を -1 倍することにより, 第 1 行および第 1 列がすべて 1 になるように変換できるので

$$H = \begin{bmatrix} 1 & 1 & \cdots & 1 \\ 1 & & & \\ \vdots & & H' & \\ 1 & & & \end{bmatrix}$$

と表してよい. ここで行列 H' は $(n-1)\times(n-1)$ 行列である. この行列 H' の成分 -1 を 0 に変換してできる $(0,1)$ 行列を A で表す. このとき, A の各行各列に出てくる 1 の個数は $n=4t$ とおくと, $2t-1$ であり, A の相異なる二つの列に共通に表れる 1 の個数は $t-1$ である. すなわち, $AJ=(2t-1)J$ および ${}^tAA = tI+(t-1)J$ が成り立つ. したがって, A は 2-$(4t-1, 2t-1, t-1)$ デザインの結合行列を表す. すなわち, 次数 $n=4t$ のアダマール行列から 2-$(4t-1, 2t-1, t-1)$ デザインができたわけである. このパラメーターを持つデザインを, すなわち 2-$(4t-1, 2t-1, t-1)$ デザインを**アダマール 2-デザイン**と呼ぶ. 逆に, 2-$(4t-1, 2t-1, t-1)$ デザインから次数 $n=4t$ のアダマール行列ができることも明らかである. 二つの同型な 2-$(4t-1, 2t-1, t-1)$ デザインからできる次数 $n=4t$ のアダマール行列が同値であることは明らかである. しかし二つの同値な次数 $n=4t$ のアダマール行列から, 色々な方法で第 1 行および第 1 列がすべて 1 になるように変換できるので, このようにしていくつもの同型でない 2-$(4t-1, 2t-1, t-1)$ デザインができるかもしれないことに注意されたい. (実際にそのことが起っている.)

1.88 [注意]　対称な 2-(v,k,λ) デザインの中で, 射影平面, すなわち 2-$(n^2+n+1, n+1, 1)$ デザインとアダマールデザイン 2-$(4t-1, 2t-1, t-1)$ は次の意味で二つの両極端であり, 他の対称な 2-(v,k,λ) デザインはこれらの中間に位置するという見方もある. すなわち, 対称な 2-(v,k,λ) デザインにおいて, $n=k-\lambda$ とおいて点の個数 v を n の関数として比べる. 射影平面の場合は n^2+n+1 であり, アダマールデザインの場合は $4n-1$ となる. 他の対称な 2-(v,k,λ) デザインの場合は $4n-1 \le v \le n^2+n+1$ となることが知られている (詳しくは [507, 112 頁] 参照). 点の個数を $k-\lambda=n$ の関数と見たときに射影平面の場合が一番大きくてアダマールデザインの場合が一番小

さくなっているのである．また，この $n = k - \lambda$ の値は対称な 2-(v, k, λ) デザインとその補デザイン，すなわち 2-$(v, v-k, v-2k+\lambda)$ デザインにおいて同じ値をとることに注意されたい．

行列のテンソル積（Kronecker 積）

$n \times n$ 行列 $A = (a_{ij})$ と $m \times m$ 行列 $B = (b_{kl})$ のテンソル積 (Kronecker 積) は次で定義される $nm \times nm$ 行列

$$A \otimes B = \begin{bmatrix} a_{11}B & a_{12}B & \cdots & a_{1n}B \\ a_{21}B & a_{22}B & \cdots & a_{2n}B \\ \vdots & \vdots & \ddots & \vdots \\ a_{n1}B & a_{n2}B & \cdots & a_{nn}B \end{bmatrix}$$

である．このとき，次の式が成り立つ．

(1) ${}^t(A \otimes B) = {}^tA \otimes {}^tB$,

(2) A, C は $n \times n$ 行列，B, D は $m \times m$ 行列のとき，

$$(A \otimes B)(C \otimes D) = (AC) \otimes (BD).$$

このことから，H_n が n 次のアダマール行列，H_m が m 次のアダマール行列であれば，$H_{mn} = H_n \otimes H_m$ は nm 次のアダマール行列であることがわかる．（読者はこれを確かめられたし．）

このことから直ちに，例えば次数が 2 のベキ 2^r のアダマール行列はいつも存在することがわかる．群論の知識のある方にとっては，このアダマール行列は位数 2^r の初等アーベル群の指標表と一致することもわかるであろう．したがって，一般の次数のアダマール行列の存在問題は，$4 \times$ 奇数 の次数のアダマール行列の存在問題に帰着される．次に，特別の次数のアダマール行列の存在を示そう．

q 個の元からなる有限体 F_q の乗法群を F_q^* で表す．このとき，素数 p により $q = p^r$ となっている．また F_q^* は位数 $q-1$ の巡回群になっている．（代数の教科書を復習されたい．）q が奇数の場合を考える．F_q^* から $\{1, -1\}$ への写像 χ を x が平方数のとき $\chi(x) = 1$，そうでないときに $\chi(x) = -1$ と定義する．χ は準同型写像になっている．このとき χ の核は $\{a^2 \mid a \in F_q^*\}$ (**平方剰余**の全体) (**quadratic residue**) に一致しており F_q^* の指数 2 の部分群になっている．また $\chi(0) = 0$ と χ の定義域を F_q 全体に拡張することもある．例えば，素数 7 に対する素体 F_7 においては，

a	0	1	2	3	4	5	6
$\chi(a)$	0	1	1	-1	1	-1	-1

となる．また，F_{23} においては，$\chi(a) = 1$ となる a（すなわち平方剰余）は $1, 2, 3, 4, 6, 8, 9, 12, 13, 16, 18$ であり，残りの 0 でない元 $5, 7, 10, 11, 14, 15, 17, 19, 20, 21, 22$ に対しては χ の値は -1 となる．

1.89 ［注意］　有限体 F_q と有限環 $\mathbb{Z}/q\mathbb{Z}$ の違いに注意しておきたい．もちろん p が素数のときは一致するが，そうでないときは一致しない．また，q が奇数であれば F_q^* は位数偶数の巡回群となることから $q \equiv 1 \pmod 4$ のとき $\chi(-1) = 1$ であり，$q \equiv 3 \pmod 4$ のとき $\chi(-1) = -1$ であることが直ちに得られることにも注意しておく．

1.90 ［補題］　上で定義した有限体 F_q (q は奇数) 上の関数 χ に対して，

$$\sum_{b \in F_q} \chi(b)\chi(b+c) = -1$$

が任意の $c \in F_q^*$ に対して成り立つ．

証明　$\chi(0) = 0$ より，$\chi(0)\chi(0+c) = 0$ である．$b \neq 0$ のとき，$b + c = bz$ となる $z \in F_q$ が一意的に定まる．$c \in F_q^*$ であるから $z \neq 1$ である．この対応を $\tau(b) = z$ とおく．$\tau(-c) = 0$ となる．したがって τ は F_q^* から $F_q \backslash \{1\}$ への全単射になっている．$\chi(0) = 0$ であるから，

$$\begin{aligned}\sum_{b \in F_q} \chi(b)\chi(b+c) &= \sum_{b \in F_q^*} \chi(b)\chi(b\tau(b)) = \sum_{b \in F_q^*} \chi(b^2)\chi(\tau(b)) \\ &= \sum_{b \in F_q^*} \chi(\tau(b)) = \sum_{z \in F_q, z \neq 1} \chi(z) \\ &= \sum_{z \in F_q} \chi(z) - \chi(1) = -1.\end{aligned}$$

となる．　■

1.91 ［注意］　群論の知識のある方は，上の補題の式は巡回群（あるいは有限アーベル群）の指標表の第 2 直交関係式から直ちに得られることにもすぐ気がつくであろう．

次に F_q の元を $a_{q+1-i} = -a_i$ $(i = 1, 2, \ldots, q)$ が成り立つように $a_1, a_2, \ldots, a_q$ と

並べる．$q_{ij} = \chi(a_i - a_j)$ とおく．行列 Q を

$$Q = (q_{ij})_{1 \le i \le q, 1 \le j \le q}$$

と定義する．$q_{ij} = \chi(a_i - a_j) = \chi(-1)\chi(a_j - a_i)$ より，$q \equiv 3 \pmod 4$ のとき $q_{ij} = -q_{ji}$，$q \equiv 1 \pmod 4$ のとき $q_{ij} = q_{ji}$，が成り立っていることに注意しておく．

1.92 [補題]　上で定義した行列 Q に対して，$Q\,{}^tQ = qI - J$, $QJ = JQ = 0$ が成り立つ．

証明　$Q\,{}^tQ = B = (b_{ij})$ とおく．$b_{ij} = \sum_{t=1}^{q} \chi(a_i - a_t)\chi(a_j - a_t)$ である．$i = j$ のとき $b_{ij} = q - 1$ が成り立っている．$i \neq j$ のときは，補題 1.90 において $b = a_i - a_t$, $c = a_j - a_i$ の場合を考えれば，$b_{ij} = -1$ を得る．したがって $Q\,{}^tQ = qI - J$ を得る．$QJ = JQ = 0$ は $\sum_{z \in F_q} \chi(z) = 0$ から導かれる．■

1.93 [定理]　$q = p^r \equiv 3 \pmod 4$ であれば次数 $n = p^r + 1$ のアダマール行列が存在する．

証明　以下 $q = p^r \equiv 3 \pmod 4$ を仮定する．このとき，上で定義した行列 Q は**歪対称行列** (**skew symmetric matrix**) であることに注意しておく．今，

$$S_{q+1}^{(-)} = \begin{bmatrix} 0 & 1 & \cdots & 1 \\ -1 & & & \\ \vdots & & Q & \\ -1 & & & \end{bmatrix}$$

とおく．補題 1.92 から ${}^tS_{q+1}^{(-)} = -S_{q+1}^{(-)}$, $S_{q+1}^{(-)}\,{}^tS_{q+1}^{(-)} = qI_{q+1}$ が成り立つ．そこで，$H_{q+1} = I_{q+1} + S_{q+1}^{(-)}$ とおくと，

$$\begin{aligned} H_{q+1}\,{}^tH_{q+1} &= (I_{q+1} + S_{q+1}^{(-)})\,{}^t(I_{q+1} + S_{q+1}^{(-)}) \\ &= (I_{q+1} + S_{q+1}^{(-)})(I_{q+1} + {}^tS_{q+1}^{(-)}) \\ &= I_{q+1} + S_{q+1}^{(-)} + {}^tS_{q+1}^{(-)} + S_{q+1}^{(-)}\,{}^tS_{q+1}^{(-)} = (q+1)I \end{aligned} \tag{1.16}$$

であり，H_{q+1} は次数 $n = q + 1$ のアダマール行列である．■

上の定理の方法で作ったアダマール行列を **Paley 型のアダマール行列**と呼ぶ．

1.94 [注意]　$q = p^r \equiv 1 \pmod 4$ のとき，

$$S_{q+1}^{(+)} = \begin{bmatrix} 0 & 1 & \cdots & 1 \\ 1 & & & \\ \vdots & & Q & \\ 1 & & & \end{bmatrix}$$

を考え，

$$H_{2(q+1)} = S_{q+1}^{(+)} \otimes \begin{bmatrix} 1 & 1 \\ 1 & -1 \end{bmatrix} + I_{q+1} \otimes \begin{bmatrix} 1 & -1 \\ -1 & -1 \end{bmatrix}$$

とおくと，$H_{2(q+1)}$ は次数 $2(q+1)$ のアダマール行列になる．このアダマール行列も（II 型の）Paley 型アダマール行列と呼ばれる．

伊藤昇の予想とアダマール群 (Hadamard group)

アダマール行列のいろいろな構成法は知られてはいるが，それぞれ適用範囲はそれほど広くなく，アダマール予想の完全な解決にはまだ距離があるように思える．ただしこの問題は場合によっては非常に簡単に解決される可能性も残されていると思われる．場合によっては，非常に身近なところに構成できる可能性も残されているかもしれない．このことを期待する予想を紹介する．

群 $G(n)$ を $G(n) = \langle a, b \mid a^{4n} = e,\ a^{2n} = b^2,\ b^{-1}ab = a^{-1} \rangle$ で定義される群とする．群 $G(n)$ の位数は $8n$ であり，唯一の位数 2 の元 $e^* = a^{2n} = b^2$ を持つ．元 e^* は群 $G(n)$ の中心に入る．$G(n)$ の Sylow 2-群は一般四元数群である．位数 2 の正規部分群 $\langle e^* \rangle$ による群 $G(n)$ の商群は位数 $4n$ の巡回群である．次に D を $G(n)$ の $4n$ 個の元からなる部分集合で，$G(n) = D \cup De^*$ かつ $D \cap De^* = \emptyset$ を満たすものとする．このような D は $\langle e^* \rangle$ に関する $G(n)$ の **transversal** と呼ばれる．

予想（伊藤昇 [238, 370 頁]）　任意の n に対して上のような条件を満たす群 $G(n)$ の transversal D で，条件 $|D \cap Dg| = 2n$ が任意の $g \in G(n)$ $(g \neq e, e^*)$ に対して成り立つものが存在する．

このような D が存在する $G(n)$ は**アダマール群**と呼ばれる．$G(n)$ がアダマール群であれば，次数 $4n$ のアダマール行列の存在が言えることは知られている．またそこでできるアダマール行列は群 $G(n)$ を自己同型群（の一部）として含む（[237], [238] 参照）．すなわち，この予想は「群 $G(n)$ はアダマール群である」という言い方もできる．

1.95 [注意]　次数 $n \leq 28$ のアダマール行列は完全に分類されている．同値類の個数は，$n = 1, 2, 4, 8, 12$ のとき 1，$n = 16$ のとき 5，$n = 20$ のとき 3 (M. Hall, Jr. [198, 199])，$n = 24$ のとき 60 (Ito-Leon-Longyear [239]，Kimura [266])，$n = 28$ のとき 487 であることが知られている (Kimura [267])．$n \geq 32$ の場合にはいかなる 4 の倍数 n についても未解決であると記述されていたが最近 $n = 32$ の場合にも解決されたようである [263]．同値なアダマール行列の個数についての良い評価も知られていないと思われる．次のことはどれくらい意味のあることかよくわからないのだが，次数 n のアダマール行列の同値類の個数を（原理的に）与える公式が S. Eliahou[173] により与えられている (1994)．しかし，実際にはこの値は計算不可能であり，何を意味するのか，また意味があるのか否かも含めて，今のところ良くわからない状態である．いずれにせよ，アダマール予想への挑戦は，アマチュア数学者にとっても興味ある問題だと思う．

5. 古典的符号理論入門

符号（あるいはコード (code)）

デザイン理論の本質を「全体を近似する良い部分集合を見出すこと」とする大雑把な考え方で捉えるならば，「全体の中で局所的にできるだけばらばらになるような部分集合を見出すこと」が符号理論の目的と言えなくもないであろう．このとき，「全体」としては何を考えてもよいのであるが，例えば有限体 F_q 上の n 次元ベクトル空間 F_q^n が用いられたりする．その場合 F_q^n の部分集合 C が符号と呼ばれるわけである．また n は符号 C の長さと呼ばれる．特に C が部分空間になっている場合に線形符号と呼ぶのである．

符号理論の本質は N を固定したときに $|C| = N$ を満たす C の中で**最小距離 (minimum distance)**

$$d(C) = \min_{\boldsymbol{x}, \boldsymbol{y} \in C,\ \boldsymbol{x} \neq \boldsymbol{y}} \partial(\boldsymbol{x}, \boldsymbol{y})$$

ができるだけ大きいものを見出したいということにある．あるいは d を固定したとき $d(C) = d$ を満たす C の中で $|C|$ のできるだけ大きいものを見出したいということにある．ここで，$\partial(\boldsymbol{x}, \boldsymbol{y})$ は通常**ハミング距離 (Hamming distance)** を表す．すなわち，$\boldsymbol{x} = (x_1, x_2, \ldots, x_n), \boldsymbol{y} = (y_1, y_2, \ldots, y_n) \in F_q^n$ に対して，$\partial(\boldsymbol{x}, \boldsymbol{y}) = |\{j \mid 1 \leq j \leq n,\ x_j \neq y_j\}|$ と定義する．もちろん，後の章で色々と取り扱うように，他の距離で考えたり，他の空間で考えたり，様々な変形や拡張がある．少し記号を準備する．元

$\boldsymbol{x} \in F_q^n$ の **e-近傍**(***e*-neighbor**) を $\Sigma_e(\boldsymbol{x}) = \{\boldsymbol{y} \in F_q^n \mid \partial(\boldsymbol{x}, \boldsymbol{y}) \le e\}$ で定義する．

まず，符号を**通信**にどのように利用するかを見てみよう．

今，**2 元通信路**(**binary channel**) とは $0, 1$ のいずれかの信号を送信するもので，**対称** (**symmetric**) であるとは，途中に雑音が入って，0 が 1 に，また 1 が 0 に変わってしまう確率がいずれも p $(0 \le p \le 1/2)$ であるような通信路を意味する．したがって，$\boldsymbol{u} = u_1 u_2 \cdots u_k$ という長さ k の**メッセージ** (**message**) （ここで $u_i \in \{0, 1\}$ である）をそのまま送れば，それが正しく伝わる確率は $(1-p)^k$ である．一つの u_i が正しく伝わる確率はもちろん $1-p$ である．仮に，$k = 1$ のとき 0 を送る代わりに 000 を送り，1 を送る代わりに 111 を送り，もし届いたものが必ずしも 000 あるいは 111 でないときも，もし届いたものの中に二つ以上 0 があれば 0 とみなし，二つ以上 1 があれば 1 とみなすとすれば，送った 1 語のメッセージが正しく伝わる確率は $(1-p)^3 + 3p(1-p)^2$ になる．この値は p が小さいとき $1-p$ より大きくなる．すなわちより正確に一つの u_i が伝わることになる．このように長さ k のメッセージ $\boldsymbol{u} = u_1 u_2 \cdots u_k$ をより長い長さ n のメッセージ $\boldsymbol{x} = x_1 x_2 \cdots x_n$ に置き換えて送り，より正確な伝達を得ようというのが符号のアイデアである．今考えた例では $k = 1$ かつ $n = 3$ である．しかし k と n の比 k/n が大きい（1 に近い）ほど，送信の効率は良いと考えられ，またもちろん正しく伝わる確率は大きい（1 に近い）ほど良い符号であると言える．ここで $\boldsymbol{u} = u_1 u_2 \cdots u_k$ から $\boldsymbol{x} = x_1 x_2 \cdots x_n$ を作り出す過程が**符号化** (**coding**) であり，符号化したメッセージ $\boldsymbol{x} = x_1 x_2 \cdots x_n$ が伝わって得られた $\hat{\boldsymbol{x}} = \hat{x}_1 \hat{x}_2 \cdots \hat{x}_n$ （ここで $\hat{x}_i$ も 0 または 1 である）からもとのメッセージ $\boldsymbol{u} = u_1 u_2 \cdots u_k$ を推測しようという過程が**復号化** (**decoding**) と呼ばれる．実用的には，符号化および復号化が容易な符号ほど良い符号であると考えられるわけであるが，ここではその部分は無視して，効率 k/n が大きく，かつ正しく伝わる確率が大きい符号ほど良い符号であると考える．

さて，ここで正しく伝わる確率は大きいほど良いと言ったが，実際にこの確率を求めるのは非常に複雑である．したがってこの確率を具体的に求めるかわりに，次に定義する第 1 近似，e-符号（あるいは ***e*-誤り訂正符号** (***e*-error correcting code**)），を考える．すなわち，長さ k のメッセージ全体の集合を F_2^k とし，F_2^n の k 次元部分空間 C に埋め込む．すなわちメッセージ $\boldsymbol{u} = u_1 u_2 \cdots u_k$ を C $(\subset F_2^n)$ の元 $\boldsymbol{x} = x_1 x_2 \cdots x_n$ と置き換える（符号化）．このとき，C が ***e*-符号**（あるいは ***e*-誤り訂正符号**）であるとは，C の任意の異なる二つの元 $\boldsymbol{x}, \boldsymbol{y}$ に対して $\Sigma_e(\boldsymbol{x}) \cap \Sigma_e(\boldsymbol{y}) = \emptyset$ が成り立っていることと定義する．ここで受信された $\hat{\boldsymbol{x}} = \hat{x}_1 \hat{x}_2 \cdots \hat{x}_n$ が $\Sigma_e(\boldsymbol{z})$ $(\boldsymbol{z} \in C)$ のどれかに入っていれば送信したはずの C の元 $\boldsymbol{x}$ が推測でき，もとのメッセージ $\boldsymbol{u}$ （F_2^k の元）に復号化できるという具合である．この e-符号 C は e が大きければ大きいほど，メッセージが正しく伝わる確率が大きいと考えるわけである．したがって問題は次の二つの要請をできるだけ満たす符号 C を見い出そうということになる．すなわち，

(1) k/n ができるだけ大きくなるようにする．
(2) できるだけ大きな e に対して e-符号となるような C を見つける．

これら二つの要請はお互いに相反する要請であり，両方を満足させることはできないわけであるが，両方をできるだけ満たすせめぎあいで，ぎりぎりのところがどこにあるかを見い出すのが符号理論の目的である．

1.96 [命題]　最小距離が d の符号 C は $[\frac{d-1}{2}]$-符号である．

証明　ハミング距離 $\partial(\boldsymbol{x}, \boldsymbol{y})$ が距離の3角不等式を満たすことから直ちに得られる．■

1.97 [注意]　したがって先の要請 (2) の e をできるだけ大きくすることは次の条件：

(2′) 符号 C の最小距離 d をできるだけ大きくなるようにすること．

で置き換えることができる．

1.98 [注意]　今まで符号 C を考えるとき，**2元 (binary)** の通信路を考えたが，論理的には q-元 (q-ary) の通信路を考えることができる．すなわちここでも要請 (1), (2) をできるだけ満たすように $C \subset F_q^n$ を見い出すことが目標になる．ここでの C は **q-元 (q-ary) 符号**と呼ばれる．q-元符号においても，上の命題 1.96 はそのまま成り立つ．ここでの距離 $\partial(\boldsymbol{x}, \boldsymbol{y})$ はやはりハミング距離で考える．また，上の説明では C は k-次元のベクトル部分空間としたが，特に部分空間ではない部分集合で考えてもよい．この場合，k/n の代わりに $\log_q(|C|)/n$ を用いるべきであろう．

1.99 [注意]　上で述べた条件 (1), (2) を満たす符号を考えるとき，一番理想的な e-符号は，次の条件 (P) を満たしているときであろう．

(P) 符号 C において，$\{\Sigma_e(\boldsymbol{x}) \mid \boldsymbol{x} \in C\}$ が $C \subset F_q^n$ の分割を与えている，すなわち $\{\Sigma_e(\boldsymbol{x}) \mid \boldsymbol{x} \in C\}$ 達が重複なく $C \subset F_q^n$ を覆いつくしている．

このような理想的な条件 (P) を満たす e-符号を，**完全符号 (perfect code)** と呼ぶ．以下でこのような符号についていろいろと言及する．一般にはこの条件は非常に強く，完全符号はあまり存在しないと言えるが，存在すれば非常に良い符号である．したがっ

て，このような符号の存在問題は非常に興味深いし，また，完全符号に近い符号の存在，分類問題も興味深いのである．これらについては第4章でさらに取り扱う．

1.100 [定義]（符号のパラメーター）　符号 C が F_q^n の部分集合であるとき**長さ** n の符号と呼ぶ．さらに，C が F_q^n の k-次元部分空間であり，C の最小距離が d であるとき，C は $[n, k, d]$-符号であるという．最小距離 d がはっきりしないときは単に $[n, k]$-符号とも呼ぶ．また C が F_q^n の部分集合であり，C の最小距離が d であるとき，C は $(n, |C|, d)$-符号であるという．（これらの記号では q 元体上の符号であることをはっきり述べなかったが，それを明確にしたいときは $[n, k, d]_q$-符号であると書くことにする．$q = 2$ のときは，通常単に $[n, k, d]$-符号と書き，添字の2を省く場合が多い．）

1.101 [例]（ハミング (Hamming) $[7, 4, 3]$ 符号）　連立1次方程式

$$\begin{aligned}
x_1 \quad\quad + x_3 + x_4 + x_5 \quad\quad\quad\quad &= 0 \\
x_1 + x_2 \quad\quad + x_4 \quad\quad + x_6 \quad\quad &= 0 \\
x_2 + x_3 + x_4 \quad\quad\quad\quad + x_7 &= 0
\end{aligned} \tag{1.17}$$

を考える．行列を用いて表せば，

$$\begin{bmatrix} 1 & 0 & 1 & 1 & 1 & 0 & 0 \\ 1 & 1 & 0 & 1 & 0 & 1 & 0 \\ 0 & 1 & 1 & 1 & 0 & 0 & 1 \end{bmatrix} \begin{bmatrix} x_1 \\ x_2 \\ \vdots \\ x_7 \end{bmatrix} = \begin{bmatrix} 0 \\ 0 \\ 0 \end{bmatrix}$$

と書ける．ただし上の方程式の係数，変数はすべて2元体 F_2 で考えている．この解の全体の作る部分空間を C で表す．x_5, x_6, x_7 がそれぞれ，1番目，2番目，3番目の式から決まるから，解の全体は x_1, x_2, x_3, x_4 を自由に選んだものが選べる．すなわち C は4次元部分空間を作る．さらに C の最小距離が $d = 3$ であることも容易にわかる．したがって，この符号 C は $[7, 4, 3]$-符号である．また，この符号が完全1-符号 (perfect 1-code) であることも容易にわかる．この符号はハミング $[7, 4, 3]$-符号と呼ばれる．　□

1.102 [定義]（符号の同型）　二つの符号 $C, C' \subset F_2^n$ が同型であるとは，n 個の座標系の間の置換が存在して，C にその変換を施したとき，C' に移ることを言う．一つの符号 C を自分自身へ移す（n 個の座標系の間の置換）全体は群を作り，それを符号 C の自己同型群と呼び，$\mathrm{Aut}(C)$ で表す．

1.103 [注意] (2元体でない体上の符号の同型)　2元体でない体上の符号の同型は注意を要する．また，いくつかの定義が存在する．定義1.102で述べた意味での同型は置換同型と呼ぶことにする．C の元の各座標に0でない体の元を掛けたり，C の元の n 個の座標系の間の置換を行ったりして C' に移るとき，$C, C' \subset F_q^n$ は単項同型 (monomial isomorphism) であると定義される．この意味での符号 C の自己同型群を（単項）自己同型群という．さらに体の素体上のガロア群（体の自己同型群）の作用を単項同型に加えたものを考えるときもあり，この意味での符号 C の自己同型群を（全）自己同型群という．2元体の上の符号においては，（置換）自己同型群，（単項）自己同型群，（全）自己同型群はすべて一致する．

1.104 [定義] (ハミング符号と完全-1符号)　1から 2^r までの自然数を2進展開したものを各列に並べた $r \times (2^r - 1)$ 行列 H を考える．H の要素は2元体 F_2 の元であると考える．特に $r = 3$ のときは，

$$H = \begin{bmatrix} 0 & 0 & 0 & 1 & 1 & 1 & 1 \\ 0 & 1 & 1 & 0 & 0 & 1 & 1 \\ 1 & 0 & 1 & 0 & 1 & 0 & 1 \end{bmatrix}$$

となる．(この行列は先に例1.101で天下り式に定義した $[7, 4, 3]$-符号の行列 H の列に関するある適当な置換を施せば，得られる．したがって，これらの 3×7 行列の行で生成される部分空間を F_2^7 の符号と考えるとき，これら二つの $[7, 4, 3]$-符号は同型である．)

一般の r の場合にこの $r \times (2^r - 1)$ 行列 H に対して，

$$H\,{}^t\boldsymbol{x} = \boldsymbol{0}$$

を満たす行ベクトル $\boldsymbol{x} = (x_1, x_2, \ldots, x_{2^r-1}) \in F_2^{2^r-1}$ の全体を C とする．C は $[2^r - 1, 2^r - r - 1]$-符号になることは直ちにわかる．H の任意の二つの列は異なることから，$H\,{}^t\boldsymbol{x} = \boldsymbol{0}$ の解 $\boldsymbol{x}$ の重さ（0でない座標の個数）は2以下にはなり得ない．したがって C は $[2^r - 1, 2^r - r - 1, 3]$-符号になる．この符号 C が完全1符号であることも直ちにわかる．この符号はハミング $[2^r - 1, 2^r - r - 1, 3]$-符号と呼ばれる．一般に線形符号 C に対してこのような性質を持つ行列 H のことを C の**検査行列 (parity check matrix)** という．

ハミング $[8, 4, 4]$-符号と符号の拡大

上に与えた定義1.104で述べた 3×7 行列 H を考える．$H\,{}^t\boldsymbol{x} = \boldsymbol{0}$ の解の空間は F_2

上 4 次元であり，H の三つの行ベクトルと $(1,1,1,1,1,1,1)$ がその基底になることは明らかである．したがって，C の基底として次の行列 G の行ベクトルがとれる．

$$G = \begin{bmatrix} 0 & 0 & 0 & 1 & 1 & 1 & 1 \\ 0 & 1 & 1 & 0 & 0 & 1 & 1 \\ 1 & 0 & 1 & 0 & 1 & 0 & 1 \\ 1 & 1 & 1 & 1 & 1 & 1 & 1 \end{bmatrix}$$

一般に線形符号 C を生成するベクトルを並べて得られる行列 G を符号 C の**生成行列** **(generating matrix)** という．一般に線形符号はこのように，検査行列を用いても定義できるし，生成行列を用いても定義できる．線形符号 C の検査行列が $(n-k)\times n$ 行列

$$H = (A, I_{n-k})$$

という形をしていれば，$k \times n$ 次の行列 G を

$$G = (I_k, -\,{}^tA)$$

と定義すれば G は C の生成行列となる．またその逆も成り立つ．ここで生成行列における ${}^tA$ の前のマイナスの記号は，2 元体の場合には不要であるが，一般の有限体 F_q の場合にも成り立つようにするために加えた．

さて，$[7,4,3]$-ハミング符号の場合に戻って生成行列 G を考える．G に一つの列（この場合は最初の列）を加えて，その各行の和が 0 になるようにした 4×8 行列

$$\tilde{G} = \begin{bmatrix} 0 & 0 & 0 & 0 & 1 & 1 & 1 & 1 \\ 0 & 0 & 1 & 1 & 0 & 0 & 1 & 1 \\ 0 & 1 & 0 & 1 & 0 & 1 & 0 & 1 \\ 1 & 1 & 1 & 1 & 1 & 1 & 1 & 1 \end{bmatrix}$$

を考える．このとき，$\tilde{G}$ を生成行列として得られる符号 $\tilde{C}$ が $[8,4,4]$-符号であることも直ちにわかる．この符号 $\tilde{C}$ は**拡大ハミング (extended Hamming)** $\mathbf{[8,4,4]}$ **符号**と呼ばれる．なお，この種の，生成行列の 1 列を各行の和が 0 になるように増やして得られる行列を生成行列として得られた符号をもとの符号の**拡大符号 (extended code)** と呼ぶ．

6. 符号の具体例と存在問題

符号の重さ枚挙多項式 (weight enumerator) と双対符号 (dual code)

以下，特に断らないときは，F_2^n の線形符号を考える．距離は本章5節で定義したハミング距離 $\partial(-,-)$ を用いる．元 $\boldsymbol{x} = (x_1, x_2, \ldots, x_n)$ の**重さ (weight)** $w(\boldsymbol{x})$ を，

$$w(\boldsymbol{x}) = |\{i \mid x_i \neq 0\ (1 \leq i \leq n)\}| = \partial(\boldsymbol{x}, \mathbf{0})$$

で定義する．また，2変数 x, y の多項式 W_C を

$$W_C(x,y) = \sum_{\mathbf{c} \in C} x^{n-w(\mathbf{c})} y^{w(\mathbf{c})} \tag{1.18}$$

で定義する．C に含まれる重さ i の元の個数を A_i とおくと

$$W_C(x,y) = \sum_{i=0}^{n} A_i x^{n-i} y^i \tag{1.19}$$

が成り立つ．この n 次の斉次多項式を符号 C の**重さ枚挙多項式 (weight enumerator)** と呼ぶ．先に述べたハミング $[7,4,3]$-符号の重さ枚挙多項式は

$$x^7 + 7x^4y^3 + 7x^3y^4 + y^7$$

であり，ハミング $[8,4,4]$-符号の重さ枚挙多項式は

$$x^8 + 14x^4y^4 + y^8$$

である．

F_2^n の二つの元，$\boldsymbol{x} = (x_1, x_2, \ldots, x_n)$, $\boldsymbol{y} = (y_1, y_2, \ldots, y_n)$ の内積を

$$\boldsymbol{x} \cdot \boldsymbol{y} = x_1y_1 + x_2y_2 + \cdots + x_ny_n \in F_2$$

で定義する．F_2^n には他の内積の選び方の可能性も色々あるが，現在の段階では符号理論におけるほとんどの仕事が上記の内積の場合に限られてしまっている．他の内積を用いるとうまく行かないと一般に考えられているようだが，本当に他の内積を考えるという可能性はないのであろうか？

1.105 [定義] (双対符号 (dual code))　　符号 C に対して，その双対符号 $C^\perp$ を，

$$C^\perp = \{\boldsymbol{x} \in F_2^n \mid \boldsymbol{x} \cdot \boldsymbol{y} = 0,\ \forall \boldsymbol{y} \in C\}$$

で定義する．特に $C^\perp = C$ が成り立っているときに C を**自己双対符号 (self dual code)** と呼ぶ．

1.106 [注意]　C が $[n,k]$-符号であれば，$C^\perp$ が $[n,n-k]$-符号であることは線形代数から自明である．また，G と H がそれぞれ線形符号 C の生成行列と検査行列であれば，H と G はそれぞれ双対符号 $C^\perp$ の生成行列と検査行列となることにも注意しておく．

一般に，符号 C の最小距離が d のとき，双対符号 $C^\perp$ の最小距離が何になるかは直ちにはわからないが，C の重さ枚挙多項式 $W_C(x,y)$ が分っていると，双対符号 $C^\perp$ の重さ枚挙多項式 $W_{C^\perp}(x,y)$ は原理的に計算可能である．そのことを主張するのが次の **MacWilliams の公式（恒等式）(MacWilliams identity)** である．

1.107 [定理] (MacWilliams の恒等式)　2 元体 F_2 上の線形符号 C に対して，

$$W_{C^\perp}(x,y) = \frac{1}{|C|} W_C(x+y, x-y)$$

が成り立つ．言い換えると，符号 $C^\perp$ の重さ i の元の個数を A'_i で表すとき，

$$\sum_{k=0}^{n} A'_k x^{n-k} y^k = \frac{1}{|C|} \sum_{l=0}^{n} A_l (x+y)^{n-l} (x-y)^l$$

が成り立つ．なお，一般に F_q の上の符号を考えると，

$$W_{C^\perp}(x,y) = \frac{1}{|C|} W_C(x+(q-1)y, x-y)$$

が成り立つ．

この定理の証明は色々な本に述べられているので，ここでは省略する．後の章で見るように，この定理は符号理論において非常に重要である．

2 元 Golay 符号 (binary Golay code)

次に，2 元体上の $[23,12,7]$-符号とその拡大である $[24,12,8]$-符号を定義する．**2 元 Golay 符号 (binary Golay code)** と呼ばれ，色々な意味で重要である．天下り式ではあるが，まず Golay$[24,12,8]$-符号を次のように定義する．まず 12×24 行列 $[I,G]$ を考える．この行列の要素は 2 元体 F_2 の元とみなす．I は 12 次の単位行列であり G は下記の 12 次の正方行列である．

$$\begin{bmatrix}
0 & 1 & 1 & 1 & 1 & 1 & 1 & 1 & 1 & 1 & 1 & 1 \\
1 & 1 & 1 & 0 & 1 & 1 & 1 & 0 & 0 & 0 & 1 & 0 \\
1 & 0 & 1 & 1 & 0 & 1 & 1 & 1 & 0 & 0 & 0 & 1 \\
1 & 1 & 0 & 1 & 1 & 0 & 1 & 1 & 1 & 0 & 0 & 0 \\
1 & 0 & 1 & 0 & 1 & 1 & 0 & 1 & 1 & 1 & 0 & 0 \\
1 & 0 & 0 & 1 & 0 & 1 & 1 & 0 & 1 & 1 & 1 & 0 \\
1 & 0 & 0 & 0 & 1 & 0 & 1 & 1 & 0 & 1 & 1 & 1 \\
1 & 1 & 0 & 0 & 0 & 1 & 0 & 1 & 1 & 0 & 1 & 1 \\
1 & 1 & 1 & 0 & 0 & 0 & 1 & 0 & 1 & 1 & 0 & 1 \\
1 & 1 & 1 & 1 & 0 & 0 & 0 & 1 & 0 & 1 & 1 & 0 \\
1 & 0 & 1 & 1 & 1 & 0 & 0 & 0 & 1 & 0 & 1 & 1 \\
1 & 1 & 0 & 1 & 1 & 1 & 0 & 0 & 0 & 1 & 0 & 1
\end{bmatrix}$$

行列 G の第 1 行と第 1 列を除いた 11×11 行列の部分は，$(1,1,0,1,1,1,0,0,0,1,0)$ を巡回的に動かしたものである．$(1,1,0,1,1,1,0,0,0,1,0)$ は 11 を法としての，平方剰余と関係している．すなわち，ベクトルの第 1 成分は 1 とし（0 を平方剰余と見なす），$2 \leq i \leq 11$ を満たす i に対しては $i-1$ が 11 を法として平方剰余であれば第 i 成分は 1，そうでないときは 0 と定義する．例えば第 4 成分は $3 \equiv 5^2 \pmod{11}$ であるので 1 となっている．

この行列 $[I,G]$ を生成行列とする線形符号を C とすると，C の次元は 12 であり，その生成行列の任意の二つの行は F_2^{24} 上の内積に関して直交していることが直ちにわかる．一方，この符号の各元の重さは 4 の倍数であり，かつ最小距離は 8 であることが示される．ただし最小距離の決定は少し詳しい考察を必要とするので詳細は他の本に譲る．後で述べる言葉を用いれば，**重偶 (doubly even)** な自己双対 (self dual)$[24,12,8]$-符号であるということになる．この符号は，Golay $[24,12,8]$-符号と呼ばれる．このパラメーターを持つ重偶な自己双対符号は一意的であること，すなわち Golay 符号と同型でなければならないことも示されてはいるが，ここでは証明には触れないことにする．この符号の重さ枚挙多項式は次で与えられる．

$$W_C(x,y) = x^{24} + 759x^8y^{16} + 2576x^{12}y^{12} + 759x^{16}y^8 + y^{24} \tag{1.20}$$

この Golay $[24,12,8]$-符号の符号としての自己同型群は実は 24 文字上の 5 重可移群である Mathieu 群 M_{24} になることがわかる．また，Golay $[24,12,8]$-符号の一つの座標を任意に取り除いた (truncated) 符号 C' は，$[23,12,7]$-符号になる．C' の重さ枚挙多項式は次で与えられることが計算できる．これも少し考察を要する．（符号 C は符号 C' の拡大となっている．）

$$W_{C'}(x,y) = x^{23} + 253x^7y^{16} + 506x^8y^{15} + 1288x^{11}y^{12}$$

$$+ 1288x^{12}y^{11} + 506x^{15}y^8 + 253x^{16}y^7 + y^{23}.$$

非常に興味深いことは，[23, 12, 7]-符号は完全3-符号になることである．これは $\boldsymbol{c} \in C'$ の3-近傍に含まれる元の個数が $|\Sigma_3(\boldsymbol{c})| = 1 + \binom{23}{1} + \binom{23}{2} + \binom{23}{3} = 2^{11}$ であることと，この符号が（最小距離が7なので）3-符号になることから直ちに示される．第4章で述べるように，2元体の上の完全 e-符号で，自明でなく，かつ $e \geq 2$ のものは [23, 12, 7]-符号に限ることが知られている．体が3元体の場合には，次の完全2-符号が知られている．

3元 Golay 符号 (ternary Golay code)

これも天下り式定義であるが，次の 6×11 行列を考える．ただし，要素は3元体 $F_3 = \{0, 1, -1 = 2\}$ の元である．

$$\begin{bmatrix} 1 & 0 & 0 & 0 & 0 & 0 & 1 & 1 & 1 & 1 & 1 \\ 0 & 1 & 0 & 0 & 0 & 0 & 0 & 1 & -1 & -1 & 1 \\ 0 & 0 & 1 & 0 & 0 & 0 & 1 & 0 & 1 & -1 & -1 \\ 0 & 0 & 0 & 1 & 0 & 0 & -1 & 1 & 0 & 1 & -1 \\ 0 & 0 & 0 & 0 & 1 & 0 & -1 & -1 & 1 & 0 & 1 \\ 0 & 0 & 0 & 0 & 0 & 1 & 1 & -1 & -1 & 1 & 0 \end{bmatrix}$$

（右下の 5×5 の部分行列は，行ベクトル $(0, 1, -1, -1, 1)$ を巡回的に動かして得られる．）この行列の六つの行ベクトルで張られる部分空間 C は6次元空間で，最小距離が5であることがわかる．（このことも証明にはある程度の考察を必要とする．）したがってこの符号は，$[11, 6, 5]_3$-符号であり，その重さ枚挙多項式は

$$W_C(x, y) = x^{11} + 132x^6y^5 + 132x^5y^6 + 330x^3y^8 + 110x^2y^9 + 24y^{11}.$$

である．この符号は完全2-符号である．（$|\Sigma_2(\boldsymbol{c})| = 1 + 2\binom{11}{1} + 2^2\binom{11}{2} = 3^5$ が成り立ち，かつこの符号の最小距離が5であるから完全2-符号となっているのである．）また，この符号を拡大した，すなわち上の 6×11 行列に一つ列を加え各行の和が0になるような行列を考えると，その六つの行ベクトルで張られる部分空間 $\tilde{C}$ は自己双対な $[12, 6, 6]_3$-符号である．$\tilde{C}$ の重さ枚挙多項式は

$$W_{\tilde{C}}(x, y) = x^{12} + 264x^6y^6 + 440x^9y^3 + 24y^{12}.$$

で与えられる．（したがって，$\tilde{C}$ の任意の元の重さは3の倍数になっている．）これら

二つの符号 $C, \tilde{C}$ は 3 元体上の Golay 符号と呼ばれる．これらの符号の（置換）自己同型群は，それぞれ，Mathieu 群 ($\mathrm{Aut}(C) = M_{11}$, $\mathrm{Aut}(\tilde{C}) = M_{12}$) であり，11 文字および 12 文字上の 4 重可移置換群，5 重可移置換群，となる．

本節ではこれらのこと以外に，巡回符号の一般論，平方剰余符号，BCH 符号などについても述べておきたかったが，詳細は他の本に譲る．

Golay 符号と Witt デザイン (Witt design) との関係

Golay 符号と Witt デザインと呼ばれる **Steiner 系** 5-$(24, 8, 1)$ および 4-$(23, 7, 1)$ は密接に関係している．Golay $[24, 12, 8]$-符号の自己同型群は 5 重可移群 Mathieu M_{24} になる．一方，24 の座標の集合を点の集合 V，Golay$[24, 12, 8]$ 符号の 759 個の重さ 8 の元の support からなる 8 点部分集合全体をブロックの集合 $\mathcal{B}$ とすると，$(V, \mathcal{B})$ は 5-$(24, 8, 1)$ デザインとなる．逆に 5-$(24, 8, 1)$ デザイン $(V, \mathcal{B})$ から出発すれば，このデザインの結合行列（サイズ 759×24）を 2 元体 F_2 の行列と見て，その行で張られる F_2^{24} の部分空間を考えるとそれが 12 次元の部分空間 C を作り，C が Golay $[24, 12, 8]$ 符号になるというわけである．(Golay 符号 C' と Steiner 系 4-$(23, 7, 1)$ の間にも似たような関係がある．また，3 元体上の Golay $[12, 6, 6]_3$-符号，5 重可移群 Mathieu M_{12}，Steiner 系 5-$(12, 6, 1)$ デザインの間にも似たような関係があるが，詳細は他の本に譲る．)

自己双対符号と Gleason の定理

C を F_q 上の長さ n（すなわち $C \subset F_q^n$）の自己双対的な線形符号とする．「符号の各元の重さが，ある自然数 $c_0 > 0$ の倍数になっている」という性質を満たすものとして，次の四つの型の符号が特に興味深い．

(1) $q = 2$,　$c_0 = 2$ の場合（Type I 符号）．
(2) $q = 2$,　$c_0 = 4$ の場合（Type II 符号）．
(3) $q = 3$,　$c_0 = 3$ の場合（Type III 符号）．
(4) $q = 4$,　$c_0 = 2$ の場合（Type IV 符号）．

F_2 上の任意の自己双対符号は Type I である．証明は本書では述べないが上記「$\cdots$」内の条件を満たす符号は本質的にこれらの四つの Type の場合に限ることが Gleason-Pierce の定理として知られている．また，Type I, II, III, および IV の符号においては符号の長さはそれぞれ，2, 8, 4, および 2 の倍数であることが知られている．それらの最小距離 d は次の条件を満たすことも知られている．

$$d \leq \begin{cases} 2\left[\dfrac{n}{8}\right]+2, & \text{Type I}, \\ 4\left[\dfrac{n}{24}\right]+4, & \text{Type II}, \\ 3\left[\dfrac{n}{12}\right]+2, & \text{Type III}, \\ 2\left[\dfrac{n}{6}\right]+3, & \text{Type IV}. \end{cases}$$

これらの不等式において等号を満たすような符号をそれぞれの Type の**極限的符号 (extremal code)** と呼ぶ．このような不等式が成り立つことの一つの説明を重さ枚挙多項式を用いて行うことができる．長さ n の符号 C に対して (1.19) で重さ枚挙多項式を $W_C(x,y)=\sum_{i=0}^{n} A_i x^{n-i}y^i$ と定義する．$W_C(x,y)$ を複素数を係数とする 2 変数多項式全体の作る空間 $\mathbb{C}[x,y]$ で考える．$\mathbb{C}[x,y]$ には次の二つの行列で生成される群 $G=\langle\sigma_1,\sigma_2\rangle$ が自然に作用している．

$$\sigma_1=\begin{bmatrix} 1 & 0 \\ 0 & \sqrt{-1} \end{bmatrix}, \qquad \sigma_2=\frac{1}{\sqrt{2}}\begin{bmatrix} 1 & 1 \\ 1 & -1 \end{bmatrix}$$

$$x \longmapsto x, \qquad x \longmapsto \frac{1}{\sqrt{2}}(x+y)$$

$$y \longmapsto \sqrt{-1}\,y, \qquad y \longmapsto \frac{1}{\sqrt{2}}(x-y)$$

Type II の符号 C の重さ枚挙多項式 $W_C(x,y)$ はこの作用に関して不変である．σ_1 の作用に関して不変であることは重偶である（すなわちすべての元の重さが 4 の倍数である）ことから，σ_2 での不変性は C の自己双対性および MacWiliams 変換により

$$W_C(x,y)=W_{C^\perp}(x,y)=W_C\left(\frac{x+y}{\sqrt{2}},\frac{x-y}{\sqrt{2}}\right)$$

が成り立つことを用いてわかる．したがって $W_C(x,y)$ は $\mathrm{GL}(2,\mathbb{C})$ の部分群 $G=\langle\sigma_1,\sigma_2\rangle$ により不変である．一方，群論で良く知られている事実として，G は位数 192 の**複素鏡映群 (unitary reflection group)** と呼ばれているものに他ならない．これは Shephard-Todd（1954 年）[412] による**有限複素鏡映群**の分類において No. 9 と呼ばれている群である．また，部分群 G による $\mathbb{C}[x,y]$ の**不変部分空間** $\mathbb{C}[x,y]^G=\{f\in\mathbb{C}[x,y] \mid \sigma f=f,\ {}^\forall\sigma\in G\}$ は多項式環として次に定義する多項式 f と g で生成されることが知られている．

$$f(x,y)=x^8+14x^4y^4+y^8$$
$$g(x,y)=x^4y^4(x^4-y^4)^4$$

これは **Gleason の定理**（1970 年）として知られている．この事実の証明には **Molien**

の定理（1897年）[340]（[424, 362, 315] 参照）を利用するのが有効である．したがってType IIの符号においては符号の長さ n は8の倍数であること，さらに最小距離 d が $d \leq 4[\frac{n}{24}] + 4$ を満たすことがわかる（[315] 参照）．この不等式において等号が成立するときにその符号は極限的符号と呼ばれる．後で **Assmus-Mattson の定理**のところで述べるように，C を長さ n のType IIの符号とすると C の重さ k の元全体の集合は t-(v, k, λ) デザインを作っている．そして極限的符号に対しては t の値は次のようになっていることが知られている．

$$t = \begin{cases} 5, & n = 24m \text{ のとき,} \\ 3, & n = 24m + 8 \text{ のとき,} \\ 1, & n = 24m + 16 \text{ のとき.} \end{cases} \tag{1.21}$$

特に，$n = 24m$ で $t = 5$ の場合は，具体的には $v = n = 24m$, $k = 4m+4$, $\lambda = \binom{5m-2}{m-1}$ となる．

極限的Type II符号の分類問題は非常に興味のある未解決問題であり，多くの研究がなされている．極限的Type II符号が存在する場合 n は8の倍数である．$n = 8, 16, 24$ については分類が完成している．$n = 8$ のときはハミング $[8, 4, 4]$-符号 e_8 に限り，$n = 16$ のときは $e_8 \oplus e_8$ と d_{16}^{+} の2つに限り，$n = 24$ の場合はGolay $[24, 12, 8]$ 符号 g_{24} に限ることが示されている．また，$n = 32$ の場合はちょうど5個に限ることが示されている（Conway-Pless (1980) [141] およびConway-Pless-Sloane 訂正版 (1992) [142]，Koch (1989) [271]）．$n = 40, 48, 56, 64, 80, 88, 104, 112, 136$ についてはそのような符号の存在は知られているが，これらのいずれの n に対しても分類はできていない．n の値によっては事情が異なる．$n = 40$ の場合などはKing [268] によって非常に多くのそのような符号が存在することが示されていたが，最近Betsumiya-Harada-Munemasa [86] がちょうど16470だけ存在することをアナウンスしている．$n = 48$ の場合は唯一つだけしか知られていない．また符号が存在するならば，n が約 $4,000$ 以下でなければいけないことは知られているが（Mallows-Odlyzko-Sloane [321] およびその改良Zhang [510] 参照），そのような n で，非存在が証明できているものはまだないようである．現時点（2011年3月）での最新の結果はHarada [201] を参照されたい．それ以前の結果についてはConway-Sloane [143]，Nebe-Rains-Sloane [362] などを参照されたい．$n = 72$ の場合に極限的Type II符号が存在するか否かは有名な未解決問題である．Nebeにより72次元の**極限的ユニモジュラー偶格子 (extremal even unimodular lattice)** が発見された [357] ことから極限Type II符号の場合も存在するかもしれないという意見が現在のところ優勢かもしれない（ユニモジュラー偶格子については後述の第5章1.3小節の記述参照).

符号の存在定理

最後に，符号理論の基本である Shannon の理論について手短に紹介する．詳細は符号理論あるいは情報理論の本を参照されたい．

p $(0 \leq p \leq 1/2)$ に対して，その**容量 (capacity)** を

$$C(p) = 1 + p\log_2 p + (1-p)\log_2(1-p)$$

で定義する．

1.108 [定理] (Shannon の定理)　任意の $\varepsilon > 0$ および $R \leq C(p)$ に対して n を十分大きくとれば，$k/n \geq R$，かつ送った情報が誤って伝わる確率が ε 以下となるような（2元体上の）$[n,k]$-符号が常に存在する．

1.109 [注意]　半世紀以上前に得られたこの定理は非常に基本的で重要であり，符号理論あるいは情報理論の出発点になった．また，この定理は，そのような符号が存在するという証明であって，それを具体的に見つける，あるいは構成しているわけではない．具体的な構成は非常に難しい問題である．その意味でも興味深い．このように，存在は証明されているが具体的には見つけることができないという状況は組合せ論ではいろいろの場合に起こっている[6]．

$[n,k,d]$-符号が存在するためのパラメーターの間の条件，すなわち存在のための必要条件は，非常に多くのものが知られている．例えば，次の条件は **Sphere Packing 限界 (Sphere Packing bound)** あるいは**ハミング限界 (Hamming bound)** と呼ばれる．

1.110 [命題]　（2元体上の）$[n,k,d]$-符号が存在するならば，不等式

$$|C| \leq 2^n \Big/ \left(1 + n + \binom{n}{2} + \cdots + \binom{n}{e}\right)$$

が成り立つ．ただし，$e = [(d-1)/2]$ である．

この命題の証明は明らかであろう．（右辺の分母に現れる式は $|\Sigma_e(\boldsymbol{x})|$，すなわち $\boldsymbol{x} \in C$ の e-近傍に含まれる F_2^n の元の個数である．）他にも非常に多くの，数十のあ

[6] 最近 Shannon の限界に近いコードの構成に関して進展が見られるようである．

るいはそれ以上の，xxx 限界と呼ばれる $[n,k,d]$-符号が存在するための必要条件が知られている．有名なものとして，上で述べたハミング限界（Sphere packing 限界）を始めとして，Singleton 限界，Plotkin 限界，Griesmer 限界，Elias 限界，などなどである．詳しくは符号理論の専門書に譲る（[315] 参照）．この必要条件を求めるとき一番強力な方法は線形計画法であるといえる．これについてはこの後の章でより詳しく取り扱う．

なお，ここでは Shannon の定理および関連した定理を（2 元体上の）符号について述べたが，他の有限体上の符号についても定式化できることも注意しよう．

符号が存在するための十分条件については次の定理が知られている（多くの参考書があるが例えば [315] 参照）．

1.111 [定理] (Gilbert-Varshamov 限界)

$$1+\binom{n-1}{1}+\cdots+\binom{n-1}{d-2}<2^r$$

であれば，（2 元体上の）$[n,k,d]$-符号で $k \geq n-r$ となるものが存在する．

1.112 [注意]　この Gilbert-Varshamov の定理も存在証明であり，具体的な符号の構成を与えているわけではない．もちろん，2 元体でない他の有限体上の符号についても同様な定式化ができる．

1.113 [注意]　一般にどれくらいの良い符号が存在するかの目安として，次のような問題を考える．δ を $0 \leq \delta \leq 1$ を満たす実数とする．最小距離が $n\delta$ 以上の必ずしも線形でない長さ n の符号に含まれる元の個数の中で最大となる値を $A(n,n\delta)$ とする．このとき

$$\alpha(\delta)=\limsup_{n\to\infty}\frac{1}{n}\log_2 A(n,\delta n)$$

とおき，関数 $\alpha(\delta)$ $(0 \leq \delta \leq 1)$ のグラフを考える．

（現在のところ，$\lim_{n\to\infty}\frac{1}{n}\log_2 A(n,\delta n)$ の存在などはよくはわかっていない．関連した論文として [322, 323] などを参照．）

この関数 $\alpha(\delta)$ $(0 \leq \delta \leq 1)$ の上限と下限は知られている．特に $1/2 \leq \delta \leq 1$ のときは，$\alpha(\delta)=0$ となることがわかる．

$\alpha(\delta)$ の下限は Gilbert-Varshamov 限界から得られ，次の形をとることが知られている．

$$\alpha(\delta) \geq 1-H(\delta)$$

ただし，$0 \leq \delta \leq 1/2$ であり，$H(x)$ はエントロピー関数

$$H(x) = -x \log_2 x - (1-x) \log_2(1-x)$$

である．$\alpha(\delta)$ の上限については様々な立場からの研究が行われている，一般には一番強力なのは線形計画法を用いて得られる McEliece-Rodemich-Rumsey-Welch 限界である．実際はどちらの限界に近いのか興味あるところであるが，未解決である．

1.114 [注意]（代数幾何符号）　一般の有限体 F_q の上の符号の場合にも

$$\alpha(\delta) = \limsup_{n\to\infty} \frac{1}{n} \log_q A_q(n, \delta n)$$

を考えると $\alpha(\delta)$ は区間 $[(q-1)/q, 1]$ での値は 0 であり，区間 $[0, (q-1)/q]$ では上限と下限が与えられている．下限は有限体 F_q での Gilbert-Varshamov 限界（これは先に述べたものと少し形が違うが本質的には同じ $\alpha(\delta)$ の下限の評価を導く，すなわち，

$$A_q(n, \delta) \geq q^n / V_q(n, \delta - 1)$$

ここで，$V_q(a, b) = \sum_{i=0}^{b} \binom{a}{i} (q-1)^i$ から

$$\alpha(\delta) \geq 1 - H_q(\delta)$$

が得られる．ここで，

$$H_q(0) = 0,$$
$$H_q(x) = x \log_q(q-1) - x \log_q x - (1-x) \log_q(1-x),$$
$$(0 < \delta \leq (q-1)/q)$$

である．上限に関しても，McEliece-Rodemich-Rumsey 限界の有限体 F_q 版がある．

この場合も $\alpha(\delta)$ の実際の値がどちらの限界に近いかは未解決であった．このことに関して，上限は改良の余地があって，最終的には下限の Gilbert-Varshamov 限界が実際の値を与えるのではないだろうかと予想する研究者がかなり多かったことは確かである．これに関して，Tsfasman-Vlădut-Zink は 1982 年の論文で [475]，p が 7 以上の素数で $q = p^2$ のとき，**Goppa 符号 (Goppa code)** と呼ばれる**代数幾何符号**の族を考えることにより，$\alpha(\delta)$ が Gilbert-Varshamov 限界よりも実際に大きくなる場合が起こることを示した．これは符号理論に衝撃を与え，以後，代数幾何符号に関して多くの研究が進展している．ただし，$q \geq 49$ の条件の改良はその後も得られておらず，特に，2 元体 F_2 の場合に $\alpha(\delta)$ が Gilbert-Varshamov 限界を実際に超えるどうかは依然未解決問題として残されている（[474] など参照）．

2

アソシエーションスキーム

本章では**アソシエーションスキーム**について述べる．アソシエーションスキームは群の概念を拡張したものとしてとらえることができる．実際，有限集合上に群が可移に作用している場合にはアソシエーションスキームが自然に定義できる．第1章でとりあげた**強正則グラフ**は**クラス**2と呼ばれるアソシエーションスキームそのものである．

1. アソシエーションスキームの定義

2.1 [定義]（アソシエーションスキーム）　有限集合 X とその直積集合 $X \times X$ の部分集合達 $\{R_0, R_1, \ldots, R_d\}$ の組 $\mathfrak{X} = (X, \{R_i\}_{0 \le i \le d})$ が次の条件 (1), (2), (3) および (4) を満たしているときに $\mathfrak{X} = (X, \{R_i\}_{0 \le i \le d})$ を**クラス (class)** d の**アソシエーションスキーム (association sheme)** という．以後 R_i を（i 番目の）**関係 (relation)** と呼ぶ．

(1) $R_0 = \{(x, x) \mid x \in X\}$ である．

(2) $X \times X = R_0 \cup R_1 \cup \cdots \cup R_d$，かつ $i \neq j$ に対して $R_i \cap R_j = \emptyset$ が成り立つ．すなわち $\{R_0, R_1, \ldots, R_d\}$ は $X \times X$ の**分割 (partition)** を与えている．

(3) R_i，$0 \le i \le d$，に対して ${}^tR_i = \{(x, y) \mid (y, x) \in R_i\}$ と定義すると，各 i に対して ${}^tR_i = R_{i'}$ を満たす $i' \in \{0, 1, \ldots, d\}$ が存在する．

(4) $i, j, k \in \{0, 1, \ldots, d\}$ を任意に固定したときに $p_{i,j}(x, y) = |\{z \in X \mid (x, z) \in R_i, (z, y) \in R_j\}|$ は各 k に対して $(x, y) \in R_k$ 上で一定の値をとる．すなわち R_k の中での (x, y) のとり方に関係なく i, j, k のみに依存して定まる数である．この個数を $p_{i,j}^k$ で表し**交叉数 (intersection number)** と呼ぶ．

さらに交叉数が次の条件

(5) （**可換性 (commutativity)**）
$p_{i,j}^k = p_{j,i}^k$ が任意の $i, j, k \in \{0, 1, \ldots, d\}$ に対して成り立つ．

を満たすときに $\mathfrak{X} = (X, \{R_i\}_{0 \le i \le d})$ は**可換なアソシエーションスキーム (commutative association scheme)** と呼ばれる．また次の条件

(6) （**対称性 (symmetry)**）
　すべての $i \in \{0, 1, \ldots, d\}$ に対して ${}^tR_i = R_i$，（すなわち $i' = i$）である．

を満たすときに $\mathfrak{X} = (X, \{R_i\}_{0 \le i \le d})$ は**対称なアソシエーションスキーム (symmetric association scheme)** と呼ばれる．

2.2 ［問題］　アソシエーションスキーム $\mathfrak{X}$ が対称であれば $\mathfrak{X}$ は可換となることを証明せよ．

2.3 ［例］（群の作用から得られるアソシエーションスキーム）　有限群 G が有限集合 Ω に可移に作用しているとする．このとき直積集合 $\Omega \times \Omega$ への G の作用を $(x, y)^g = (x^g, y^g)$, $x, y \in \Omega$, $g \in G$，で定義することができる．G が Ω 上可移であるので $R_0 = \{(x, x) \mid x \in \Omega\}$ は一つの軌道 (orbit) となっている．$\Omega \times \Omega$ の G による**軌道分解**を $R_0 \cup R_1 \cup \cdots \cup R_d$ とすると，$(\Omega, \{R_i\}_{0 \le i \le d})$ はアソシエーションスキームを与える．　□

証明　(1)〜(3) が成立することは自明である．次に (4) が成り立つことを示す．(x_1, y_1), $(x_2, y_2) \in R_k$ とする．R_k は G 軌道であるから $(x_2, y_2) = (x_1, y_1)^g$ となる $g \in G$ が存在する．Ω の元 x に x^g を対応させる写像は Ω から Ω への全単射になっている．また $z_1 \in \{z \in \Omega \mid (x_1, z) \in R_i, (z, y_1) \in R_j\}$ であることと ${z_1}^g \in \{z \in \Omega \mid (x_2, z) \in R_i, (z, y_2) \in R_j\}$ は同値である．したがって $|\{z \in \Omega \mid (x, z) \in R_i, (z, y) \in R_j\}|$ は $(x, y) \in R_k$ のとり方に依存せず i, j, k のみにより定まる．　■

2.4 ［注意］　例 2.3 で定義したアソシエーションスキームは一般には可換ではない．

2.5 ［問題］　$\Omega = \{1, 2, 3, 4, 5\}$ を正五角形の頂点集合，D_{10} を位数 10 の**二面体群 (dihedral group)** とする．二面体群は正五角形に可移に作用している．D_{10} を対称群 S_5 の中で (12345) および (14)(23) で生成される群として考えるとき，Ω 上のアソシエーションスキームのクラス d はいくつか？ また，関係 $R_0, R_1, \ldots, R_d$ を具体的に求めよ．また交叉数 $p_{i,j}^k$ 達もすべて求めよ．

2.6 ［例］（ハミングアソシエーションスキーム $\boldsymbol{H(d, q)}$）　F を q 個の元からなる有限集合とし X を d 個の F の直積集合 F^d とする．また，X の元（以後点という）の間に**ハミング距離**を定義しておく．すなわち，各 $x = (x_1, x_2, \ldots, x_d)$, $y = (y_1, y_2, \ldots, y_d) \in X$

に対して $\partial(x,y)=|\{j \mid x_j \neq y_j, 1 \leq j \leq d\}|$ とする．次に各 $i\ (0 \leq i \leq d)$ に対して関係 $R_i \subset X \times X$ を $R_i = \{(x,y) \mid \partial(x,y)=i\}$ で定義する．このとき $(X, \{R_i\}_{0 \leq i \leq d})$ はクラス d の対称なアソシエーションスキームである．このアソシエーションスキームは**ハミングアソシエーションスキーム (Hamming association schemes)** と呼ばれる．短く**ハミングスキーム**と呼び $H(d,q)$ で表すこともある．　□

証明　S_q を集合 F の対称群とし S_d を F^d の添字集合 $\{1,2,\ldots,d\}$ の対称群とする．S_q の d 個の直積からなる群を $S = S_q \times S_q \times \cdots \times S_q$ とおく．S の元 $\sigma = (\sigma_1, \sigma_2, \ldots, \sigma_d)$ と $x = (x_1, x_2, \ldots, x_d)$ に対して $x^\sigma = ({x_1}^{\sigma_1}, {x_2}^{\sigma_2}, \ldots, {x_d}^{\sigma_d})$ と定義することにより S を X の対称群 S_X の部分群と同一視することができる．また $\tau \in S_d$ と $x \in X$ に対して $x^\tau = (x_{1^\tau}, x_{2^\tau}, \ldots, x_{d^\tau})$ と定義することにより S_d を X の対称群の部分群と同一視することができる．このとき $x^{\tau^{-1}\sigma\tau} = ({x_1}^{\sigma_{1^\tau}}, {x_2}^{\sigma_{2^\tau}}, \ldots, {x_d}^{\sigma_{d^\tau}})$ となることがわかるので $\tau^{-1}\sigma\tau = (\sigma_{1^\tau}, \sigma_{2^\tau}, \ldots, \sigma_{d^\tau}) \in S$ となっている．したがって S_d は S を正規化しており SS_d は X の対称群 S_X の部分群になっている．SS_d は普通 $S_q \wr S_d$ と表され S_q と S_d の**リース積 (wreath product)** と呼ばれている．$S_q \wr S_d$ の位数は $d!(q!)^d$ となっている．群 S が X 上に可移に作用していることは明らかであるから $S_q \wr S_d$ の X への作用は可移である．また各 R_i が $S_q \wr S_d$ の $X \times X$ への作用に関する軌道になっていることもそれほど難しくなく証明できる．さらに ${}^t R_i = R_i$ であることも明らかであるから $(X, \{R_i\}_{0 \leq i \leq d})$ は対称なアソシエーションスキームである．　■

2.7 [例] (ジョンソンアソシエーションスキーム $J(v,d)$)　V を v 個の点からなる集合とし $X = \{x \mid x \subset V, |x| = d\}$ とする．ただし，$d \leq \frac{v}{2}$ とする．関係 $R_i\ (0 \leq i \leq d)$ を $R_i = \{(x,y) \in X \times X \mid |x \cap y| = d-i\}$ で定義する．このとき $(X, \{R_i\}_{0 \leq i \leq d})$ はクラス d の対称なアソシエーションスキームである．このアソシエーションスキームは**ジョンソンアソシエーションスキーム (Johnson association schemes)** と呼ばれる．短く**ジョンソンスキーム**と呼び $J(v,d)$ で表すこともある．　□

証明　集合 V の対称群 S_v は自然に X 上可移に作用している．このとき $X \times X = R_0 \cup R_1 \cup \cdots \cup R_d$ はちょうど軌道分割を与えていることがわかる．また，各 R_i の定義より対称であることがわかるから $(X, \{R_i\}_{0 \leq i \leq d})$ は可換かつ対称なアソシエーションスキームである．　■

2.8 [例] (群の共役類により作られるアソシエーションスキーム $\mathfrak{X}(G)$)　G を有限群とし G の共役類全体を $\{C_0 = \{1\}, C_1, \ldots, C_d\}$ で表す．ただし 1 は G の単位元とする．関係 R_i $(0 \leq i \leq d)$ を $R_i = \{(x,y) \in G \times G \mid y^{-1}x \in C_i\}$ で定義する．このとき $\mathfrak{X}(G) = (G, \{R_i\}_{0 \leq i \leq d})$ はクラス d の可換なアソシエーションスキームになる．必ずしも対称ではない． □

証明　群 G の直積 $G \times G$ を G に次のように作用させる．すなわち $x \in G$ と $(g,h) \in G \times G$ に対して $x^{(g,h)} = g^{-1}xh$ と定義する．この作用は G 上可移である．定義より各 R_i は $G \times G$ の作用により集合として不変であることがわかる．また各 $i \neq 0$ に対して $(x_\ell, y_\ell) \in R_i$，すなわち，${y_\ell}^{-1}x_\ell \in C_i$，$\ell = 1,2$ とすると $h^{-1}({y_1}^{-1}x_1)h = {y_2}^{-1}x_2$ を満たす $h \in G$ が存在する．このとき $g = x_1 h {x_2}^{-1}$ とおくと $(x_1, y_1)^{(g,h)} = ((x_1 h {x_2}^{-1})^{-1}x_1 h, (x_1 h {x_2}^{-1})^{-1}y_1 h) = (x_2, y_2)$ となる．したがって R_i は $G \times G$ 軌道であり $G \times G = R_0 \cup R_1 \cup \cdots \cup R_d$ は軌道分割を与えていることがわかる．さらに，各 i,j,k に対して $p_{i,j}^k$ は次のようにして求まる．$(x,y) \in R_k$ を一つ固定する．$\{z \mid (x,z) \in R_i, (z,y) \in R_j\} = \{z \mid z^{-1}x \in C_i, y^{-1}z \in C_j\} = x{C_i}^{-1} \cap yC_j = y(y^{-1}x{C_i}^{-1} \cap C_j)$．したがって $y^{-1}x = a \in C_k$ とおくと $p_{i,j}^k = |a{C_i}^{-1} \cap C_j|$ で与えられる．C_j は共役類であるから $aC_ja^{-1} = C_j$ が成り立っている．このとき $p_{j,i}^k = |a{C_j}^{-1} \cap C_i| = |C_j a^{-1} \cap {C_i}^{-1}| = |aC_ja^{-1} \cap a{C_i}^{-1}| = |a{C_i}^{-1} \cap C_j| = p_{i,j}^k$ となる．したがって $\mathfrak{X}(G)$ は可換なアソシエーションスキームである． ■

2.9 ［問題］　$\mathbb{Z}_n$ を位数 n の巡回群とする．$\mathbb{Z}_n$ の共役類を使って例 2.8 の方法で作ったアソシエーションスキームを $\mathfrak{X}(\mathbb{Z}_n)$ とする．$\mathfrak{X}(\mathbb{Z}_n)$ は $n \geq 3$ のとき，対称でないことを示せ．

以上のように群の作用を利用して例 2.3 の方法で作られるアソシエーションスキームの例を色々見てきたが次のアソシエーションスキームは例 2.3 の方法では構成できないことが知られている．

2.10 ［例］(Shrikhande グラフ)　下の図のように 16 個の点 X からなるグラフ Γ を書く．そして X の関係 R_0，R_1，R_2 を

$$R_0 = \{(x,x) \mid x \in X\},$$

$$R_1 = \{(x,y) \mid x \text{ と } y \text{ は辺で結ばれている}\},$$

$$R_2 = \{(x,y) \mid x \text{ と } y \text{ は辺で結ばれていない}\},$$

で定義する．このとき $(X, \{R_i\}_{0 \leq i \leq 2})$ はクラス 2 の対称で可換なアソシエーションスキームになっている．このアソシエーションスキームの交叉数 $p_{i,j}^k$ 達はハミングスキーム $H(2,4)$ の交叉数達と完全に一致する．しかし $H(2,4)$ は可移な群の作用によっ

て定義されているが，Shrikhande グラフの場合は可移な群の作用による $X \times X$ 上の軌道としては作ることができない． □

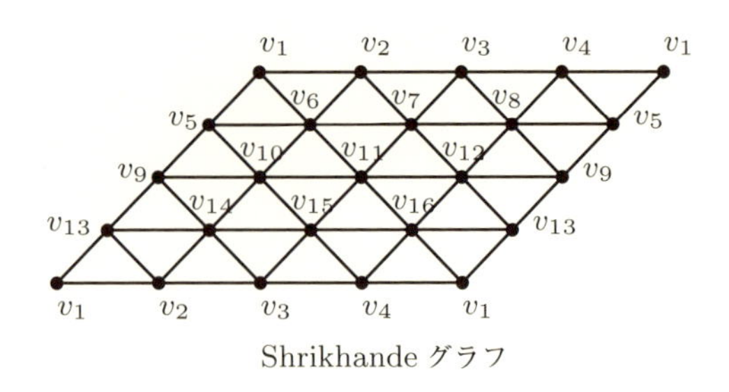

Shrikhande グラフ

上の Shrikhande グラフの図の中で同じ名前の付いている点は同一視して考える（第1行と第5行，および斜の第1列と第5列）．

証明　このアソシエーションスキームが $X = \{v_i \mid 1 \leq i \leq 16\}$ 上可移な群 G の作用を使って定義できると仮定して矛盾を導く．$X \times X = R_0 \cup R_1 \cup R_2$ は G の作用による軌道分解になっていると仮定する．そのとき G の各元は Γ のグラフとしての自己同型となっている．X の点 a に対して $\Gamma_i(a) = \{x \in X \mid (x, a) \in R_i\}$，$i = 1, 2$，と定義すると $x, y \in \Gamma_i(a)$ に対して $(x, a)^g = (y, a)$ となる $g \in G$ が存在する．このとき g は a の安定部分群 G_a に含まれている．したがって G_a は $\Gamma_1(a)$ と $\Gamma_2(a)$ にそれぞれ可移に作用している．例えば a として図の点 v_6 を考えると $\Gamma_1(v_6) = \{v_1, v_2, v_5, v_7, v_{10}, v_{11}\}$，$\Gamma_2(v_6) = \{v_3, v_4, v_8, v_9, v_{12}, v_{13}, v_{14}, v_{15}, v_{16}\}$ となるが Shrikhande グラフのグラフとしての自己同型群を $\mathrm{Aut}(\Gamma)$ とすると $G_{v_6} \subset \mathrm{Aut}(\Gamma)$ であるから $\mathrm{Aut}(\Gamma)$ の安定部分群 $\mathrm{Aut}(\Gamma)_{v_6}$ は $\Gamma_2(v_6)$ 上可移でなければならないが，それは不可能であることが次のようにしてわかる．${v_3}^g = v_{16}$ を満たす $g \in \mathrm{Aut}(\Gamma)_{v_6}$ が存在したと仮定する．そうすると $\Gamma_1(v_6)^g = \Gamma_1(v_6)$ かつ $\Gamma_1(v_3)^g = \Gamma_1(v_{16})$ が成立する．$\Gamma_1(v_6) \cap \Gamma_1(v_3) = \{v_2, v_7\}$ および $\Gamma_1(v_6) \cap \Gamma_1(v_{16}) = \{v_{11}, v_1\}$ であるから $\{v_2, v_7\}^g = \{v_{11}, v_1\}$ が成り立つ．しかし v_7 と v_2 は結ばれているが v_{11} と v_1 は結ばれていない．したがって $g \in \mathrm{Aut}_{v_6}(\Gamma)$ に矛盾する．すなわち Shrikhande グラフの関係 R_2 は群 G の軌道とはなっていない． ■

2.11 [問題]　Shrikhande グラフから作られるアソシエーションスキームとハミングスキーム $H(2, 4)$ の交叉数達が完全に一致することを示せ．

2.12 [例題]（サイクロトミックスキーム (cyclotomic schemes)）　q を素数のベキとし $\mathrm{GF}(q)$ を**ガロア体**（**Galois field**，q 個の元を持つ有限体）とする．d を $q-1$

の任意の約数とし $r=\frac{q-1}{d}$ とおく．また，$\mathrm{GF}(q)$ の乗法群 $\mathrm{GF}(q)^*$ の生成元を ω とし，$\mathrm{GF}(q)^*$ の位数 r の部分群 $H_r=\langle\omega^d\rangle$ による $\mathrm{GF}(q)^*$ の剰余類を $C_i=\omega^{i-1}H_r$ $(1\le i\le d)$ とする．したがって剰余類分割は $\mathrm{GF}(q)^*=\cup_{i=1}^d C_i$ となる．一方，$C_0=\{0\}$ と定義しておく．さらに，$\mathrm{GF}(q)$ 上の関係達を $R_i=\{(x,y)\mid x-y\in C_i\}$ $(1\le i\le d)$ で定義する．このとき $(\mathrm{GF}(q),\{R_i\}_{0\le i\le d})$ はクラス d の可換なアソシエーションスキームである．

証明 G を $\mathrm{GF}(q)$ から $\mathrm{GF}(q)$ への写像 σ で $x^\sigma=ax+b$, $a\in H_r$, $b\in\mathrm{GF}(q)$ と表されるもの全体の集合とする．G は $\mathrm{GF}(q)$ の対称群の部分群であり $\mathrm{GF}(q)$ 上可移に作用している．またこの作用による $\mathrm{GF}(q)\times\mathrm{GF}(q)$ の軌道分解は上述の関係を用いて $\cup_{i=0}^d R_i$ で与えられることがわかる．$y-x\in C_k$ に対して $p_{i,j}^k=|\{z\mid x-z\in C_i, z-y\in C_j\}|=|(-C_i+x)\cap(C_j+y)|$ が成り立つことおよび $\mathrm{GF}(q)$ の任意の部分集合 Y と任意の $b\in\mathrm{GF}(q)$ に対して $|Y|=|-Y|=|Y+b|$ が成り立つことを使うと $p_{i,j}^k=p_{j,i}^k$ が示せる． ∎

2. ボーズ・メスナー代数

まず記号を定義する．X を有限集合としたときに，$|X|\times|X|$ 行列をその行と列をそれぞれ X の元で添字付けて考える．そうして得られる複素数体上の完全行列環を $M_X(\mathbb{C})$ で表すことにする．$x,y\in X$ に対して行列 $M\in M_X(\mathbb{C})$ の (x,y) 成分を $M(x,y)$ で表す．I を $M_X(\mathbb{C})$ の単位行列，J をすべての要素が 1 である $M_X(\mathbb{C})$ の行列とする．行列 $M\in M_X(\mathbb{C})$ に対してその転置行列を ${}^tM$ で表す．また，$M_X(\mathbb{C})$ の任意の行列 M_1 と M_2 に対して**アダマール積 (Hadamard product)** $M_1\circ M_2$ を

$$(M_1\circ M_2)(x,y)=M_1(x,y)M_2(x,y),\quad (x,y)\in X\times X$$

で定義しておく．すなわちアダマール積は行列の積を各成分ごとの積として定義したものである．大学の学部 1 年生が線形代数を学ぶときにはこの演算を使うとテストで×をもらうことになる．

さて，今アソシエーションスキーム $\mathfrak{X}=(X,\{R_i\}_{0\le i\le d})$ が与えられているとする．各関係 R_i, $0\le i\le d$, に対して行列 $A_i\in M_X(\mathbb{C})$ を次のように定義する．

$$A_i(x,y)=\begin{cases}1, & (x,y)\in R_i\text{ のとき},\\ 0, & (x,y)\notin R_i\text{ のとき}.\end{cases}\tag{2.1}$$

A_i を関係 R_i の**隣接行列 (adjacency matrix)** という．このとき本章 1 節の定義 2.1

で与えた条件 (1), (2), (3) および (4) から次の条件 (1′), (2′), (3′) および (4′) が導き出される.

(1′) $A_0 = I$.
(2′) $A_0 + A_1 + \cdots + A_d = J$.
(3′) 各 i, $0 \leq i \leq d$, に対して ${}^tA_i = A_{i'}$ を満たす $i' \in \{0, 1, \ldots, d\}$ が存在する.
(4′) 各 i, j $(0 \leq i, j \leq d)$ に対して

$$A_iA_j = \sum_{k=0}^{d} p_{i,j}^k A_k$$

を満たす非負整数 $p_{i,j}^k$, $0 \leq k \leq d$, 達が存在する.

さらに $\mathfrak{X}$ が可換であれば

(5′) 任意の i, j に対して $A_iA_j = A_jA_i$ が成り立つ.

また $\mathfrak{X}$ が対称であれば

(6′) 任意の i に対して A_i は対称行列 $(A_i = A_{i'} = {}^tA_i)$ である.

逆に有限集合 X に対して，すべての成分が 0 または 1 であるような行列 $A_0, A_1, \ldots, A_d \in M_X(\mathbb{C})$ が存在して上記の条件 (1′), (2′), (3′) および (4′) を満たすのであれば各 i, $0 \leq i \leq d$, に対して $X \times X$ の部分集合を

$$R_i = \{(x, y) \in X \times X \mid A_i(x, y) = 1\}$$

で定義すると $\mathfrak{X} = (X, \{R_i\}_{0 \leq i \leq d})$ はアソシエーションスキームとなる．条件 (5′) が成り立てば $\mathfrak{X}$ は可換であり，条件 (6′) が成り立てば $\mathfrak{X}$ は対称となる.

2.13 [問題]　　上記に述べたことを証明せよ.

$\mathfrak{X} = (X, \{R_i\}_{0 \leq i \leq d})$ をクラス d のアソシエーションスキームとする．$\mathfrak{X}$ の隣接行列 A_i, $0 \leq i \leq d$, 達で張られる $M_X(\mathbb{C})$ の線形部分空間を $\mathfrak{A}$ で表す．条件 (4′) より $\mathfrak{A}$ は普通の行列の積に関して閉じていることがわかる．すなわち $\mathfrak{A}$ は $M_X(\mathbb{C})$ の $d+1$ 次元の部分代数となっている．さらに条件 (2′) により任意の $i, j \in \{0 \leq i \leq d\}$ に対して

$$A_i \circ A_j = \delta_{i,j} A_i$$

が成り立つことが導かれる．すなわち $\mathfrak{A}$ はアダマール積 $\circ$ に関しても閉じており二つの代数としての構造を持つのである．$\mathfrak{A}$ は普通の行列の積に関しては一般には可換でな

いがアダマール積に関しては可換となっている．$\mathfrak{A}$ は一般には**隣接代数 (adjacency algebra)** などと呼ばれている．特に普通の行列の積に関して可換になっている場合は**ボーズ・メスナー代数 (Bose-Mesner algebra)** と呼ばれている．

2.14 [補題]　$\mathfrak{M}$ を $M_X(\mathbb{C})$ のベクトル空間としての部分空間とする．$\mathfrak{M}$ がアダマール積に関して閉じているとする．このとき，$\mathfrak{M}$ の基底 $A_0, A_1, \ldots, A_d$ で $A_i \circ A_j = \delta_{i,j} A_i$ $0 \leq i, j, \leq d$ を満たすものが存在する．

証明　M を $\mathfrak{M}$ の行列とし M の 0 以外の成分で互いに異なるもの全体を $\{\beta_1, \beta_2, \ldots, \beta_r\}$ とする．各 β_i に対して行列 $M^{(i)}$ を

$$M^{(i)}(x,y) = \begin{cases} 1, & M(x,y) = \beta_i \text{ のとき}, \\ 0, & \text{それ以外のとき}, \end{cases}$$

によって定義する．アダマール積に関する M の j 乗を $M^{\circ j} = M \circ \cdots \circ M$ と書くことにする．このとき，$M^{\circ j} = \sum_{i=1}^{r} \beta_i^j M^{(i)}$ であり，係数行列の行列式は

$$\begin{vmatrix} \beta_1 & \beta_2 & \cdots & \beta_r \\ \beta_1^2 & \beta_2^2 & \cdots & \beta_r^2 \\ \vdots & \vdots & & \vdots \\ \beta_1^r & \beta_2^r & \cdots & \beta_r^r \end{vmatrix} \neq 0$$

を満たすので，各 $M^{(i)}$ は $M, M^{\circ 2}, \ldots, M^{\circ r}$ の 1 次結合となる．特に $M^{(i)}$ は $\mathfrak{M}$ に属する．次に $B_0, B_1, \ldots, B_d$ を $\mathfrak{M}$ の任意の基底とし，各 B_j に対して上記の方法で成分が 0 と 1 だけからなる行列 $B_j^{(1)}, B_j^{(2)}, \ldots, B_j^{(r_j)}$ を作る．$B_j^{(i)}$ は $\mathfrak{M}$ の元で B_j は $B_j^{(1)}, B_j^{(2)}, \ldots, B_j^{(r_j)}$ の 1 次結合で書ける．したがって $\{B_j^{(i)} \mid 1 \leq i \leq r_j,\ 0 \leq j \leq d\}$ は $\mathfrak{M}$ を張る．したがってこの中から $\mathfrak{M}$ の基底 $A_0, A_1, \ldots, A_d$ を選ぶことができる．次に $i \neq j$ に対して $A_i \circ A_j \neq 0$ が成り立つと仮定する．$C_1 = A_i \circ A_j$, $C_2 = A_i - C_1$ とおく．必要なら i と j を入れ換えて $C_1, C_2 \neq 0$ とすることができる．$C_1, C_2 \in \mathfrak{M}$ より $\{A_0, A_1, \ldots, A_{i-1}, C_1, C_2, A_{i+1}, \ldots, A_d\}$ は $\mathfrak{M}$ を張る．この生成系から一つの元を抜いて $\mathfrak{M}$ の基底とすることができる．この操作により基底の成分に現れる 1 の総数が減少した．この操作をくりかえすことにより，求める基底に到達する．∎

2.15 [命題] ([110, Theorem 2.6.1])　$\mathfrak{M}$ を $M_X(\mathbb{C})$ のベクトル空間としての部分空間とする．$\mathfrak{M}$ がアダマール積および普通の行列の積に関して閉じているとする．さらに次の条件を満たすとする：

(1) $M \in \mathfrak{M} \Rightarrow {}^tM \in \mathfrak{M}$,
(2) 各 $M \in \mathfrak{M}$ に対して $M \circ I = \alpha(M, I)I$ となる定数 $\alpha(M, I)$ が存在する.
(3) $I, J \in \mathfrak{M}$.

このとき，前記の条件 $(1'), (2'), (3')$ および $(4')$ を満たし，成分が 0 または 1 だけからなる行列 $A_0\,(= I), A_1, \ldots, A_d$ が存在して $\mathfrak{M}$ の基底になっている.

証明　補題 2.14 の証明で述べた方法を適用すると $\mathfrak{M}$ は成分が 0 または 1 だけからなる行列 $A_0, A_1, \ldots, A_d$ を基底として持つ．また $A_i \circ A_j = \delta_{i,j}$ が成り立っている．$I \in \mathfrak{M}$ であるから，$I = \sum_{i=0}^{d} a_i A_i$ と表わされる．$I \circ I = I$ より $a_i = 0$ または 1 である．このとき $a_j = 1$ となる j に関して (2) より $\alpha(A_j, I)I = A_j \circ I = A_j$ となる．したがって $A_j = I$ となる j が存在することがわかる．順番を入れ換えて $A_0 = I$ としておく．次に $J = \sum_{i=0}^{d} b_i A_i$ とおくと，$A_j = A_j \circ J = \sum_{i=0}^{d} b_i (A_j \circ A_i) = b_j A_j$ が成り立つ．したがって $b_0 = b_1 = \cdots = b_d = 1$ となり条件 $(2')$ が成立する．${}^tJ = J$ より $A_0 + A_1 + \cdots + A_d = {}^tA_0 + {}^tA_1 + \cdots + {}^tA_d$ が成り立つ．また，各 ${}^tA_i$ は $A_0, A_1, \ldots, A_d$ のいくつかの和であり，かつ ${}^tA_i{}^tA_j = {}^t(A_iA_j) = \delta_{i,j}{}^tA_i$ である．すなわち ${}^tA_i$ に現れる A_l はちょうど 1 個であることがわかる．したがって条件 $(3')$ が成り立つ．$\mathfrak{M}$ が普通の行列の積に関して閉じていることから条件 $(4')$ が導かれる．■

3. 可換なアソシエーションスキーム

本節では $\mathfrak{X} = (X, \{R_i\}_{0 \le i \le d})$ を可換なアソシエーションスキームとする．このとき $\mathfrak{X}$ の交叉数達 $p_{i,j}^k$ の持つ性質を考えてみよう．$\mathfrak{X}$ が可換であるという仮定から $p_{i,j}^k = p_{j,i}^k$ が成り立っている．ここで記号を一つ導入する．$x \in X$ を任意に固定したときに $\Gamma_i(x) = \{z \in X \mid (x, z) \in R_i\}$ と定義する．定義より $\Gamma_{i'}(x) = \{z \in X \mid (z, x) \in R_i\}$ $(0 \le i \le d)$ が成り立っている．このとき任意の $(x, y) \in R_k$ に対して $|\Gamma_i(x) \cap \Gamma_{j'}(y)| = p_{i,j}^k$ が成り立っている.

$$k_i = p_{i,i'}^0 \tag{2.2}$$

と定義すると $(x, z) \in R_i \Leftrightarrow (z, x) \in R_{i'}$ であるから任意の $x \in X$ に対して $k_i = |\Gamma_i(x)|$ が成り立つことがわかる．k_i を関係 R_i の**次数 (valency)** と呼ぶ．次の命題が成り立つことが交叉数の定義よりわかる.

2.16 [命題]

(1) $k_0 = 1$,
(2) $k_i = k_{i'}$,
(3) $|X| = k_0 + k_1 + \cdots + k_d$.

さらに一般の交叉数の満たす式を次の命題にまとめておく.

2.17 [命題]

(1) $p^k_{i,0} = \delta_{i,k}$,
(2) $p^k_{0,j} = \delta_{j,k}$,
(3) $p^0_{i,j} = k_i \delta_{i,j'}$,
(4) $p^k_{i,j} = p^{k'}_{i',j'}$,
(5) $\sum_{j=0}^d p^k_{i,j} = k_i$,
(6) $k_\ell p^\ell_{i,j} = k_j p^j_{i',\ell} = k_i p^i_{\ell,j'}$,
(7) $\sum_{\alpha=0}^d p^\alpha_{i,j} p^\ell_{k,\alpha} = \sum_{\alpha=0}^d p^\alpha_{k,i} p^\ell_{\alpha,j}$.

証明　(1), (2), (3), および (4) は定義よりすぐに証明できる.

(5) $(x, y) \in R_k$ を一組固定する. $\Gamma_i(x) = \cup_{j=0}^d (\Gamma_i(x) \cap \Gamma_{j'}(y))$. 右辺は共通部分のない集合の和であるので (5) が得られる.

(6)

$$
\begin{aligned}
&\{(x, y, z) \mid (x, y) \in R_\ell, (x, z) \in R_i,\ (z, y) \in R_j\} \\
&\quad = \bigcup_{x \in X} \bigcup_{y \in \Gamma_\ell(x)} \{(x, y, z) \mid (x, z) \in R_i,\ (z, y) \in R_j\} \\
&\quad = \bigcup_{z \in X} \bigcup_{y \in \Gamma_j(z)} \{(x, y, z) \mid (z, x) \in R_{i'},\ (x, y) \in R_\ell\} \\
&\quad = \bigcup_{x \in X} \bigcup_{z \in \Gamma_i(x)} \{(x, y, z) \mid (x, y) \in R_\ell,\ (y, z) \in R_{j'}\}
\end{aligned}
$$

が成り立つことより (6) を得る.

(7) $(x, y) \in R_\ell$ を一組固定する.

$$
\begin{aligned}
&\{(z, w) \mid (z, w) \in R_i, (x, z) \in R_k, (w, y) \in R_j\} \\
&\quad = \bigcup_{\alpha=0}^{d} \bigcup_{z \in \Gamma_k(x) \cap \Gamma_{\alpha'}(y)} \{(z, w) \mid (z, w) \in R_i, (w, y) \in R_j\}
\end{aligned}
$$

$$= \bigcup_{\alpha=0}^{d} \bigcup_{w \in \Gamma_\alpha(x) \cap \Gamma_{j'}(y)} \{(z,w) \mid (x,z) \in R_k, (z,w) \in R_i\}$$

が成り立つことより (7) を得る. ∎

次に $\mathfrak{X}$ のボーズ・メスナー代数 $\mathfrak{A}$ について考えてみる. まず, 少し一般的な形で議論をすすめる. 通常の行列の積に関して可換な代数に対して補題2.14および命題2.15の証明に用いた手法により次の補題を証明することができる.

2.18 [補題]　$\mathfrak{M}$ を $M_X(\mathbb{C})$ の部分ベクトル空間とする. $\mathfrak{M}$ が通常の行列の積に関して閉じておりかつ可換であると仮定する. さらに次の条件を満たすとする.

(1) $M \in \mathfrak{M}$ であれば ${}^tM, \overline{M} \in \mathfrak{M}$ が成り立つ,
(2) 任意の $M \in \mathfrak{M}$ に対して $JM = \alpha(M,J)J$ を満たす定数 $\alpha(M,J)$ が存在する.
(3) $I, J \in \mathfrak{M}$.

このとき $\mathfrak{M}$ の基底 $E_0\,(=\frac{1}{|X|}J), E_1, \ldots, E_d$ で次の条件を満たすものが存在する.

(1″) $|X|E_0 = J$,
(2″) $E_0 + E_1 + \cdots + E_d = I$, $E_iE_j = \delta_{i,j}E_i$,
(3″) 各 i に対して ${}^tE_i = E_{\hat{i}}$ となる $\hat{i} \in \{0,1,\ldots,d\}$ が存在する.

証明　任意の $M \in \mathfrak{M}$ は $M\overline{{}^tM} = \overline{{}^tM}M$ を満たす. すなわち正規行列である. したがって $\mathfrak{M}$ は互いに可換な正規行列からなる基底を持つ. 互いに可換であるので一つのユニタリー行列 U により同時に対角化できる. すなわち $\overline{{}^tU}\mathfrak{M}U$ に含まれる行列はすべて対角行列である. 対角行列の集合においては普通の積とアダマール積は同値である. したがって $\overline{{}^tU}\mathfrak{M}U$ はアダマール積に関して閉じているので, 補題2.14により $\overline{{}^tU}\mathfrak{M}U$ の基底 $\Lambda_0, \Lambda_1, \ldots, \Lambda_d$ で $\Lambda_i\Lambda_j = \Lambda_i \circ \Lambda_j = \delta_{i,j}\Lambda_i$ を満たすものが存在する. $E_i = U\Lambda_i\overline{{}^tU}$ $(0 \le i \le d)$ とおけば $\{E_0, E_1, \ldots, E_d\}$ は $\mathfrak{M}$ の基底であり, $E_iE_j = \delta_{i,j}E_j$ が成り立っている. 次に $J = |X|\sum_{j=0}^{d} a_jE_j$ とおく. $J^2 = |X|J$ であるので各 a_j は0または1である. 命題2.15の場合の証明と同様に, 条件(2)より $|X|E_j = J$ となる j が存在することがわかる. 番号を振り換えて $E_0 = \frac{1}{|X|}J$ としておく. また $I = \sum_{j-0}^{d} b_jE_j$ とすると $I = I^2 = \sum_{j-0}^{d} b_j^2E_j$ となり $b_0 = b_1 = \cdots = b_d = 1$ となる. 以上より (1″), (2″) の証明が終わった. (2″) および ${}^tI = I$ より (3″) が成り立つのは明らかである. ∎

補題 2.18 に関して対称行列の場合は [110]，さらに非可換の場合は [209] を参照されたい．

さて，可換なアソシエーションスキーム $\mathfrak{X}$ のボーズ・メスナー代数 $\mathfrak{A}$ の話に戻ろう．$\mathfrak{A}$ には隣接行列達からなる基底 $A_0, A_1, \ldots, A_d$ が存在する．また，補題 2.18 により原始ベキ等元達からなる基底 $E_0, E_1, \ldots, E_d$ が存在する．$\mathfrak{A}$ はアダマール積に関しても閉じているので次の等式が成り立つ．

(4″) $E_i \circ E_j = \frac{1}{|X|} \sum_{k=0}^{d} q_{i,j}^k E_k$,
(5″) $E_i \circ E_j = E_j \circ E_i$.

(4″) に現れた $\mathfrak{A}$ のアダマール積に関する代数としての構造定数達 $q_{i,j}^k$ は **Krein 数 (Krein number)** と呼ばれている．一般には整数であるとは限らないが非負実数であることが知られている．詳しくは [154, 207, 92, 405] を参照されたい．

2.19 [問題] $\mathfrak{A}$ の原始ベキ等元からなる基底を $E_0, E_1, \ldots, E_d$ とする．このとき任意の i に対して $\overline{E_i} = {}^tE_i$ となることを示せ．ただし $\overline{E_i}$ は E_i の複素共役とする．

4. アソシエーションスキームの指標表

$\mathfrak{X} = (X, \{R\}_{0 \le i \le d})$ を可換なアソシエーションスキームとする．X の元を添字とする複素数体上の $|X|$ 次元ベクトル空間を V とする．前節で見たように $\mathfrak{A}$ には 2 種類の基底 $A_0, A_1, \ldots, A_d$ と $E_0, E_1, \ldots, E_d$ が存在する．各 i に対して V の部分空間を $V_i = E_iV$ で定義する．このとき条件 (2″) および $\overline{E_i} = {}^tE_i$（問題 2.19）であることより

$$V = V_0 \perp V_1 \perp \cdots \perp V_d \quad \text{（複素内積に関する直交分解）} \tag{2.3}$$

となっている．特に $E_0 = \frac{1}{|X|}J$ であるので．V_0 はすべての成分が 1 であるベクトル $\mathbf{1}$ で張られる 1 次元部分空間である．また補題 2.18 の証明の中で与えた条件 (b) により $\mathfrak{A}$ の任意の行列 M と任意の E_i に対して $ME_i = \alpha(M, E_i)E_i$ を満たす定数 $\alpha(M, E_i)$ が存在するので，V の直交分解に現れる部分空間 V_i は $\mathfrak{A}$ の行列すべての共通固有空間となっている．特に各隣接行列 A_i の V_j における固有値を $P_i(j)$ で表すことにする．このとき

$$A_i = \sum_{j=0}^{d} P_i(j)E_j, \quad 0 \le i \le d \tag{2.4}$$

が成り立つ．逆に $A_0, A_1, \ldots, A_d$ は $\mathfrak{A}$ の基底なので

$$E_i = \frac{1}{|X|}\sum_{j=0}^{d} Q_i(j)A_j, \quad 0 \le i \le d \tag{2.5}$$

と表すことができる．これらの基底変換の行列，すなわち (i,j)-成分がそれぞれ $P_j(i)$ と $Q_j(i)$ である $d+1$ 次の行列

$$P = \Big(P_j(i)\Big)_{\substack{0\le i\le d\\0\le j\le d}}, \quad Q = \Big(Q_j(i)\Big)_{\substack{0\le i\le d\\0\le j\le d}}$$

をアソシエーションスキーム $\mathfrak{X}$ の**第1固有行列** (**first eigenmatrix**)（または**指標表** (**character table**)）および**第2固有行列** (**second eigenmatrix**) という．各 $P_j(i)$ は A_i の固有値であるので，特に対称なアソシエーションスキームの場合には第1および第2固有行列は実数行列であることに注意しておく．また，定義より

$$PQ = QP = |X|I \tag{2.6}$$

が成り立つことがすぐわかる．

2.20［命題］　式 (2.3) で与えられた直和因子 V_i の次元（すなわち E_i の階数）を m_i とする．このとき次の条件が成り立つ．

(1) $\mathrm{tr}(A_i) = \begin{cases} |X|, & i = 0 \text{ のとき}, \\ 0, & i \ne 0 \text{ のとき}. \end{cases}$

(2) $JA_i = A_iJ = k_iJ$.

(3) $\mathrm{tr}(E_i) = m_i$.

証明　(1) $A_0 = I$ より $\mathrm{tr}(A_0) = |X|$．$i \ne 0$ ならば $A_i(x,x) = 0$ であるから $\mathrm{tr}(A_i) = 0$.

(2)

$$\begin{aligned}(JA_i)(x,y) &= \sum_{z\in X} J(x,z)A_i(z,y) \\ &= \sum_{z\in X} A_i(z,y) = |\{z \mid (z,y) \in R_i\}| = k_i.\end{aligned}$$

(3) ${E_i}^2 = E_i$ であるから E_i の固有値は 0 または 1 である．E_i は対角化可能であるから $\mathrm{tr}(E_i) = m_i$ が成り立つ．■

2.21［命題］　任意の $i \in \{0, 1, \ldots, d\}$ に対して次の条件が成り立つ.

(1) $P_0(i) = 1$.
(2) $P_i(0) = k_i$.
(3) $Q_0(i) = 1$.
(4) $Q_i(0) = m_i$.

証明　(1) $A_0 = I = E_0 + E_1 + \cdots + E_d$ であるから任意の i に対して $P_0(i) = 1$ が成り立つ.

(2) 命題 2.20 より $E_0 A_i = \frac{1}{|X|} J A_i = \frac{1}{|X|} k_i J = k_i E_0$ が成り立つ．一方式 (2.4) より $E_0 A_i = E_0 \sum_{j=0}^{d} P_i(j) E_j = P_i(0) E_0$ が成り立つ．したがって $P_i(0) = k_i$ が任意の i に対して成り立つ.

(3) $E_0 = \frac{1}{|X|} J = \frac{1}{|X|}(A_0 + A_1 + \cdots + A_d)$ が成り立つから式 (2.4) より任意の i に対して $Q_0(i) = 1$ が成り立つ.

(4) 命題 2.20 により $m_i = \mathrm{tr}(E_i)$ が成り立つ．式 (2.4) より

$$\mathrm{tr}(E_i) = \frac{1}{|X|} \sum_{j=0}^{d} Q_i(j)\, \mathrm{tr}(A_j) = Q_i(0).$$

したがって任意の i に対して $Q_i(0) = m_i$ が成り立つ. ∎

2.22［定理］　可換なアソシエーションスキームの指標表に関して次のことが成り立つ.

(1) $P_{i'}(j) = \overline{P_i(j)}$.
(2) $Q_{\hat{i}}(j) = \overline{Q_i(j)}$
(3) $\frac{Q_j(i)}{m_j} = \frac{\overline{P_i(j)}}{k_i}$.
(4) $\sum_{\nu=0}^{d} \frac{1}{k_\nu} P_\nu(i) \overline{P_\nu(j)} = \delta_{i,j} \frac{|X|}{m_i}$
　(**指標の第 1 直交関係** (**first orthogonality relation**)).
(5) $\sum_{\nu=0}^{d} m_\nu P_i(\nu) \overline{P_j(\nu)} = \delta_{i,j} |X| k_i$
　(**指標の第 2 直交関係** (**second orthogonality relation**)).
(6) $P_i(\ell) P_j(\ell) = \sum_{k=0}^{d} p_{i,j}^{k} P_k(\ell)$,
(7) $Q_i(\ell) Q_j(\ell) = \sum_{k=0}^{d} q_{i,j}^{k} Q_k(\ell)$,
(8) $P_i(j) Q_j(\ell) = \sum_{k=0}^{d} p_{i,k}^{\ell} Q_j(k)$.

証明　(1) 式 (2.4) と問題 2.19 より

$$A_{i'} = {}^tA_i = \overline{{}^tA_i} = \sum_{j=0}^{d} \overline{P_i(j)} {}^tE_j = \sum_{j=0}^{d} \overline{P_i(j)} E_j$$

が成り立つ．したがって $P_{i'}(j) = \overline{P_i(j)}$ が成立する．

(2) $E_{\hat{i}} = {}^tE_i = \overline{E_i}$ が成り立つので式 (2.5) を使って (2) が成り立つことが示せる．

(3) 式 (2.5) より $A_i \circ E_j = \frac{1}{|X|} Q_j(i) A_i$ が成り立つ．左辺の行列の成分の総和を考える．

$$\begin{aligned}
&\sum_{x\in X}\sum_{y\in X}(A_i \circ E_j)(x,y) \\
&\quad = \sum_{x\in X}\sum_{y\in X} E_j(x,y)A_i(x,y) = \sum_{x\in X}(E_j {}^tA_i)(x,x) \\
&\quad = \mathrm{tr}(E_jA_{i'}) = \mathrm{tr}(P_{i'}(j)E_j) = P_{i'}(j)m_j = m_j\overline{P_i(j)}
\end{aligned}$$

が成り立つ．一方右辺の成分の総和は

$$\frac{1}{|X|}Q_j(i)\sum_{x\in X}\sum_{y\in X}A_i(x,y) = k_iQ_j(i)$$

となる．よって (3) が得られる．

(4) $PQ = |X|I$ の両辺の成分を計算し (3) を用いることにより得られる．

(5) $QP = |X|I$ の両辺の成分を計算し (3) を用いることにより得られる．

(6)

$$A_iA_j = \sum_{k=0}^{d} p_{i,j}^k A_k = \sum_{k=0}^{d} p_{i,j}^k \sum_{\ell=0}^{d} P_k(\ell)E_\ell,$$

他方

$$A_iA_j = \sum_{\ell=0}^{d} P_i(\ell)E_\ell \sum_{k=0}^{d} P_j(k)E_k = \sum_{\ell=0}^{d} P_i(\ell)P_j(\ell)E_\ell$$

であることから証明できる．

(7) 条件 $(4'')$ より

$$E_i \circ E_j = \frac{1}{|X|}\sum_{k=0}^{d} q_{i,j}^k E_k = \frac{1}{|X|^2}\sum_{k=0}^{d} q_{i,j}^k \sum_{\ell=0}^{d} Q_k(\ell)A_\ell,$$

他方

$$E_i \circ E_j = \frac{1}{|X|^2}\left(\sum_{\ell=0}^{d} Q_i(\ell)A_\ell\right) \circ \left(\sum_{\nu=0}^{d} Q_j(\nu)A_\nu\right) = \frac{1}{|X|^2}\sum_{\ell=0}^{d} Q_i(\ell)Q_j(\ell)A_\ell.$$

(8)

$$\begin{aligned} A_iE_j &= \frac{1}{|X|}\sum_{k=0}^{d} Q_j(k)A_iA_k \\ &= \frac{1}{|X|}\sum_{k=0}^{d} Q_j(k)\sum_{\ell=0}^{d} p_{i,k}^{\ell}A_\ell = \frac{1}{|X|}\sum_{\ell=0}^{d}\left(\sum_{k=0}^{d} p_{i,k}^{\ell}Q_j(k)\right)A_\ell. \end{aligned}$$

他方

$$A_iE_j = P_i(j)E_j = \frac{1}{|X|}P_i(j)\sum_{\ell=0}^{d} Q_j(\ell)A_\ell = \frac{1}{|X|}\sum_{\ell=0}^{d} P_i(j)Q_j(\ell)A_\ell.$$

■

2.23 [定理]　可換なアソシエーションスキームの Krein 数および交叉数は次の式のように指標表により定まる.

(1) $q_{i,j}^{\ell} = \dfrac{m_im_j}{|X|}\displaystyle\sum_{\nu=0}^{d}\frac{1}{{k_\nu}^2}P_\nu(i)P_\nu(j)\overline{P_\nu(\ell)}.$

(2) $p_{i,j}^{\ell} = \dfrac{k_ik_j}{|X|}\displaystyle\sum_{\nu=0}^{d}\frac{1}{{m_\nu}^2}Q_\nu(i)Q_\nu(j)\overline{Q_\nu(\ell)}.$

証明　(1) 次の等式の両辺の行列のトレースを計算する.

$$\frac{1}{|X|}q_{i,j}^{\ell}E_\ell = (E_i \circ E_j)E_\ell.$$

左辺は $\frac{1}{|X|}q_{i,j}^{\ell}m_\ell$ となる. 右辺は

$$\begin{aligned} \mathrm{tr}(E_i \circ E_j)E_\ell &= \sum_{x\in X}((E_i \circ E_j)E_\ell)(x,x) \\ &= \sum_{x\in X}\sum_{y\in X} E_i(x,y)E_j(x,y)E_\ell(y,x) \\ &= \sum_{x\in X}\sum_{y\in X}(E_i \circ E_j \circ {}^tE_\ell)(x,y) \end{aligned}$$

$$\sum_{x\in X}\sum_{y\in X}\left(\frac{1}{|X|^3}\sum_{\nu=0}^{d}Q_i(\nu)Q_j(\nu)Q_{\hat{\ell}}(\nu)A_\nu(x,y)\right)$$
$$=\frac{1}{|X|^2}\sum_{\nu=0}^{d}Q_i(\nu)Q_j(\nu)\overline{Q_\ell(\nu)}k_\nu$$

を得る．さらに定理 2.22 (3) および定理 2.22 (1) を使うと (1) が得られる．

(2) 次の等式の両辺の行列の成分の総和を計算する．

$$p_{i,j}^{\ell}A_\ell=(A_iA_j)\circ A_\ell.$$

左辺は $|X|p_{i,j}^{\ell}k_\ell$ となる．右辺は

$$\sum_{x\in X}\sum_{y\in X}((A_iA_j)\circ A_\ell)(x,y)=\sum_{x\in X}\sum_{y\in X}(A_iA_j)(x,y)\,{}^tA_\ell(y,x)$$
$$=\mathrm{tr}(A_iA_jA_{\ell'})=\mathrm{tr}\left(\sum_{\nu}P_i(\nu)P_j(\nu)P_{\ell'}(\nu)E_\nu\right)$$
$$=\sum_{\nu}P_i(\nu)P_j(\nu)P_{\ell'}(\nu)m_\nu=\frac{k_ik_jk_\ell}{{m_\nu}^2}\overline{Q_\nu(i)Q_\nu(j)}Q_\nu(\ell).$$

先に計算した左辺が実数であるので右辺も実数となっている．したがって求める等式が証明できる．∎

$k_{\nu'}=k_\nu$ であるから

$$\sum_{\nu=0}^{d}\frac{1}{{k_\nu}^2}P_\nu(i)P_\nu(j)\overline{P_\nu(\ell)}=\sum_{\nu=0}^{d}\frac{1}{{k_{\nu'}}^2}P_{\nu'}(i)P_{\nu'}(j)\overline{P_{\nu'}(\ell)}$$
$$=\sum_{\nu=0}^{d}\frac{1}{{k_\nu}^2}\overline{P_\nu(i)P_\nu(j)}P_\nu(\ell)=\sum_{\nu=0}^{d}\frac{1}{{k_\nu}^2}\overline{P_\nu(i)P_\nu(j)\overline{P_\nu(\ell)}}$$

が成り立つ．したがって定理 2.23 (1) で得られた等式の右辺は実数であることがわかる．したがって前に述べたように Krein 数 $q_{i,j}^{\ell}$ 達は実数であることがわかる．さらに非負であることを示すにはもう少し情報が必要である．Krein 数達は交叉数 $p_{i,j}^{\ell}$ 達が満たすのと同様な等式を満たすことが知られている．以下に証明抜きで与える．（詳しくは [58]，[32] などを参照．）

2.24［命題］　Krein 数達は次のような等式を満たす．

(1) $q_{0,j}^{k}=\delta_{j,k}$.

(2) $q_{i,0}^{k} = \delta_{i,k}$.
(3) $q_{i,j}^{0} = \delta_{i,\hat{j}} m_i$.
(4) $q_{i,j}^{k} = q_{\hat{i},\hat{j}}^{\hat{k}}$.
(5) $\sum_{j=0}^{d} q_{i,j}^{k} = m_i$.
(6) $m_k q_{i,j}^{k} = m_j q_{\hat{i},k}^{j} = m_i q_{k,\hat{j}}^{i}$.
(7) $\sum_{\alpha=0}^{d} q_{i,j}^{\alpha} q_{k,\alpha}^{\ell} = \sum_{\alpha=0}^{d} q_{k,i}^{\alpha} q_{\alpha,j}^{\ell}$.

証明　(6) だけ証明を述べておく．$m_{\hat{i}} = m_i$ であるから，定理 2.23 (1) より

$$
\begin{aligned}
m_j q_{\hat{i},k}^{j} &= m_j \frac{m_i m_k}{|X|} \sum_{\nu=0}^{d} \frac{1}{k_\nu^2} P_\nu(\hat{i}) P_\nu(k) \overline{P_\nu(j)} \\
&= m_j \frac{m_i m_k}{|X|} \sum_{\nu=0}^{d} \frac{1}{k_\nu^2} \overline{P_\nu(i)} P_\nu(k) \overline{P_\nu(j)} \\
&= m_j \frac{m_i m_k}{|X|} \sum_{\nu=0}^{d} \frac{1}{k_\nu^2} P_{\nu'}(i) P_\nu(k) P_{\nu'}(j) \\
&= m_k \frac{m_i m_j}{|X|} \sum_{\nu'=0}^{d} \frac{1}{k_{\nu'}^2} P_{\nu'}(i) P_{\nu'}(j) \overline{P_{\nu'}(k)} = m_k q_{i,j}^{k}
\end{aligned}
$$

を得る．したがって $m_i q_{k,\hat{j}}^{i} = m_i q_{\hat{j},k}^{i} = m_k q_{j,i}^{k} = m_k q_{i,j}^{k}$ を得る．■

2.25 [問題]　　命題 2.24 を証明せよ．

本節の最後に次の定理をあげておく．

2.26 [定理] (Krein 条件)　　可換なアソシエーションスキームの Krein 数はすべて非負の実数である．

証明　証明は一口に言うと次のようになる．E_i と E_j は非負エルミート行列であるから $E_i \otimes E_j$ も非負エルミート行列である．$E_i \circ E_j$ は $E_i \otimes E_j$ の主小行列であるからやはり非負エルミート行列である．したがって $E_i \circ E_j$ の固有値 $q_{i,j}^{k}$ は非負実数である（Biggs [92] 参照）．

以下に定理の別証を述べておく（[154] 参照）．一般に複素数係数の行列について $\|M\|^2 = \sum_{x \in X} \sum_{y \in X} |M(x,y)|^2$ と定義すると，

$$
\mathrm{tr}(M\,{}^t\overline{M}) = \|M\|^2 \geq 0 \tag{2.7}
$$

が成り立つ．今 U をボーズ・メスナー代数 $\mathfrak{A}$ に含まれるすべての行列を同時に対角化するユニタリー行列とする．U の列を添字付ける集合を X' とする．このとき $|X'| = |X|$ を満たしている．$E_0, E_1, \ldots, E_d$ が互いに直交していること（条件 $(2'')$ 参照）に注意すると，X' を次の条件を満たす $d+1$ 個の部分集合 $X'_0, X'_1, \ldots, X'_d$ に分割することができる：

$$
{}^t\overline{U}E_iU = T_i, \quad T_i(x,y) = \begin{cases} 1 & x, y \in X'_i,\ x = y \text{ のとき} \\ 0 & \text{上記以外のとき} \end{cases}
$$

すなわち T_i は対角成分に 1 が m_i 個並んでおりそれ以外の成分はすべて 0 の行列である．このときユニタリー行列 U も X' の分割に従って $U = [U_0, U_1, \ldots, U_d]$ と分割しておく．各 U_i は $X \times X'_i$ で添字付けられた行列となる．このとき $E_i = UT_i{}^t\overline{U} = U_i{}^t\overline{U_i}$ が成り立つ．そこで E_k の固有値 1 の固有ベクトル $\boldsymbol{v}$ を一つ固定し，対角行列 Δ を

$$
\Delta(x,y) = \delta_{x,y}\boldsymbol{v}(x), \quad x, y \in X
$$

で定義する．$M = {}^t\overline{U_i}\Delta U_j$ とおく．このとき $\mathrm{tr}(M\,{}^t\overline{M})$ を計算する．

$$
\begin{aligned}
\mathrm{tr}(M\,{}^t\overline{M}) &= \mathrm{tr}({}^t\overline{U_i}\Delta U_j{}^t\overline{U_j}\,\overline{\Delta}U_i) = \mathrm{tr}({}^t\overline{U_i}\Delta E_j\overline{\Delta}U_i) \\
&= \sum_{x\in X'_i}\sum_{t_1\in X}\sum_{t_2\in X} {}^t\overline{U_i}(x,t_1)\Delta(t_1,t_1)E_j(t_1,t_2)\overline{\Delta}(t_2,t_2)U_i(t_2,x) \\
&= \sum_{t_1\in X}\sum_{t_2\in X}\boldsymbol{v}(t_1)E_j(t_1,t_2)\overline{\boldsymbol{v}(t_2)}\sum_{x\in X'_i}U_i(t_2,x){}^t\overline{U_i}(x,t_1) \\
&= \sum_{t_1\in X}\sum_{t_2\in X}\boldsymbol{v}(t_1)E_j(t_1,t_2)\overline{\boldsymbol{v}(t_2)}E_i(t_2,t_1) \\
&= \sum_{t_1\in X}\sum_{t_2\in X}(E_i\circ E_{\hat{j}})(t_2,t_1)\boldsymbol{v}(t_1)\overline{\boldsymbol{v}(t_2)} \\
&= \sum_{\ell=0}^{d}q_{i,\hat{j}}^{\ell}\sum_{t_1\in X}\sum_{t_2\in X}E_\ell(t_2,t_1)\boldsymbol{v}(t_1)\overline{\boldsymbol{v}(t_2)} = \sum_{\ell=0}^{d}q_{i,\hat{j}}^{\ell}\sum_{t_2\in X}\overline{\boldsymbol{v}(t_2)}(E_\ell\boldsymbol{v})(t_2) \\
&= q_{i,\hat{j}}^{k}\sum_{t_2\in X}\overline{\boldsymbol{v}(t_2)}\boldsymbol{v}(t_2) = q_{i,\hat{j}}^{k}\sum_{t_2\in X}|\boldsymbol{v}(t_2)|^2 \qquad (2.8)
\end{aligned}
$$

が成り立つ．このとき，式 (2.7) は $q_{i,\hat{j}}^{k} \geq 0$ を導く． ■

2.27 [問題]　可換なアソシエーションスキームの指標表に関して次の不等式が成り立つことを証明せよ．

$$
|P_i(j)| \leq k_i, \qquad |Q_i(j)| \leq m_i
$$

（ヒント $P_i(j)$ は A_i の固有値である．$A_i\boldsymbol{v} = P_i(j)\boldsymbol{v}$ となる固有ベクトル $\boldsymbol{v}$ を考える．）

5. 交叉数行列とボーズ・メスナー代数

$\mathfrak{X} = (X, \{R_i\}_{0\le i\le d})$ をクラス d の可換なアソシエーションスキームとし $\mathfrak{A}$ をそのボーズ・メスナー代数とする．$\mathfrak{A}$ は普通の行列の積とアダマール積の二つの積に関してそれぞれ代数となっている．またアダマール積に関する代数と見たときに $\mathfrak{A}$ を $\mathfrak{A}^\circ$ と表記することにする．

交叉数行列とボーズ・メスナー代数の正則表現

$\mathfrak{X}$ の交叉数 $p_{i,j}^k$ 達を使って次のような $d+1$ 次の正方行列 B_i を考える．すなわち B_i の第 (j,k) 成分は

$$B_i(j,k) = p_{i,j}^k, \quad 0 \le j,k \le d$$

で定義される．行列 B_i $(0 \le i \le d)$ は**交叉数行列** (**intersection matrix**) と呼ばれる．$B_0, B_1, \ldots, B_d$ によって普通の行列の積で生成される複素数体上の完全行列環 $M_{d+1}(\mathbb{C})$ の部分代数を $\mathfrak{B}$ とする．このとき次の定理が成り立つ．

2.28 [**定理**]　各 i $(0 \le i \le d)$ について A_i を B_i に対応させる写像はボーズ・メスナー代数 $\mathfrak{A}$ と $\mathfrak{B}$ の間の代数としての同型写像を与える．

証明　各 $M \in \mathfrak{A}$ に対して $\mathfrak{A}$ の $\mathfrak{A}$ 加群としての線形写像 $L_M \in \mathrm{End}(\mathfrak{A})$ を $L_M(N) = MN$ $(N \in \mathfrak{A})$ で定義する．$\mathfrak{A}$ の基底 $A_0, A_1, \ldots, A_d$ に関する L_M の行列表示を $\rho(M)$ とすると，代数としての準同型 $\rho\colon \mathfrak{A} \longrightarrow M_{d+1}(\mathbb{C})$ が得られる．（この表現 ρ は $\mathfrak{A}$ の**左正則表現**と呼ばれる．）$\rho(M) = 0$ とすると任意の $N \in \mathfrak{A}$ に対して $L_M(N) = 0$ が成り立つことになる．特に $M = L_M(I) = 0$ となり ρ が忠実な表現（すなわち単射）であることがわかる．$A_iA_j = \sum_{k=0}^d p_{i,j}^k A_k$ であるから定義より $\rho(A_i) = {}^tB_i$ となることがわかる．対応 $A_i \mapsto B_i = {}^t(\rho(A_i))$ は $\mathfrak{A}$ が可換であるので $\mathfrak{A}$ と $\mathfrak{B}$ の間の代数としての同型写像を与える．∎

定理 2.28 よりただちに次の系が得られる．

2.29 [**系**]　隣接行列 A_i と交叉数行列 B_i は同じ最小多項式を持つ．

双対交叉数行列とボーズ・メスナー代数の正則表現

$\mathfrak{X}$ の Krein 数 $q_{i,j}^k$ 達を使って次のような $d+1$ 次の正方行列 B_i^* を考える．すなわ

ち B_i^* の第 (j,k) 成分は

$$B_i^*(j,k) = q_{i,j}^k, \quad 0 \leq j,k \leq d$$

で定義される．行列 B_i^* $(0 \leq i \leq d)$ は**双対交叉数行列** (**dual intersection matrix**) と呼ばれる．$B_0^*, B_1^*, \ldots, B_d^*$ によって普通の行列の積で生成される複素数体上の全行列環 $M_{d+1}(\mathbb{C})$ の部分代数を $\mathfrak{B}^*$ とする．このとき次の定理が成り立つ．

2.30 [定理]　各 i $(0 \leq i \leq d)$ について $|X|E_i$ に B_i^* を対応させる写像はアダマール積に関する代数 $\mathfrak{A}^\circ$ と $\mathfrak{B}^*$（普通の行列の積に関する代数）の間の同型を与える．

証明　定理 2.28 の証明と同様に各 $M \in \mathfrak{A} = \mathfrak{A}^\circ$ に対して線形変換 $L_M^* \in \mathrm{End}(\mathfrak{A}^\circ)$ を $L_M^*(N) = M \circ N$ $(N \in \mathfrak{A})$ で定義する．$\mathfrak{A}^\circ$ の基底 $|X|E_0, |X|E_1, \ldots, |X|E_d$ に関する L_M^* の行列表示を $\rho^*(M)$ とすると代数としての準同型 $\rho^* : \mathfrak{A}^\circ \longrightarrow M_{d+1}(\mathbb{C})$ が得られる．ρ^* は忠実表現である．（この表現 ρ^* は $\mathfrak{A}^\circ$ の左正則表現と呼ばれる．）69 頁の原始ベキ等行列の関する条件 $(4'')$ より $|X|E_i \circ (|X|E_j) = \sum_{k=0}^d q_{i,j}^k |X|E_k$ より $\rho^*(|X|E_i) = {}^tB_i^*$ を得る．$\mathfrak{A}^\circ$ は可換であるので対応 $|X|E_i \mapsto B_i^* = {}^t(\rho^*(|X|E_i))$ は代数 $\mathfrak{A}^\circ$ と $\mathfrak{B}^*$ の同型写像を与える．∎

2.31 [命題]

(1) $P\,{}^tB_iP^{-1} = \mathrm{diag}(P_i(0), P_i(1), \ldots, P_i(d))$,

(2) $Q\,{}^tB_i^*Q^{-1} = \mathrm{diag}(Q_i(0), Q_i(1), \ldots, Q_i(d))$.

ここで $\mathrm{diag}(x_1, \ldots, x_m)$ は i 番目の対角成分が x_i である対角行列を表す．

証明　(1) のみを示す．(2) の証明も同様である．行列 $\mathrm{diag}(P_i(0), P_i(1), \ldots, P_i(d))P$ の (ν, j)-成分を計算する．定理 2.22 (6) より

$$\begin{aligned}(\mathrm{diag}(P_i(0), P_i(1), \ldots, P_i(d))P)(\nu, j) &= P_i(\nu)P_j(\nu) \\ &= \sum_{k=0}^d p_{i,j}^k P_k(\nu) = (P\,{}^tB_i)(\nu, j)\end{aligned}$$

となり $\mathrm{diag}(P_i(0), P_i(1), \ldots, P_i(d))P = P\,{}^tB_i$ を得る．∎

6. 双対ボーズ・メスナー代数と Terwilliger 代数

本節では **Terwilliger 代数** T を導入する．$\mathfrak{X} = (X, \{R_i\}_{0 \leq i \leq d})$ を可換なアソシエーションスキームとする．前節冒頭でも述べたが $\mathfrak{X}$ のボーズ・メスナー代数 $\mathfrak{A}$ は普通の行列の積とアダマール積の両方の積に関して代数となっている．アダマール積に関する代数 $\mathfrak{A}^\circ$ はある意味で $\mathfrak{A}$ の双対となっている（詳しくは [58, 第 2 章 Theorem 5.9] 参照）．$\mathfrak{A}$ と $\mathfrak{A}^\circ$ の両方を含む代数として考え出されたのが Terwilliger 代数である．もう少し具体的に言うと，$\mathfrak{A}^\circ$ のコピーとなる**双対ボーズ・メスナー代数 (dual Bose-Mesner algebra)** $\mathfrak{A}^*$ を完全行列環 $M_X(\mathbb{C})$ の中に作り，$\mathfrak{A}$ と $\mathfrak{A}^*$ の両方を含む代数として Terwilliger 代数は考え出された．

まず双対ボーズ・メスナー代数の定義を与える．P, Q を $\mathfrak{X}$ の第 1 および第 2 固有行列とする．X の一点 x_0 を任意に固定する．このとき，以下の記号を定義する．複素ベクトル空間 $V = \mathbb{C}^{|X|}$ の標準基底と点集合 X を同一視して考える．すなわち $x \in X$ はときにより V の単位ベクトルを意味する．$\Gamma_i(x_0) = \{x \mid (x_0, x) \in R_i\}$ とおく．V_i^* を $\Gamma_i(x_0)$ で張られる V の部分空間とする．したがって $\dim(V_i^*) = k_i$ であり

$$V = V_0^* \perp V_1^* \perp \cdots \perp V_d^*$$

と直交分解される．V から V_i^* への直交射影の基底 X に関する行列表示を E_i^* とする．定義より E_i^* は対角行列で

$$E_i^*(x, y) = \begin{cases} 1 & x = y,\ (x_0, x) \in R_i \text{ のとき} \\ 0 & \text{上記以外のとき} \end{cases}$$

となっていることがわかる．したがって

$$E_i^* E_j^* = \delta_{i,j} E_i^*,$$
$$I = E_0^* + E_1^* + \cdots + E_d^*$$

が成り立っている．次に

$$A_i^* = \sum_{\alpha=0}^{d} Q_i(\alpha) E_\alpha^* \tag{2.9}$$

と定義する．定義より A_i^* は対角行列であり $(x_0, x) \in R_\alpha$ とすると

$$A_i^*(x, x) = \sum_{\nu=0}^{d} Q_i(\nu) E_\nu^*(x, x) = Q_i(\alpha) = |X| E_i(x_0, x) \tag{2.10}$$

が成り立っていることがわかる．このとき次の命題が成り立つ

2.32［命題］

(1) $E_i^* = \frac{1}{|X|}\sum_{j=0}^{d} P_i(j) A_j^*$.
(2) $A_i^* A_j^* = \sum_{k=0}^{d} q_{i,j}^k A_k^*$.　ここで，$q_{i,j}^k$ は Krein 数である．
(3) $Q_i(0), Q_i(1), \ldots, Q_i(d)$ は A_i^* の固有値のなす集合に一致する．

証明　(1) は固有行列達の性質 $PQ = |X|I$ から明らか．

(2) は A_i^*, A_j^* は対角行列であるから $A_i^* A_j^*$ も対角行列であり $x \in X$ に対して (2.10) より

$$\begin{aligned}(A_i^* A_j^*)(x,x) &= A_i^*(x,x) A_j^*(x,x) \\ &= |X| E_i(x_0, x) |X| E_j(x_0, x) \\ &= ((|X|E_i) \circ (|X|E_j))(x_0, x) \\ &= \sum_{k=0}^{d} q_{i,j}^k |X| E_k(x_0, x) = \sum_{k=0}^{d} q_{i,j}^k A_k^*(x,x)\end{aligned}$$

が成り立つ．

(3) は定義より明らか．■

2.33［定義］　$\{A_0^*, A_1^*, \ldots, A_d^*\}$ で生成される完全行列環 $M_X(\mathbb{C})$ の部分代数 $\mathfrak{A}^* = \mathfrak{A}^*(x_0) = \langle A_0^*, A_1^*, \ldots, A_d^* \rangle$ を点 x_0 に関する**双対ボーズ・メスナー代数** (**dual Bose-Mesner algebra**) と呼ぶ．

(以上の定義において双対ボーズ・メスナー代数の基底を表す記号からは基点となる x_0 を省略してある．後の章では基点の情報も必要になることがある．そのときは $\mathfrak{A}^*(x_0)$, $E_0^*(x_0), E_1^*(x_0), \ldots, E_d^*(x_0)$ あるいは $A_0^*(x_0), A_1^*(x_0), \ldots, A_d^*(x_0)$ などと x_0 を省略せずに書く．)

$\mathfrak{A}^\circ$ の原始ベキ等元 $A_0, A_1, \ldots, A_d$ により $|X|E_i = \sum_{j=0}^{d} Q_i(j) A_j$ と表されており，一方定義より $E_0^*, E_1^*, \ldots, E_d^*$ は原始ベキ等元でありかつ $A_i^* = \sum_{j=0}^{d} Q_i(j) E_j^*$ であるから，命題 2.32 (2) により対応 $|X|E_i \mapsto A_i^*$ は $\mathfrak{A}^\circ$ と $\mathfrak{A}^*$ の同型対応を与える．命題の形にまとめると次のようになる．

2.34［命題］　双対ボーズ・メスナー代数 $\mathfrak{A}^* = \mathfrak{A}^*(x_0)$ は次の性質を持つ．

(1) $\mathfrak{A}^* = \langle E_0^*, E_1^*, \ldots, E_d^* \rangle$.

(2) 対応 $|X|E_i \mapsto A_i^*$ によりボーズ・メスナー代数 $\mathfrak{A}$ はアダマール積に関する代数として $\mathfrak{A}^*$ と同型でる．($\mathfrak{A}^*$ に含まれる行列はすべて対角行列なのでアダマール積と普通の行列の積は $\mathfrak{A}^*$ においては同値であることに注意.)

(3) 対応 $A_i^* \mapsto B_i^*$ により $\mathfrak{A}^*$ は双対交叉数行列の作る代数 $\mathfrak{B}^*$ と普通の行列の積に関して同型である．

証明　(1) P および Q が正則な行列であることからわかる．

(2) 前述のとおり命題 2.32 より $|X|E_i \mapsto A_i^*$ は $\mathfrak{A}^\circ$ から $\mathfrak{A}^*$ への同型写像になる．

(3) 上記 (2) および定理 2.30 より明らかである．■

2.35 [定義] (Terwilliger 代数 [458, 459, 460])　可換なアソシエーションスキーム $\mathfrak{X}$ のボーズ・メスナー代数 $\mathfrak{A}$ および双対ボーズ・メスナー代数 $\mathfrak{A}^* = \mathfrak{A}^*(x_0)$ で生成される全行列環 $M_X(\mathbb{C})$ の部分代数 $\langle \mathfrak{A}, \mathfrak{A}^* \rangle$ を点 x_0 に関する **Terwilliger 代数 (Terwilliger algebra)** と呼び $T = T(x_0)$ で表す．x_0 を**基点 (base point)** と呼ぶことにする．

まず Terwilliger 代数を構成する部分代数達 $\mathfrak{A}$, $\mathfrak{A}^*$ に関して基本的なことを述べておく．ここで一つ記号を導入しておく．行列 $A, B \in M_X(\mathbb{C})$ に対して内積 (A, B) を

$$(A, B) = \tau(A \circ \overline{B}) = tr(A^t \overline{B}) \tag{2.11}$$

と定義する．ここで $M \in M_X(\mathbb{C})$ に対して $\tau(M) = \sum_{(x,y) \in X \times X} M(x, y)$ を意味する．

2.36 [補題]　d 以下の任意の非負整数 $\alpha, \beta, \gamma, i, j, k$ に対して次の (1) および (2) が成り立つ．

(1) $(E_\alpha A_\beta^* E_\gamma, E_i A_j^* E_k) = \delta_{\alpha,i}\delta_{\beta,j}\delta_{\gamma,k} q_{\alpha,\beta}^\gamma m_\gamma$.
　ここで $m_\gamma = Q_\gamma(0) = tr(E_\gamma) = \dim(V_\gamma)$.

(2) $(E_\alpha^* A_\beta E_\gamma^*, E_i^* A_j E_k^*) = \delta_{\alpha,i}\delta_{\beta,j}\delta_{\gamma,k} p_{\alpha,\beta}^\gamma k_\gamma$.
　ここで $k_\gamma = P_\gamma(0) = tr(E_\gamma^*) = \dim(V_\gamma^*)$.

この補題により直ちに Krein 数の非負性に関する別証明が与えられる．すなわち次の二つの系が成り立つ．

2.37 [系]　d 以下の任意の非負整数 α, β, γ に対して次の (1)〜(3) が成り立つ．

(1) $q_{\alpha,\beta}^{\gamma} \geq 0$.

(2) $E_\alpha A_\beta^* E_\gamma = 0$ であることと $q_{\alpha,\beta}^{\gamma} = 0$ であることは同値である.

(3) $E_\alpha^* A_\beta E_\gamma^* = 0$ であることと $p_{\alpha,\beta}^{\gamma} = 0$ であることは同値である.

2.38［注意］　一般にアソシエーションスキームが対称であれば任意の非負整数 $\alpha, \beta, \gamma \leq d$ に対して $p_{\alpha,\beta}^{\gamma} k_\gamma$ および $q_{\alpha,\beta}^{\gamma} m_\gamma$ は α, β, γ に関して対称である（命題 2.17 (6) および命題 2.24 (6)）. この性質はこの後の節で述べる P-多項式スキームや Q-多項式スキームを考えるときに重要である.

補題 2.36 の証明　(1) の等式の左辺を変形する. ${}^t\overline{E}_k = E_k$ であること, および一般に正方行列 A, B に対して $tr(AB) = tr(BA)$ が成り立つことに注意すると, (2.11) より

$$\begin{aligned}
(E_\alpha A_\beta^* E_\gamma, E_i A_j^* E_k) &= \delta_{\alpha,i}\delta_{\gamma,k}\,\mathrm{tr}(E_\alpha A_\beta^* E_\gamma \overline{A^*}_j) \\
&= \delta_{\alpha,i}\delta_{\gamma,k} \sum_{x,y\in X} E_\alpha(x,y) A_\beta^*(y,y) E_\gamma(y,x) \overline{A^*}_j(x,x) \\
&= \delta_{\alpha,i}\delta_{\gamma,k} \sum_{x,y\in X} E_\alpha(x,y) |X| E_\beta(x_0,y) E_\gamma(y,x) |X| \overline{E_j}(x_0,x) \\
&= \delta_{\alpha,i}\delta_{\gamma,k} |X|^2 \sum_{x,y\in X} E_\beta(x_0,y)(E_\gamma \circ {}^tE_\alpha)(y,x) E_j(x,x_0) \\
&= \delta_{\alpha,i}\delta_{\gamma,k} |X|^2 (E_\beta(E_\gamma \circ {}^tE_\alpha)E_j)(x_0,x_0) \\
&= \delta_{\alpha,i}\delta_{\gamma,k} |X| \sum_{\nu=0}^{d} q_{\hat{\alpha},\gamma}^{\nu} (E_\beta E_\nu E_j)(x_0,x_0) \\
&= \delta_{\alpha,i}\delta_{\beta,j}\delta_{\gamma,k} |X| q_{\hat{\alpha},\gamma}^{\beta} E_\beta(x_0,x_0) = \delta_{\alpha,i}\delta_{\beta,j}\delta_{\gamma,k} q_{\hat{\alpha},\gamma}^{\beta} Q_\beta(0) \\
&= \delta_{\alpha,i}\delta_{\beta,j}\delta_{\gamma,k} q_{\hat{\alpha},\gamma}^{\beta} m_\beta
\end{aligned}$$

したがって命題 2.24(6) より (1) 式が導かれる

(2) の等式の左辺を変形する. (1) と同様に

$$\begin{aligned}
(E_\alpha^* A_\beta E_\gamma^*, E_i^* A_j E_k^*) &= \delta_{\gamma,k} tr(E_\alpha^* A_\beta E_\gamma^* {}^tA_j E_i^*) \\
&= \delta_{\alpha,i}\delta_{\gamma,k}\,\mathrm{tr}(E_\alpha^* A_\beta E_\gamma^* {}^tA_j) \\
&= \delta_{\alpha,i}\delta_{\gamma,k} \sum_{x,y\in X} E_\alpha^*(x,x) A_\beta(x,y) E_\gamma^*(y,y) {}^tA_j(y,x) \\
&= \delta_{\alpha,i}\delta_{\gamma,k} \sum_{\substack{x\in\Gamma_\alpha(x_0),\\ y\in\Gamma_\gamma(x_0)}} A_\beta(x,y) A_j(x,y)
\end{aligned}$$

$$= \delta_{\alpha,i}\delta_{\beta,j}\delta_{\gamma,k} \sum_{y\in\Gamma_\gamma(x_0)} \sum_{x\in\Gamma_\alpha(x_0)} A_\beta(x,y) = \delta_{\alpha,i}\delta_{\beta,j}\delta_{\gamma,k} k_\gamma p^\gamma_{\alpha,\beta}$$

■

次に，Terwilliger 代数 T の複素ベクトル空間 $V = \mathbb{C}^{|X|}$ への作用を考える．本節冒頭と同様にここでも複素ベクトル空間 $V = \mathbb{C}^{|X|}$ の標準基底と点集合 X を同一視することにする．すなわち $x \in X$ はときにより V の標準基底の単位ベクトルを表す．

以下では V の T-不変部分空間すなわち T-加群 (module) についていくつかの基礎的なことを述べる．特に V は T の**標準加群 (standard module)** と呼ばれる．

2.39 [命題]　V の部分空間 W が T 不変であるならばその直交補空間 $W^\perp$ も T 不変である．

証明　$T = \langle \mathfrak{A}, \mathfrak{A}^* \rangle$ である．したがって T は**正規行列 (normal marix)** で生成されている．したがって W が T 不変であれば $W^\perp$ も T 不変である．■

$\mathbf{1}$ をすべての成分が 1 である V のベクトルとすると $Jx_0 = \mathbf{1} \in V_0 = E_0V$ が成り立っている．

2.40 [補題]

(1) $E_i^*\mathbf{1} = A_i x_0$.
(2) $E_i x_0 = \frac{1}{|X|} A_i^* \mathbf{1}$.
(3) $\mathfrak{A}x_0 = \mathfrak{A}^*\mathbf{1}$ であり $\dim(\mathfrak{A}x_0) = \dim(\mathfrak{A}^*\mathbf{1}) = d+1$ が成り立つ．

証明　(1) $E_i^*\mathbf{1} = \sum_{x\in\Gamma_i(x_0)} x = A_i x_0$.

(2) (1) および A_i^* の定義式 (2.9) により

$$E_i x_0 = \frac{1}{|X|}\sum_{\alpha=0}^{d} Q_i(\alpha) A_\alpha x_0 = \frac{1}{|X|}\sum_{\alpha=0}^{d} Q_i(\alpha) E_\alpha^* \mathbf{1} = \frac{1}{|X|} A_i^* \mathbf{1}.$$

(3) 定義および (1), (2) より明らか．■

2.41 [定義] (主 T-加群 (principal T-module, primary T-module))　補題で示された $\mathfrak{A}x_0 = \mathfrak{A}^*\mathbf{1}$ は T-不変である．$\mathfrak{A}x_0$ を**主 T-加群 (principal T-module, primary T-module)** という．

2.42 ［定義］　主 T-加群 $\mathfrak{A}x_0$ に関して以下の言葉を定義する.

(1) $v_i = E_i^*\mathbf{1}$, $i = 0, 1, \ldots, d$, とおく. $v_0, v_1, \ldots, v_d$ を $\mathfrak{A}x_0$ の**標準基底 (standard basis)** と呼ぶ. このとき

$$v_i = E_i^*\mathbf{1} = A_i x_0 \in V_i^*, \tag{2.12}$$

また

$$v_0 + v_1 + \cdots + v_d = \mathbf{1} \in V_0 \tag{2.13}$$

が成り立つことが補題2.40により導かれる.

(2) $v_i^* = E_i x_0$, $i = 0, 1, \ldots, d$, とおく. $v_0^*, v_1^*, \ldots, v_d^*$ を $\mathfrak{A}x_0$ の双対標準基底 (dual standard basis) と呼ぶ. このとき

$$v_i^* = E_i x_0 = \frac{1}{|X|} A_i^* \mathbf{1} \in V_i, \tag{2.14}$$

また

$$v_0^* + v_1^* + \cdots + v_d^* = x_0 \in V_0^* \tag{2.15}$$

が成り立つことが補題2.40により導かれる.

次の命題が容易に確かめられる.

2.43 ［命題］　主 T-加群 $\mathfrak{A}x_0$ に関して以下が成り立つ.

(1) $\dim(E_i \mathfrak{A}x_0) = 1$, $i = 0, 1, \ldots, d$.

(2) $\dim(E_i^* \mathfrak{A}x_0) = 1$, $i = 0, 1, \ldots, d$.

(3) $A_j v_i = \sum_{k=0}^{d} p_{j,i}^k v_k$, すなわち標準基底に関して, A_j の $\mathfrak{A}x_0$ への作用の行列は交叉数行列 $B_j = \left(p_{j,i}^k\right)$ を転置したものである（本章5節）.

(4) $A_j^* v_i^* = \sum_{k=0}^{d} q_{j,i}^k v_k^*$, すなわち双対標準基底に関して, A_j^* の $\mathfrak{A}x_0$ への作用の行列は双対交叉数行列 $B_j^* = \left(q_{j,i}^k\right)$ を転置したものである（本章5節）.

命題2.43は主 T-加群 $\mathfrak{A}x_0$ が交叉数達および Krein 数達のすべての情報を持っていることを示している. また,

$$v_j = A_j x_0 = \sum_{i=0}^{d} P_j(i) E_i x_0 = \sum_{i=0}^{d} P_j(i) v_i^*, \tag{2.16}$$

$$v_j^* = \frac{1}{|X|} A_j^* \mathbf{1} = \frac{1}{|X|} \sum_{i=0}^{d} Q_j(i) E_i^* \mathbf{1} = \frac{1}{|X|} \sum_{i=0}^{d} Q_j(i) v_i \tag{2.17}$$

であるから第 1 固有行列 $P = (P_j(i))_{\substack{0\le i\le d\\0\le j\le d}}$ および第 2 固有行列 $Q = (Q_j(i))_{\substack{0\le i\le d\\0\le j\le d}}$ は標準基底 $v_0, v_1 \ldots, v_d$ と双対標準基底 $v_0^*, v_1^* \ldots, v_d^*$ の間の変換行列 (transition matrix) である.

7. アソシエーションスキームに関する色々な概念

アソシエーションスキームに関して研究を進めて行くときにどのようなアソシエーションスキームが重要であるのかということを考えることも大事である. もちろん色々な立場が存在するわけであり重要であるということの定義も様々になるはずである. 本節では様々な立場から重要であると考えられるアソシエーションスキームの研究をする過程で生まれてきた概念をいくつか紹介する.

7.1 アソシエーションスキームの双対性

$\mathfrak{X} = (X, \{R_i\}_{0\le i\le d})$ をクラス d の可換なアソシエーションスキームとする. $\mathfrak{A}$ を $\mathfrak{X}$ のボーズ・メスナー代数とする.

2.44 [定義]　$\mathfrak{A}$ の線形自己同型写像 Ψ が次の条件を満たすときに Ψ を $\mathfrak{A}$ の**双対写像** (**duality**) と呼ぶ.

(1) $\Psi(MN) = \Psi(M) \circ \Psi(N)$ が任意の $M, N \in \mathfrak{A}$ に対して成り立つ.
(2) $\Psi^2(M) = |X|^t M$ が任意の $M \in \mathfrak{A}$ に対して成り立つ.

この定義は Jaeger の流儀に従った ([47]).

2.45 [定義]　$\mathfrak{A}$ が双対写像を持つときに $\mathfrak{A}$ およびアソシエーションスキーム $\mathfrak{X}$ を**自己双対的** (**self-dual**) であるという.

2.46 [問題]　Ψ を $\mathfrak{A}$ の双対写像とする. このとき

$$ {}^t\Psi(M) = \Psi({}^tM), \qquad \Psi(M \circ N) = \frac{1}{|X|}\Psi(M)\Psi(N) $$

が成り立つことを証明しなさい.

2.47 [命題]　可換なアソシエーションスキームにおいて次の (1) と (2) は同値である.

(1) $\mathfrak{X}$ が自己双対的である.

(2) $\mathfrak{A}$ の関係 $R_0, R_1, \ldots, R_d$ の順番を適当に並べ変えることによって指標表 P, Q が $P = \overline{Q}$ を満たすようにすることができる．

証明　(1)⟹(2)　$\mathfrak{A}$ の自己双対写像を Ψ とする．問題2.46より任意の $M \in \mathfrak{A}$ に対して $\Psi(M) = \Psi(J \circ M) = \frac{1}{|X|}\Psi(J)\Psi(M) = \Psi(E_0)\Psi(M)$ が成り立つ．したがって $\Psi(E_0) = I = A_0$ が成り立つ．さらに，$\Psi(E_i) = \Psi({E_i}^2) = \Psi(E_i) \circ \Psi(E_i)$ が成り立つから $\Psi(E_i)$ の成分は0と1のみよりなる．一方 Ψ は同型写像であるから $\Psi(E_0)$, $\Psi(E_1), \ldots, \Psi(E_d)$ は $\mathfrak{A}$ の基底である．したがって集合として $\{\Psi(E_0), \Psi(E_1), \ldots, \Psi(E_d)\} = \{A_0, A_1, \ldots, A_d\}$ が成り立つ．したがって関係 $R_0, R_1, \ldots, R_d$ の順番を適当に並べ変えることによって $\Psi(E_i) = A_i$ とすることができる．このとき

$$\begin{aligned} A_i = \Psi(E_i) &= \frac{1}{|X|}\sum_{j=0}^{d} Q_i(j)\Psi(A_j) = \frac{1}{|X|}\sum_{j=0}^{d} Q_i(j)\Psi^2(E_j) \\ &= \sum_{j=0}^{d} Q_i(j)\, E_{\hat{j}} = \sum_{j=0}^{d} Q_i(j)\,\overline{E_j} \end{aligned}$$

が成り立つ．したがって

$$A_i = \overline{A_i} = \sum_{j=0}^{d} \overline{Q_i(j)} E_j$$

となり $P_i(j) = \overline{Q_i(j)}$ を得る．

(2)⟹(1)　関係 $R_0, R_1, \ldots, R_d$ の順番を $P = \overline{Q_i(j)}$ が成り立つように並べておく．$\Psi(E_i) = A_i$ $(0 \leq i \leq d)$ が $\mathfrak{A}$ の自己双対写像になることはすぐわかる．■

ハミングスキーム $H(d, q)$，有限可換群 G の共役類により作られるアソシエーションスキーム $\mathfrak{X}(G)$ などは自己双対的であることが知られている．これらについては本章の10節で証明を与える．その他の多くの例に関しては第6章で触れる．

7.2　アソシエーションスキームのフュージョンスキーム

本小節ではアソシエーションスキームの**フュージョンスキーム (fusion scheme)** について簡単に述べる．

$\mathfrak{X} = (X, \{R_i\}_{0 \leq i \leq d})$ を可換なアソシエーションスキームとする．添字集合の分割 $\{0, 1, \ldots, d\} = \{0\} \cup \Lambda_1 \cup \cdots \cup \Lambda_{\tilde{d}}$ に対して $\tilde{R}_0 = R_0, \tilde{R}_1 = \cup_{j \in \Lambda_1} R_j, \ldots,$ $\tilde{R}_{\tilde{d}} = \cup_{j \in \Lambda_{\tilde{d}}} R_j$ と定義する．こうしてできた X 上の関係達 $\tilde{R}_i$ $(0 \leq i \leq \tilde{d})$ に関して $\tilde{\mathfrak{X}} = (X, \{\tilde{R}_i\}_{0 \leq i \leq \tilde{d}})$ が X 上のアソシエーションスキームになっているときに，$\tilde{\mathfrak{X}}$ を $\mathfrak{X}$ のフュージョンスキームと呼ぶ．(なお，文献によっては，フュージョンスキームを

部分スキームと呼ぶこともあるが，本書では，部分スキームという言葉を本章 7.4 小節で用いたいので，フュージョンスキームという言葉を使うことにする.）

どのようなアソシエーションスキームに対して，フュージョンスキームが存在するのか，また存在しないのか，またどのようなフュージョンスキームが存在するのかなどは興味ある問題である．群アソシエーションスキームの場合には，Bannai [28]，Iwakata [250] などを参照のこと．次の Bannai-Muzychuk 判定条件 (criterion) と呼ばれている補題は，可換なアソシエーションスキームの場合に，フュージョンスキームが存在するための必要十分条件を与えるもので，有用である．

2.48 [補題] (Bannai-Muzychuk 判定条件 (criterion)[28, 354])　$\mathfrak{X} = (X, \{R_i\}_{0\le i\le d})$ を可換なアソシエーションスキームとする．上記の記号のもとに $\tilde{\mathfrak{X}} = (X, \{\tilde{R}_i\}_{0\le i\le \tilde{d}})$ が $\mathfrak{X}$ のフュージョンスキームになっていることと次の条件 (1), (2) および (3) が成り立つことは同値である．

(1) 各 i に対して ${}^t\tilde{R}_i \in \{\tilde{R}_0, \tilde{R}_1, \ldots, \tilde{R}_{\tilde{d}}\}$ が成り立つ.
(2) 添字集合のもう一組の分割 $\{0, 1, \ldots, d\} = \{0\} \cup F_1 \cup \cdots \cup F_{\tilde{d}}$ が存在して，$\tilde{E}_0 = E_0, \tilde{E}_1 = \sum_{j\in F_1} E_j, \ldots, \tilde{E}_{\tilde{d}} = \sum_{j\in F_{\tilde{d}}} E_j$ と定義すると ${}^t\tilde{E}_i \in \{\tilde{E}_0, \tilde{E}_1, \ldots, \tilde{E}_{\tilde{d}}\}$ が成り立つ.
(3) $\mathfrak{X}$ の指標表 P の行と列をそれぞれ F_k および Λ_ℓ 制限して得られる P の部分行列 $P|_{F_k\times\Lambda_\ell}$ の各行の成分の総和は一定である．すなわち $i \in F_k$ に対して $\sum_{j\in F_\ell} P_j(i)$ は i のとり方に依存しない定数である．

証明　各 ℓ, $0 \le \ell \le \tilde{d}$ に対して $\tilde{A}_\ell = \sum_{i\in\Lambda_\ell} A_i$ と定義する．

（必要条件）　$\tilde{\mathfrak{X}}$ がフュージョンスキームであると仮定する．このとき $\tilde{A}_0 = A_0, \tilde{A}_1, \ldots, \tilde{A}_{\tilde{d}}$ は $\tilde{\mathfrak{X}}$ のボーズ・メスナー代数 $\tilde{\mathfrak{A}}$ の隣接行列のなす基底である．(1) は明らか．また，$\tilde{E}_0 = E_0, \tilde{E}_1, \ldots, \tilde{E}_{\tilde{d}}$ を $\tilde{\mathfrak{A}}$ の原始ベキ等元のなす基底とすると，各 $\tilde{E}_k$ は $\mathfrak{A}$ の直交するベキ等元でもあるから (2) が成り立つ．次に $\tilde{P}$ を $\tilde{\mathfrak{X}}$ の第 1 固有行列とすると $\tilde{A}_\ell\tilde{E}_k = \tilde{P}_\ell(k)\tilde{E}_k$ が成り立つ．したがって

$$\sum_{j\in\Lambda_\ell} A_j \sum_{i\in F_k} E_i = \sum_{i\in F_k}\sum_{j\in\Lambda_\ell} A_j E_i = \sum_{i\in F_k}\sum_{j\in\Lambda_\ell} P_j(i) E_i = \tilde{P}_\ell(k) \sum_{i\in F_k} E_i$$

が成り立ち，任意の $i \in F_k$ に対して $\sum_{j\in\Lambda_\ell} P_j(i) = \tilde{P}_\ell(k)$ を得る．すなわち (3) が成り立つ．

（十分条件）　(1), (2) および (3) が成り立つと仮定する．本章 2 節に記したアソシ

エーションスキームの同値条件の $(1'),(2'),(3')$ が成り立つことは明らかである．また $\{\tilde{A}_0 = A_0, \tilde{A}_1, \ldots, \tilde{A}_{\tilde{d}}\}$ および $\{\tilde{E}_0 = A_0, \tilde{E}_1, \ldots, \tilde{E}_{\tilde{d}}\}$ は1次独立である．さらに $\{\tilde{E}_0 = E_0, \tilde{E}_1, \ldots, \tilde{E}_{\tilde{d}}\}$ は互いに直交したベキ等行列である．このとき条件(3)により

$$\tilde{A}_\ell = \sum_{j \in \Lambda_\ell} A_j = \sum_{j \in \Lambda_\ell} \sum_{\nu=0}^{d} P_j(\nu) E_\nu = \sum_{k=0}^{\tilde{d}} \sum_{\nu \in F_k} \sum_{j \in \Lambda_\ell} P_j(\nu) E_\nu$$
$$= \sum_{k=0}^{\tilde{d}} \sum_{\nu \in F_k} \tilde{P}_\ell(k) E_\nu = \sum_{k=0}^{\tilde{d}} \tilde{P}_\ell(k) \tilde{E}_k \tag{2.18}$$

が成り立つことがわかる．したがって $\{\tilde{A}_0, \tilde{A}_1, \ldots, \tilde{A}_{\tilde{d}}\}$ の張る線形空間は $\{\tilde{E}_0, \tilde{E}_1, \ldots, \tilde{E}_{\tilde{d}}\}$ の張る線形空間に一致しなければならない．$\{\tilde{E}_0, \tilde{E}_1, \ldots, \tilde{E}_{\tilde{d}}\}$ の張る線形空間は行列の積に関して閉じていることより $\tilde{A}_k\tilde{A}_\ell \in \langle \tilde{E}_0, \tilde{E}_1, \ldots, \tilde{E}_{\tilde{d}} \rangle = \langle \tilde{A}_0, \tilde{A}_1, \ldots, \tilde{A}_{\tilde{d}} \rangle$ が $0 \le k, \ell \le \tilde{d}$ を満たす任意の整数 k, ℓ に対して成り立つ．すなわち本章2節の条件 $(4')$ が成立する． ■

7.3　原始的なアソシエーションスキームと分布グラフ，表現グラフ

次に定義する原始的なアソシエーションスキームは群論における単純群に相当する．単純群が一般の群を構成するときの構成因子となっているように原始的なアソシエーションスキームも一般のアソシエーションスキームを組み立てる基礎的なものとして重要である．

2.49［定義］　$\mathfrak{X} = (X, \{R_i\}_{0 \le i \le d})$ をクラス d の必ずしも対称でない可換なアソシエーションスキームとする．$1 \le i \le d$ を満たす任意の i に対して（有向）グラフ

$x \bullet\!\!\longrightarrow\!\!\bullet\, y$　　$(x, y) \in R_i \Leftrightarrow y \in \Gamma_i(x)$

(X, R_i) が連結であるときに $\mathfrak{X}$ は**原始的** (**primitive**) であるという．$\mathfrak{X}$ が原始的でないときには $\mathfrak{X}$ は**非原始的** (**imprimitive**) であるという．

2.50［注意］　上記定義において有向グラフ (X, R_i) の2点 $x, y \in X$ に対して $(u_{\nu-1}, u_\nu) \in R_i$, $0 \le \nu \le r$, を満たす点列 $x = u_0, u_1, \ldots, u_r = y$ を x から y に向かう路という．グラフ (X, R_i) が連結であるということは任意の2点 $x, y \in X$ に対して x から y に向かう路が存在することで定義する．r を路の長さと呼ぶ．このとき各点 x に関しては，x から x への長さ0の路が存在すると考える．

2.51［命題］　必ずしも対称でない可換なアソシエーションスキーム $\mathfrak{X}$ の関係グラフ (X, R_i) において次の(1)および(2)が成り立つ．

(1) $\Gamma^{(i)}(x) = \{y \in X \mid x$ から y に向かう (X, R_i) の中の路が存在する $\}$ と定義すると $|\Gamma^{(i)}(x)|$ は x に依存しない定数である.

(2) 2 点 $x, y \in X$ の間に x から y へ向かう路が存在するならば, y から x へ向かう路が存在する.

証明　(1) $\Lambda_0 = \{0\}, \Lambda_1 = \{i\}, 2 \leq \ell \leq d$ に対しては

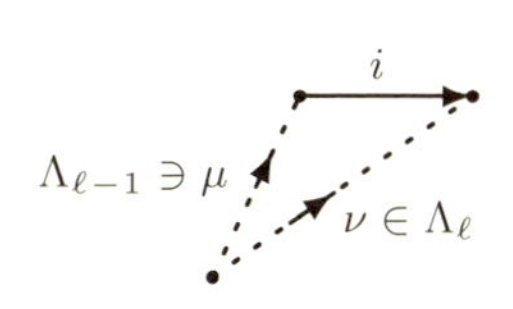

$$\Lambda_\ell = \left\{ \nu \;\middle|\; \begin{array}{l} p^{\nu}_{\mu,i} > 0 \text{ となる } \mu \in \Lambda_{\ell-1} \text{ が存在し} \\ \text{かつ } \nu \notin \Lambda_j \ (0 \leq j \leq \ell - 1) \end{array} \right\}$$

と定義する. このとき $|\Gamma^{(i)}(x)| = \sum_{\ell=0}^{d} \sum_{\nu \in \Lambda_\ell} k_\nu$ が成り立つ.

(2) x から y へ向かう路が存在すると仮定すると $y \in \Gamma^{(i)}(x)$ が成り立つ. 次に x から y に向かう路が存在すると仮定して, y から x に向かう路があることを示す. $z \in \Gamma^{(i)}(y)$ とすると x から y を経て z に向かう路が存在する. したがって $z \in \Gamma^{(i)}(x)$ となる. すなわち $\Gamma^{(i)}(y) \subset \Gamma^{(i)}(x)$ が成り立たなければならない. したがって $\Gamma^{(i)}(y) = \Gamma^{(i)}(x)$ となる. すなわち $x \in \Gamma^{(i)}(y)$ が成り立つ. ∎

定理 2.28, 系 2.29 あるいは命題 2.31 より交叉数行列 B_i の固有値は $P_i(0), P_i(1), \ldots, P_i(d)$ に一致する. B_i の (j,k)-成分は交叉数 $p^k_{i,j} \geq 0$ である. 命題 2.17 (5) より $\sum_{j=0}^{d} p^k_{i,j} = k_i = P_i(0)$ が成り立つ. したがって $P_i(0)$ は B_i の **Perron-Frobenius の固有値**となっている. 今添字集合 $\{0, 1, \ldots, d\}$ の異なる 2 点 j, k を $p^k_{i,j} > 0$ であるときに結ぶと定義したグラフ Δ_{A_i} を考える. $\mathfrak{X}$ が対称であれば命題 2.17 (6) より $p^k_{i,j} > 0$ と $p^j_{i,k} > 0$ は同値であるから向きのないグラフが得られる.

j ●──→● k　　$p^k_{i,j} > 0$

2.52 [定義] (分布グラフ)　必ずしも対称でないアソシエーションスキーム $\mathfrak{X}$ において上のように定義したグラフ Δ_{A_i} を $\mathfrak{X}$ の隣接行列 A_i に対する**分布グラフ (distribution graph)** と呼ぶ.

2.53 [補題]　$i, \nu, \mu \in \{0, 1, \ldots, d\}$ に対して, 以下の条件 (1), (2) および (3) は同値である.

(1) 任意の $(x_0, y) \in R_\mu$ に対して, ある $x \in \Gamma_\nu(x_0)$ および x から y に到る (X, R_i) の中の路が存在する.

(2) ある $(x_0, y) \in R_\mu$ に対して, ある $x \in \Gamma_\nu(x_0)$ および x から y に到る (X, R_i) の中の路が存在する.

(3) ν から μ に到る Δ_{A_i} の路が存在する.

証明　(1) $\Longrightarrow$ (2) は自明である.

(2) $\Longrightarrow$ (3)：仮定により $x \in \Gamma_\nu(x_0)$ から $y \in \Gamma_\mu(x_0)$ に到る (X, R_i) の中の路 $x = u_0, u_1, \ldots, u_r = y$ がある. $\nu_0 = \nu$, $\nu_r = \mu$, $(x_0, u_j) \in R_{\nu_j}$, $j = 1, 2, \ldots, r$, とすると $p^{\nu_1}_{i,\nu} = p^{\nu_1}_{\nu,i} > 0, p^{\nu_2}_{i,\nu_1} > 0, \ldots, p^{\nu_r}_{i,\nu_{r-1}} = p^{\mu}_{i,\nu_{r-1}} > 0$ が成り立っている. したがって分布グラフ Δ_{A_i} の中の ν から μ に到る路 $\nu = \nu_0, \nu_1, \ldots, \nu_r = \mu$ が存在する.

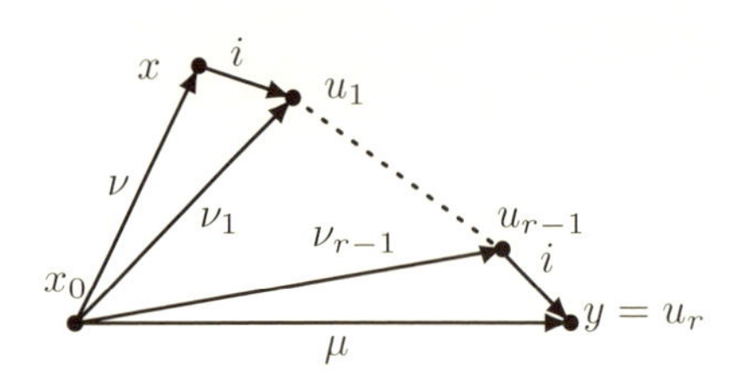

(3) $\Longrightarrow$ (1)：仮定より正の交叉数の列 $p^{\nu_1}_{i,\nu} = p^{\nu_1}_{\nu,i}, p^{\nu_2}_{i,\nu_1}, \ldots, p^{\nu_r}_{i,\nu_{r-1}} = p^{\mu}_{i,\nu_{r-1}}$ が存在する. すなわち, 任意の $(x_0, y) \in R_\mu$ に対して順に $(x_0, u_{j-1}) \in R_{\nu_{j-1}}, (u_{j-1}, u_j) \in R_i$ を満たす点列 $u_r = y, u_{r-1}, \ldots, u_1, u_0 = x$ をとることができる. このとき, $x \in \Gamma_\nu(x_0)$ であり $x = u_0, u_1, \ldots, u_r = y$ は x より y に到る (X, R_i) の中の路である. ∎

2.54 [系]　分布グラフ Δ_{A_i} において, ν から μ への路が存在すれば μ から ν に到る路も存在する.

証明　補題 2.53 (3) の条件が成り立つので補題 2.53 (1) より $(x_0, y) \in R_\mu$ に対して $x \in \Gamma_\nu(x_0)$ が存在して x から y に到る (X, R_i) の中の路が存在する. したがって命題 2.51 (2) により y から x に到る (X, R_i) の中の路が存在する. すなわち補題 2.53 (2) の条件が成り立つ. したがって μ から ν に到る Δ_{A_i} の中の路が存在する. ∎

$\nu, \mu \in \{0, 1, \ldots, d\}$ に対して ν から μ へ到る Δ_{A_i} の中の路が存在するときに $\nu \sim_{\Delta_{A_i}} \mu$ と定める. 系 2.54 により $\sim_{\Delta_{A_i}}$ は集合 $\{0, 1, \ldots, d\}$ 上の同値関係となっていることがわかる. $\sim_{\Delta_{A_i}}$ による同値類を Δ_{A_i} の連結成分という.

2.55 [命題]　分布グラフ Δ_{A_i} の 0 を含む連結成分を Ω とおく. $R_\Omega = \cup_{\alpha\in\Omega} R_\alpha$ と定める. このとき次の (1) および (2) が成り立つ.

(1) $x, y \in X$ に対して $(x, y) \in R_\Omega$ であることは, x から y に到る (X, R_i) の中の路が存在するための必要十分条件となっている.
(2) R_Ω は X の同値関係である.

証明　(1) $(x, y) \in R_\mu$ とし x から y に到る (X, R_i) の中の路が存在すると仮定する.

補題 2.53 において $\nu = 0$, $x_0 = x$ とすれば 0 から μ へ到る Δ_{A_i} の路が存在する．したがって $\mu \in \Omega$ を得る．逆に $(x, y) \in R_\Omega$ とすると，$(x, y) \in R_\mu$ となる $\mu \in \Omega$ が存在する．したがって 0 から μ に到る Δ_{A_i} の路が存在する．補題 2.53 において $\nu = 0$, $x_0 = x$ とおけば x から y に到る (X, R_i) の路が存在することがわかる．

(2) x から y への (X, R_i) の路が存在するときに $x \sim_{R_i} y$ として X に関係を定義すると，命題 2.51 より $\sim_{R_i}$ は X の同値関係である．上述の (1) は $x \sim_{R_i} y$ であることと $(x, y) \in R_\Omega$ であることが同値であることを述べている．すなわち R_Ω は同値関係である．■

2.56 [系]　(X, R_i) が連結であることと Δ_{A_i} が連結であることは同値である．

証明　(X, R_i) が連結であることは任意の $x, y \in X$ に対して $x \sim_{R_i} y$ が成り立つことと同値である．また $(x, y) \in R_\mu$ に対して $x \sim_{R_i} y$ が成り立つことは $\mu \in \Omega$ が成り立つことと同値である．したがって (X, R_i) が連結であることは $\Omega = \{0, 1, \ldots, d\}$ が成り立つことと同値である．また，$\Omega = \{0, 1, \ldots, d\}$ が成り立つことは Δ_{A_i} が連結であることと同値である．■

2.57 [命題]　可換なアソシエーションスキーム $\mathfrak{X}$ に対して次の (1) と (2) は同値である．

(1) $\mathfrak{X}$ は非原始的である．
(2) $0 \subsetneq \Omega \subsetneq \{0, 1, \ldots, d\}$ を満たす Ω が存在して $R_\Omega = \cup_{\alpha \in \Omega}$ は X の同値関係を与える．

証明　(1) $\Longrightarrow$ (2): 仮定より (X, R_i) が非連結であるような $i \neq 0$ となる $i \in \{0, 1, \ldots, d\}$ が存在する．したがって系 2.56 により Δ_{A_i} は非連結である．Δ_{A_i} の 0 を含む連結成分を Ω とすると命題 2.55 より R_Ω は (2) の条件を満たす．

(2)$\Longrightarrow$(1) : $i \in \Omega$, $i \neq 0$ とする．$x \sim_{R_i} y$ であれば x と y は同値関係 R_Ω において同じ同値類に含まれる．したがって (X, R_i) は連結にはなり得ない．■

$j \longrightarrow k$　　$q_{i,j}^k > 0$

命題 2.31 (2) より各双対交叉数行列 B_i^* の固有値は $Q_i(0), Q_i(1), \ldots, Q_i(d)$ に一致することがわかった．また B_i^* の各元は非負実数であり $\mathfrak{X}$ が対称であれば $Q_i(0), Q_i(1), \ldots, Q_i(d)$ 達は実数である．命題 2.24 (5) より $\sum_{j=0}^{d} q_{i,j}^k = m_i = Q_i(0)$

が成り立っていることがわかる．したがって $Q_i(0)$ は B_i^* の Perron-Frobenius の固有値となっている．今添字集合 $\{0,1,\ldots,d\}$ の異なる 2 点 j,k を $q_{i,j}^k>0$ であるときに結ぶと定義してグラフ Δ_{E_i} を考える．$\mathfrak{X}$ が対称であれば命題 2.24 (6) より $q_{i,k}^j>0$ と $q_{i,j}^k>0$ は同値であるから向きのないグラフが得られる．

2.58 [定義] (表現グラフ)　必ずしも対称でないアソシエーションスキーム $\mathfrak{X}$ において上のように定義したグラフ Δ_{E_i} を $\mathfrak{X}$ の原始ベキ等行列 E_i に対する**表現グラフ** (**representation graph**) と呼ぶ．

次の命題が成り立つ（Perron-Frobenius の定理の特別な場合として良く知られている．グラフの隣接行列に関しては定理 1.4，定理 1.5 参照）．

2.59 [命題]　$\mathfrak{X}$ を必ずしも対称でない可換なアソシエーションスキームとする．このとき次の条件 (1)～(4) が成り立つ．

(1) B_j の固有値に関して $|P_j(i)|\le P_j(0)=k_j$ が成り立つ．
(2) B_j の固有値 $P_j(0)$ の重複度が 1 であることと分布グラフ Δ_{A_j} が連結であることは同値である．
(3) B_j^* の固有値に関して $|Q_j(i)|\le Q_j(0)=m_j$ が成り立つ．
(4) B_j^* の固有値 $Q_j(0)$ の重複度が 1 であることと表現グラフ Δ_{E_j} が連結であることは同値である．

証明　(1) と (3) の証明はまったく同じ論法なので (1) のみ行う．$(x_0,x_1,\ldots,x_d)$ を B_j の固有値 $P_j(i)$ に属する固有ベクトルとする．$j_0\in\{0,1,\ldots,d\}$ を $|x_{j_0}|\ge|x_j|$ $(0\le j\le d)$ を満たす整数とする．このとき，$(x_0,x_1,\ldots,x_d)B_j=P_j(i)(x_0,x_1,\ldots,x_d)$ の両辺の j_0-成分を比べると

$$\sum_{\ell=0}^{d}B_j(\ell,j_0)x_\ell=P_j(i)x_{j_0}$$

となり，$B_j(\ell,j_0)=p_{j,\ell}^{j_0}$ が非負整数であるので $|P_j(i)x_{j_0}|\le\sum_{\ell=0}^d|x_\ell|B_j(\ell,j_0)\le|x_{j_0}|\sum_{\ell=0}^d p_{j,\ell}^{j_0}=|x_{j_0}|k_j$ を得る（命題 2.17 (5)）．したがって $|P_j(i)|\le k_j$ を得る．同様に $B_j^*(\ell,j_0)=q_{j,\ell}^{j_0}$ が非負実数であり $\sum_{\ell=0}^d q_{j,\ell}^{j_0}=m_j$ が成り立つので (3) を得る（命題 2.24 (5) および問題 2.27 参照）．

(2) と (4) の証明も同じ論法であるので，(4) の場合にだけ示す．適当に E_j 達を並べ替えることができるので $j=1$ の場合に証明すれば十分である．まず，表現グラ

フ Δ_{E_1} が連結であると仮定して B_1^* の m_1-固有空間の次元が 1 であることを示す．$x=(x_0,x_1,\ldots,x_d)$ を B_1^* の固有値 m_1 に属する固有ベクトルとする．i_0 を $x_{i_0} \geq x_\ell$ $(0 \leq \ell \leq d)$ を満たす添字とする．このとき $x_{i_0} > 0$ と仮定してよい（そうでなければ $-x$ を使えばよい）．$\{\nu_1,\nu_2,\ldots,\nu_s\} = \{k \mid q_{1,k}^{i_0} > 0\}$ とおく．添字の選び方から $\sum_{k=0}^{s} q_{1,\nu_k}^{i_0} = m_1$ を満たしている．等式 $xB_1^* = m_1 x$ の i_0 成分を考えると

$$m_1 x_{i_0} = \sum_{k=0}^{d} x_k q_{1,k}^{i_0} = \sum_{k=0}^{s} x_{\nu_k} q_{1,\nu_k}^{i_0} \leq x_{i_0} \sum_{k=0}^{s} q_{1,\nu_k}^{i_0} = x_{i_0} m_1$$

が成り立つ．したがって $x_{\nu_1} = \cdots = x_{\nu_s} = x_{i_0}$ でないとならない．$s = d+1$ であれば $x = x_{i_0}(1,1,\ldots,1)$ となり固有空間の次元が 1 であることがわかる．$s < d+1$ の場合は $j \notin \{\nu_1,\nu_2,\ldots,\nu_s\}$ とする．j と i_0 を結ぶ Δ_{E_1} の路を $j=j_r, j_{r-1},\ldots,j_2,j_1$, $j_0 = i_0$ とすると j_1 と i_0 は結ばれているので $q_{1,j_1}^{i_0} > 0$, すなわち $j_1 \in \{\nu_1,\nu_2,\ldots,\nu_s\}$ となる．したがって $x_{j_1} = x_{i_0}$ が成り立っている．i_0 の代わりにこの j_1 を用いて上記の議論を繰り返すことによって，$q_{1,j_2}^{j_1} > 0$ に注意すれば，$x_{i_0} = x_{j_1} = x_{j_2}$ を得る．そして順に $x_{i_0} = x_{j_2} = \cdots = x_{j_r} = x_j$ を得る．したがって最終的に $x_0 = x_1 = \cdots = x_d = x_{i_0}$ を得る．すなわち B_1^* の m_1-固有空間の次元は 1 に等しい．

次に Δ_{E_1} が連結でない場合を考える．B_1^* の行と列の添字集合 $\{0,1,\ldots,d\}$ を表現グラフ Δ_{E_1} の連結成分ごとにまとめて分割して B_1^* を書き表すと，

$$B_1^* = \begin{bmatrix} M_1 & 0 & \cdots & 0 \\ 0 & \ddots & \cdots & \vdots \\ \vdots & \ddots & \ddots & 0 \\ 0 & \cdots & 0 & M_r \end{bmatrix}$$

の形におくことができる．すなわち $M_1,\ldots,M_r$ の添字はグラフの各連結成分に対応している．$M_1,\ldots,M_r$ はそれぞれ各列の総和が $m_1 = Q_1(0)$ となっているので m_1 を重複度 1 の固有値として持つ．したがって行列 B_1^* の m_1 に対応する固有空間の次元は連結成分の個数 $r > 1$ に一致する．■

2.60 [命題]　次の条件は同値である．

(1) Δ_{A_j} が不連結となる $j \neq 0$ が存在する．

(2) Δ_{E_i} が不連結となる $i \neq 0$ が存在する．

証明　(2)$\Longrightarrow$(1)　命題 2.59 (4) より B_i^* の固有値 $Q_i(0)$ の重複度は 1 より大きい．したがって $Q_i(j) = Q_i(0)$ を満たす $j \neq 0$ が存在する．このとき命題 2.21，定理 2.22

(3) より $1 = \frac{Q_i(j)}{Q_i(0)} = \frac{\overline{P_j(i)}}{P_j(0)}$ が成り立つ．したがって $P_j(i) = P_j(0) = k_j$ となり命題 2.59 (2) よりグラフ Δ_{A_j} は非連結である．(1)$\Longrightarrow$(2) も同様に証明できる． ∎

以上述べてきたことをまとめると次の命題となる．

2.61 ［命題］　$\mathfrak{X}$ を必ずしも対称でない可換なアソシエーションスキームとする．このとき次の条件は同値である．

(1) $\mathfrak{X}$ は原始的である．
(2) 任意の $j \neq 0$ に対して Δ_{A_j} は連結である．
(3) 任意の $i \neq 0$ に対して Δ_{E_i} は連結である．

最後に新しく記号を導入する．Ω を $\mathfrak{X}$ の添字集合 $\{0, 1, \ldots, d\}$ の部分集合とし，$A_\Omega = \sum_{\alpha\in\Omega} A_\alpha$，$R_\Omega = \cup_{\alpha\in\Omega} R_\alpha$ とおく．また二つの部分集合 $\Omega, \Omega' \subset \{0, 1, \ldots, d\}$ に対して積 $\Omega\Omega' \subset \{0, 1, \ldots, d\}$ を次のように定義する．

$$\Omega\Omega' = \{k \mid p_{i,j}^k \neq 0 \text{ となる } i \in \Omega \text{ と } j \in \Omega' \text{ が存在する }\} \tag{2.19}$$

2.62 ［命題］

(1) $\Omega\Omega' = \{k \mid (A_\Omega A_{\Omega'}) \circ A_k \neq 0\}$
(2) $(\Omega\Omega')\Omega'' = \Omega(\Omega'\Omega'') = \{k \mid (A_\Omega A_{\Omega'} A_{\Omega''}) \circ A_k \neq 0\}$

証明　証明は読者の演習問題とする． ∎

2.63 ［補題］　$\{0, 1, \ldots, d\}$ の部分集合 Ω について次の二つの条件は同値である．

(1) $\Omega^2 = \Omega$ が成り立つ．
(2) R_Ω は X の同値関係を与える．

証明　(1)$\Longrightarrow$(2)　グラフ (X, R_Ω) を考える．$(x, y) \in R_\alpha$ $(\alpha \in \Omega)$ とする．$x = x_0$ を始点とする (X, R_α) 内の路 $x = x_0, x_1, \ldots$ で十分長いものを作ると，X は有限集合なので $x_r = x_s$ $(r < s)$ なる点 x_r, x_s が路の中に存在する．$\Omega = \Omega^2$ により任意の $i < j$ に対して $(x_i, x_j) \in R_\Omega$ が成り立っていることに注意する．特に $(x_r, x_r) = (x_r, x_s) \in R_\Omega$ より $0 \in \Omega$．$(x_s, x_{s-1}) = (x_r, x_{s-1}) \in R_\Omega$（ただし $r = s - 1$ のときは，今示したばかりの $0 \in \Omega$ を用いる）より $\alpha' \in \Omega$．すなわち反射律，対称律を満たす．$\Omega^2 = \Omega$ より推移律は明らかに成り立つ．

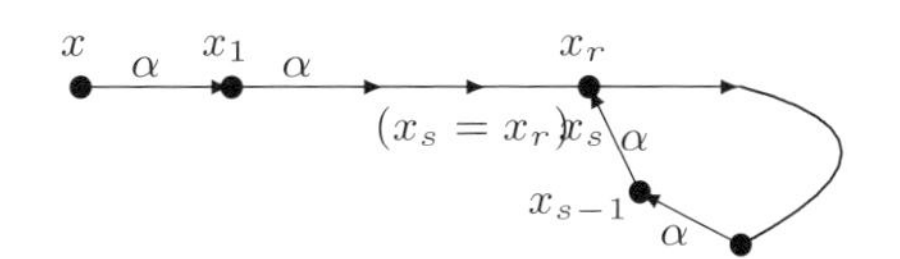

(2)⟹(1)　R_Ω による X の同値類をブロックにまとめて隣接行列を書き表すと

$$A_\Omega = \begin{bmatrix} J & & & \\ & J & & \\ & & \ddots & \\ & & & J \end{bmatrix}$$

となる．J はすべての成分が 1 の次数が k_Ω の正方行列である ($k_\Omega = \sum_{\alpha\in\Omega} k_\alpha$)．したがって $(A_\Omega)^2 = k_\Omega A_\Omega$ であるので命題 2.62 より $\Omega^2 = \Omega$ が示される．■

7.4　部分スキームと商スキーム

以下の議論においては $\mathfrak{X} = (X, \{R_i\}_{0\le i\le d})$ は非原始的であると仮定する．このとき，命題 2.57 および補題 2.63 により $\{0\} \subsetneq \Omega \subsetneq \{0,1,2,\ldots,d\}$, を満たす集合 Ω が存在して $\Omega^2 = \Omega$ を満たし，R_Ω は X の同値関係を与える．今そのような Ω を一つ選んでおく．R_Ω による X の同値類分割を $X = X_1 \cup X_2 \cup \cdots \cup X_r$ とし，$\Sigma = \{X_1, X_2, \ldots, X_r\}$ とおく．Σ を $\mathfrak{X}$ の**非原始系** (**system of imprimitivity**) と呼ぶことにする．このとき任意の R_α $(\alpha \in \Omega)$ に関してその関係グラフ (X, R_α) は非連結であり非原始系の集合 $X_i, 1 \le i \le r$ はグラフ (X, R_α) の分割を与えている．すなわち，グラフの隣接行列に関する定理 1.4，定理 1.5 や命題 2.59 で見たように隣接行列の添字となる X の元を Ω による同値類，すなわち非原始系 $X_1, X_2, \ldots, X_r$ ごとにまとめた形で隣接行列 $\{A_\alpha \mid \alpha \in \Omega\}$ 達を書き表すと同時に対角ブロックの形に表される．ここでは可換なアソシエーションスキームの隣接行列達を扱っているので一般のグラフの場合よりももっと強い条件が成り立っている．すなわち，$k_\Omega = \sum_{\alpha\in\Omega} k_\alpha$ とおくと，$|X_1| = |X_2| = \cdots = |X_r| = k_\Omega$ である．それぞれのブロック $A_\alpha|_{X_i\times X_i}$ は $k_\Omega \times k_\Omega$ 正方行列で X_i 上の次数 k_Ω の隣接行列となる (下図で $\star$ と記した)．$A_\Omega = \sum_{\alpha\in\Omega} A_\alpha$ とおくと．$A_\Omega|_{X_i\times X_i}$ はすべての成分が 1 の行列となる．したがって $k_\Omega = \frac{|X|}{r}$ が成り立っている．

$$A_\alpha = \begin{array}{c} \\ X_0 \\ X_1 \\ \vdots \\ \vdots \\ X_r \end{array} \begin{array}{c} \begin{array}{ccccc} X_0 & X_1 & \cdots & \cdots & X_r \end{array} \\ \begin{pmatrix} \star & 0 & \cdots & \cdots & 0 \\ 0 & \star & 0 & \ddots & \vdots \\ \vdots & \ddots & \ddots & \ddots & \vdots \\ \vdots & \ddots & 0 & \star & 0 \\ 0 & \cdots & \cdots & 0 & \star \end{pmatrix} \end{array}, \quad A_\Omega = \begin{array}{c} \\ X_0 \\ X_1 \\ \vdots \\ \vdots \\ X_r \end{array} \begin{array}{c} \begin{array}{ccccc} X_0 & X_1 & \cdots & \cdots & X_r \end{array} \\ \begin{pmatrix} J & 0 & \cdots & \cdots & 0 \\ 0 & J & 0 & \ddots & \vdots \\ \vdots & \ddots & \ddots & \ddots & \vdots \\ \vdots & \ddots & 0 & J & 0 \\ 0 & \cdots & \cdots & 0 & J \end{pmatrix} \end{array}$$

$$|X_i| = k_\Omega$$

$Y = X_i$ を非原始系の一つの同値類とし $\langle A_\alpha|_{Y\times Y} \mid \alpha \in \Omega\rangle$ を考える．各 $\alpha \in \Omega$ に対して $A_\alpha|_{Y\times Y}$ はグラフ (Y, R_α) の隣接行列になっており次数は k_α となっている．一方命題 2.62 および $\Omega^2 = \Omega$ により $\{A_\alpha \mid \alpha \in \Omega\}$ の張る空間は行列の積に関して閉じていることがわかる．すなわち $\mathfrak{A}_\Omega = \langle A_\alpha \mid \alpha \in \Omega\rangle$ とおくと $\mathfrak{A}_\Omega$ は $\mathfrak{X}$ のボーズ・メスナー代数 $\mathfrak{A}$ の部分代数となっている．$0 \in \Omega$ なので部分代数 $\mathfrak{A}_\Omega$ は $A_0 = I$ を含む．さらに $\langle A_\alpha|_{Y\times Y} \mid \alpha \in \Omega\rangle$ の次元は $|\Omega|$ であり $\mathfrak{A}_\Omega$ の次元と一致しており，$\langle A_\alpha|_{Y\times Y} \mid \alpha \in \Omega\rangle$ は $\mathfrak{A}_\Omega$ と代数として同型である．以上のことから $\langle A_\alpha|_{Y\times Y} \mid \alpha \in \Omega\rangle$ は単位行列 $I = A_0|_{Y\times Y}$ およびすべての成分が 1 である行列 $J = A_\Omega|_{Y\times Y}$ を含み，本章 2 節にあるアソシエーションスキームのボーズ・メスナー代数の条件 $(1')$〜$(5')$ を満たしていることがわかる．すなわち $(Y, \{R_\alpha|_{Y\times Y}\}_{\alpha\in\Omega})$ は可換なアソシエーションスキームとなり $\langle A_\alpha|_{Y\times Y} \mid \alpha \in \Omega\rangle$ はそのボーズ・メスナー代数となっているのである．

2.64 [定義] (部分スキーム)　上記のように非原始的なアソシエーションスキーム $\mathfrak{X}$ の非原始系の各連結成分 Y の上に作られたアソシエーションスキーム $\mathfrak{Y} = (Y, \{R_\alpha|_{Y\times Y}\}_{\alpha\in\Omega})$ を $\mathfrak{X}$ の**部分スキーム** (**subscheme**) と呼ぶ．

$|\Omega| = s+1$ とおくと，$\mathfrak{A}_\Omega$ の原始ベキ等行列が $s+1$ 個並べ方を除いて一意的に定まる．それぞれ $E_0, E_1, \ldots, E_d$ のいくつかの和となっている．すなわち分割 $\{0, 1, \ldots, d\} = \Lambda_0 \cup \Lambda_1 \cup \cdots \cup \Lambda_s$ が存在して，それから作られる $\{E_{\Lambda_i} = \sum_{\alpha\in\Lambda_i} E_\alpha \mid 0 \le i \le s\}$ 達が部分代数 $\mathfrak{A}_\Omega$ のベキ等行列となっている．したがってボーズ・メスナー代数 $\langle A_\alpha|_{Y\times Y} \mid \alpha \in \Omega\rangle$ の原始ベキ等行列の基底は $\{E_{\Lambda_i}|_{Y\times Y} \mid 0 \le i \le s\}$ である．一方 $A_\Omega|_{Y\times Y} = J \in \langle A_\alpha|_{Y\times Y} \mid \alpha \in \Omega\rangle$ であるので $\frac{1}{k_\Omega} A_\Omega|_{Y\times Y} = \frac{1}{k_\Omega} J$ と一致する $E_{\Lambda_i}|_{Y\times Y}$ が存在する．$\{\Lambda_i, 0 \le i \le s\}$ の番号をつけかえて $E_{\Lambda_0}|_{Y\times Y} = \frac{1}{k_\Omega} J$ となるようにしておく．ここで改めて $\Lambda = \Lambda_0$ と名付けることにする．

2.65 [命題]　記号は上記の通りとする．可換なアソシエーションスキーム $\mathfrak{X}$ の部

分スキーム $\mathfrak{Y}$ に関して以下のことが成り立つ.

(1) $0 \in \Lambda$.

(2) $\Lambda \circ \Lambda = \{k \mid q_{i,j}^k \neq 0$ を満たす $i, j \in \Lambda$ がある $\}$ と定義すると $\Lambda \circ \Lambda = \Lambda$ が成り立つ.

(3) $\mathfrak{Y}$ の第 1 固有行列を $(P_j(\Lambda_i))_{\substack{0 \leq i \leq s \\ j \in \Omega}}$ と表記すると任意の $\alpha \in \Lambda_i, j \in \Omega$ に対して $P_j(\Lambda_i) = P_j(\alpha)$ が成り立つ.

(4) $\mathfrak{Y}$ の第 2 固有行列を $(Q_{\Lambda_j}(i))_{\substack{i \in \Omega \\ 0 \leq j \leq s}}$ と表記すると $i \in \Omega$ に対して $Q_{\Lambda_j}(i) = \frac{|Y|}{|X|} \sum_{\alpha \in \Lambda_j} Q_\alpha(i)$ が成り立つ. また, $i \notin \Omega$ であれば $\sum_{\alpha \in \Lambda_j} Q_\alpha(i) = 0$ が成り立つ.

証明　(1) $E_0 E_\Lambda = \frac{1}{|X|k_\Omega} J A_\Omega = \frac{1}{|X|} J = E_0$ であるから $0 \in \Lambda$ が成り立つ.

(2) $k_\Omega E_\Lambda = A_\Omega$, $A_\Omega \circ A_\Omega = A_\Omega$ および $E_\Lambda \circ E_\Lambda = \frac{1}{|X|} \sum_{i,j \in \Lambda} \sum_{k=0}^d q_{i,j}^k E_k$ より導かれる.

(3) 対応 $A_\alpha \mapsto A_\alpha|_{Y \times Y}$ は $\mathfrak{A}_\Omega$ から $\langle A_\alpha|_{Y \times Y} \mid \alpha \in \Omega \rangle$ への同型写像を与えるので, $j \in \Omega$ に対して $A_j = \sum_{i=0}^s P_j(\Lambda_i) E_{\Lambda_i}$ が成り立つ. 一方 $A_j = \sum_{\alpha=0}^d P_j(\alpha) E_\alpha$ であるから (3) が証明される.

(4) 上記 (3) で述べた議論により $j \in \{0, 1, \ldots, s\}$ に対して,

$$E_{\Lambda_j} = \frac{1}{|Y|} \sum_{i \in \Omega} Q_{\Lambda_j}(i) A_i, \quad |Y| = k_\Omega,$$

と書き表すことができる. 一方 $E_\alpha = \frac{1}{|X|} \sum_{i=0}^d Q_\alpha(i) A_i$, $E_{\Lambda_j} = \sum_{\alpha \in \Lambda_j} E_\alpha$ であるので (4) が証明される. ∎

$\mathfrak{X}$ の指標表 P と Q を図示すると下記のようになる.

$$P = \begin{array}{c} \\ \Lambda_0 \\ \vdots \\ \Lambda_i \\ \vdots \\ \Lambda_s \end{array} \begin{array}{c} \Omega \qquad \overset{j}{\vee} \qquad \\ \begin{pmatrix} \cdots & P_j(\Lambda_0)J & \cdots \\ \vdots & \vdots & \vdots \\ \cdots & P_j(\Lambda_i)J & \cdots \\ \vdots & \vdots & \vdots \\ \cdots & P_j(\Lambda_s)J & \cdots \end{pmatrix} \end{array}$$

$|\Omega| = s + 1$,

$\alpha, \beta \in \Lambda_i, j \in \Omega$ のとき,

$P_j(\alpha) = P_j(\beta) = P_j(\Lambda_i)$,

$$Q = \begin{array}{c} \\ \\ \\ \Omega\ i) \\ \\ \\ \end{array} \begin{array}{c} \begin{array}{ccccc} \Lambda_0 & \cdots & \Lambda_j & \cdots & \Lambda_s \end{array} \\ \left(\begin{array}{ccccc} - & \cdots & - & \cdots & - \\ \vdots & \vdots & \vdots & \vdots & \vdots \\ - & \cdots & - & \cdots & - \\ \vdots & \vdots & \vdots & \vdots & \vdots \\ - & \cdots & - & \cdots & - \end{array} \right) \end{array} \quad \begin{array}{l} \Lambda_j \text{ の行和 } \displaystyle\sum_{\alpha \in \Lambda_j} Q_\alpha(i) \\ = \begin{cases} \dfrac{|X|}{|Y|} Q_{\Lambda_j}(i), & i \in \Omega \text{ のとき} \\ 0, & i \notin \Omega \text{ のとき} \end{cases} \end{array}$$

次に$\mathfrak{A}$の部分代数$\mathfrak{A}_\Lambda = \langle E_i \mid i \in \Lambda \rangle$を考える．$|\Lambda| = t+1$とおくと$\dim(\mathfrak{A}_\Lambda) = t+1$である．$\Lambda = \Lambda \circ \Lambda$が成り立っているので$\mathfrak{A}_\Lambda$はアダマール積$\circ$に関しても閉じている．また$E_\Lambda = \frac{1}{k_\Omega} A_\Omega$かつ${}^t A_\Omega = A_\Omega$が成り立っているので$i \in \Lambda$に対して${}^t E_i = E_j$となる$j \in \Lambda$が存在する．すなわちこの部分代数は転置行列をとるという操作に関しても閉じている．$0 \in \Lambda$であるので$|X| E_0 = J \in \mathfrak{A}_\Lambda$である．すなわち$\mathfrak{A}_\Lambda$はアダマール積の単位元$J$を含んでいる．さらに$\mathfrak{A}_\Lambda$は普通の行列の積に関して可換であり，特に任意の$j \in \Lambda$に対して$E_\Lambda E_j = E_j E_\Lambda = E_j$が成り立っているので，$E_\Lambda$が部分代数$\mathfrak{A}_\Lambda$の普通の積に関する単位元である．命題2.15により$\mathfrak{A}_\Lambda$がアダマール積に関する原始ベキ等行列（成分が1または0のみの行列）からなる基底を持つことがわかる．ボーズ・メスナー代数$\mathfrak{A}$に含まれるアダマール積に関するベキ等行列はいくつかの隣接行列の和でなければならないので，添字集合の分割$\{0, 1, \ldots, d\} = \Omega_0 \cup \cdots \cup \Omega_t$が存在して$\mathfrak{A}_\Lambda$のアダマール積に関する原始ベキ等行列達は$A_{\Omega_i} = \sum_{\alpha \in \Omega_i} A_\alpha$ $(0 \leq i \leq t)$と表される．そして$\mathfrak{A}_\Lambda = \langle A_{\Omega_i} \mid 0 \leq i \leq t \rangle$となる．特に$0 \in \Omega_i$となるものを$\Omega_0$とおいておく．このとき，$J = |X| E_0 = A_{\Omega_0} + A_{\Omega_1} + \cdots + A_{\Omega_t}$となっている．

2.66［命題］　上記の記号の下に次の(1)〜(3)が成り立つ．

(1) $0 \leq i \leq t$を満たす任意のiに対して$A_{\Omega_i} A_\Omega = A_\Omega A_{\Omega_i} = k_\Omega A_{\Omega_i}$が成り立つ．

(2) 非原始系$X_1, \ldots, X_r$に関するA_{Ω_i}の$X_\alpha \times X_\beta$ブロック$A_{\Omega_i}|_{X_\alpha \times X_\beta}$は零行列であるかまたはすべての成分が1の行列$J$に一致する．

(3) $\Sigma = \{X_1, X_2, \ldots, X_r\}$上の隣接行列を

$$D_i(\alpha, \beta) = \begin{cases} 1, & A_{\Omega_i}|_{X_\alpha \times X_\beta} = J \text{ のとき}, \\ 0, & A_{\Omega_i}|_{X_\alpha \times X_\beta} = 0 \text{ のとき}, \end{cases}$$

と定義すると，$A_{\Omega_i} = D_i \otimes J$と表すことができる．

証明　(1) $\mathfrak{A}_\Lambda = \langle E_j \mid j \in \Lambda \rangle = \langle A_{\Omega_i} \mid 0 \leq i \leq t \in \Lambda \rangle$であり$E_\Lambda = \frac{1}{k_\Omega} A_\Omega$は$\mathfrak{A}_\Lambda$の

単位元であることから明らか.

(2) $A_\Omega A_{\Omega_i} = k_\Omega A_{\Omega_i}$ の両辺の $X_\alpha \times X_\beta$ ブロックを比べる. A_Ω はブロック対角で, 各対角ブロックは J だから, A_{Ω_i} の $X_\alpha \times X_\beta$ ブロックを $(A_{\Omega_i})_{\alpha,\beta}$ とおくと $J(A_{\Omega_i})_{\alpha,\beta} = k_\Omega (A_{\Omega_i})_{\alpha,\beta}$ を得る. ここで J も $(A_{\Omega_i})_{\alpha,\beta}$ も k_Ω 次の正方行列で, $(A_{\Omega_i})_{\alpha,\beta}$ はどの成分も 0 または 1 である. したがって等号が成立するためには $(A_{\Omega_i})_{\alpha,\beta}$ のすべての成分が同時に 1 になるか, または 0 にならなければならない.

(3) (2) より明らか. ■

各 $E_j \in \mathfrak{A}_\Lambda$ は $\{A_{\Omega_\ell} \mid 0 \le \ell \le t\}$ の 1 次結合で表されるので, 命題 2.66 (3) の条件より $E_j = \frac{1}{|X|}\sum_{\ell=0}^t \tilde{Q}_j(\ell) A_{\Omega_\ell} = \left(\frac{1}{r}\sum_{\ell=0}^t \tilde{Q}_j(\ell) D_\ell\right) \otimes \left(\frac{1}{k_\Omega} J\right)$ となる定数 $\tilde{Q}_j(\ell)$ が存在する. そこで,

$$F_j = \frac{1}{r}\sum_{\ell=0}^{t} \tilde{Q}_j(\ell) D_\ell, \quad j = 0, 1, \ldots, t \tag{2.20}$$

と定義しておく. ここで $rk_\Omega = |X|$ であったことを注意しておく.

2.67 [命題]

(1) $\langle E_i \mid i \in \Lambda \rangle$ から $\langle D_i \mid 0 \le i \le t \rangle$ への写像 φ を $\varphi(\frac{1}{k_\Omega} A_{\Omega_i}) = D_i$ で定義すると φ は代数としての同型を与える.
(2) 各 i $(0 \le i \le t)$ に対して ${}^t D_i = D_j$ を満たす $j \in \{0, 1, \ldots, t\}$ が存在する.
(3) $A_\Omega = A_{\Omega_0}$ となる. したがって $D_0 = I$, $\Omega_0 = \Omega$.
(4) $\langle D_i \mid 0 \le i \le t \rangle$ は $\mathfrak{X}$ の非原始系 Σ 上の可換なアソシエーションスキームのボーズ・メスナー代数である.
(5) 式 (2.20) で定義した $F_0, F_1, \ldots, F_t$ はボーズ・メスナー代数 $\langle D_i \mid 0 \le i \le t \rangle$ の原始ベキ等行列の基底に一致する. なおこのとき $j \in \Lambda$ に対して $\varphi(E_j) = F_j$ となっている.

証明　(1) $(\frac{1}{k_\Omega} J)^2 = \frac{1}{k_\Omega} J$ であるから, 行列のクロネッカー積 (テンソル積) の性質より, 写像 φ: $D_i \otimes \frac{1}{k_\Omega} J \mapsto D_i$ は $\mathfrak{A}_\Lambda = \langle A_{\Omega_i | 0 \le i \le t} \rangle$ から $\langle D_i \mid 0 \le i \le t \rangle \subset M_r(\mathbb{C})$ への同型を与える.

(2) $\Omega_i' = \{\alpha' \mid \alpha \in \Omega_i\}$ と定義すると. ${}^t A_{\Omega_i} = A_{\Omega_i'}$ が $i = 0, 1, \ldots, t$ に対して成り立つ. 部分代数 $\mathfrak{A}_\Lambda$ は転置をとるということに関して閉じているので $A_{\Omega_i'} \in \mathfrak{A}_\Lambda$ である. さらに $\{A_{\Omega_0}, A_{\Omega_1}, \ldots, A_{\Omega_t}\}$ は $\mathfrak{A}_\Lambda$ の Hadamard 積に関する原始ベキ等行列で

あるので $A_{\Omega'_i} \in \{A_{\Omega_0}, A_{\Omega_1}, \ldots, A_{\Omega_t}\}$ でなければならない．すなわち $\Omega'_i = \Omega_j$ となる j が存在する．したがって各 i に対して ${}^tD_i = D_j$ を満たす $j \in \{0, 1, \ldots, t\}$ が存在する．

(3) $A_\Omega = k_\Omega E_\Lambda \in \mathfrak{A}_\Lambda$ であるので A_Ω は $\{A_{\Omega_0}, A_{\Omega_1}, \ldots, A_{\Omega_t}\}$ のいくつかの和になっていなければならない．一方，$A_\Omega = I \otimes J$ であり定義より，$A_{\Omega_0} = \sum_{\ell \in \Omega_0} A_\ell = A_0 + \cdots$ となっている．したがって $A_\Omega = A_{\Omega_0}$ でなければならない．これより $\Omega_0 = \Omega$, $D_0 = I$ が求まる．

(4) $J = A_{\Omega_0} + A_{\Omega_1} + \cdots + A_{\Omega_t}$ より $D_0 + D_1 + \cdots + D_t = J$ が成り立つ．したがって本章2節（64頁）のアソシエーションスキームのボーズ・メスナー代数の条件 $(1')$, $(2'), \ldots, (5')$ をすべて満たすことがわかった．

(5) (1) より明らか． ■

2.68 ［定義］(商スキーム)　$\mathfrak{X}$ の非原始系 $\Sigma = \{X_1, X_2, \ldots, X_r\}$ 上の可換なアソシエーションスキームで，命題 2.67 (4) の $\langle D_i \mid 0 \le i \le t \rangle$ をボーズ・メスナー代数とするものを $\mathfrak{X}$ の**商スキーム (quotient scheme)** と呼ぶ．

2.69 ［命題］　$\mathfrak{X}$ の商スキームの第1および第2固有行列を $\tilde{P}$ および $\tilde{Q}$ で表すと次の等式が成り立つ．

(1) $\tilde{P}_j(i) = \frac{1}{k_\Omega} \sum_{\alpha \in \Omega_j} P_\alpha(i)$ $(i \in \Lambda,\ 0 \le j \le t)$.
　$i \notin \Lambda,\ 0 \le j \le t$ のときは $\sum_{\alpha \in \Omega_j} P_\alpha(i) = 0$.
(2) $\tilde{Q}_j(i) = Q_j(\alpha)$ $(\alpha \in \Omega_i, j \in \Lambda)$.

証明　商スキームでは

$$D_j = \sum_{i \in \Lambda} \tilde{P}_j(i) F_i, \quad 0 \le j \le t,$$
$$F_j = \frac{1}{r} \sum_{i=0}^{t} \tilde{Q}_j(i) D_i, \quad j \in \Lambda. \tag{2.21}$$

同型写像 φ で引き戻すと，部分代数 $\mathfrak{A}_\Lambda = \langle E_i \mid i \in \Lambda \rangle = \langle A_{\Omega_i} \mid 0 \le i \le t \rangle$ では

$$\frac{1}{k_\Omega} A_{\Omega_j} = \sum_{i \in \Lambda} \tilde{P}_j(i) E_i, \quad 0 \le j \le t,$$
$$E_j = \frac{1}{|X|} \sum_{i=0}^{t} \tilde{Q}_j(i) A_{\Omega_i}, \quad j \in \Lambda. \tag{2.22}$$

一方

$$A_{\Omega_j} = \sum_{\alpha \in \Omega_j} A_\alpha = \sum_{i=0}^{d} \left(\sum_{\alpha \in \Omega_j} P_\alpha(i) \right) E_i$$

$$E_j = \frac{1}{|X|} \sum_{\alpha=0}^{d} Q_j(\alpha) A_\alpha. \tag{2.23}$$

したがって命題の (1) および (2) が成り立つ. ∎

指標表 P と Q を図示すると下記のようになる.

$$P = \begin{array}{r} \\ \Lambda\ i) \\ \\ \\ \end{array} \overset{\begin{array}{ccccc} \Omega_0 & \cdots & \Omega_j & \cdots & \Omega_t \end{array}}{\begin{pmatrix} & \cdots & & \cdots & \\ - & \cdots & - & \cdots & - \\ & & & & \\ & & & & \\ - & \cdots & - & \cdots & - \end{pmatrix}} \qquad \begin{array}{l} \Omega_j \text{ の行和 } \displaystyle\sum_{\alpha \in \Omega_j} P_\alpha(i) \\ = \begin{cases} k_\Omega \tilde{P}_j(i), & i \in \Lambda \text{ のとき} \\ 0, & i \notin \Lambda \text{ のとき} \end{cases} \end{array}$$

$$Q = \begin{array}{c} \Omega_0 \\ \vdots \\ \Omega_i \\ \vdots \\ \Omega_s \end{array} \overset{\begin{array}{cc} \Lambda & \overset{j}{\vee} \end{array}}{\begin{pmatrix} \cdots & \tilde{Q}_j(0)J & \cdots \\ \vdots & \vdots & \vdots \\ \cdots & \tilde{Q}_j(i)J & \cdots \\ \vdots & \vdots & \vdots \\ \cdots & \tilde{Q}_j(s)J & \cdots \end{pmatrix}} \qquad \begin{array}{l} |\Lambda| = t+1, \\ \alpha, \beta \in \Omega_i, j \in \Lambda \text{ のとき}, \\ Q_j(\alpha) = Q_j(\beta) = \tilde{Q}_j(i) \end{array}$$

8. 距離正則グラフとP-多項式アソシエーションスキーム

第 1 章 2 節で距離正則グラフを定義した. (1.10) で与えられるパラメーターを持つ向きのない連結な正則グラフのことである. $\Gamma = (X, E)$ を直径が d の距離正則グラフとする. X の 2 点 $x, y \in X$ の距離を $\partial(x, y)$ で表すことにする. $x \in V$ に対して $\Gamma_i(x) = \{y \in X \mid \partial(x, y) = i\}$ と定義する. この記号のもとで, 距離正則グラフとは次の性質を持つグラフのことであると言い換えることができる, $0 \leq i \leq d$ を満たす任意の整数 i と $x \in X$ および $y \in \Gamma_i(x)$ に対して $|\Gamma_{i+1}(x) \cap \Gamma_1(y)| = b_i$, $|\Gamma_{i-1}(x) \cap \Gamma_1(y)| = c_i$ が x および y のとり方に依存しない定数となる. (ただし $c_0 = b_d = 0$ と定義する.) 実際距離正則グラフの次数を k とすると $b_0 = k$ であり,

また，$z \in \Gamma_1(y)$ とすると

$$\partial(x,z)+\partial(z,y) \geq \partial(x,y)=i,$$
$$\partial(x,y)+\partial(y,z) \geq \partial(x,z)$$

が成り立つので $i-1 \leq \partial(x,z) \leq i+1$，すなわち $z \in \Gamma_{i-1}(x) \cup \Gamma_i(x) \cup \Gamma_{i+1}(x)$ が成り立つ．したがって $a_i = |\Gamma_i(x) \cap \Gamma_1(y)|$ とおくと $a_i+b_i+c_i = |\Gamma_1(y)| = k$ が成り立っている．すなわち a_i も x および y のとり方に依存しない定数であることが導き出される．また $c_1 = |\Gamma_0(x) \cap \Gamma_1(y)| = |\{x\}| = 1$ も成り立っている．さらに直径が d であるから $1 \leq i \leq d$ を満たす i に対して $c_i > 0$ であることがわかる．

2.70［問題］　$k_i = |\Gamma_i(x)|$, $0 \leq i \leq d$, とおくと $k_0 = 1$, $k_1 = k$, $k_{i+1} = \dfrac{k_i b_i}{c_{i+1}}$ が $0 \leq i \leq d-1$ に対して成り立つことを示せ．（ヒント：$\{\{z,y\} \mid \partial(x,y)=i, \partial(x,z)=i+1\}$ に含まれる辺の個数を数える．）

2.71［命題］　Γ を距離正則グラフとする．$X \times X$ の部分集合 R_i を $R_i = \{(x,y) \mid \partial(x,y)=i\}$ で定義する．このとき $\mathfrak{X} = (X, \{R_i\}_{0 \leq i \leq d})$ は対称なアソシエーションスキームである．

証明　距離正則グラフの定義より定義 2.1 の条件 (1), (2), (3) および (6) が成り立つ．以下に定義 2.1 (4) が成り立つことを示す．行列 A_i を式 (2.1) に従って定義する．そうするとアソシエーションスキームの隣接行列に関する条件 $(1')$, $(2')$, $(3')$, $(6')$ が成り立つ．したがって条件 $(4')$ が成り立つことを示せばよい．

$$(A_jA_1)(x,y) = \sum_{z \in X} A_j(x,z)A_1(z,y) = |\Gamma_j(x) \cap \Gamma_1(y)|$$
$$= \begin{cases} c_{j+1}, & \partial(x,y)=j+1 \text{ のとき} \\ a_j, & \partial(x,y)=j \text{ のとき} \\ b_{j-1}, & \partial(x,y)=j-1 \text{ のとき} \\ 0, & |\partial(x,y)-j| \geq 2 \text{ のとき} \end{cases}$$

が成り立つから，$1 \leq j \leq d-1$ に対して

$$A_jA_1 = c_{j+1}A_{j+1} + a_jA_j + b_{j-1}A_{j-1} \tag{2.24}$$

を得る．したがって A_j は A_1 の j 次の多項式で与えられることが帰納的にわかる．さらにグラフ Γ の次数は $k = b_0$ であるから

$$(A_1 - kI)J = A_1 J - kJ = 0 \tag{2.25}$$

が成り立つ．したがって $(A_1 - kI)(A_0 + A_1 + \cdots + A_d) = 0$ を得る．$A_0, A_1, \ldots, A_d$ は 1 次独立であるので A_1 の最小多項式は式 (2.25) の左辺から得られる A_1 に関する $d+1$ 次式で与えられる．したがって行列 $A_0, A_1, \ldots, A_d$ の張るベクトル空間は行列の普通の積に関して閉じていることがわかる．すなわち $A_i A_j = \sum_{\ell=0}^{d} p_{i,j}^{\ell} A_\ell$ を満たす非負整数 $p_{i,j}^{\ell}$ が存在する．したがって条件 (4′) が成り立ち，$\mathfrak{X} = (X, \{R_i\}_{0 \le i \le d})$ は対称なアソシエーションスキームであることが証明できる． ∎

命題 2.71 により距離正則グラフにおいて $\partial(x,y) = \ell$ であれば x, y のとり方に依存せず

$$|\Gamma_i(x) \cap \Gamma_j(y)| = p_{i,j}^{\ell}$$

が成り立つことがわかる．このように距離正則グラフをアソシエーションスキームの中で考えると次のような概念が生まれてくる．

2.72 [定義] (P-多項式スキーム)　$\mathfrak{X} = (X, \{R_i\}_{0 \le i \le d})$ をクラス d の対称なアソシエーションスキームとする．各 i $(0 \le i \le d)$ に対し 1 変数 x に関する i 次の多項式 $v_i(x)$ が存在して関係 $\{R_0, R_1, \ldots, R_d\}$ の並べ方を適当に選ぶことによって隣接行列達，$A_1, A_2, \ldots, A_d$ が $A_i = v_i(A_1)$ を満たすようにできるときに $\mathfrak{X}$ を並べ方 $\{R_0, R_1, \ldots, R_d\}$ に関する **P-多項式アソシエーションスキーム** (**P-polynomial association scheme**)，または短く **P-多項式スキーム** (**P-polynomial scheme**) と呼ぶ．定義より P-多項式スキームのボーズ・メスナー代数は一つの行列 A_1 で生成される代数となっている．

このとき次の定理が成立する．

2.73 [定理]

(1) $\mathfrak{X} = (X, \{R_i\}_{0 \le i \le d})$ を並べ方 $\{R_0, R_1, \ldots, R_d\}$ に関するクラス d の P-多項式スキームとする．X を頂点集合とし $E = \{\{x, y\} \mid (x, y) \in R_1\}$ を辺集合とするグラフ $\Gamma = (X, E)$ は距離正則グラフである．

(2) $\Gamma = (X, E)$ をの距離正則グラフとする．このとき各 i $(0 \leq i \leq d)$ に対して $R_i \subset X \times X$ を $R_i = \{(x, y) \mid \partial(x, y) = i\}$ で定義すると $\mathfrak{X} = (X, \{R_i\}_{0 \leq i \leq d})$ はクラス d の P-多項式スキームである．

2.74［問題］　定理 2.73 を証明せよ．((2) ⇒ (1) は命題 2.71 により明らかである．)

2.75［定義］　$d+1$ 次の正方行列 $M = (m_{i,j})_{0 \leq i,j \leq d}$ の成分が $|i-j| \geq 2$, $0 \leq i, j \leq d$ を満たす任意の i, j に対して $m_{i,j} = 0$ を満たすときに行列 M は **3 重対角行列 (tridiagonal matrix)** であるという．そして次のように表記する：

$$M = \begin{bmatrix} * & m_{0,1} & m_{1,2} & \cdots & m_{d-2,d-1} & m_{d-1,d} \\ m_{0,0} & m_{1,1} & m_{2,2} & \cdots & m_{d-1,d-1} & m_{d,d} \\ m_{1,0} & m_{2,1} & m_{3,2} & \cdots & m_{d,d-1} & * \end{bmatrix}.$$

$\mathfrak{X} = (X, \{R_i\}_{0 \leq i \leq d})$ を並べ方 $\{R_0, R_1, \ldots, R_d\}$ に関するクラス d の P-多項式スキームとする 1 番目の交叉数行列 B_1 は定理 2.73 により 3 重対角行列となっていることがわかる．

2.76［定理］　$\mathfrak{X} = (X, \{R_i\}_{0 \leq i \leq d})$ をクラス d の対称なアソシエーションスキームとし B_1 を $\mathfrak{X}$ の 1 番目の交叉数行列とする．また $k = p^0_{1,1}$ とする．このとき次の条件は同値である．

(1) $\mathfrak{X}$ は並べ方 $\{R_0, R_1, \ldots, R_d\}$ に関するクラス d の P-多項式スキームである．

(2) B_1 は 3 重対角行列で以下のように表すことができる：

$$B_1 = \begin{bmatrix} * & c_1 & c_2 & \cdots & c_{d-1} & c_d \\ 0 & a_1 & a_2 & \cdots & a_{d-1} & a_d \\ b_0 & b_1 & b_2 & \cdots & b_{d-1} & * \end{bmatrix},$$

ここで $b_i \neq 0$ $(0 \leq i \leq d-1)$, $c_i \neq 0$ $(1 \leq i \leq d)$, $b_0 = k$ および $c_1 = 1$ が成り立つ．

(3) P を $\mathfrak{X}$ の指標表とし $\theta_j = P_1(j)$, $j = 0, 1, \ldots, d$ とする．このとき各 i, $0 \leq i \leq d$, に対して 1 変数 x に関する i 次の多項式 $v_i(x)$ が存在して $P_i(j) = v_i(\theta_j)$ が $j = 0, 1, \ldots, d$ に対して成り立つ．

(注意：(3) において $\theta_0, \theta_1, \ldots, \theta_d$ は A_1 の固有値である．したがって P-多項式スキームにおいては任意の $A_j (2 \leq j \leq d)$ の固有値は A_1 の固有値で決定される．)

証明　(1)⇒(2) を証明する．まず $p^0_{1,0}=0$, $b_0=p^0_{1,1}=k$, $c_1=p^1_{1,0}=1$ が成り立つ．(1) の仮定より各 i に対して i 次の多項式 $v_i(x)$ が存在して $A_i=v_i(A_1)$ と表される．$xv_i(x)$ は $i+1$ 次式であるから $v_0(x),v_1(x),\dots,v_{i+1}(x)$ の 1 次結合で表すことができる．それを $xv_i(x)=\sum_{\ell=0}^{i+1}c_\ell v_\ell(x)$ としておく．特に $c_{i+1}\neq 0$ が成り立っている．この等式の x に A_1 を代入すると $A_1v_i(A_1)=\sum_{\ell=0}^{i+1}c_\ell v_\ell(A_1)$，したがって $A_1A_i=\sum_{\ell=0}^{i+1}c_\ell A_\ell$ を得る．この式の左辺は $\sum_{\ell=0}^{d}p^\ell_{1,i}A_\ell$ であるから $\ell\geq i+2$ を満たすすべての ℓ に対して $p^\ell_{1,i}=0$ が成り立つことがわかる．また，$p^{i+1}_{1,i}=c_{i+1}\neq 0$ も成り立つ．$\mathfrak{X}$ は対称であるから命題 2.17 (6) より $k_\ell p^\ell_{1,i}=k_ip^i_{1,\ell}$ が成り立っている．したがって $p^i_{1,\ell}=0$ が $\ell\geq i+2$ を満たす任意の ℓ に対して成立し，かつ $p^i_{1,i+1}\neq 0$ が成立していることもわかる．

次に (2)⇒(1) を証明する．$a_0=0$, $a_i=p^i_{1,i}$ $(1\leq i\leq d)$, $b_i=p^i_{1,i+1}$ $(0\leq i\leq d-1)$ および $c_i=p^i_{1,i-1}$ $(1\leq i\leq d)$, $p^j_{1,i}=0$ $(|i-j|\geq 2)$ が成り立っているから $A_1A_i=p^{i-1}_{1,i}A_{i-1}+p^i_{1,i}A_i+p^{i+1}_{1,i}A_{i+1}=b_{i-1}A_{i-1}+a_iA_i+c_{i+1}A_{i+1}$ が成り立つ．i 次の多項式 $v_i(x)$ を，$v_0(x)\equiv 1$, $v_1(x)=x$ と定義し，3 項関係式 $xv_i(x)=b_{i-1}v_{i-1}(x)+a_iv_i(x)+c_{i+1}v_{i+1}(x)$ を使って $i+1$ 次式 $v_{i+1}(x)$ を定義してやる．このとき $A_{i+1}=v_{i+1}(A_1)$ となる．

最後に (1)⇔(3) を証明する．$\mathfrak{X}$ の原始ベキ等元達を E_i, $0\leq i\leq d$, とする．$A_1=\sum_{j=0}^{d}P_1(j)E_j=\sum_{j=0}^{d}\theta_jE_j$ と表される．このとき任意の i 次の多項式 $v_i(x)=\sum_{\ell=0}^{i}\lambda_\ell x^\ell$ に対して

$$\begin{aligned}v_i(A_1)=\sum_{\ell=0}^{i}\lambda_\ell {A_1}^\ell&=\sum_{\ell=0}^{i}\lambda_\ell\sum_{j=0}^{d}{\theta_j}^\ell E_j\\&=\sum_{j=0}^{d}\left(\sum_{\ell=0}^{i}\lambda_\ell{\theta_j}^\ell\right)E_j=\sum_{j=0}^{d}v_i(\theta_j)E_j\end{aligned}$$

を得る．したがって (1) と (3) は同値である．　■

2.77 [問題]

(1) 本章 1 節の例 2.6 で定義したハミングスキーム $H(d,q)$ が P-多項式スキームであることを証明せよ．

(2) $H(d,q)$ の第 1 指標表 P を与える多項式 $K_i(x)$ 達（すなわち $P_i(j)=K_i(j)$ を満たす i 次の多項式）が次の **3 項関係式 (3 term recurrence relation)** を満たしていることを証明せよ．

$$(i+1)K_{i+1}(x)=(i+(q-1)(d-i)-qx)K_i(x)-(q-1)(d-i+1)K_{i-1}(x).$$

2.78 [問題]　本章1節の例2.7で定義したジョンソンスキーム $J(v,d)$ がP-多項式スキームであることを証明せよ.

2.79 [命題]　$\mathfrak{X}$ をP-多項式スキームとする．このとき定理2.76 (3) で定義した A_1 の固有値達 $\theta_0, \theta_1, \ldots, \theta_d$ は互いに相異なる実数である.

証明　$\theta_j = \theta_\ell$ となる整数 $0 \leq j \neq \ell \leq d$ が存在したと仮定する．このとき定理2.76 (3) の i 次の多項式達 v_i $(0 \leq i \leq d)$ により，任意の整数 $i = 0, 1, \ldots, d$ に対して $P_i(j) = v_i(\theta_j) = v_i(\theta_\ell) = P_i(\ell)$ が $i = 0, 1, \ldots, d$ に対して成り立つ．したがって第1固有行列 P の第 j 行と第 ℓ 行が完全に一致してしまう．これは P が正則であることに反する. ∎

さて，ここで距離可移グラフや距離正則グラフなどの概念および名称の始まりがどこにあるかについて少し触れておこう．Higman [205] (1967) は "permutation group of maximal diameter" の言葉を使って距離可移グラフを考察した．距離可移グラフという言葉と概念はBiggs [89] (1971) により導入され，かつ以後広く使われる．距離正則グラフ（Biggsによる命名）の言葉が使われたのはその少しあとであるが，その概念自身はBiggsにより（1970年頃）明確に捉えられていたとのことである（[88] および [110, 128頁] 参照)．ランク3の置換群と強正則グラフの関係が群論の人達に知られるようになったのは1960年代後半なので，その時点でHigmanが実質的に距離正則グラフの概念を持っていたことも確かと言えるであろう．Delsarte [154] は metrically regular graphs，あるいはP-多項式アソシエーションスキームの言葉を用いて距離正則グラフの概念を（独立に）捉えていた．次の節で解説するQ-多項式アソシエーションスキームのDelsarteによる導入はとりわけ重要な貢献であったと言えるであろう.

9. Q-多項式アソシエーションスキーム

本節でも対称なアソシエーションスキーム $\mathfrak{X}$ を考える．$\mathfrak{X}$ のボーズ・メスナー代数は普通の行列の積およびアダマール積に関して可換な代数の構造を持っている．そしてアダマール積による代数構造についてもP-多項式スキームに類似した概念を定義することができる.

2.80 [定義]　$\mathfrak{X} = (X, \{R_i\}_{0 \leq i \leq d})$ を対称なアソシエーションスキームとする．$\mathfrak{X}$ は次の条件を満たすときに **Q-多項式アソシエーションスキーム** (**Q-polynomial association scheme**) または短く **Q-多項式スキーム** (**Q-polynomial scheme**) と

呼ばれる．すなわち：

各 i に対して 1 変数 x の i 次の多項式 $v_i^*(x)$ が存在して $\mathfrak{X}$ に附随する原始ベキ等元達の順番を適当に選ぶと $|X|E_i = v_i^*(|X|E_1)$ が成り立つ．

ここで多項式 $v_i^*(x)$ の x に行列を代入するときに積はアダマール積を用いて計算する．

P-多項式スキームと違ってQ-多項式スキームには距離正則グラフのような組合せ論的構造は結びついているわけではないが次の命題が成り立っている．

2.81［命題］　$\mathfrak{X} = (X, \{R_i\}_{0 \le i \le d})$ を対称なアソシエーションスキームとする．また $\mathfrak{X}$ の第 2 固有行列を Q とする．このとき次の条件は同値である．

(1) $\mathfrak{X}$ は原始ベキ等元の並べ方 $E_0, E_1, \ldots, E_d$ に関して Q-多項式スキームである．

(2) 双対交叉数行列 B_1^* は 3 重対角行列で次のように表すことができる．

$$B_1^* = \begin{bmatrix} * & c_1^* & c_2^* & \cdots & c_{d-1}^* & c_d^* \\ 0 & a_1^* & a_2^* & \cdots & a_{d-1}^* & a_d^* \\ b_0^* & b_1^* & b_2^* & \cdots & b_{d-1}^* & * \end{bmatrix},$$

ここで $b_i^* \neq 0$ $(0 \le i \le d-1)$, $c_i^* \neq 0$ $(1 \le i \le d)$, $b_0^* = q_{1,1}^0 = m_1$ および $c_1^* = 1$ が成り立つ．

(3) $\theta_j^* = Q_1(j)$, $0 \le j \le d$, とおくと各 $0 \le i \le d$ を満たす各 i に対して 1 変数 x の i 次の多項式 $v_i^*(x)$ が存在して $Q_i(j) = v_i^*(\theta_j^*)$ が任意の $0 \le j \le d$ を満たす j に対して成り立つ．

証明　P-多項式スキームに関する定理 2.76 の証明と同様の議論で証明できる．■

2.82［問題］　命題 2.81 を証明せよ．

命題 2.79 と同様なことが Q-多項式スキームに対しても成り立つ．

2.83［命題］　$\mathfrak{X}$ を Q-多項式スキームとする．このとき次の (1) および (2) が成り立つ．

(1)

$$A_i^* A_1^* = c_{i+1}^* A_{i+1}^* + a_i^* A_i^* + b_{i-1}^* A_{i-1}^*$$

が成り立つ．したがって，特に $q_{i,j}^k = 0$ が $i + j < k$ を満たす任意の整数 $0 \le i, j, k \le d$ に対して成り立つ．

(2) 命題 2.81 (3) で定義した $\theta_0^*, \theta_1^*, \ldots, \theta_d^*$ は A_1^* の固有値であり，互いに相異なる実数である．

証明　(1) 命題 2.32 (2) および命題 2.81 (2) より明らかである．

(2) 本章 6 節 (2.9) の定義式より $A_1^* E_k^* = \sum_{\alpha=0}^{d} Q_1(\alpha) E_\alpha^* E_k^* = Q_1(k) E_k^* = \theta_k^* E_k^*$ が成り立つ．したがって $\theta_0^*, \theta_1^*, \ldots, \theta_d^*$ は A_1^* の固有値である．互いに異なることは P-多項式スキームに関する命題 2.79 の場合とまったく同様に証明できる．■

P-多項式スキームおよび Q-多項式スキームに現れる多項式系はいわゆる 3 項関係式を満たす直交多項式系をなしており，その方面の理論と完全な対応を見ることができる．また，組合せ論や他の分野への応用上からも重要なアソシエーションスキームの中には P および Q-多項式スキームの両方の性質を持つものが数多くある．そのようなアソシエーションスキームは **P-かつ Q-多項式スキーム** (**P- & Q-polynomial scheme**) と呼ばれる．例えば本章 1 節の例 2.6，例 2.7 で定義したハミングスキーム，ジョンソンスキームなどがその重要な例である．次の節ではこれらの指標表を具体的に求めてそれぞれ P-かつ Q-多項式スキームであることの証明を行う．その他にも q-ジョンソンスキームとか双 1 次形式の作るアソシエーションスキームなどもやはり P-かつ Q-多項式スキームの構造を持っている．これらについては第 6 章において解説される．

10. 色々なアソシエーションスキームの指標表

10.1　有限可換群の作るアソシエーションスキーム

G を有限可換群とする．G の共役類はすべてただ一つの元で構成されている．60 頁の例 2.8 で定義した群の共役類によるアソシエーションスキーム $\mathfrak{X}(G)$ を考えると，次のようになっている．以下では G の演算は加法で表し，単位元を 0 で表すことにする．各 $g \in G$ に対して $R_g = \{(x,y) \in G \times G \mid x - y = g\}$ と定義すると $\mathfrak{X}(G) = (G, \{R_g\}_{g \in G})$ と表すことができる．$\mathfrak{X}(G)$ の R_g に対応する隣接行列 A_g は $G \times G$ で添字付けされその (x,y)-成分は $A_g(x,y) = \delta_{x-y,g}$ と表すことができる．次に $g, h \in G$ について $A_g A_h$ の (x,y) 成分は次のように計算できる．

$$
\begin{aligned}
(A_g A_h)(x,y) &= \sum_{z \in G} A_g(x,z) A_h(z,y) = \sum_{z \in G} \delta_{x-z,g} \delta_{z-y,h} \\
&= \begin{cases} 1, & x - y = g + h \text{ のとき} \\ 0, & x - y \neq g + h \text{ のとき} \end{cases}
\end{aligned}
$$

よって $A_gA_h = A_hA_g = A_{g+h}$ が成立することがわかる．$\mathfrak{X}(G)$ の指標表を P とし E_x, $x \in G$, を $\mathfrak{X}(G)$ の原始ベキ等元達とする．

$$A_x = \sum_{g \in G} P_x(g) E_g$$

が成立しているので

$$\begin{aligned}\sum_{g \in G} P_{x+y}(g) E_g &= A_{x+y} = A_x A_y \\ &= \left(\sum_{g \in G} P_x(g) E_g\right)\left(\sum_{h \in G} P_y(h) E_h\right) \\ &= \sum_{g \in G} P_x(g) P_y(g) E_g \end{aligned} \tag{2.26}$$

が成り立ち，したがって各 $g, x, y \in G$ に対して $P_{x+y}(g) = P_x(g)P_y(g)$, $x \in G$ が成り立っている．$\psi_g(x) = P_x(g)$ と定義すると ψ_g は G の指標群 $\hat{G}$ の元であることがわかる．P は正則な行列であるから $\{\psi_g \mid g \in G\}$ は $\hat{G}$ に一致し，P は群 G の既約指標の作る指標表に一致することがわかる．このとき行列 P が対称になるように $R_x, x \in G$ を並べておける．アーベル群の基本定理により有限可換群は有限巡回群の直積になっているので巡回群の場合に説明する．$G = \mathbb{Z}/m\mathbb{Z} = \{0, 1, \ldots, m-1\}$ を位数 m の巡回群とする．ζ を 1 の原始 m 乗根とする．このとき $\psi_y(x) = P_x(y) = \zeta^{xy}$ と定義すると ψ_y は $G = \mathbb{Z}/m\mathbb{Z}$ の 1 次指標である．明らかに $P_x(y) = P_y(x)$ が成り立っている．このように P が対称になるように並べておけば $P = \overline{Q}$ が成り立つから $\mathfrak{X}(G)$ は自己双対的なアソシエーションスキームである（命題 2.47 参照）．

10.2　ハミングスキーム $H(d,q)$ の指標表

本章 8 節の末尾にハミングスキーム $H(d,q)$ は P-多項式スキームであることを証明しなさいという問題を出しておいた．ここでは $H(d,q)$ の二つの固有行列 P と Q を具体的に求めることによって $H(d,q)$ が自己双対的な P-かつ Q-多項式スキームであることを証明する．本章 1 節の例 2.6 でハミングスキーム $H(d,q)$ を定義したときには F には代数的な構造を考えずに抽象的に q 個の元からなる有限集合として定義した．ここでは F に可換群の構造を持たせて考え，$F = F_q$ と書くことにする．すなわち $F = F_q$ は位数 q の加法群とする．そのようにしてもハミングスキームの定義を述べるにあたってはまったく変わることはない．$\boldsymbol{x} \in X$ に対して**ウェイト**を $w(\boldsymbol{x}) = |\{i \mid 1 \leq i \leq d, x_i \neq 0\}|$ と定義するとハミング距離は $\partial(\boldsymbol{x}, \boldsymbol{y}) = w(\boldsymbol{x} - \boldsymbol{y})$ と表すことができる．したがって $R_i = \{(\boldsymbol{x}, \boldsymbol{y}) \mid w(\boldsymbol{x} - \boldsymbol{y}) = i\}$ となる．$X_i = \{\boldsymbol{x} \in X \mid w(\boldsymbol{x}) = i\}$ と定義する．

$X_0, X_1, \ldots, X_d$ は X の分割を与えている．本章の 10.1 小節で見たように有限可換群 F_q の 1 次指標全体のなす指標群を $\hat{F}_q$ とする．$\hat{F}_q$ は F_q で添字付けることができる．$\hat{F}_q = \{\psi_x \mid x \in F_q\}$ と表したときに $\psi_x(y) = \psi_y(x)$ が成り立つように $\hat{F}_q$ の元を並べておくことができる．$X = F_q^d$ も有限可換群である．$\boldsymbol{x} = (x_1, x_2, \ldots, x_d)$, $\boldsymbol{y} = (y_1, y_2, \ldots, y_d)$ に対して $\Psi_{\boldsymbol{x}}(\boldsymbol{y}) = \prod_{i=1}^{d} \psi_{x_i}(y_i)$ と定義するとその $\Psi_{\boldsymbol{x}}$ は X の 1 次指標となる．X の指標群は $\hat{X} = \{\Psi_{\boldsymbol{x}} \mid \boldsymbol{x} = (x_1, x_2, \ldots, x_d) \in F_q^d\}$ となっていることがわかる．

2.84 [命題]　$D = \{0, 1, \ldots, d\}$ とする．任意に固定した $j, k \in D$ および $\boldsymbol{u} \in X_j$ に対して

$$\sum_{\boldsymbol{x} \in X_k} \Psi_{\boldsymbol{u}}(\boldsymbol{x}) = K_k(j) = \sum_{i=0}^{k} (-1)^i (q-1)^{k-i} \binom{d-j}{k-i} \binom{j}{i}$$

が成り立つ．

2.85 [注意]　命題 2.84 に現れた $K_k(u)$ は u に関して k 次の多項式となっている．一般には次の型の多項式であり **Krawtchouk 多項式**と呼ばれ直交多項式系を作っている．

$$K_k(u) = \sum_{i=0}^{k} (-1)^i (q-1)^{k-i} \binom{d-u}{k-i} \binom{u}{i}. \tag{2.27}$$

また次のような変形が知られている．

$$K_k(u) = \sum_{i=0}^{k} (-q)^i (q-1)^{k-i} \binom{d-i}{k-i} \binom{u}{i} \tag{2.28}$$

Krawtchouk 多項式は**母関数** (**generating function**) として $(1+(q-1)z)^{d-u}(1-z)^u$ を持つ．すなわちこの母関数の z^k 係数として現れる，u に関する多項式である．母関数の変形

$$(1+(q-1)z)^{d-u}(1-z)^u = (1+(q-1)z)^d \left(\frac{1-z}{1+(q-1)z} \right)^u$$

を考えると (2.28) の等式を証明することができる．ここでは詳しい証明は行わない ([435] 参照)．なお 2 項係数は $i < 0$ または $j < 0$，あるいは $i < j$ のとき，$\binom{i}{j} = 0$ と拡張して定義しておく．

命題 2.84 の証明　$D^{\times} = D \backslash \{0\}$ とする．$D^{\times}$ の k 個の元を含む各部分集合 M に対して，$X_M \subset X_k$ を

$$X_M = \{\boldsymbol{x} \in X_k \mid x_\nu \neq 0,\ \nu \in M\}$$

で定義する．$M_1, M_2 \subset D^\times$, $|M_1| = |M_2| = k$ かつ $M_1 \neq M_2$ とすると $X_{M_1} \cap X_{M_2} = \emptyset$ が成り立っている．したがって X_k は次のように分割される：

$$X_k = \bigcup_{\substack{M \subset D^\times, \\ |M|=k}} X_M.$$

$\boldsymbol{x} = (x_1, x_2, \ldots, x_d) \in X_M$ とすると $\nu \notin M$ に対して $x_\nu = 0$, $\nu \in M$ に対しては $x_\nu \neq 0$ が成り立っているので $\Psi_{\boldsymbol{u}}(\boldsymbol{x}) = \prod_{\nu=1}^{d} \psi_{\boldsymbol{u}_\nu}(\boldsymbol{x}_\nu) = \prod_{\nu \in M} \psi_{\boldsymbol{u}_\nu}(\boldsymbol{x}_\nu)$ が成り立つ．したがって

$$\sum_{\boldsymbol{x} \in X_M} \Psi_{\boldsymbol{u}}(\boldsymbol{x}) = \sum_{\boldsymbol{x} \in X_M} \left(\prod_{\nu \in M} \psi_{u_\nu}(x_\nu) \right) = \prod_{\nu \in M} \sum_{x_\nu \in F_q^\times} \psi_{u_\nu}(x_\nu)$$

が成り立つ．ψ_{u_ν} は F_q の 1 次指標であるから $\displaystyle\sum_{x_\nu \in F_q} \psi_{u_\nu}(x_\nu) = \delta_{u_\nu,0} q$ が成り立ち，したがって

$$\sum_{x_\nu \in F_q^\times} \psi_{u_\nu}(x_\nu) = \begin{cases} q-1 & u_\nu \neq 0 \text{ のとき} \\ -1 & u_\nu = 0 \text{ のとき} \end{cases}$$

となる．次に $i = |\{\nu \in M \mid u_\nu \neq 0\}|$ と定義すると，

$$\prod_{\nu \in M} \sum_{x_\nu \in F_q^\times} \psi_{u_\nu}(x_\nu) = (-1)^i (q-1)^{k-i}$$

が成り立つ．一方 $\boldsymbol{u} \in X_j$ であるから各 i $(0 \leq i \leq d)$ に対して $i = |\{\nu \in M \mid u_\nu \neq 0\}|$，かつ $|M| = k$ を満たす $M \subset D^\times$ は全部でちょうど $\binom{j}{i}\binom{d-j}{k-i}$ 個存在する．したがって

$$\sum_{\boldsymbol{x} \in X_k} \Psi_{\boldsymbol{u}}(\boldsymbol{x}) = \sum_{\substack{M \subset D^\times \\ |M|=k}} \sum_{\boldsymbol{x} \in M} \Psi_{\boldsymbol{u}}(\boldsymbol{x}) = \sum_{i=0}^{d} \binom{j}{i} \binom{d-j}{k-i} (-1)^i (q-1)^{k-i}$$

を得る．∎

2.86［定理］　P, Q をハミングスキーム $H(d,q)$ の第 1 および第 2 固有行列とすると次の等式が成り立つ．

$$P_k(i) = Q_k(i) = K_k(i).$$

したがって $H(d,q)$ は自己双対的である．

証明　行を X で列を X_k で添字付けられた行列 H_k を次のように定義する．$(\boldsymbol{x},\boldsymbol{y}) \in X \times X_k$ に対して

$$H_k(\boldsymbol{x},\boldsymbol{y}) = \Psi_{\boldsymbol{x}}(\boldsymbol{y}).$$

このとき任意の $(x,y) \in R_i$ に対して

$$\begin{aligned}(H_k H_k^*)(x,y) &= \sum_{z \in X_k} \Psi_{\boldsymbol{x}}(\boldsymbol{z})\overline{\Psi_{\boldsymbol{z}}(\boldsymbol{y})} \\ &= \sum_{z \in X_k} \Psi_{\boldsymbol{x}}(\boldsymbol{z})\Psi_{-y}(\boldsymbol{z}) = \sum_{\boldsymbol{z} \in X_k} \Psi_{\boldsymbol{x}-\boldsymbol{y}}(\boldsymbol{z}) = K_k(i)\end{aligned}$$

となるから

$$\frac{1}{|X|}H_k H_k^* = \frac{1}{|X|}\sum_{i=0}^{d} K_k(i)A_i$$

が成り立つ．さらに $(\boldsymbol{x},\boldsymbol{y}) \in X_k \times X_j$ に対して

$$(H_k^* H_j)(\boldsymbol{x},\boldsymbol{y}) = \sum_{\boldsymbol{z} \in X} \overline{\Psi(\boldsymbol{z},\boldsymbol{x})}\Psi(\boldsymbol{z},\boldsymbol{y}) = \sum_{\boldsymbol{z} \in X} \Psi(\boldsymbol{z},\boldsymbol{y}-\boldsymbol{x}) = \delta_{\boldsymbol{x},\boldsymbol{y}}|X|$$

が成り立つから

$$H_k^* H_j = \delta_{k,j}|X|I$$

を得る．したがって $E_j = \frac{1}{|X|}H_j H_j^*,\ j \in D$ と定義すると $E_0, E_1, \ldots, E_d$ は互いに直交するベキ等行列であり

$$E_j = \frac{1}{|X|}\sum_{i=0}^{d} K_j(i)A_i$$

を満たしている．したがって

$$Q_j(i) = K_j(i)$$

が成り立つ．次に $m_i = Q_i(0) = K_i(0) = (q-1)^i\binom{d}{i}$, $k_j = |X_j| = (q-1)^j\binom{d}{j}$ であることに注意して定理 2.22 (3) を用いると

$$\begin{aligned}P_j(i) &= \frac{k_j}{m_i}Q_i(j) = \frac{(q-1)^j\binom{d}{j}}{(q-1)^i\binom{d}{i}}K_i(j) \\ &= \frac{(q-1)^{j-i}i!(d-i)!}{j!(d-j)!}\sum_{\ell=0}^{j}(-1)^\ell(q-1)^{i-\ell}\binom{d-j}{i-\ell}\binom{j}{\ell} \\ &= \sum_{\ell=0}^{j}(-1)^\ell(q-1)^{j-\ell}\frac{i!(d-i)!}{j!(d-j)!}\,\frac{(d-j)!}{(i-\ell)!(d-j-i+\ell)}\,\frac{j!}{\ell!(j-\ell)!}\end{aligned}$$

$$
\begin{aligned}
&= \sum_{\ell=0}^{j} (-1)^{\ell} (q-1)^{j-\ell} \frac{i!(d-i)!}{(i-\ell)!\ell!(d-i-j+\ell)(j-\ell)!} \\
&= K_j(i)
\end{aligned}
$$

を得る. ∎

以上によりハミングスキーム $H(d,q)$ は自己双対的であることがわかった. $H(d,q)$ は問題 2.78 で P-多項式スキームであることを証明してもらったが, 定理 2.86 は $H(d,q)$ が P-かつ Q-多項式スキームであることを示している.

10.3 ジョンソンスキーム $J(v,d)$ の指標表

V を v 個の元からなる集合とし X を V の d 点部分集合全体のなす集合 $V^{(d)}$ とする. $0 < d \leq \frac{v}{2}$ を仮定しておく. ジョンソンスキーム $J(v,d)$ は X 上に定義され関係 $R_0, R_1, \ldots, R_d$ は $R_i = \{(x,y) \in X \times X \mid |x \cap y| = d-i\}$ で定義される. 対応する隣接行列を $A_0, A_1, \ldots, A_d$ としボーズ・メスナー代数を $\mathfrak{A}$ とする. $D = \{0, 1, \ldots, d\}$ とおく.

2.87 [命題]　$J(v,d)$ の分岐指数 k_i $(i \in D)$ は次の式で与えられる.

$$k_i = \binom{d}{i}\binom{v-d}{i}$$

証明　$x \in X$ を任意に固定すると $k_i = |\{y \in X \mid (x,y) \in R_i\}| = |\{y \in X \mid |x \cap y| = d-i\}|$ である. したがって x の中から $d-i$ 個, $V \backslash x$ の中から i 個の元を選ぶことによって条件を満たす $y \in X$ が得られる. すなわち $k_i = \binom{d}{d-i}\binom{v-d}{i} = \binom{d}{i}\binom{v-d}{i}$ となる. ∎

次に行列 $C_i \in \mathfrak{A}$ $(i \in D)$ を次のように定義する.

$$C_i = \sum_{\ell=i}^{d} \binom{\ell}{i} A_{d-\ell}. \tag{2.29}$$

2.88 [命題]

(1) $C_0, C_1, \ldots, C_d$ は $\mathfrak{A}$ の基底である.

(2) $(x,y) \in R_{d-k}$ とすると $C_i(x,y)$ は $x \cap y$ に含まれる i 点部分集合の個数である.

証明　(1) 定義より $C_{d-i} = A_i + (d-i+1)A_{i-1} + \cdots$, $i = 0, 1, \ldots, d$ であるから $\langle C_d, C_{d-1}, \ldots, C_1, C_0 \rangle = \langle A_0, A_1, \ldots, A_{d-1}, A_d \rangle = \mathfrak{A}$ である.

(2) $C_i(x,y) = \binom{k}{i}$ かつ $|x \cap y| = k$ であるから明らか. ∎

2.89［命題］

$$\binom{d-j}{r-i}\binom{j}{i} = \sum_{\ell=i}^{r}(-1)^{\ell-i}\binom{\ell}{i}\binom{d-\ell}{r-\ell}\binom{j}{\ell}$$

証明　j に関する数学的帰納法を用いる. 任意の d, r, i に対して $j = 0$ のときは左辺も右辺も $\binom{d}{r}$ となる. 任意の d, r, i に対して $0 \leq j \leq k$ であれば等式が成立すると仮定して $j = k+1$ の場合にも成り立つことを示す.

$$\begin{aligned}
&\sum_{\ell=i}^{r}(-1)^{\ell-i}\binom{\ell}{i}\binom{d-\ell}{r-\ell}\binom{k+1}{\ell} \\
&= \sum_{\ell=i}^{r}(-1)^{\ell-i}\binom{\ell}{i}\binom{d-\ell}{r-\ell}\frac{(k+1)!}{\ell!(k+1-\ell)!} \\
&= (k+1)\sum_{\ell=i}^{r}(-1)^{\ell-i}\binom{\ell}{i}\binom{d-\ell}{r-\ell}\frac{k!}{\ell!(k-(\ell-1))!} \\
&= (k+1)\sum_{\nu=i-1}^{r-1}(-1)^{\nu+1-i}\binom{\nu+1}{i}\binom{d-1-\nu}{r-1-\nu}\frac{k!}{(\nu+1)!(k-\nu)!} \\
&= \frac{k+1}{i}\sum_{\nu=i-1}^{r-1}(-1)^{\nu-(i-1)}\frac{\nu!}{(i-1)!(\nu-(i-1))!}\binom{d-1-\nu}{r-1-\nu}\frac{k!}{\nu!(k-\nu)!} \\
&= \frac{k+1}{i}\sum_{\nu=i-1}^{r-1}(-1)^{\nu-(i-1)}\binom{\nu}{i-1}\binom{d-1-\nu}{r-1-\nu}\binom{k}{\nu}
\end{aligned}$$

帰納法の仮定より $d-1, i-1, r-1$ に関して $0 \leq j \leq k$ であれば等式が成立する. したがって

$$\begin{aligned}
&\sum_{\ell=i}^{r}(-1)^{\ell-i}\binom{\ell}{i}\binom{d-\ell}{r-\ell}\binom{k+1}{\ell} \\
&\quad = \frac{k+1}{i}\binom{d-1-k}{r-1-(i-1)}\binom{k}{i-1} = \binom{d-(k+1)}{r-i}\binom{k+1}{i}.
\end{aligned}$$

∎

2.90［命題］

$$C_rC_s = \sum_{\ell=0}^{\min\{r,s\}} \binom{d-\ell}{r-\ell}\binom{d-\ell}{s-\ell}\binom{v-r-s}{v-d-\ell}C_\ell$$

証明　$k \in D$ に対して V の k 点部分集合全体のなす集合を $V^{(k)}$ とする ($X = V^{(d)}$). 行列 C_rC_s の (x,y) 成分を計算しよう．$(x,y) \in R_{d-u}$，すなわち，$x,y \in X = V^{(d)}$, $|x \cap y| = u$, とする．このとき

$$(C_rC_s)(x,y) = \sum_{z \in V^{(d)}} C_r(x,z)C_s(z,y).$$

一方，命題 2.88 (2) にあるように $C_r(x,z) = |\{\xi \subset x \cap z \mid |\xi| = r\}|$, $C_s(z,y) = |\{\eta \subset z \cap y \mid |\eta| = s\}|$ であるから

$$\begin{aligned}(C_rC_s)(x,y) &= \sum_{z \in X} |\{\xi \subset x \cap z \mid |\xi| = r\}|\,|\{\eta \subset z \cap y \mid |\eta| = s\}| \\ &= |\{(\xi,\eta,z) \in V^{(r)} \times V^{(s)} \times V^{(d)} \mid \xi \subset x, \eta \subset y, \xi \cup \eta \subset z\}| \qquad (2.30)\end{aligned}$$

となる．各 $i \in D$ に対して

$$|\{\xi \subset x \mid \xi \in V^{(r)}, |\xi \cap y| = i\}| = \binom{d-u}{r-i}\binom{u}{i}$$

となる．$\xi \subset x, |\xi \cap y| = i$ を満たす $\xi \in V^{(r)}$ および $j \in D$ を任意に固定したときに

$$|\{\eta \subset y \mid \eta \in V^{(s)}, |\eta \cap \xi| = j\}| = \binom{d-i}{s-j}\binom{i}{j}$$

となる．さらに $\xi \subset x$, $\eta \subset y$, $|\xi \cap y| = i$, $|\xi \cap \eta| = j$ を満たす $\xi \in V^{(r)}$, $\eta \in V^{(s)}$ を任意に固定したときに

$$|\{z \in V^{(d)} \mid \xi \cup \eta \subset z\}| = \binom{v-r-s+j}{v-d}$$

となる．以上より

$$(C_rC_s)(x,y) = \sum_{i,j \in D} \binom{d-u}{r-i}\binom{u}{i}\binom{d-i}{s-j}\binom{i}{j}\binom{v-r-s+j}{v-d} \qquad (2.31)$$

となる．ここで命題 2.89 を $\binom{d-u}{r-i}\binom{u}{i}$ に適用する．

$$
\begin{aligned}
&(C_rC_s)(x,y)\\
&\quad=\sum_{i,j\in D}\sum_{\ell=i}^{r}(-1)^{\ell-i}\binom{\ell}{i}\binom{d-\ell}{r-\ell}\binom{u}{\ell}\binom{d-i}{s-j}\binom{i}{j}\binom{v-r-s+j}{v-d}\\
&\quad=\sum_{\ell=0}^{r}\sum_{i=0}^{\ell}\sum_{j=0}^{s}(-1)^{\ell-i}\binom{\ell}{i}\binom{d-\ell}{r-\ell}\binom{d-i}{s-j}\binom{i}{j}\binom{v-r-s+j}{v-d}\binom{u}{\ell}\\
&\quad=\sum_{\ell=0}^{r}\sum_{i=0}^{\ell}\sum_{j=0}^{s}(-1)^{\ell-i}\binom{\ell}{i}\binom{d-\ell}{r-\ell}\binom{d-i}{s-j}\binom{i}{j}\binom{v-r-s+j}{v-d}\\
&\qquad\qquad\times C_\ell(x,y).
\end{aligned}
$$

$C_\ell(x,y)$ の係数に命題 2.89 を用いて簡略化する.

$$
\begin{aligned}
&\sum_{i=0}^{\ell}\sum_{j=0}^{s}(-1)^{\ell-i}\binom{\ell}{i}\binom{d-\ell}{r-\ell}\binom{d-i}{s-j}\binom{i}{j}\binom{v-r-s+j}{v-d}\\
&\quad=\binom{d-\ell}{r-\ell}\sum_{j=0}^{s}(-1)^{\ell-j}\binom{v-r-s+j}{v-d}\\
&\qquad\times\sum_{i=j}^{\ell}(-1)^{j-i}\binom{i}{j}\binom{d-i}{d-s+j-i}\binom{\ell}{i}\\
&\quad=\binom{d-\ell}{r-\ell}\sum_{j=0}^{s}(-1)^{\ell-j}\binom{v-r-s+j}{v-d}\binom{d-\ell}{d-s}\binom{\ell}{j}\\
&\quad=\binom{d-\ell}{r-\ell}\binom{d-\ell}{d-s}\sum_{j=0}^{\ell}(-1)^{\ell-j}\binom{v-r-s+j}{v-d}\binom{\ell}{j}.
\end{aligned}
$$

ここで $\nu=\ell-j$ と置き換えて再び命題 2.89 を用いることによって次の等式を得る.

$$
\begin{aligned}
\sum_{j=0}^{\ell}(-1)^{\ell-j}\binom{v-r-s+j}{v-d}\binom{\ell}{j}&=\sum_{\nu=0}^{\ell}(-1)^{\nu}\binom{v-r-s+\ell-\nu}{d-r-s+\ell-\nu}\binom{\ell}{\nu}\\
&=\binom{v-r-s+\ell-\ell}{d-r-s+\ell}=\binom{v-r-s}{v-d-\ell}. \qquad (2.32)
\end{aligned}
$$

以上の計算を合わせると証明が完了する. ∎

次にボーズ・メスナー代数の $\mathfrak{A}$ の原始ベキ等行列のなす基底 $E_0,E_1,\ldots,E_d$ と $C_0,C_1,\ldots,C_d$ との関連を調べる.

2.91［命題］　$E_0,E_1,\ldots,E_d$ の添字の順番を適当に入れ換えることにより次の (1), (2) が成り立つ.

(1) 任意の $r = 0, 1, \ldots, d$ に対して $C_r = \sum_{i=0}^{r} \binom{d-i}{r-i}\binom{v-r-i}{d-r} E_i$.
(2) $m_i = \mathrm{rank}(E_i) = \mathrm{rank}(C_i) - \mathrm{rank}(C_{i-1})$.

証明　(1) C_i, $0 \le i \le d$, の定義より $\mathfrak{A} = \langle A_i \mid 0 \le i \le d \rangle = \langle C_i \mid 0 \le i \le d \rangle$ である．$\mathfrak{A}_r = \langle C_i \mid 0 \le i \le r \rangle$ と定義すると，

$$\mathfrak{A}_0 \subset \mathfrak{A}_1 \subset \cdots \subset \mathfrak{A}_d$$

が成り立つ．各 $\mathfrak{A}_r$ は $\mathfrak{A}$ のイデアルでありベクトル空間としての次元は $\dim(\mathfrak{A}_r) = r+1$ となっている．したがって $E_0, E_1, \ldots, E_d$ を適当に並べ替えることにより $\mathfrak{A}_r = \langle C_i \mid 0 \le i \le r \rangle = \langle E_i \mid 0 \le i \le r \rangle$ が成り立つようにしておくことができる．このとき

$$C_r = \sum_{i=0}^{r} \rho_{r,i} E_i$$

を満たす実数 $\rho_{r,i}$ $(0 \le i \le r)$ が各 $r = 0, 1, \ldots, d$ に対して存在する．今 $0 \le s \le r \le d$ と仮定して $C_r C_s$ を計算してみる．

$$\begin{aligned} C_r C_s &= \sum_{i=0}^{r} \rho_{r,i} E_i \sum_{j=0}^{s} \rho_{s,j} E_j = \sum_{j=0}^{s} \rho_{r,j} \rho_{s,j} E_j \\ &= \rho_{r,s} \rho_{s,s} E_s + \sum_{j=0}^{s-1} \rho_{r,j} \rho_{s,j} E_j \\ &= \rho_{r,s} (C_s - \sum_{j=0}^{s-1} \rho_{s,j} E_j) + \sum_{j=0}^{s-1} \rho_{r,j} \rho_{s,j} E_j \\ &= \rho_{r,s} C_s + \sum_{j=0}^{s-1} \rho_{s,j} (\rho_{r,j} - \rho_{r,s}) E_j \end{aligned}$$

を得る．$\sum_{j=0}^{s-1} \rho_{s,j}(\rho_{r,j} - \rho_{r,s}) E_j \in \mathfrak{A}_{s-1}$ であるから命題 2.90 より

$$\rho_{r,s} = \binom{d-s}{r-s}\binom{v-r-s}{v-d-s} = \binom{d-s}{r-s}\binom{v-r-s}{d-r}$$

が成り立つ．したがって (1) の証明が完了した．

(2) $E_0, E_1, \ldots, E_d$ は互いに直交する原始ベキ等行列から構成されているので $\mathrm{rank}(C_r) = \sum_{i=0}^{r} \mathrm{rank}(E_i) = \sum_{i=0}^{r} m_i$ が成り立つ．これより (2) が証明される．■

次に C_i の階数を求めるための道具として次のような行列を定義する．$0 \le i \le d$ と

する．行を $X = V^{(d)}$ で，列を $V^{(i)}$ で添字付けた行列 M_i を次のように定義する．すなわち $(x, \xi) \in X \times V^{(i)}$ に対して M_i の (x, ξ) 成分を

$$M_i(x, \xi) = \begin{cases} 1, & \xi \subset x \\ 0, & \xi \not\subset x. \end{cases} \tag{2.33}$$

と定義する．このとき次の命題が成り立つ．

2.92 [命題]

$$C_i = M_i \, {}^t M_i, \quad 0 \le i \le d.$$

証明　$(x, y) \in R_{d-\ell}$ とすると定義より $C_i(x, y) = \binom{\ell}{i}$ である．一方 $|x \cap y| = \ell$ であるから

$$\sum_{\xi \in V^{(i)}} M_i(x, \xi) M_i(y, \xi) = |\{\xi \in V^{(i)} \mid \xi \subset x \cap y\}| = \binom{\ell}{i}$$

となる．∎

次の補題は Kantor [261] による．

2.93 [補題] (Kantor 1972[1])　定義および記号は上記の通りとする．このとき

$$\mathrm{rank}(M_i) = |V^{(i)}| = \binom{v}{i}$$

が成り立つ．

証明　M_i の列ベクトルが1次独立でないと仮定する．このとき $\xi^* \in V^{(i)}$ が存在して

$$M_i(x, \xi^*) = \sum_{\xi \in V^{(i)}, \xi \neq \xi^*} \alpha_\xi M_i(x, \xi), \quad \alpha_\xi \in \mathbb{R}, \quad x \in X$$

と表される．S_i を ξ^* の対称群とし S_{v-i} を $V \backslash \xi^*$ の対称群とする．$G = S_i \times S_{v-i}$ を V に作用させる．すなわち，$g = (\sigma, \tau) \in G$ は

$$a^g = \begin{cases} a^\sigma & a \in \xi^* \text{ のとき,} \\ a^\tau & a \notin \xi^* \text{ のとき.} \end{cases}$$

[1] この結果は Gottlieb の定理 [193] として，イジイ・マトウシェク著，徳重典英訳『33の素敵な数学小景』にて紹介されていると三枝崎剛氏から指摘を受けた．

このとき任意の $g \in G$ に対して, $\xi \subset x$ を満たす V の部分集合 $\xi \in V^{(i)}$, $x \in X = V^{(d)}$ に対して $\xi^g \in V^{(i)}$, $x^g \in X$, $\xi^g \subset x^g$ が成り立つ．また $(\xi^*)^g = \xi^*$ も成り立つ．したがって $g \in G$, $(x, \xi) \in X \times V^{(i)}$ に対し $M_i(x^g, \xi^g) = M_i(x, \xi)$ が成り立ち

$$
\begin{aligned}
M_i(x, \xi^*) &= M_i(x^g, (\xi^*)^g) = M_i(x^g, \xi^*) = \sum_{\xi \in V^{(i)}, \xi \neq \xi^*} \alpha_\xi M_i(x^g, \xi) \\
&= \sum_{\substack{\xi \in V^{(i)}, \\ \xi \neq \xi^*}} \alpha_\xi M_i(x, \xi^{g^{-1}}) = \sum_{\substack{\xi \in V^{(i)}, \\ \xi \neq \xi^*}} \alpha_{\xi^g} M_i(x, \xi)
\end{aligned} \tag{2.34}
$$

等式 (2.34) の両辺の $g \in G$ 上での総和をとると

$$
|G| M_i(x, \xi^*) = \sum_{g \in G} \sum_{\substack{\xi \in V^{(i)}, \\ \xi \neq \xi^*}} \alpha_{\xi^g} M_i(x, \xi) = \sum_{\substack{\xi \in V^{(i)}, \\ \xi \neq \xi^*}} M_i(x, \xi) \left(\sum_{g \in G} \alpha_{\xi^g} \right) \tag{2.35}
$$

今，群 G の $V^{(i)}$ への作用を考える．$V_j^{(i)} = \{\xi \in V^{(i)} \mid |\xi \cap \xi^*| = j\}$ と定義すると $V_j^{(i)}$ は一つの軌道を構成し，$V^{(i)} = \bigcup_{j=0}^{i} V_j^{(i)}$ は G による $V^{(i)}$ の軌道分解になっている．特に $V_i^{(i)} = \{\xi^*\}$ となっている．また $V^{(i)}$ の同じ軌道に属する二つの $\xi_1, \xi_2 \in V_j^{(i)}$ に対して $\sum_{g \in G} a_{\xi_1^g} = \sum_{g \in G} a_{\xi_2^g}$ が成り立つ．そこで

$$
b_j = \sum_{g \in G} a_{\xi^g}, \quad \xi \in V_j^{(i)}, \quad j = 0, \ldots, i-1
$$

と定義すると次の等式を得る.

$$
M_i(x, \xi^*) = \sum_{j=0}^{i-1} b_j \sum_{\xi \in V_j^{(i)}} M_i(x, \xi), \quad x \in X. \tag{2.36}
$$

次に，各 $j = 0, 1, \ldots, i-1$ に対して $|x^{(j)} \cap \xi^*| = j$ を満たす $x^{(j)} \in X$ をとってくることができるのでそのようなものを一組固定しておく．このとき次の式が成り立つ.

$$
M_i(x^{(j)}, \xi^*) = 0, \quad 0 \leq j \leq i-1 \quad (\xi^* \not\subset x^{(j)} \text{ である}), \tag{2.37}
$$

$$
\sum_{\xi \in V_\ell^{(i)}} M_i(x^{(j)}, \xi) \neq 0, \quad 0 \leq \ell \leq j \leq i-1 \quad (\xi \subset x^{(j)}, \xi \in V_\ell^{(i)} \text{ が存在する}), \tag{2.38}
$$

$$
\sum_{\xi \in V_\ell^{(i)}} M_i(x^{(j)}, \xi) = 0, \quad 0 \leq j < \ell \leq i-1 \quad (\xi \not\subset x^{(j)} \text{ である}), \tag{2.39}
$$

(2.36) の x に $x^{(j)}, 0 \leq j \leq i-1$ を代入すると $b_\ell, 0 \leq \ell \leq i-1$ に関するちょうど i 個の1次方程式達

$$\sum_{\ell=0}^{i-1} b_\ell \sum_{\xi \in V_\ell^{(i)}} M_i(x^{(j)}, \xi) = 0, \quad 0 \leq j \leq i-1 \tag{2.40}$$

が得られる．(2.40) の係数行列は三角行列であり，対角成分は0でないことが (2.37)〜(2.39) よりわかる．したがって $b_0 = b_1 = \cdots = b_{i-1} = 0$ でなければならない．したがって (2.36) より $M_i(x, \xi^*) = 0$ がすべての $x \in X$ に対して成り立つことになる．しかし $\xi^* \subseteq x$ を満たす $x \in X$ は必ず存在するのでこれは矛盾である．したがって M_i の列ベクトルは1次独立であり $\mathrm{rank}(M_i) = |V^{(i)}| = \binom{v}{i}$ が成り立つ． ∎

命題 2.91，命題 2.92，および補題 2.93 より次の命題が得られる．

2.94［命題］　ジョンソンスキームの重複度は次の式で与えられる．

$$m_i = \mathrm{rank}(E_i) = \binom{v}{i} - \binom{v}{i-1}, \quad 0 \leq i \leq d.$$

2.95［定理］　ジョンソンスキーム $J(v,d)$ の第1および第2固有行列をそれぞれ P および Q とすると

$$P_j(i) = \sum_{\ell=0}^{j} (-1)^{j-\ell} \binom{d-\ell}{d-j} \binom{d-i}{\ell} \binom{v-d+\ell-i}{\ell}, \tag{2.41}$$

$$Q_j(i) = m_j k_i^{-1} P_i(j) \tag{2.42}$$

証明　(2.29) より $A_0 = C_d$ である．順次解いて行くことにより一般に

$$A_{d-k} = \sum_{r=k}^{d} (-1)^{r-k} \binom{r}{k} C_r \tag{2.43}$$

が成り立つことがわかる．したがって命題 2.91(1) より

$$A_{d-k} = \sum_{r=k}^{d} (-1)^{r-k} \binom{r}{k} \sum_{\ell=0}^{r} \binom{d-\ell}{r-\ell} \binom{v-r-\ell}{d-r} E_\ell. \tag{2.44}$$

したがって (2.44) において $j = d-r, u = d-k$ と置き換えれば

$$P_u(i) = \sum_{j=0}^{u} (-1)^{u-j} \binom{d-j}{d-u} \binom{d-i}{j} \binom{v-d+j-i}{j}. \tag{2.45}$$

∎

以上によりジョンソンスキーム $J(v,d)$ の固有行列達を具体的に求めることができ

た．ジョンソンスキーム $J(v,d)$ は問題 2.78 で P-多項式スキームであることを証明してもらったが，$\boldsymbol{E}_j(x)=\sum_{\ell=0}^{j}(-1)^{j-\ell}\binom{d-\ell}{d-j}\binom{d-x}{\ell}\binom{v-d+\ell-x}{\ell}$ と表すと $\boldsymbol{E}_j(x)$ は x に関する $2j$ 次の多項式であり，$P_1(i)=(d-i)(v-d-i+1)$, $P_j(i)$ は $P_1(i)$ の j 次の多項式で与えられる．この多項式 $\boldsymbol{E}_j(x)$ は古くから知られている直交多項式である．Delsarte [154] では $\boldsymbol{E}_j(x)$ を Eberlein 多項式と呼んでいる（この呼び方は現在はあまり一般的ではないようだ）．詳しくは第 6 章参照．また定理 2.95 の公式を使うことによって第 2 固有行列 Q も直交多項式を用いて記述できることがわかる．これらの証明は計算が少し複雑になるのでここでは与えないことにする．このようにしてジョンソンスキーム $J(v,d)$ は P-かつ Q-多項式スキームであることがわかる．

11. 球面への埋め込み

本節では対称なアソシエーションスキーム $\mathfrak{X}=(X,\{R_i\}_{0\le i\le d})$ を考える．対称行列の固有値は実数であるので $\mathfrak{X}$ の固有行列達 P,Q は実数値行列であり原始ベキ等行列のなす基底もすべて実数値行列である．したがって本節では実数体上で X の張るベクトル空間を V で表すことにする．すなわち，$|X|=n$ とし，$V=\mathbb{R}^{|X|}=\mathbb{R}^n$ とする．ここでも X は $\mathbb{R}^n$ の標準基底と同一視して考える．すなわち $x\in X$ は $\mathbb{R}^n$ の x-成分を 1 とする単位ベクトルである．また，$\mathbb{R}^n$ の標準内積 (canonical inner product) を $\langle\ ,\ \rangle$ であらわす．原始ベキ等行列を任意に一つ固定して $E=E_1$ とおく．各 i $(0\le i\le d)$ に対して $\theta_i^*=Q_1(i)$ とおく．

2.96 ［定義］（球面への埋め込み）　X から $V=\mathbb{R}^n$ への写像 $\rho=\rho_E$ を $\rho(x)=\sqrt{n}\,Ex$ で定義する．写像 ρ を $\mathfrak{X}$ の**球表現 (spherical representation)** と呼ぶ．

次の補題が成り立つ．

2.97 ［補題］

(1) $(x,y)\in R_i$ であれば $\langle\rho(x),\rho(y)\rangle=\theta_i^*$ である．ここで $\theta_i^*=Q_1(i)$ であることに注意．

(2) $\displaystyle\sum_{y\in\Gamma_i(x)}\rho(y)=\alpha\rho(x)$ を満たす定数 $\alpha\in\mathbb{R}$ が存在する．ここで $\Gamma_i(x)=\{y\in X\mid (x,y)\in R_i\}$ であり，この場合は $\alpha=P_i(1)$ である．

証明　(1) 定義より

$$\langle\rho(x),\rho(y)\rangle = n\langle Ex, Ey\rangle = n\,{}^t x\,{}^t E_1 E_1 y = n\,{}^t x E_1 y = {}^t x(\sum_{i=1}^{d} Q_1(i)A_i)y = Q_1(i)$$

を得る.

(2) 定義より

$$\sum_{y\in\Gamma_i(x)}\rho(y) = \sqrt{n}\,E_1\sum_{y\in\Gamma_i(x)} y = \sqrt{n}\,E_1 A_i x$$
$$= \sqrt{n}\,P_i(1)E_1 x = P_i(1)\rho(x)$$

となる．したがって $\alpha = P_i(1)$ である. ■

定義より，集合 $\{\rho(x) \mid x\in X\}$ は $V_1 \subset V = \mathbb{R}^{|X|}$ の部分集合である．V_1 は V の m_1 次元部分空間である．さらに補題 2.97 (1) より $\langle\rho(x),\rho(x)\rangle = \theta_0^* = Q_1(0) = m_1$ であるから $\{\rho(x) \mid x\in X\}$ は半径 $\sqrt{m_1}$ の球面の上に乗っている．定義 2.96 で $\rho=\rho_E$ を球表現と呼んだのはこの事実に基づいている.

2.98 [定義]　$\theta_i^* \neq \theta_0^*$ $(i=1,2,\ldots,d)$ が成り立つときに球表現 $\rho=\rho_E$ は**非退化** (**non degenerate**) である，または**退化していない**という．補題 2.97 により，ρ が単射であることと非退化であることは同値である.

2.99 [注意]　$\mathfrak{X}$ が $E=E_1$ に関して Q-多項式スキームであるならば $\rho=\rho_E$ は非退化である.

証明　命題 2.83 より導かれる. ■

以下では非退化な球表現 $\rho=\rho_E$ を考える.

2.100 [定義]　任意に固定した $x,y\in X$ および $i,j\in\{0,1,\ldots,d\}$ に対して，次の条件が成り立つとき球表現 $\rho=\rho_E$ は**均衡している** (**balanced**) という.

$$\sum_{z\in\Gamma_i(x)\cap\Gamma_j(y)}\rho(z) - \sum_{z\in\Gamma_j(x)\cap\Gamma_i(y)}\rho(z) = \alpha(\rho(x)-\rho(y)) \tag{2.46}$$

を満たす実数 $\alpha\in\mathbb{R}$ が存在する．その場合，$(x,y)\in R_k$,

$$\gamma_{i,j}^k = p_{i,j}^k\frac{\theta_i^*-\theta_j^*}{\theta_0^*-\theta_k^*} \tag{2.47}$$

と定義すると $\alpha=\gamma_{i,j}^k$ となっている．また，特定の $i,j\in\{0,1,\ldots,d\}$ に対して (2.46) が成り立っているときは ρ は $\{i,j\}$ **について均衡している** ($\{i,j\}$-**balanced** である) という．(2.46) は**均衡条件** (**balanced condition**) と呼ぶ.

証明　$\rho(x)$ と (2.46) の左辺の内積を計算すると

$$p_{i,j}^k \theta_i^* - p_{j,i}^k \theta_j^* = p_{i,j}^k (\theta_i^* - \theta_j^*) \tag{2.48}$$

となる．$\rho(x)$ と (2.46) の右辺の内積を計算すると $\alpha(\theta_0^* - \theta_k^*)$ となる．■

本章 7.3 小節の定義 2.58 で定義した表現グラフ Δ_E について考える．

2.101［命題］　Δ_E を $E = E_1$ に対する表現グラフとする．このとき次の条件は同値である．

(1) $\mathfrak{X}$ の球表現 $\rho = \rho_E$ は非退化である．
(2) E に関する $\mathfrak{X}$ のグラフ $\Delta = \Delta_E$ は連結グラフである．

証明　命題 2.59 により Δ が連結であることと B_1^* の $Q_1(0)$-固有空間の次元が 1 であることは同値である．B_1^* の $Q_1(0)$-固有空間の次元が 1 であることは $Q_1(j) \neq Q_1(0)$ が任意の $j \neq 0$ に対して成り立つことと同値である．■

命題 2.101 の (1)⇒(2) の別証明　本章 6 節で定義した双対ボーズ・メスナー代数 $\mathfrak{A}^* = \mathfrak{A}^*(x_0)$ を利用して証明を行う（命題 2.32，定義 2.33 参照）．ここで x_0 は任意に固定された X の点である．Δ' を Δ の連結成分とする．$E_{\Delta'} = \sum_{i \in \Delta'} E_i$ とおく．$A^* = A_1^*$ とする．

$$E_{\Delta'} A^* = E_{\Delta'} A^* E_{\Delta'} = A^* E_{\Delta'} \tag{2.49}$$

が成り立つことをまず示す．系 2.37 (2) より $E_i A^* E_j = 0 \Leftrightarrow q_{1,i}^j = 0$ が成り立つ．したがって

$$\begin{aligned} E_{\Delta'} A^* I &= \left(\sum_{i \in \Delta'} E_i \right) A^* \left(\sum_{j=0}^{d} E_j \right) = \sum_{\substack{i \in \Delta' \\ 0 \le j \le d}} E_i A^* E_j \\ &= \sum_{i,j \in \Delta'} E_i A^* E_j = E_{\Delta'} A^* E_{\Delta'} \end{aligned} \tag{2.50}$$

を得る．同様に $I A^* E_{\Delta'} = E_{\Delta'} A^* E_{\Delta'}$ も証明できる．したがって (2.49) が成り立つ．$E_{\Delta'} = \sum_{i=0}^{d} \alpha_i A_i$ とおく．(2.49) より

$$0 = E_{\Delta'} A^* - A^* E_{\Delta'} = \sum_{i=1}^{d} \alpha_i (A_i A^* - A^* A_i) \tag{2.51}$$

を得る．一方

$$(A_iA^* - A^*A_i)(x_0, y) = A_i(x_0, y)A^*(y, y) - A^*(x_0, x_0)A_i(x_0, y)$$
$$= \begin{cases} \theta_i^* - \theta_0^* & (x_0, y) \in R_i \text{ のとき}, \\ 0 & (x_0, y) \notin R_i \text{ のとき} \end{cases} \tag{2.52}$$

が成り立つ．球表現 ρ は非退化なので任意の $i \neq 0$ に対して $\theta_i^* \neq \theta_0^*$ が成り立っている．したがって $\alpha_1 = \alpha_2 = \cdots = \alpha_d = 0$ となり $E_{\Delta'} = \alpha_0 I$ を得る．$E_{\Delta'}$ はベキ等行列であるから $\alpha_0^2 = \alpha_0$，すなわち $\alpha_0 = 0$ または 1 となる．$\alpha_0 = 0$ であれば Δ' は空集合である．$\alpha = 1$ であれば $\Delta' = \{0, 1, \ldots, d\}$ である．したがって Δ は連結である． ∎

2.102 [定理]　E を対称なアソシエーションスキーム $\mathfrak{X}$ の原始ベキ等行列とし $\rho = \rho_E$ と $\Delta = \Delta_E$ をそれぞれその非退化な球表現および表現グラフとする．このとき次の (1) と (2) は同値である．

(1) $\rho = \rho_E$ は均衡している．
(2) $\Delta = \Delta_E$ は**木** (**tree**) である．

Q-多項式スキームに関する命題 2.81 (2) および定理 2.102 からただちに次の系が得られる．

2.103 [系]　$\mathfrak{X}$ が $E = E_1$ に関して Q-多項式スキームであれば球表現 $\rho = \rho_E$ は均衡している．

定理 2.102 の証明　ここでも双対ボーズ・メスナー代数 $\mathfrak{A}^* = \mathfrak{A}^*(x_0)$ を使う．$E = E_1$ として一般性を失わない．$A^* = A_1^* \in \mathfrak{A}^*$ とおく．Terwilliger 代数 T の線形部分空間 $\mathcal{L}$ を

$$\mathcal{L} = \mathcal{L}(x_0) = \mathrm{Span}\,\{MA^*N - NA^*M \mid M, N \in \mathfrak{A}\} \tag{2.53}$$

で定義する．まず次の補題および系を証明する．

2.104 [補題]

(1) 集合 $\{E_iA^*E_j - E_jA^*E_i \mid 0 \leq i, j \leq d,\ i \neq j,\ q_{1,i}^j \neq 0\}$ は $\mathcal{L}$ の基底である．
(2) $\mathcal{L}$ の部分集合 $\{A^*A_k - A_kA^* \mid 1 \leq k \leq d\}$ は 1 次独立である．

証明　(1) $M = \sum_{i=0}^{d} \alpha_i E_i$, $N = \sum_{j=0}^{d} \beta_j E_j$ と表しておく．系 2.37 (2) により $E_i A^* E_j = 0 \Leftrightarrow q_{1,i}^j = 0$ が成り立つから,

$$MA^*N - NA^*M = \sum_{\substack{i,j, \\ q_{1,i}^j \neq 0}} \alpha_i \beta_j (E_i A^* E_j - E_j A^* E_i)$$

が成り立つ．したがって

$$\mathcal{L} = \mathrm{Span}\{E_i A^* E_j - E_j A^* E_i \mid 0 \leq i, j \leq d,\ i \neq j,\ q_{1,i}^j \neq 0\}$$

が成り立つ．次にこの生成系が 1 次独立であることを示す．

$$\sum_{\substack{i,j,\ i \neq j \\ q_{1,i}^j \neq 0}} \alpha_{i,j} (E_i A^* E_j - E_j A^* E_i) = 0 \tag{2.54}$$

とおき (2.54) の両辺に左から E_i，右から E_j を掛ける．右辺は $\alpha_{i,j} E_i A^* E_j$ に等しくなる．したがって $\alpha_{i,j} E_i A^* E_j = 0$ が成り立つが $q_{1,i}^j \neq 0$ であるので $E_i A^* E_j \neq 0$, したがって $\alpha_{i,j} = 0$ を得る．

(2) 命題 2.101 の別証明で用いた式 (2.52) と同様に

$$(A^* A_k - A_k A^*)(x_0, y) = \begin{cases} \theta_0^* - \theta_k^* & (x_0, y) \in R_k \text{ のとき} \\ 0 & (x_0, y) \notin R_k \text{ のとき} \end{cases}$$

が成り立つ．したがって

$$\sum_{k=1}^{d} \alpha_k (A^* A_k - A_k A^*) = 0$$

とおき，すべての $1 \leq k \leq d$ に対してその (x_0, y) 成分 ($(x_0, y) \in R_k$) を計算すると $\alpha_k(\theta_0^* - \theta_k^*) = 0$ を得る．ρ は非退化であるので $\theta_0^* - \theta_k^* \neq 0$，したがって $\alpha_k = 0$ を得る．■

2.105 [系]

(1) $\dim(\mathcal{L})$ は表現グラフ $\Delta = \Delta_E$ の辺の個数に等しい．

(2) $d \leq \dim(\mathcal{L})$ であり，等号が成り立つのは表現グラフ $\Delta = \Delta_E$ が木になるときのみである．

証明　(1) 補題 2.104 (1) より明らか.

(2) 補題 2.104 (2) より $d \leq \dim(\mathcal{L})$ を得る. $d+1$ は表現グラフ Δ の点の個数であり $\dim(\mathcal{L})$ は Δ の辺の個数である. さらに, ρ が非退化であるので Δ は連結グラフである（命題 2.101). したがって $\dim(\mathcal{L}) = d$ が成り立つのは Δ が木のときのみである.

∎

さて, ここで定理 2.102 の証明に戻る. 以上に述べてきたように Δ が木であること（定理 2.102 の条件 (2)）は $d = \dim(\mathcal{L})$ であることと同値である. したがって $\mathcal{L} = \mathrm{Span}\{A^*A_k - A_kA^* \mid 1 \leq k \leq d\}$ であることと同値になる. すなわち任意の $i, j \in \{0, 1, \ldots, d\}$ に対して

$$A_iA^*A_j - A_jA^*A_i = \sum_{k=1}^{d} \gamma_{i,j}^k (A^*A_k - A_kA^*) \tag{2.55}$$

を満たす実数 $\gamma_{i,j}^k$ が存在することと同値になる. さて (2.55) が成立すると

$$\gamma_{i,j}^k = p_{i,j}^k \frac{\theta_i^* - \theta_j^*}{\theta_0^* - \theta_k^*} \tag{2.56}$$

が成り立つことが以下のように証明される. $(x_0, y) \in R_k$ に対して (2.55) の右辺の (x_0, y) 成分は $\gamma_{i,j}^k(\theta_0^* - \theta_k^*)$ となり, 左辺の (x_0, y) 成分は

$$\begin{aligned}\sum_{z\in X} A_i(x_0, z)A^*(z, z)A_j(z, y) &- \sum_{z\in X} A_j(x_0, z)A^*(z, z)A_i(z, y) \\ &= p_{i,j}^k(\theta_i^* - \theta_j^*)\end{aligned} \tag{2.57}$$

となる. したがって (2.56) が成り立つ.

2.106 [補題]　$\rho = \rho_E$ を球表現, $A^* = A_1^*(x_0) \in \mathfrak{A}^*(x_0)$ とすると, 次の (1) および (2) が成り立つ.

(1) $A^*(z, z) = \langle \rho(x_0), \rho(z) \rangle$.

(2) $(A^*A_k - A_kA^*)(x, y) = \begin{cases} \langle \rho(x_0), \rho(x) - \rho(y) \rangle, & (x, y) \in R_k \text{ のとき}, \\ 0, & (x, y) \notin R_k \text{ のとき}. \end{cases}$

証明　(1) $(x_0, z) \in R_k$ であれば定義より $A^*(z, z) = Q_1(k) = \theta_k^*$ ((2.9), (2.10) 参照). したがって補題 2.97(1) より $A^*(z, z) = \langle \rho(x_0), \rho(z) \rangle$ となる.

(2) 命題 2.101 の別証明で用いた式 (2.52) と同様に

$$(A^*A_k - A_kA^*)(x,y) = A^*(x,x)A_k(x,y) - A_k(x,y)A^*(y,y) = \begin{cases} A^*(x,x) - A^*(y,y), & (x,y) \in R_k \text{ のとき}, \\ 0, & (x,y) \notin R_k \text{ のとき} \end{cases} \tag{2.58}$$

を得る．したがって (1) より (2) が成り立つことがわかる． ■

さて，補題 2.106 を使うと (2.55) の左辺の (x,y)-成分は次のように計算できる．

$$\begin{aligned}(A_iA^*A_j - A_jA^*A_i)(x,y) &= \sum_{z\in X} A_i(x,z)A^*(z,z)A_j(z,y) - \sum_{z\in X} A_j(x,z)A^*(z,z)A_i(z,y) \\ &= \sum_{z\in\Gamma_i(x)\cap\Gamma_j(y)} A^*(z,z) - \sum_{z\in\Gamma_j(x)\cap\Gamma_i(y)} A^*(z,z) \\ &= \langle\rho(x_0), \sum_{z\in\Gamma_i(x)\cap\Gamma_j(y)} \rho(z) - \sum_{z\in\Gamma_j(x)\cap\Gamma_i(y)} \rho(z)\rangle\end{aligned} \tag{2.59}$$

$(x,y) \in R_k$ に対して (2.55) の右辺の (x,y)-成分は $\gamma^k_{i,j}\langle\rho(x_0), \rho(x) - \rho(y)\rangle$ となる．x_0 は任意に固定した点であるのですべての $(x,y) \in R_k$ に対して (2.55) と (2.46) が同値な式であることが示された．以上の一連の証明により球表現 ρ が均衡していることと Δ が木であることが同値であることが示された．すなわち定理 2.102 の証明が完了した． ■

本節は次の定理の証明をしておしまいにする．

2.107 ［定理］　$\mathfrak{X} = (X, \{R_i\}_{0\le i\le d}$ を P-多項式スキームとする．また，$\rho = \rho_E$ を原始ベキ等行列 $E = E_1$ に関する $\mathfrak{X}$ の球表現とする．さらに，ρ が非退化であり $\{1,2\}$ について均衡している（$\{1,2\}$-balanced である）と仮定する．このとき $\mathfrak{X}$ は E_1 に関して Q-多項式スキームである．

証明　証明は四つのステップ **I, II, III, IV** に分けて行う．

I.　定義 2.100 で証明を与えたが $(x,y) \in R_k$ とすると均衡条件 (2.46) の定数 α は次の式で与えられる．$\alpha = \gamma^k_{1,2} = p^k_{1,2}\frac{\theta^*_1 - \theta^*_2}{\theta^*_0 - \theta^*_k}$.

II.　$A^* = A^*_1(x_0)$ に対して

$$A_1A^*A_2 - A_2A^*A_1 = \sum_{k=1}^{d} \gamma^k_{1,2}(A^*A_k - A_kA^*) \tag{2.60}$$

が成り立つ.

証明　$(x,y)\in R_k$ とし (2.60) の両辺の辺の (x,y)-成分を計算する. 補題 2.106(1) より

$$\begin{aligned}
&(A_1A^*A_2 - A_2A^*A_1)(x,y)\\
&\quad = \sum_{z\in X} A_1(x,z)A_1^*(z,z)A_2(z,y) - \sum_{z\in X} A_2(x,z)A_1^*(z,z)A_1(z,y)\\
&\quad = \sum_{z\in\Gamma_1(x)\cap\Gamma_2(y)} \langle\rho(x_0),\rho(z)\rangle - \sum_{z\in\Gamma_2(x)\cap\Gamma_1(y)} \langle\rho(x_0),\rho(z)\rangle. \qquad (2.61)
\end{aligned}$$

一方

$$\begin{aligned}
&\left(\sum_{\ell=1}^{d} \gamma_{1,2}^{\ell}(A^*A_\ell - A_\ell A^*)\right)(x,y)\\
&\qquad = \gamma_{1,2}^{k}(A^*(x,x) - A^*(y,y)) = \gamma_{1,2}^{k}\langle\rho(x_0),\rho(x)-\rho(y)\rangle \qquad (2.62)
\end{aligned}$$

したがって **I**, $\{1,2\}$-均衡条件および (2.61), (2.62) よりステップ **II** が成り立つことがわかる. ∎

III.　$A=A_1$ とすると

$$\begin{aligned}
&A^3A^* - A^*A^3 - (\beta+1)(A^2A^*A - AA^*A^2) - \gamma(A^2A^* - A^*A^2)\\
&\quad - \delta(AA^* - A^*A) = 0 \qquad (2.63)
\end{aligned}$$

を満たす実数 $\beta,\gamma,\delta\in\mathbb{R}$ が存在する.

証明　$\mathfrak{X}$ は P-多項式スキームなので $4\le k\le d$ を満たす任意の整数に対して $p_{1,2}^k=0$, したがって, **I** より, $\gamma_{1,2}^k=0$ が成り立つ. このとき **II** (2.60) より

$$\begin{aligned}
A_1A^*A_2 - A_2A^*A_1 &= \gamma_{1,2}^{3}(A^*A_3 - A_3A^*)\\
&\quad + \gamma_{1,2}^{2}(A^*A_2 - A_2A^*) + \gamma_{1,2}^{1}(A^*A_1 - A_1A^*) \qquad (2.64)
\end{aligned}$$

を得る.

$\gamma_{1,2}^3\neq 0$ の場合　$\mathfrak{X}$ は P-多項式スキームであるので各 $i=0,1,\ldots,d$ に対して i 次の多項式 $v_i(x)$ が存在して $A_i=v_i(A_1)=v_i(A)$ と表されている. $v_3(x)=a_3x^3+a_2x^2+a_1x+a_0$, $a_3\neq 0$ とすると

$$\begin{aligned} A^*A_3 - A_3A^* &= A^*v_3(A) - v_3(A)A^* \\ &= A^*(a_3A^3 + a_2A^2 + a_1A + a_0I) - (a_3A^3 + a_2A^2 + a_1A + a_0I)A^* \\ &= a_3(A^*A^3 - A^3A^*) + a_2(A^*A^2 - A^2A^*) + a_1(A^*A - AA^*) \end{aligned} \tag{2.65}$$

となり (2.64) と (2.65) より $A^3A^* - A^*A^3$ は $A^*A - AA^*, A^*A^2 - A^2A^*, AA^*A^2 - A^2A^*A$ の 1 次結合となっていることがわかる.

$\gamma_{1,2}^3 = 0$ **の場合**　この場合は起こらないことを証明する. $\gamma_{1,2}^3 = 0$ を仮定する. P-多項式スキームであるので $p_{1,2}^3 \neq 0$ が成り立つ（定理 2.76 参照）. したがって上述の **I** より $\theta_1^* = \theta_2^*$ が成り立つ. したがって **I** より $\gamma_{1,2}^k = 0$ が $k = 1, 2, \ldots, d$ に対して成り立つ. したがって **II** より

$$A_1A^*A_2 - A_2A^*A_1 = 0 \tag{2.66}$$

を得る. (2.66) の両辺に左から E_i, 右から E_j を掛けると,

$$0 = E_i(A_1A^*A_2 - A_2A^*A_1)E_j = (P_1(i)P_2(j) - P_2(i)P_1(j))E_iA^*E_j \tag{2.67}$$

が成り立つ. $\theta_k = P_1(k)$ とおくと $P_2(k) = v_2(\theta_k)$ で与えられるので（定理 2.76 参照）

$$(\theta_i v_2(\theta_j) - v_2(\theta_i)\theta_j)E_iA^*E_j = 0$$

となる. このとき $q_{1,i}^j \neq 0$ を満たす $i \neq j$ を考える. 系 2.37 より $E_iA^*E_j \neq 0$ が成り立つ. $v_2(x) = \frac{1}{c_2}(x^2 - a_1x - k)$（距離正則グラフのパラメーターを使った表示, 定理 2.76 参照）と表すと,

$$\theta_i v_2(\theta_j) - v_2(\theta_i)\theta_j = \frac{1}{c_2}(\theta_j - \theta_i)(\theta_i\theta_j + k)$$

が成り立つ. 命題 2.79 より $\theta_0, \theta_1, \ldots, \theta_d$ は互いに異なる実数であるので, $q_{1,i}^j \neq 0$ を満たす i, j に対しては $\theta_i\theta_j = -k \neq 0$ が成り立つことになる. ρ は非退化な表現であるので命題 2.59 より $\mathfrak{X}$ の表現グラフ Δ は連結である. $q_{1,i}^j \neq 0$ であるから, i, j は Δ において辺で結ばれている. したがって Δ の中に図のような異なる 3 点が存在する. したがって $q_{1,i}^{j'} \neq 0$ となる j' が存在することになり $\theta_i\theta_j = \theta_i\theta_{j'} = -k \neq 0$ が成り立つ. しかし $\theta_j \neq \theta_{j'}$ であるのでこれは不可能である. すなわち $\gamma_{1,2}^3 = 0$ の条件は成り立たない. ∎

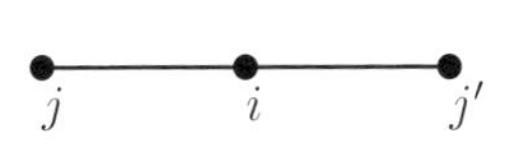

IV.　Δ は**一本路** (**path**) である．すなわち $\mathfrak{X}$ は E に関して Q-多項式スキームである．

証明　ρ が非退化なので Δ は連結である．したがって Δ の頂点の次数が高々 2 であることを示せばよい．Δ の頂点 i を任意にとってくる．j が i と結ばれているとする．すなわち $q_{1,i}^{j} \neq 0$ とする．上に述べたように，このとき $E_iA^*E_j \neq 0$ である．前述 **III** の (2.63) の両辺に左から E_i，右から E_j を掛けることにより次の式を得る．

$$\begin{aligned}0 &= E_i(A^3A^* - A^*A^3 - (\beta+1)(A^2A^*A - AA^*A^2) \\ &\quad - \gamma(A^2A^* - A^*A^2) - \delta(AA^* - A^*A))E_j \\ &= (\theta_i^3 - \theta_j^3 - (\beta+1)(\theta_i^2\theta_j - \theta_i\theta_j^2) - \gamma(\theta_i^2 - \theta_j^2) - \delta(\theta_i - \theta_j))E_iA^*E_j \\ &= (\theta_i - \theta_j)(\theta_i^2 - \beta\theta_i\theta_j + \theta_j^2 - \gamma(\theta_i + \theta_j) - \delta)E_iA^*E_j\end{aligned}$$

したがって θ_i を固定すると θ_j は 2 次方程式の解となっている（ここでも $\theta_0, \theta_1, \ldots, \theta_d$ が互いに異なることを使っている）．したがって i と結ばれる頂点の個数は高々 2 である． ■

以上により定理 2.107 の証明が完結した． ■

3

アソシエーションスキーム上の符号とデザイン（アソシエーションスキーム上のDelsarte理論）

本章では，アソシエーションスキームの部分集合，すなわち符号とデザインについて考察する．符号とデザインの理論をアソシエーションスキームを用いて統一的に考察できるというのが Delsarte の基本のアイディアであり彼の学位論文にまとめられている．これはすばらしい論文である．本章では Delsarte の学位論文の方向に従って，いわゆる Delsarte 理論の基本部分を解説する．

1. 線形計画法を考える

本節では**線形計画法 (linear programming method)** をアソシエーションスキームに対して利用することを考える．アソシエーションスキームの指標表に適用しやすい Delsarte [154] の表記に従った（線形計画法については [200] などを参照されたい）．

$\mathfrak{X} = (X, \{R_i\}_{0 \le i \le d})$ を対称なアソシエーションスキームとする．$D = \{0, 1, 2, \ldots, d\}$, $M \subset D$, $0 \in M$, $D^\times = D \backslash \{0\}$, $M^\times = M \backslash \{0\}$ とおく．C を D で添字付けられた $d+1$ 次の実数値正方行列とする．C の (i,j) 成分を $C_j(i)$ で表す．任意の $i \in D$ に対して $C_0(i) = 1$ とする．このとき次の二つの問題を考える．

問題 (C, M)：

条件 1：$\displaystyle\sum_{i \in M} a_i C_j(i) \ge 0, \quad j \in D^\times, \quad a_i \ge 0 \quad (i \in M^\times)$

のもとで $\displaystyle g = \sum_{i \in M} a_i C_0(i) = \sum_{i \in M} a_i$ を最大にする．

問題 $(C, M)'$：

条件 2：$\displaystyle\sum_{j \in D} \alpha_j C_j(i) \le 0, \quad i \in M^\times, \quad \alpha_j \ge 0 \quad (j \in D^\times)$

のもとで $\gamma = \sum_{j \in D} \alpha_j C_j(0)$ を最小にする．

$|M| = m+1$ とし $\boldsymbol{a} \in \mathbb{R}^{m+1}$ を M で添字付けられたベクトルとする．その $i\ (\in M)$ 成分を a_i とする．$\boldsymbol{a}$ が $a_0 = 1$ かつ条件 1 を満たすときに $\boldsymbol{a}$ を問題 (C, M) のプログラムであるという．最大値を与えるプログラムを**極大プログラム**という．$\boldsymbol{\alpha} \in \mathbb{R}^{d+1}$ を D で添字付けられたベクトルとする．その $i\ (\in D)$ 成分を α_i とする．$\alpha_0 = 1$ かつ $\boldsymbol{\alpha}$ が条件 2 を満たすときに $\boldsymbol{\alpha}$ を問題 $(C, M)'$ のプログラムであるという．最小値を与えるプログラムを**極小プログラム**という．問題 (C, M) および問題 $(C, M)'$ はそれぞれ条件 1 および条件 2 を満たすプログラム $\boldsymbol{a}$ および $\boldsymbol{\alpha}$ が存在するときにそれぞれ**実行可能**であるという．

3.1［命題］　$\boldsymbol{a}$ と $\boldsymbol{\alpha}$ をそれぞれ問題 (C, M) と $(C, M)'$ のプログラムとする．このとき $g \leq \gamma$ が成り立つ．

証明　条件 1 より

$$a_0 C_j(0) + \sum_{i \in M^\times} a_i C_j(i) \geq 0,$$
$$\sum_{i \in M^\times} a_i C_j(i) \geq -a_0 C_j(0) = -C_j(0), \quad j \in D^\times.$$

したがって

$$\sum_{j \in D^\times} \alpha_j \left(\sum_{i \in M^\times} a_i C_j(i) \right) \geq -\sum_{j \in D^\times} C_j(0)\alpha_j = 1 - \sum_{j \in D} \alpha_j C_j(0) = 1 - \gamma$$

また条件 2 より

$$\sum_{j \in D^\times} \alpha_j C_j(i) \leq -\alpha_0 C_0(i) = -1, \quad i \in M^\times,$$
$$\sum_{i \in M^\times} a_i \left(\sum_{j \in D^\times} \alpha_j C_j(i) \right) \leq -\sum_{i \in M^\times} a_i = 1 - g.$$

したがって $1 - \gamma \leq 1 - g$, $g \leq \gamma$ が成り立つ．∎

次の定理は線形計画法の双対定理である．

3.2［定理］　問題 (C, M) および問題 $(C, M)'$ が実行可能であれば極大プログラムと極小プログラムが存在しそのとき g の最大値を g_0，γ の最小値を γ_0 とすると $g_0 = \gamma_0$ が成り立つ．

定理の証明の準備としていくつかの基本的なことを述べておく．

$\mathbb{R}^n$ の閉集合 Ω は次の条件を満たすときに**閉凸錐体 (closed convex cone)** であるという．

(1) 任意の $\boldsymbol{x}, \boldsymbol{y} \in \Omega$ と $0 \leq \lambda \leq 1$ を満たす任意の実数 λ に対して $\lambda\boldsymbol{x} + (1-\lambda)\boldsymbol{y} \in \Omega$ が成り立つ．

(2) 任意の $\boldsymbol{x} \in \Omega$ と任意の非負実数 $\alpha \geq 0$ に対して $\alpha\boldsymbol{x} \in \Omega$ が成り立つ．

$\mathbb{R}^n$ の閉凸錐体 Ω に対して $\Omega^* = \{\boldsymbol{u} \in \mathbb{R}^n \mid \boldsymbol{u}\cdot\boldsymbol{x} \geq 0,\ \boldsymbol{x} \in \Omega\}$ とおくと Ω^* も閉凸錐体であり，$(\Omega^*)^* = \Omega$ が成り立つことは良く知られている（証明は [200, 第 8 章] など参照）．一般に $\boldsymbol{x} = {}^t(x_1, \ldots, x_n) \in \mathbb{R}^n$ が $x_i \geq 0$ $(1 \leq i \leq n)$ を満たすときに $\boldsymbol{x} \geq 0$ と定義する．

3.3 [定理]　A を $m \times n$ 行列，$\boldsymbol{c} \in \mathbb{R}^n$ とする．$A\boldsymbol{u} \geq 0$ を満たす任意の $\boldsymbol{u} \in \mathbb{R}^n$ に対して $\boldsymbol{c}\cdot\boldsymbol{u} \geq 0$ が成り立つならば $\boldsymbol{c} = {}^tA\boldsymbol{x}$, $\boldsymbol{x} \geq 0$ を満たす $\boldsymbol{x} \in \mathbb{R}^m$ が存在する．

証明　$\Omega = \{{}^tA\boldsymbol{v} \mid \boldsymbol{v} \in \mathbb{R}^m,\ \boldsymbol{v} \geq 0\}$ とおく．すなわち $\boldsymbol{a}_i$ を A の第 i 行ベクトルとすると $\Omega = \{\sum_{i=1}^m v_i {}^t\boldsymbol{a}_i \mid v_1, v_2, \ldots, v_m \geq 0\}$ と書き表すことができる．このとき Ω は $\mathbb{R}^n$ の閉凸錐体である．仮定より $\boldsymbol{c}$ は $A\boldsymbol{u} \geq 0$ を満たす任意の $\boldsymbol{u}$ に対して $\boldsymbol{c}\cdot\boldsymbol{u} \geq 0$ を満たす．条件 $A\boldsymbol{u} \geq 0$ が成り立てば ${}^t\boldsymbol{a}_i \cdot \boldsymbol{u} \geq 0$ $(1 \leq i \leq m)$ が成り立つ．したがって任意の $\boldsymbol{z} \in \Omega$ に対して $\boldsymbol{z}\cdot\boldsymbol{u} \geq 0$ となる．すなわち $\boldsymbol{u} \in \Omega^*$ である．このことから $\boldsymbol{c} \in (\Omega^*)^* = \Omega$ が成り立つことがわかる．したがって $\boldsymbol{c} = \sum_{i=1}^m x_i {}^t\boldsymbol{a}_i$ を満たす $x_1, \ldots, x_m \geq 0$ が存在する．すなわち $\boldsymbol{c} = {}^tA\boldsymbol{x}$, $\boldsymbol{x} \geq 0$ を満たす $\boldsymbol{x}$ が存在する．■

3.4 [補題]　A を $m \times n$ 行列，$\boldsymbol{b} \in \mathbb{R}^m$, $\kappa \in \mathbb{R}$ とし $A\boldsymbol{u} \geq \boldsymbol{b}$ を満たす $\boldsymbol{u} \in \mathbb{R}^n$ が少なくとも一つ存在すると仮定する．このとき $\boldsymbol{c} \in \mathbb{R}^n$ に対する次の二つの条件は同値である．

(1) $A\boldsymbol{v} \geq \boldsymbol{b}$ を満たす任意の $\boldsymbol{v} \in \mathbb{R}^n$ に対して $\boldsymbol{v}\cdot\boldsymbol{c} \geq \kappa$

(2) $\boldsymbol{c} = {}^tA\boldsymbol{x}$, $\boldsymbol{x}\cdot\boldsymbol{b} \geq \kappa$, $\boldsymbol{x} \geq 0$ を満たす $\boldsymbol{x} \in \mathbb{R}^m$ が存在する．

証明　まず (2) ⇒ (1) を示す．仮定より (2) の条件を満たす $\boldsymbol{x} \in \mathbb{R}^m$ が存在する．このとき $A\boldsymbol{v} \geq \boldsymbol{b}$ とすると $\boldsymbol{v}\cdot\boldsymbol{c} = \boldsymbol{v}\cdot{}^tA\boldsymbol{x} = {}^t\boldsymbol{x}A\boldsymbol{v} \geq \boldsymbol{x}\cdot\boldsymbol{b} \geq \kappa$ を得る．次に (1) を仮定し，行列 A' と $\boldsymbol{c}'$ を次のように定義する．

$$A' = \begin{bmatrix} A & -\boldsymbol{b} \\ 0 & 1 \end{bmatrix}, \qquad \boldsymbol{c}' = \begin{bmatrix} \boldsymbol{c} \\ -\kappa \end{bmatrix}.$$

このとき A' と $\boldsymbol{c}'$ が上記定理 3.3 の仮定を満たすことを示す．すなわち

$$A'\boldsymbol{v}' \geq 0 \text{ を満たす任意の } \boldsymbol{v}' \in \mathbb{R}^{n+1} \text{ に対して } \boldsymbol{c}' \cdot \boldsymbol{v}' \geq 0 \tag{3.1}$$

が成り立つことをまず示す．$\boldsymbol{v}' = \begin{bmatrix} \boldsymbol{v} \\ v_{n+1} \end{bmatrix}$ とおく．仮定より $v_{n+1} \geq 0$ である．

(i) $v_{n+1} > 0$ の場合：

$0 \leq A'\boldsymbol{v}' = A\boldsymbol{v} - v_{n+1}\boldsymbol{b}$, したがって $A(\frac{1}{v_{n+1}}\boldsymbol{v}) \geq \boldsymbol{b}$ が成り立つ．したがって条件 (1) より $\frac{1}{v_{n+1}}\boldsymbol{v} \cdot \boldsymbol{c} \geq \kappa$ が成り立つ．これより $\boldsymbol{c}' \cdot \boldsymbol{v}' = \boldsymbol{c} \cdot \boldsymbol{v} - v_{n+1}\kappa \geq 0$ を得る．すなわち (3.1) が成り立つ．

(ii) $v_{n+1} = 0$ の場合：

命題の仮定より $A\boldsymbol{u} \geq \boldsymbol{b}$ を満たす $\boldsymbol{u} \in \mathbb{R}^n$ が存在する．(1) を仮定しているので $\boldsymbol{u} \cdot \boldsymbol{c} \geq \kappa$ が成り立っている．この $\boldsymbol{u}$ に対して $\boldsymbol{u}' = {}^t(\boldsymbol{u}, 1) \in \mathbb{R}^{n+1}$ とおき，$\boldsymbol{v}'' = \boldsymbol{v}' + \varepsilon\boldsymbol{u}'$ とおく．ここで ε は任意の正の実数とする．このとき $A'\boldsymbol{v}'' = A'\boldsymbol{v}' + \varepsilon A'\boldsymbol{u}' = A'\boldsymbol{v}' + \varepsilon \begin{bmatrix} A\boldsymbol{u} - \boldsymbol{b} \\ 1 \end{bmatrix} \geq 0$ が成り立つ．$\boldsymbol{v}''$ の $(n+1)$-成分は $\varepsilon\ (> 0)$ であるので上記 (i) を適用できる．すなわち $\boldsymbol{c}' \cdot \boldsymbol{v}'' \geq 0$ が成り立つ．したがって任意の整の実数 ε に対して $0 \leq \boldsymbol{c}' \cdot \boldsymbol{v}' + \varepsilon\boldsymbol{c}' \cdot \boldsymbol{u}' = \boldsymbol{c}' \cdot \boldsymbol{v}' + \varepsilon(\boldsymbol{c} \cdot \boldsymbol{u} - \alpha)$ が成り立つ．$\boldsymbol{c} \cdot \boldsymbol{u} - \alpha \geq 0$ であるので $\boldsymbol{c}' \cdot \boldsymbol{v}' \geq 0$ でなければならない．

以上により条件 (3.1) が成り立つことがわかった．すなわち A' と $\boldsymbol{c}'$ に対して定理 3.3 を適用できる．したがって $\boldsymbol{c}' = {}^tA'\boldsymbol{x}'$, $\boldsymbol{x}' \geq 0$ を満たす $\boldsymbol{x}' \in \mathbb{R}^{m+1}$ が存在する．$\boldsymbol{x}' = {}^t(\boldsymbol{x}, x_{m+1})$ と表しておけば $\boldsymbol{x} \in \mathbb{R}^m$, $\boldsymbol{x} \geq 0$, $x_{m+1} \geq 0$ であり，$\begin{bmatrix} \boldsymbol{c} \\ -\kappa \end{bmatrix} = \boldsymbol{c}' = {}^tA'\boldsymbol{x}' = \begin{bmatrix} {}^tA & 0 \\ -{}^t\boldsymbol{b} & 1 \end{bmatrix} \begin{bmatrix} \boldsymbol{x} \\ x_{m+1} \end{bmatrix}$ となる．すなわち $\boldsymbol{c} = {}^tA\boldsymbol{x}$, かつ $-\kappa = -\boldsymbol{b} \cdot \boldsymbol{x} + x_{m+1}$ となり $\boldsymbol{b} \cdot \boldsymbol{x} = \kappa + x_{m+1} \geq \kappa$ が成り立つ． ∎

定理 3.2 の証明　問題 (C, M) および問題 $(C, M)'$ が実行可能であると仮定する．仮定より問題 (C, M) のプログラム $\boldsymbol{a} \in \mathbb{R}^{m+1}$ と問題 $(C, M)'$ のプログラム $\boldsymbol{\alpha} \in \mathbb{R}^{d+1}$ が存在する．$g_{\boldsymbol{a}} = \sum_{i \in M} a_i C_0(i) = \sum_{i \in M} a_i$, $\gamma_{\boldsymbol{\alpha}} = \sum_{j \in D} \alpha_j C_j(0)$ と表すことにする．$\boldsymbol{x} \in \mathbb{R}^{m+1}$ および $\boldsymbol{y} \in \mathbb{R}^{d+1}$ をそれぞれ問題 (C, M) および $(C, M)'$ のプログラムとし，$g_{\boldsymbol{x}} = \sum_{i \in M} x_i C_0(i) = \sum_{i \in M} x_i$, $\gamma_{\boldsymbol{y}} = \sum_{j \in D} y_j C_j(0)$ とおくと．命題 3.1 より $g_{\boldsymbol{x}} \leq \gamma_{\boldsymbol{\alpha}}$ かつ $g_{\boldsymbol{a}} \leq \gamma_{\boldsymbol{y}}$ が成り立つ．したがって

$$\text{条件 1}: \sum_{i \in M} x_i C_j(i) \geq 0,\ x_i \geq 0\ (j \in D^{\times},\ i \in M^{\times})$$

のもとで $g_{\boldsymbol{x}}$ は上に有界である．すなわち $g_{\boldsymbol{x}}$ の最大値 g_0 が存在し，最大値 g_0 与えるプログラム $\boldsymbol{x}_0 \in \mathbb{R}^{m+1}$ が存在する．同様に

$$\text{条件 2：} \sum_{j \in D} y_j C_j(i) \leq 0,\ y_j \geq 0\ (i \in M^{\times},\ j \in D^{\times})$$

のもとで $\gamma_{\boldsymbol{y}}$ は下に有界であり最小値 γ_0 が存在し，最小値 γ_0 を与えるプログラム $\boldsymbol{y}_0 \in \mathbb{R}^{d+1}$ が存在する．問題 $(C, M)'$ の任意のプログラム $\boldsymbol{y}$ に対して $\gamma_{\boldsymbol{y}} \geq g_0$ が成り立っている．したがって $\gamma_0 \geq g_0$ が成り立つ．ここで補題 3.4 を用いるために問題 $(C, M)'$ を書き換えておく．$\boldsymbol{y} = {}^t(y_0, y_1, \ldots, y_d) \in \mathbb{R}^d$ を問題 $(C, M)'$ のプログラムとする（したがって $\boldsymbol{y} \geq 0$, $y_0 = 1$）．$\tilde{\boldsymbol{y}} = {}^t(y_1, \ldots, y_d) \in \mathbb{R}^d$ とおく．A を (i, j)-成分が次で定義される $m \times d$ 行列とする．

$$A(i, j) = -C_j(i), \quad (1 \leq i \leq m,\ 1 \leq j \leq d).$$

$\boldsymbol{y}$ は問題 $(C, M)'$ のプログラムであるから $1 + \sum_{j=1}^{d} y_j C_j(i) \leq 0$, $1 \leq i \leq m$, $1 \leq j \leq d$ が成り立っている．したがって $\tilde{\boldsymbol{b}} \in \mathbb{R}^m$ をすべての成分が 1 であるベクトルとすれば $A\tilde{\boldsymbol{y}} \geq \tilde{\boldsymbol{b}}$ が成り立つ．また $\tilde{\boldsymbol{c}} = {}^t(c_1, \ldots, c_d) \in \mathbb{R}^d$ を $c_j = C_j(0)$, $1 \leq j \leq d$ で定義する．以上のような記号を用いると問題 $(C, M)'$ は条件 $A\tilde{\boldsymbol{y}} \geq \tilde{\boldsymbol{b}}$ のもとで $\tilde{\boldsymbol{c}} \cdot \tilde{\boldsymbol{y}} = \gamma_{\boldsymbol{y}} - 1$ を最小にすることと同値である．問題 $(C, M)'$ の実行可能なベクトルが少なくとも一つ存在し最小値 γ_0 が存在するので，補題 3.4 の κ を $\kappa = \gamma_0 - 1$ とおけば $\tilde{\boldsymbol{c}}$ に対して補題 3.4 (1) が成り立っている．したがって補題 3.4 (2) が成り立つ．すなわち $\tilde{\boldsymbol{c}} = {}^tA\tilde{\boldsymbol{x}}$, $\tilde{\boldsymbol{x}} \cdot \tilde{\boldsymbol{b}} \geq \gamma_0 - 1$, $\tilde{\boldsymbol{x}} \geq 0$ を満たす $\tilde{\boldsymbol{x}} = {}^t(x_1, \ldots, x_m) \in \mathbb{R}^m$ が存在する．$\boldsymbol{x} = {}^t(1, \tilde{\boldsymbol{x}})$ とすると $\tilde{\boldsymbol{c}} = {}^tA\tilde{\boldsymbol{x}}$ より

$$x_0 C_j(0) = c_j = \sum_{j=1}^{m} A(i, j) x_i = -\sum_{j=1}^{m} C_j(i) x_i,$$

したがって

$$\sum_{j=0}^{m} C_j(i) x_i = 0$$

が成り立つ．すなわち $\boldsymbol{x}$ は問題 (C, M) のプログラムである．したがって $1 + \sum_{i=1}^{m} x_i = g_{\boldsymbol{x}} \leq g_0$ が成り立たなければならない．一方 $\tilde{\boldsymbol{x}} \cdot \tilde{\boldsymbol{b}} \geq \gamma_0 - 1$ より $1 + \sum_{i=1}^{m} x_i \geq \gamma_0 \geq g_0$ が成り立っている．したがって $\gamma_0 = g_0$ となる．このとき $\boldsymbol{x}$ は問題 (C, M) の極大プログラムとなっているわけである．■

3.5 ［補題］　$\boldsymbol{a}$ を (C, M) の極大プログラム，$\boldsymbol{\alpha}$ を $(C, M)'$ の極小プログラムとす

る．このとき

$$\alpha_j\Bigl(\sum_{i\in M} a_i C_j(i)\Bigr) = 0, \quad j \in D^{\times}, \tag{3.2}$$

$$a_i\Bigl(\sum_{j\in D} \alpha_j C_j(i)\Bigr) = 0, \quad i \in M^{\times} \tag{3.3}$$

が成り立つ．逆にプログラム $\boldsymbol{a}$ と $\boldsymbol{\alpha}$ に対して (3.2), (3.3) が成立するならば $\boldsymbol{a}$ は (C, M) の極大プログラムであり $\boldsymbol{\alpha}$ は $(C, M)'$ の極小プログラムである．

証明　g_0 を g の最大値 γ_0 を γ の最小値とする．したがって

$$g_0 = \gamma_0 = \sum_{i\in M} a_i = \sum_{j\in D} \alpha_j C_j(0)$$

が成り立っている．$a_i \geq 0$ であるから条件 2 より

$$\begin{aligned}
0 &\geq \sum_{i\in M^{\times}} a_i \sum_{j\in D} \alpha_j C_j(i) = \sum_{j\in D} \alpha_j \sum_{i\in M^{\times}} a_i C_j(i) \\
&= \sum_{j\in D} \alpha_j \Bigl(\sum_{i\in M} a_i C_j(i) - a_0 C_j(0)\Bigr) \\
&= \sum_{j\in D^{\times}} \alpha_j \sum_{i\in M} a_i C_j(i) + \sum_{i\in M} \alpha_0 a_i C_0(i) - \sum_{j\in D} \alpha_j a_0 C_j(0) \\
&= \sum_{j\in D^{\times}} \alpha_j \sum_{i\in M} a_i C_j(i) + g_0 - \gamma_0 = \sum_{j\in D^{\times}} \alpha_j \sum_{i\in M} a_i C_j(i) \geq 0
\end{aligned} \tag{3.4}$$

したがって

$$\sum_{i\in M^{\times}} a_i \sum_{j\in D} \alpha_j C_j(i) = \sum_{j\in D^{\times}} \alpha_j \sum_{i\in M} a_i C_j(i) = 0$$

を得る．仮定より任意の $i \in M^{\times}$ に対して $a_i \geq 0$, $\sum_{j\in D} \alpha_j C_j(i) \leq 0$, かつ任意の $j \in D^{\times}$ に対して $\alpha_j \geq 0$, $\sum_{i\in M} a_i C_j(i) \geq 0$ であるから (3.2) および (3.3) が成り立つ．証明の過程より，逆に (3.2) および (3.3) が成り立てば $\boldsymbol{a} = (a_0, a_1, \ldots, a_d)$ が (C, M) の極大プログラムであり $\boldsymbol{\alpha} = (\alpha_0, \alpha_1, \ldots, \alpha_d)$ が $(C, M)'$ の極小プログラムであることがわかる．∎

2. アソシエーションスキームの部分集合

2.1　アソシエーションスキームの部分集合

$\mathfrak{X} = (X, \{R_i\}_{0\leq i\leq d})$ を対称なアソシエーションスキームとする．添字集合を $D =$

$\{0, 1, \ldots, d\}$ とおく．$\mathfrak{X}$ の第1および第2固有行列をそれぞれ P, Q とする．隣接行列，原始ベキ等行列などの記号もこれまで用いてきた通りのものを使うことにする．空でない $Y \subset X$ に対して次のような概念を導入する．$d+1$ 次元の横ベクトル $\boldsymbol{a}_Y = (a_0, a_1, \ldots, a_d)$ を

$$a_i = \frac{1}{|Y|}|R_i \cap (Y \times Y)|, \quad {}^\forall i \in D,$$

と定義する．$\boldsymbol{a}_Y$ は Y の**内部分布** (**inner distribution**) と呼ばれる．また $\boldsymbol{a}_Y^* = \boldsymbol{a}_Y Q$ と定義し Y の**双対分布** (**dual distribution**) と呼ぶことにする．$\boldsymbol{a}_Y^* = (a_0^*, a_1^*, \ldots, a_d^*)$ と成分表示しておく．$X \times D$ で添字付けられた行列 B_Y を次のように定義する．$(x, i) \in X \times D$ に対して

$$B_Y(x, i) = |R_i \cap (\{x\} \times Y)| = |Y \cap \Gamma_i(x)|.$$

行列 B_Y は Y の**外部分布** (**outer distribution**) と呼ばれる．X で添字付けられた列ベクトル ψ_Y を以下のように定義する．

$$\psi_Y(x) = \begin{cases} 1 & x \in Y \text{ のとき}, \\ 0 & x \notin Y \text{ のとき}. \end{cases}$$

ψ_Y は Y の**特性ベクトル** (**characteristic vector**) と呼ばれる．特に $Y = \{x\}$ の場合は $\psi_{\{x\}} = \psi_x$ と表す，また任意の r 次のベクトル $\boldsymbol{u} = (u_1, u_2, \ldots, u_r)$ に対して対角成分が $u_1, \ldots, u_r$ となる r 次の対角行列を $\Delta_{\boldsymbol{u}}$ で表す．

3.6 [命題]　$Y \subset X$ の内部分布 $\boldsymbol{a}_Y = (a_0, a_1, \ldots, a_d)$ に対して次の等式が成り立つ．

(1) $a_0 = 1$,
(2) $a_0^* = \sum_{i=0}^{d} a_i = |Y|$.

証明　定義より明らかである．■

3.7 [命題]

(1) $a_i = \frac{1}{|Y|} {}^t\psi_Y A_i \psi_Y$,
(2) $B_Y = [A_0\psi_Y, A_1\psi_Y, \ldots, A_d\psi_Y]$,
(3) $\boldsymbol{a}_Y = \frac{1}{|Y|} {}^t\psi_Y B_Y$.

証明　(1) $\frac{1}{|Y|}{}^t\psi_Y A_i \psi_Y = \frac{1}{|Y|}\sum_{(x,y)\in Y\times Y} A_i(x,y) = a_i$.

(2) $(x,i)\in X\times D$ に対して

$$(A_i\psi_Y)(x) = \sum_{z\in Y} A_i(x,z)\psi_Y(z) = |Y\cap\Gamma_i(x)| = B_Y(x,i).$$

すなわち $A_i\psi_Y$ は B_Y の第 i 列ベクトルである.

(3) $\frac{1}{|Y|}{}^t\psi_Y B_Y = [\frac{1}{|Y|}{}^t\psi_Y A_0\psi_Y, \frac{1}{|Y|}{}^t\psi_Y A_1\psi_Y, \ldots, \frac{1}{|Y|}{}^t\psi_Y A_d\psi_Y]$
$= (a_0, a_1, \ldots, a_d) = \boldsymbol{a}_Y$. ∎

3.8 [定理]　$Y\subset X$ に対して

$${}^tB_Y B_Y = \frac{|Y|}{|X|}{}^tP\Delta_{\boldsymbol{a}_Y^*}P$$

が成り立つ.

証明　命題 3.7 (2) より

$$\begin{aligned}({}^tB_Y B_Y)(i,j) &= {}^t(A_i\psi_Y)(A_j\psi_Y) = {}^t\psi_Y A_i A_j \psi_Y \\ &= \sum_{k=0}^{d} p_{i,j}^k\, {}^t\psi_Y A_k\psi_Y = |Y|\sum_{k=0}^{d} p_{i,j}^k a_k \end{aligned} \tag{3.5}$$

が成り立つ. 一方 $\boldsymbol{a}_Y = \frac{1}{|X|}\boldsymbol{a}_Y^* P$ より $a_k = \frac{1}{|X|}\sum_{\ell=0}^{d} a_\ell^* P_k(\ell)$ と表すことができるので

$$\begin{aligned}({}^tB_Y B_Y)(i,j) &= \frac{|Y|}{|X|}\sum_{k=0}^{d} p_{i,j}^k \sum_{\ell=0}^{d} a_\ell^* P_k(\ell) \\ &= \frac{|Y|}{|X|}\sum_{\ell=0}^{d} a_\ell^* \sum_{k=0}^{d} p_{i,j}^k P_k(\ell) \end{aligned} \tag{3.6}$$

したがって定理 2.22 (6) より

$$\begin{aligned}({}^tB_Y B_Y)(i,j) &= \frac{|Y|}{|X|}\sum_{\ell=0}^{d} a_\ell^* P_i(\ell)P_j(\ell) \\ &= \frac{|Y|}{|X|}({}^tP\Delta_{\boldsymbol{a}_Y^*}P)(i,j) \end{aligned} \tag{3.7}$$

∎

3.9 [系]　行列 B_Y の階数は Y の双対分布 $\boldsymbol{a}_Y^*$ の零でない成分の個数に等しい.

3.10 [定理]　対称なアソシエーションスキーム $\mathfrak{X}$ の部分集合 $Y \subset X$ に対して双対分布 $\boldsymbol{a}_Y^*$ の各成分 a_k^* は非負実数である. さらに次の条件は同値である.

(1) $a_k^* = 0$.
(2) $B_Y Q_k = \mathbf{0}$.
(3) $E_k \psi_Y = \mathbf{0}$.

ここで Q_k はアソシエーションスキーム $\mathfrak{X}$ の第2固有行列 Q の k-列ベクトルである.

証明　定理 3.8 より

$$ {}^tQ{}^tB_Y B_Y Q = \frac{|Y|}{|X|}{}^tQ({}^tP\Delta_{\boldsymbol{a}_Y^*}P)Q = |X||Y|\Delta_{\boldsymbol{a}_Y^*} $$

となる. 両辺の対角成分を計算すると

$$ \sum_{x\in X}((B_Y Q)(x,k))^2 = |X||Y|a_k^*, \quad k = 0, 1, \ldots, d. $$

したがって $a_k^* \geq 0$ であり $(B_Y Q)(x,k) = 0$ が任意の $x \in X$ に対して成り立つことと $a_k^* = 0$ が成り立つことは同値である. 次に命題 3.7 (1) より $a_i = \frac{1}{|Y|}{}^t\psi_Y A_i \psi_Y$. したがって

$$ \begin{aligned} a_k^* &= \sum_{i=0}^{d} a_i Q_k(i) = \sum_{i=0}^{d} \frac{1}{|Y|}{}^t\psi_Y A_i \psi_Y Q_k(i) \\ &= \frac{|X|}{|Y|}{}^t\psi_Y E_k \psi_Y = \frac{|X|}{|Y|}{}^t\psi_Y E_k E_k \psi_Y = \frac{|X|}{|Y|}{}^t(E_k\psi_Y)(E_k\psi_Y). \end{aligned} \tag{3.8} $$

したがって $a_k^* = 0$ と $E_k\psi_Y = \mathbf{0}$ は同値である. ∎

対称なアソシエーションスキームの部分集合に対してどのような k に関して双対分布の a_k^* が 0 になるのかが気になってくる. 対称なアソシエーションスキームの部分集合 Y に関する双対分布 $\boldsymbol{a}_Y^*$ の性質は Q-多項式スキームにおいてデザインの定義を展開するときに重要になってくる.

3.11 [定義]　$\boldsymbol{a}_Y = (a_0, a_1, \ldots, a_d)$ および $\boldsymbol{a}_Y^* = (a_0^*, a_1^*, \ldots, a_d^*)$ をそれぞれ Y の内部分布および双対分布とする. このとき

(1)

$$\delta = \min\{i \mid a_i \neq 0,\ i \geq 1\}, \quad \delta^* = \min\{i \mid a_i^* \neq 0,\ i \geq 1\}$$

と定義し，δ は Y の**最小距離** (**minimum distance**)，δ^* は Y の**双対最小距離** (**dual minimum distance**) と呼ぶ．

(2)

$$s = |\{i \mid a_i \neq 0,\ i \geq 1\}|, \quad s^* = |\{i \mid a_i^* \neq 0,\ i \geq 1\}|$$

と定義し，s を Y の**次数** (**degree**) と呼び，s^* を Y の**双対次数** (**dual degree**) と呼ぶ．

(3)

$$t = \max\{i \mid a_1^* = a_2^* = \cdots = a_i^* = 0,\ i \geq 1\} = \delta^* - 1$$

と定義し，Y の**強さ** (**strength**) と呼ぶ．

これらの定義は隣接行列や原始ベキ等行列達を並べる順番に依存しており，一般の対称なアソシエーションスキームを考えるときはただ与えられた順番を意味するが，P-多項式スキームやQ-多項式スキームにおいてはそれぞれP-多項式またはQ-多項式構造を与える順番が重要になってくる．次に述べる**MacWilliams の不等式**はアソシエーションスキームの中で符号やデザインの理論を展開するときにとても重要な役割を持つ．まず，$\mathbb{R}^{d+1}$ のベクトル $\boldsymbol{u} = (u_0, u_1, \ldots, u_d)$ に対して次のような記号を導入する．

$$t(\boldsymbol{u}) = \max\{i \mid u_1 = u_2 = \cdots = u_i = 0\},$$

ただし $u_1 \neq 0$ のときは $t(\boldsymbol{u}) = 0$ と定義する．

$$s(\boldsymbol{u}) = |\{i \mid u_i \neq 0,\ 1 \leq i \leq d\}|.$$

3.12 [定理] (MacWilliams の不等式)　$\mathfrak{X}$ を対称なアソシエーションスキームとし，P と Q をそれぞれ $\mathfrak{X}$ の第1および第2固有行列とする．$\mathbb{R}^{d+1}$ のベクトルを $\boldsymbol{u} = (u_0, u_1, \ldots, u_d)$ とし，$u_0 \neq 0$ とする．

(1) $\mathfrak{X}$ がP-多項式スキームであるならば

$$s(\boldsymbol{u}Q) \geq \left[\frac{t(\boldsymbol{u})}{2}\right]$$

が成り立つ．

(2) $\mathfrak{X}$ が Q-多項式スキームであるならば

$$s(\boldsymbol{u}P) \geq \left[\frac{t(\boldsymbol{u})}{2}\right]$$

が成り立つ.

定理 3.12 の証明の前に系を一つ与えておく.

3.13 [系] $\mathfrak{X}$ を Q-多項式スキームとする. 原始ベキ等行列の順番は Q-多項式スキーム構造を与えるものとする. Y を $\mathfrak{X}$ の点集合 X の部分集合とする. このとき Y の次数 s と強さ t に対して $s \geq [\frac{t}{2}]$ が成り立つ.

証明 定理 3.12 (2) を使う. $\boldsymbol{u} = \boldsymbol{a}_Y^* = \boldsymbol{a}_Y Q$ とおいてやると命題 3.6 より $u_0 = a_0^* > 0$. したがって $s = s(\boldsymbol{a}_Y) = s(\boldsymbol{u}P) \geq \left[\frac{t(\boldsymbol{u})}{2}\right] = \left[\frac{t(\boldsymbol{a}_Y^*)}{2}\right] = \left[\frac{t}{2}\right]$. ∎

定理 3.12 の証明 (1) と (2) はまったく同様な方法で証明できるので (1) についてのみ説明する. $\theta_i = P_1(i), 0 \leq i \leq d$, とする. P-多項式スキームの性質から各 k $(0 \leq k \leq d)$ に対して次数 k の多項式 $v_k(z)$ が存在して $P_k(i) = v_k(\theta_i)$ と表されている. 定義より $u_1 = u_2 = \cdots = u_{t(\boldsymbol{u})} = 0$, $u_{t(\boldsymbol{u})+1} \neq 0$ が成り立つ. このとき $s(\boldsymbol{u}Q) < [\frac{t(\boldsymbol{u})}{2}]$ と仮定して矛盾を導く. $s = s(\boldsymbol{u}Q)$, $\{\nu_1, \nu_2, \ldots, \nu_s\} = \{i \mid \boldsymbol{u}Q_i \neq 0,\ i \neq 0\}$ とする. $h(z)$ を次数 $[\frac{t(\boldsymbol{u})}{2}] - s - 1$ (≥ 0) の多項式で任意の $i = 0, 1, \ldots, d$ に対して $h(\theta_i) \neq 0$ を満たすものとする.

$$f(z) = h(z) \prod_{j=0}^{s} (z - \theta_{\nu_j})$$

とする. ただし $\theta_{\nu_0} = \theta_0$ としておく. このとき次が成り立っている.

$$i \in \{0, \nu_1, \nu_2, \ldots, \nu_s\} \text{ に対して } f(\theta_i) = 0,$$

$$i \notin \{0, \nu_1, \nu_2, \ldots, \nu_s\} \text{ に対して } f(\theta_i) \neq 0.$$

$\deg(f(z)^2) = 2[\frac{t(\boldsymbol{u})}{2}]$ であるから

$$f(z)^2 = b_0 v_0(z) + b_1 v_1(z) + \cdots + b_{2[\frac{t(\boldsymbol{u})}{2}]} v_{2[\frac{t(\boldsymbol{u})}{2}]}(z)$$

と表すことができる. $2[\frac{t(\boldsymbol{u})}{2}]+1 \leq i \leq d$ に対して $b_i = 0$ と定義して $\boldsymbol{b} = (b_0, b_1, \ldots, b_d)$ とする. このとき, $2[\frac{t(\boldsymbol{u})}{2}] + 1 = t(\boldsymbol{u})$ または $t(\boldsymbol{u}) + 1$ であるから

$$\boldsymbol{u}Q\,{}^t(\boldsymbol{b}^t P) = \boldsymbol{u}QP\,{}^t\boldsymbol{b} = |X|\boldsymbol{u}^t\boldsymbol{b} = |X| \sum_{i=0}^{d} u_i b_i = |X| u_0 b_0$$

が成り立つ．また

$$(\boldsymbol{b}\,{}^t P)(\nu_j) = \sum_{k=0}^{d} b_k P_k(\nu_j) = \sum_{k=0}^{d} b_k v_k(\theta_{\nu_j}) = (f(\theta_{\nu_j}))^2 = 0, \quad 0 \le j \le s$$

であるから

$$\boldsymbol{u}Q\,{}^t(\boldsymbol{b}^t P) = 0$$

でなければならない．$u_0 \neq 0$ であるから $b_0 = 0$ が成り立つ．したがって

$$\sum_{i=0}^{d} f(\theta_i)^2 Q_i(0) = \sum_{i=0}^{d}\sum_{j=0}^{d} b_j P_j(i) Q_i(0) = |X| b_0 = 0$$

を得る．しかし $i \notin \{0, \nu_1, \nu_2, \ldots, \nu_s\}$ に対しては $f(\theta_i)^2 > 0$，かつ $Q_i(0) = m_i > 0$ であるからこれは不可能である．∎

2.2　P-多項式スキーム上の符号

第1章5節で有限体 F_q 上の n 次元ベクトル空間の部分集合（あるいは部分空間）C に対してハミング距離を用いて符号を考えた．P-多項式スキーム $\mathfrak{X}$ の点集合 X の部分集合 Y に対しては R_1 の作る距離正則グラフの距離を用いて e-誤り修正符号を考えることができる．P-多項式スキームに関する次の性質はよく知られている．A_1 の固有値達，$\theta_i = P_1(i)$, $0 \le i \le d$, はすべて実数であり $k_1 = \theta_0 \ge \theta_i$, $0 \le i \le d$ が成り立つ．さらに $\theta_i = \theta_j$ となるのは $i = j$ のときのみである．Y の内部分布 $\boldsymbol{a}_Y$ を考える．今，X は関係 R_1 に関して距離正則グラフをなしている．$x, y \in X$ の R_1 に関する距離を $\partial(x, y)$ で表すことにする．すなわち $(x, y) \in R_i \Leftrightarrow \partial(x, y) = i$ が成り立っている．Y の最小距離 δ は $\delta = \min\{\partial(x, y) \mid x, y \in Y,\ x \neq y\}$ と表される．第1章においては符号の最小距離の記号として d を用いたが，ここではアソシエーションスキームのクラスを表す記号として d を使いたいので，Y の最小距離，すなわち符号の最小距離の記号は δ を使うことにする．定義より $\delta = t(\boldsymbol{a}_Y) + 1$ であるから MacWilliams の不等式により，Y の双対次数 $s^* = s(\boldsymbol{a}_Y^*)$ は $s^* \ge \left[\frac{\delta-1}{2}\right]$ を満たしている．X の符号 Y が次の条件を満たすときに Y は**完全 e-符号 (perfect e-code)** と呼ばれる．すなわち

$$X = \bigcup_{y \in Y} \{x \in X \mid \partial(x, y) \le e\}$$

が X の分割を与える．$|\{x \in X \mid \partial(x, y) \le e\}| = \sum_{i=0}^{e} k_i$ であるから完全符号であれ

ば $|Y|(k_0+k_1+\cdots+k_e)=|X|$ を満たす．一般には符号 Y の最小距離 δ が $\delta\geq 2e+1$ を満たしていれば，異なる $y_1, y_2 \in Y$ に対して，$\{x\in X \mid \partial(x,y_1)\leq e\}\cap\{x\in X \mid \partial(x,y_2)\leq e\}=\emptyset$ であるから $|Y|(k_0+k_1+\cdots+k_e)\leq|X|$ が成り立っている．

3.14 ［定理］(Lloyd 多項式型定理)　Y を P-多項式スキーム $\mathfrak{X}$ の符号とし，その最小距離を δ とする．$e=\left[\frac{\delta-1}{2}\right]$ とおく．このとき次の (1) および (2) が成り立つ．

(1) $|Y|(k_0+k_1+\cdots+k_e)\leq|X|$,

(2) 上記 (1) の不等式において等号が成立するならば Y の双対次数 $s^*=s(\boldsymbol{a}_Y^*)$ は e に等しい．さらに多項式

$$\Psi_e(z)=v_0(z)+v_1(z)+\cdots+v_e(z)$$

は $a_k^*\neq 0$ を満たすちょうど e 個の k に対応して，ちょうど e 個の互いに異なる固有値 θ_k 達を 0 点に持つ．ただし多項式 $v_i(z)$ は $\mathfrak{X}$ の P-多項式スキーム構造を与える i 次の多項式である（すなわち $A_i=v_i(A_1)$，したがって $P_i(j)=v_i(\theta_j)$ が成り立っている）．

定理 3.14 に出てきた $\Psi_e(z)$ は **Lloyd 多項式**と呼ばれる．

証明　定理の (1) が成り立つことはすでに証明済みであるが前節に述べた線形計画法を用いた証明を紹介する意味でもう一度証明を与える．$M=\{0,\delta,\delta+1,\ldots,d\}$ とおく．このとき M とアソシエーションスキームの第 2 固有行列 Q に関して線形計画法を使うことができる．

$$0\leq \boldsymbol{a}_Y Q_k=\sum_{i=0}^{d}a_iQ_k(i)=\sum_{i\in M}a_iQ_k(i),$$
$$|Y|=\sum_{i\in M}a_i$$

が成り立っている．また, $a_0=1$, 任意の $i\in M^\times$ に対して $a_i\geq 0$ が成り立っているので $\boldsymbol{a}_Y$ は問題 (Q,M) のプログラムである．次に $\mathbb{R}^{d+1}$ のベクトル $\boldsymbol{\alpha}=(\alpha_0,\alpha_1,\ldots,\alpha_d)$ を

$$\alpha_j=\left(\frac{\Psi_e(\theta_j)}{K_e}\right)^2,\quad 0\leq j\leq d$$

で定義する．ここで $K_e=\Psi_e(\theta_0)$ $(=\sum_{j=0}^{e}P_j(0)=\sum_{j=0}^{e}k_j)$ と定義する．$\alpha_0=\left(\frac{\Psi_e(\theta_0)}{K_e}\right)^2=1$，任意の $j\in D^\times$ に対して $\alpha_j\geq 0$ が成り立っている．一方において

固有行列達 P, Q は実数値行列であり

$$Q_j(i) = \frac{m_j P_i(j)}{k_i} = \frac{m_j v_i(\theta_j)}{k_i}$$

を満たしている．したがって

$$(\boldsymbol{\alpha}^t Q)(i) = \sum_{j=0}^{d} \alpha_j Q_j(i) = \sum_{j=0}^{d} \left(\frac{\Psi_e(\theta_j)}{K_e}\right)^2 \frac{m_j v_i(\theta_j)}{k_i}$$
$$= \frac{1}{K_e^2 k_i} \sum_{j=0}^{d} \Psi_e(\theta_j)^2 m_j v_i(\theta_j) \tag{3.9}$$

が成り立っている．$e = \left[\frac{\delta-1}{2}\right]$ であるから多項式 $\Psi_e(z)^2$ の次数は $2e$ であり，

$$\Psi_e(z)^2 = \sum_{\nu=0}^{2e} c_\nu v_\nu(z)$$

と表すことができる．このとき，δ が奇数であるか偶数であるかに従って $2e = \delta - 1$，または $2e = \delta - 2$ である（したがって $2e < \delta$ である）．一方

$$\delta_{\nu,i}|X|k_\nu = \sum_{j=0}^{d} m_j P_\nu(j) P_i(j) = \sum_{j=0}^{d} m_j v_\nu(\theta_j) v_i(\theta_j)$$

が成り立っている．したがって $i \in M^\times$ に対して

$$\sum_{j\in D} \alpha_j Q_j(i) = \frac{1}{K_e^2 k_i} \sum_{j=0}^{d} \Psi_e(\theta_j)^2 m_j v_i(\theta_j)$$
$$= \frac{1}{K_e^2 k_i} \sum_{j=0}^{d} \sum_{\ell=0}^{2e} c_\ell v_\ell(\theta_j) m_j v_i(\theta_j) = 0$$

が成り立つ．したがって $\boldsymbol{\alpha} = (\alpha_0, \alpha_1, \ldots, \alpha_d)$ は問題 $(Q, M)'$ のプログラムである．次に

$$c_0 = K_e \tag{3.10}$$

が成立することを示す．P が実数値行列であることに注意すると，定理 2.22 (5) より

$$\sum_{\nu=0}^{d} m_\nu (\Psi_e(\theta_\nu))^2 = \sum_{\nu=0}^{d} m_\nu \sum_{i=0}^{e} \sum_{j=0}^{e} P_i(\nu) P_j(\nu) = \sum_{i=0}^{e} |X| k_i = |X| K_e$$

が成り立つ．一方

$$\sum_{\nu=0}^{d} m_\nu (\Psi_e(\theta_\nu))^2 = \sum_{\nu=0}^{d} Q_\nu(0) \sum_{i=0}^{2e} c_i P_i(\nu) = |X| c_0$$

したがって (3.10) が成り立つ．次に，(3.9) より

$$\gamma = \sum_{j\in D} \alpha_j Q_j(0) = \frac{1}{K_e^2 k_0} \sum_{j=0}^{d} \Psi_e(\theta_j)^2 m_j v_0(\theta_j)$$

$$= \frac{1}{K_e^2} \sum_{j=0}^{d} \sum_{\nu=0}^{2e} c_\nu v_\nu(\theta_j) m_j v_0(\theta_j) = \frac{1}{K_e^2} \sum_{\nu=0}^{2e} c_\nu \sum_{j=0}^{d} m_j P_\nu(j) P_0(j)$$

$$= \frac{1}{K_e^2} c_0 |X|. \tag{3.11}$$

したがって (3.10), (3.11) より $\gamma = \frac{|X|}{K_e}$ となり

$$|Y| = \sum_{i\in D} a_i = \sum_{i\in M} a_i = g \leq \gamma = \frac{|X|}{K_e}$$

が成り立つ．すなわち (1) の証明が完了した．

ここで等号が成り立つときは $\boldsymbol{a}$ が (Q, M) の極大プログラムであり $\boldsymbol{\alpha}$ が $(Q, M)'$ の極小プログラムである．したがって補題 3.5 の (3.2) より

$$\alpha_j \left(\sum_{i\in M} a_i Q_j(i) \right) = \alpha_j \boldsymbol{a}_j^* = 0, \quad j \in D^\times$$

が成り立つ．したがって $\boldsymbol{a}_j^* \neq 0$ を満たす任意の $j \in D^\times$ に対して $\alpha_j = 0$，すなわち $\Psi_e(\theta_j) = 0$ となる．$\Psi_e(z)$ は次数 e の多項式であり $\theta_0, \theta_1, \ldots, \theta_d$ は互いに異なる実数である．したがって Y の双対次数 $s^* = s(\boldsymbol{a}_Y^*)$ は e を越えない，すなわち $s^* \leq e$ でなければならない．一方 MacWilliams の不等式より $s^* = s(\boldsymbol{a}_Y Q) \geq \left[\frac{t(\boldsymbol{a}_Y)}{2}\right] = \left[\frac{\delta-1}{2}\right] = e$ となり $s^* = e$ でなければならない．■

2.3　Q-多項式スキーム上のデザイン

第 1 章 3 節で古典的なデザインを取り扱った．デザインの理論は Q-多項式スキーム $\mathfrak{X}$ の枠組みの中で考えることができる．本章 2.1 小節ではアソシエーションスキーム $\mathfrak{X}$ の点集合 X の部分集合 Y に関して Y の内部分布 $\boldsymbol{a}_Y$ と双対分布 $\boldsymbol{a}_Y^* = \boldsymbol{a}_Y Q$ の満たす性質を調べ，a_i^* は各 $i \in D$ に対して非負実数であることを証明した．これらの考察はまず F_q^n における線形符号の場合に行われた．その場合は F_q は位数 q の有限体と考える．$q = 2$ の場合に定理 1.107 として紹介したが，線形符号 $C \subset F_q^n$ とその双対コード $C^\perp$ の重さ枚挙多項式達は一般に次の MacWilliams の恒等式で関係付けられていることが知られている．

$$W_{C^\perp}(x, y) = \frac{1}{|C|} W_C(x + (q-1)y, x - y) \tag{3.12}$$

この恒等式について述べている本はすでに色々あるのでここでは証明を与えないこと

にするが，今，$W_C(x,y)=\sum_{i=0}^{n}a_ix^{n-i}y^i$ であるとし，$\boldsymbol{a}=(a_0,a_1,\ldots,a_n)$ とする．また $W_{C^\perp}(x,y)=\sum_{i=0}^{n}a'_ix^{n-i}y^i$ とし $\boldsymbol{a}'=(a'_0,a'_1,\ldots,a'_n)$ とすると，(3.12) の等式はハミングスキーム $H(n,q)$ の言葉を用いると次のようになる．

$$
\begin{aligned}
W_{C^\perp}(x,y) &= \sum_{i=0}^{n}a'_ix^{n-i}y^i \\
&= \frac{1}{|X|}W_C(x+(q-1)y,x-y) \\
&= \frac{1}{|C|}\sum_{\nu=0}^{n}a_\nu(x+(q-1)y)^{n-\nu}(x-y)^\nu \\
&= \frac{1}{|C|}\sum_{\nu=0}^{n}a_\nu\sum_{\ell=0}^{n-\nu}\sum_{k=0}^{\nu}\binom{n-\nu}{\ell}\binom{\nu}{k} \\
&\qquad\qquad \times(-1)^{\nu-k}(q-1)^{n-\nu-\ell}x^{\ell+k}y^{n-\ell-k} \\
&= \frac{1}{|C|}\sum_{\mu=0}^{n}\sum_{\nu=0}^{n}a_\nu\sum_{\ell=0}^{\mu}\binom{n-\nu}{\ell}\binom{\nu}{\mu-\ell} \\
&\qquad\qquad \times(-1)^{\nu-\mu+\ell}(q-1)^{n-\nu-\ell}x^{\mu}y^{n-\mu} \\
&= \frac{1}{|C|}\sum_{\mu=0}^{n}\sum_{\nu=0}^{n}a_\nu\sum_{\ell=0}^{n-\mu}\binom{n-\nu}{\ell}\binom{\nu}{n-\mu-\ell} \\
&\qquad\qquad \times(-1)^{n-\nu-\mu-\ell}(q-1)^{n-\nu-\ell}x^{n-\mu}y^{\mu} \\
&= \frac{1}{|C|}\sum_{\mu=0}^{n}\sum_{\nu=0}^{n}a_\nu\sum_{\ell=0}^{\mu}(-1)^{\ell}(q-1)^{\mu-\ell}\binom{n-\nu}{\mu-\ell}\binom{\nu}{\ell}x^{n-\mu}y^{\mu} \\
&= \frac{1}{|C|}\sum_{\mu=0}^{n}\sum_{\nu=0}^{n}a_\nu Q_\mu(\nu)x^{n-\mu}y^{\mu}.
\end{aligned}
\tag{3.13}
$$

したがって

$$
\boldsymbol{a}'=\frac{1}{|C|}\boldsymbol{a}Q \tag{3.14}
$$

と表すことができる．ここで Q は $H(n,q)$ の第2固有行列である（定理 2.86）．ここで定義したベクトル $\boldsymbol{a}$ はまさしく C の内部分布であるので C の双対分布 $\boldsymbol{a}^*$ は $\boldsymbol{a}^*=|C|\boldsymbol{a}'$ となっている．したがって双対符号 $C^\perp$ の最小距離 δ^* は Q-多項式スキームに対して定義 3.11 で定義した双対最小距離に一致している．したがって F_q^n の線形符号 C の双対分布 $\boldsymbol{a}^*=\boldsymbol{a}Q=(a_0^*,a_1^*,\ldots,a_n^*)$ において $a_1^*=a_2^*=\cdots=a_t^*=0$ を満たす最大の t に着目することになり，それが次に与える Q-多項式スキーム $\mathfrak{X}$ 上での t-デザインの定義につながるのである．この定義に従えば，必ずしも有限体上で

ない一般のハミングスキームの必ずしも線形でない符号に対しても t-デザインが定義できるわけで，さらに一般の対称なアソシエーションスキーム，特に Q-多項式スキームの場合に対してもまったく同様である．その理論を拡張できたことが Delsarte の仕事の出発点であり，大きな成功を収めたゆえんである．Delsarte は対称なアソシエーションスキームに対して必ずしも Q-多項式スキームになっていない場合も添字集合 $D^{\times} = D\backslash\{0\}$ の部分集合 T に対して T-デザインの概念を定義している．以下では特に Q-多項式スキームにおいて $T = \{1, 2, \ldots, t\}$ の場合について考察する．

Q-多項式スキーム $\mathfrak{X}$ 上での t-デザインの定義は次のように与えられる．

3.15 [定義] (Q-多項式スキーム上の t-デザイン)　X の空でない部分集合 Y に対して自然数 t が存在して $1 \leq i \leq t$ を満たす任意の i に対して $\boldsymbol{a}_i^* = 0$ が成り立つときに Y は ***t*-デザイン(*t*-design)** であるという[1]．

一般に X の空でない部分集合 Y に対して次数 s と強さ t を定義したが (定義 3.11)，Q-多項式スキームに対しては $s \geq \left[\frac{t}{2}\right]$ が成り立つことを定理 3.12 の系 3.13 で証明した．Q-多項式スキーム $\mathfrak{X}$ の t-デザイン Y に対して次の定理が成り立つ．

3.16 [定理]　Y を Q-多項式スキーム $\mathfrak{X}$ の t-デザインとし $e = \left[\frac{t}{2}\right]$ とすると次の (1) および (2) が成り立つ．

(1) $|Y| \geq m_0 + m_1 + \cdots + m_e$.

(2) 上記 (1) の不等式において等号が成立するならば Y の次数 $s = s(\boldsymbol{a}_Y) = e$ が成り立つ．さらに多項式

$$\Psi_e^*(z) = v_0^*(z) + v_1^*(z) + \cdots + v_e^*(z)$$

は $a_i \neq 0$ を満たすちょうど e 個の k に対応してちょうど e 個の θ_k^* 達を 0 点に持つ．ただし $v_i^*(z)$ は $\mathfrak{X}$ の Q-多項式スキームの構造を与える多項式である（したがって $Q_i(j) = v_i^*(\theta_j^*)$ が成り立っている）．

定理の証明に入る前に次の定義を与えておく．

3.17 [定義] (tight な $2e$-デザイン)　Y を Q-多項式スキーム $\mathfrak{X}$ の $2e$-デザインとする．定理 3.16 (1) の不等式において等号が成り立つときに Y を $\mathfrak{X}$ の **tight な $2e$-デザイン (tight $2e$-design)** と呼ぶ．

[1] 定理 3.10 により条件 $a_i^* = 0$ は条件 $E_i\psi_Y = 0$ と同値であったことに注意しておく．

3.18 [注意]　t が奇数の場合の tight な t-デザインの定義は少し複雑になる．本章の6節で解説および定義を行う．

定理 3.16 の証明　この定理の証明も線形計画法を用いて行う．Y を t-デザインとする．$\boldsymbol{b} = \frac{1}{|Y|}\boldsymbol{a}_Y^*$, $\boldsymbol{b} = (b_0, b_1, \ldots, b_d)$ とおく．$b_0 = \frac{1}{|Y|}a_0^* = 1$, $b_i = \frac{1}{|Y|}a_i^* \geq 0 (1 \leq i \leq d)$ である．$M = \{0, t+1, \ldots, d\}$ とおく．Y が t-デザインであるので $1 \leq i \leq t$ に対しては $b_i = \frac{1}{|Y|}a_i^* = 0$ が成り立っている．したがって任意の $k \in D$ に対して

$$\sum_{i \in M} b_i P_k(i) = \sum_{i=0}^{d} b_i P_k(i) = \sum_{i=0}^{d} \frac{1}{|Y|} \sum_{\ell=0}^{d} a_\ell Q_i(\ell) P_k(i) = \frac{|X|}{|Y|} a_k \geq 0,$$

したがって $\boldsymbol{b}$ は問題 (P, M) すなわち $g = \sum_{i \in M} b_i$ を最大にする問題のプログラムである．このとき $g = \frac{|X|}{|Y|}$ が成り立っている．次に

$$\Psi_e^*(z) = v_0^*(z) + v_1^*(z) + \cdots + v_e^*(z)$$

とおき，

$$\beta_j = \left(\frac{\Psi_e^*(\theta_j^*)}{K_e^*} \right)^2, \quad 0 \leq j \leq d$$

と定義する．$\Psi_e^*(\theta_0^*) = v_0^*(\theta_0^*) + v_1^*(\theta_0^*) + \cdots + v_e^*(\theta_0^*) = Q_0(0) + Q_1(0) + \cdots + Q_e(0) = m_0 + m_1 + \cdots + m_e = K_e^*$ が成り立つので $\beta_0 = \left(\frac{\Psi_e^*(\theta_0^*)}{K_e^*} \right)^2 = 1$ である．一方 $(\Psi_e^*(z))^2$ は次数が $2e$ であるので $(\Psi_e^*(z))^2 = \sum_{\ell=0}^{2e} c_\ell^* v_\ell^*(z)$ と表すことができる．このとき $i \in M^\times$ に対して

$$\begin{aligned}
\sum_{j \in D} \beta_j P_j(i) &= \frac{1}{{K_e^*}^2 m_i} \sum_{j \in D} \Psi_e^*(\theta_j^*)^2 Q_i(j) k_j \\
&= \frac{1}{{K_e^*}^2 m_i} \sum_{j \in D} \sum_{\ell=0}^{2e} c_\ell^* Q_\ell(j) Q_i(j) k_j \\
&= \frac{1}{{K_e^*}^2 m_i} \sum_{\ell=0}^{2e} c_\ell^* \sum_{j \in D} Q_\ell(j) P_j(i) m_i
\end{aligned} \tag{3.15}$$

となる．今 $e = [\frac{t}{2}]$ であるから $i \in M^\times$ であれば $i \geq t+1 > 2e$ が成り立ちしたがって (3.15) より

$$\sum_{j \in D} \beta_j P_j(i) = 0. \tag{3.16}$$

が成り立つ．したがって $\boldsymbol{\beta} = (\beta_0, \beta_1, \ldots, \beta_d)$ は問題 $(P, M)'$，すなわち

$$\gamma = \sum_{j \in D} \beta_j P_j(0)$$

を最小にする問題のプログラムである．次に

$$c_0^* = K_e^* \tag{3.17}$$

であることを示す．

$$\begin{aligned}\sum_{\ell=0}^{d} k_\ell (\Psi_e^*(\theta_\ell^*))^2 &= \sum_{\ell=0}^{d} k_\ell \sum_{i=0}^{e} \sum_{j=0}^{e} Q_i(\ell) Q_j(\ell) \\ &= \sum_{i=0}^{e} \sum_{j=0}^{e} \sum_{\ell=0}^{d} m_i P_\ell(i) Q_j(\ell) = |X| \sum_{i=0}^{e} m_i = |X| K_e^*. \end{aligned} \tag{3.18}$$

同様に

$$\begin{aligned}\sum_{\ell=0}^{d} k_\ell (\Psi_e^*(\theta_\ell^*))^2 &= \sum_{\ell=0}^{d} k_\ell \sum_{j=0}^{2e} c_j^* Q_j(\ell) \\ &= \sum_{j=0}^{2e} c_j^* \sum_{\ell=0}^{d} P_\ell(0) Q_j(\ell) = |X| c_0^*. \end{aligned} \tag{3.19}$$

したがって $c_0^* = K_e^*$ が成り立つ．このとき

$$\gamma = \sum_{j \in D} \beta_j P_j(0) = \frac{|X| c_0^*}{{K_e^*}^2} = \frac{|X|}{K_e^*} \tag{3.20}$$

が成り立つ．したがって $\frac{|X|}{|Y|} = g \leq \gamma = \frac{|X|}{K_e^*}$ が成り立ち，したがって $|Y| \geq K_e^* = m_0 + m_1 + \cdots + m_e$ を得る．等号が成立するときは $\boldsymbol{b}$ が問題 (P, M) の極大プログラムであり $\boldsymbol{\beta}$ が問題 $(P, M)'$ の極小プログラムである．したがって補題 3.5 の式 (3.2) より

$$\beta_j \left(\sum_{i \in M} b_i P_j(i) \right) = 0, \quad j \in D^\times$$

が成り立つ．$\sum_{i \in M} b_i P_j(i) = \frac{|X|}{|Y|} a_j$ であることに注意すると，$a_j \neq 0$ を満たす任意の $j \in D^\times$ に対して $\beta_j = 0$ すなわち $\Psi_e^*(\theta_j^*) = 0$ となる．$\Psi_e^*(z)$ は次数 e の多項式であり $\theta_0^*, \theta_1^*, \ldots, \theta_d^*$ は互いに異なる実数であるから $s \leq e$ が成り立つ．したがって $s = e = [\frac{t}{2}]$ が成り立っている．　■

2.4　Q-多項式スキームのデザインの強さと次数について

対称なアソシエーションスキームの部分集合に対して強さ t と次数 s の定義を与え

た (定義 3.11). これらの概念はボーズ・メスナー代数の隣接行列や原始ベキ等行列の並べ方に依存して決まる値である. 特にアソシエーションスキームが Q-多項式スキームであるときに Q-多項式の構造を与える原始ベキ等元達の並べ方に関して定義された強さと次数は非常に良い性質を持っていることを前小節でもすでに述べてきた. 本小節では Q-多項式スキーム $\mathfrak{X}$ の部分集合 Y の強さ t と次数 s に関する次の定理の証明を与える.

3.19 [定理]　　定義や記号の使い方は前述の通りとする. Y を Q-多項式スキーム $\mathfrak{X}$ の部分集合とする. Y の強さを t, 次数を s とする. また $e=[\frac{t}{2}]$ とおく. このとき次の (1) および (2) が成り立つ.

(1) $|Y| \leq m_0+m_1+\cdots+m_s$ が成り立つ.
(2) (1) で等号が成り立つならば $s=e$ となる. したがって定理 3.16 (1) の不等式において等号が成り立つ.

証明　定理 3.19 の証明も Delsarte の学位論文に従って解説する. 定理 2.26 の証明の中で見たようにボーズ・メスナー代数に含まれるすべての行列を同時に対角化するユニタリー行列 U がある. 今 $\mathfrak{X}$ は対称であるので U として直交行列をとることができる. このとき U の行は X で添字付けられている. U の列を添字付ける集合を X' とすると $|X'|=|X|$ を満たしている. ${}^tUE_iU=T_i$ は対角行列で対角成分は 1 がちょうど m_i 個, 0 がちょうど $|X|-m_i$ 個並んでいる. $X'_i=\{x\in X' \mid T_i(x,x)=1\}$ と定義すると $|X'_i|=m_i$ で $X'=X'_0\cup X'_1\cup\cdots\cup X'_d$ は X' の分割になっている. このとき各 i に対して $Y\times X'_i$ で添字付けられた $|Y|\times m_i$ 次行列 H_i を以下のように定義する.

$$H_i(x,y)=\sqrt{|X|}U(x,y), \quad (x,y)\in Y\times X'_i. \tag{3.21}$$

このとき H_0 はすべての成分が 1 となる $|Y|$ 次のベクトルである.

$$\begin{aligned}(H_i{}^tH_i)(x,y)&=\sum_{z\in X'_i}H_i(x,z)H_i(y,z)=|X|\sum_{z\in X'_i}U(x,z)U(y,z)\\&=|X|\sum_{z\in X}U(x,z)T_i(z,z)U(y,z)=|X|E_i(x,y)\\&=\sum_{\ell=0}^{d}Q_i(\ell)A_\ell(x,y)=\sum_{\ell=0}^{d}v_i^*(\theta_\ell^*)A_\ell(x,y)\end{aligned} \tag{3.22}$$

が成り立つ. ただしここで $\theta_\ell^*=Q_1(\ell)$, $Q_i(\ell)=v_i^*(\theta_\ell^*)$, v_i^* は Q-多項式スキームの構造を与える i 次の多項式である. Y の次数が s であるから Y の内部分布 $\boldsymbol{a}_Y=$

$(a_0, a_1, \ldots, a_d)$ に対して $\{\ell_1, \ell_2, \ldots, \ell_s\} \subset D^\times$ を $\{\ell_1, \ell_2, \ldots, \ell_s\} = \{\ell \mid a_\ell \neq 0, \ \ell \in D^\times\}$ となるように選べる．この添字の集合に $\ell_0 = 0$ を付け加えて $M = \{0, \ell_1, \ell_2, \ldots, \ell_s\}$ と定義しておく．次に，この記号のもとで多項式 $F(z)$ を定義する．

$$F(z) = \frac{|Y|}{\prod_{i=1}^{s}(\theta_0^* - \theta_{\ell_i}^*)} \prod_{i=1}^{s}(z - \theta_{\ell_i}^*) \tag{3.23}$$

このとき，

$$F(0) = F(\theta_{\ell_0}^*) = |Y| \tag{3.24}$$

が成り立つ．また F は $\theta_{\ell_1}^*, \theta_{\ell_2}^*, \ldots, \theta_{\ell_s}^*$ を零点として持つ z に関する s 次の多項式である．

$$F(z) = \sum_{j=0}^{s} f_j v_j^*(z), \quad f_j \in \mathbb{R}, \quad j = 0, 1, \ldots, s \tag{3.25}$$

と表示すると次の等式が成り立っている．

$$|Y| = F(\theta_0^*) = \sum_{j=0}^{s} f_j v_j^*(\theta_0^*) = f_0 m_0 + f_1 m_1 + \cdots + f_s m_s \tag{3.26}$$

ここで和 $\sum_{j=0}^{s} f_j H_j {}^t H_j$ を考える．(3.22) より次の等式を得る．

$$\begin{aligned}\sum_{j=0}^{s} f_j (H_j {}^t H_j)(x, y) &= \sum_{j=0}^{s} f_j \sum_{\ell=0}^{d} v_j^*(\theta_\ell^*) A_\ell(x, y) \\ &= \sum_{\ell=0}^{d} \sum_{j=0}^{s} f_j v_j^*(\theta_\ell^*) A_\ell(x, y) = \sum_{\ell=0}^{d} F(\theta_\ell^*) A_\ell(x, y).\end{aligned} \tag{3.27}$$

今 $(x, y) \in Y \times Y$ であるから得られた和 $\sum_{\ell=0}^{d} F(\theta_\ell^*) A_\ell(x, y)$ の ℓ の項は $R_\ell \cap (Y \times Y) \neq \emptyset$ のものだけが残る．したがって

$$\begin{aligned}\sum_{j=0}^{s} f_j (H_j {}^t H_j)(x, y) &= \sum_{i=0}^{s} F(\theta_{\ell_i}^*) A_{\ell_i}(x, y) \\ &= F(\theta_{\ell_0}^*) A_{\ell_0}(x, y) = \delta_{x,y} |Y|\end{aligned} \tag{3.28}$$

を得る．$|Y| \times (m_0 + m_1 + \cdots + m_s)$ 行列 H を $H = [H_0, H_1, \ldots, H_s]$ で定義する．また $(\cup_{i=0}^{s} X_i) \times (\cup_{i=0}^{s} X_i)$ で添字付けられた対角行列 Λ を $x \in X_i$ に対して $\Lambda(x, x) = f_i$ で定義すると (3.28) は行列の式として次のように表される:

$$H \Lambda {}^t H = |Y| I. \tag{3.29}$$

右辺は $|Y|$ 次の正則な行列であるから $f_i \neq 0$ $(0 \leq i \leq s)$ が成り立ち，$H\Lambda^t H$ の階数は $|Y|$ である．したがって H の階数は $|Y|$ でなければならず $|Y| \leq m_0 + m_1 + \cdots + m_s$ が示される．

(2) (1) において等号が成立する，すなわち $|Y| = m_0 + m_1 + \cdots + m_s$ と仮定する．(3.26) より

$$m_0 + m_1 + \cdots + m_s = f_0 m_0 + f_1 m_1 + \cdots + f_s m_s \tag{3.30}$$

が成り立つ．仮定より H は正則な行列となる．したがって

$$\Lambda^{-1} = \frac{1}{|Y|} {}^t HH \tag{3.31}$$

が成り立つ．${}^t HH$ は正定値対称行列であるから $f_i > 0$ が $i = 0, \ldots, s$ に対して成り立つ．特に $f_0 = 1$ となっている．次に任意の $i = 0, 1, \ldots, s$ に対して $0 < f_i \leq 1$ が成り立つことを示す．(3.23) により $\ell \in M^\times$ に対して $F(\theta^*_{\ell_i}) = 0$ が成り立ち，したがって (3.25) に $v^*_j(\theta^*_\ell) = Q_j(\ell)$ を代入すると

$$\sum_{j \in D} f_j Q_j(\ell) = 0 \tag{3.32}$$

が成り立つ．ただし $f_j = 0$ $(s + 1 \leq j \leq d)$ と定義する．次に和

$$\sum_{\ell \in M} a_\ell Q_i(\ell) \sum_{j \in D} f_j Q_j(\ell) \tag{3.33}$$

を二通りの方法で考える．ここで $\ell \in D^\times$ かつ $\ell \notin M$ に対して $a_\ell = 0$ となっていることに注意しておく．まず (3.32), (3.24) を用いると

$$\begin{aligned}\sum_{\ell \in M} a_\ell \sum_{j \in D} f_j Q_j(\ell) Q_i(\ell) &= \sum_{j \in D} f_j Q_j(0) Q_i(0) \\ &\quad + \sum_{\ell \in M^\times} a_\ell Q_i(\ell) \sum_{j \in D} f_j Q_j(\ell) \\ &= a_0 Q_i(0) \sum_{j \in D} f_j Q_j(0) = |Y| m_i\end{aligned} \tag{3.34}$$

となる．次に和 (3.33) を定理 2.22 (7)，命題 2.24 (3)，命題 3.6 などを使って計算すると次のようになる．

$$\sum_{\ell \in M} a_\ell Q_i(\ell) \sum_{j \in D} f_j Q_j(\ell) = \sum_{\ell \in D} a_\ell \sum_{j \in D} f_j \sum_{k \in D} q^k_{i,j} Q_k(\ell)$$

$$
\begin{aligned}
&= \sum_{k\in D}\sum_{j\in D} f_j q_{i,j}^k \sum_{\ell\in D} a_\ell Q_k(\ell) \\
&= \sum_{j\in D} f_j q_{i,j}^0 \sum_{\ell\in D} a_\ell Q_0(\ell) \\
&\quad + \sum_{k\in D^\times}\sum_{j\in D} f_j q_{i,j}^k \sum_{\ell\in D} a_\ell Q_k(\ell) \\
&= f_i m_i |Y| + \sum_{k\in D^\times}\sum_{j\in D} f_j q_{i,j}^k a_k^* \qquad (3.35)
\end{aligned}
$$

(3.34) および (3.35) より

$$
|Y| m_i (1 - f_i) = \sum_{k\in D^\times}\sum_{j\in D} f_j q_{i,j}^k a_k^* \qquad (3.36)
$$

が成り立つ．(3.36) の右辺の各項はすべて非負実数であるので $1 \geq f_i \geq 0$ が成り立つ．したがって (3.30) より $f_0 = f_1 = \cdots = f_s = 1$ が成り立つことがわかった．すなわち (3.29) の行列 Λ は単位行列であり ${}^t HH = H^t H = |Y| I$ が成り立つことがわかった．したがって $1 \leq i, j \leq s$ を満たす任意の整数 i, j に対して

$$
{}^t H_i H_j = \begin{cases} |Y| & i = j \text{ のとき}, \\ \mathbf{0} & i \neq j \text{ のとき}, \end{cases} \qquad (3.37)
$$

が導かれる．このとき行列 ${}^t H_i H_j$ の各成分の 2 乗の総和 $\|{}^t H_i H_j\|^2$ を計算する．

$$
\begin{aligned}
\|{}^t H_i H_j\|^2 &= \sum_{\substack{x\in X_i', \\ y\in X_j'}} (({}^t H_i H_j)(x,y))^2 = \sum_{\substack{x\in X_i', \\ y\in X_j'}} \left(\sum_{z\in Y} H_i(z,x) H_j(z,y) \right)^2 \\
&= \sum_{\substack{x\in X_i', \\ y\in X_j'}} \left(\sum_{z\in Y} H_i(z,x) H_j(z,y) \right) \left(\sum_{w\in Y} H_i(w,x) H_j(w,y) \right) \\
&= \sum_{z,w\in Y} \left(\sum_{x\in X_i'} H_i(z,x) H_i(w,x) \right) \left(\sum_{y\in X_j'} H_j(z,y) H_j(w,y) \right) \\
&= \sum_{z,w\in Y} |X|^2 E_i(z,w) E_j(z,w) \\
&= |X| \sum_{z,w\in Y} |X| (E_i \circ E_j)(z,w) \\
&= |X| \sum_{z,w\in Y} \sum_{\ell=0}^{d} q_{i,j}^\ell E_\ell(z,w) = |X| \sum_{\ell=0}^{d} q_{i,j}^\ell \, {}^t\psi_Y E_\ell \psi_Y \qquad (3.38)
\end{aligned}
$$

したがって任意の $0 \leq i \neq j \leq s$ に対して

$$\sum_{\ell=0}^{d} q_{i,j}^{\ell}\, {}^t\psi_Y E_\ell \psi_Y = 0 \tag{3.39}$$

が成り立つ．$q_{i,j}^{\ell}$ は非負実数であり ${}^t\psi_Y E_\ell \psi_Y = {}^t(E_\ell \psi_Y) E_\ell \psi_Y \geq 0$ であるから $0 \leq i \neq j \leq s, \ell \in D$ に対して

$$q_{i,j}^{\ell}\, {}^t\psi_Y E_\ell \psi_Y = 0 \tag{3.40}$$

が成り立つ．特に $1 \leq \ell \leq 2s-1$ とすれば $i+j=\ell$ を満たす $0 \leq i \neq j \leq s$ が存在する．$q_{i,j}^{i+j} > 0$ であるから

$${}^t\psi_Y E_\ell \psi_Y = 0, \quad \ell = 1, 2, \ldots, 2s-1 \tag{3.41}$$

が成り立つ．したがって $a_\ell^* = 0, \ell = 1, 2, \ldots, 2s-1$ を得る．すなわち Y は少なくとも $2s-1$-デザインになっている．次に $i = j = s$ とすると (3.37) および (3.38) より

$$\begin{aligned} m_s|Y|^2 &= \|{}^t H_s H_s\|^2 \\ &= |X| q_{s,s}^{0}\, {}^t\psi_Y E_0 \psi_Y + |X| q_{s,s}^{2s} ({}^t\psi_Y E_{2s} \psi_Y) \\ &= m_s|Y|^2 + |X| q_{s,s}^{2s} ({}^t\psi_Y E_{2s} \psi_Y) \end{aligned} \tag{3.42}$$

を得る．今, $\mathfrak{X}$ は Q-多項式スキームであるので $q_{s,s}^{2s} \neq 0$ である．したがって ${}^t\psi_Y E_{2s} \psi_Y = 0$ でなければならない．以上より任意の $1 \leq \ell \leq 2s$ に対して $E_\ell \psi_Y = \mathbf{0}$ が成り立つことがわかる．すなわち Y は $2s$ デザインであり $2s \leq t$ でなければならない．したがって定理 3.12 の系 3.13 より $s = [\frac{t}{2}] = e$ が導かれる． ∎

3. 古典的なデザインとジョンソンスキーム上のデザイン

第 2 章 10.3 小節ではジョンソンスキームを定義し，それが P- かつ Q-多項式スキームであることを解説した．本節では第 1 章 3 節で解説した古典的な t-(v, k, λ) デザインとジョンソンスキームにおける t-デザインとの関連を考える．以下では記号を古典的なデザインで用いた記号に合わせて，V を v 点集合としジョンソンスキームを V の k 点部分集合全体のなす集合 $X = \{x \mid x \subset V,\ |x| = k\}$ において考える．すなわち $R_i = \{(x, y) \in X \times X \mid |x \cap y| = k - i\}$ とし，$J(n, k) = (X, \{R_i\}_{0 \leq i \leq k})$ とする．$(V, \mathcal{B})$ を古典的な t-(v, k, λ) デザインとする．以下において古典的なデザインの概念はジョンソンスキームのデザインの概念と同値であることを解説する．具体的に言う

と，次の定理の証明を与える．t-(v,k,λ) デザインのブロックのなす集合 $\mathcal{B}$ は X の部分集合である．以下では $\mathcal{B}$ の代わりに X の部分集合 Y の記号を用いる．

3.20 ［定理］　Y をジョンソンスキーム $J(v,k)=(X,\{R_i\}_{0\le i\le k})$ の部分集合とする．このとき Y がジョンソンスキームの t-デザインであることと Y が何かある整数 $\lambda>0$ に対して t-(v,k,λ) デザインであることは同値である．

証明　この定理の証明には第 2 章 10.3 小節で定義したり証明したりした命題を多く使うので見比べて欲しい．まず Y が t-(v,k,λ) デザインであると仮定する．このとき $Y\subset V^{(k)}=X$ であることに注意しておく．今，$i\le t$ に対して V の i 点部分集合全体の集合を $V^{(i)}$ とする．このとき，第 2 章 10.3 小節の式 (2.33) で定義したように集合 $X\times V^{(i)}$ で添字付けられた行列 M_i を次のように定義する．$(x,\xi)\in X\times V^{(i)}$ に対して

$$M_i(x,\xi)=\begin{cases}1, & \xi\subset x \text{ のとき}\\ 0, & \xi\not\subset x \text{ のとき}.\end{cases} \tag{3.43}$$

第 1 章 3 節の命題 1.30 で証明されているように $0\le i\le t$ を満たす任意の整数 i に対して Y は i-(v,k,λ_i) デザインである．ここで

$$\lambda_i=\frac{\binom{v-i}{t-i}}{\binom{k-i}{t-i}}\lambda=|Y|\frac{\binom{v-i}{k-i}}{\binom{v}{k}}=\frac{|Y|}{|X|}\binom{v-i}{k-i} \tag{3.44}$$

となることもわかっている．特に $|Y|=\lambda_0=\frac{\binom{v}{t}}{\binom{k}{t}}\lambda$ であることに注意しておく．ψ_X および ψ_Y をそれぞれ X と Y の特性ベクトルとする．特に ψ_X はすべての成分が 1 である．今 $\xi\in V^{(i)}$ を任意に固定する．このとき

$$\begin{aligned}({}^tM_i\psi_Y)(\xi)&=\sum_{x\in X}M_i(x,\xi)\psi_Y(x)=\sum_{y\in Y}M_i(y,\xi)\\&=|\{y\in Y\mid \xi\subset y\}|.\end{aligned} \tag{3.45}$$

である．すなわち $({}^tM_i\psi_Y)(\xi)$ は ξ に含まれる i 個の点を含むような Y の点すなわちブロックの個数である．したがって，Y は i-(v,k,λ_i) デザインであるから $({}^tM_i\psi_Y)(\xi)=\lambda_i$ が成り立つ．一方 ψ_X に対しては次の等式が成り立つ．

$$({}^tM_i\psi_X)(\xi)=\sum_{x\in X}M_i(x,\xi)=|\{x\in X\mid \xi\subset x\}|=\binom{v-i}{k-i}. \tag{3.46}$$

(3.44), (3.45) および (3.46) より

$${}^tM_i\psi_Y=\frac{|Y|}{|X|}{}^tM_i\psi_X \tag{3.47}$$

が成り立つことがわかる．次に C_i を式 (2.29) で定義された行列とする．命題 2.92 では $C_i = M_i{}^t M_i, 0 \le i \le k$ が成り立つことが証明されている．したがって (3.47) より $0 \le i \le t$ を満たす任意の i に対して $C_i\psi_Y = \frac{|Y|}{|X|} C_i\psi_X$ が成り立つ．一方命題 2.101 により任意の $r \in D = \{0, 1, \ldots, k\}$ に対して $\langle C_0, C_1, \ldots, C_r \rangle = \langle E_0, E_1, \ldots, E_r \rangle$ が成り立っている．$E_i, i \in D$ のこの番号の付け方により $J(v,k)$ は Q-多項式スキームとなっていることに注意しておく．以上のことより $E_i\psi_Y = \frac{|Y|}{|X|} E_i\psi_X$ が任意の $i = 0, 1, \ldots, t$ に対して成り立つことがわかる．特に ψ_X がすべての成分を 1 とするベクトルであることに注意すると $i > 0$ に対しては $E_i\psi_X = \mathbf{0}$ が成り立つ．したがって $E_i\psi_Y = \mathbf{0}$ が $i = 1, 2, \ldots, t$ に対して成り立つことが示された．したがって定理 3.10 により Y は $J(v,k)$ の t-デザインである．

次に Y が $J(v,k)$ の t-デザインであると仮定して Y が古典的な t-(v,k,λ) デザインの構造を持つことを示す．仮定より，$0 \le i \le t$ を満たす任意の i に対して $E_i\psi_Y = \frac{|Y|}{|X|} E_i\psi_X$ が成り立つ．なぜならば $i \neq 0$ のときは両辺が $\mathbf{0}$ ベクトルになり，$i = 0$ のときは $E_0 = \frac{1}{|X|} J$ より $E_0\psi_Y = \frac{|Y|}{|X|}\psi_X = \frac{|Y|}{|X|} E_0\psi_X$ となるからである．したがってさっきの議論の逆をたどることにより $M_i{}^t M_i\psi_Y = \frac{|Y|}{|X|} M_i{}^t M_i\psi_X$ が成り立つことがわかる．したがって

$$(M_i{}^t M_i)(\psi_Y - \frac{|Y|}{|X|}\psi_X) = \mathbf{0}$$

が成り立つ．したがって ${}^t M_i(\psi_Y - \frac{|Y|}{|X|}\psi_X) = \mathbf{0}$，すなわち

$${}^t M_i\psi_Y = \frac{|Y|}{|X|} {}^t M_i\psi_X$$

が $i = 0, 1, \ldots, t$ に対して成り立つことがわかる．(3.45) より任意の $i \in D$ および $\xi \in V^{(i)}$ に対して $({}^t M_i\psi_Y)(\xi) = |\{y \in Y \mid \xi \subset y\}|$ であり $({}^t M_i\psi_X)(\xi) = |\{x \in X \mid \xi \subset x\}| = \binom{v-i}{k-i}$ であるから

$$({}^t M_i\psi_Y)(\xi) = \frac{|Y|}{|X|}\binom{v-i}{k-i} = |Y|\frac{\binom{v-i}{k-i}}{\binom{v}{k}} \tag{3.48}$$

が成り立つ．すなわち $\lambda_i = |Y|\frac{\binom{v-i}{k-i}}{\binom{v}{k}}$ とおくと Y は $0 \le i \le t$ を満たす任意の i に対して i-(v,k,λ_i) デザインになっている．∎

ハミングスキーム $H(d,q)$ の t-デザインは次に定義する**直交配列** (**orthogonal array**) と呼ばれる概念と同値になる．$H(d,q)$ の点の集合 $X = F \times \cdots \times F$ とするときに，X の部分集合 Y が次の条件を満たすときに直交配列と呼ばれる．すなわち，$z =$

$(z_1, z_2, \ldots, z_d) \in X$ と $D^{\times}$ の異なる t 個の整数からなる部分集合 $L = \{\ell_1, \ell_2, \ldots, \ell_t\}$ を任意に固定したときに $\{y = (y_1, y_2, \ldots, y_d) \in Y \mid y_\ell = z_\ell,\ \ell \in L\}$ に含まれる元の個数が z および L のとり方にかかわらず一定の値 λ になる．この定数 λ は直交配列の **index** と呼ばれる．t がこの性質を満たす最大の整数である場合に t は直交配列 Y の **strength** と呼ばれる．通常，直交配列 Y は，Y の各元を横ベクトルと考えて $|Y| \times d$ の型に配列して表される．ジョンソンスキームの場合と同様な議論を行うことにより Y が Q-多項式スキーム $H(d,q)$ の t-デザインであることと，直交配列としての strength が t または t より大きいことは同値であることが証明できる．これらのデザイン理論は，第 4 章において解説されるように，さらに一般化される．その一般化された議論の中の特別な場合として証明することができるのでここでの議論は読者の演習問題として残しておくことにする．

4. ハミングスキーム上の符号

第 1 章 5 節では有限体 F_q 上の（線形）符号を主に考えたがここでは一般にハミングスキーム $H(n,q)$ における符号を考える．第 2 章の例 2.6 で定義した記号を使う．F は q 個の元からなる有限集合とし，ここでは F に代数的な構造は考えない．q は素数ベキとは限らず 2 以上の自然数とする．そして $X = F^d$ 上にハミングスキーム $H(n,q)$ を定義する．$\partial(-,-)$ を $X = F^d$ 上のハミング距離とする．$c \in X$ と自然数 e に対して $\Sigma_e(c) = \{x \in X \mid \partial(x,c) \leq e\}$ を c の e-近傍という．$X = F^d$ の部分集合 C は $\{\Sigma_e(c) \mid c \in C\}$ が X の分割を与えるときに X の**完全 e-符号** (**perfect e-code**) であると呼ばれる．ハミングスキーム $H(d,q)$ における完全 e-符号の存在問題は符号理論の中でもかなりの歴史を持ち，色々と研究されてきた（[307]，[471, 472] など参照）．$H(n,2)$ の完全 e-符号 $(e \geq 2)$ の最初の完全な分類は Tietäväinen-Perko [473] (1971) による．また，q が素数ベキのときの（したがって特に $H(n,q)$ が有限体 $\mathrm{GF}(q)$ 上の n 次元ベクトル空間の構造を持つときを含む）$e \geq 2$ の完全 e-符号の存在問題は，Tietäväinen [471] (1973) などにより完全に解決された．$H(n,q)$ においては，次のような $e \geq 2$ の完全 e-符号 Y の例が知られている．

(1) $e \geq n$, すなわち $|Y| = 1$ のもの．（これを trivial な場合と呼ぶ．）

(2) e は任意の自然数 $n = 2e+1$, $q = 2$, $|Y| = 2$ のもの．（これを almost trivial な場合と呼ぶ．）

(3) $e = 3$, $n = 23$, $q = 2$, $|Y| = 2^{12}$．（2 元 Golay 符号と呼ばれ Mathieu 群 M_{23} と関係する．）

(4) $e=2,\ n=11,\ q=3,\ |Y|=3^6$.（3元 Golay 符号と呼ばれ Mathieu 群 M_{11} と関係する.）

3.21［注意］　[306, 116] など参照．他に群論と符号の間の関係については Ward [494] の仕事などが興味あると思われる．

$e \geq 2$ のときは，$H(n,q)$ の完全 e-符号は他には存在しないだろうと予想されている．

3.22［定理］(Tietäväinen (1973) [471]，部分的には van Lint など)　$e \geq 2$，かつ q が素数ベキならば，$H(n,q)$ における完全 e-符号は前記の (1)～(4) のいずれかに限る．

3.23［注意］　この Tietäväinen, van Lint の証明では，Lloyd 定理の他，**sphere packing condition** と呼ばれる（自明な）必要条件：

$$(1+k_1+\cdots+k_e)|X| \tag{3.49}$$

$$\text{ここで，}k_i=(q-1)^i\binom{n}{i},\quad |X|=q^n$$

を用いた．この条件を利用する際に q が素数ベキであるという条件がうまく使えるのである．

q が素数ベキでない一般の場合は取り扱いが難しいと考えられていた．しかし，$e=3$ および特別ないくつかの e に関して，素数ベキに限らない q に対する $H(n,q)$ の完全 e-符号の存在・非存在に関する Reuvers の学位論文 [392] (1977) などの仕事はなされている．坂内英一は各与えられた $e \geq 3$ に対して (n,q) を任意に動かしても完全 e-符号は高々有限個しか存在しないことを示した (1977)．本節の主目的はこの結果（すなわち次の定理）の解説である．

3.24［定理］(Bannai [21] (1977))　各 $e \geq 3$ に対して，ハミングスキームにおける自明でない完全 e-符号は存在しても高々有限個しかない．（すなわち，n, q が共に e のある関数によつて上からおさえられる．）

定理 3.24 の証明の概略（詳しくは [21] (1977) 参照）　証明は Lloyd 型定理のみを用いる．多項式

$$\Psi_e(x)=\sum_{j=0}^{e}(-q)^j(q-1)^{e-j}\binom{n-1-j}{e-j}\binom{x-1}{j}$$

の零点 $x_1, x_2, \ldots, x_e$ が「すべて整数となることはない」ことを言いたい．$\alpha = (x_1 + x_2 + \cdots + x_e)/e$, $x = \alpha + m$, $\Psi_e(x) := \Psi_e(\alpha + m) := (-1)^e F_e(m)$ とおき，m を変数と見る．このとき，

$$F_e(m) = \sum_{\substack{0 \le b \le e \\ 0 \le c \le e}} \beta_{b,c}(n-e)^c m^b, \quad (\beta_{b,c} \in Q[q])$$

と展開できることがわかるが，このとき，

$$\begin{aligned}
&(1)\ b + 2c > e \Longrightarrow \beta_{b,c} = 0, \\
&(2)\ b + 2c = e \Longrightarrow \beta_{b,c} = \left[(-1)^c \tbinom{e}{2c} \cdot (2c-1)!!\right] \tfrac{1}{e!} q^b (q-1)^c, \\
&(3)\ b + 2c = e - 1 \Longrightarrow \beta_{b,c} = \left[(-1)^{c-1} \tbinom{e-3}{2(c-1)} \cdot (2(c-1)-1)!!\right] \\
&\qquad\qquad \cdot \tfrac{e(e-1)(e-2)}{6} \cdot \tfrac{1}{e!} \cdot q^b (q-1)^c \cdot (q-2)
\end{aligned}$$

であることが，$\Psi_e(m)$ の母関数 (generating function) を用いることなどにより証明できる．（この部分の証明は非常にやっかいである．）なお，$(2r-1)!! = 1 \cdot 3 \cdot 5 \cdots (2r-1)$, $(-1)!! = 1$ と定義する．さて，Hermite 多項式 $H_n(x)$ を

$$H_n(x) := (-1)^n e^{-x^2/2} \cdot \frac{d}{dx}(e^{-x^2/2}) = \sum_{r=0}^{[n/2]} \binom{n}{r} (2r-1)!! x^{n-2r}$$

で定義すると（文献により Hermite 多項式の定義は表し方が少し異なることがある），上の (2), (3) の $\beta_{b,c}$ の右辺の大カッコの部分は，それぞれ e 次の Hermite 多項式の $e-2c$ 次の係数，$e-3$ 次の Hermite 多項式の $e-3-2(c-1)$ 次の係数であることがわかる．このことから，

$$\varphi_{e,i}(m) = \sum_{b+2c=i} \beta_{b,c}(n-e)^c m^b$$

とおくと

$$\begin{aligned}
F_e(m) &= \varphi_{e,e}(m) + \varphi_{e,e-1}(m) + (\text{残りの項}), \\
\varphi_{e,e}(m) &= \frac{1}{e!}\{(n-e)(q-1)\}^{e/2} \cdot H_e\left(\frac{q}{\sqrt{(n-e)(q-1)}} m\right), \\
\varphi_{e,e-1}(m) &= \frac{1}{e!} \cdot \frac{e(e-1)(e-2)}{6} \{(n-e)(q-1)\}^{(e-3)/2} \\
&\quad \cdot H_{e-3}\left(\frac{q}{\sqrt{(n-e)(q-1)}} m\right)(n-e)(q-1)(q-2),
\end{aligned} \tag{3.50}$$

である．さて，$\beta = \sqrt{(n-e)(q-1)}/q$ とおいて $\beta \to +\infty$ のときの状況を考える．$\Psi_e(x)$ の零点を $x_{(i)}$（番号をつけかえて，$i = \pm[e/2], \ldots, \pm 1, (0)$ とする，ただし $x_{(0)}$ は e が奇数のときのみあらわれる）とする．また $H_e(x)$ の零点を

$$\xi_{-[e/2]} < \cdots < \xi_{-1} < (\xi_0) < \xi_1 < \cdots < \xi_{[e/2]}$$

とおく．このように定義しておくと $\beta \to +\infty$ のときに

$$x_{(i)} \longrightarrow \alpha + \beta\xi_i + \lambda_i$$

（差が0に近づくという意味）となることがわかる．ここで

$$\lambda_i = \frac{(q-2)}{q}\left(\frac{e-1}{6} - \frac{\xi_i^2}{6}\right)$$

である．e が大きいとき，$x_{(1)}, x_{(2)}, x_{(-1)}, x_{(-2)}$ の位置を図示すると次のようになる．

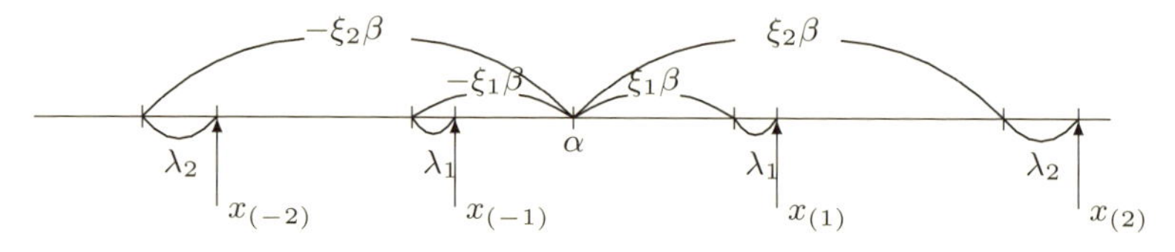

このとき，$x_{(1)} + x_{(-1)} - x_{(2)} - x_{(-2)} = [(q-2)/q] \cdot (2/6) \cdot (\xi_2^2 - \xi_1^2)$ となる．さて，$q = 2$ のときは Tietäväinen-Perko [473]（[307, 422] も参照）によりすでに解決されているので以下では $q > 2$ の場合のみを考える．Hermite 多項式の零点はその近似値がかなりよく知られている．特に e が少し大きいときは，

$$0 < \frac{q-2}{q} \cdot \frac{2}{6}(\xi_2^2 - \xi_1^2) < 1$$

が成り立つ．このことから，$\beta \to +\infty$ のとき，Lloyd 型定理に矛盾するので，β は e のある関数で上から押さえられることが示される．このとき，n, q がともに e だけによる関数で上から押さえられることは比較的容易に示される．e が小さいとき（ただし $e \geq 3$）は，少し特別な考察が必要だが同様にできる．したがって定理 3.24 の証明は完成する．（$q = 2$ のときは，実は $x_{(i)}$ 達は α に関して完全に対称になり，上で述べたズレを調べる方法は用いられない．しかし逆に他の方法が利用できるのである．）　■

3.25 ［注意］　n, q をおさえる e の関数を具体的に求めることは可能であるが，Bannai [21] (1977) では求められてはいなかった．

定理3.24で用いられた方法はBestの学位論文[85] (1982)において精密化され「高々有限個」という制限を落とすことができた．ただし，Bestの論文では $e=6$ および $e=8$ の場合が残されていたがHongはこれらの残された場合も完全に解決し非存在を示した[227, 228] (1984)．$q=2$，あるいは q が素数ベキの場合にはsphere packing条件(3.49)とLloyd型定理の両方を用いている．一方，q が必ずしも素数ベキではない場合のBannai-Best-Hongの方法では定理3.24の証明の概略を眺めてみるとわかるように，Lloyd型定理のみを用いている．正確に言うと $q=2$ の場合はLloyd多項式の零点が平均に対して対称なのでずれを調べる方法は適用できないのである．ハミングスキームは自己双対的，すなわち $P=Q$ が成り立つ．したがって完全 e-符号に対するLloyd型多項式とtightな $2e$-デザインに対するLloyd型多項式の双対多項式は（Wilson多項式とも呼ばれている）まったく同じ多項式になる．したがってBannai-Best-Hongの結果は $q\neq 2$ の場合の $H(n,q)$ の $e\geq 3$ に対するtightな $2e$-デザインの分類問題もほとんど同時に解決しているのである．

3.26 [注意]（いくつかの注意）

(1) $q=2$ の場合のtightな $2e$-デザインの分類問題は完全には終わっていない．（Delsarteの学位論文参照.）自明なもの以外は存在しないことが予想されている．

(2) t が小さいときの，ハミングスキームのtightな t-デザインの例外は野田隆三郎の論文[368, 369]で考察されている．$t=3,4$ および5の残った場合はまだ解決されていないと思われる．

(3) 一般の $H(n,q)$ の完全1-符号は非常に多くの例が知られており分類問題は困難と見られる．多くの参考文献があるが特に[315, 180頁]を参照されたい．

(4) $H(n,q)$ の完全2-符号の分類はまだ完成されていない．q が素数ベキの場合は定理3.22ですでに述べたように解決されている（Tietäväinen, 1973年）．q がちょうど二つの異なる素因数を持つ場合 ($q=p_1^{r_1}p_2^{r_2}$)，ちょうど三つの異なる素因数を持つ場合 ($q=p_1^{r_1}p_2^{r_2}p_3^{r_3}$) はそれぞれ[472]，[288]で解決されている．いずれも非存在定理であり完全2-符号は本節の始め（157, 158頁）に述べた例(1)〜(4)以外には非存在が予想されている．

5. ジョンソンスキームにおけるtightなデザイン

Q-多項式スキームのtightな t-デザイン（特に t が偶数の場合）の一般論はDelsarte理論の重要部としてすでに本章2節で述べた．ここでは特にジョンソンスキーム $J(v,d)$

の場合を考える．

5.1　tight なデザインの存在・非存在問題

$V=\{1,2,\ldots,v\}$, $X=\binom{V}{d}$（V の d 個の元からなる部分集合全体）とする．ここでは $1\le t\le d\le\frac{v}{2}$ を仮定する．$(X,\{R_i\}_{0\le i\le d})$ をジョンソンスキーム $J(v,d)$ とする．$2e$-デザイン $Y\subset X$ が tight であるとは $|Y|=m_0+m_1+\cdots+m_e=\sum_{i=0}^{e}(\binom{v}{i}-\binom{v}{i-1})=\binom{v}{e}$ が成り立つことと定義した．一般に $2e$-デザイン Y に対しては Fisher 型不等式，$|Y|\ge\binom{v}{e}$ が成り立つ．この不等式は最初に Petrenjuk [384] により $e=2$ の場合に得られた．その後 Ray-Chaudhri と Wilson により一般の場合にも成り立つことがアナウンスされた (1971, Notice of AMS)．詳しい証明は Ray-Chaudhuri-Wilson [390] にある．Delsarte (1974) も証明を与えており，また永尾汎の本 [355] に述べられているように野田-坂内も 1972 年頃独立に同じ結果を得ている．定理 3.14 からわかるように $J(v,d)$ において tight な $2e$-デザインが存在するならば次の Lloyd 型定理が成り立つ．

3.27 [定理]（ジョンソンスキームの Lloyd 型定理）　ジョンソンスキーム $J(v,d)$ において tight な $2e$-デザインが存在するならば多項式

$$\Psi_e(x)=\sum_{i=0}^{e}(-1)^{e-i}\frac{\binom{v-e}{i}\binom{k-i}{e-i}\binom{k-1-i}{e-i}}{\binom{e}{i}}\binom{x}{i}$$

の e 個の零点はすべて正の整数でなければならない．この多項式 Ψ_e は **Wilson 多項式**あるいは **Ray-Chaudhuri-Wilson 多項式**とも呼ばれる．

$e=1$ の場合，すなわち，tight な 2-デザインであることは $b=v$ $(b=|Y|)$ であることであり，これは対称な 2 デザイン (symmetric design) であることと同値である（第 1 章 3 節，定義 1.37）．非常に多くの対称なデザイン（対称 2-デザイン）の存在が知られており，分類は困難である（問題外である）．

$e=2$ の場合は tight な 4-デザインである．自明でない 4-デザインの中では **Witt デザイン** 4-$(23,7,1)$ およびその補デザインである 4-$(23,16,52)$（この場合は $d\le\frac{v}{2}$ は成り立たないが）のみが知られている tight な 4-デザインであった．この分類は伊藤昇 [235, 236] により開始され榎本-伊藤昇-野田 [174] により解決された．正確にはその後の Bremner [108] および Stroeker [430] による整数論の不定方程式（楕円関数に関する方程式）$3x^4-4y^4-2x^2+12y^2-9=0$ の整数解の決定により完全に解決された（本節の最後に野田隆三郎による詳しい証明をのせておく）．$e=3$ の場合の自明

でない tight なデザイン（すなわち tight な 6-デザインの場合）の非存在は Peterson [383] による．証明は比較的簡明である．次の定理は $e \geq 4$ の場合を取り扱う．

3.28 [定理] (Bannai [22] (1977))　各 $e \geq 4$ に対して，自明でない tight な $2e$-デザインは存在しても高々有限個である．

定理 3.28 の証明の概略　証明はやはり Lloyd 型定理を用いる．「多項式 $\Psi_e(x)$ の e 個の零点のすべてが整数であることはない」ということを言いたい．証明の方針は驚くほど定理 3.24（$H(n,q)$ の完全 e-符号）の証明と類似している．実際，零点の第 1 近似，第 2 近似を求める際 Hermite 多項式がまったく同様な役割で本質的にあらわれる．今度の場合は多項式 $\Psi_e(x)$ の形が非常にやっかいであり，それが途中の色々な計算を非常に難しくしている．$v = 2k \pm 1$ のときは $v \neq 2k \pm 1$ の場合と異なり（定理 3.24 の証明における $q = 2$ の場合がそうであるように）零点の分布がその平均に関して完全に対称であり，零点のズレを調べるという（定理 3.24 の証明に見られる）方法は用いられない．しかしその場合は Schur による素数分布についての一結果を用いて非存在が示される．詳しくは [22] を参照されたい．（[22] では $e \geq 5$ に対してのみ証明が与えられている．）$e = 4$ に対する証明も Bannai-T. Ito（未発表）でなされているが，残っている有限個の可能性を全部消したいのだが消せなくて，今のところ未発表である（整数論の不定方程式の整数解に関する困難がある）．この問題はその後長い間進展がなかったが，最近になって Dukes と Short-Gershman [168] により $5 \leq e \leq 9$ の場合に非存在が示された．彼らの方法は [22] の議論の精密化である．また $e = 4$ の場合は Z. Xiang の未発表の結果で解決されている．$e \geq 10$ の場合は現在の時点（2013 年 8 月）では未解決である．∎

3.29 [注意]　ジョンソンスキーム $J(v,k)$ における完全 e-符号の存在問題は今のところまったく未解決である．この場合，多項式 $\Psi_e(x)$ の零点はある種の対称性を持ち，ズレを調べるという方法は用いられない．また，不定方程式の話に持ち込んでも，3 変数となり取り扱いが難しい．部分的結果については [23] 参照．さらに，その後いくつかの部分的な結果は得られている（[176, 395, 414] など参照）．定理 3.24 のハミングスキームの場合のような拡張は何も知られていない．読者の挑戦を期待する．

3.30 [注意]　t-重可移な自己同型群を持つ tight な t-デザインの存在問題は多重可移群の立場から非常に興味深い．$2s$-重可移群を自己同型群に持つ $2s$-デザインについては一般化された Fisher の不等式は対称群の表現論を用いても簡単に証明される．そのことが，野田隆三郎による影響とともに，坂内英一がこの方面のことに興味を持ち

始めたのである (1972年頃).

G を $\Omega=\{1,2,\ldots,n\}$ 上の $2s$-重可移群, $\Delta=\{1,2,\ldots,s\}$ の集合としての固定部分群を H とおく. (すなわち, $H=\{g\in G \mid \Delta^g=\Delta\}$) このとき, G の部分群 K で $(1_H)^G=(1_K)^G$ を満たし ($(1_H)^G$ は部分群 H の恒等指標の G への誘導指標を表わす), かつ H と共役でないものが存在すれば, それから自然に自明でない tight な $2s$-デザインができる. 逆に $2s$-重可移群を自己同型に持つ自明でない tight な $2s$-デザインが存在すれば, その一つのブロックの集合としての固定部分群 K は上の条件を満たす. $s=1$ のときは良く知られている. 多重可移群の分類を用いれば, それは有限単純群の分類を用いることになるので用いたくないのだが, tight な $2e$-デザインを生じさせるような $2e$-重可移群 $(e\geq 2)$ は M_{23} 以外に存在しないことがわかる.

3.31 [注意]　$t=2e+1$ の場合の tight な t-デザインをどう定義するかは微妙である. Ray-Chaudhuri-Wilson [390] において, t が奇数のとき, 1点をとめた $(t-1)$-デザインに対して Fisher 型不等式を適用すれば $b\geq \frac{v}{d}\binom{v-1}{[\frac{t}{2}]}$ が得られることがわかっており, この不等式を等号で満たすものを tight な t-デザイン (奇数) と定義するのが自然であると思われる. $d\leq \frac{v}{2}$ と仮定してよいので, $b\geq 2\binom{v-1}{[\frac{t}{2}]}$ が一般に成り立つ. この不等式で等号が成り立つもののみを tight な $t=(2s+1)$-デザインと呼ぶのは少し条件が強すぎるように思う (このあとの本章6節参照).

5.2　ジョンソンスキームにおける tight な 4-デザインの分類問題

以下 $(V,\mathcal{B})$ はジョンソンスキーム $J(v,k)$ における tight な 4-デザインとする. $(V,\mathcal{B})$ は自明でないとする. 以下 $k\leq\frac{v}{2}$ と仮定する. $k>\frac{v}{2}$ のときは補デザインも tight な 4-デザインになることに注意しよう. 本小節では次の定理の証明を与える.

3.32 [定理] (榎本-伊藤昇-野田 [174])　ジョンソンスキームにおける自明でない tight な 4-デザインは 4-(23, 7, 1) デザインおよびその補デザイン 4-(23, 16, 52) に限る.

3.33 [注意]　この定理の証明は伊藤昇 [235, 236] で始まりその不備を榎本-伊藤-野田 [174] (1979年) で修正するという形で最終的に解決された. 1ヶ所不定方程式の解についての数論的結果 (Bremner [108], Stroeker [430]) を用いている. ここで与える証明は [174] の直後に書かれた野田隆三郎による未発表のノートに基づいている. そのノートの内容をここで用いることを許可して下さった野田氏に感謝する. 最終的に不定方程式の話に持ち込むところは [174] と同様であるが, [235, 236, 174] を合わせた証明に比べると直裁的かつ読みやすくなっていると思う.

以下定理 3.32 の証明を (A)〜(K) の段階に分けて行って行く.

(A) 二つの異なるブロックの intersection の大きさを i と j とする. $i<j$ を仮定しておく. このとき i, j は次の 2 次方程式の根になる.

$$X^2-\left(\frac{2(k-1)(k-2)}{v-3}+1\right)X+\frac{k(k-1)^2(k-2)}{(v-2)(v-3)}=0, \tag{3.51}$$

(B)

$$(v-2)(v-3)\Big|2k(k-1)(k-2). \tag{3.52}$$

証明　$b=\lambda_0=\binom{v}{2}$ だから $\lambda_4=\frac{k(k-1)(k-2)(k-3)}{2(v-2)(v-3)}$ は整数になる. したがって $2\lambda_4=\frac{k(k-1)(k-2)(k-3)}{(v-2)(v-3)}$ は整数になる. 一方 (A) より $\frac{k(k-1)^2(k-2)}{(v-2)(v-3)}$ は整数であるから $\frac{k(k-1)^2(k-2)}{(v-2)(v-3)}-\frac{k(k-1)(k-2)(k-3)}{(v-2)(v-3)}=\frac{2k(k-1)(k-2)}{(v-2)(v-3)}$ も整数である. ■

(C) $(j-i)|(k-j)$.

証明　点とブロックの incidence matrix を A とし, ブロックとブロックの間の隣接行列を N とおく. すなわち A は $v\times b$ 行列で各成分は次のように定義される.

$$A(p,B)=\begin{cases}1 & p\in B \text{ のとき},\\ 0 & p\notin B \text{ のとき},\end{cases}$$

N は $b\times b$ 行列で各成分は次のように定義される.

$$N(B,C)=\begin{cases}1 & |B\cap C|=i \text{ のとき},\\ 0 & |B\cap C|\neq i \text{ のとき}.\end{cases}$$

このとき次の等式が成り立つ. (E は単位行列,J はすべての成分が 1 の行列)

$$^tA\,A=kE+iN+j(J-E-N)=(k-j)E+(i-j)N+jJ$$

$^tA\,A$ は固有値に 0 を含むので $(k-j)+(i-j)\alpha=0$ が成り立つ. ここで α は N の固有値である. N の固有値は整数であるので $\frac{k-j}{j-i}$ は整数である. ■

(D) 整数 e および a を $e=\frac{k-j}{j-i}$ (≥ 0), $a=j-i$ (>0) で定義すると $e\geq a$ が成り立つ.

証明　$e < a$ として矛盾を導く．$e \leq a - 1$ したがって $\frac{k-j}{a} \leq a - 1$．したがって $k - \frac{i+j+a}{2} \leq a(a-1)$．したがって $2k - (i+j) \leq 2a(a-1) + a$．さらに $2(k-1) - (i+j-1) + 1 \leq 2a^2 - a$，したがって

$$2(k-1) - (i+j-1) \leq 2a^2 - a - 1 \leq 2(a^2 - 1) \tag{3.53}$$

を得る．一方 (A) より

$$i + j - 1 = \frac{2(k-1)(k-2)}{v-3}, \tag{3.54}$$

$$ij = \frac{k(k-1)^2(k-2)}{(v-2)(v-3)} \tag{3.55}$$

であるので $a^2 = (j-i)^2 = (i+j)^2 - 4ij$ より

$$a^2 - 1 = \frac{4(k-1)(k-2)(v-k-2)(v-k-1)}{(v-2)(v-3)^2} \tag{3.56}$$

を得る．したがって (3.53) より

$$\frac{(-k+v-1)}{(v-3)} \leq \frac{4(k-2)(-k+v-2)(-k+v-1)}{(v-3)^2(v-2)}$$

したがって

$$\begin{aligned}(v-2)(v-3) &\leq 2(k-2)\cdot 2(v-k-2)\\ &\leq \left(\frac{2(k-2)+2(v-k-2)}{2}\right)^2 = (v-4)^2\end{aligned}$$

を得るがこれは不可能である．■

(E) $a > 1$ かつ次の等式が成り立つ．

$$v - 2 = \frac{(2ea+a-1)(2ea+a-3)}{a^2-1}. \tag{3.57}$$

このとき $v = 4e^2 + 4e - 1 + \frac{4(e-a)(e-a+1)}{a^2-1}$ が成り立つ．したがって $\frac{4(e-a)(e-a+1)}{a^2-1}$ は整数である．

証明　定義より $a \geq 1$ であるが $a = 1$ とすると (3.56) より $k = 1, k = 2, v = k+1$，または $v = k+2$ が成り立たなければならないので自明なデザインとなる．したがって $a > 1$ となる．このとき (3.56) より

$$v - 2 = \frac{4(k-1)(k-2)(v-k-2)(v-k-1)}{(a^2-1)(v-3)^2}$$

となる．一方

$$
\begin{aligned}
(2ea+a-3) &= 2(k-j)+(j-i)-3 \\
&= 2(k-2)-(i+j-1) = 2(k-2)\left(1-\frac{k-1}{v-3}\right)
\end{aligned}
$$

および

$$
\begin{aligned}
2ea+a-1 &= 2(k-j)+(j-i)-1 \\
&= 2(k-1)-(i+j-1) = 2(k-1)\left(1-\frac{k-2}{v-3}\right)
\end{aligned}
$$

となり (3.57) が成り立つことがわかる． ∎

(F) $p=v-2k$ とおくと $p^2=(v-2)^2-2(2ea+a-1)(v-3)$ となる．

証明　(E) の証明からわかるように

$$
\begin{aligned}
2ea+a-1 &= \frac{2(k-1)(v-k-1)}{v-3} \\
&= \frac{2(\frac{v-p}{2}-1)(\frac{v+p}{2}-1)}{v-3} = \frac{(v-2)^2-p^2}{2(v-3)}
\end{aligned}
\tag{3.58}
$$

∎

(G) $m=\frac{4(e-a)(e-a+1)}{a^2-1}$ とおくと (E) より m は整数であり，次の条件が成り立つ．

$$
(2ea+a-1)\,\big|\,(m-3)(a^2-1), \tag{3.59}
$$

$$
(2ea+a-1)\,\big|\,(m-3)(2e-a+1) \tag{3.60}
$$

証明　(3.54) および (3.52) より $(v-2)|k(i+j-1)$ である．一方，e および a の定義より

$$
i+j-1 = 2k-1-2(k-j)-(j-i) = v-p-1-2ea-a \tag{3.61}
$$

$k=\frac{v-p}{2}$ であるから $(v-2)\big|\frac{(v-p)}{2}(v-p-1-2ea-a)$ となる．$(v-p-1-2ea-a)=(v-2)-(p-1+2ea+a)$ であるから

$$
(v-2)\;\Big|\;\frac{1}{2}(v-p)(p-1+2ea+a) \tag{3.62}
$$

が成り立つ．次に

$$(v-2)^2 \mid (2ea+a-1)(2ea+a-3)^2 \tag{3.63}$$

を示したい．(3.62) の右辺を変形する．

$$\begin{aligned}(v-p)(p-1+2ea+a) &= (v-2-(p-2))(p-1+2ea+a)\\ &= (v-2)(p-1+2ea+a)-(p-2)(p-1+2ea+a)\end{aligned}$$

となる．さらに (F) を使って変形すると $(p-2)(p-1+2ea+a) = (2ea+a-3)p-(v-2)(-v+2a+4ea)$ が成り立つので (3.62) は

$$\begin{aligned}2(v-2) \mid &((v-2)(p-1+2ea+a)\\ &+(v-2)(-v+2a+4ea)-(a+2ea-3)p)\end{aligned} \tag{3.64}$$

を導く．$v-2$ が偶数であれば定義より p は偶数であり (3.58) より $2ea+a-1$ も偶数である．したがって $2(v-2)|(2ea+a-3)p$，したがって $4(v-2)^2|(2ea+a-3)^2p^2$，が成り立たなければならない．再び (F) より

$$4(v-2)^2 \mid (2ea+a-3)^2((v-2)^2-2(2ea+a-1)(v-3)),$$

さらに $2ea+a-3$ は偶数であること，$v-2$ と $v-3$ は互いに素であることより目的の条件 (3.63) が成り立つことがわかる．一方，$v-2$ が奇数であれば素因数 2 を気にしなくて良くなり，(3.64) より $(v-2)|(2ea+a-3)p$，したがって $(v-2)^2|(2ea+a-3)^2p^2$ を得る．$v-2$ と $v-3$ が互いに素であるので (F) より (3.63) が成り立つことがわかる．

この条件 (3.63) と (E) を用いると，$(2ea+a-1)|(a^2-1)^2$ が成り立つ．$2ea+a-1 = a(2e-a+1)+(a^2-1)$ と表すことにより $2ea+a-1$, $2e-a+1$ および a^2-1 の最大公約数の間に

$$\begin{aligned}(2ea+a-1, a^2-1) &= (a(2e-a+1), a^2-1)\\ &= (2e-a+1, a^2-1)\end{aligned} \tag{3.65}$$

の等式が成り立つことがわかる．したがって $(2ea+a-1)|(2e-a+1)^2$ が示せる．さらに $(2e-a+1)^2 = (4e^2+4e+(a^2-1)-2(2ea+a-1))$ であるから

$$(2ea+a-1)|(4e^2+4e+(a^2-1)) \tag{3.66}$$

となる．一方，定義より $(m-3)(a^2-1) = 4e^2+4e+(a^2-1)-4(2ea+a-1)$ であるので (3.59) を得る．次に $(2ea+a-1)$ と a^2-1 をともに割り切る整数は $(2e-a+1)$ を割り切らなければならないので (3.60) を得る．　■

(H) $2e \leq a^2 + a - 2$ が成り立つ.

証明　(3.66) より $(2ea+a-1)|(4e^2+4e+a^2-1)a$ が成り立つ. さらに $(4e^2+4e+a^2-1)a = 2e(2ea+a-1)+(2ea+a-1)+2e+a^3-2a+1$ が成り立つので $(2ea+a-1)|(2e+a^3-2a+1)$ が成り立つ. したがって $2ea+a-1 \leq 2e+a^3-2a+1$, さらに $2e(a-1) \leq a^3-3a+2 = (a^2+a-2)(a-1)$ を得る. このとき, $a > 1$ であるので $2e \leq a^2+a-2$ を得る. ■

(I) $m = 0$ であればデザインのパラメーターは 4-$(23, 7, 1)$ である. $m = 1$, $m = 2$ となる場合は起こらない. さらに $m \geq 3$ であれば $m = 3$ または $2e = a^2 + a - 2$ かつ $m = a(a-2)$ が成り立つ.

証明　(D) より $m \geq 0$ である. $m = 0$ とする.

このとき $e = a$ でなければならない. したがって (3.59) より $(2e-1)|3(e-1)$ が成り立つ. $(2e-1)$ と $(e-1)$ は互いに素であるので $(2e-1)|3$ が成り立つ. このとき $e = a > 1$ であるので $e = 2$ が成り立つ. したがってデザインのパラメーターは 4-$(23, 7, 1)$ である. これは仮定に矛盾する.

$m = 1$ として矛盾を示す.

$\frac{4(e-a)(e-a+1)}{a^2-1} = 1$ となるが $e \geq a$ であるので $e = \frac{3a-1}{2}$ となるがこのとき $2ea + a - 1 = 3a^2 - 1$, $(m-3)(a^2-1) = -2a^2 + 2 = -3a^2 + 1 + a^2 + 1$ であるから (3.59) より $(3a^2-1)|(a^2+1)$ となる. しかし $a > 1$ であるからこれは矛盾する.

$m = 2$ とすると矛盾することを示す.

このとき (3.59) より $(2ea+a-1)|(a^2-1)$. しかし $(2ea+a-1) \geq 2a^2+a-1 > a^2-1$ となるから矛盾する.

$m > 3$ として $2e = a^2 + a - 2$ かつ $m = a(a-2)$ が成り立つことを示す.

このとき $s = \frac{(m-3)(2e-a+1)}{2ea+a-1}$, $r = \frac{(m-3)(a^2-1)}{2ea+a-1}$ とおく. (3.59), (3.60) より s, r はともに正の整数である. 条件 $2e = a^2 + a - 2$ は $s = r$ と同値であるから $s = r$ が成り立つことを示そう. (H) より $s \leq r$ が成り立つ. 定義より $sa + r = m - 3$ および $\frac{s}{r} = \frac{2e-a+1}{a^2-1}$, および $m = \frac{4(e-a)(e-a+1)}{a^2-1}$ が成り立つ. これら三つの等式を使って m と e を消去すると

$$s^2a^2 - rs(r+2)a - (s^2 + r^3 + 2r^2) = 0$$

したがって

$$a = \frac{2r + r^2 + \sqrt{r^2(r+4)^2 - 4(r^2 - s^2)}}{2s}$$

したがって $r^2(r+4)^2-4(r^2-s^2)$ は平方数でなければならない．$d \geq 0$ かつ $d^2 = r^2(r+4)^2-4(r^2-s^2)$ とおく．$r \geq s \geq 1$ であるから $d \leq r(r+4)$ が成り立つ．また，定義より $d^2 = r^2(r+4)^2-4(r^2-s^2) = (r(r+4)-2)^2+4s^2+16r-4 > (r(r+4)-2)^2$. したがって $d = r(r+4)-1$ または $r(r+4)$ でなければならない．$d = r(r+4)-1$ とすると $s^2 = \frac{1}{4}(2(r^2-4r)+1)$ となり s が整数であることに反する．したがって $d = r(r+4)$ でなければならない．このとき $s = r$ となる．したがって $2e = a^2+a-2$ かつ $m = a(a-2)$ が成り立つ． ∎

(J) $m = 3$ は起こらない．

証明　$m = 3$ とすると，(E) と (G) より $v = 4e^2+4e+2 = (2e+1)^2+1$ となる．また，$4(e-a)(e-a+1) = 3(a^2-1)$. したがって，$(4e+2-a)^2 = 3(2e+1)^2-2$ が成り立つ．したがって，$a = 2(2e+1)-\sqrt{12e^2+12e+1}$ となる．このとき

$$
\begin{aligned}
&2e-a+1 = \sqrt{12e^2+12e+1}-(2e+1), \\
&2(v-2) = (\sqrt{12e^2+12e+1}-(2e+1))(\sqrt{12e^2+12e+1}+(2e+1)). \\
&2(2ea+a-1) = (\sqrt{12e^2+12e+1}-(2e+1))^2.
\end{aligned}
$$

したがって (F) より

$$
\begin{aligned}
4p^2 &= 4(v-2)^2-8(2ea+a-1)(v-3) \\
&= (\sqrt{12e^2+12e+1}-(2e+1))^2 \\
&\quad \times ((\sqrt{12e^2+12e+1}+(2e+1))^2-4(4e^2+4e-1)). \qquad (3.67)
\end{aligned}
$$

このとき，$\sqrt{12e^2+12e+1}$ は整数であり，$4p^2$ は平方数であるから，(3.67) より

$$
\left(\sqrt{12e^2+12e+1}+(2e+1)\right)^2-4(4e^2+4e-1)
$$

は平方数でありかつ偶数でなければならないことがわかる．したがって

$$
f = \frac{1}{2}\sqrt{(\sqrt{12e^2+12e+1}+(2e+1))^2-4(4e^2+4e-1)}
$$

とおくと f は整数である．このとき次の等式が成り立つ．

$$
4f^2 = 2(2e+1)\sqrt{12e^2+12e+1}+6 \qquad (3.68)
$$

$X = 2e+1, Y = f$ とおくと，

$$
2Y^2 = X\sqrt{3X^2-2}+3
$$

が成り立つ．しかしこの式は $X, Y > 0$ となる整数解が $(X, Y) = (3, 3)$ 以外に存在しないことが知られている (Bremner)．これは $X = 2e + 1 \geq 2a + 1 > 3$ に矛盾する．

∎

(K) $2e = a^2 + a - 2$ とすると $a = 2, e = 2$ でありデザインのパラメーターは 4-$(23, 7, 1)$ である．

証明　このとき $2ea + a - 1 = (a-1)(a+1)^2$ そして $v - 2 = (a^3 + a^2 - a - 3)(a + 1)$ が成り立つ．したがって，$a = 2$ であれば $v = 23$ となり，(3.56) より $k = 7$，したがって $\lambda = 1$ となり 4-$(23, 7, 1)$ デザインであることがわかる．以下で $a \geq 3$ の場合は起こらないことを示す．(F) より $p^2 = (v-2)^2 - 2(2ea + a - 1)(v - 3) = (a+1)^3(a^5 - a^4 - 2a^3 - 2a^2 + 5a + 1)$ が成り立つ．したがって $(a+1)(a^5 - a^4 - 2a^3 - 2a^2 + 5a + 1)$ は平方数である．$x = a + 1$ とおいてこの式を書き換えると次の $F(x)$ となる．

$$F(x) = x(x^5 - 6x^4 + 12x^3 - 12x^2 + 12x - 6) \tag{3.69}$$

仮定より $x = a + 1 \geq 4$ である．$x = y\alpha^2$, y は 1 または互いに異なる素数の積，の形に因数分解しておく．このとき $F(x) = y\alpha^2(y^5\alpha^{10} - 6y^4\alpha^8 + 12y^3\alpha^6 - 12y^2\alpha^4 + 12y\alpha^2 - 6)$ となり，$F(x)$ が平方数であるから，y は 6 の約数でなければならないことがわかる．すなわち $x = \alpha^2, 2\alpha^2, 3\alpha^2$, または $6\alpha^2$ となる．

(i) $x = \alpha^2 \geq 4$ の場合．
　$F(x) = \alpha^2 F_1(\alpha)$．ただし

$$F_1(\alpha) = \alpha^{10} - 6\alpha^8 + 12\alpha^6 - 12\alpha^4 + 12\alpha^2 - 6.$$

したがって $4F_1(\alpha)$ は平方数である．このとき

$$\begin{aligned} 4F_1(\alpha) &= (2\alpha^5 - 6\alpha^3 + 3\alpha)^2 - (12\alpha^4 - 39\alpha^2 + 24) \\ &= (2\alpha^5 - 6\alpha^3 + 3\alpha - 3)^2 \\ &\quad + 3(\alpha + 1)(4\alpha^4 - 8\alpha^3 - 4\alpha^2 + 17\alpha - 11) \end{aligned}$$

であるから $4F_1(\alpha) = (2\alpha^5 - 6\alpha^3 + 3\alpha - 2)^2$ または $(2\alpha^5 - 6\alpha^3 + 3\alpha - 1)^2$ のいずれかであるがそれらの等式を満たす整数 $\alpha \geq 2$ は存在しない．

(ii) $x = 2\alpha^2$ のとき．

$x \geq 4$ より $\alpha \geq 2$ である．$F(x) = 4\alpha^2 F_2(\alpha)$．ただし

$$F_2(\alpha) = (16\alpha^{10} - 48\alpha^8 + 48\alpha^6 - 24\alpha^4 + 12\alpha^2 - 3).$$

したがって $F_2(\alpha)$ は平方数でなければならない．このとき

$$\begin{aligned}4F_2(\alpha) &= (8\alpha^5 - 12\alpha^3 + 3\alpha + 1)^2 \\ &\quad - (\alpha+1)(16\alpha^4 + 8\alpha^3 - 32\alpha^2 - 7\alpha + 13) \\ &= (8\alpha^5 - 12\alpha^3 + 3\alpha - 2)^2 \\ &\quad + 32\alpha^5 - 24\alpha^4 - 48\alpha^3 + 39\alpha^2 + 12\alpha - 16.\end{aligned}$$

したがって $4F_2(\alpha) = (8\alpha^5 - 12\alpha^3 + 3\alpha - 1)^2$ または $(8\alpha^5 - 12\alpha^3 + 3\alpha)^2$ のいずれかであるがそれらの等式を満たす整数 $\alpha \geq 2$ は存在しない．

(iii) $x = 3\alpha^2$ のとき．

$x \geq 4$ より $\alpha \geq 2$ である．$F(x) = 9\alpha^2 F_3(\alpha)$．ただし

$$F_3(\alpha) = (81\alpha^{10} - 162\alpha^8 + 108\alpha^6 - 36\alpha^4 + 12\alpha^2 - 2).$$

したがって $4F_3(\alpha)$ は平方数でなければならない．このとき

$$\begin{aligned}4F_3(\alpha) &= (18\alpha^5 - 18\alpha^3 + 3\alpha)^2 - (36\alpha^4 - 39\alpha^2 + 8) \\ &= (18\alpha^5 - 18\alpha^3 + 3\alpha - 1)^2 \\ &\quad + 3(\alpha - 1)(12\alpha^4 - 12\alpha^2 + \alpha + 3).\end{aligned}$$

したがって条件を満たす整数 $\alpha \geq 2$ は存在しない．

(iv) $x = 6\alpha^2$ のとき．

$F(x) = 36\alpha^2 F_4(\alpha)$．ただし

$$F_4(\alpha) = 1296\alpha^{10} - 1296\alpha^8 + 432\alpha^6 - 72\alpha^4 + 12\alpha^2 - 1.$$

したがって $F_4(\alpha)$ は平方数でなければならない．

$$\begin{aligned}4F_4(\alpha) &= (72\alpha^5 - 36\alpha^3 + 3\alpha)^2 - (72\alpha^4 - 39\alpha^2 + 4) \\ &= (72\alpha^5 - 36\alpha^3 + 3\alpha - 1)^2 \\ &\quad + (144\alpha^5 - 72\alpha^4 - 72\alpha^3 + 39\alpha^2 + 6\alpha - 5).\end{aligned}$$

したがって条件を満たす整数 α は存在しない． ∎

6. ジョンソンスキームやハミングスキームにおける奇数 t の tight な t-デザイン

Delsarte は一般の Q-多項式スキームにおいて，t-デザイン Y の点の個数に対する Fisher 型不等式

$$|Y| \geq m_0 + m_1 + \cdots + m_{[\frac{t}{2}]}$$

を証明し（本章 2 節の定理 3.16），等号の成り立つときとして tight な t-デザインを定義している．この定義に従うと，tight な t-デザインが存在すると t は偶数でなければならないことが容易に示せる．ここでは $J(v,d)$ および $H(d,q)$ の場合の奇数 t に対する Fisher 型不等式がどうなるかを見てみよう．次の不等式が成立している．

$J(v,d)$ **において** Y が $(2e+1)$-デザインとする．ただし $e \geq 1$．このとき次が成り立つ．

$$|Y| \geq \frac{v}{d}\binom{v-1}{e}. \tag{3.70}$$

$H(d,q)$ **において** Y が $(2e+1)$-デザインとする．ただし $e \geq 1$．このとき次が成り立つ．

$$|Y| \geq 1+d(q-1)+\binom{d}{2}(q-1)^2+\cdots+\binom{d}{e}(q-1)^e+\binom{d-1}{e}(q-1)^{e+1}. \tag{3.71}$$

以上の二つの不等式の証明は次のように行う．

$J(v,d)$ の場合．$(V,\mathcal{B})$ を $(2e+1)$-(v,d,λ) デザインとする．V の一点 P を固定し，$\mathcal{B}' = \{B\backslash\{P\} \mid B \in \mathcal{B},\ P \in B\}$ とおく．このとき $(V\backslash\{P\},\mathcal{B}')$ は $2e$-$(v-1,k-1,\lambda_{2e})$ デザインになる．したがって $2e$-デザインに関する Fisher 型不等式より $\lambda_1 \geq \binom{v-1}{e}$ が成り立つ．一方 $|Y| = \lambda_0 = \frac{v}{d}\lambda_1$ であるので (3.70) が成り立つのである．

$H(d,q)$ の場合．$X = F^d$ $(|F| = q)$ 上のハミングスキームを考える．部分集合 $Y \subset X$ が強さ $t = 2e+1$ の直交配列であるとする．Y は $|Y| \times d$ の行列の形に表示できる．このとき，$t \geq 2e+1 \geq 3$ であるので，定義より $a \in F$ および $1 \leq j \leq d$ に対して $|\{i \mid y_{i,j} = a\}| = \frac{\lambda}{q}$（常に一定の値）である．次に Y の部分行列 Y' を次のように定義する．このときは $a \in F$ を任意に固定して Y の 1 列目を眺めると，a がちょうど $\frac{\lambda}{q}$ 個ある．その a から始まる $\frac{\lambda}{q}$ 個の行を取り出すと $\frac{\lambda}{q} \times d$ の行列ができるが 1 列目を（成分はすべて a となっている）除いた $\frac{\lambda}{q} \times (d-1)$ 行列を Y' とする．この

とき Y' は $H(d-1,q)$ における強さ $t-1(=2e)$ の直交配列となっている．したがって $H(d-1,q)$ における Fisher 型不等式により

$$|Y'| = \frac{|Y|}{q} \geq 1 + (d-1)(q-1) + \binom{d-1}{2}(q-1)^2 + \cdots + \binom{d-1}{e}(q-1)^e$$

を得る．これより，初等的な計算で

$$|Y| \geq 1 + d(q-1) + \binom{d}{2}(q-1)^2 + \cdots + \binom{d}{e}(q-1)^e + \binom{d-1}{e}(q-1)^{e+1}$$

得る．

以上のことから，$J(v,d)$, $H(d,q)$ における tight な $(2e+1)$-デザインはそれぞれ (3.70), (3.71) において等式が成り立つ場合である，と新しく定義し直すのが自然と思われる．しかし，tight な $(2e+1)$-デザインの分類は本質的にはかなりの部分が tight な $2e$-デザインの分類に帰着すると言える．

一般の Q-多項式スキームにおいては，デザインに対するこのような組合せ論的もしくは幾何的な解釈が存在しないので奇数 t に対する t-デザインの Fisher 型不等式の一般の形は今のところあまり明確ではない．未解決問題として提示する．後でまとめのところでもう少し詳しく述べるが Delsarte の理論はユークリッド空間の球面の上の有限個の点集合，さらには，ユークリッド空間のいくつかの球面の上の有限個の点の集合の場合に拡張されている．そこでは解析の分野の cubature formula の理論が組合せ論的理論の発展より古くから，またあるとき以後は並行に研究されてきた．解析学の理論では奇数の t に対する t 次の cubature formula の点集合に対しても自然な下界が Möller によって証明されている．この Möller が用いた方法の類似を Q-多項式スキームに適用することができれば一番望ましいと思う．

4

アソシエーションスキーム上の符号とデザイン（続き）

1. Assmus-Mattson の定理とその拡張（Delsarte の相対デザインを用いる方法）

Assmus-Matson による符号からデザインを作り出す有名な定理がある．5 重可移群である Mathieu 群と直接には関係しない組合せ論的な 5 デザインはこの方法で初めて見つけられた [6]．$N = \{1, 2, \ldots, n\}$, $F_2 = \{0, 1\}$ とする．F_2^n の元は以下のようにして N の部分集合と対応付けることができる．すなわち $\boldsymbol{u} = (u_1, u_2, \ldots, u_n) \in F_2^n$ に対して N の部分集合 $\{i \mid u_i = 1,\ 1 \leq i \leq n\}$ を $\boldsymbol{u}$ のサポートと呼び $\overline{\boldsymbol{u}}$ で表す．$\boldsymbol{u}$ の重さが m であれば $\overline{\boldsymbol{u}}$ は N の m 点部分集合である．この対応によって C の重さ m の符号語全体の集合を N の m 点部分集合全体の作る集合 $N^{(m)}$ の部分集合とみなすことができる．アソシエーションスキームの言葉で言うとハミングスキーム $H(n, 2)$ の部分集合をジョンソンスキーム $J(n, m)$ の言葉で書くことができるということを意味する．

4.1 [定理] (Assmus-Mattson 1969 [6])　C を F_2^n 上の $[n, k, \delta]$ 符号とする．すなわち C は F_2^n の k-次元部分空間であり最小距離は δ である．さらに次の条件が成り立つと仮定する．

> $C^{\perp}$ の元の重さとして現れる正の整数が $\{1, 2, \ldots, n-t\}$ の中に高々 $\delta - t$ 個存在する．

このとき，次の (1) および (2) が成り立つ．

(1) $\{\overline{\boldsymbol{u}} \in N^{(m)} \mid \boldsymbol{u} \in C^{\perp},\ w(\boldsymbol{u}) = m\}$ はジョンソンスキーム $J(n, m)$ における t-デザインを構成する．

(2) $\{\overline{\boldsymbol{u}} \in N^{(m)} \mid \boldsymbol{u} \in C,\ w(\boldsymbol{u}) = m\}$ はジョンソンスキーム $J(n, m)$ における t-デ

ザインを構成する．

ただし (1), (2) において $w(\boldsymbol{u}) = m$ となる符号語が存在する場合のみ考える．

[6] に述べられたもともとの Assumus-Mattson の定理は一般の有限体 F_q 上の $[n, k, \delta]$ 符号に関するものであるが，ここでは簡単のために 2 元体 F_2 上の $[n, k, \delta]$ 符号についてのみ述べることにした．Assumus-Mattson の定理の証明を述べた英語の本は数多くあるが，日本語の本はないと思われるので，ここでは原論文に沿った証明を van Lint-Wilson の教科書 [308] に従う形で紹介する．

証明　N の t 点部分集合 T を任意に固定する．$\boldsymbol{u} \in F_2^n$ に対して，長さ $n-t$ の符号語を $\boldsymbol{u}' = (u_i)_{i \in N \setminus T}$ で定義する．この写像 $\boldsymbol{u} \longmapsto \boldsymbol{u}'$ は線形写像である．また $C' = \{\boldsymbol{u}' \mid \boldsymbol{u} \in C\}$ とすると C' は長さ $n-t$ の線形符号となる．次に $C_0 = \{\boldsymbol{u}' \mid \boldsymbol{u} \in C,\ u_i = 0,\ {}^\forall i \in T\}$ とする．このとき C_0 は C' の部分空間になっている．$B = C^\perp$ とおき，B に対しても $B' = \{\boldsymbol{u}' \mid \boldsymbol{u} \in B\}$, $B_0 = \{\boldsymbol{u}' \mid \boldsymbol{u} \in B,\ u_i = 0,\ {}^\forall i \in T\}$ を同様に定義する．

定理 4.1 の証明のために，まず次の Step 1 で $B_0 = (C')^\perp$ であること，Step 2 で B_0 と C' の重さ枚挙多項式は T のとり方に依存せず n, k, t の値によってのみ定まることを証明する．そして Step 3 で定理 4.1(1) を，Step 4 で定理 4.1(2) の証明を与える．

Step 1：$B_0 = (C')^\perp$ が成り立つ．

$t < \delta$ なので, C と C' の符号の元の個数は等しい．したがって $\dim(C') = \dim(C) = k$ が成り立つ．したがって $\dim((C')^\perp) = n-t-k$ となる．一方, $\dim(B) - \dim(B_0) \leq t$ であるので，$\dim(B_0) \geq \dim(B) - t = n-k-t$ となり．さらに $B_0 \subset (C')^\perp$ が成り立っているので $B_0 = (C')^\perp$ を得る．

Step 2：B_0 と C' の重さ枚挙多項式は T のとり方によらず一定である．

$\alpha_j = |\{\boldsymbol{u}' \in C' \mid w(\boldsymbol{u}') = j\}|$, $\beta_i = |\{\boldsymbol{u} \in B_0 \mid w(\boldsymbol{u}) = i\}|$ とする．$\{w(\boldsymbol{u}) \mid \boldsymbol{u}, \in B,\ 0 < w(\boldsymbol{u}) \leq n-t\} = \{\ell_1, \ell_2, \ldots, \ell_r\}$, $0 < \ell_1 < \ell_2 < \cdots < \ell_r \leq n-t$ であるとする．一方，仮定より $r \leq \delta - t$ である．したがって $1 \leq j \leq r-1$ とすると $1 \leq j \leq \delta - t - 1$ となり $w(\boldsymbol{u}') = j$, $\boldsymbol{u} \in C$ とすると $0 < w(\boldsymbol{u}) \leq t + w(\boldsymbol{u}') = t + j \leq \delta - 1$ が成り立つ．したがって $\alpha_j = 0$ でなければならない．すなわち $(\alpha_0 = 1, \alpha_1, \ldots, \alpha_{r-1}) = (1, 0, \ldots, 0)$ であり T のとり方に依存しない．また $\{w(\boldsymbol{u}') \mid w(\boldsymbol{u}') > 0,\ \boldsymbol{u}' \in B_0\} \subset \{\ell_1, \ell_2, \ldots, \ell_r\}$ が成り立っているので $(B_0)^\perp = C'$ に関する MacWilliams 恒等式（第 1 章 6 節）により，

$$|B_0|\alpha_j = \sum_{\ell=0}^{n-t} \beta_\ell Q_j^{(n-t)}(\ell) = \binom{n-t}{j} + \sum_{i=1}^{r} \beta_{\ell_i} Q_j^{(n-t)}(\ell_i) \tag{4.1}$$

が成り立つ．ここで $Q_j^{(n-t)}(x)$ は $H(n-t,2)$ に対応する Krawtchouk 多項式であり，具体的には，

$$Q_j^{(n-t)}(x) = \sum_{\ell=0}^{j} (-1)^\ell \binom{x}{\ell}\binom{n-t-x}{j-\ell}$$

である (第 2 章 10.2 小節)．(4.1) を $j=0,1,\ldots,r-1$ に関して考えると r 変数の r 個の連立 1 次方程式となりその係数行列は r 次の正則行列である．なぜならば Krawtchouk 多項式は直交多項式であるのでこの行列が $\{\ell_1,\ell_2,\ldots,\ell_r\}$ に対する Vandermonde 行列式に帰着されるからである．以上の理由により $\beta_{\ell_1},\ldots,\beta_{\ell_r}$ は n,k,t のみにより求まる定数であることがわかる．すなわち B_0 の重さ枚挙多項式は T のとり方に依存せず n,k,t のみにより求まる．再び MacWilliams 恒等式を用いることにより，C' の重さ枚挙多項式も T のとり方によらず，n,k,t のみにより定まることがわかる．

Step 3：定理 4.1(1) の証明.

$0<m$ とし $\mathcal{B}_m$ を B の重さ m の元のサポートの全体とする．すなわち $\mathcal{B}_m = \{\overline{\boldsymbol{u}} \in N^{(m)} \mid \boldsymbol{u} \in B,\ w(\boldsymbol{u}) = m\}$ とする．このとき $(N,\mathcal{B}_m)$ は $J(n,m)$ の t-デザインである．証明は以下の通りである.

$m \le n-t$ の場合：

B_0 の定義より $|\{\overline{\boldsymbol{u}} \in \mathcal{B}_m \mid \overline{\boldsymbol{u}} \cap T = \emptyset\}| = |\{\boldsymbol{u}' \in B_0 \mid w(\boldsymbol{u}') = m\}| = \beta_m$ が成り立っている．Step 2 で示したように，この数は T のとり方によらない．したがって，$\mathcal{B}_m$ の補集合 $\mathcal{B}_m^c$ は t-デザインとなる．したがって，定義 1.34 により $\mathcal{B}_m$ 自身も t-デザインとなる.

$m > n-t$ の場合：

$t' = n-m(<t)$ とおく，このとき定理の仮定より $C^\perp$ の元の重さとして現れる正の整数は $\{1,2,\ldots,n-t,n-t+1,\ldots,n-t'\}$ の中に高々 $\delta - t'$ 個である．T' を N の t' 点部分集合とし同様の議論を T' に関して行うことができる．その結果 $\mathcal{B}_m^c$ は t'-デザインになる．$m = n-t'$ であるので，$\mathcal{B}_m^c$ は空集合あるいは $N^{(t')}$ と一致する．したがって，$\mathcal{B}$ も $\mathcal{B} = N^{(m)}$ という意味で，自明な t-デザインになる.

Step 4：定理 4.1(2) の証明.

$\mathcal{C}_m = \{\overline{\boldsymbol{u}} \in N^{(m)} \mid \boldsymbol{u} \in C, w(\boldsymbol{u}) = m\}$ とする．このとき $(N,\mathcal{C}_m)$ が $J(n,m)$ の t-

デザインになることを m に関する帰納法で証明する.

$$C_{m,T} = \{\boldsymbol{u} = (u_1, \ldots, u_n) \in C \mid w(\boldsymbol{u}) = m,\ u_i = 1 \text{ for } {}^{\forall} i \in T\}$$

とおく. このとき $|\{\overline{\boldsymbol{u}} \in \mathcal{C}_m \mid T \subset \overline{\boldsymbol{u}}\}| = |C_{m,T}|$ であるので $|C_{m,T}|$ が n, m, t にのみ依存することを示せばよい. まず $m = \delta$ の場合を考える. $|C_{\delta,T}| = |\{\boldsymbol{u}' \in C' \mid w(\boldsymbol{u}') = \delta - t\}|$ が成り立つ. なぜならば $\boldsymbol{u} \in C_{\delta,T}$ とすると任意の $i \in T$ に対して $u_i = 1$ となる. したがって $|\{i \in N \backslash T \mid u_i = 1\}| = \delta - t$ となるからである. したがって Step 1 より $|C_{\delta,T}|$ は n, t, δ にのみ依存して定まる. 次に $m > \delta$ と仮定し, $m > m' \geq \delta$ となる任意の m' に対して $\mathcal{C}_{m'}$ が t-デザインであると仮定して, $\mathcal{C}_m$ が t-デザインであることを示す. $t < \delta$ であることから $|\{\boldsymbol{u} \in C \mid w(\boldsymbol{u}) \leq m\}| = |\{\boldsymbol{u}' \in C' \mid w(\boldsymbol{u}') \leq m - t\}|$ が成り立つ. したがって Step 2 により $|\{\boldsymbol{u} \in C \mid w(\boldsymbol{u}) \leq m\}|$ は n, t, m にのみ依存する定数である. このとき

$$\{\boldsymbol{u} \in C \mid w(\boldsymbol{u}) \leq m\} = C_{m,T} \cup \left(\bigcup_{\substack{\delta \leq m' < m, \\ T' \subseteq T}} C_{m',T'} \right) \tag{4.2}$$

帰納法の仮定より $\mathcal{C}_{m'}$ は任意の $s \leq t$ に対して s-デザインになっている. したがって (4.2) の右辺に現れる $C_{m,T}$ 以外のすべての集合達 $C_{m',T'}$, $m' < m$, $T' \subseteq T$ に含まれる元の個数達は集合 T, $T' \subseteq T$ のとり方に依存しない定数である. したがって $|C_{m,T}|$ も T のとり方に依存しない定数である. ∎

定理 4.1 は F_2^n 上の符号に関して述べられているが F_q^n 上の符号 C を同じ条件で考えると任意の m に対して C の重さ m の元の support 達の集合は $J(n, m)$ における t-デザインを作る.

Delsarte は 1977 年に出版された論文 ([156]) において一般の Q-多項式スキームの場合に相対デザインの概念を導入してさらに Assmus-Mattson の定理の類似を証明している. 本節ではこの Delsarte の論文 ([156]) の方法に沿って Q-多項式スキーム上の相対デザインを定義し Assmus-Mattson の定理の類似およびその証明を与える. まず初めにいくつかの記号を定義しておく. $\mathfrak{X} = (X, \{R_i\}_{0 \leq i \leq d})$ を Q-多項式スキームとする. ボーズ・メスナー代数 $\mathfrak{A}$ の原始ベキ等行列の作る基底 $E_0, E_1, \ldots, E_d$ は Q-多項式スキームの構造を与える順に並べておく. また, Q-多項式スキームの構造を与える多項式を v_i^*, $0 \leq i \leq d$, とし $\theta_i^* = Q_1(i)$ と表す. Q-多項式スキームの定義より $Q_j(i) = v_j^*(\theta_i^*)$ となる. 第2章4節では V を X を添字集合とする $|X|$ 次元複素ベクトル空間として考えたが, ここでは対称なアソシエーションスキームを扱うのですべ

てが実数の範囲内で議論できる．したがって，ここでは V を $|X|$ 次元実ベクトル空間 $\mathbb{R}^{|X|}$ として考える．$x \in X$ に対して $\hat{x} \in \mathbb{R}^{|X|}$ を次で定義する．

$$\hat{x}(y) = \begin{cases} 1 & y = x \text{ のとき} \\ 0 & y \neq x \text{ のとき} \end{cases}$$

$\hat{x}$ は x の特性ベクトルと呼ばれる．第 3 章では $Y \subset X$ の特性ベクトル ψ_Y を定義したが第 3 章の言葉を使うと $\hat{x} = \psi_{\{x\}} = \psi_x$ ということになる．また，$\chi \in V$ とすると各 $x \in X$ に対してその x-成分は $\chi(x)$ と表されることから V は X 上の実数値関数全体の空間として考えることもできる．以後 $V = \mathbb{R}^{|X|}$ を X 上の実数値関数全体の空間と同一視する．部分集合 Y の特性ベクトル ψ_Y は Y 上で 1，かつ $X \backslash Y$ 上で 0 の値をとる関数と見なすことができる．このように考えるとデザインの概念を X 上の関数に拡張することは至極自然なことである．デザインの定義を与える前に第 3 章で定義した X の部分集合に対して与えた内部分布の定義を V に含まれる関数に拡張することを考える．以下に定義する記号は Delsarte の学位論文において X の部分集合に対して定義されたものを V に含まれる関数に自然に拡張したものである．Delsarte の論文 [156] で用いているものと正の定数倍だけ違っていることを注意しておく．$\chi \in V$ に対して $\|\chi\|^2 = \sum_{x \in X} \chi(x)^2$ とする．$\|\chi\|^2 \neq 0$ を満たす関数に対して $d+1$ 次元横ベクトル $\boldsymbol{a}_\chi = (a_0, a_1, \ldots, a_d)$ の各成分 $a_i (0 \leq i \leq d)$ を次のように定義する．

$$a_i = \frac{1}{\|\chi\|^2} \sum_{(x,y) \in R_i} \chi(x)\chi(y). \tag{4.3}$$

$\boldsymbol{a}_\chi$ を χ の内部分布と呼ぶ．特に χ が部分集合 Y の特性ベクトル ψ_Y の場合には $\|\psi_Y\|^2 = |Y|$ となり第 3 章で定義した Y の内部分布の定義と完全に一致している．定義よりすぐに次の命題が導きだされる．（第 3 章命題 3.6 参照．）

4.2 ［命題］　$\chi \neq 0$ とすると次の (1) および (2) が成り立つ．

(1) $a_0 = 1$,

(2) $\displaystyle\sum_{i=0}^{d} a_i = \frac{(\sum_{x \in X} \chi(x))^2}{\|\chi\|^2}$．特に $\chi = \psi_Y$ の場合は $\displaystyle\sum_{i=0}^{d} a_i = |Y|$.

次に

$$\boldsymbol{a}^*_\chi = \boldsymbol{a}_\chi Q \tag{4.4}$$

とおき $\boldsymbol{a}^*_\chi = (a^*_0, a^*_1, \ldots, a^*_d)$ と表しておく．このとき次の命題が成り立つ（第 3 章の命題 3.7 および定理 3.10 参照）．

4.3 ［命題］　$\chi \in V$ かつ $\chi \neq \mathbf{0}$ とする．このとき任意の $i \in D$ に対して次の (1), (2), (3) および (4) が成り立つ．

(1) $a_i = \frac{1}{\|\chi\|^2} {}^t\chi A_i \chi$,

(2) $a_i^* = \frac{|X|}{\|\chi\|^2} {}^t\chi E_i \chi$，特に $a_0^* = \sum_{i=0}^d a_i = \frac{(\sum_{x \in X} \chi(x))^2}{\|\chi\|^2}$,

(3) $a_i^* \geq 0$,

(4) $a_i^* = 0$ と $E_i \chi = \mathbf{0}$ は同値である．

証明　(1)

$$a_i = \frac{1}{\|\chi\|^2} \sum_{(x,y) \in R_i} \chi(x)\chi(y)$$
$$= \frac{1}{\|\chi\|^2} \sum_{(x,y) \in X} \chi(x) A_i(x,y) \chi(y) = \frac{1}{\|\chi\|^2} {}^t\chi A_i \chi.$$

(2)

$$a_i^* = \sum_{\ell=0}^d a_\ell Q_i(\ell)$$
$$= \frac{1}{\|\chi\|^2} \sum_{\ell=0}^d {}^t\chi A_\ell \chi Q_i(\ell)$$
$$= \frac{1}{\|\chi\|^2} \sum_{\ell=0}^d {}^t\chi Q_i(\ell) A_\ell \chi = \frac{|X|}{\|\chi\|^2} {}^t\chi E_i \chi.$$

(3)

$$a_i^* = \frac{|X|}{\|\chi\|^2} {}^t\chi E_i \chi = \frac{|X|}{\|\chi\|^2} {}^t(E_i \chi)(E_i \chi) = \frac{|X|}{\|\chi\|^2} \|E_i \chi\|^2 \geq 0.$$

(4) 上記 (3) より明らか．　■

さて $\chi \in V$ に対して $(d+1)$-次元のベクトル $\boldsymbol{a}_\chi$ と $\boldsymbol{a}_\chi^*$ を定義した．χ に対して次の言葉を定義しておく．

4.4 ［定義］　$\chi \in V$ に対して χ の次数 s_χ，最小距離 δ_χ，双対次数 s_χ^*，および双対最小距離 δ_χ^* を次のように定義する．

$$s_\chi = |\{i \mid a_i \neq 0,\ i \neq 0\}|, \qquad \delta_\chi = \min\{i \mid a_i \neq 0,\ i \neq 0\}$$
$$s_\chi^* = |\{i \mid a_i^* \neq 0,\ i \neq 0\}|, \qquad \delta_\chi^* = \min\{i \mid a_i^* \neq 0,\ i \neq 0\}.$$

4.5［定義］　$\mathfrak{X} = (X, \{R_i\}_{0\le i\le d})$ を Q-多項式スキームとする．$\chi \in V$, $\chi \neq 0$ に対して次の条件が成り立つときに χ は $\mathfrak{X}$ の t-デザインであるという．

$$E_j\chi = \mathbf{0}$$

が $j = 1, 2, \ldots, t$ に対して成り立つ．

この定義は定理 3.10 で与えられたデザインの同値条件 (3) を使ってデザインの定義を V に含まれる関数（部分集合と weight 関数の組と考えてもよい）に拡張したものである．ここで Q-多項式スキーム $\mathfrak{X}$ の t-デザイン $\chi \in V$ の定義と同値になる条件を少し求めておく．

4.6［補題］　$\mathfrak{X}$ を Q-多項式スキームとする．$t \in D^\times$ に対して．$\chi \in V$, $\chi \neq 0$ が t-デザインであることと次の行列の等式が $i + j \le t$ を満たす任意の $i, j \in D$ に対して成り立つことは同値である．

$$E_i\left(|X|\Delta_\chi E_j - \sum_{x\in X}\chi(x)\delta_{i,j}I\right) = 0 \tag{4.5}$$

ここで Δ_χ は対角成分が $\Delta_\chi(x,x) = \chi(x)$, $x \in X$ となる対角行列を表す．

証明　一般に行列 M の成分の 2 乗の総和を $\|M\|^2$ で表すことにする．このとき

$$\left\|E_i\left(|X|\Delta_\chi E_j - \sum_{x\in X}\chi(x)\delta_{i,j}I\right)\right\|^2 = |X|\sum_{\ell=1}^{n} q_{i,j}^{\ell}\,{}^t\chi E_\ell \chi \tag{4.6}$$

が成り立つことを示す．$\|E_i\left(|X|\Delta_\chi E_j - \sum_{x\in X}\chi(x)\delta_{i,j}I\right)\|^2$ を計算する．$i \neq j$ のときはこの式は

$$\begin{aligned}
\||X|E_i\Delta_\chi E_j\|^2 &= |X|^2\sum_{x,y\in X}((E_i\Delta_\chi E_j)(x,y))^2\\
&= |X|^2\sum_{x,y\in X}\left(\sum_{z\in X}E_i(x,z)\chi(z)E_j(z,y)\right)\\
&\qquad\times\left(\sum_{z'\in X}E_i(x,z')\chi(z')E_j(z',y)\right)\\
&= |X|^2\sum_{z,z'\in X}\chi(z)\chi(z')\sum_{x\in X}E_i(x,z)E_i(x,z')\sum_{y\in X}E_j(z,y)E_j(z',y)\\
&= |X|^2\sum_{z,z'\in X}\chi(z)\chi(z')E_i(z,z')E_j(z,z')
\end{aligned}$$

$$= |X|^2 \sum_{z,z' \in X} \chi(z)\chi(z')(E_i \circ E_j)(z,z')$$

$$= |X| \sum_{z,z' \in X} \chi(z)\chi(z') \sum_{\ell=0}^{d} q_{i,j}^{\ell} E_\ell(z,z') = |X| \sum_{\ell=1}^{d} q_{i,j}^{\ell}\, {}^t\chi E_\ell \chi$$

$$(q_{i,j}^0 = 0,\ i \neq j \text{ に注意}). \tag{4.7}$$

次に $i=j$ のときに計算する．$\sum_{x \in X} \chi(x) = \alpha$ とおく．(4.5) の左辺の行列の (x,y) 成分は次のようになる．

$$|X| \sum_{z \in X} \chi(z) E_i(x,z) E_i(y,z) - \alpha E_i(x,y) \tag{4.8}$$

したがって

$$\| |X| E_i \Delta_\chi E_i - \alpha E_i \|^2$$

$$= |X|^2 \sum_{x,y \in X} \left(\sum_{z \in X} \chi(z) E_i(x,z) E_i(y,z) \right)^2$$

$$- 2\alpha |X| \sum_{x,y \in X} \sum_{z \in X} \chi(z) E_i(x,z) E_i(y,z) E_i(x,y) + \alpha^2 \sum_{x,y \in X} E_i(x,y)^2$$

$$= |X| \sum_{\ell=0}^{d} q_{i,i}^{\ell}\, {}^t\chi E_\ell \chi - 2\alpha \sum_{z \in X} \chi(z) \sum_{x \in X} |X| E_i(x,z)^2 + \alpha^2 m_i \tag{4.9}$$

となる．ここで $|X| q_{i,i}^0\, {}^t\chi E_0 \chi = \alpha^2 m_i$ かつ

$$\sum_{z \in X} \chi(z) \sum_{x \in X} |X| E_i(x,z)^2 = \sum_{z \in X} \chi(z) \sum_{x \in X} \sum_{\ell=0}^{d} q_{i,i}^{\ell} E_\ell(x,z)$$

$$= \sum_{z \in X} \chi(z) q_{i,i}^0 = \alpha m_i \tag{4.10}$$

であるから (4.9) は $|X| \sum_{\ell=1}^{d} q_{i,i}^{\ell}\, {}^t\chi E_\ell \chi$ に等しい．次に χ が t-デザインであり $i+j \leq t$ と仮定する．このとき Q-多項式スキームの性質から任意の $\ell > t$ に対して $q_{i,j}^{\ell} = 0$ が成り立つ．また χ は t-デザインであるので任意の $1 \leq \ell \leq t$ に対して $E_\ell \chi = 0$ が成り立つ．したがって (4.6) より (4.5) が導かれる．逆に (4.5) が $i+j \leq t$ を満たす任意の $i,j \in D$ に対して成り立つと仮定する．このとき Q-多項式スキームの性質からすべての $i,j,\ell \in D$ に対して $q_{i,j}^{\ell}$ は非負実数であり，かつ ${}^t\chi E_\ell \chi \geq 0$ が成り立つ．したがって $q_{i,j}^{\ell}\, {}^t\chi E_\ell \chi = 0$ でなければならない．$1 \leq \ell \leq t$ を満たす ℓ に対しては，$i+j=\ell$ となる $i,\ j\ (=\ell-i)$ を選べば Q-多項式スキームの性質より $q_{i,j}^{\ell} = q_{i,\ell-i}^{\ell} \neq 0$ が成り

立つ．したがって ${}^t\chi E_\ell \chi = 0$ でなければならず $E_\ell \chi = 0$ が成り立つ．すなわち χ は t-デザインである． ■

次に相対デザインの定義を与えるが，これは，任意に固定された X の元 u_0 に関して V に含まれる関数にデザインの定義を行うものである．

4.7［定義］ $\mathfrak{X} = (X, \{R_i\}_{0 \leq i \leq d})$ を Q-多項式スキームとする．$u_0 \in X$ を一つ固定しておく．関数 $\chi \in V$, $\chi \neq 0$ に対して次の条件が成り立つときに χ は u_0 に関する**相対 t-デザイン (relative t-design)** であると定義する．すなわち $1 \leq j \leq t$ を満たす任意の j について $E_j \chi$ と $E_j \hat{u_0}$ は 1 次従属である．

4.8［注意］ $E_0 \chi$ と $E_0 \hat{u_0}$ は常に 1 次従属である．

次の命題が導かれる．

4.9［命題］ $\mathfrak{X}$ を Q-多項式スキームとする．

(1) $\mathfrak{X}$ の t-デザイン $\chi \in V$ は任意に固定した $u_0 \in X$ に関する相対 t-デザインとなる．
(2) $u_0 \in X$ に対して $X_i = \{x \in X \mid (x, u_0) \in R_i\}$ $(0 \leq i \leq d)$ とすると任意の整数 i $(0 \leq i \leq d)$ に対して X_i の特性ベクトル（関数）ψ_{X_i} は u_0 に関する相対 d-デザインである．

証明 (1) は定義より明らかである．

(2) $x \in X_\ell$ とすると任意の $0 \leq j \leq d$ に対して

$$(E_j \psi_{X_i})(x) = \sum_{z \in X_i} E_j(x, z) = \sum_{\nu=0}^{d} \sum_{\substack{z \in X_i \\ (x,z) \in R_\nu}} E_j(x, z) = \frac{1}{|X|} \sum_{\nu=0}^{d} p_{i\nu}^{\ell} Q_j(\nu)$$

したがって定理 2.22 (8) より

$$(E_j \psi_{X_i})(x) = \frac{1}{|X|} P_i(j) Q_j(\ell) = P_i(j) E_j(x, u_0)$$

が成り立つ．したがって $E_j \psi_{X_i} = P_i(j) E_j \hat{u_0}$ が $j = 1, 2, \ldots, d$ に対して成り立つことがわかる． ■

次の補題は Assumus-Mattson の定理の類似を与えるために重要である．補題を述べる前にハミングスキーム $H(n, 2)$ について復習しておく．F_2 を 2 元体，$X = F_2^n$

とし関係 R_i $(0 \le i \le n)$ をハミング距離で定義したものが $H(n,2)$ である．$\boldsymbol{u}_0 = (0,0,\ldots,0) \in X = F_2^n$ とし $X_k = \Gamma_k(\boldsymbol{u}_0) = \{\boldsymbol{x} \in X \mid (\boldsymbol{x},\boldsymbol{u}_0) \in R_k\}$, すなわち F_2^n のハミング重さ k の元全体の集合とする．このとき X_k にはジョンソンスキーム $J(n,k)$ の構造が自然に入っている．

4.10［補題］　以上の前提のもとに $1 \le t \le k$ に対して，$Y \subset X_k$ の特性関数 $\psi_Y \in V$ が $H(n,2)$ の $\boldsymbol{u}_0$ に関する相対 t-デザインであることと Y がジョンソンスキーム $J(n,k)$ の t-デザインであることは同値である．

補題 4.10 の証明に入る前に次の命題を証明しておく．

4.11［命題］　Q をハミングスキーム $H(n,2)$ の第2固有行列とする．このとき

$$\sum_{\ell=0}^{m}(-1)^{\ell}\binom{m}{\ell}Q_m(k-m+2\ell) = 2^{2m}$$

が成り立つ．

証明　第2章10節の定理2.86よりハミングスキーム $H(n,2)$ の固有行列 Q は次のように Krawtchouk 多項式で与えられる（(2.27) において $q=2$ としたもの）．

$$Q_m(u) = K_m(u) = \sum_{j=0}^{m}(-1)^j\binom{n-u}{m-j}\binom{u}{j} = \sum_{j=0}^{m}(-2)^j\binom{n-j}{m-j}\binom{u}{j}.$$

その母関数は $(1+x)^{n-u}(1-x)^u$ であり $Q_m(k-m+2\ell)$ は多項式

$$(1+x)^{n-(k-m+2\ell)}(1-x)^{k-m+2\ell}$$

の x^m の係数である．したがって $\sum_{\ell=0}^{m}(-1)^{\ell}\binom{m}{\ell}Q_m(k-m+2\ell)$ は多項式

$$\sum_{\ell=0}^{m}(-1)^{\ell}\binom{m}{\ell}(1+x)^{n-(k-m+2\ell)}(1-x)^{k-m+2\ell} \tag{4.11}$$

の x^m の係数となる．(4.11) を変形すると次のようになる．

$$\begin{aligned}
&(1+x)^{n-k+m}(1-x)^{k-m}\sum_{\ell=0}^{m}(-1)^{\ell}\binom{m}{\ell}\left(\frac{1-x}{1+x}\right)^{2\ell}\\
&=(1+x)^{n-k+m}(1-x)^{k-m}\left(1-\left(\frac{1-x}{1+x}\right)^{2}\right)^{m}\\
&=(1+x)^{n-k-m}(1-x)^{k-m}(4x)^m. \qquad (4.12)
\end{aligned}$$

したがってこの多項式の x^m の係数は $4^m = 2^{2m}$ である．　■

補題 4.10 の証明　X_k 上のジョンソンスキームの構造は $\boldsymbol{x} \in X_k$ と，本章の冒頭で定義した $\boldsymbol{x}$ のサポート $\overline{\boldsymbol{x}}$，との同一視を通じて構成する．すなわち $\boldsymbol{x} \in X_k$ に対して $\{1, 2, \ldots, n\}$ の k 点部分集合 $\overline{\boldsymbol{x}}$ は $\overline{\boldsymbol{x}} = \{i \mid 1 \leq i \leq n,\ x_i = 1\}$ と定義される．この対応は X_k と集合 $\{1, \ldots, n\}$ の k 点部分集合全体からなる集合 Ω の間の 1 対 1 対応を与える．このとき Ω には $J(n,k) = (\Omega, \{R_i^J\}_{0 \leq i \leq k})$ の構造が自然に入っている．$\overline{\boldsymbol{x}}, \overline{\boldsymbol{y}} \in \Omega$ が $(\overline{\boldsymbol{x}}, \overline{\boldsymbol{y}}) \in R_i^J$ であることは $|\overline{\boldsymbol{x}} \cap \overline{\boldsymbol{y}}| = k - i$ が成り立つことと同値であり，これは $\boldsymbol{x}, \boldsymbol{y} \in X_k$ が $H(n,2)$ の元として $(\boldsymbol{x}, \boldsymbol{y}) \in R_{2i}$ であることと同値である．$Y \subset X_k$ を点 $\boldsymbol{u}_0$ に関する $H(n,2)$ の相対 t-デザインであると仮定して，$\overline{Y} = \{\overline{\boldsymbol{y}} \mid \boldsymbol{y} \in Y\}$ が t-(n,k,λ) デザインになることを示す．すなわち，$1 \leq \mu \leq t$ とするときに，$\{1, 2, \ldots, n\}$ の μ 点部分集合 $\overline{\boldsymbol{x}} = \{i_1, i_2, \ldots, i_\mu\}$ に対して $\lambda_\mu(\boldsymbol{x}) = |\{\overline{\boldsymbol{y}} \in \overline{Y} \mid \overline{\boldsymbol{x}} \subset \overline{\boldsymbol{y}}\}|$ と定義して，$\lambda_\mu(\boldsymbol{x})$ が $\overline{\boldsymbol{x}}$ の選び方によらず μ のみに依存して決まる定数であることを帰納法を用いて示す．$\lambda_\mu(\boldsymbol{x})$ をハミングスキーム $H(n,2)$ 言葉を用いると次のようになる．$\overline{\boldsymbol{x}}$ に対応する $X_\mu \subset X$ の元を $\boldsymbol{x} = (x_1, x_2, \ldots, x_n) \in X_\mu$ とすると

$$\lambda_\mu(\boldsymbol{x}) = |\{\boldsymbol{y} \in Y \mid y_{i_1} = x_{i_1}, y_{i_2} = x_{i_2}, \ldots, y_{i_\mu} = x_{i_\mu}\}|$$

となる．$\boldsymbol{y} \in Y \subset X_k$ であるので

$$\{\boldsymbol{y} \in Y \mid y_{i_1} = x_{i_1}, y_{i_2} = x_{i_2}, \ldots, y_{i_\mu} = x_{i_\mu}\} = Y \cap \Gamma_{k-\mu}(\boldsymbol{x})$$

が成り立つ．すなわち次の等式が成り立つ．

$$\lambda_\mu(\boldsymbol{x}) = |Y \cap \Gamma_{k-\mu}(\boldsymbol{x})| \tag{4.13}$$

さらに，$1 \leq \ell \leq \mu$ を満たす整数 ℓ と $\overline{\boldsymbol{z}} \subset \overline{\boldsymbol{x}}$, $|\overline{\boldsymbol{z}}| = \ell$ に対して次の式で定義される数 $a_{\mu,\ell}(\boldsymbol{x}, \boldsymbol{z})$ を定義する．

$$a_{\mu,\ell}(\boldsymbol{x}, \boldsymbol{z}) = |\{\boldsymbol{y} \in Y \mid \overline{\boldsymbol{y}} \cap \overline{\boldsymbol{x}} = \overline{\boldsymbol{z}}\}|. \tag{4.14}$$

このとき $\lambda_\mu(\boldsymbol{x})$ と $a_{\mu,\ell}(\boldsymbol{x}, \boldsymbol{z})$ が $\boldsymbol{x}$ と $\boldsymbol{z}$ のとり方によらず μ と ℓ にのみ依存することを帰納法を用いて証明する．さて，ψ_Y が相対 t-デザインであるので

$$E_j \psi_Y = \alpha_j \psi_{\{\boldsymbol{u}_0\}} \tag{4.15}$$

が $j = 1, 2, \ldots, t$ に対して成り立っている．

$\mu = 1$ のとき．

$\boldsymbol{x} = (x_1, \ldots, x_n) \in X_1$ とし $x_i = 1$，すなわち $\overline{\boldsymbol{x}} = \{i\}$，とする．$a_{\mu,\ell}(\boldsymbol{x}, \boldsymbol{z})$ を定義する ℓ および $\boldsymbol{z} \in X_\ell$ のとり方は $\ell = 1$, $\boldsymbol{z} = \boldsymbol{x}$ だけであるので $a_{1,1}(\boldsymbol{x}, \boldsymbol{x}) = \lambda_1(\boldsymbol{x})$ が

成り立つ．$j=1$ に対して (4.15) の両辺の $\boldsymbol{x}$ 成分を比較する．このとき，$\boldsymbol{x} \in \Gamma_1(\boldsymbol{u}_0)$ であるので，右辺は $\alpha_1 E_1(\boldsymbol{x}, \boldsymbol{u}_0) = \frac{\alpha_1}{|X|} Q_1(1)$ となり i に依存しない，すなわち $\overline{\boldsymbol{x}} \in X_1$ の選び方に依存しない定数である．左辺の $|X|$ 倍は (4.13) を使うと次のように変形できる．

$$
\begin{aligned}
(|X|E_1\psi_Y)(\boldsymbol{x}) &= \sum_{\boldsymbol{y}\in Y} |X|E_1(\boldsymbol{x},\boldsymbol{y}) \\
&= \sum_{\boldsymbol{y}\in Y\cap\Gamma_{k-1}(\boldsymbol{x})} |X|E_1(\boldsymbol{x},\boldsymbol{y}) + \sum_{\boldsymbol{y}\in Y\cap\Gamma_{k+1}(\boldsymbol{x})} |X|E_1(\boldsymbol{x},\boldsymbol{y}) \\
&= |Y\cap\Gamma_{k-1}(\boldsymbol{x})|Q_1(k-1) + (|Y| - |Y\cap\Gamma_{k-1}(\boldsymbol{x})|)Q_1(k+1) \\
&= \lambda_1(\boldsymbol{x})(Q_1(k-1) - Q_1(k+1)) + |Y|Q_1(k+1)
\end{aligned}
\tag{4.16}
$$

である．$Q_1(k-1) \neq Q_1(k+1)$ であるから $\lambda_1(\boldsymbol{x})$ は i に依存しない，すなわち，$\boldsymbol{x} \in X_1$ のとり方に依存しない定数であることがわかる．次に $1 \leq \mu \leq m-1$ を満たす任意の整数 μ に対して $\lambda_\mu = \lambda_\mu(\boldsymbol{x})$ が $\boldsymbol{x}$ によらず μ にのみ依存する定数であると仮定して．$\boldsymbol{x} \in X_m$ の場合を考える．$j=m$ として (4.15) の両辺の $\boldsymbol{x}$ 成分を計算する．右辺は $\boldsymbol{x} \in X_m$ の選び方に依存しない定数 $\frac{\alpha_m}{|X|} Q_m(m)$ である．左辺は

$$
\begin{aligned}
\sum_{\boldsymbol{y}\in Y} E_m(\boldsymbol{x},\boldsymbol{y}) &= \sum_{\substack{\overline{\boldsymbol{y}}\supset\overline{\boldsymbol{x}} \\ \boldsymbol{y}\in Y}} E_m(\boldsymbol{x},\boldsymbol{y}) + \sum_{\ell=1}^{m} \sum_{\substack{|\overline{\boldsymbol{y}}\cap\overline{\boldsymbol{x}}|=m-\ell \\ \boldsymbol{y}\in Y}} E_m(\boldsymbol{x},\boldsymbol{y}) \\
&= \frac{\lambda_m(\boldsymbol{x})}{|X|} Q_m(k-m) \\
&\quad + \frac{1}{|X|} \sum_{\ell=1}^{m} \sum_{\substack{\overline{\boldsymbol{z}}\subset\overline{\boldsymbol{x}} \\ |\overline{\boldsymbol{z}}|=m-\ell}} |\{\boldsymbol{y}\in Y \mid \overline{\boldsymbol{y}}\cap\overline{\boldsymbol{x}} = \overline{\boldsymbol{z}}\}| Q_m(k-(m-2\ell))
\end{aligned}
\tag{4.17}
$$

が成り立つ．次に $\overline{\boldsymbol{z}_{m-\ell}} \subset \overline{\boldsymbol{x}}$, $|\overline{\boldsymbol{z}_{m-\ell}}| = m-\ell$, $1 \leq \ell \leq m-1$ に対して

$$
a_{m,m-\ell}(\boldsymbol{x}, \boldsymbol{z}_{m-\ell}) = \sum_{i=0}^{\ell-1} (-1)^i \binom{\ell}{i} \lambda_{m-\ell+i} + (-1)^\ell \lambda_m(\boldsymbol{x}) \tag{4.18}
$$

が成り立つことを ℓ に関する帰納法で示す．

$\ell = 1$ のときは $\overline{\boldsymbol{z}_{m-1}} \subset \overline{\boldsymbol{x}}$, $|\overline{\boldsymbol{z}_{m-1}}| = m-1$ とすると $\{\boldsymbol{y}\in Y \mid \overline{\boldsymbol{y}} \supset \overline{\boldsymbol{z}_{m-1}}\} = \{\boldsymbol{y}\in Y \mid \overline{\boldsymbol{y}}\cap\overline{\boldsymbol{x}} = \overline{\boldsymbol{z}_{m-1}}\} \cup \{\boldsymbol{y}\in Y \mid \overline{\boldsymbol{y}} \supset \overline{\boldsymbol{x}}\}$ が成り立つので

$$
a_{m,m-1}(\boldsymbol{x}, \boldsymbol{z}_{m-1}) = \lambda_{m-1} - \lambda_m(\boldsymbol{x})
$$

となり (4.18) が成り立つ．次に $1 \leq \nu \leq \ell-1$ を満たす任意の整数 ν と $\overline{\boldsymbol{z}_{m-\nu}} \subset \overline{\boldsymbol{x}}$, $|\boldsymbol{z}_{m-\nu}| = m-\nu$, に対して (4.18) が成り立つと仮定する．そして $\overline{\boldsymbol{z}_{m-\ell}} \subset \overline{\boldsymbol{x}}$, $|\boldsymbol{z}_{m-\ell}| =$

$m-\ell$ とする．ここで記号を省略して $1 \leq \nu \leq \ell-1$ に対して $a_{m,m-\nu}(\boldsymbol{x}, \boldsymbol{z}_{m-\nu}) = a_{m,m-\nu}$ と表すことにする．このとき帰納法の仮定より

$$\begin{aligned}
\lambda_{m-\ell} &= |\{\boldsymbol{y} \in Y \mid \overline{\boldsymbol{y}} \supset \overline{\boldsymbol{z}_{m-\ell}}\}| \\
&= \sum_{j=0}^{\ell-1} \sum_{\substack{\overline{\boldsymbol{u}} \subset \overline{\boldsymbol{x}} \setminus \overline{\boldsymbol{z}_{m-\ell}} \\ |\overline{\boldsymbol{u}}|=j}} |\{\boldsymbol{y} \in Y \mid \overline{\boldsymbol{y}} \cap \overline{\boldsymbol{x}} = \overline{\boldsymbol{z}_{m-\ell}} \cup \overline{\boldsymbol{u}}\}| \\
&\quad + |\{\boldsymbol{y} \in Y \mid \overline{\boldsymbol{y}} \supset \overline{\boldsymbol{x}}\}| \\
&= a_{m,m-\ell}(\boldsymbol{x}, \boldsymbol{z}_{m-\ell}) + \sum_{j=1}^{\ell-1} \binom{\ell}{j} a_{m,m-\ell+j} + \lambda_m(\boldsymbol{x})
\end{aligned} \tag{4.19}$$

したがって

$$\begin{aligned}
a_{m,m-\ell}(\boldsymbol{x}, \boldsymbol{z}_{m-\ell}) &= \lambda_{m-\ell} - \sum_{j=1}^{\ell-1} \binom{\ell}{j} a_{m,m-\ell+j} - \lambda_m(\boldsymbol{x}) \\
&= \lambda_{m-\ell} - \sum_{j=1}^{\ell-1} \binom{\ell}{j} \left(\sum_{i=0}^{\ell-j-1} (-1)^i \binom{\ell-j}{i} \lambda_{m-(\ell-j)+i} + (-1)^{\ell-j} \lambda_m(\boldsymbol{x}) \right) \\
&\quad - \lambda_m(\boldsymbol{x}) \\
&= \lambda_{m-\ell} - \sum_{j=1}^{\ell-1} \binom{\ell}{j} \sum_{i=0}^{\ell-j-1} (-1)^i \binom{\ell-j}{i} \lambda_{m-\ell+j+i} + (-1)^{\ell} \lambda_m(\boldsymbol{x}) \\
&= \lambda_{m-\ell} + \sum_{s=1}^{\ell-1} (-1)^s \binom{\ell}{s} \lambda_{m-\ell+s} + (-1)^{\ell} \lambda_m(\boldsymbol{x})
\end{aligned} \tag{4.20}$$

となり (4.18) が成り立つことが証明された．

(4.18) と (4.17) より (4.15) の左辺は次のようになる

$$\begin{aligned}
&\frac{\lambda_m(\boldsymbol{x})}{|X|} Q_m(k-m) + \frac{1}{|X|} \sum_{\ell=1}^{m} \binom{m}{\ell} \left(\lambda_{m-\ell} + \sum_{s=1}^{\ell-1} (-1)^s \binom{\ell}{s} \lambda_{m-\ell+s} \right. \\
&\qquad\qquad \left. + (-1)^{\ell} \lambda_m(\boldsymbol{x}) \right) Q_m(k-m+2\ell)
\end{aligned} \tag{4.21}$$

この式の $|X|\lambda_m(\boldsymbol{x})$ の係数は

$$\sum_{\ell=0}^{m} (-1)^{\ell} \binom{m}{\ell} Q_m(k-m+2\ell)$$

であり命題 4.11 より 2^{2m} に一致することがわかっている．したがって $\lambda_m(\boldsymbol{x})$ の値は (4.15) より $\boldsymbol{x}$ のとり方によらない値として一意的に求めることができる．以上で補題 4.10 の証明が完了した． ■

第2章6節で定義したTerwilliger代数の言葉を利用する．$T = T(u_0)$ をTerwilliger代数とする．$\chi \in V$ に対して．

$$E_i^*\chi, \quad 0 \le i \le d \tag{4.22}$$

を考える．$D = \{0, 1, \ldots, d\}$ とおく．ここで $E_0^*, E_1^*, \ldots, E_d^*$ は双対ボーズ・メスナー代数の基底である．このとき χ の u_0 に関するサポート $\mathrm{sup}(\chi)$ と $\mathrm{end}(\chi)$ を次の式で定義する．

$$\mathrm{sup}(\chi) = \{i \in D \mid E_i^*\chi \ne 0,\ i \ne 0\}. \tag{4.23}$$

$$\mathrm{end}(\chi) = \min\{i \in D \mid E_i^*\chi \ne 0,\ i \ne 0\}, \tag{4.24}$$

上に定義した $\mathrm{sup}(\chi)$ 達は $u_0 \in X$ の選び方に依存している．定義4.4で導入した s_χ^* と δ_χ^* は命題4.3より

$$s_\chi^* = |\{i \in D \mid E_i\chi \ne 0,\ i \ne 0\}|, \quad \delta_\chi^* = \min\{i \in D \mid E_i\chi \ne 0,\ i \ne 0\}$$

と表すことができる．次の定理がAssumus-Mattsonの定理の類似を与える．

4.12 [定理] (Delsarte ([156, Theorem 8.4]))　$\mathfrak{X}$ をQ-多項式スキームとする．$\chi \in V$ とし，$u_0 \in X$ を任意に固定する．定義および記号は上記の通りとする．$1 \le |\mathrm{sup}(\chi)| \le \delta_\chi^* - 1$ と仮定する．このとき $E_i^*\chi \ne 0$ を満たす任意の $i \in D$ に対して $E_i^*\chi$ は固定された点 u_0 に関する相対 $(\delta_\chi^* - |\mathrm{sup}(\chi)|)$-デザインである．

証明　$i \in D$ とする．もし $i = 0$ であるならば，$E_0^*\chi = \chi(u_0)\hat{u_0}$．したがって任意の $j \in D$ に対して $E_j E_0^*\chi = \chi(u_0)E_j\hat{u_0}$ となり $E_0^*\chi$ は u_0 に関する相対 d-デザインである．以下 $i \in \mathrm{sup}(\chi)$ を固定する．多項式 $f(z)$ を次のように定義する．

$$f(z) = \prod_{\substack{j \in \mathrm{sup}(\chi) \\ j \ne i}} \frac{z - \theta_j^*}{\theta_i^* - \theta_j^*} \tag{4.25}$$

$f(z)$ の次数は $|\mathrm{sup}(\chi)| - 1$ であり $j \in \mathrm{sup}(\chi)$ に対して $f(\theta_j^*) = \delta_{i,j}$ となる．Δ_χ を対角成分が $\chi(x)$, $x \in X$ となる X で添字付けられた対角行列とする．すなわち $\Delta_\chi(x, y) = \delta_{x,y}\chi(x)$ となる．このとき次の式が成り立つ．$0 \notin \mathrm{sup}(\chi)$ であるから

$$\begin{aligned}\left(\Delta_\chi\left(\sum_{j=0}^{d} f(\theta_j^*)A_j\right)\hat{u_0}\right)(x) &= (\Delta_\chi(A_i\hat{u_0} + f(\theta_0^*)A_0\hat{u_0}))(x) \\ &= \chi(x)A_i(x, u_0) + f(\theta_0^*)\chi(x)A_0(x, u_0)\end{aligned}$$

$$= (E_i^*\chi)(x) + f(\theta_0^*)(E_0^*\chi)(x) \tag{4.26}$$

したがって

$$\Delta_\chi\left(\sum_{j=0}^{d} f(\theta_j^*)A_j\right)\hat{u_0} = E_i^*\chi + f(\theta_0^*)\chi(u_0)\hat{u_0} \tag{4.27}$$

となる．次に多項式 $f(z)$ の直交多項式 $v_0^*(z), v_1^*(z), \ldots, v_d^*(z)$ による展開を

$$f(z) = \sum_{\ell=0}^{m-1} f_\ell v_\ell^*(z) \tag{4.28}$$

で与えておく．ここで $m = |\sup(\chi)|$ と表してある．そうすると

$$\begin{aligned}\sum_{j=0}^{d} f(\theta_j^*)A_j &= \sum_{j=0}^{d}\sum_{\ell=0}^{m-1} f_\ell v_\ell^*(\theta_j^*)A_j \\ &= \sum_{\ell=0}^{m-1} f_\ell \sum_{j=0}^{d} Q_\ell(j)A_j = |X|\sum_{\ell=0}^{m-1} f_\ell E_\ell \end{aligned} \tag{4.29}$$

となる．したがって (4.27) の左辺は変形されて次の式を導く．

$$|X|\sum_{\ell=0}^{m-1} f_\ell \Delta_\chi E_\ell \hat{u_0} = E_i^*\chi + f(\theta_0^*)\chi(u_0)\hat{u_0}. \tag{4.30}$$

定理の仮定より χ は $(\delta_\chi^* - 1)$-デザインであることに注意しておく．(4.30) の両辺に $1 \leq j \leq \delta_\chi^* - |\sup(\chi)|$ を満たす E_j を掛ける．このとき $0 \leq \ell \leq m-1 = |\sup(\chi)|-1$ を満たす ℓ に対して $j + \ell \leq \delta_\chi^* - 1$ が成り立つ．したがって補題 4.6 が適用できる．χ は $(\delta_\chi^* - 1)$-デザインであるから補題 4.6 より

$$|X|E_j\Delta_\chi E_\ell = \sum_{x\in X}\chi(x)\delta_{j,\ell}E_j$$

となり

$$\sum_{x\in X}\chi(x)f_jE_j\hat{u_0} = E_j(E_i^*\chi) + f(\theta_0^*)\chi(u_0)E_j\hat{u_0}.$$

したがって

$$E_j(E_i^*\chi) = (f_j\sum_{x\in X}\chi(x) - f(\theta_0^*)\chi(u_0))E_j\hat{u_0}$$

が成り立ち $E_i^*\chi$ は u_0 に関する相対 $(\delta_\chi^* - |\sup(\chi)|)$-デザインである． ∎

この定理は，オリジナルの Assmus-Mattson 定理（定理 4.1）に比べると表面上の主張は弱い．例えば，Golay $[24, 12, 8]$-符号に適応するとこの符号には重さ 24 の元が存在するので，重さ一定の元のサポートの全体は 4-デザインであることしか主張できない．（もとの Assmus-Mattson 定理では，5-デザインであることが示される．）ただし，このことは Brouwer-Cohen-Neumaier (BCN) [110, 61〜62 頁] で述べられているように，ある重さの元のすべてが符号に含まれている場合はその重さを t の評価で無視してよいということから，Golay $[24, 12, 8]$-符号の場合でも，5-デザインが得られることが示されるので，それほどの遜色はないと思われる．

2. 正則な半束における t-デザイン

始めに半束 (semi-lattice) に関する基本的な事柄を少し復習しておく．

4.13 [定義] (半順序集合 (poset))　　集合 L 上の**半順序 (partial order)** とは次の (1)〜(3) の条件を満たす L 上の 2 項関係 $\leq$ のことを意味する．

(1) 反射律：$a \leq a$,
(2) 推移律：$a \leq b$ かつ $b \leq c$ ならば $a \leq c$,
(3) 反対称律：$a \leq b$ かつ $b \leq a$ ならば $a = b$.

ここで $a, b, c \in L$ である．

4.14 [定義] (交わり半束 (meet semilattice))　　L を半順序集合とする．L の各元の組 a, b に対して次の条件 (1) と (2) を満たす $a \wedge b \in L$ が一意的に定まるときに $a \wedge b$ を a と b の**交わり (meet)** と呼び L を**交わり半束 (meet semilattice)** と呼ぶ．

(1) $a \wedge b \leq a$, $a \wedge b \leq b$,
(2) $c \leq a$, $c \leq b$, $c \in L$ ならば $c \leq a \wedge b$.

4.15 [定義] (結び半束 (join semilattice))　　L を半順序集合とする L の各元の組 a, b に対して次の条件 (1) と (2) を満たす $a \vee b \in L$ が一意的に定まるときに $a \vee b$ を a と b の**結び (join)** と呼び L は**結び半束 (join semilattice)** と呼ばれる．

(1) $a \vee b \geq a$, $a \vee b \geq b$,
(2) $c \geq a$, $c \geq b$, $c \in L$ ならば $c \geq a \vee b$.

L が交わりかつ結び半束のときに**束 (lattice)** と呼ばれる．

以下では半束というときは交わり半束を考えることにする．半束 L は $u \leq x$ が任意の x に対して成り立つような元 u を一つだけ持つと仮定する．この元を以下で 0 と表記する．

4.16 [定義] (graded な半束)　L を有限個の点からなる半束とする．$x, y \in L$ に対して $x \leq y$, $x \neq y$ であるときに $x < y$ とあらわす．$x \leq y \in L$ に対して $x = x_0 < x_1 < \cdots < x_r = y$ を満たす点列 $x_0, \ldots, x_r$ を x から y への長さ r の鎖と呼ぶ．x から y への鎖 $x = x_0 < x_1 < \cdots < x_r = y$ は $x_0, \ldots, x_r$ を含む x から y への鎖が存在しないときに極大であると定義する．半束 L は次の性質を満たすときに **graded** であるという．

(1) 任意の $x \leq y$ に対して x から y への極大な鎖がすべて同じ長さを持つ．
(2) 写像 $h\colon\ L \longrightarrow \mathbb{Z}_{\geq 0}$ が存在する．
(3) $h(0) = 0$ である．
(4) 任意の $x \leq y$ に対して $h(y) - h(x)$ は x から y への極大な鎖の長さを与える．
(5) $n = \max\{h(x) \mid x \in L\}$ とする．$0 \leq s \leq n$ を満たす任意の s に対して．

$$L_s = \{x \in L \mid h(x) = s\} \tag{4.31}$$

と定義すると，すべての $L_0, L_1, \ldots, L_n$ は空集合ではない．

上に定義した関数 h は L の **hight function** と呼ばれる．L_j $(0 \leq j \leq n)$ は**断面 (fiber)** と呼ばれ特に L_n を**最上断面 (top fiber)** という．

4.17 [定義] (short な graded 半束)　L を graded な半束とし，L_n を L の最上断面とする．$L_n \wedge L_n = L$ が成り立つときに L は **short な graded 半束**と呼ばれる．ここで L の部分集合 A, B に対して $A \wedge B = \{a \wedge b \mid a \in A,\ b \in B\}$ と定義する．

4.18 [命題]　L を short な graded 半束とし L_n を L の最上断面とする．このとき $0 \leq j \leq r \leq n$ を満たす任意の整数 j と r に対して $h(a \wedge y) = j$ を満たす $a \in L_r$ および $y \in L_n$ が存在する．

証明　$z \in L_j$ とする．$x, y \in L_n$ を $z = x \wedge y$ を満たす元とする．z から x への極大な鎖の長さは $n - j$ である．その極大な鎖を $z = a_j < \cdots < a_r < \cdots < a_n = x$ をとする．このとき $y \wedge a_r \leq a_r \leq x$, $y \wedge a_r \leq y$ より $y \wedge a_r \leq x \wedge y = z$ が成り立つ．一方 $z = x \wedge y \leq y$, $z = a_j \leq a_r$ より $z \leq y \wedge a_r$ を得る．以上より $y \wedge a_r = z \in L_j$ が成り立つことがわかる．∎

4.19 [定義] (正則な半束 (regular semilattice))　L を short な graded 半束とし，L_n を最上断面とする．さらに L が次の三つの条件を満たすとき L は**正則な半束 (regular semilattice)** であるという．

(1) $z \leq y$ を満たす $y \in L_n$ および $z \in L_r$ に対して $\{u \in L_s \mid z \leq u \leq y\}$ に含まれる点の個数は r および s にのみ依存して定まる定数である．この定数を $\mu(r,s)$ で表すことにする．

(2) $u \in L_s$ に対して $z \leq u$ を満たす $z \in L_r$ の個数は r および s にのみ依存して定まる定数である．この数を $\nu(r,s)$ で表すことにする．

(3) $a \wedge y \in L_j$ を満たす $a \in L_r$ および $y \in L_n$ に対して $b \leq z, b \leq y$ かつ $a \leq z$ を満たす組 $(b,z) \in L_s \times L_n$ の個数は j,r,s にのみ依存して定まる定数である．この数を $\pi(j,r,s)$ で表すことにする．

4.20 [注意]　定義 4.19 で定義された定数達 μ, ν および π は正則な半束のパラメーターと呼ばれる．$0 \leq r \leq s \leq n$ を満たせば $\mu(r,s)$ および $\nu(r,s)$ は正の整数である．また $\mu(r,r) = \nu(r,r) = 1$ が成り立つ．また (3) の条件が (2) の条件を導きだすことは次の命題で証明するが (2) の条件はわかりやすいので定義に入れておいた．

4.21 [命題]　定義 4.19 の条件 (3) から (2) が導かれる．すなわち $\pi(j,n,s) = \nu(s,j)$ が成り立つ．

証明　定義 4.19 の条件 (3) において $r = n$ とする．仮定より $a \in L_n$, $a \wedge y \in L_j$, したがって $a \leq z \in L_n$ より $z = a$ でなければならない．これより $\pi(j,n,s) = |\{b \mid b \leq a,\ b \leq y\}| = |\{b \mid b \leq a \wedge y\}|$ が成り立つ．$a \wedge y \in L_j$ である．逆に，L が short であるので，任意の $c \in L_j$ に対して $c = a \wedge y$, $a, y \in L_n$ が存在する．したがって $\pi(j,n,s) = |\{b \in L_s \mid b \leq c\}|$ は $c \in L_j$ の選び方にかかわらず s と j だけで定まる定数である．すなわち $\nu(s,j) = \pi(j,n,s)$ が成り立つ．■

以下 L を正則な半束とする．L の最上断面 L_n を Ω で表すことにする．前節ではアソシエーションスキームの集合 X をベクトル空間の $\mathbb{R}^{|X|}$ の基底と同一視し，X 上の関数空間を $\mathbb{R}^{|X|}$ と同一視した．ここでも同様の同一視を行う．すなわち Ω の元は V の標準基底と同一視し，$V = \mathbb{R}^{|\Omega|}$ を Ω 上の関数空間と同一視する．$\chi \in V$ とする．$1 \leq j \leq n$ を満たす整数 j に対して L_j 上の実数値関数 $\lambda_{j,\chi}$ を次のように定義する．すなわち $z \in L_j$ に対して

$$\lambda_{j,\chi}(z) = \sum_{\substack{x \in \Omega \\ x \geq z}} \chi(x) \tag{4.32}$$

4.22 [定義] (幾何的なデザイン)　$\chi \in V = \mathbb{R}^{|\Omega|}$, $\chi \neq 0$ とし，t を自然数とする．

(1) 関数 $\lambda_{t,\chi}(z)$ が L_t 上で定数 λ に一致するとき χ を幾何的な t-デザインと呼ぶ．この定数 λ を t-デザインのインデックス (index) と呼ぶ．

(2) Ω のある固定された元 x_0 が存在して $0 \leq j \leq t$ を満たす各 j に対して関数 $\lambda_{t,\chi}(z)$ が $\{z \in L_t \mid h(z \wedge x_0) = j\}$ 上で定数 $\lambda_{x_0,j}$ に一致するときに χ を x_0 に関する**幾何的な相対 t-デザイン (geometric relative t-design)** と呼ぶ．この定数 $\lambda_{x_0,j}$ を幾何的な相対 t-デザインのインデックス (index) と呼ぶ．

この幾何的なデザインの定義は以下に述べる諸定理を眺めると，アソシエーションスキームとも関連した非常に自然なものであることがわかる．

まず正則な半束 L の最上断面 $\Omega = L_n$ 上にアソシエーションスキームの構造が定義されることを説明する．Ω 上の関係 $R_i \subset \Omega \times \Omega$ を

$$R_i = \{(x,y) \in \Omega \times \Omega \mid h(x \wedge y) = n - i\}, \quad 0 \leq i \leq n \tag{4.33}$$

と定義する．命題 4.18 により $R_i \neq \emptyset$ $(0 \leq i \leq n)$ が成り立つ．$(x,y) \in R_0$ とする．定義より $h(x \wedge y) = n$ である．また $x \wedge y \leq x$ より $x \wedge y$ から x への極大な鎖の長さは $h(x) - h(x \wedge y) = 0$ となる．すなわち $x \wedge y = x$ である．同様に $x \wedge y = y$ となり，したがって $x = y$ を満たす．すなわち $R_0 = \{(x,x) \mid x \in \Omega\}$ が成り立つ．$i \neq j$ であれば $R_i \cap R_j = \emptyset$ である．また $x, y \in \Omega$ に対して $0 \leq h(x \wedge y) \leq n$ であるから $\Omega \times \Omega = R_0 \cup R_1 \cup \cdots \cup R_n$ は $\Omega \times \Omega$ の分割になっている．また明らかに ${}^tR_i = R_i$ $(0 \leq i \leq n)$ が成り立っている．以下で $(\Omega, \{R_i\}_{0 \leq i \leq n})$ が対称なアソシエーションスキームになることの証明を述べる．その方法は第 2 章の 10.3 小節でジョンソンスキームの第 1 および第 2 固有行列を求めたときに用いた手法をなぞらえている．補題 2.93 (Kantor) で用いた行列の類似を使っている．このように，正則な半束の最上断面は対称なアソシエーションスキームの構造を持つ．本章の後の方にも述べるがハミングスキームやジョンソンスキームなどが正則な半束の最上断面に現れることはよく知られた事実である．一般には最上断面が Q-多項式スキームの構造と結びつかない正則な半束が存在するか否かは未解決な問題である．

まず次の二つの補題を証明しておく．

4.23 [補題] (Delsarte ([155, Lemma 1]))　定義および記号は上記のままとす

る．$a \in L_r$ とするとき，集合 $\{z \in \Omega \mid z \geq a\}$ に含まれる元の個数は a の選び方によらず常に $\pi(r,r,0)$ に等しい．$\theta(r) = \pi(r,r,0)$ と表すことにする．

証明　$y \geq a$ を満たす $y \in \Omega$ を一つとる．このとき $a \wedge y = a \in L_r$ であるから正則な半束の条件 (3) において $j = r$ の場合である．さらに $s = 0$ とすると条件 (3) の b は L の最小元 0 でなければならない．したがって $\pi(r,r,0) = |\{z \in \Omega \mid a \leq z\}|$ となり補題は証明される．∎

4.24 [補題] (Delsarte ([155, Lemma 2]))　$u \leq y$ を満たす $y \in \Omega$ および $u \in L_s$ を任意に固定する．このとき $u \wedge z \in L_j$ を満たし $z \leq y$ である元 $z \in L_r$ の個数は y および u の選び方にかかわらず j, r および s のみに依存して定まる定数である．この数を $\psi(j,r,s)$ と表すことにする．

証明　$h = \min\{r,s\}$ とする．$0 \leq k \leq h$ を満たす k を固定したときに集合 $\{(x,z) \in L_k \times L_r \mid x \leq u,\ x \leq z \leq y\}$ に含まれる元の個数を二通りに数える．すなわちまず先に $x \in L_k$ を固定すると

$$\begin{aligned}&\{(x,z) \in L_k \times L_r \mid x \leq u,\ x \leq z \leq y\} \\ &\quad = \bigcup_{\substack{x \in L_k \\ x \leq u}} \{z \in L_r \mid x \leq z \leq y\} = \mu(k,r)\nu(k,s)\end{aligned} \tag{4.34}$$

が導かれる．次に $z \in L_r$ を先に選ぶことを考える．$u \wedge z \in L_j$ とすると j の可能性は $j = 0, 1, \ldots, h$ である．z を一つ決める．$u \wedge z \in L_j$ となる j が定まる．このとき $x \leq u$ かつ $x \leq z$ であるから $x \leq u \wedge z$ を満たす x をすべてとってくればよい．すなわち，

$$\begin{aligned}&\{(x,z) \in L_k \times L_r \mid x \leq u,\ x \leq z \leq y\} \\ &\sum_{j=0}^{h} \bigcup_{\substack{z \in L_r \\ u \wedge z \in L_j \\ z \leq y}} \{x \in X_k \mid x \leq u \wedge z\} \\ &\quad = \sum_{j=0}^{h} |\{z \in L_r \mid u \wedge z \in L_j,\ z \leq y\}| \nu(k,j) \\ &\quad = \sum_{j=0}^{h} \psi(j,r,s)\nu(k,j)\end{aligned} \tag{4.35}$$

となる．したがって $h+1$ 個の $\psi(j,r,s)$ $(0 \le j \le h)$ を変数とする $h+1$ 個の連立 1 次方程式

$$\sum_{j=0}^{h} \psi(j,r,s)\nu(k,j) = \mu(k,r)\nu(k,s) \tag{4.36}$$

が得られた．$\nu(j,j)=1$ $(0 \le j \le h)$（注意 4.20 参照）かつすべての $0 \le j < k \le h$ に対して $\nu(k,j)=0$ であるからこの連立方程式の係数行列は正則な行列である．したがって $\psi(j,r,s)$ は j,r，および s にのみ依存して決まる定数である．■

(4.36) からすぐに次の命題を得る．

4.25［命題］　$(\nu'(r,s))_{\substack{0\le r\le n\\0\le s\le n}}$ を $(\nu(r,s))_{\substack{0\le r\le n\\0\le s\le n}}$ の逆行列とする．このとき $\psi(j,r,s)$ は次の公式で与えられる．

$$\psi(j,r,s) = \sum_{i=0}^{n} \nu(i,s)\nu'(j,i)\mu(i,r) \tag{4.37}$$

次に Ω の関係達 $R_0, R_1, \ldots, R_n$ の隣接行列を $A_0, A_1, \ldots, A_n$ とおく．このとき $A_0 = I$（単位行列）かつ $A_0 + A_1 + \cdots + A_n = J$（すべての成分が 1 の行列）であることがすぐわかる．ジョンソンスキームの場合と同じように行列 $C_0, C_1, \ldots,$ C_n を

$$C_i = \sum_{k=0}^{n} \nu(i,k)A_{n-k} = \sum_{k=i}^{n} \nu(i,k)A_{n-k} \tag{4.38}$$

と定義する．このとき $\nu(0,0)=\nu(0,1)=\cdots=\nu(0,n)=1$ であるので

$$C_0 = A_0 + \cdots + A_n \tag{4.39}$$

となっている．

4.26［補題］　$C_0, C_1, \ldots, C_n$ の張るベクトル空間は $A_0, A_1, \ldots, A_n$ の張るベクトル空間と一致する．

証明　変換行列 $(\nu(i,k))_{\substack{0\le k\le n\\0\le i\le n}}$ は対角成分がすべて 1 の三角行列であるから明らか．■

4.27［定理］　正則な半束 L から構成した $(\Omega, \{R_i\}_{0\le i\le n})$ は対称なアソシエーションスキームである．

$A_0, A_1, \ldots, A_n$ が対称な行列であることは定義より明らかである．定理 4.27 を示すためには $A_0, A_1, \ldots, A_n$ の張るベクトル空間が行列の積に関して閉じていることを示せばよい．対称であることはすでに見た．そのためにもう一つの基底 $C_0, C_1, \ldots, C_n$ を使う．そこで C_rC_s を計算するために Kantor が使った行列と同様な M_i を用いる．M_i は行と列を $L_i \times \Omega$ で添字付けられた行列としその (x, y) 成分は

$$M_i = \begin{cases} 1 & x \leq y \text{ のとき}, \\ 0 & x \not\leq y \text{ のとき} \end{cases} \tag{4.40}$$

で定義する．

4.28 [補題]　$C_i = {}^tM_iM_i,\ i = 0, 1, \ldots, n,$ が成り立つ．

証明　$(x, y) \in R_j$，すなわち $x \wedge y \in L_{n-j}$ とすると，

$$\begin{aligned}({}^tM_iM_i)(x, y) &= \sum_{z \in L_i} M_i(z, x)M_i(z, y) = |\{z \in L_i \mid z \leq x,\ z \leq y\}| \\ &= |\{z \in L_i \mid z \leq x \wedge y\}| = \nu(i, n-j)\end{aligned}$$

となる．したがって

$${}^tM_iM_i = \sum_{j=0}^{n} \nu(i, n-j)A_j = \sum_{k=0}^{n} \nu(i, k)A_{n-k} = C_i \tag{4.41}$$

が成り立つ．■

定理 4.27 の証明　次の式を証明すれば定理の証明は完了する．

$$C_rC_s = \sum_{k=0}^{n}\left(\sum_{j=0}^{n} \psi(j, r, n-k)\pi(j, r, s)\right)A_k. \tag{4.42}$$

$(x, y) \in R_k$，すなわち $x \wedge y \in L_{n-k}$ とする．

$$\begin{aligned}(C_rC_s)(x, y) &= ({}^tM_rM_r{}^tM_sM_s)(x, y) \\ &= \sum_{z \in \Omega} ({}^tM_rM_r)(x, z)({}^tM_sM_s)(z, y) \\ &= \sum_{z \in \Omega}\left(\sum_{a \in L_r} M_r(a, x)M_r(a, z)\right)\left(\sum_{b \in L_s} M_s(b, z)M_s(b, y)\right)\end{aligned}$$

$$= \sum_{z \in \Omega} |\{a \in L_r \mid a \leq x \wedge z\}||\{b \in L_s \mid b \leq z \wedge y\}|$$
$$= |\{(a,b,z) \in L_r \times L_s \times \Omega \mid a \leq x \wedge z,\ b \leq y \wedge z\}| \tag{4.43}$$

先に可能な a を数える．各 j に対して a を $a \wedge y \in L_j$ とすると，とり得る a の個数は $|\{a \in L_r \mid a \wedge y \in L_j,\ a \leq x\}|$ である．$a \in L_r$, $a \wedge y \in L_j$, $a \leq x$ と仮定し $c = x \wedge y$ とおく．このとき $a \wedge c = a \wedge y \in L_j$ が成り立つ．なぜならば $c \leq y$ より $a \wedge c \leq a \wedge y$ が成り立つ．一方 $a \wedge y \leq a \leq x$ かつ $a \wedge y \leq y$ より $a \wedge y \leq x \wedge y = c$ となり $a \wedge y \leq a \wedge c$ を得る．したがって $a \wedge c = a \wedge y$ となるのである．したがって補題 4.24 の s に $n-k$ を代入し u の代わりに c, y の代わりに x, そして z の代わりに a を数え上げれば求める $\psi(j,r,n-k)$ が得られる．次にそのような a を任意に固定して，すなわち $a \in L_r$, $y \in \Omega$ かつ $a \wedge y \in L_j$, $a \leq x$ を満たす a が固定される．そのとき $a \leq z$, $b \leq y \wedge z$ を満たす (b,z) の組の総数を求めると $\pi(j,r,s)$ に一致する．以上のことより (4.42) が導かれる．■

正則な半束から得られたアソシエーションスキーム $(\Omega, \{R_i\}_{0 \leq i \leq n})$ のボーズ・メスナー代数を $\mathfrak{A}$ とし $\mathfrak{A}$ の原始ベキ等行列のなす基底を $E_0, E_1, \ldots, E_n$ とする ($E_0 = \frac{1}{|\Omega|}J$). $\mathfrak{A}$ は対称であるから可換な代数である．$(\nu'(r,s))_{\substack{0 \leq r \leq n \\ 0 \leq s \leq n}}$ を $(\nu(r,s))_{\substack{0 \leq r \leq n \\ 0 \leq s \leq n}}$ の逆行列とする．$(\nu(r,s))_{\substack{0 \leq r \leq n \\ 0 \leq s \leq n}}$ は対角成分が 1 の整数を係数とする正則な上三角行列であるから $(\nu'(r,s))_{\substack{0 \leq r \leq n \\ 0 \leq s \leq n}}$ も対角成分が 1 の整数を係数とする正則な上三角行列である．すなわち $\nu'(r,s)$ はすべて整数である．(4.42) および (4.38) より

$$\begin{aligned}
C_r C_s &= \sum_{k=0}^{n} \sum_{j=0}^{n} \sum_{i=0}^{n} \nu(i,n-k)\nu'(j,i)\mu(i,r)\pi(j,r,s)A_k \\
&= \sum_{j=0}^{n} \sum_{i=0}^{n} \nu'(j,i)\mu(i,r)\pi(j,r,s) \sum_{k=0}^{n} \nu(i,n-k)A_k \\
&= \sum_{j=0}^{n} \sum_{i=0}^{n} \nu'(j,i)\mu(i,r)\pi(j,r,s))C_i \\
&= \sum_{i=0}^{r} \mu(i,r)\left(\sum_{j=0}^{n} \nu'(j,i)\pi(j,r,s)\right)C_i
\end{aligned} \tag{4.44}$$

したがって $C_r C_s$ は $C_0, C_1, \ldots, C_r$ の 1 次結合で表される．同様に $C_s C_r$ も $C_0, C_1, \ldots, C_s$ の 1 次結合で表される．また $\mathfrak{A}$ は可換であるので $C_r C_s = C_s C_r$ は $C_0, C_1, \ldots, C_{\min\{r,s\}}$ の 1 次結合で書き表すことができる．したがって $\mathfrak{A}_r$ を $C_0, C_1, \ldots, C_r$ で張られる $\mathfrak{A}$ の部分空間とすると $\mathfrak{A}_r$ は $\mathfrak{A}$ のイデアルになる．このとき (4.39) よ

り $\mathfrak{A}_0 = \langle C_0 \rangle = \langle E_0 \rangle$ となっていることがわかる．したがって $\mathfrak{A}$ の原始ベキ等行列を適当に並べ替えることによって $\mathfrak{A}_r = \langle C_0, C_1, \ldots, C_r \rangle = \langle E_0, E_1, \ldots, E_r \rangle$ が成り立つようにすることができる．

$$C_r = \sum_{i=0}^{r} \rho(i,r) E_i \tag{4.45}$$

と表すことにする．$r \leq s$ とすると

$$C_r C_s = \sum_{i=0}^{r} \rho(i,r) E_i \sum_{j=0}^{s} \rho(j,s) E_j \equiv \rho(r,r)\rho(r,s) E_r \pmod{\mathfrak{A}_{r-1}} \tag{4.46}$$

一方 (4.44) より

$$C_r C_s \equiv \sum_{j=0}^{r} \nu'(j,r)\pi(j,r,s)\rho(r,r) E_r \pmod{\mathfrak{A}_{r-1}} \tag{4.47}$$

したがって

$$\rho(r,s) = \sum_{j=0}^{r} \nu'(j,r)\pi(j,r,s) \tag{4.48}$$

が得られる．このとき次の定理が得られる．

4.29［定理］　$(\Omega, \{R_i\}_{0 \leq i \leq n})$ の第1固有行列 P の各成分は有理整数である．

証明　(4.38), (4.45) および (4.48) より

$$\begin{aligned} A_i &= \sum_{s=0}^{n} \nu'(n-i,s) C_s = \sum_{s=0}^{n} \nu'(n-i,s) \sum_{j=0}^{n} \rho(j,s) E_j \\ &= \sum_{j=0}^{n} \sum_{s=0}^{n} \nu'(n-i,s) \sum_{k=0}^{n} \nu'(k,j)\pi(k,j,s) E_j \end{aligned} \tag{4.49}$$

したがって

$$P_i(j) = \sum_{s=0}^{n} \nu'(n-i,s) \sum_{k=0}^{n} \nu'(k,j)\pi(k,j,s) \tag{4.50}$$

と表すことができる．これらはすべて有理整数である．■

Delsarte [155] ではこのようにして得られたアソシエーションスキームが Q-多項式スキームになるかどうかについては言及していない．(4.45) で定められた原始ベキ等行列の順番で Q-多項式スキームになることを導きだそうと試みたが，簡単ではないようだ．おそらく，一般には Q-多項式スキームにならないような正則な半束が存在するのではないかと思われる．以下に $n = 3$ の場合について，得られたアソシエーションスキームが Q-多項式スキームになる必要条件を求めてみた．

4.30 [命題]　L を最上断面が L_3 である正則な半束とする．L から作られるアソシエーションスキーム $(\Omega, \{R\}_{0 \le i \le 3})$ において原始ベキ等行列の順番を (4.45) で定めたとき，Q-多項式スキームになることと次の条件 (1) および (2) が成り立つことは同値である．

(1) $\nu(1,3)^2 - \nu(1,3) - \nu(2,3)(\nu(1,2)^2 - \nu(1,2)) = 0$,
(2) $\nu(1,2), \nu(1,3) \ge 2$ かつ $\nu(1,3) \ne \nu(1,2)$.

証明　まず正則な半束の条件より $\nu(0,0) = \nu(0,1) = \nu(0,2) = \nu(0,3) = 1$ が成り立つ．(4.39) および (4.45) より $A_0 + A_1 + A_2 + A_3 = C_0 = \rho(0,0)E_0$ であるから，$\rho(0,0) = |\Omega|$ が成り立つ．(4.39) と (4.45) より

$$C_3 = A_0 = \rho(0,3)E_0 + \rho(1,3)E_2 + \rho(2,3)E_2 + \rho(3,3)E_3 \tag{4.51}$$

が得られるから $\rho(0,3) = \rho(1,3) = \rho(2,3) = \rho(3,3) = 1$ が成り立つ．これらを代入して今度は (4.39) と (4.45) より $E_1 \circ E_1$ を E_0, E_1, E_2, E_3 の 1 次結合で表すと，その E_3 の係数は

$$\frac{1}{\rho(1,1)^2}\left(\nu(1,3)^2 - \nu(1,3) - (\nu(1,2)^2 - \nu(1,2))\nu(2,3)\right)$$

となる．これより命題 4.30 (1) が導かれる．このとき，$\nu(1,2) = 1$ が成り立つと $\nu(1,3) = 1$ となり L が short であるという仮定が成り立たなくなる．したがって $\nu(1,2), \nu(1,3) \ge 2$ であり $\nu(2,3) = \frac{\nu(1,3)(\nu(1,3)-1)}{\nu(1,2)(\nu(1,2)-1)}$ が成り立つ．次に $E_1 \circ E_1 \circ E_1$ を E_0, E_1, E_2, E_3 の 1 次結合で表すと，その E_3 の係数は

$$\frac{1}{\rho(1,1)^3}(\nu(1,3) - 1)(\nu(1,3) - \nu(1,2))\nu(1,3)$$

となる．この係数が 0 でないことと E_3 が積 $\circ$ に関して E_1 の 3 次式で表されることは同値である．■

研究問題

(1) ジョンソンスキーム $J(v,3)$ は命題 4.30 の条件を満たしている．それ以外に命題 4.30 の条件を満たしている $n = 3$ の正則な半束を見つけなさい．
(2) 命題 4.30 の条件を満たさない $n = 3$ の正則な半束を（存在するならば）見つけなさい．

本節では以後正則な半束から作られるアソシエーションスキームの原始ベキ等行列達を本節で用いた順番に並べたときに Q-多項式スキームになると仮定して正則な半束

に定義されたt-デザインや相対t-デザインがQ-多項式スキームに対して定義されたt-デザインや相対t-デザインと同値な概念であることを証明する．幾何的なt-デザインの基本的な性質をまず少し紹介する．

4.31 [補題] (Delsarte ([155, Lemma 12]))　Ωを正則な半束Lの最上断面としtを$t \leq n$を満たす自然数とする．$\chi \in \mathbb{R}^{|\Omega|}$に対して$C_t\chi = \mathbf{0}$が成り立つならば$C_i\chi = \mathbf{0}$が$1 \leq i \leq t$を満たす任意の$i$に対して成り立つ．ここで$C_i$は(4.38)で定義された行列である．

証明　補題の仮定および補題4.28より${}^t\chi{}^tM_tM_t\chi = 0$が成り立つので$M_t\chi = \mathbf{0}$が成り立つ．$a \in L_i$を任意に固定して$\sum_{\substack{x\in\Omega \\ a\leq z\leq x,\ z\in L_t}} \chi(x)$を二通りの方法で計算する．

$$\sum_{\substack{x\in\Omega \\ a\leq z\leq x,\ z\in L_t}} \chi(x) = \sum_{a\leq x,\ x\in\Omega} \sum_{\substack{a\leq z\leq x \\ z\in L_t}} \chi(x) = \mu(i,t) \sum_{a\leq x,\ x\in\Omega} \chi(x)$$
$$= \mu(i,t)(M_i\chi)(a). \tag{4.52}$$

一方

$$\sum_{\substack{x\in\Omega \\ a\leq z\leq x,\ z\in L_t}} \chi(x) = \sum_{a\leq z,\ z\in L_t} \sum_{z\leq x} \chi(x)$$
$$= \sum_{a\leq z,\ z\in L_t} (M_t\chi)(z) = 0. \tag{4.53}$$

$\mu(i,t) > 0$であるから(4.52)および(4.53)より$M_i\chi = \mathbf{0}$が成り立つ．したがって$C_i\chi = \mathbf{0}$が任意のi $(1 \leq i \leq t)$に対して成り立つ．■

幾何的なデザインに関するDelsarteによる定理の証明に入る前にもう一つ補題を証明しておく．

4.32 [補題]　記号は前述の通りとする．次の(1)および(2)が成り立つ．

(1) $\rho(i,r) > 0$が$0 \leq i \leq r \leq n$を満たすすべての整数iおよびrに対して成り立つ．
(2) $C_r\mathfrak{A}_i = \mathfrak{A}_i$が$0 \leq i \leq r \leq n$を満たすすべての整数$i$および$r$に対して成り立つ．

証明　(1) (4.45)より$\rho(i,r)$は$C_r = {}^tM_rM_r$の固有値である．C_rは非負定値対称行列であるから$\rho(i,r) \geq 0$が成り立つ．もし$\rho(i,r) = 0$ $(0 \leq i \leq r \leq n)$となるi,r

が存在したとすると $C_r E_i = \mathbf{0}$ が成り立つ．したがって補題 4.31 より $C_i E_i = \mathbf{0}$ が成り立つことになり $\rho(i,i) = 0$ が成り立つ，しかし $C_i \notin \langle C_0, C_1, \ldots, C_{i-1}\rangle = \langle E_0, E_1, \ldots, E_{i-1}\rangle$ であるからこれは矛盾する．したがって (1) が成り立つ．

(2) $C_r \mathfrak{A}_i \subset \mathfrak{A}_i$ である．一方 $C_r E_i = \rho(i,r) E_i$, $\rho(i,r) > 0$ であるから $E_i \in C_r \mathfrak{A}_i$ である．したがって $C_r \mathfrak{A}_i = \mathfrak{A}_i$ $(i \leq r)$ が成り立つ． ∎

4.33 [定理] (Delsarte ([155, Theorem 13]))　正則な半束 L の最上断面を $L_n = \Omega$ とする．$\chi \in V = \mathbb{R}^{|\Omega|}$ が index λ の幾何的な t-デザインであるならば $1 \leq i \leq t$ を満たす任意の整数 i に対して χ は index $\frac{\lambda\theta(i)}{\theta(t)}$ の幾何的な i-デザインである．

証明　記号は本節で用いたものを使う．定義 4.22 (1) および定義 4.19 (2) より任意の x に対して

$$
\begin{aligned}
({}^t M_t M_t \chi)(x) &= \sum_{z \in L_t} M_t(z,x)(M_t\chi)(z) \\
&= \lambda \sum_{z \in L_t} M_t(z,x) = \lambda\nu(t,n)
\end{aligned}
\tag{4.54}
$$

が成り立つ．したがって補題 4.28 より

$$
C_t \chi = \lambda\nu(t,n)\psi_\Omega \tag{4.55}
$$

が成り立つ．ここで ψ_Ω は Ω の特性関数である．一方補題 4.23 より，任意に固定した $z \in L_t$ に対して $|\{x \in \Omega \mid z \leq x\}| = \theta(t)$ が成り立っている．

$$
\begin{aligned}
({}^t M_t M_t \psi_\Omega)(x) &= \sum_{z \in L_t} M_t(z,x) \sum_{y \in \Omega} M_t(z,y)\psi_\Omega(y) \\
&= \theta(t)\nu(t,n)
\end{aligned}
\tag{4.56}
$$

を得る．したがって補題 4.28 より

$$
C_t \psi_\Omega = \theta(t)\nu(t,n)\psi_\Omega \tag{4.57}
$$

を得る．(4.55) および (4.57) より

$$
C_i \left(\chi - \frac{\lambda}{\theta(t)} \psi_\Omega \right) = \mathbf{0} \tag{4.58}
$$

が $1 \leq i \leq t$ を満たす任意の整数 i に対して成り立つ．したがって

$$M_i\left(\chi - \frac{\lambda}{\theta(t)}\psi_\Omega\right) = \mathbf{0} \tag{4.59}$$

すなわち

$$(M_i\chi)(z) = \frac{\lambda}{\theta(t)}(M_i\psi_\Omega)(z) = \frac{\lambda\theta(i)}{\theta(t)} \tag{4.60}$$

となる．したがって χ は index $\frac{\lambda\theta(i)}{\theta(t)}$ の幾何的 i-デザインである． ■

4.34 ［定理］(Delsarte ([156, Theorem 9.8]))　正則な半束 L の最上断面 $\Omega = L_n$ において上記のようにして得られるアソシエーションスキームを $\mathfrak{X} = (\Omega, \{R_i\}_{0\leq i\leq n})$ とする．$\mathfrak{X}$ が (4.45) で定められた原始ベキ等行列の順番に関して Q-多項式スキームになっていると仮定する．$\chi \in V^{|\Omega|}$ とし，t を $1 \leq t \leq n$ を満たす整数とする．このとき次の (1) および (2) が成り立つ．

(1) χ が $\mathfrak{X}$ における t-デザインであることと Ω 上の幾何的 t-デザインであることは同値である．

(2) 各 $x_0 \in \Omega$ を任意に固定したときに χ が $\mathfrak{X}$ における x_0 に関する相対 t-デザインであることと Ω 上の x_0 に関する幾何的相対 t-デザインであることは同値である．

証明　(1) まず χ が Ω 上の幾何的 t-デザインであると仮定する．χ の index を λ とする．このとき，定理 4.33 の証明の中の (4.58) および (4.45) から $1 \leq j \leq t$ を満たす任意の整数 j に対して次の式が成り立つことが導かれる．

$$\sum_{\ell=0}^{j} \rho(j,\ell)E_\ell\left(\chi - \frac{\lambda}{\theta(t)}\psi_\Omega\right) = \mathbf{0} \tag{4.61}$$

(4.61) の両辺に E_j $(1 \leq j \leq t)$ を掛けることにより $\rho(j,j)E_j\chi = \mathbf{0}$ を得るが，$\rho(j,j) \neq 0$ が成り立つので $E_j\chi = \mathbf{0}$ $(1 \leq j \leq t)$ を得る．すなわち定義 4.5 における $\mathfrak{X}$ の t-デザインの条件が成り立つ．逆に χ を $\mathfrak{X}$ の t-デザインと仮定すると，上に与えた証明の逆をたどれば χ が Ω 上の幾何的な t-デザインであることを証明できる．

(2) まず初めに道具となる行列を導入する．$L_k \times \Omega$ で添字付けられた行列 $M_{k,j}$ をその $(z,x) \in L_k \times \Omega$-成分を

$$M_{k,j}(z,x) = \begin{cases} 1 & h(z \wedge x) = j \text{ のとき,} \\ 0 & h(z \wedge x) \neq j \text{ のとき,} \end{cases} \tag{4.62}$$

で定義する．このとき $h(z \wedge x) = j$ を満たす $(z, x) \in L_k \times \Omega$ に対して

$$(M_k {}^t M_i M_i)(z, x) = \sum_{y \in \Omega} \sum_{u \in L_i} M_k(z, y) M_i(u, y) M_i(u, x) = \pi(j, k, i) \tag{4.63}$$

が成り立っている．したがって

$$M_k C_i = \sum_{j=0}^{n} \pi(j, k, i) M_{k,j} \tag{4.64}$$

が成り立つ．次にベクトル空間としての次元を考えると

$$\begin{aligned} k + 1 &\geq \dim(\langle M_{k,i} \mid 0 \leq i \leq k \rangle) \geq \dim(\langle M_k C_i \mid 0 \leq i \leq k \rangle) \\ &\geq \dim(\langle {}^t M_k M_k C_i \mid 0 \leq i \leq k \rangle) = \dim(\langle C_k C_i \mid 0 \leq i \leq k \rangle) \end{aligned} \tag{4.65}$$

が成り立っている．補題 4.32 より $\dim(C_k \mathfrak{A}_k) = \dim(\mathfrak{A}_k) = k + 1$ が成り立つから (4.65) において等号が成立する．したがって

$$\langle M_{k,i} \mid 0 \leq i \leq k \rangle = \langle M_k C_i \mid 0 \leq i \leq k \rangle, \tag{4.66}$$

$$\langle {}^t M_k M_{k,i} \mid 0 \leq i \leq k \rangle = \langle {}^t M_k M_k C_i \mid 0 \leq i \leq k \rangle = \mathfrak{A}_k \tag{4.67}$$

が成り立つ．したがって $(k+1)$ 次の行列 $(\pi(j, k, i))_{\substack{0 \leq j \leq k \\ 0 \leq i \leq k}}$ は正則な行列である．さて，ここで χ が Ω 上の点 x_0 に関する幾何的な相対 t-デザインであると仮定する．そのインデックス達を $\lambda_{x_0,j}$ とする．このとき $z \in L_t$, $h(z \wedge x_0) = j$ を満たす z に対して $(M_t \chi)(z) = \sum_{x \in \Omega} M_t(z, x) \chi(x) = \lambda_{x_0,j}$ が成り立つから

$$M_t \chi = \sum_{j=0}^{t} \lambda_{x_0,j} M_{t,j} \psi_{x_0} \tag{4.68}$$

が成り立つ．したがって (4.67) と (4.68) より

$$C_t \chi = {}^t M_t M_t \chi = \sum_{j=0}^{t} \lambda_{x_0,j} {}^t M_t M_{t,j} \psi_{x_0} \in \mathfrak{A}_t \psi_{x_0} \tag{4.69}$$

が成り立つ．したがって $0 \leq j \leq t$ を満たす任意の j に対して

$$\rho(j, t) E_j \chi = C_t E_j \chi \in E_j \mathfrak{A}_t \psi_{x_0} = \langle E_j \psi_{x_0} \rangle \tag{4.70}$$

したがって $E_j \chi$ と $E_j \psi_{x_0}$ は 1 次従属である．すなわち χ は Q-多項式スキーム $\mathfrak{X}$ の点 x_0 に関する相対 t-デザインである．

逆に χ を Q-多項式スキーム $\mathfrak{X}$ の点 x_0 に関する相対 t-デザインであると仮定する．前述の議論を逆にたどるわけだが，$\langle E_j\chi\rangle \in \langle E_j\psi_{x_0}\rangle$ $(0 \le j \le t)$ および (4.67) より ${}^tM_tM_t\chi = C_t\chi \in \mathfrak{A}_t\psi_{x_0} = \langle {}^tM_tM_{t,i} \mid 0 \le i \le t\rangle\psi_{x_0}$ が成り立つ．したがって，定数 $\lambda_{x_0,j}$, $0 \le j \le t$, が存在して

$$ {}^tM_tM_t\chi = \sum_{j=0}^{t} \lambda_{x_0,j}\,{}^tM_tM_{t,j}\psi_{x_0} \tag{4.71} $$

が成り立つ．したがって

$$ (M_t{}^tM_t)(M_t\chi) = (M_t{}^tM_t)\left(\sum_{j=0}^{t} \lambda_{x_0,j}M_{t,j}\psi_{x_0}\right) \tag{4.72} $$

が成り立つ．したがって

$$ M_t\chi = \sum_{j=0}^{t} \lambda_{x_0,j}M_{t,j}\psi_{x_0} \tag{4.73} $$

が得られるので χ は index を $\lambda_{x_0,j}$, $0 \le j \le t$, とする x_0 に関する幾何的な相対 t-デザインである．■

4.35［系］　χ が $x_0 \in \Omega$ に関する幾何的な相対 t-デザインであるならば，$1 \le i \le t$ を満たす任意の i に対して $x_0 \in \Omega$ に関する幾何的な相対 i-デザインである．

注意：ハミングスキーム $H(n,q)$ とジョンソンスキーム $J(v,d)$ に対してはそれぞれ正則な半束が存在してそれらの最上断面に付随しているアソシエーションスキームとなっている．その意味で定理 4.34 は定理 3.20 の一般化になっている．以下に正則な半束の例を二つあげておく．

4.36［例］　F を q 個の元からなる有限集合とする．ただし $q \ge 2$ を仮定しておく．「$\cdot$」を F の元以外の新しい記号とする．L を $F \cup \{\cdot\}$ 上の長さ n の語全体からなる集合とする．L の二つの語の間に次の半順序を考える．すなわち $x = (x_1, x_2, \ldots, x_n)$, $y = (y_1, y_2, \ldots, y_n) \in L$ に対して次の条件が成立するときに $x \le y$ であると定義する．

$$ \begin{aligned} &1 \le i \le n \text{ を満たす任意の整数 } i \text{ に対して } x_i = \cdot \text{ であるか} \\ &\text{または } x_i = y_i \text{ が成り立つ．} \end{aligned} \tag{4.74} $$

この半順序に関して L は正則な半束となることが知られている．ハミング束と呼ばれる．hight function は $h(x) = |\{i \mid x_i \ne \cdot\}|$ で定義される．最上断面 L_n はハミングスキーム $H(n,q)$ を与える．□

4.37 [例]　Ω を v 個の元からなる集合とする．$d \leq \frac{v}{2}$ とし $L = \{x \subset \Omega \mid |x| \leq d\}$ とする．$x, y \in L$ に対して $x \subseteq y$ のときに $x \leq y$ と定義する．この順序に関して L は正則な半束になる．truncated Boolean lattice と呼ばれている．hight function は $h(x) = |x|$ で与えられる．最上断面 L_d はジョンソンスキーム $J(v, d)$ を与える．　□

注意：正則な半束の t-デザインの幾何的解釈は Delsarte [155] に始まる．おそらく，種々の Q-多項式スキームの t-デザインの幾何学的解釈を求めて正則半束の概念に行き着いたのではないかと思う．宗政 [344]，Stanton [428] はいくつかの Q-多項式スキームに対して t-デザインの幾何学的特徴付けを行った．彼らは場合によっては正則な半束より弱い構造を持つ半順序集合を考えている．このように正則な半束もしくはもう少し弱い構造を持った半順序集合を付随させることによって Q-多項式スキームの t-デザインに幾何的な解釈を与えることができるかどうか？ あるいはもっと一般にどのような Q-多項式スキームが正則な半束の構造を持ち得るのか？ これらの問題は今後の研究課題として非常に興味深い．Assumus-Mattson の定理によって $t \geq 6$ の t-デザインが構成できるような符号が存在するか否かは非常に興味のある重要な未解決問題である．

Assmus-Mattson 型の定理として多くの拡張や一般化が知られている．文献も多数ある．田中 [441] 参照．（個人的な意見としては，Bachoc [8]，田邉 [439] あるいは Janusz [256] がおすすめである．）

現時点において，田中 [441] がその一つの到達点にあると思われるので，それに簡単に触れて Assmus-Mattson 型の定理についてを締めくくろうと思う．（詳しくは田中 [441] を直接参照されたい．）$H(n, 2)$ あるいは $H(n, q)$ の場合に Assmus-Mattson の定理を定式化しようとすると，本質的には本章の一番初めに述べた定理 4.1 と同値であるが，次のように定式化される．

4.1′ [定理]　Y を F_q 上に定義されたハミングスキーム $H(n, q)$ における線形符号とする．次の条件 (a) あるいは (b) が成り立っていると仮定する．

(a) $Y^{\perp}$ に表れる重さで $\{1, 2, \ldots, n-t\}$ に含まれるものの個数は $\delta - t$ 以下である．
(b) Y に表れる重さで $\{1, 2, \ldots, n-t\}$ に含まれるものの個数は $\delta^* - t$ 以下である．

このとき Y の重さ m の元のサポートの全体は $J(n, m)$ における t-デザインを作る．

さらに田中 [441] は Assmus-Mattson の定理の一般の P-かつ Q-多項式スキームへの拡張を与えている．$\mathfrak{X} = (X, \{R_i\}_{0 \leq i \leq n})$ をクラス n の P-かつ Q-多項式スキー

ムとする．（ここでは符号を考えるのでアソシエーションスキームのクラスに記号 n を用いることにする．）また，$\mathfrak{X}$ のボーズ・メスナー代数を $\mathfrak{A}$ で表す．第 2 章 6 節で X の任意に固定した点 u_0 に対して双対ボーズ・メスナー代数 $\mathfrak{A}^* = \mathfrak{A}^*(u_0)$ および Terwilliger 代数 $T = T(u_0)$ を定義した（定義 2.33，定義 2.35）．$\chi \in V$ は $\chi \notin E_0V$，かつ $\chi \notin E_0^*V$ を満たすときに自明でない符号と呼ぶことにする．以下においても u_0 を固定して考える．また，$x \in X$ の特性ベクトルを $\hat{x}$ で表す．第 6 章で本格的な解説が与えられることになるが，$V = \mathbb{C}^{|X|}$ には自然に Terwilliger 代数が作用しておりその意味で V は Terwilliger 代数の標準加群と呼ばれる．$A = A_1$, $A^* = A_1^*$ とすると $\mathfrak{A} = \langle A \rangle, \mathfrak{A}^* = \langle A^* \rangle$，さらに次の条件が成り立つことがわかる．

$$AV_i^* \subseteq V_{i-1}^* + V_i^* + V_{i+1}^*$$

$$AV_0^* \subseteq V_0^* + V_1^*, \quad AV_n^* \subseteq V_{n-1}^* + V_n^*$$

$$A^*V_i \subseteq V_{i-1} + V_i + V_{i+1}$$

$$A^*V_0 \subseteq V_0 + V_1, \quad AV_n \subseteq V_{n-1} + V_n$$

詳しくは第 6 章 2 節を参照されたい．（この性質が第 6 章 2 節の定義 6.24 で与えられる TD-対の概念につながるのである．）このとき V の部分空間達 $U_{i,j}$, $0 \leq i, j \leq n$ を次のように定義する．

$$U_{i,j} = (V_0^* + V_1^* + \cdots + V_i^*) \cap (V_j + V_{j+1} + \cdots + V_n).$$

4.38［定理］　$\mathfrak{X} = (X, \{R_i\}_{0 \leq i \leq n})$ を P-かつ Q-多項式スキームとし $\chi \in V$ を自明でない符号とする．次の条件 (a′) または (b′) のいずれかが成り立つと仮定する．

(a′) $1 \leq r \leq t$ を満たす任意の整数 r に対して次の不等式が成り立つ：

$$|\{j \mid r \leq j \leq n - r,\ E_j\chi \neq 0\}| \leq \delta - r.$$

(b′) $1 \leq r \leq t$ を満たす任意の整数 r に対して次の不等式が成り立つ：

$$|\{j \mid r \leq j \leq n - r,\ E_j^*\chi \neq 0\}| \leq \delta^* - r.$$

このとき，次の (1) および (2) が成り立つ．

(1) Terwilliger 代数の任意の元 $F \in T$ および $1 \leq i \leq t$ を満たす任意の整数 i に対して，$F\chi$ は $U_{i,n-i} \cap (\mathfrak{A}\hat{u}_0)^\perp$ と直交する．
(2) Terwilliger 代数の任意の元 $F \in T$ および $1 \leq j \leq t$ を満たす任意の整数 j に対して，$F\chi$ は $U_{n-j,j} \cap (\mathfrak{A}\hat{u}_0)^\perp$ と直交する．

田中 [441] は $H(n,q)$ においては，定理 4.38 の条件 (a$'$) は定理 4.1$'$ の条件 (a) より弱い条件であり，定理 4.38 の条件 (b$'$) は定理 4.1$'$ の条件 (b) より弱い条件であるが，定理 4.38 で得られる結論 (1), (2) は定理 4.1$'$ の結論より強いことを主張している．すなわち，任意の Terwilliger 代数の元 F に対して，$F\chi$（したがって特に任意の自明でない $E_m^*\chi$, $1 \le m \le n$）は $U_{i,n-i} \cap \mathfrak{A}\psi_{u_0}$, $U_{i,n-i} = (V_0^* + \cdots + V_i^*) \cap (V_{n-i} + \cdots + V_n)$ と直交していることを主張する．(Tanaka [441, Example 5.4])．したがって，定理 4.38 が $H(n,q)$ におけるもとの Assmus-Mattson 定理を完全に含むことを主張する．また，この証明は必ずしも線形でない任意の符号に対して $Y^\perp$ の weight に関することを Y の双対分布（第 3 章 2.1 小節参照）で置き換えて成り立つことも同時に主張している．

比較的大きい t，例えば 10 以下に対しては多くの t-(v,k,λ) デザインの具体例が構成されている ([295], [319])．一方，ブロックに重複を許せば，一般にはかなり緩い条件のもとで存在が示されている．（Wilson [500]，Graver-Jurkat [195] など参照．）1960 年代には $t \ge 6$ の自明でない t-(v,k,λ)-デザインは一切存在しないだろうと漠然と考えられていた状況とはまったく逆に，大きな t に対しても t-デザインはいやという程多くのまたいろいろな種類のものが存在するであろう，というのがその後の一般的な考えであったと思われる．

ジョンソンスキーム以外の Q-多項式スキーム（特に P-かつ Q-多項式スキーム）上の t-デザインは，存在が良く知られている場合と，逆に存在がほとんど知られていない場合があり，各々のアソシエーションスキームにより状況は大きく異なる．一般的に言って，自己双対的な場合，例えば，$H(n,q)$（q が素数幂のとき），古典形式からできる P-かつ Q-多項式スキームなどでは例の構成は容易であり（なぜなら最小距離の大きな線形符号を作ってその双対をとればよいので），多くの例が知られている．一方 $J(v,k)$ などのそうでない場合は，具体例の構成は上で述べたように今でも容易ではない．例えば $J_q(v,k)$ での t-デザインは $t=2$ の場合を除けば，$t=3$ の例が見つかっていたりした [107] 程度であった．

いくらでも大きい任意の t について，ある v,k,λ に対する自明でない t-(v,k,λ) デザインの存在は 1987 年に Teirlinck [447] により示された．そこでは $k=t+1$ であり v, λ の値は具体的に与えられている．またその方法は帰納法を用いて順々に構成してゆくものであった．ハミングスキーム $H(n,q)$ の場合，q が素数ベキであれば有限体 F_q 上の n-次元ベクトル空間を考えると，双対空間の最小距離がいくらでも大きくなる部分空間が存在する．このことを利用して任意の t に対して t-デザインが存在することは明らかである．しかし q が素数ベキでないときには位数 q の有限体が存在しないのでベクトル空間の性質を利用できない．そのため，間違いなく存在すると思われてはいたが，厳密な証明は与えられていなかったと思われる．他の，例えばBiliner formsあるいはclassical formsの作るアソシエーションスキームなどでは任意のtに対するt-デザインの存在はもちろん成り立つことであった．一方q-ジョンソンスキーム$J_q(v,k)$においては，大きいtに対するt-デザインの存在問題は未解決問題として残されていたと思われる．このような状況のもとで，Kuperberg-Lovett-Peled [282]が発表され，一般のt-(v,k,λ)デザインおよび$H(n,q)$のt-デザイン（すなわち強さtの直交配列）の存在を導く非常に一般的な方法が発表された．それは確率論的手法に基づく存在定理であり，具体的な構成を与えるものではないが，存在定理として非常に強力である．またFazeli-Lovett-Vardy [178]は[282]の方法を応用してq-ジョンソンスキーム$J_q(v,k)$において任意のtに対するt-デザインの存在を示している．このことは多くの他のQ-多項式スキームにおいても一般に任意のtに対してt-デザインが存在することを意味するのでないかと思わせる，（今後の進展を見守りたい．）

正則な半束に付随するt-デザインの幾何学的解釈はすでに述べたが，他の古典的な，知られているP-かつQ-多項式スキームの場合も，適当な半順序集合(poset)を選ぶことにより幾何学的解釈が得られる．これについては宗政[344]，Stanton [428]などを参照されたい．ただし一般のQ-多項式スキーム，あるいはP-かつQ-多項式スキームの場合，これがどの位可能かということは微妙な問題であり，決着はついていない．Songは$H(n,4)$と同じパラメーターを持つP-かつQ-多項式スキーム，すなわちDoobスキームに対してこの問題を考察したが（未発表，1980年代）良い半順序集合は見いだすことはできなかった．正確に言うと，クラスの小さいときにはそのような良い半順序集合の非存在も示した．色々のQ-多項式スキーム，あるいはP-かつQ-多項式スキームに対して半順序集合が付随しているかについてより詳しい研究が望まれる．

P-かつQ-多項式スキームの主なファミリーは，詳しくは以下の章で解説するが，有限体の上のChevalley群の置換表現と関係していた．これらの置換表現に付随する球関数（すなわちアソシエーションスキームとしての指標表の具体的な計算はStanton [426, 427, 428]，Dunkl [169]などによりなされた．それらが実際にP-かつQ-多項式スキームであることもそこで初めて示されたわけである．もちろん特別な場合はいろいろの研究の積み重ねもあったわけであり，Chevalley群の表現論の専門家による仕事に加えて，これらの仕事を通じて，直交多項式，球関数の理論が深まって行ったと言える．この発展をうまく利用しようとしたのが代数的組合せ論の一つの始まりであったと言える．当初P-かつQ-多項式スキームの研究に始まり，さらに一般の可換なアソシエーションスキームの（指標表の）研究に徐々に進展して行く．この過程の解説としては，例えば，Bannai [27]，Song-Tanaka [423]，Martin-Tanaka [326] などを参照されたい．これらの可換なアソシエーションスキームの指標表の研究は，Bannai-Song の一連の論文，Bannai-Hao-Song [55]，Bannai-Song-Hao-Wei [71] などにもその発展を見ることができる．そしてその一部は中国においても進展していた，種々のアソシエーションスキームのパラメーターおよび指標表の研究とも関連を持った．そのこともあって中国の代数的組合せ論の歴史にも簡単に触れてみよう．

中国における代数的組合せ論に関係した研究の流れを簡単に述べる．中国でのアソシエーションスキームの最初の研究者は，L. C. Chang および Pao-Lu Hsu による 1950 年代の研究とのことである．（詳しくは Zhe-Xian. Wan（= C. -h Wan=万哲先）が書いた Wang-Huo-Ma [489] への序文参照.）群論，特に古典群と関連した研究の流れは L. -k. Hua（=華羅庚）および Zhe-Xian. Wan（= C. -h Wan=万哲先）の古典群の研究などが始まりであろう．Hua-Wan の著書 *Classical groups* [231] および Zhe-Xian. Wan の著書 *Geometry of Matrices* [486]，*Geometry of Classical Groups over Finite Fields* [487] などが出版されている．1960 年代には Zhe-Xian. Wan およびそのグループは古典群と関連したアソシエーションスキームを研究していて，当時の先進的な研究であった．この流れの研究は文革による中断などにもかかわらず，継承されてはいたが，西側との研究交流はほぼ完全に途絶えていた．西側との交流の本格的な再開は 1980 年代の初めであるが，当時の研究のグループとしては Zhe-Xian. Wan のグループ（中国科学院），Yangxian Wang, Hongzen Wei（河北師範大学），Shen Hao（= Hao Shen 上海交通大学）のグループなどが中心にあった．（これらのグループと坂内は個人的に数学的つながりを持ち，1992 年に初めて中国を訪問した.）それらのグループはそれぞれ活発に活動を再開したが出遅れ感は否めなかったであろうと思う．これらの研究の特徴は古典群あるいは古典的な有限幾何と関連したアソシエーションスキームのパラメーターなどを具体的に求めることなどにあると思われる．その研究は Wang-Huo-Ma [489] (2010)（中国語版 2006）に詳しく解説されている．また最近のより若い世代の，Kaishun Wang, Jun Guo, Fenggao Li, Suogang Gao, Rongquan Feng, Changli Ma, Jianmin Ma らの一連の有限幾何と関係したアソシエーションスキームに関係した論文がある．（日本の栗原大武の研究 [284, 285] もこの方向の研究と関連している.）これらの研究は計算的側面が勝っており，これらの研究をどの方向に発展させられるかは今後の課題であろう．これらの計算結果は一次資料として貴重であり，これらを有効に利用して古典的幾何と関連したアソシエーションスキームにおけるデザイン理論の一般論の構築などができれば望ましいと筆者達は考えている．以上非常に簡単すぎる形で概観したが，またここでは述べきれないので説明しないが，デザイン理論を通じての，あるいは群論・表現論を通じての，あるいはMIT スクールなどを通じての，広い意味での種々の代数的組合せ論の流れも色々と存在していることに注意されたい．

知られている P-かつ Q-多項式スキームにおける完全 e-符号および tight t-designs の問題はかなりの部分，統一的に非存在が示されている．特に，$q \neq \pm 1$ の場合は，一般には $e = 1$ あるいは $t = 2$ の特別な場合を除けば存在しない．(Chihara [132].) これについては Lloyd 型定理を用いる方法もあるし，場合によっては組合せ論的にもっと直接導ける場合もある．ただし現在のところ，証明には各知られている P-かつ Q-多項式スキームの性質を必要としていると思われる．すなわち，$q \neq \pm 1$ の場合でも，Askey-Wilson 多項式の性質だけを用いた，存在の知られていない P-かつ Q-多項式スキームに対する完全符号および tight designs の非存在を含むという形では証明されていないと思われる．$q = \pm 1$ の場合はより微妙であり，第3章で述べたように例えばジョンソンスキームに対する完全符号（および tight designs）の分類などはまだ完成していない．

5

球面上の代数的組合せ論と代数的組合せ論についての総論

第 2 章～第 4 章においては，アソシエーションスキームとその部分集合（符号とデザイン）について取り扱った．本章では，まず，ユークリッド空間内の球面の上の有限部分集合（球面符号と球面デザイン）について最初に考察する．第 3 章と第 4 章で述べたようなアソシエーションスキームの部分集合の研究の方向（Delsarte 理論）と非常に類似した方法で球面上の有限部分集合の研究を行うことができるということを解説する．球面上の有限部分集合については，すでに筆者 2 名による『球面上の代数的組合せ理論』([32] (1999)) で詳しく述べているので，要点以外は繰り返すことをせずに，必要部分はそれを参照にする形で，本章を書き進めたいと思う．本章の後半の部分では，これらのアソシエーションスキーム上および球面などの空間上の有限部分集合の研究が，さらにどのように拡張されるか，またどのような方向に進展させたいと思うか，などについて，筆者達の個人的意見を中心に，総合的かつ総括的に述べたいと思う．現時点で未解決である多くの研究問題も提示したいと思う．

1. 球面上の有限集合

本節では，球面上の有限集合に対してアソシエーションスキームの部分集合についての研究でとられたのと同様の手法がとれることをまず解説する．これらに関する最近の研究の進展についてはサーベイ [36] も参照されたい．おおもとは Delsarte-Goethals-Seidel の論文 [158] にある．そして，ここで述べることは，球面上の Delsarte 理論の解説が主であると言ってもよいであろう．

球面上の代数的組合せ論と呼ぶ我々の研究の主な目標は，球面上の“良い”有限部分集合を研究しようということになる．「何をもって，“良い”と考えるか？」ということも問題の一部であると考えて欲しい．実際，“良い”という性質は必ずしも一つではなく，いろいろの視点が存在する．我々はその中でも，大雑把に言って特に次の二つの視点：符号理論の立場からの視点とデザイン理論からの視点を取り扱う．

1.1　球面上の有限集合の符号理論的立場からの研究

いくつかの符号理論的な視点の中でも，典型的なものと思われる問題を以下の (a)〜(e) に分けて述べる．

(a) 自然数 N を与えたときに，点の個数が N 個であるようなすべての集合の中で相異なる 2 点間の距離の最小値（最小距離）が最大となるようなもの X を求めよ．また，このような集合 X を分類せよ．（このような集合 X を**最適符号 (optimal code)** と呼ぶことにする．）

この問題は，**Tammes の問題**とも呼ばれる [437]．植物学においてめしべに花粉の着く場所の研究として現れたとのことである．3 次元ユークリッド空間内の 2 次元球面 S^2 におけるこの最適符号の分類は，$N \leq 12$ および $N = 24$ のときに解答が知られていた．Ericson-Zinoviev [175] に詳しく述べられているのでそれを参照されたい．ごく最近，Musin-Tarasov により $N = 13$ の場合が解決されたことは注目に値する [352]．$N = 14$ に対しても Musin-Tarasov [353] が解決をアナウンスしている．

(a) に似た方向の問題としては，次の (b) も考えられる．

(b) 最小距離がある与えられた値以上であるという性質を満たす集合の中で点の個数が最大となるものを決定せよ．またその最大値，および最大値を与える点集合の配置を決定せよ．

特に，$\mathbb{R}^n$ の単位球面 S^{n-1} において，ユークリッド空間内の直線距離についての最小距離が 1 以上（球面上の測地線距離で $\pi/6$ 以上，内積で言えば 1/2 以下）となるようなすべての集合について，点の個数の最大値を求める問題は次に述べる **kissing number** $k(n)$ を求める問題として良く知られている．

Kissing number の問題　与えられた一つの球の周りに，それに接触 (kiss) するように，同じ大きさの球を最大限いくつ置けるか．ただし周りの球達は接触してもよいが互いに重なり合ってはいけない．

$k(2) = 6$ であることは平面上に置いた一つの 10 円玉の周りにそれに接触するようにちょうど 6 個の 10 円玉を置くことができ，それ以上は置けないことから明らかである．$k(3)$ を決めるのはそれ程簡単ではない．**Newton と Gregory** はこれについて，1694 年に論争したと言われている．Newton は 12 であると主張し，Gregory は 13 であると主張したと言われているが，どのような論争が実際にあったのかは定かではないが問題の困難性は次のところにある：一つの球の周りにちょうど内接する正二十面体 (regular icosahedron) を考える．その 12 個の各頂点で与えられた球と接するように，与えられた球と同じ大きさの球を置くことができる．正二十面体の一番近い 2 頂点の中心角は 63 度以上離れていることが計算できるから，このようにして，12 個の球を外側に置くことができる．このときこれら 12 個の外側の球達はお互いに少し離れている．したがってこれらの球達をまん中の球に接するまま一つの方向にずらして互いにくっつけあうようにすれば，もう一つの球を置く隙間ができるかもしれないということである．この問題は「**13 球問題**」として色々な人達が解決を試みてきた．現在では $k(3) = 12$ であることが厳密に知られているが，最初の完全に厳密な証明は Shütte-van der Waerden による 1953 年の証明 [416] であると言われている．その前にもいろいろと証明は発表されていたが，それらの証明は厳密ではないと言われている．1953 年以後，すくなくとも十種くらいの証明が得られているが，どの証明もそれほど易しくはない．現在でもより簡明な証明が求められている（[100, 5, 122, 152, 296, 385, 394, 352, 230, 316] など参照）．中でも Maehara [316] が比較的簡明で学部学生にも理解できるであろうと思われる証明である．次に，より高い次元の kissing number についての研究の現状について簡単に述べる．少し前までの状況は [32] などで詳しく述べているので，詳細はそちらを御覧いただきたいが，$k(8) = 240$, $k(24) = 196560$ であることは 1979 年に米国の Odlyzko-Sloane [378] とソ連の Levenshtein [301] により独立に証明された．余談ではあるが，当時はまだ米国とソ連の間の情報の行き来は今ほどに自由ではなかった．米国の Odlyzko-Sloane は計算機を使い，かたや Levenshtein は手で，計算を行ったそうである．彼らの証明は本書の定理 3.14，定理 3.16 および定理 3.19 に対応する議論を球面の上の有限集合に定式化したものである（この方法は，Delsarte の方法とも呼ばれる）．$n > 3, n \neq 8, 24$ に対する kissing number $k(n)$ についてはその後しばらく進展がなかったが，2003 年に Musin は $k(4) = 24$ の証明をプレプリントで発表した．これは，この分野に大きな衝撃を与えた．彼の証明は 2008 年に正式に発表された [349]．また，Musin は彼の 4 次元の場合の証明を 3 次元の場合に適用して，非常に納得できる形で，$k(3) = 12$ の新しい証明を与えた [348]．これら $k(3), k(4)$ を決定する Musin の証明は，上に述べた Delsarte の方法を，幾何学的考察と絡めて考察する非常に巧妙なものである．この Delsarte の方法は，本書でも述べたように，線形計画法に基づいている．一方，線形計画法を拡張する形での**半定値計画法 (Semi-definite programming)** がコンピューターの性能の進展と絡まった形で応用数学の方で進展してきた．Schrijver [403] は半定値計画法が，組合せ論の問題にも適応できて，今までよりも強い結果が得られることを明らかにした．Bachoc-Vallentin [13] はこれを受けて，Schrijver の方法を kissing number の問題に適応し，$k(3) = 12$ および $k(4) = 24$

の別証を得た．半定値計画法を利用する際にコンピューターを本質的に用いるのであるが，すでに確立された software package を用いているので，結果の正しいことは完全に納得できる．また，Musin-Tarasov [352] による 13 点の optimal code の分類からも $k(3) = 12$ は疑問の余地のない形で証明されている．（ここでもコンピューターが本質的に用いられている．）

Hales [197] による Kepler 予想の解決，Cohn-Elkies [136] および Cohn-Kumar [139] による 8 次元および 24 次元の球の詰め込み問題における進展，Cohn-Kumar [139] により球の格子状詰め込み問題において Leech 格子が最良であることが証明されたことなどが上記の Musin の結果とともに球の詰め込み問題の研究分野における大きな躍進であることを強調しておきたい[1]．

符号理論的視点に近い見方としては次の s-距離集合的な視点もある．

(c) $X \subset S^{n-1}$ が s-距離集合であるとは，X の相異なる 2 点間の距離の種類がちょうど s 種類であることと定義する．これはアソシエーションスキームの部分集合に関して定義した次数 s と同種の概念である．

「s-距離集合に含まれる点の個数の最大値を求めよ」

というのがここでの典型的な問題である．

この問題の出発点は，Delsarte-Goethals-Seidel [158] による X が S^{n-1} 上の s-距離集合であれば，

$$|X| \leq \binom{n-1+s}{s} + \binom{n-1+s-1}{s-1}$$

という結果である．後の球面上のデザイン理論のところで述べるが，上の不等式において等号の成り立つときに X は球面上の tight な $2s$-design である．

球面上およびユークリッド空間上の s-距離集合については，最近いくつかの新しい結果が出てきている．特に興味深いのは，Musin [350]，Nozaki-Shinohara [377]，Musin-Nozaki [351] などの 2 距離集合に対する（ある条件のもとでの）評価の精密化，およびその s-距離集合への拡張などに見られる．特に，Nozaki [375] による Larman-Rogers-Seidel の定理 [294] の一般の s-距離集合への拡張，Kurihara-Nozaki [286] によるアソシエーションスキームの球面への埋め込み (spherical embedding) およびそれによる Q-多項式スキームの特徴付けは非常に重要かつ有用な結果であると思われる．

---

[1] 本書の校正時に 8 次元および 24 次元の球の詰め込み問題の完全な解答が得られたことがアナウンスされた．詳細は次の 2 つの arXive の論文を見られたい．M. S. Viazovska, "The sphere packing problem in dimension 8", arXive: 1602.02246v1; H. Cohn, A. Kumar, S. Miller, D. Radchenko and M. S. Viazovska, "The sphere packing problem in dimension 24", arXive: 1603.0651.

この他に符号理論的視点と関係したものとして，次のようなものもある.

(d) **Coulomb-Thomson の問題**

自然数 N を与えたときに，N 個の点からなる S^{n-1} の部分集合 $X = \{\boldsymbol{x}_1, \boldsymbol{x}_2, \ldots, \boldsymbol{x}_N\}$ 達の中で次の値

$$\sum_{1 \leq i < j \leq N} \frac{1}{\|\boldsymbol{x}_i - \boldsymbol{x}_j\|}$$

を最小にするものを求めよ．その最小値およびそれを与える X の配置を決定せよ.

他の色々なエネルギーに対して，それを最小にするような点の配置を求めよという問題も出てくる．その中でも特に興味深いのは，**普遍的最適符号 (universally optimal code)** の概念と思われる．それについては後述する.

(e) **被覆の問題.**

自然数 N を与えたときに，N 個の点を持つ S^{n-1} の部分集合 X 達の中で次の値

$$\max \left\{ \min\{d(\boldsymbol{x}, \boldsymbol{x}_i) \mid 1 \leq i \leq N\} \mid \boldsymbol{x} \in S^{n-1} \right\}$$

を最小にするものを求めよ．またその最小値およびそれを与える X の配置を決定せよ．ただし $d(-,-)$ は 2 点間の距離をあらわす.

他の多くの関連する問題については Conway-Sloane [143, 第 2 章 1.3 節（36 頁）] などの記述も参照されたい.

1.2 球面上の有限集合のデザイン理論的研究

球面を全体としてよく近似する有限集合は何か？ という問題を考える．一つの非常に興味深い条件は次の球面デザインの概念である．n 次元ユークリッド空間 $\mathbb{R}^n$ の単位球面 $S^{n-1} = \{(x_1, x_2, \ldots, x_n) \mid x_1^2 + x_2^2 + \cdots + x_n^2 = 1\}$ 上の空でない有限集合 X を考える.

5.1 [定義]（球面上の t-デザイン，Delsarte-Goethals-Seidel [157]） X が球面 S^{n-1} 上の t-デザインであるとは高々 t 次の任意の多項式 $f(x) = f(x_1, x_2, \ldots, x_n)$ に対して等式

$$\frac{1}{|S^{n-1}|} \int_{S^{n-1}} f(\boldsymbol{x}) d\sigma(\boldsymbol{x}) = \frac{1}{|X|} \sum_{\boldsymbol{x} \in X} f(\boldsymbol{x})$$

が成り立つことと定義する．ここで $|S^{n-1}|$ は球面 S^{n-1} の表面積を表す.

定義が意味するように，球面上の t-デザインは高々 t 次の任意の多項式の球面の上での積分（を球面の面積で割った）値を，その上での値の平均で完全に置き換えてしまうことのできるような有限集合である．この意味で，球面を近似する有限集合であると言うことができる．定義から明らかなように，X が t-デザインであれば，$1 \leq i \leq t$ を満たす任意の整数 i に対して X は i-デザインとなっているのである．

X が S^{n-1} 上の球面 t-デザインであるということについては，次に述べるように，いくつもの同値な言い換えがある．以下 (i)～(vii) でこれらについて解説する．（証明は [158] および [32] を参照して貰うことにしてここでは省略する.）

(i) $1 \leq \ell \leq t$ を満たす任意の整数 ℓ と任意の ℓ 次の斉次調和多項式 $\varphi(\boldsymbol{x})$ に対して

$$\sum_{\boldsymbol{x}\in X} \varphi(\boldsymbol{x}) = 0$$

が成り立つ.

(ii) 高々 t 次の任意の多項式 $f(\boldsymbol{x})$ と任意の直交変換 $g \in O(n)$ に対して

$$\sum_{\boldsymbol{x}\in X} f(\boldsymbol{x}^g) = \sum_{\boldsymbol{x}\in X} f(\boldsymbol{x})$$

が成り立つ.

本質的に (ii) と同じことであるが，一つの言い換えとして次の (ii′) がある．

(ii′) X の高々 t 次の任意のモーメントは，直交変換により不変である．
すなわち (ii) において多項式として単項式 $x_1^{i_1}x_2^{i_2}\cdots x_2^{i_n}, 0 \leq i_1+i_2+\cdots+i_n \leq t$ を用いた場合である．

さらに t-デザインの定義は次の条件 (iii) と同値であることも条件 (ii) から明らかである．

(iii) 高々 t 次の任意の多項式 $f(\boldsymbol{x})$ および任意の直交変換 $g \in O(n)$ に対して

$$\frac{1}{|X|}\sum_{\boldsymbol{x}\in X} f(\boldsymbol{x}^g) = \frac{1}{|S^{n-1}|}\int_{S^{n-1}} f(\boldsymbol{x})d\sigma(\boldsymbol{x})$$

が成り立つ.

n 変数 $x_1, x_2, \ldots, x_n$ の多項式全体の作るベクトル空間を $\mathcal{P}(\mathbb{R}^n)$，$\ell$ 次の斉次多項式 (homogeneous polynomial) 全体の作る部分空間を $\mathrm{Hom}_\ell(\mathbb{R}^n)$ とする．また，調和多項式 (harmonic polynomial) 全体の作る部分空間を $\mathcal{H}(\mathbb{R}^n)$ とする．すなわち，ラプ

ラシアン (Laplacian) を $\Delta = (\frac{\partial}{\partial x_1})^2 + (\frac{\partial}{\partial x_2})^2 + \cdots + (\frac{\partial}{\partial x_n})^2$ としたときに

$$\mathcal{H}(\mathbb{R}^n) = \{f(\boldsymbol{x}) \in \mathcal{P}(\mathbb{R}^n) \mid \Delta f(\boldsymbol{x}) = 0\}$$

とおく．さらに，l 次の斉次調和多項式の作る部分空間を $\mathrm{Harm}_\ell(\mathbb{R}^n) = \mathcal{H}(\mathbb{R}^n) \cap \mathrm{Hom}_\ell(\mathbb{R}^n)$ とする．また，多項式の定義域を球面の上に制限して考えたときにはそれぞれ $\mathcal{P}(S^{n-1}), \mathrm{Hom}_\ell(S^{n-1})$, $\mathcal{H}(S^{n-1})$, $\mathrm{Harm}_\ell(S^{n-1})$ と表すことにする．次に $\mathcal{P}(S^{n-1})$ に積分で内積を定義しておく．すなわち二つの多項式 $f(\boldsymbol{x})$ と $g(\boldsymbol{x})$ の内積を

$$\langle f, g\rangle = \frac{1}{|S^{n-1}|}\int_{S^{n-1}} f(\boldsymbol{x})g(\boldsymbol{x})d\sigma(\boldsymbol{x})$$

で与える．$h_\ell = \dim(\mathrm{Harm}_\ell(\mathbb{R}^n))$ とし，$\varphi_{\ell,1}(\boldsymbol{x}), \varphi_{\ell,2}(\boldsymbol{x}), \ldots, \varphi_{\ell,h_\ell}(\boldsymbol{x})$ を上記の内積に関する $\mathrm{Harm}_\ell(\mathbb{R}^n)$ の正規直交基底とする．また ℓ 次の Gegenbauer 多項式を $G_\ell^{(n)}(x)$ とする．$G_\ell^{(n)}(x)$ は次の漸化式で与えられることが知られている．

$$\frac{k_\ell}{k_{\ell+1}} = \frac{\ell+1}{n+2\ell}, \tag{5.1}$$

$$\frac{k_\ell}{k_{\ell+1}}G_{\ell+1}^{(n)}(x) = xG_\ell^{(n)}(x) - (1 - \frac{k_{\ell-2}}{k_{\ell-1}})G_{\ell-1}^{(n)}(x). \tag{5.2}$$

ただし $k_{-1} = 0$, $k_0 = 1$, $G_{-1}^{(n)}(x) \equiv 0$, $G_0^{(n)}(x) \equiv 1$ と定義しておく．

5.2 [注意]　Gegenbauer 多項式達 $G_\ell^{(n)}(x)$, $\ell = 0, 1, \ldots$ は区間 $[-1, 1]$ 上の重み $w(x) = (1-x^2)^{\frac{n-3}{2}}$ とする積分に関して直交多項式系 (orthogonal polynomials) をなしている．すなわち $\int_{-1}^1 G_\ell^{(n)}(x)G_m^{(n)}(x)w(x)dx = \delta_{\ell,m}\frac{|S^{n-1}|h_\ell}{|S^{n-2}|}$ が成り立っている（詳しくは [158, 32, 435] などを参照）．

　このとき次のようなことがよく知られている．

(イ) $\dim(\mathrm{Harm}_\ell(\mathbb{R}^n)) = \dim(\mathrm{Harm}_\ell(S^{n-1})) = G_\ell^{(n)}(1) = \binom{n-1+\ell}{\ell} - \binom{n-1+\ell-2}{\ell-2}$.

(ロ) $\mathcal{P}(S^{n-1}) = \mathrm{Harm}_0(S^{n-1}) \perp \mathrm{Harm}_1(S^{n-1}) \perp \cdots \perp \mathrm{Harm}_\ell(S^{n-1}) \perp \cdots$（上記内積に関する直交分解）．

(ハ) 任意の $x, y \in S^{n-1}$, 非負整数 ℓ および $\mathrm{Harm}_\ell(\mathbb{R}^n)$ の任意の正規直交基底 $\varphi_{\ell,1}(\boldsymbol{x})$, $\varphi_{\ell,2}(\boldsymbol{x}), \ldots, \varphi_{\ell,h_\ell}(\boldsymbol{x})$ に対して

$$\sum_{i=1}^{h_\ell}\varphi_{\ell_i}(\boldsymbol{x})\varphi_{\ell_i}(\boldsymbol{y}) = G_\ell^{(n)}(\boldsymbol{x}\cdot\boldsymbol{y}) \quad \text{（加法公式）} \tag{5.3}$$

が成り立つ．ここで，$\boldsymbol{x}\cdot\boldsymbol{y}$ は $\mathbb{R}^n$ における $\boldsymbol{x}$ と $\boldsymbol{y}$ の標準内積を表す．

(ニ) 任意の非負整数 i と j に対して

$$G_i^{(n)}(x)G_j^{(n)}(x) = \sum_{k=0}^{i+j} q_k(i,j)G_k^{(n)}(x), \quad q_k(i,j) \geq 0 \tag{5.4}$$

が成り立つ．さらに，$q_k(i,j) > 0$ となるのは i,j,k が $|i-j| \leq k \leq i+j,\ k \equiv i+j \pmod 2$ を満たすときのみである．特に $q_0(i,i) = G_i^{(n)}(1) = h_i$ が成り立つ．

球面上の t-デザイン X を表す同値な条件をさらにいくつか述べるために，次の記号を定義する．非負整数 ℓ に対して行を X の元で添字付け，列を $\mathrm{Harm}_\ell(\mathbb{R}^n)$ の正規直交基底 $\varphi_{\ell,1}(\boldsymbol{x}), \varphi_{\ell,2}(\boldsymbol{x}), \ldots, \varphi_{\ell,h_\ell}(\boldsymbol{x})$ で添字付けた行列 H_ℓ を次のように定義する．すなわち H_ℓ の $(\boldsymbol{x}, i)$ 成分を $H_\ell(\boldsymbol{x}, i) = \varphi_{\ell,i}(\boldsymbol{x})$, $\boldsymbol{x} \in X$, $1 \leq i \leq h_\ell$ とする．特に H_0 はすべての成分が1の $|X|$ 次元の縦ベクトルであることに注意．このように定義された行列達を X の特性行列 (characteristic matrix) と呼ぶ．このとき次の (iv)〜(vii) の条件はそれぞれ X が球面上の t-デザインであることと同値である．

(iv) ${}^tH_\ell H_0 = 0$ が $\ell = 1, 2, \ldots, t$ に対して成り立つ．

(v) $0 \leq k + \ell \leq t$ を満たす任意の非負整数 k, ℓ に対して ${}^tH_k H_\ell = |X|\Delta_{k,\ell}$ が成り立つ．ここで $\Delta_{\ell,\ell}$ は単位行列，$k \neq \ell$ のときは $\Delta_{k,\ell}$ 零行列と定義する．

(vi) ${}^tH_e H_e = |X|I$ かつ ${}^tH_e H_r = 0$，ただし $e = [\frac{t}{2}]$，$r = e - (-1)^t$ とする．

(vii) $\sum_{(\boldsymbol{x},\boldsymbol{y}) \in X \times X} G_\ell^{(n)}(\boldsymbol{x} \cdot \boldsymbol{y}) = 0$ が $\ell = 1, 2, \ldots, t$ に対して成り立つ．

以上証明を抜きに述べてきたが詳しいことは [158, 32] などにゆずる．

また次の二つの定理も球面上の t-デザインを特徴付ける上で重要である．

5.3 [定理] (Sidelnikov の不等式)　X を球面 S^{n-1} 上の有限集合とする．このとき任意の自然数 ℓ に対して次の不等式が成り立つ．

$$\frac{1}{|X|^2} \sum_{(\boldsymbol{x},\boldsymbol{y}) \in X \times X} (\boldsymbol{x} \cdot \boldsymbol{y})^\ell \geq \begin{cases} 0, & \ell \text{ が奇数のとき,} \\ \dfrac{(\ell-1)!!(n-2)!!}{(n+\ell-2)!!}, & \ell \text{ が偶数のとき.} \end{cases} \tag{5.5}$$

さらに，X が t-デザインであることと (5.5) において $1 \leq \ell \leq t$ を満たす任意の整数に対して等号が成立することは同値である．

5.4 [定理] (Venkov の基本方程式 ([481, 482]))　X を球面 S^{n-1} 上の対蹠的 (antipodal) な有限集合とする．このとき X が球面上の t-デザインであることと

$1 \leq \ell \leq [\frac{t}{2}]$ を満たす任意の整数 ℓ および $\mathbb{R}^n$ の任意のベクトル $\boldsymbol{a}$ に対して

$$\frac{1}{|X|}\sum_{\boldsymbol{x}\in X}(\boldsymbol{a}\cdot\boldsymbol{x})^{2\ell} = \frac{1\cdot 3\cdots(2\ell-1)}{n(n+2)\cdots(n+2\ell-2)}(a\cdot a)^{\ell} \tag{5.6}$$

が成り立つことは同値である．また $\ell = 2[\frac{t}{2}]$ に対して (5.6) が成り立つこととも同値である．

球面 S^{n-1} 上の有限集合 X に対して，次の記号を定義する．

$$A(X) = \{\boldsymbol{x}\cdot\boldsymbol{y} \mid \boldsymbol{x}, \boldsymbol{y} \in X,\ \boldsymbol{x} \neq \boldsymbol{y}\}, \quad A'(X) = \{1\} \cup A(X).$$

各 $\alpha \in A'(X)$ に対して X で行と列を添字付けた行列 D_α を次のように定義する．

$$D_\alpha(\boldsymbol{x}, \boldsymbol{y}) = \begin{cases} 1, & \boldsymbol{x}\cdot\boldsymbol{y} = \alpha \text{ のとき}, \\ 0, & \boldsymbol{x}\cdot\boldsymbol{y} \neq \alpha \text{ のとき}. \end{cases} \tag{5.7}$$

また各 D_α に対して

$$d_\alpha = \sum_{(\boldsymbol{x},\boldsymbol{y})\in X\times X} D_\alpha(\boldsymbol{x}, \boldsymbol{y}) \tag{5.8}$$

と定義する（$D_1 = I$, $d_1 = |X|$ が成り立っていることに注意）．

5.5 [補題] (**[158, Theorem 5.10]**, **[32, 補題 4.2.2]**)　実数係数の多項式 $F(x)$ の Gegenbauer 展開 (Gegenbauer expansion) を

$$F(x) = \sum_{k=0}^{(\infty)} f_k G_k^{(n)}(x) \quad \text{（有限和）} \tag{5.9}$$

と表す．また，次の条件が成り立っていると仮定する．任意の $a \in [-1, 1]$ に対して $F(a) \geq 0$，特に $F(1) > 0$，$f_0 > 0$，かつ任意の $k \geq t+1$ に対して $f_k \leq 0$ である．このとき，S^{n-1} 上の有限集合 X が t-デザインならば

$$|X| \geq \frac{F(1)}{f_0} \tag{5.10}$$

が成り立つ．さらに (5.10) において等号が成立することは任意の $\alpha \in A(X)$ に対して $F(\alpha) = 0$ が成り立ち，かつ $k > t$ を満たす任意の整数 k に対して $f_k {}^t H_k H_0 = 0$ が成り立つことと同値である．

証明　(5.3) の加法公式および (5.8) を使うと

$$\begin{aligned}
\|{}^t H_k H_0\|^2 &= \sum_{i=1}^{h_k} (({}^t H_k H_0)(i))^2 = \sum_{i=1}^{h_k} \left(\sum_{\boldsymbol{x} \in X} H_k(\boldsymbol{x}, i) \right)^2 \\
&= \sum_{i=1}^{h_k} \sum_{\boldsymbol{x} \in X} \varphi_{k,i}(\boldsymbol{x}) \sum_{\boldsymbol{y} \in X} \varphi_{k,i}(\boldsymbol{y}) \\
&= \sum_{(\boldsymbol{x},\boldsymbol{y}) \in X \times X} \sum_{i=1}^{h_k} \varphi_{k,i}(\boldsymbol{x}) \varphi_{k,i}(\boldsymbol{y}) \\
&= \sum_{(\boldsymbol{x},\boldsymbol{y}) \in X \times X} G_k^{(n)}(\boldsymbol{x} \cdot \boldsymbol{y}) = \sum_{\alpha \in A'(X)} d_\alpha G_k^{(n)}(\alpha) \qquad (5.11)
\end{aligned}$$

を得る．したがって

$$\begin{aligned}
\sum_{k=0}^{(\infty)} f_k \|{}^t H_k H_0\|^2 &= \sum_{k=0}^{(\infty)} f_k \sum_{\alpha \in A'(X)} d_\alpha G_k^{(n)}(\alpha) = \sum_{\alpha \in A'(X)} d_\alpha F(\alpha) \\
&= |X| F(1) + \sum_{\alpha \in A(X)} d_\alpha F(\alpha) \qquad (5.12)
\end{aligned}$$

さらに，X は t-デザインであるから 218 頁の条件 (v) より，

$$f_0 \|{}^t H_0 H_0\|^2 - |X| F(1) = \sum_{\alpha \in A(X)} d_\alpha F(\alpha) - \sum_{k=t+1}^{(\infty)} f_k \|{}^t H_k H_0\|^2 \qquad (5.13)$$

を得る．したがって補題の仮定より $f_0|X|^2 - |X|F(1) \geq 0$ となり (5.10) を得る．さらに，(5.10) において等号が成立するならば (5.13) の右辺が 0 でなければならない．任意の $\alpha \in A(X)$ に対して $d_\alpha > 0$, $F(\alpha) \geq 0$ であり，かつ任意の $k \geq t+1$ に対して $f_k \leq 0$ であるから任意の $\alpha \in A(X)$ に対して $F(\alpha) = 0$ かつ任意の $k \geq t+1$ に対して $f_k \|{}^t H_k H_0\|^2 = 0$ が成り立たなければならない．■

球面上の t-デザインの存在は任意の n, t について Seymour-Zaslavsky [410] により証明が与えられている．すなわち，各 n, t についてデザインに含まれる点の個数が N のものは N が十分大きければいつでも存在することを証明している．しかし彼等の定理は存在定理であり，具体的な構成法を与えているわけではない．したがって我々の興味はどれくらい小さい点の個数の t-デザインが存在し得るかということに向かう．次の定理は球面上の t-デザインに含まれる点の個数の下界として自然なものである．

5.6 [定理] (**[158, Theorem 5.11]**, **[32, 定理 4.2.3]**)　X を球面 S^{n-1} 上の $2e$-

デザインとする．このとき次の不等式が成り立つ．

$$|X| \geq \binom{n-1+e}{e} + \binom{n-1+e-1}{e-1} = R_e(1). \tag{5.14}$$

ここで $R_e(x) = G_0^{(n)}(x) + G_1^{(n)}(x) + \cdots + G_e^{(n)}(x)$ であり，(5.14) において等号が成立することは $A(X)$ が多項式 $R_e(x)$ の零点の集合と一致することと同値である．

5.7 [注意]　定理 5.6 に現れた多項式 $R_i(x)$, $i = 0, 1, 2, \ldots$ 達は Jacobi 多項式と呼ばれる直交多項式系である．

定理 5.6 の証明　補題 5.5 を関数 $F(x) = R_e(x)^2$ に適用する．前述の (ニ) で述べた二つの Gegenbauer 多項式の積の Gegenbauer 展開式 (5.4) に現れる係数が非負であることを利用する．そうすると $F(x)$ は補題 5.5 の $t = 2e$ の場合の条件をすべて満たしている．したがって

$$|X| \geq \frac{F(1)}{f_0}$$

が得られる．(5.4) より，

$$F(1) = R_e(1)^2,\ f_0 = \sum_{i=0}^{e} q_0(i,i) = \sum_{i=0}^{e} G_i^{(n)}(1) = R_e(1)$$

をえる．$R_e(1) = \sum_{i=0}^{e} h_i = \binom{n-1+e}{e} + \binom{n-1+e-1}{e-1}$ であることは簡単な計算でわかる．■

t が奇数の場合には次の定理のような自然な下界がある．

5.8 [定理] (**[158, Theorem 5.12]**, **[32, 定理 4.2.5]**)　X を球面 S^{n-1} 上の $(2e+1)$-デザインとする．このとき次の不等式

$$|X| \geq 2\binom{n-1+e}{e} = 2C_e(1) \tag{5.15}$$

が成り立つ．ここで $C_e(x) = G_e^{(n)}(x) + G_{e-2}^{(n)}(x) + \cdots + G_{e-2[\frac{e}{2}]}^{(n)}(x)$ であり，さらに (5.15) において等号が成り立つことと $A(X)$ が -1 および多項式 $C_e(x)$ の零点全体からなる集合に一致することは同値である．

定理 5.8 の証明は省略する（[158, 32] 参照）．

5.9 [注意]　定理 5.8 の多項式 C_e も Jacobi 多項式の一つである．定理 5.8 の (5.15) において等号が成り立つならば X は対蹠的な集合であることも知られている．

5.10 [定義] (球面上の tight な t-デザイン)　定理 5.6 (5.14) または定理 5.8 (5.15) で等号が成り立つときに X を tight な t-デザインと呼ぶ．奇数 t の tight な t-デザインは対蹠的である．

tight な t-デザインは存在すれば球面上で高々 t 次までの多項式の積分を可能な限り小さい点集合上での値の平均値として求めるという意味で球面を一番効率的に近似している有限集合ということになる．そればかりではなく次に解説するように，組合せ論的にも非常に良い性質を持っていることが知られている．本章の 1.1 小節の (c) で符号理論的立場の研究の一つとして s-距離集合の問題をとりあげた．Q-多項式スキームにおいて符号とデザインを総合的に取り扱った Delsarte の理論が球面上の符号とデザインの場合にもまったく同様に展開されていることが，上に述べた定理 5.6 や 5.8 で示されている．定理 5.6 や 5.8 に現れた多項式 $R_e(x)$ や $C_e(x)$ は直交多項式である．また，それぞれ e-距離集合や対蹠的な $(e+1)$-距離集合の自然な上界 $R_e(1)$ や $2C_e(1)$ を与えている．Q-多項式スキームの場合も第 2 固有行列を与える直交多項式 $v_i^*(x)$, $0 \le i \le d$, 達が Gegenbauer 多項式と同じ役割を果たすことを定理 3.16 と定理 3.19 ですでに示した．

次に，球面上の tight もしくはそれに近い性質を持つデザイン達の組合せ論的な構造について解説する．球面 S^{n-1} 上の有限集合 X に対して $(n, |X|, s, t)$ は組合せ論的な性質を表すパラメーターである．n は空間の次元，$s = |A(X)|$ でありここでも次数という呼び方をする．t は X が t-デザインであり $(t+1)$-デザインではないという意味で Q-多項式スキームのデザインの場合と同様に，ここでも X の強さという．$A \subset [-1, 1)$ に対して $A(X) \subset A$ が成り立つときに X は A-符号と呼ぶ．特に $A = [-1, a]$ の場合には a-符号と表現することもある．多項式 $F(x)$ が $[-1, 1)$ の部分集合 A の任意の元 α に対して $F(\alpha) = 0$ を満たすときに $F(x)$ を A の**零化多項式 (annihilator)** という．さらに，$F(1) = 1$ を満たすときに**正規零化多項式 (normalized annihilator)** という．

5.11 [補題]　$A \subset [-1, 1)$ とする．$F(x)$ を多項式とし，その Gegenbauer 展開を $F(x) = \sum_{k=0}^{(\infty)} f_k G_k^{(n)}(x)$（有限和）とする．任意の $\alpha \in A$ に対して $F(\alpha) \le 0$，かつ $f_0 > 0$，任意の自然数 k に対して $f_k \ge 0$，が成り立っていると仮定する．このとき X が球面 S^{n-1} 上の A-符号であるならば

$$|X| \le \frac{F(1)}{f_0} \tag{5.16}$$

が成り立つ．さらに (5.16) において等号が成り立つこと，と任意の $\alpha \in A(X)$ に対し

て $F(\alpha)=0$ が成り立ちかつ任意の整数 $k\geq 1$ に対して $f_k\|{}^tH_kH_0\|=0$ が成り立つことは同値である．ここで $A(X)=\{x\cdot y\mid x,y\in X, x\neq y\}$ である．

証明　補題 5.5 の証明の中で与えた式 (5.12) を用いると．

$$\sum_{k=0}^{(\infty)} f_k\|{}^tH_kH_0\|^2=|X|F(1)+\sum_{\alpha\in A(X)} d_\alpha F(\alpha) \tag{5.17}$$

および仮定より

$$|X|F(1)-f_0\|{}^tH_0H_0\|^2=\sum_{k=1}^{(\infty)} f_k\|{}^tH_kH_0\|^2-\sum_{\alpha\in A(X)} d_\alpha F(\alpha)\geq 0 \tag{5.18}$$

したがって (5.16) を得る．さらに (5.16) において等号が成り立つことは (5.18) の右辺が零になることと同値である．右辺の各項は非負実数であるから補題の証明は完了する． ∎

A を $[-1,1)$ の有限部分集合とし $|A|=s$ とする．多項式 $F_A(x)$ を

$$F_A(x)=\prod_{\alpha\in A}\frac{x-\alpha}{1-\alpha} \tag{5.19}$$

で定義する．$F_A(x)$ は A の s 次の正規零化多項式となっている．

5.12 [定理] (**[158, Theorem 6.4], [32, 定理 4.3.4]**)　上記の記号を用いる．X を球面 S^{n-1} 上の A-符号とする．$F_A(x)$ の Gegenbauer 展開を

$$F_A(x)=\sum_{k=0}^{s} f_k G_k^{(n)}(x)$$

とする．このとき次の (1) および (2) が成り立つ．

(1) $0\leq i\leq s$ を満たすすべての整数 i に対して $f_i\geq 0$ が成り立つならば．$0\leq i\leq s$ を満たすすべての整数 i に対して $f_i\leq\frac{1}{|X|}$ が成り立つ．

(2) (1) において $f_j=\frac{1}{|X|}$ を満たす整数 $0\leq j\leq s$ が存在するならば任意の A-符号 Y に対して $|Y|\leq|X|$ が成り立つ．

証明　(1) $0\leq j\leq s$ を満たす整数 j を任意に固定する．$Z(x)=\frac{G_j^{(n)}(x)}{G_j^{(n)}(1)}F_A(x)$ とおく．このとき $Z(x)$ は A の正規零化多項式である．$Z(x)$ の Gegenbauer 展開を $Z(x)=\sum_{k=0}^{s+j} g_kG_k^{(n)}(x)$ とおく．本節の (iii) (216 頁)，および注意 5.2(ニ) などで述

べてある Gegenbauer 多項式の性質および $f_k \geq 0$ より，$g_0 = f_j$ および $g_k \geq 0$ が任意の整数 $k \geq 1$ に対して成立する．したがって補題 5.5 の証明の中で与えた式 (5.12) を $Z(x)$ に対して用いると X は A-符号であるから

$$\sum_{k=0}^{s+j} g_k \|{}^t H_k H_0\|^2 = |X| Z(1) = |X| \tag{5.20}$$

したがって

$$|X| - g_0 \|{}^t H_0 H_0\|^2 = \sum_{k=1}^{s+j} g_k \|{}^t H_k H_0\|^2 \geq 0, \tag{5.21}$$

すなわち，$f_j = g_0 \leq \frac{1}{|X|}$ を得る．

(2) $f_j = \frac{1}{|X|}$ がある整数 j, $0 \leq j \leq s$, に対して成り立ったと仮定する．この j に関して (1) の議論に使った多項式 $Z(x)$ および任意の A-符号 Y に補題 5.11 を適用する．任意の $\alpha \in A$ に対して $Z(\alpha) = 0$, $g_0 = f_j = \frac{1}{|X|} > 0$, $g_k \geq 0$, $k \geq 1$ であるから $|Y| \leq \frac{Z(1)}{g_0} = |X|$ を得る． ∎

5.13 [定理] (**[158, Theorem 6.5]**, **[32, 定理 4.3.5]**)　A, $F_A(x)$ などの記号は定理 5.12 の通りとする．X を A-符号とすると次の (1) および (2) が成り立つ．

(1) X が t-デザインであり $t \geq s$ が成り立っていると仮定すると $f_0 = f_1 = \cdots = f_{t-s} = \frac{1}{|X|}$ が成り立つ．

(2) $0 \leq r \leq s$ を満たす整数 r に対して $f_0 = f_1 = \cdots = f_r = \frac{1}{|X|}$ かつすべての $r < i \leq s$ を満たす整数 i に対して $f_i > 0$ が成り立つならば X は $(r+s)$-デザインである．

証明　(1) 定理 5.12 の証明と同じく，$0 \leq j \leq t-s$ を満たす整数 j を任意に固定し A の $s+j$ 次の正規零化多項式 $Z(x) = \frac{G_j^{(n)}(x)}{G_j^{(n)}(1)} F_A(x)$ を考える．X は t-デザインであり $t \geq s+j$ であるから $1 \leq k \leq s+j$ を満たす任意の整数 k に対して $\|{}^t H_k H_0\|^2 = 0$ が成り立つ．したがって (5.20) より $f_j = g_0 = \frac{1}{|X|}$ を得る．

(2) に対しては，$Z(x) = x^r F_A(x)$ を使う．まず $xF_A(x)$ の Gegenbauer 展開の係数の性質を調べる．

$$\begin{aligned} xF_A(x) &= \sum_{k=0}^{s} f_k x G_k^{(n)}(x) \\ &= \sum_{k=0}^{s} f_k \left(\frac{n+k-3}{n+2k-4} G_{k-1}^{(n)}(x) + \frac{k+1}{n+2k} G_{k+1}^{(n)}(x) \right) \end{aligned}$$

$$
\begin{aligned}
&= \frac{1}{|X|} G_0^{(n)}(x) \\
&\quad + \sum_{k=1}^{s-1} \left(f_{k+1} \frac{n+k-2}{n+2k-2} + f_{k-1} \frac{k}{n+2k-2} \right) G_k^{(n)}(x) \\
&\quad + \frac{s}{n+2s-2} f_{s-1} G_s^{(n)}(x) + \frac{s+1}{n+2s} f_s G_{s+1}^{(n)}(x) \\
&= \frac{1}{|X|} \sum_{k=0}^{r-1} G_k^{(n)}(x) + \sum_{k=r}^{s+1} f'_k G_k^{(n)}(x),
\end{aligned} \tag{5.22}
$$

と表される．ここで任意の $r \leq k \leq s+1$ を満たす k に対して $f'_k > 0$ となる．これを r 回繰り返すことによって $Z(x) = x^r F_A(x) = \frac{1}{|X|} G_0^{(n)}(x) + \sum_{k=1}^{s+r} g_k G_k^{(n)}(x)$，かつ任意の $1 \leq k \leq s+r$ を満たす整数 k に対して $g_k > 0$ と Gegenbauer 展開できることがわかる．そこで (5.12) を $Z(x)$ に適用すると X が A-符号でありかつ $Z(x)$ が A の正規零化多項式であることから $\sum_{k=1}^{s+r} g_k \|{}^t H_k H_0\|^2 = |X| - g_0 \|{}^t H_0 H_0\|^2 = 0$ を得る．したがって ${}^t H_k H_0 = 0$ となり X が $(s+r)$-デザインであることが証明された． ∎

5.14 [定理]([158, Theorem 6.6], [32, 定理 4.3.6]) 球面 S^{n-1} 上の次数 s, 強さ t の有限集合 X に対して次の (1)～(4) が成り立つ．

(1) $t \leq 2s$.
(2) $|X| \leq R_s(1) = \binom{n+s-1}{s} + \binom{n+s-2}{s-1}$.
(3) $|X| = R_s(1)$ が成り立てば $t = 2s$ が成り立ち X は tight な $2s$-デザインである．
(4) $t = 2s$ であれば $|X| = R_s(1)$ となりしたがって X は tight な t-デザインである．

証明 (2) $A = A(X)$ とし A の次数 s の正規零化多項式 $F_A(x)$ とする．$F_A(x) = \sum_{k=0}^{s} f_k G_k^{(n)}(x)$ を Gegenbauer 展開とする．このとき $\boldsymbol{x}, \boldsymbol{y} \in X$ に対して

$$
\sum_{k=0}^{s} f_k (H_k {}^t H_k)(\boldsymbol{x}, \boldsymbol{y}) = \sum_{k=0}^{s} f_k \sum_{i=1}^{h_k} \varphi_{k,i}(\boldsymbol{x}) \varphi_{k,i}(\boldsymbol{y}) = \sum_{k=0}^{s} f_k G_k^{(n)}(\boldsymbol{x} \cdot \boldsymbol{y}) \tag{5.23}
$$

であるから

$$
\sum_{k=0}^{s} f_k (H_k {}^t H_k) = \sum_{k=0}^{s} f_k \sum_{\alpha \in A'(X)} G_k^{(n)}(\alpha) D_\alpha = \sum_{\alpha \in A'(X)} F_A(\alpha) D_\alpha = I \tag{5.24}
$$

が成り立つ．今対角成分が

$$
f_0, \underbrace{f_1, \ldots, f_1}_{G_1^{(n)}(1)}, \ldots, \underbrace{f_i, \ldots, f_i}_{G_i^{(n)}(1)}, \ldots, \underbrace{f_s, \ldots, f_s}_{G_s^{(n)}(1)}
$$

である $R_s(1)$ 次の対角行列を T とし $|X| \times R_s(1)$ の大きさの行列 H を $H = [H_0, H_1, \dots, H_s]$ と定義すると，

$$HT{}^tH = \sum_{k=0}^{s} f_k(H_k{}^tH_k) = I \quad (|X| \text{ 次の単位行列})$$

が成り立つ．したがって $\mathrm{rank}(H) \geq |X|$ でなければならず $|X| \leq R_s(1)$ を得る．

(1) もし $t \geq s$ とすると，定理 5.13(1) より $f_0 = f_1 = \cdots = f_{t-s} = \frac{1}{|X|}$ が成り立つ．また $F_A(x)$ は s 次式であるから $i > s$ に対しては $f_i = 0$ である．したがって $t - s \leq s$ すなわち $t \leq 2s$ でなければならない．

(3) $|X| = R_s(1)$ を仮定すると，上に定義した行列 H は正方行列になり，正則である．したがって T も正則であり $T^{-1} = {}^tHH$ となる．${}^tHH$ は正定値行列であるから T の各成分も正数でなければならない．すなわち $f_0, f_1, \dots, f_s$ はすべて正の実数である．ここで定理 5.12(1) を適用すると $0 \leq i \leq s$ を満たす任意の i に対して $0 < f_i \leq \frac{1}{|X|} = \frac{1}{R_s(1)}$ が成り立つ．このとき $1 = F_A(1) = \sum_{k=0}^{s} f_k G_k^{(n)}(1)$ かつ $\sum_{k=0}^{s} G_k^{(n)}(1) = R_s(1)$ であるから $0 \leq i \leq s$ を満たす任意の i に対して $f_i = \frac{1}{R_s(1)}$ でなければならない．したがって定理 5.13(2) より X は $2s$ デザインである．したがって tight な $2s$-デザインである．

(4) $t = 2s$ とすると，定理 5.6 より $|X| \geq R_s(1)$ が成り立つ．したがって (2) より $|X| = R_s(1)$ を得る．■

次の定理は本質的には定理 5.14 と同様な議論により証明されるが，細部が少し複雑になるのでここでは証明は記述しないことにする（[158, 32] 参照）．

5.15 [定理] (**[158, Theorem 6.8]**, **[32, 定理 4.3.7]**)　X を球面 S^{n-1} 上の次数 s 強さ t の有限集合，$A = A(X) = \{x \cdot y \mid x, y \in X, x \neq y\}$, $A' = A'(X) = \{1\} \cup A$ とし，$A' = -A' (= \{-\alpha \mid \alpha \in A'\})$ が成り立っているとする．このとき次の (1)〜(4) が成り立つ．

(1) $t \leq 2s - 1$.
(2) $|X| \leq 2C_{s-1}(1)$.
(3) $|X| = 2C_{s-1}(1)$ が成り立てば $t = 2s - 1$ が成り立ち X は tight な $(2s-1)$-デザインである．
(4) $t = 2s - 1$ が成り立てば $|X| = 2C_{s-1}(1)$ が成り立つ．したがって X は tight な $(2s-1)$-デザインである．

[158] には定理としては記述されていないが，定理 5.6，定理 5.8，定理 5.14 および定理 5.15 から直ちに次の定理が得られる．

5.16 [定理] (**[32, 定理 4.3.8]**)

(1) $|X| = R_s(1)$ を仮定すると X が $2s$-デザインであることと s-距離集合であることは同値である．

(2) $|X| = 2C_{s-1}(1)$ を仮定すると X が $(2s-1)$-デザインであることと対蹠的な s-距離集合であることは同値である．

以上で見たように球面上の代数的組合せ論はアソシエーションスキームの場合と非常に平行に理論が展開していることを読者は理解していただけたと思う．

球面上の tight な t-デザインから得られるアソシエーションスキーム

以下に述べる内容は [158] による．[32, §7.2] でも解説を与えている．$A \subset [-1,1)$ とし球面 S^{n-1} 上の A-符号 X を考える．$\alpha, \beta \in A'$ $(= A \cup \{1\})$ および $\boldsymbol{x}, \boldsymbol{y} \in X$ に対して次の記号を定義する．

$$v_\alpha(\boldsymbol{x}) = |\{\boldsymbol{z} \in X \mid \boldsymbol{x} \cdot \boldsymbol{z} = \alpha\}|,$$
$$p_{\alpha,\beta}(\boldsymbol{x}, \boldsymbol{y}) = |\{\boldsymbol{z} \in X \mid \boldsymbol{x} \cdot \boldsymbol{z} = \alpha,\ \boldsymbol{z} \cdot \boldsymbol{y} = \beta\}|.$$

定義より明らかに，任意の $\boldsymbol{x} \in X$ と $\alpha \in A'$ に対して $p_{\alpha,\alpha}(\boldsymbol{x}, \boldsymbol{x}) = v_\alpha(\boldsymbol{x})$, $v_1(\boldsymbol{x}) = 1$ が成り立っている．任意の $\alpha \in A'$ に対して $v_\alpha(\boldsymbol{x})$ が $\boldsymbol{x} \in X$ のとり方に依存しない定数となっているならば，A-符号 X は距離不変 (distance invariant) であるという．さらに，任意の $\alpha, \beta \in A'$ に対して $p_{\alpha,\beta}(\boldsymbol{x}, \boldsymbol{y})$ が $\boldsymbol{x}, \boldsymbol{y} \in X$ のとり方に依存しない定数となっているならば A-符号 X にはアソシエーションスキームの構造が付随していることになる．すなわち $A'(X) = \{\alpha_0(=1), \alpha_1, \ldots, \alpha_s\}$ としたときに $X \times X$ の分割を

$$X \times X = R_0 \cup R_1 \cup \cdots \cup R_s,$$

ただし $R_i = \{(\boldsymbol{x}, \boldsymbol{y}) \in X \times X \mid \boldsymbol{x} \cdot \boldsymbol{y} = \alpha_i\}$ $(0 \le i \le s)$ とすると $(X, \{R_i\}_{0 \le i \le s})$ はアソシエーションスキームとなっているのである．[158] では球面 S^{n-1} 上の A-符号 X がいつこのような組合せ論的に良い性質を満たすのかについて以下のことが述べられている（[32] 参照）．ここで少し記号を導入しよう．単項式 x^i の Gegenbauer 多項式による展開を次のように与えておく．

$$x^i = \sum_{\ell=0}^{i} f_{i,\ell} G_\ell^{(n)}(x). \tag{5.25}$$

また任意の非負整数達 i,j に対して x の多項式

$$F_{i,j}(x)=\sum_{\ell=0}^{\min\{i,j\}} f_{i,\ell}f_{j,\ell}G_{\ell}^{(n)}(x) \tag{5.26}$$

を定義する．このとき次の補題が成り立つ．

5.17 [補題]　X を球面 S^{n-1} 上の有限集合とし，X の次数を s，強度を t とする．また $\boldsymbol{x},\boldsymbol{y}\in X$，$\boldsymbol{x}\cdot\boldsymbol{y}=\gamma$，$\alpha,\beta\in A'(X)$ を任意に固定すると $i+j\le t$ を満たす任意の非負整数 i,j に対して $p_{\alpha,\beta}(\boldsymbol{x},\boldsymbol{y})$ は次の1次方程式を満たす．

$$\sum_{\alpha\in A(X)}\alpha^{i+j}p_{\alpha,\alpha}(\boldsymbol{x},\boldsymbol{x})=|X|F_{i,j}(1)-1 \quad (\gamma=1\text{ のとき}), \tag{5.27}$$

$$\sum_{\alpha\in A(X)}\alpha^{i}\beta^{j}p_{\alpha,\beta}(\boldsymbol{x},\boldsymbol{y})=|X|F_{i,j}(\gamma)-\gamma^{i}-\gamma^{j} \quad (\gamma\neq 1\text{ のとき}). \tag{5.28}$$

（注意：$\gamma=1$ のときは $\boldsymbol{x}=\boldsymbol{y}$ であり，$p_{\alpha,\beta}(\boldsymbol{x},\boldsymbol{x})=\delta_{\alpha,\beta}p_{\alpha,\alpha}(\boldsymbol{x},\boldsymbol{x})$ である．また，$\boldsymbol{x}\neq\boldsymbol{y}$ のときは $p_{1,\beta}(\boldsymbol{x},\boldsymbol{y})=\delta_{\beta,\gamma}$，$p_{\alpha,1}(\boldsymbol{x},\boldsymbol{y})=\delta_{\alpha,\gamma}$ である．）

証明　前述の t-デザインと同値な条件 (v) を使う．すなわち $0\le i+j\le t$ を満たす任意の非負整数 i,j に対して ${}^tH_iH_j=|X|\Delta_{i,j}$ が成り立っていることを利用すると，$X\times X$ で添字付けられた次の等式を得る．

$$\left(\sum_{k=0}^{i}f_{i,k}H_k{}^tH_k\right)\left(\sum_{k=0}^{j}f_{j,\ell}H_\ell{}^tH_\ell\right)=|X|\sum_{k=0}^{\min\{i,j\}}f_{i,k}f_{j,k}H_k{}^tH_k. \tag{5.29}$$

(5.29) の左辺の行列の $(\boldsymbol{x},\boldsymbol{y})$-成分 $(\boldsymbol{x}\cdot\boldsymbol{y}=\gamma)$ は次のようになる．(5.24) で行ったのと同じ計算をすることにより

$$\begin{aligned}
&\left(\left(\sum_{k=0}^{i}f_{i,k}H_k{}^tH_k\right)\left(\sum_{\ell=0}^{j}f_{j,\ell}H_\ell{}^tH_\ell\right)\right)(\boldsymbol{x},\boldsymbol{y})\\
&=\left(\left(\sum_{k=0}^{i}f_{i,k}\sum_{\alpha\in A'(X)}G_k^{(n)}(\alpha)D_\alpha\right)\right.\\
&\qquad\left.\times\left(\sum_{\ell=0}^{j}f_{j,\ell}\sum_{\beta\in A'(X)}G_\ell^{(n)}(\beta)D_\beta\right)\right)(\boldsymbol{x},\boldsymbol{y})
\end{aligned}$$

$$= \Bigl(\sum_{\alpha\in A'(X)} \alpha^i D_\alpha \sum_{\beta\in A'(X)} \beta^j D_\beta\Bigr)(\boldsymbol{x},\boldsymbol{y})$$
$$= \sum_{\alpha,\beta\in A'(X)} \alpha^i\beta^j p_{\alpha,\beta}(\boldsymbol{x},\boldsymbol{y}). \tag{5.30}$$

一方，(5.29) の右辺の行列の $(\boldsymbol{x},\boldsymbol{y})$-成分は次のようになる．

$$(|X|\sum_{k=0}^{\min\{i,j\}} f_{i,k}f_{j,k}H_k{}^tH_k)(\boldsymbol{x},\boldsymbol{y}) = |X|\sum_{k=0}^{\min\{i,j\}} f_{i,k}f_{j,k}G_k^{(n)}(\boldsymbol{x}\cdot\boldsymbol{y})$$
$$= |X|F_{i,j}(\boldsymbol{x}\cdot\boldsymbol{y}) = |X|F_{i,j}(\gamma). \tag{5.31}$$

$p_{1,1}(\boldsymbol{x},\boldsymbol{y}) = \delta_{1\gamma}$，$\alpha,\beta\neq 1$ のとき，$p_{\alpha,1}(x,y) = \delta_{\alpha,\gamma}$，$p_{1,\beta}(x,y) = \delta_{\beta,\gamma}$ であるので (5.27), (5.29) の証明が完成する． ■

この補題を用いて次の定理を得る．

5.18 ［定理］　X を球面 S^{n-1} 上の有限集合とし，X の次数を s，強度を t とする．このとき次の (1) および (2) が成り立つ．

(1) $t\geq s-1$ であれば X は距離不変である．
(2) $t\geq 2s-2$ であれば X には Q-多項式スキームの構造が付随する．

証明　$A'(X) = \{\alpha_0(=1),\alpha_1,\ldots,\alpha_s\}$ とする．

(1) 補題 5.17 の式 (5.27) において $0\leq i\leq s-1$, $j=0$ とおくと $v_{\alpha_i}(\boldsymbol{x}) = p_{\alpha_i,\alpha_i}(\boldsymbol{x},\boldsymbol{x})$ であることに注意すると，$i=0,1,\ldots,s-1$ に対して

$$\sum_{\ell=1}^{s} \alpha_\ell{}^i v_{\alpha_\ell}(\boldsymbol{x}) = |X|F_{i,0}(1)-1 \tag{5.32}$$

が成り立つ．すなわち s 個の変数 $v_{\alpha_1}(\boldsymbol{x}),\ldots,v_{\alpha_s}(\boldsymbol{x})$ に関する s 個の連立方程式が得られる．その係数行列は Vandermonde の行列 $W = \bigl(\alpha_l{}^i\bigr)_{\substack{0\leq i\leq s-1\\ 1\leq \ell\leq s}}$ であり正則であることが知られている．したがって $v_{\alpha_1}(\boldsymbol{x}),\ldots,v_{\alpha_s}(\boldsymbol{x})$ は $\boldsymbol{x}\in X$ のとり方によらず $\alpha_1,\ldots,\alpha_s$ によって一意的に求まる定数であることがわかる．

(2) (1) と同様に $0\leq i,j\leq s-1$ とすると $i+j\leq 2s-2\leq t$ が成り立つので補題 5.17 の式 (5.29) より s^2 個の変数 $p_{\alpha_i,\alpha_j}(\boldsymbol{x},\boldsymbol{y})$ に関する s^2 個の連立 1 次方程式が得られる．その係数行列はちょうど $W\otimes W$ となっており正則な行列である．したがって $p_{\alpha_i,\alpha_j}(\boldsymbol{x},\boldsymbol{y})$, $1\leq i,j\leq s$ は $\boldsymbol{x}\cdot\boldsymbol{y}=\gamma$ を満たせば $\boldsymbol{x},\boldsymbol{y}\in X$ のとり方に依存せず

$\alpha_1, \ldots, \alpha_s$ および γ の値にのみより一意的に定まる定数である．したがって X にはアソシエーションスキームの構造が付随している．次にこのアソシエーションスキームはQ-多項式スキームであることを示す．$A_i = D_{\alpha_i}, 0 \le i \le s$ とおきボーズ・メスナー代数を $\mathfrak{A}$ とする．次に $E_j = \frac{1}{|X|} H_j \, {}^t H_j$ $(0 \le i \le s-1)$，$E_s = I - \sum_{j=0}^{s-1} E_j$ と定義する．定理 5.14 の証明の中の式 (5.24) で用いた式を使うと $E_j = \frac{1}{|X|} \sum_{i=0}^{s} G_j^{(n)}(\alpha_i) A_i$ が成り立つので $E_0, E_1, \ldots, E_s$ は $\mathfrak{A}$ に含まれることがわかる．

また 218 頁の条件 (v) より $0 \le i, j \le s-1$ に対しては $E_i E_j = \delta_{i,j} E_i$ が成り立ち，したがって定義より $E_i E_s = \delta_{i,s} E_s$ が成り立つ．すなわち $E_0, E_1, \ldots, E_s$ は $\mathfrak{A}$ の原始ベキ等行列からなる基底に一致している．$\mathfrak{A}$ の第 2 固有行列 $Q = (Q_j(i))_{\substack{0 \le i \le s \\ 0 \le j \le s}}$ は $0 \le j \le s-1$ については Gegenbauer 多項式によって $Q_j(i) = G_j^{(n)}(\alpha_i)$ と与えられている．一方

$$
\begin{aligned}
E_s &= I - \sum_{j=0}^{s-1} E_j \\
&= \frac{1}{|X|}(|X| - \sum_{j=0}^{s-1} Q_j(0)) A_0 - \frac{1}{|X|} \sum_{i=1}^{s} (\sum_{j=0}^{s-1} Q_j(i)) A_i
\end{aligned} \tag{5.33}
$$

より

$$
Q_s(0) = |X| - \sum_{j=0}^{s-1} Q_j(0) = |X| - \sum_{j=0}^{s-1} G_j^{(n)}(1), \tag{5.34}
$$

$$
Q_s(i) = -\sum_{j=0}^{s-1} Q_j(i) = -\sum_{j=0}^{s-1} G_j^{(n)}(\alpha_i) \tag{5.35}
$$

となる．したがって $\theta_i^* = Q_1(i) = G_1^{(n)}(\alpha_i) = n\alpha_i, 0 \le i \le s$ であり，$0 \le j \le s-1$ に対しては $Q_j(i) = G_j^{(n)}(\alpha_i) = G_j^{(n)}(\frac{\theta_i^*}{n})$ が成り立つ．$Q_s(i)$ については少し細工が必要で，$A(X)$ の零化多項式 $F(x) = \prod_{\ell=1}^{s} \frac{x - \alpha_\ell}{1 - \alpha_\ell}$ を用いる．$F(\alpha_i) = 0$, $1 \le i \le s$ であるから

$$
Q_s(i) = F(\alpha_i) - \sum_{j=0}^{s-1} G_j^{(n)}(\alpha_i) = F\left(\frac{\theta_i^*}{n}\right) - \sum_{j=0}^{s-1} G_j^{(n)} \left(\frac{\theta_i^*}{n}\right)
$$

が $i = 1, \ldots, s$ に対して成り立つ．さらに

$$
\begin{aligned}
Q_s(0) &= |X| - \sum_{j=0}^{s-1} G_j^{(n)}(1) = |X| F(1) - \sum_{j=0}^{s-1} G_j^{(n)}(1) \\
&= |X| F\left(\frac{\theta_0^*}{n}\right) - \sum_{j=0}^{s-1} G_j^{(n)} \left(\frac{\theta_0^*}{n}\right)
\end{aligned} \tag{5.36}
$$

が成り立つ．したがって第2章の命題2.91 (3) の条件が確かめられた．すなわち X に付随するアソシエーションスキームはQ-多項式スキームである． ■

定理5.6，定理5.8および定理5.18より直ちに次の定理が得られる．

5.19 [定理]　球面 S^{n-1} 上の tight な t-デザインにはクラス $[\frac{t+1}{2}]$ のQ-多項式スキームが付随している．

定理5.18 (2) については，X の強度 t と次数 s が $t \geq 2s-3$ を満たす場合にも X が対蹠的であるという条件を付け加えれば X にQ-多項式スキームが付随することが証明されている（[36] 参照）．

球面上のデザインは tight になる場合が一番極端であり，それに近いほど，非常に強い構造を持っている．tight あるいはそれに近いデザインを見つけだし，かつ分類を行おうというのが我々の問題意識である．tight な t-デザインの分類に関して次のことがわかっている．

5.20 [定理]（および解説）

(1) S^1 の tight な t-デザインは完全に分類されている．すなわち，S^1 に内接する正 $(t+1)$ 角形の頂点の集合に限る．したがって以下では $n \geq 3$ を常に仮定する．

(2) $n \geq 3$ のとき，$t = 1, 2, 3$ に対する tight な t-デザインは分類されている．すなわち，

$t = 1$ のものは対称な2点集合，すなわち $\{\boldsymbol{x}, -\boldsymbol{x}\}$ $(\boldsymbol{x} \in S^{n-1})$．

$t = 2$ のものは S^{n-1} に内接する正単体 (regular simplex) の $n+1$ 個の頂点からなる集合，

$t = 3$ のものは3次元の正八面体を一般化した S^{n-1} に内接する一般化した正八面体 (generalized regular octahedron) の $2n$ 個の頂点の集合（正軸体 (cross polytope) とも呼ばれる）に限る．

(3) $n \geq 3$ のとき，tight な t-デザインは $t \leq 5$, $t = 7$ または $t = 11$ のときのみに存在する．[158]，[53, 54]．

(4) $n \geq 3$ のとき，tight な 11-デザインは $n = 24$ の場合のみに存在し，それはリーチ格子の196560個の最小ベクトルからできるものに同型（相似）になる．[70]．

(5) $t = 4, 5, 7$ に対しては tight な t-デザインの分類は未解決である．

(5-a) tight な 4-デザインは $n \geq 3$ のとき，存在するならば

$$n = (\text{奇の自然数})^2 - 3$$

の形でなければならないことが知られている．この条件を満たす最初の二つの $n = 6, 22$ に対しては，tight な 4-デザインが実際に存在することが知られている．点の個数はそれぞれ，27 および 275 であり，それぞれの次元において一意的であることも知られている．上の条件を満たす他の n に対しては tight な 4-デザインの存在は知られていない．[69] では上の条件を満たすいくつかの（無限個の）n に対して tight な 4-デザインの非存在を証明している．$n = 46$ の場合には Makhnev による純粋にグラフ理論だけを用いた非存在証明も知られている ([320]).

(5-b) tight な 5-デザインの存在は 1 次元低い空間における tight な 4-デザインの存在と同値であることが知られている．一方があれば他方が構成できるというわけである．したがって上の (5-a) の場合に帰着される．

(5-c) $n \geq 3$ のとき，tight な 7-デザインは，存在するならば

$$n = 3(\text{自然数})^2 - 4$$

の形でなければならないことが知られている．この条件を満たす最初の二つの $n = 8, 23$ に対しては，tight な 4-デザインが実際に存在することが知られている．点の個数はそれぞれ，240 および 4600 であり，それぞれの次元において一意的であることも知られている．上の条件を満たす他の n に対しては tight な 7-デザインの存在は知られていない．[69] では上の条件を満たすいくつかの（無限個の）n に対して tight な 7-デザインの非存在を証明している．

上記の定理の詳しい証明は [158, 53, 54, 70, 69] などを参照されたい．証明の基本となるのは X に含まれる異なる二つのベクトルの内積の集合 $A(X)$ が Lloyd 型と呼ばれるある多項式の零点の集合に一致しているという事実 [53, 54] と，その零点が一般に有理数でなければいけないという性質を用いる．この際，tight な t-デザインにはアソシエーションスキームが付随しているという事実 [158] と整数論的考察を用いて上の定理の (3) を示す．(5) に関して，n の形を制限するところまではその方法で証明できるが，そこで残った n を消して行くのは非常に難しい．詳細は，[69] を参照されたい．なお $t = 4, 5, 7$ についての tight な球面 t-デザインに関しては [69] の方向の研究をさらに発展させた Nebe-Venkov によるより新しい結果 [363] も参照されたい．ただし完全な解決に到るのはまだ困難と思われる．

本章の最初に，最適符号 (optimal code) について述べた．Cohn-Kumar [137] によるさらに強くした **universally optimal** という概念は非常に興味深いと思うので，次に紹介する．

5.21 [定義] (絶対単調関数 (absolutely monotonic function))　関数 $\alpha : [-1, 1) \longrightarrow \mathbb{R}$ が**絶対単調関数** (**absolutely monotonic function**) であるとは，$\alpha \in C^{\infty}$ であり，すべての整数 $k \geq 0$ に対して，k 次導関数 $\alpha^{(k)}$ が $\alpha^{(k)} \geq 0$ を満たすことと定義する．

5.22 [定義] (普遍的最適符号 (universally optimal codes))　S^{n-1} の有限部分集合 X が**普遍的最適符号** (**universally optimal**) であるとは，$|Y| = |X|$ を満たす S^{n-1} の任意の有限部分集合 Y に対して

$$\sum_{\boldsymbol{x},\boldsymbol{y}\in X,\ \boldsymbol{x}\neq\boldsymbol{y}} \alpha(\boldsymbol{x}\cdot\boldsymbol{y}) \leq \sum_{\boldsymbol{x},\boldsymbol{y}\in Y,\ \boldsymbol{x}\neq\boldsymbol{y}} \alpha(\boldsymbol{x}\cdot\boldsymbol{y})$$

が成り立つことと定義する．

5.23 [注意]　$\alpha(x) = (x+1)^m$, $x \in [-1, 1)$, $m = 1, 2, \ldots, m \to \infty$, を考えるとそれらが絶対単調関数であることから，普遍的最適符号は最適符号 (optimal code) になる．普遍的最適符号の意味は，特別なクラスのポテンシャル関数だけでなく，一般の広いクラスのポテンシャル関数に対して，そのエネルギーを最小にする集合であるという意味を持つ．そのような集合は，物理的，化学的に考えても，球面上の点の良い配置と考えてよい．

まったく同値な定義になるが，次の定義のほうが普遍的最適符号について物理的状況をより直感的に理解しやすいかもしれない．

5.24 [定義] (完全単調関数 (completely monotonic function))　関数 $f : (0, 4] \longrightarrow \mathbb{R}$ が**完全単調関数** (**completely monotonic function**) であるとは，$f \in C^{\infty}$ であり，すべての整数 $k \geq 0$ に対して，k 次導関数 $f^{(k)}$ が $(-1)^k f^{(k)} \geq 0$ を満たすことと定義する．

次の定義は実は定義 5.22 と同値であることが知られている．

5.25 [定義] (普遍的最適符号 (universally optimal codes))　S^{n-1} の有限部分集合 X が**普遍的最適符号** (**universally optimal codes**) であるとは，$|Y| = |X|$

を満たす S^{n-1} の任意の有限部分集合 Y に対して

$$\sum_{x,y \in X,\ x \neq y} f(\|x-y\|^2) \leq \sum_{x,y \in Y,\ x \neq y} f(\|x-y\|^2)$$

が成り立つことと定義する.

Cohn-Kumar が普遍的最適符号の定義を与える前にその下地となる特別なクラスのポテンシャルに対してその値を最小にする有限集合を求めようという Yudin, Kolushov, Andreev らの研究があった（[508, 272, 273, 2, 3] 参照）.

Cohn-Kumar [137] は普遍的最適符号の分類を試みている. $\mathbb{R}^3$ の中の球面 S^2 においては, 正四面体 (regular tetrahedron), 正八面体 (regular octahedron), 正二十面体 (regular icosahedron) の3種類しかないことは, Leech の結果 [297] を用いて, 比較的簡単に示している. $n \geq 4$ に対しては, どの n に関しても分類はできていない. 彼らは各 n に対して, 普遍的最適符号は有限個しか存在しないと予想しているが, 未解決である. 知られている普遍的最適符号のリストは, Cohn-Kumar [137] で与えられている. それらの例は $n=4$ の4次元正多胞体（600-cell と呼ばれている）の120個の頂点の集合で $t=11$ かつ $s=8$ になっているものを除けば, すべて $t \geq 2s-1$ を満たしている. 非常に面白いことに, Cohn-Kumar [137] は逆に, $t \geq 2s-1$ を満たす有限集合は普遍的最適符号になるということの証明に成功している. 普遍的最適符号で $t < 2s-1$ となるものがどれ位あるかは, 今の段階では, はっきりしない[2]. Ballinger, et al. [18] はいくつかの普遍的最適符号の候補を見いだしている（これらの候補が実際にそうなるかどうかは未解決である）. 特に興味深く, また普遍的最適符号である可能性が高いと思われるのは, $n=10, |X|=40$ と, $n=14, |X|=64$ の二つの場合である. これら二つの例はアソシエーションスキームの構造を持っている（[43] 参照）. さらに高次元の普遍的最適符号の候補でかつアソシエーションスキームの構造を持った集合は, Abdukhalikov-Bannai-Suda [1] でも考察されている. このように, 普遍的最適符号は多くの場合にアソシエーションスキームに関係しているが, アソシエーションスキームに関係しないような普遍的最適符号が存在するか否かは, 依然不明である. いずれにせよ, 普遍的最適符号の分類問題, あるいはその一部である, $t \geq 2s-1$ を満たす（したがってアソシエーションスキームの付随する）$X \subset S^{n-1}$ の分類問題, あるいはそれを拡張した $t \geq 2s-2$ を満たす（したがってアソシエーションスキームの付随する）$X \subset S^{n-1}$ の分類問題, などは非常に興味ある未解決研究問題である.

[2] 知られている例でそうでないものは $n=4,\ t=11,\ s=8,\ |X|=120$ となる4次元の regular polytope 600-cell からできたもの1つだけである.

特に，球面 S^{n-1} 上の有限部分集合 X で強さ t と次数 s が $t \geq 2s-1$ を満たすものを考えるときに，Levenshtein の一連の仕事 [304, 302, 303] は非常に重要である．その要点だけを述べると次のようになる．証明の方針は良いテスト関数を見つけ出すことにある．古典的なヤコビ多項式 $P_i^{a+\frac{n-3}{2},b+\frac{n-3}{2}}(x)$（ここで $a,b \in \{0,1\}$）に対して

$$T_k^{1,\varepsilon}(x,y) = \sum_{i=0}^{k} r_i^{1,\varepsilon} P_i^{\frac{n-1}{2},\varepsilon+\frac{n-3}{2}}(x) P_i^{\frac{n-1}{2},\varepsilon+\frac{n-3}{2}}(y), \tag{5.37}$$

$$r_i^{1,\varepsilon} = \left(\frac{n+2i-1+\varepsilon}{n+\varepsilon-1}\right)^{2-\varepsilon} \binom{n+i-2-\varepsilon}{i}, \quad \varepsilon \in \{0,1\}, \tag{5.38}$$

とおく．また多項式 $P_k^{\frac{n-1}{2},\frac{n-1}{2}}(x)$ および $P_k^{\frac{n-1}{2},\frac{n-3}{2}}(x)$ の零点の最大値をそれぞれ $t_k^{1,1}$ および $t_k^{1,0}$ とする．ここで $P_k^{(n)}(x) = P_k^{\frac{n-1}{2},\frac{n-1}{2}}(x)$ とおくと

$$P_k^{(n)}(x) = \frac{G_k^{(n)}(x)}{G_k^{(n)}(1)}$$

が成り立っていることに注意しておく（すなわち $P_k^{(n)}(x)$ は $P_k^{(n)}(1) = 1$ となるように正規化された Gegenbauer 多項式）．Levenshtein はこれらの多項式に基づいた下記の多項式を用いて次の定理を証明した．$m = 2k-1+\varepsilon$ と $t_{k-1+\varepsilon}^{1,1-\varepsilon} \leq y < t_k^{1,\varepsilon}$ に対して

$$f_m^{(y)}(x) = (x+1)^{\varepsilon}(x-1)(T_{k-1}^{1,\varepsilon}(x,y))^2 \tag{5.39}$$

と定義する．

5.26 [定理] (Levenshtein [302, 303, 304])　X を球面 S^{n-1} 上の有限集合とし $|X| = N$，かつ $A(X) \subseteq [-1, y]$ とする（X を y-符号とも呼ぶ）．このとき次の不等式が成り立つ．

$$N \leq \begin{cases} L_{2k-1}(n,y), & t_{k-1}^{1,1} \leq y < t_k^{1,0} \text{ のとき}, \\ L_{2k}(n,y), & t_k^{1,0} \leq y < t_k^{1,1} \text{ のとき}, \end{cases}$$

ここで

$$L_{2k-1}(n,y) = \binom{k+n-3}{k-1}\left(\frac{2k+n-3}{n-1} - \frac{P_{k-1}^{(n)}(y) - P_k^{(n)}(y)}{(1-y)P_k^{(n)}(y)}\right), \tag{5.40}$$

$$L_{2k}(n,y) = \binom{k+n-2}{k}\left(\frac{2k+n-1}{n-1} - \frac{(1+y)(P_k^{(n)}(y) - P_{k+1}^{(n)}(y))}{(1-y)(P_k^{(n)}(y) + P_{k+1}^{(n)}(y))}\right). \tag{5.41}$$

さらに，$N = L_m(n,y)$ であれば，X は球面 S^{n-1} 上の m-デザインであり $A(X)$ は関数 $f_m^{(y)}(x)$ の零点の集合に一致する．

Levenshtein の結果の重要性は，上の定理の逆，すなわち，X が S^{n-1} の有限部分集合で，$t \geq 2s-1$ が成り立つと仮定すると，

$$|X| = L_t(n, \alpha)$$

が成り立つことで際立っているのである．ここで，α は $A(X)$ に含まれる実数の中で一番大きい数である．線形計画法，あるいは半定値計画法を用いて，t-デザインの Fisher 型の下からの限界を拡張する仕事はいろいろとなされている．この Levenshtein の仕事は，$t \geq 2s-1$ の仮定のもとに，テスト関数に多項式を用いた場合その限界がどこにあるかを見極めようとしていると思われる．t-デザインに対して Fisher 型の下からの限界を拡張する仕事は，Boyvalenkov [102] を中心とするグループの一連の仕事 ([103, 104, 105, 101]) や [367] にも見られる．また，Yudin [509] は独自の方法で，Fisher 型の不等式の改良を行っている．彼の場合はかならずしもテスト関数に多項式を用いずに，他の関数を考えている．前に述べた Cohn-Kumar の論文 [137] はこの Yudin の方法を取り入れて行っている．最近の仕事としては Bondarenko-Viazovska [95] の研究もある．さらなる進展については後述の 247 頁で触れておく．これらの仕事を見ると，S^{n-1} における t-デザインの Fisher 型の下からの限界を改良することは，次元 n を固定して t を大きくしたときには，多くの成功が得られている．また，大幅な改良が得られている．一方，t を固定して n を大きくしたときには，tight なデザインの場合の非存在を越える拡張はほとんど得られていないと思われる．（このことは，Detour Sikric-Schürmann-Vallentin [164] 達の線形計画法あるいは半定値計画法でどこまで得られるかのコンピューターによる数値実験により，示されている．ただし論文にはなっていない．この事実は，ある意味で半定値計画法にも限界があることを示しており，興味深いと思われる．）

1.3　球面デザインと，群論，数論，保型形式などとの関係

(a) 有限群の軌道としてできる t-デザイン

球面上の t-デザインとしてどのようなものがあるかを考えよう．最初に思いつく構成法は，直交群 $O(n)$ の有限部分群 G の軌道を考えることであろう．すなわち $\boldsymbol{x} \in S^{n-1}$ に対して G によるその軌道

$$X = \boldsymbol{x}^G = \{\boldsymbol{x}^g \mid g \in G\} \subset S^{n-1}$$

を考えることである．G としては多くの可能性がある．$O(n)$ の中で，なるべく大き

な群を使う方が良い t-デザインが構成できると期待できるであろう．この方向の研究の詳細は，[32, 第 6 章] に述べているのでここでは詳しくは述べない．重要な群としては，実鏡映群（Weyl 群を含む有限コクセター群 (Coxeter group)），24 次元のコンウェイ群 (Conway group) Co.0 とその種々の部分群，Clifford 群などが特に重要な例である（[362, 418, 419] 参照）．有限群 G のどのような性質からその軌道が t-デザインになるかということについて詳しい研究がなされているが，詳細は [32] に譲る．しかしその中で次の三つ程の事実は特に興味深いと思われるので紹介しておく．

$n \geq 3$ の場合，各 n に対して直交群 $O(n)$ の有限部分群 G の軌道としてできる t-デザインは，いずれも t はそれ程大きいものは見つかっていない．この際，次のことが成り立つことに注意しよう．

5.27 [定理] (Bannai [25] (1984))　$\boldsymbol{x}_1, \boldsymbol{x}_2 \in S^{n-1}$ に対して，$\boldsymbol{x}_1^G$ は t_1-デザインでありかつ (t_1+1)-デザインでなく，$\boldsymbol{x}_2^G$ は t_2-デザインでありかつ (t_2+1)-デザインでないとする．このとき，$t_2 \leq 2t_1+1$（したがって対称的に $t_1 \leq 2t_2+1$）が成り立つ．

このことに注目すると，直交群 $O(n)$ の有限部分群 G が t-homogeneous であるという性質，すなわち G のすべての軌道が t-デザインになるという性質，は重要な意味を持つ．

群論的には，直交群 $O(n)$ の有限部分 G が t-homogeneous であるという性質は $O(n)$ の i 次の球表現 ρ_i（$O(n)$ を $\mathrm{Hom}_i(\mathbb{R}^n)$ $(1 \leq i \leq t)$ に働かせた表現）を G に制限したときに単位表現 ρ_0 を既約成分として含まないということと同値である．古典的な組合せ論の場合は $V = \{1, 2, \ldots, n\}$ の置換群 G $(\subset S_n)$ が t-homogeneous であるとは G が V の t 点部分集合の造る集合上に可移に働くことと定義される．そして V のかってな k 点部分集合に対してその G 軌道が t-(n,k,λ) デザインとなることを意味し，t 重可移性に近いがそれより少し弱い性質である．また群論的には対称群 S_n の $(n-i, i)$ 型の Young 図形に対応する既約表現を G に制限したときに既約成分として単位表現を含まないことに同値である．球面上のデザインを考えるにあたって，t-homogeneous 置換群の類似として t-homogeneous 線形群を考えたわけであった．

定理 5.27 の主張および証明は古典的なデザインに関しても成り立っている．すなわち V の k 点部分集合全体を $V^{(k)}$ と置き換えたときに $x_1, x_2 \in V^{(k)}$ に対してまったく同様に成り立つ．このことは Cameron-Praeger [120] においても述べられている．

直交群 $O(n)$ の有限部分群は n の小さいときは分類されている．（$n=3$ の場合はよく知られた結果であり，$n=4$ の場合はかなり最近の Conway-Smith による結果である．[144] 参照．）$O(3)$ の有限部分群は高々 5-homogeneous であることは容易にわかるが，$O(4)$ の部分群は高々 11-homogeneous であることは，Conway-Smith [144] の結果も用いることにより三枝崎 [336] により証明された．したがって定理 5.27 を用いれば，$O(4)$ のどのような有限部分群 G の軌道も高々 23-デザインであることがわかる．また 19-デザインが $W(H_4)$ の軌道として表れることも示されている（Goethals-Seidel [192] および [32] 参照）．他にも例えば $n=8$ のとき $W(E_8)$ は 7-homogeneous であるが，$W(E_8)$ のある軌道として，11-デザインが現れることが知られており，$n=24$ の場合には，Co.0 は 11-homogeneous であるが，Co.0 のある軌道として，15-デザインが現れる，という具合である．

5.28 [定理] (Bannai [26] (1984))　ある関数 $f(n)$ が存在して，各 $n \geq 3$ について，直交群 $O(n)$ の有限部分群 G の軌道として，t-デザインが表れるとすると，$t \leq f(n)$ となる．（ただし関数 $f(n)$ の具体的な形はわかっていない．）

知られている例を見ている限りでは，$n \geq 3$ の場合，直交群 $O(n)$ の有限部分群 G はいずれも高々 11-homogeneous である．また，これまでに直交群 $O(n)$ の有限部分群 G の軌道としてできる t-デザインは高々 19-デザインまでしか知られていない．したがって，定理 5.28 で述べた関数 $f(n)$ は一つの絶対定数（例えば 19）で抑えられるかもしれないと予想されるが，未だに未解決である．（有限単純群の分類を用いて証明できないだろうかと考えるがどうであろうか？）

前頁で述べたことから t-(n,k,λ) デザイン $(V,\mathcal{B})$ の自己同型群 G がブロック $\mathcal{B}$ 上に可移であれば $t \leq 7$ であることが ℓ-homogeneous 置換群の分類（それは有限単純群の分類を用いるが）を用いて示される．Cameron-Praeger [120] は $t \leq 5$ になると予想している．上記で線形群に対して言っていることは $X = x^G$ $(x \in S^{n-1},\ G \subset O(n),\ n \geq 3)$ が t-デザインであれば G は高々 11-homogeneous（したがって $t \leq 23 = 2 \cdot 11 + 1$）であろうということであり，さらに $t \leq 19$ であろうということである．

(b) 格子の殻からできる t-デザイン

有限群の軌道からできる t-デザインに加えて，t-デザインを構成するもう一つの方法は，ユークリッド空間の格子の殻 (shell) を考えることである．

言葉をいくつか定義しよう．$\mathbb{R}^n$ の部分集合 L は $\mathbb{R}^n$ のベクトル空間としての基底 $\{\boldsymbol{v}_1, \boldsymbol{v}_2, \ldots, \boldsymbol{v}_n\}$ が存在して L の各元が $\{\boldsymbol{v}_1, \boldsymbol{v}_2, \ldots, \boldsymbol{v}_n\}$ の整数係数の 1 次結合として表されるときに格子と呼ばれる．このような $\mathbb{R}^n$ の基底 $\{\boldsymbol{v}_1, \boldsymbol{v}_2, \ldots, \boldsymbol{v}_n\}$ を L の生成元と呼ぶことにする．格子 L はランク n の自由アーベル群である．格子の典型的な例としては次のものが重要である．詳しくは基本的な文献として Conway-Sloane [143]，Ebeling [170] などを参照されたい．（以下で $\boldsymbol{e}_1, \boldsymbol{e}_2, \ldots, \boldsymbol{e}_n$ は $\mathbb{R}^n$ の標準基底である．）

- $\mathbb{Z}^n =$ 整数点の全体 $= \{(x_1, x_2, \ldots, x_n) \in \mathbb{R}^n \mid x_i \in \mathbb{Z},\ 1 \leq i \leq n\}$.

- A_n 型格子 $= \{(a_1, \ldots, a_n, a_{n+1}) \in \mathbb{R}^{n+1} \mid a_i \in \mathbb{Z},\ a_1 + \cdots + a_n + a_{n+1} = 2\}$（超平面 $H = \{(a_1, \ldots, a_n, a_{n+1}) \in \mathbb{R}^{n+1} \mid a_1 + \cdots + a_n + a_{n+1} = 2\} \cong \mathbb{R}^n$）：特に A_2 型格子は六角格子 (hexagonal lattice) と呼ばれ，次のように図示できる．

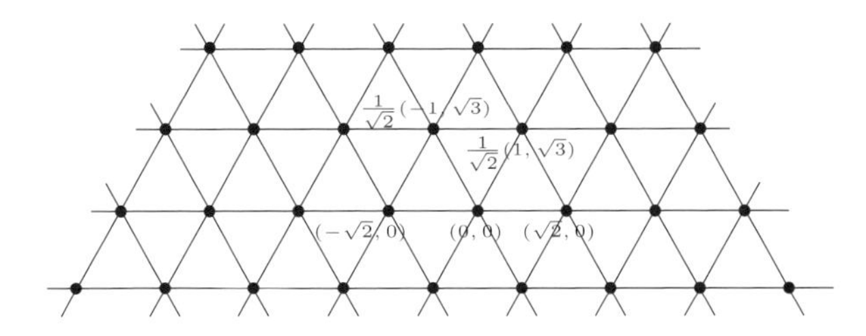

- D_n 型格子．集合 $\{\pm \boldsymbol{e}_i \pm \boldsymbol{e}_j \mid 1 \leq i, j \leq n,\ i \neq j,$ 符号はすべての可能性をとる $\}$ に含まれるベクトルの整数係数の 1 次結合全体 $= \{(a_1, a_2, \ldots, a_n) \in \mathbb{R}^n \mid a_1 + a_2 + \cdots + a_n \equiv 0 \pmod 2,\ a_i \in \mathbb{Z},\ 1 \leq i \leq n\}$.

- $E_n (n = 6, 7, 8)$ 型格子．特に E_8 型格子は集合 $\{\pm \boldsymbol{e}_i \pm \boldsymbol{e}_j \mid 1 \leq i, j \leq 8,\ i \neq j,$ 符号はすべての可能性をとる $\} \cup \{\frac{1}{\sqrt{2}}(\pm \boldsymbol{e}_1 \pm \boldsymbol{e}_2 \cdots \pm \boldsymbol{e}_8) \mid$ “$-$” の符号の個数は偶数個 $\}$ に含まれるベクトル達の整数係数一次結合の全体 $= D_8^+ = D_8 \cup \{D_8 + \frac{1}{2}(\boldsymbol{e}_1 + \cdots + \boldsymbol{e}_8)\} = \{(a_1, a_2, \ldots, a_8) \mid a_1 + a_2 + \cdots + a_8 \equiv 0 \pmod 2,\ a_i \in \mathbb{Z}$ または $a_i \in \mathbb{Z} + \frac{1}{2},\ 1 \leq i \leq 8\}$ である．E_7 型格子は E_8 型格子の任意に固定した長さ $\sqrt{2}$ のベクトルと直交する元全体からなる $\mathbb{R}^7$ の中の格子である．E_6 型格子は E_8 型格子の中心角が 120° の任意に固定したベクトルの組と直交するベクトル全体からなる $\mathbb{R}^6$ の中の格子である．

- Leech 格子 $\Lambda_{24} = \{\frac{1}{\sqrt{8}}(\boldsymbol{0} + 2\boldsymbol{c} + 4\boldsymbol{x})\} \cup \{\frac{1}{\sqrt{5}}(\boldsymbol{1} + 2\boldsymbol{c} + 4\boldsymbol{y})\}$ ただし $\boldsymbol{0} = (0, 0, \ldots, 0),\ \boldsymbol{1} = (1, 1, \ldots, 1) \in \mathbb{R}^{24}$, $\boldsymbol{c}$ は Golay $[24, 12, 8]$ 符号の元を動く（ただし Golay $[24, 12, 8]$ 符号の各ベクトルの成分は 2 元体 $F_2 = \{0, 1\}$ の元であるが $\{0, 1\}$ を有理整数と見なして動かす）．また，$\boldsymbol{x} = (x_1, \ldots, x_{24})$ および $\boldsymbol{y} = (y_1, \ldots, y_{24})$ は $\mathbb{R}^{24}$ のベクトルで，$x_i, y_i \in \mathbb{Z},\ 1 \leq i \leq 24,\ x_1 + \cdots + x_{24} \equiv 0 \pmod 2,\ y_1 + \cdots + y_{24} \equiv 1 \pmod 2$ を満たすもの全体を動く．

格子 L が**整格子 (integral latice)** であるとは，L の任意の相異なる 2 元 $\boldsymbol{x}, \boldsymbol{y}$ に対して通常のユークリッド内積 $\boldsymbol{x} \cdot \boldsymbol{y}$ が整数であることと定義する．格子 L が**偶格子 (even lattice)** であるとは，任意の元 $\boldsymbol{x} \in L$ に対して $\boldsymbol{x} \cdot \boldsymbol{x}$ が偶数であることと定義する．容易にわかるように，偶格子は整格子である．整格子 L に対して，その双対格子 L^*

は,

$$L^* = \{\boldsymbol{x} \in \mathbb{R}^n \mid \boldsymbol{x} \cdot \boldsymbol{y} \in \mathbb{Z},\ {}^\forall \boldsymbol{y} \in L\}$$

と定義される．したがって，L が整格子であることは，$L \subset L^*$ であることと同値である．整格子 L が**ユニモジュラー (unimodular)** であるとは，$L = L^*$ が成り立つことと定義する．一般の整格子 L に対して，$|L^*/L|$ は L の生成元 $\{\boldsymbol{v}_1, \boldsymbol{v}_2, \ldots, \boldsymbol{v}_n\}$ が与えるグラム行列 (Gram matrix) の行列式に等しいことに注意しよう．またこの値は $\{\boldsymbol{v}_1, \boldsymbol{v}_2, \ldots, \boldsymbol{v}_n\}$ 達を並べた次数 n の行列の行列式の 2 乗になっていることにも注意しよう．

- $\mathbb{Z}^n$ はユニモジュラー整格子であるが偶格子ではない．
- A_n 型格子は偶格子であるがユニモジュラーではない．$|L^*/L| = n+1$, $L^*/L = \mathbb{Z}_{n+1} =$ 位数 $n+1$ の巡回群である．
- D_n 型格子は偶格子であるがユニモジュラーではない．$|L^*/L| = 4$，ただし n が奇数のときは $L^*/L = \mathbb{Z}_4$，n が偶数のときは $L^*/L = \mathbb{Z}_2 \times \mathbb{Z}_2$（位数 4 の Klein の 4 元群）であることが知られている．
- E_6 型格子は偶格子であるがユニモジュラーではない．$L^*/L = \mathbb{Z}_3$ である．
- E_7 型格子は偶格子であるがユニモジュラーではない．$L^*/L = \mathbb{Z}_2$ である．
- E_8 型格子は**ユニモジュラー偶格子 (even unimodular lattice)** である．
- Leech 格子 Λ_{24} はユニモジュラー偶格子である．

第 1 章 6 節で述べた Type II 符号と同様に，ユニモジュラー偶格子に対しては，n は必ず 8 の倍数でなければいけないことが知られている．次に $\mathbb{R}^n$ の整格子 L および自然数 m に対して，

$$L_m = \{x \in L \mid x \cdot x = m\}$$

と定義する．すなわち，L_m は L の原点からの距離が一定値 $\sqrt{m}$ となる点の集まりである．L_m のことを格子 L の殻 (shell) と呼ぶ．このとき，$\frac{1}{\sqrt{m}} L_m$ は 単位球 S^{n-1} の有限部分集合となっている．これらの中に，t-デザインとして良いものが存在することが期待される．この方向での重要な結果は次の Venkov の定理である．それを述べる前に，いくつかの言葉を準備する．まず極限的ユニモジュラー偶格子 (extremal even unimodular lattice) について少し一般的なことを述べる．L を $\mathbb{R}^n$ のユニモジュラー偶格子とする．（このような格子は Type II 格子とも呼ばれる．）このとき n は 8 の倍

数でなければいけないということはすでに述べた．$\mathbb{R}^n$ のユニモジュラー偶格子 L においては，その最小距離の 2 乗，すなわち

$$\max\{\boldsymbol{x}\cdot\boldsymbol{x} \mid \boldsymbol{x}\in L, \boldsymbol{x}\neq 0\} \leq 2\left[\frac{n}{24}\right]+2$$

であることが知られている．

$\mathbb{R}^n$ のユニモジュラー偶格子 L が上の不等式において等号を満たすとき，L は極限的ユニモジュラー偶格子と呼ばれる．（この状況は第 1 章 6 節に述べた極限的重偶符号（極限的 Type II 符号）の場合とまったく同様である．）

極限的ユニモジュラー偶格子（極限的 Type II 格子）の構成分類問題は，極限的重偶符号（極限的 Type II 符号）の構成分類問題の場合と同様な意味で，非常に興味深い．また多くの研究がなされている．

極限的ユニモジュラー偶格子についての研究の現状は以下のようである．（ただしこれは 2015 年 10 月の時点での現状であり，その後の急激な進展も予想される．）

- $n=8$ の場合は E_8 型格子に限る．
- $n=16$ の場合は $E_8\oplus E_8$ と D_{16}^{+} の二つに限る．
- $n=24$ の場合は Leech 格子に限る．
- $n=32$ の場合は現在は多くの例が知られている．King (2003) [269] は次のことを示している．ルート (root)，すなわち長さ $\sqrt{2}$ のベクトル，を持たないユニモジュラー偶格子の mass は $\frac{1310037331282023326658917}{238863431761920000}=5.48\times 10^6$ である．数で言うと 10^7 個以上存在するということになる．（ここで mass とは式 $\displaystyle\sum_{L\in\text{極限的ユニモジュラー偶格子の同型類の代表系}}\frac{1}{|\operatorname{Aut}(L)|}$ で定義される量である．$\operatorname{Aut}(L)$ は L の自己同型群．）
- $n=40$ の場合は少なくとも一つ以上存在が知られている．McKay [330] が最初の例であり，同型でないものが非常に沢山あると思われる．King は [268] で少なくとも 12579 個の長さ 40 の極限 Type II 符号の存在を示している．正確な値は Betsumiya-Harada-Munemasa [86] により 16470 であることが最近証明された．Kitazume-Kondo-Miyamoto [270, Theorem 3] によればそれらからいわゆる構成 C で作られる格子は互いに同型でない極限的ユニモジュラー偶格子になるので，少なくともそれだけの同型でないものが存在することがわかる．

- $n = 48$ の場合は $P_{48n}, P_{48p}, P_{48q}$ の3個の存在が知られていた (Conway-Sloane [143], Nebe (1998) [356] 他参照). 三枝崎剛によると最近 Nebe によりもう1個見つかっているとのこと ([360]).
- $n = 56$ と 64 の場合はそれぞれ少なくとも一つは存在することが知られている Nebe, Ozeki, Quebbemann らによりいくつかの例が構成されているがそれらの間の同型性ははっきりしていないと思われる.
- $n = 72$ の場合は 2010 年に Nebe [356] により一つ構成された.
- $n = 80$ の場合は二つの例が知られていたが (Bachoc-Nebe [12]) 最近さらに二つ見つかっている (Stehlé-Watkins [429], Watkins [495]).
- $n \geq 88$ のときはまだ一つも見つかっていない.

2010 年の Nebe による $n = 72$ のときの新しい例の発見は長年の大問題に決着を付けたことで注目を集めた. 他の次元 n に対してどのようなことが成り立つか非常に興味深い. また, 極限的ユニモジュラー偶格子 (極限的 Type II 格子) が存在するならば, n は約 40,000 でおさえられることもわかっている (Mallows-Odlyzko-Sloane (1975) [321]). この他の詳しい情報については Gaborit (2004) [183, Table 3] も参照されたい[3].

5.29 [注意]　Griess は次のように Leech 格子 Λ_{24} を E_8 型格子から構成している ([196] 参照). M, N を $\mathbb{R}^8$ における E_8 型格子で $M \cap N \cong \sqrt{2}E_8$ となるものを選ぶ. そのようなものは実際に存在する. このとき

$$L = \{(\boldsymbol{w}+\boldsymbol{x}, \boldsymbol{w}+\boldsymbol{y}, \boldsymbol{w}+\boldsymbol{z}) \mid \boldsymbol{w} \in M, \boldsymbol{x}, \boldsymbol{y}, \boldsymbol{z} \in N, \boldsymbol{x}+\boldsymbol{y}+\boldsymbol{z} \in M \cap N\}$$

と定義すると L の最小距離の 2 乗は 4 となり, したがって $\mathbb{R}^{24}$ の極限的ユニモジュラー偶格子になる. Griess は Leech 格子 Λ_{24} から出発して同種な構成で $\mathbb{R}^{72}$ の極限的ユニモジュラー偶格子が構成できないかと試みた. すなわち, $\mathbb{R}^{24}$ における Leech 格子 Λ_{24} を用い, $M \cap N \cong \sqrt{2}\Lambda_{24}$ となる Leech 格子 M, N を使い上記のように L を定義しようとしたのである. このような関係にある M と N の選び方は非常に多く存在し, Griess 自身は $\mathbb{R}^{72}$ の極限的ユニモジュラー偶格子を見つけることができなかったが, Nebe [357] は L の最小距離の 2 乗が 8 になる, すなわち L が $\mathbb{R}^{72}$ の極限

[3] 三枝崎によると [321] の 40,000 は正しくなく 163,264 以上で非存在とのことである (Nebe [361] および P. Jenkins and J. Rouse [257] 参照).

的ユニモジュラー偶格子となる，ような良い M, N の組合せを実際に見いだすことができた！ ということである．

さて，ここで話を Venkov の仕事に戻そう．

5.30 [定理] (Venkov,1984)　L を $\mathbb{R}^n$ のユニモジュラー偶格子とする．仮定より $n \equiv 0 \pmod 8$ である．このとき各偶数 $2m$ における L の殻 (shell) L_{2m} は

(1) $n \equiv 0 \pmod{24}$ のとき 11-デザイン，
(2) $n \equiv 8 \pmod{24}$ のとき 7-デザイン，
(3) $n \equiv 16 \pmod{24}$ のとき 3-デザイン，

となる．L は偶格子なので，殻の原点からの距離の 2 乗は偶数であることに注意しておく．

この定理の証明は Venkov [481] による（[482] も参照．また $n \equiv 0 \pmod{24}$ の場合の証明は [32, 第 10 章 2 節] にも日本語で書いてあるので参照されたい．）この定理の証明において保型形式 (modular form) の理論が本質的に使われていることは重要である．

ここで，保型形式（格子のテータ関数）と球面デザインとの格子を介しての関係は，Venkov がその嚆矢であるが，非常に深いものがある．またこの関係は，第 1 章 6 節で触れられているように，多項式（符号の重さ枚挙多項式）と符号を介しての，通常の組合せ論的デザインの関係，と同じような関係にある．事実，このことは，次のような状況にある．（詳しいことは参考文献 Broué-Enguehard [109]，Conway-Sloane [143]，Runge [399]，Ozeki [380]，Nebe-Rains-Sloane [362]，Ebeling [170]，Huffman-Pless [386] などを参照されたい．）Broué-Enguehard (1972) は符号の重さ枚挙多項式から保型形式が得られるという次のかたちの定理を証明した．保型形式は整数論などであらわれる非常に重要な概念である．詳しくは整数論などの本を見ていただけたらと思う．大雑把に言えば，複素上半平面上の正則な複素数値関数で良い性質を満たすもの，特にモジュラー群 (modular group) $\mathrm{SL}(2,\mathbb{Z})$ の元をそれに働かせたときある特別な因子がもとの関数にかかるということだけしか変わらないという性質（保型性）を持ったものである．保型形式のウエイトというのは，この特別な因子と関係した値で，ここでは非負の偶数のもののみを考えることにする．

5.31 [定理] (Broué-Enguehard, 1972)　C を F_2 上の自己双対的で重偶な長

さ n の符号とし，$W_C(x,y)$ をその符号の重さ枚挙多項式 $\sum_{c\in C} x^{n-wt(c)}y^{wt(c)}$ とする．今，x に $\theta_3(2\tau,0)$ を，y に $\theta_2(2\tau,0)$ を代入した $W_C(\theta_3(2\tau,0),\theta_2(2\tau,0))$ は，ウエイト $k=n/2$ の保型形式である．（正確には，モジュラー群 $\mathrm{SL}(2,\mathbb{Z})$ に関する保型形式である．以下特にこのことを断わらないことにする．）ここで，$\theta_2(\tau,z)$, $\theta_3(\tau,z)$ は次で定義される．

$$\theta_2(\tau,z)=\sum_{n\in\mathbb{Z}} ne^{\pi i(n+1/2)^2\tau+(2n+1)\pi iz},$$

$$\theta_3(\tau,z)=\sum_{n\in\mathbb{Z}} e^{\pi in^2\tau+2n\pi iz}.$$

（ここで τ は複素上半平面の元で，z は複素数体 $\mathbb{C}$ の元である．この定理の説明には変数 z は 0 を代入するだけでまったく不用であるが，テータ関数はこの形で使ったほうが便利なことが多いので変数 z も加えておく．）

以下，この x に $\theta_3(2\tau,0)$ を，y に $\theta_2(2\tau,0)$ を対応させる写像を Broué-Enguehard 写像と呼ぶことにする．この Broué-Enguehard 写像は，自己双対的で重偶な符号の重さ枚挙多項式全体で生成される部分環（部分代数）$\mathbb{C}[x,y]^G$ から保型形式の中の部分環（部分代数），正確には $\mathbb{C}[E_4,\Delta_{12}]$ の上への，同型写像を与える．ここで E_4 は Eisenstein 級数と呼ばれるウエイト 4 の保型形式であり，Δ_{12} はウエイト 12 の尖点形式 (cusp form) と呼ばれる保型形式を表わす．Broué-Enguehard 写像によりハミング符号の重さ枚挙多項式 $W_{e_8}(x,y)$ は E_4 に対応するが，Golay 符号の重さ枚挙多項式 $W_{g_{24}}(x,y)$ は，Δ_{12} には，また Leech 格子のテータ関数にも，直接には対応しないことに注意されたい．

Broué-Enguehard による証明の本質は次のようになっている．2 元体 F_2 の上の符号 C に対して，次のように $\mathbb{R}^n$ の中の格子 L_C を作り出す“構成法 A”と呼ばれる方法が知られていて，それを用いる．すなわち，φ を $\mathbb{Z}^n$ から $(\mathbb{Z}/2\mathbb{Z})^n=F_2^n$ への自然な準同型とするとき，符号 C は F_2^n の部分集合であり，その φ による原像 $\varphi^{-1}(C)$ を $\frac{1}{\sqrt{2}}$ 倍した $L_C=\frac{1}{\sqrt{2}}\varphi^{-1}(C)$ が求める格子 L_C となる．例えば，ハミング符号 e_8 に対する L_{e_8} は $\mathbb{R}^8$ の中の E_8 型ルート系のルート達の生成する格子である．このとき，自己双対的で重偶な符号からはユニモジュラー偶格子ができる．そのユニモジュラー偶格子に対してその格子のテータ関数というものが定義されて，それがウエイト $n/2$ の保型形式になるというわけである．保型形式の全体は $\mathbb{C}[E_4,E_6]$（E_6 はウエイト 6 の Eisenstein 級数）となることはよく知られているが，Broué-Enguehard 写像により符号の重さ枚挙多項式からできる像は $\mathbb{C}[E_4,\Delta_{12}]$ であり，保型形式全体にはならない．しかし，次のように考えると保型形式の全体を得ることができる．H を群 G の指数 2 の次のような部分群とする．すなわち，H は群 $G = \langle \sigma_1, \sigma_2 \rangle$ の σ_1 を -1 へ，σ_2 を 1 へ対応させる準同型写像の核とする．このとき，

$$H = \left\langle \frac{1+i}{2}\begin{pmatrix} 1 & 1 \\ 1 & -1 \end{pmatrix},\ \sigma_2 = \begin{pmatrix} i & 0 \\ 0 & 1 \end{pmatrix} \right\rangle$$

となり，H の位数は 96 であり，H 自身も Shephard-Todd の既約複素鏡映群の分類のリストで No. 8 と呼ばれる複素鏡映群となる．このとき，H による不変式環 $\mathbb{C}[x,y]^H$ は，多項式環であり，ハミング符号 $[8,4,4]$ の重さ枚挙多項式 f_1 と 12 次の斉次多項式 $f_3 = x^{12} - 33x^8y^4 - 33x^4y^8 + y^{12}$ の二つの元で生成される多項式環となる．f_3 の Broué-Enguehard 写像による像は実は E_6 となる．したがって，Broué-Enguehard 写像は不変式環 $\mathbb{C}[x,y]^H = \mathbb{C}[f_1, f_3]$ から，保型形式全体の空間 $\mathbb{C}[E_4, E_6]$ への同型写像を与えている．（f_3 の係数に負の数が表われることからもわかるように，f_3 は符号の重さ枚挙多項式にはなり得ないことに注意されたい．）

このBroué-Enguehard の定理は，保型形式全体の空間は符号の重さ枚挙多項式と関連した有限群の不変式環として捕えることができるということを示している．そして色々の場合に拡張され，多くの保型形式（モジュラー群 $\mathrm{SL}(2,\mathbb{Z})$ の場合の保型形式をもっと一般にしたものを総称したもの）が符号の重さ枚挙多項式あるいは有限群の不変式環を通じて，（全部とは言えなくても）その主要部が求まる．例えば，種数 g の Siegel 保型形式と呼ばれているものは保型形式（種数 $g=1$ の Siegel 保型形式とみなせる）を作るときに用いた符号の“多重”重さ枚挙多項式あるいは対応する有限群の不変式から作り出される．このときにあらわれる有限群は，$G = 4 * 2^{1+2g}\,\mathrm{Sp}(2g,2)$ という $\mathrm{GL}(2^g,\mathbb{C})$ の部分群である (Runge, Duke など)．ある種の Hilbert 保型形式はある種の有限素体 F_p 上の符号の Lee 重さ枚挙多項式から作り出される (Hirzebruch-van der Geer)．一方，Jacobi 形式と呼ばれる保型形式は，すでに出てきた位数 192 あるいは位数 96 の 2 次元複素鏡映群の同時対角作用と呼ばれる多変数の空間への作用による不変式環を通じて作り出される（坂内–小関，Runge）という具合である．（このときは変数 z を加えたテータ関数が関係してくる．）いずれの場合も一般には，このような作り方からそれぞれの保型形式が全部得られるとは限らないが，（全部とは言えなくても）その主要部がこのようにして求まるのは確かであると思われる．これらの結果は他のいろいろな場合にも拡張されることも期待される．また，符号理論において，最近は，有限体上の符号ばかりでなく，有限環，あるいはさらに p 進環，あるいは有限アーベル群上の符号なども考察されてきている．それらに関しても同様な保型形式などへの応用が期待できる．いずれにせよ，これらのことは，符号のような有限の対象が保型形式のような（無限の）数学的対象を本質的に記述する一例として，興味深いと思われる．

格子からその殻を考えて球面デザインを考えることは，符号からその重さ一定の集合を考えて組合せ論的デザインを考える Assmus-Mattson の定理と非常に似た状況にある．その意味で，Venkov の定理は，Assmus-Mattson の定理の球面版と考えることもできる．

格子の殻からできる球面 t-デザインの例をいろいろと調べてみると．現在のところ，知られているどの例においても $t \leq 11$ になっている．この状況は符号の殻（重さ一定の部分集合を仮にこう呼ぶ）を考えると，現在までのところ高々 5-デザインしか得られていないことと，非常に類似している．この球面デザインにおける $t \leq 11$ という限界，あるいは組合せ論的デザインにおける $t \leq 5$ という限界が，絶対的なものなのか否かを知ることは，現時点での一つの最重要課題である[4]．

$n \geq 3$ においては，有限群の軌道を利用する方法と，格子の殻からを利用する方法は自然でかつ有用な球面上の t-デザインの例を得る方法ではあるが，これらの方法で大きい t に対して，球面上の t-デザインを得ることは難しい状況にある．それでは，いくらでも大きい t に対して球面上の t-デザインは存在するのであろうか？ Seymour-Zaslavsky [410] はこの疑問に対する決定的な答えを与えた．

5.32 [定理] (Seymour-Zaslavsky，1984 年 [410])　任意の自然数 n および任意の自然数 t に対して，球面 S^{n-1} 上の t-デザインは存在する．

この重要な結果の解説および一つの証明は [32] に述べてあるので，ここでは略す．球面 t-デザインおよび区間 t-デザイン (後述の定義 5.33) の存在を証明したのは Seymour-Zaslavsky [410] (1984) が最初である．区間 t-デザインの存在の比較的簡明な別証明は Arias de Reyna [4] (1988) による．一方 Wagner [493] (1991)，Rabau-Bajnok [387] (1991)，Bajnok [15] (1992) は区間 t-デザイン X が存在すれば S^2 上に元の個数が $|X|(t+1)$ となる球面デザインが存在することを示した．そしてさらに区間 $[-1,1]$ 上の Gegenbauer 重み (weight) $w(x) = (1-x^2)^{\frac{n-3}{2}}$ に関する区間 t-デザインから S^{n-1} 上の球面 t-デザインが構成できることを示している．この後の命題 5.35 の簡単な場合についての証明からわかるように積分の変数分離を用いている．したがってまず区間 $[-1,1]$ 上の区間 t-デザインの存在・構成を問題にしよう．当初の [410, 4] の証明では t-デザイン X の存在証明であり点の個数 $|X|$ に関する情報は得られていなかった．一方 [493, 387] は $|X|$ の値が上から押さえられるという形で区間 t-デザインの存

[4] コードとそのデザイン，格子と球面デザインの間の関係をさらに拡張した概念として VOA (vertex operator algebra) と量子デザイン (quantum design) の関係も考えられていて，Assmus-Mattson の定理の類似はそこにも拡張される．詳しくは [226, 328, 337] を参照のこと．

在を証明している．そしてその区間 t-デザインを用いて構成される S^2 上の球面デザインは点の個数が $O(t^3)$ となる．この後に述べる結果を使うと 1990 年代の前半での最良の結果は S^2 上に $O(t^3)$ の大きさの球面 t-デザインが存在するというのが最良の結果であった．また S^{n-1} 上の球面 t-デザインに関しては $O(t^{\frac{n^2-n}{2}})$ のものが存在するという Korevaar-Meyers [276] の結果が最良のものであった．

一方，区間 $[-1,1]$ 上の t-デザイン X に対しては Bernstein [83] (1937) により $t \to \infty$ のとき $|X|$ は $O(t^2)$ のオーダーが必要であることが示されていた．また Bernstein は別の論文 [84] (1937) で重複を許す（すなわち x_i と x_j が異なるとは限らない）区間 t-デザインで点の個数が $O(t^2)$ のオーダーのものの存在を得ていた（この結果の存在はよく知られていなかった）．Kuijlaars [279] はこの Bernstein の結果を発掘・解説しこの Bernstein の重複を許す t-デザインを少しずらす（変形する）ことですべての点が相異なる t-デザインが得られることを証明した．

一方多くの研究者は S^{n-1} においては点の個数 $|X|$ のオーダーが $O(t^{n-1})$ の球面デザインが存在するであろうと予想していた．この結果は Bondarenko-Viazovska [95, 96] で改良され最終的には Bondarenko-Radchenko-Viazovska [97, 98] で証明された．球面 t-デザインの Fisher 型不等式の下界は n を固定して $t \to \infty$ とするときに $O(t^{n-1})$ のオーダーになるので係数を除けばこれ以上の改良は望めないというところまで到達したわけである．一方 t を固定して $n \to \infty$ としたときの存在定理としては点の大きさに関して下界がどこにあるのか見通しはまだ得られていない．

以上球面デザインの存在問題について述べてきた．今までに述べてきた結果以外にも Hardin-Sloane [202]，Mhaska-Narcowich-Ward [335]，Chen-Fromner-Lang [130]，Chen-Womersley [131]，Gräf-Potts [194] なども参照されたい．

Seymour-Zaslavsky を始めとして上記でとりあげてきたいずれの文献もその存在証明の手法は解析的であったりトポロジー的であったりなどで実数の連続性を用いている．また，証明はほとんどの場合，具体的な t-デザインの構成には結びついていない．具体的な構成法としては唯一区間 t-デザインを用いた Kuperberg [280] の構成法が知られているので概略を以下に紹介する．ただし具体的構成といってもどこまで具体的と言ってよいのかは微妙なところがある．なおこの結果を用いて奥田 [379] は S^3 上の t-デザインの具体的構成を与えている（Cohn-Conway-Elkies-Kumar [135] も参照）．

5.33 ［定義］(区間 t-デザイン)　　t を自然数とし $w(x)$ を区間 $[-1,1]$ で定義された重み関数とする．$[-1,1]$ の有限部分集合 $\{x_1, x_2, \ldots, x_N\}$ は次の条件を満たすときに重み関数 $w(x)$ に関する区間デザインと呼ぶ．

$$\frac{1}{\int_{-1}^{1} w(x)dx}\int_{-1}^{1} f(x)w(x)dx = \sum_{i=1}^{N} w(x_i)f(x_i)$$

が任意の高々 t 次の多項式に対して成り立つ.

Kuperberg は $[-1,1]$ 上 $w(x) \equiv 1$ を満たすときに区間デザインを具体的に構成する次のような方法を見いだした.

5.34 [定理] (Kuperberg [280])　s 次の多項式 $Q_s(x)$ を

$$Q_s(x) = x^s - \frac{x^{s-1}}{3} + \frac{x^{s-2}}{3\cdot 15} - \cdots + \frac{(-1)^s}{1\cdot 3\cdot 15\cdot \cdots \cdot (4^s-1)}$$

で定義する. このとき次の (1), (2) および (3) が成り立つ.

(1) $Q_s(x)$ は正の値を持つ s 個の相異なる零点 $\alpha_1, \ldots, \alpha_s$ を持つ.

(2) $Z = \{\pm\sqrt{\alpha_1} \pm \sqrt{\alpha_2} \pm \cdots \pm \sqrt{\alpha_s} \mid$ 符号 $\pm$ の付け方は任意 $\}$ とすると, $|Z| = 2^s$ かつ $Z \subset (-1,1)$ を満たす. (原論文 [280] および [32] では $\sqrt{\alpha_i}$ の根号が書き忘れられているようなので注意されたい.)

(3) Z は区間 $[-1,1]$ 上の Chebyshev-type の $(2s+1)$ 次の quadrature formula を与える. すなわち, 2^s 点集合 Z は重み関数 $w(x) \equiv 1$ に関する $[-1,1]$ 上の区間 $(2s+1)$-デザインである.

重み関数 $w(x) \equiv 1$ に関する $[-1,1]$ 上の区間 t-デザインの存在を知れば S^2 上の t-デザインを構成できること, また Gegenbauer 重み関数と呼ばれる $w(x) = (1-x^2)^{\frac{n-3}{2}}$ に関する $[-1,1]$ 上の区間 t-デザインの存在を知れば S^{n-1} 上の t-デザインを構成できることはすでに, Wagner [493], Rabau-Bajnok [387], Bajnok [14] などに述べられている. 以下に Kuperberg の構成した集合 Z を使って具体的に S^2 上の $(2s+1)$-デザインを構成してみよう. $Z = \{z_1, z_2, \ldots, z_{2^s}\}$ を Kuperberg の構成した $(2s+1)$-次の quadrature formula の点集合 (区間デザイン) とするとする. また, 整数 $m \geq 2s+2$ に対して Y を S^1 に内接する正 m 角形の頂点の作る集合とする. $Y = \{y_k = (\cos\frac{2\pi k}{m}, \sin\frac{2\pi k}{m}) \mid k = 0, 1, \ldots, m-1\}$ と表すことができる. $m \geq 2s+2$ であるので Y は S^1 上の $(2s+1)$-デザインでもある. S^2 上の点集合 X を次に定義する. $r_i = \sqrt{1-z_i^2}$ $(1 \leq i \leq 2^s)$ とおき

$$X = \{(r_i y_k, z_i) \mid 1 \leq i \leq 2^s,\ 0 \leq k \leq m-1\}$$

とする. X は S^2 上の $2^s m$ 点集合である.

5.35 [命題]　上に定義した集合 X は S^2 上の $(2s+1)$-デザインとなる．

証明　S^2 上の高々 $(2s+1)$ 次の単項式 $x_1^{\lambda_1}x_2^{\lambda_2}x_3^{\lambda_3}$, $\lambda_1+\lambda_2+\lambda_3 \le 2s+1$ を考える．Y が S^1 上の $(m-1)$-デザインであり $m-1 \ge 2s+1 \ge \lambda_1+\lambda_2$ であるから

$$\frac{1}{2\pi}\int_{S^1} x_1^{\lambda_1}x_2^{\lambda_2}d\sigma x = \frac{1}{m}\sum_{k=0}^{m-1}(\cos\frac{2\pi k}{m})^{\lambda_1}(\sin\frac{2\pi k}{m})^{\lambda_2} \tag{5.42}$$

が成り立つ．一方

$$\begin{aligned}\frac{1}{|X|}\sum_{x\in X}x_1^{\lambda_1}x_2^{\lambda_2}x_3^{\lambda_3} &= \frac{1}{2^s m}\sum_{i=1}^{2^s}\sum_{k=0}^{m-1}(r_i\cos\frac{2\pi k}{m})^{\lambda_1}(r_i\sin\frac{2\pi k}{m})^{\lambda_2}z_i^{\lambda_3}\\ &= \frac{1}{2^s m}\sum_{i=1}^{2^s}(\sqrt{1-z_i^2})^{\lambda_1+\lambda_2}z_i^{\lambda_3}\sum_{k=0}^{m-1}(\cos\frac{2\pi k}{m})^{\lambda_1}(\sin\frac{2\pi k}{m})^{\lambda_2}\end{aligned} \tag{5.43}$$

となっている．まず $\lambda_1+\lambda_2$ が奇数の場合を考える．このときは λ_1 または λ_2 のいずれかが奇数である．したがって

$$\frac{1}{4\pi}\int_{S^2}x_1^{\lambda_1}x_2^{\lambda_2}x_3^{\lambda_3}d\sigma x = 0, \quad \frac{1}{2\pi}\int_{S^1}x_1^{\lambda_1}x_2^{\lambda_2}d\sigma x = 0$$

が成り立つ．したがって (5.42) および (5.43) より

$$\frac{1}{4\pi}\int_{S^2}x_1^{\lambda_1}x_2^{\lambda_2}x_3^{\lambda_3}d\sigma x = \frac{1}{|X|}\sum_{x\in X}x_1^{\lambda_1}x_2^{\lambda_2}x_3^{\lambda_3}\ (=0)$$

を得る．次に $\lambda_1+\lambda_2$ が偶数の場合を考える．このときは Z が区間 $[-1,1]$ 上の $2s+1$ 次の quadrature formula であるので

$$\frac{1}{2}\int_{-1}^{1}x^{\lambda}dx = \frac{1}{2^s}\sum_{i=1}^{2^s}z_i^{\lambda}$$

が任意の整数 $0\le\lambda\le 2s+1$ に対して成り立つ．特に $\lambda_1+\lambda_2$ が偶数であるので

$$\begin{aligned}\frac{1}{2^s}\sum_{i=1}^{2^s}(1-z_i^2)^{\frac{\lambda_1+\lambda_2}{2}}z_i^{\lambda_3} &= \frac{1}{2}\int_{-1}^{1}(1-x^2)^{\frac{\lambda_1+\lambda_2}{2}}x^{\lambda_3}dx\\ &= \frac{1}{2}\int_0^{\pi}\sin^{1+\lambda_1+\lambda_2}\psi\cos^{\lambda_3}\psi d\psi\end{aligned} \tag{5.44}$$

となる．また S^2 上の積分は極座標 $x_1=\cos\theta\sin\psi$, $x_2=\sin\theta\sin\psi$, $z=\cos\psi$ を用いると次のようになる．

$$
\begin{aligned}
&\frac{1}{4\pi}\int_{S^2} x_1^{\lambda_1}x_2^{\lambda_2}x_3^{\lambda_3}d\sigma x\\
&\quad = \frac{1}{4\pi}\int_0^{2\pi}\int_0^{\pi}(\cos\theta\sin\psi)^{\lambda_1}(\sin\theta\sin\psi)^{\lambda_2}(\cos\psi)^{\lambda_3}\sin\psi d\psi d\theta\\
&\quad = \left(\frac{1}{2\pi}\int_0^{2\pi}\cos^{\lambda_1}\theta\sin^{\lambda_2}\theta d\theta\right)\left(\frac{1}{2}\int_0^{\pi}\sin^{1+\lambda_1+\lambda_2}\psi\cos^{\lambda_3}\psi d\psi\right)
\end{aligned}
$$

と表される．したがって (5.42), (5.43) および (5.44) より

$$
\frac{1}{4\pi}\int_{S^2} x_1^{\lambda_1}x_2^{\lambda_2}x_3^{\lambda_3}d\sigma x = \frac{1}{|X|}\sum_{x\in X} x_1^{\lambda_1}x_2^{\lambda_2}x_3^{\lambda_3} \tag{5.45}
$$

を得る． ∎

Gegenbauer 重みに関する $[-1,1]$ 上の区間 t-デザインを用いて S^{n-1} の t-デザインを構成する方法もほぼ同様である．そこで次の二つが今後の研究の問題としてとても重要になってくる．

問題 1：Gegenbauer 重み付きの区間 t-デザインを具体的に構成する方法を見つけよ．例えば Kuperberg の方法を拡張することは可能であろうか？

問題 2：実数の連続性を用いないで，区間 t-デザインの具体的な構成は可能か？ 例えば，有理数の点だけからなる区間 t-デザインは任意の t に対して存在するか？

次に，格子の殻からできる球面上の t-デザインの話に戻ろう．

1. 有限群の軌道からできる球面デザインを考えよう．有限群 $G\subset O(n)$ を一つ与えたときにその二つの軌道からできる二つの球面デザインの強さ t_1,t_2 の間に，一方が他方に比べて極端に大きくならない（すなわち，$t_2\le 2t_1+1$ である）ことを定理 5.27 で述べた．格子の殻からできる球面デザインを考えたときに似たような関係はないだろうか？ すなわち一つの格子の二つの殻を考えた場合はどうなっているのであろうか？ 実は，無条件ではこのことは成り立たないことは容易に示せる．例えば，ある殻は t-デザイン（といっても現在知られている限り $t\le 11$ であるが）であるが，別の殻は 1-デザインにさえもならないという例は容易に得られる．それでは，例えば二つの殻に関して，それらがそれぞれ格子全体を生成しているというような条件をつけた場合に，一方が他方に比べて極端に大きくならないというようなことが示せるであろうか？
2. 例えば，E_8-ルート格子 L を考えたとき，L の各殻はすべて 7-デザインであることは，一つは Venkov の定理（定理 5.30）あるいは，L の各殻はすべて鏡映群 $W(E_8)$

の軌道の和集合として得られるということからも，よく知られている．ここで 7-デザインという意味はすくなくとも 7-デザインという意味である．それでは，その中に 8-デザイン，あるいはさらに大きい t に対する t-デザインになるものは，存在するであろうか？ というのは自然なかつ素朴な疑問である．実はこのことは，非常にかつ意外に重要な意味を持つ．次のことに注目しよう．

5.36 [定理] (Venkov, de la Harpe, Pache [381, 160, 161])　L_{2m} を E_8-ルート格子 L の殻とする．このとき L_{2m} が 8-デザインになることはラマヌジャン関数 τ の値 $\tau(m) \neq 0$ であることと同値である．ここで，ラマヌジャン関数 τ は次のように定義される関数である．

$$\eta(q)^{24} = q \prod_{i \geq 1} (1 - q^i)^{24} = \sum_{k \geq 1} \tau(k) q^k \tag{5.46}$$

η はデデキントのエータ関数である．

なぜ上記の定理が興味深いかというと，このことが，次に述べる数論で有名な次の Lehmer 予想と密接に関係してくるからである (Lehmer [298], Serre [408, 409] 参照).

Lehmer 予想　任意の自然数 $k \geq 1$ に対して $\tau(k) \neq 0$.

Lehmer 予想は球面デザインの言葉で言い換えることはできたが，まだ解決には困難が残っており，難しく未解決である．多くの格子に対して，Lehmer の予想の類似，拡張が得られている．特に Pache [381] が非常に詳しい．その類似の一番簡単なかつ自然な場合は次の問題として定式化される．

問題 1. $\mathbb{R}^2$ における格子 $L = \mathbb{Z}^2$ の任意の殻 L_m は 3-デザインになることが知られているが（90 度回転で生成される位数 4 の巡回群が L_m の上に働く（全体として不変にする）ことから直ちにわかる)，それらの殻 L_m の中に，4-デザインになるものは存在するであろうか？

問題 2. $\mathbb{R}^2$ における A_2 格子 L の任意の殻 L_{2m} は 5-デザインになることが知られているが（60 度回転で生成される位数 6 の巡回群が L_{2m} の上に働くことから直ちにわかる)，それらの殻 L_m の中に，6-デザインになるものは存在するであろうか？

我々は，この種の問題を Lehmer の予想の toy model（おもちゃのモデル）と呼ぶことにする．上の二つの問題は，Bannai-Miezaki (2010) [65] により解決された．ここでも保型形式の理論が重要な役割を演ずる．

5.37 [定理] (Bannai-Miezaki (2010) [65])

(i) $\mathbb{R}^2$ における格子 $L = \mathbb{Z}^2$ の任意の殻 L_m は決して 4-デザインにならない.
(ii) $\mathbb{R}^2$ における A_2 格子 L の任意の殻 L_{2m} は決して 6-デザインになならない.

これらの結果の他の2次元格子への拡張は [67] を見られたい. また上の定理の保型形式の理論を用いない証明は [68] で得られている. どのような2次元格子を考えても, その殻としてあらわれるような 6-デザインは知られていない. また, どのような3次元格子を考えても, その殻としてあらわれるような 4-デザインは知られていない. それらの限界が実際に正しいか否かは, どの次元においても格子の殻となっているような 12-デザインが今のところ一切見つかっていないことと合わせて, 重要な未解決問題として残されている. 次の問題は Yudin により提出され, まだ未解決である. 読者の挑戦を期待する.

問題　例えば $\mathbb{Z}^2$ 格子の殻を考えるとき, 原点から等距離にある円上の点の集合としていつそれが 4-デザインになるか否かを考えたわけであるが, 必ずしも中心が原点にない円の上の点の集合が 4-デザインになる場合はあるだろうか？　他の格子についても同様な問題が考えられる.

次の結果は球面デザインの話と直接は関係ないが, この機会に宣伝したいと思う.

5.38 [定理] (Bannai-Miezaki [66])　　L を任意の $\mathbb{R}^2$ における integral な格子 (整格子) とする. このとき, 任意の自然数 N に対して, ちょうど N 個の L の点と交わる円が存在する.

この定理の証明には2次元整格子の理論と類体論に関する整数論的方法を用いる. またこの問題の背景などについては, 前原 [318] などを見られたい. また, この2次元の結果を用いると, 任意の自然数 N と n (≥ 3) に対して $\mathbb{R}^n$ における整格子 L において, L 上に与えられたちょうど N 個の点と交わる円が存在することも示される. (この高次元への拡張は形式的なものである.)

極限的ユニモジュラー偶格子の殻に関係して, 次のことを注意したい. 先の Venkov の定理 5.30 で見たように, $n \equiv 0 \pmod{24}$ であれば任意の殻は 11-デザインである. また, $n \equiv 8 \pmod{24}$, $n \equiv 16 \pmod{24}$ に対してそれぞれすべての殻は 7-デザイン, 3-デザインであることを見た. $n = 24$ の場合の Leech 格子の最小の殻は, 196560 個の点からなり, これは tight な 11-デザインになっている. したがって, 12-デザインにはなっていない. $n = 8$ の場合は, Lehmer 予想と関係して E_8-ルート格子の殻を考えたが，この場合最小の殻は，240 個の E_8 ルートからなり tight な 7-デザインである．したがって 8-デザインではない．他の $n \equiv 0 \pmod{24}$ の場合の極限的ユニモジュラー偶格子の最小の殻は，(11-デザインではあるが) 12-デザインになる場合はあるであろうか？ さらにもっと強く，他のすべての殻が 12-デザイン（あるいはもっと大きい t に対する t-デザイン）になる場合はあるであろうか？ $n \equiv 8 \pmod{24}$, $n \equiv 16 \pmod{24}$ のときにも 8-デザインになる場合があるか，4-デザインになる場合があるか？ すなわち Venkov の定理から決まる t よりも大きい t に対して t-デザインになる場合があるか？ などという形で同様の問題が成立する．これらの問題は，問題としては単純であるが，解答はまだ完全な形では得られていない．部分的解答については [64] を見られたい（この結果は，保型形式としても意味のある結果と思われる）．なお，同種の問題は極限的 Type II 符号についても成り立つ．ただし，符号の場合は，どの殻も同一の強さ (strength) t を持つことが知られている (Janusz [256], [64])．しかしすべての殻が同時に Assmus-Mattson の定理から決まる t よりも大きな t-デザインになる場合があるか否かはまだ未解決である．（現在のところ，そうなる例は一つも知られていない．）部分的解決についてはこれも [64] を参照されたい．三枝崎 [336]，堀口-三枝崎-中空 [229] などによる一部の改良も知られている．

(c) 物理，化学などに現れる球面デザイン

本小々節の内容は筆者達が興味を持ったこと，気がついたことを羅列するだけであり，取り扱いが不十分であることを初めに断っておきたい．率直に言えば，本小々節の内容は筆者による感想文であり，また読書案内でもある．また，ここで述べられている以外のより深い関係がいろいろとあることは間違いないので，他の方にこれらのことに関して補足していただけることを期待したい．[32] ですでに述べた関連した解説記事としては次の (i)〜(viii) に挙げるようなものがある．

(i) Saff-Kuijlaars [400] による解説記事 “Distributing many points on a sphere”．そこには多くの興味深い参考文献がリストアップされている．

(ii) Smale [420] による “Mathematical problems for the next century”．これは日本語訳として『数学の基礎をめぐる論争』（田中一之 編・監訳，シュプリンガー・フェアラーク東京）に再録されている．

それら以後のものとして，次の論文にも触れたい．

(iii) M. Atiyah and P. Sutcliffe: “Polyhedra in Physics, Chemistry and Geometry”, *Milano J. math.* 71 (2003), 33–58.

(iv) H. Cohn: "Order and disorder in energy minimization", *Proceedings of the International Congress of Mathematicians.* Volume IV, Hindustan Book Agency, New Delhi, (2010), 2416–2443.

これらの論文の主題は，あるポテンシャル関数，$f\colon (0,2] \longrightarrow \mathbb{R}$ が与えられたとき，S^{n-1} 上の有限集合で同じ点の個数を持つ集合の中でエネルギーが最小になるものは何か，それを決定しようという問題である．例えば一番有名なのが Coulomb-Thomson の問題と呼ばれているもので，ポテンシャル関数は $f(r) = \frac{1}{r}$ とする．このとき集合 Y のポテンシャルは

$$\sum_{x,y \in Y,\ x \neq y} \frac{1}{||x-y||}$$

で定義される．N を固定したときに N 点を含みかつポテンシャルが最小となるような S^{n-1} 上の有限集合 Y の考察である．もちろん，f として別のポテンシャル関数を選べば一般にポテンシャルが最少になる集合はポテンシャルのとり方に依存して変わってくる．それでは，どのような良いポテンシャル関数に対しても常にエネルギーが最小になっている良い集合があるか？ というのが，先に述べた Cohn-Kumar による Universally optimal code の考え方，概念であった．ポテンシャル関数のとり方はもちろん色々あり，物理・化学の要請から出てくるものも多い．次の（イ）～（ヘ）に述べる事実は非常に面白いと思う．（使われている言葉の定義に関してはそれぞれの参考文献を参照されたい．）

(イ) S^2 上の 5 点からなる universally optimal codes は存在しない．しかしどのような completely monotonic なポテンシャル関数 f に対しても，f に対するエネルギーを最小にする集合は (1) 赤道上の正三角形を作る 3 点と北極・南極からなる 5 点集合，(2) 赤道の少し南にある底が正方形である 4 点と北極からなる 5 点集合（正確な位置は f により異なる)，のいずれかになることが予想され，かつ実験的には検証されているが，厳密な証明は現在得られていないとのことである [140].

(ロ) 立方体の 8 点，正 12 面体の 12 点からなる頂点はいずれも universally optimal ではなく，optimal でさえないことが知られている．しかし，ある特別なポテンシャル関数に対してはそれぞれエネルギー最小集合になることが示され，そのようなポテンシャル関数の例を具体的に与えることができる ([138]).

(ハ) 後の本章 2.1 小節で述べるように，universally optimal codes の概念は，compact symmetric spaces（$\mathbb{R}, \mathbb{C}, \mathbb{H}, \mathbb{O}$ 上の射影空間）上の有限集合に対しても拡張できる．$\mathbb{PR}^2$ は 2 次元の射影空間であり，$\mathbb{R}^3$ の原点を通る直線を点とみなした空間である．Cohn-Woo [140] は $\mathbb{PR}^2$ における universally optimal optimal codes を

分類した．すなわちそれらは以下のものに限る．

(1) 3 本以下の互いに直交する直線，

(2) 立方体の原点に対して対称な頂点を結ぶ 4 本の直線，

(3) 正 20 面体の原点に対して対称な頂点を結ぶ 6 本の直線，

(4) 立方体とその双対である正 8 面体の原点に対して対称な頂点を結ぶ 7 本の直線．

(4) の例が universally optimal になっているということは，自己同型群が可移でなくても universally optimal になり得るということで，球面上の場合にもそのような可能性があるかもしれないという意味で興味深いかもしれない．

(ニ) 詳しくは述べないが，$\mathbb{R}^n$ の格子 (あるは周期的な無限集合) に対しても universally optimal であるという概念は定義される．どのようなものがそうなっているかについていろいろな研究が始まっているが，まだ具体的には universally optimal であることが証明されているものはない．A_2-格子 (hexagonal lattice)，D_4-格子，E_8-型格子，Leech 格子，あるいは場合によっては D_9^+-格子が universally optimal になるであろうと予想されている．Coulangeon-Schürmann [146] によりその shell 達がすべて球面上の 4-デザインになるような格子は locally には universally optimal になるということが証明されている．

(ホ) 物理・化学に現れる，良い有限個の点の集合は必ずしも球面上に限ったものでないものも現れる．そのようなものを考える一つの方法は，例えば [7] にあるような

$$\sum_{x,y\in X,\ x\neq y} \frac{1}{||x-y||} + \sum_{x\in X} ||x||^2$$

あるいはさらに一般に，

$$\sum_{x,y\in X,\ x\neq y} f(||x-y||) + \sum_{x\in X} ||x||^2$$

のような，原点からの距離をを考えたエネルギー関数を考えるのも一つの方法であろう．さらに一般に

$$\sum_{x,y\in X,\ x\neq y} \left(\frac{1}{||x-y||^{12}} - \frac{1}{||x-y||^{6}} \right)$$

などのエネルギー関数も考察されている．そこではユークリッド空間内の分子の集まり (cluster) である良い有限集合がエネルギー最小集合として捉えられるというわけである．

(ヘ) 次の概念は，筆者の思いつきであるが，ユークリッド空間内の universally optimal code あるいは optimal code の定義としてどうであろうか？（ご意見，あるいは改良版があればお教えいただきたい．）

定義　$\mathbb{R}^n$ における有限個の点の集合 X に対して，その重心を

$$x_0 = \frac{1}{|X|}\sum_{x\in X} x$$

とし，その分散を

$$m(X) = \frac{1}{|X|}\sum_{x\in X} ||x - x_0||^2$$

とする．このとき集合 X が次の条件

$$\min_{\substack{x,y\in X\\ x\neq y}} d(x,y) \geq \min_{\substack{x,y\in Y\\ x\neq y}} d(x,y)$$

を $|Y| = |X|$ かつ $m(Y) = m(X)$ である任意の $Y \subset \mathbb{R}^n$ に対して満たすときに X を optimal と定義する．集合 X が次の条件

$$\sum_{x,y\in X,\ x\neq y} f(||x-y||^2) \leq \sum_{x,y\in Y,\ x\neq y} f(||x-y||^2)$$

を $|Y| = |X|$ かつ $m(Y) = m(X)$ である任意の $Y \subset \mathbb{R}^n$ および任意の completely monotonic な関数（定義 5.24 参照）$f(x)$ に対して満たすときに X を universally optimal であると定義する．

後述するユークリッドデザインとこの概念が何らかの形で強く関係することを期待したい．なお，個人的な思い入れとしては，Bannai (1986,1987) により定義された球面上の rigid な t-デザイン（すなわち，t-デザインであることを保ったままの変形を許さないような球面上の有限集合）も何らかの形の物理的・化学的性質を反映しているはずで，そのようなものの分類問題も面白いと思う．

(v) Fullerenes に関係した多くの研究がある．

それらに関して述べることは筆者の能力を越えるものではあるが C_{60} の発見に始まり，球面あるいは何層かの球面上の有限集合の研究は，本書で述べてきたことと密接に関係するはずである．特に，何層かの球面上の有限集合の研究は，以下に述べるユークリッドデザインとの関係が期待される．

代数的組合せ論あるいはそれにに近い問題意識を持った研究者の仕事として，Deza-Shpectrov, Klin, Kerber などの化学と関係した仕事もある．（興味ある方は文献を調べていただけたらと思う．）

(vi) 球面上あるいは他の多様体上の optimal な集合の数学および多くの関連分野の研究者を集めた国際会議 Optimal Configurations on the Sphere and Other

Manifolds (Optimal 2010) が米国の Nashville, Tennessee で 2010 年 5 月に開催された.

これは，物理・化学を含め多くの分野の研究者を集め非常に興味深い研究集会であった．球面（地球）上の良い点の集合という意味で，気象学などからも非常に興味が持たれていた．解析の方からも後述するように，cubature formula の方向から多くの興味が持たれており，球面上の t-デザインの具体的構成など多くの興味ある研究もあった．例えばユークリッド空間に球の替わりに同じ大きさの楕円体をつめたときの密度の最大は何かという問題意識もある．（これについては日本では小田垣氏のグループの研究などがなされていた．3 次元以上の場合は球面の詰め込みよりも密度が高くなる．Bezdek and W. Kuperberg [87]，Schürmann [404] 参照．）いずれにせよ，多くの主題に関して非常に多くの新しい研究の方向が現れてきているとおもわれる．

物理との関係という意味では，筆者の一人は次の Crann-Pereira-Kribs の論文 [147] に興味を持った．

(vii) 球面デザインが anticoherent spin state と密接に関係しているであろう．

Crann-Pereira-Kribs の予想　(Conjecture 1 [147, 8 頁])：Spin state が anticoherent であるための必要十分条件は，その対応する Majorana representation が球面上の t-デザインになることである．

残念ながら，Conjecture 1 に対しては（必要および十分のどちらの方向にも）反例を見つけてしまったが（坂内英一-田上真），何らかの修正した形での関係を見いだせれば，非常に面白いと思う．

(viii) 砂田の『ダイヤモンドは何故美しいか？』

は非常に面白いので，是非読者は目を通されることをおすすめする．（Sunada の Notice of AMS の記事 [433] も参照．）その中で，球面デザインと特に密接に関係するところは次のところである．砂田 [432]（もとの論文は Kotani-Sunada の一連の論文 [277] など）で，任意の有限グラフ（かならずしも単純グラフではない）から [432, 107 頁] にある定理 3.3 の条件 (2)

$$\sum_{x \in X} (x \cdot \boldsymbol{n})^2 = 一定 \tag{5.47}$$

（ここで $X \subset \mathbb{R}^n$, $|X| < \infty$, $\boldsymbol{n}$ は $\mathbb{R}^n$ の任意の単位ベクトル）を満たす点の集合をユークリッド空間の中に自動的に作り出す．それらの点集合を元にして，結晶格子を作り出すという具合である．（この条件 (5.47) は，実は X が後述するユークリッド空

間の2-デザインになるという条件の大事な部分である.）一般には，これらの点集合は一つの球面の上には載っていない．しかし多くの強正則グラフなどに対してその点集合を具体的に求めてみると，強正則グラフに対しては常に一つの球面上に載っていることが観察できた.（九州大学のいくつかの修士論文および重住淳一の結果 ([413]) 参照．それを一般に証明することは容易ではなかったが，栗原大武は九州大学の修士論文 [283] において，非常に一般的な形で，すなわち一般のアソシエーションスキームに対するグラフに対してそうなっていることを示すことに成功した．この栗原の仕事は面白いと思う．そのようにしてできる球面デザインのどのようなものが面白いかは今後の研究の対象として重要であろう.（ただし大きな t になる球面デザインそれ自身はこのようにしては現れない.）なお，上に述べた，条件 (5.47) は tight frame と呼ばれる条件であり，そのようなものに興味を持って研究している人もいる (Miezaki-Tagami [338], Kottelina-Pevnyi [278], Bachoc-Ehler [11]).

本小々節を終わるにあたって次のことに触れておきたい．Larman-Rogers-Seidel [294] はユークリッド空間の2-距離集合について点の個数が次元と比べてある程度大きくなると，その二つの距離の2乗の比が連続する二つの整数 k と $k-1$ の比になることを証明した．このことはユークリッドデザインの研究など色々な場合に有効に利用されてきた．彼らの定理を3-距離集合の場合に拡張することは長い間望まれていたが，野崎 [375] は非常にきれいな形で拡張に成功した．坂内-坂内 [34] は強正則グラフを球面に埋め込んだ場合に得られる2-距離集合においてその二つの距離の2乗の比に現れる整数 k が強正則グラフの指標表から読み取れることを注意した．栗原-野崎 [286] はそれを一般の s-クラスのQ-多項式スキームに対して拡張した．この方向での研究は現在進行中であり興味深い進展をもたらしつつある．

2. 他の空間上の有限集合の研究

2.1　射影空間（ランク1のコンパクト対称空間）上の有限集合

球面上の有限集合の研究は，実射影空間の有限集合の研究に拡張される．球面の対蹠的 (antipodal) な2点を同一視したものが実射影空間であるので，実射影空間の有限集合の研究は，球面上の対蹠的な有限集合の研究と見なすことができる．この意味で，前節に述べたいくつかの結果などは実射影空間における結果と言うこともできる．また実数体，複素数体上の射影空間は，それらの体の上のベクトル空間の1次元部分空間の集合と同一視できる．その意味で，これらのベクトル空間の equiangular lines の研究などがなされた (Delsarte-Goethals-Seidel [157] (1975)．また，Koornwinder

[275] (1976) なども参照されたい.）実数体，複素数体以外にも，四元数体，Cayley 八元環上の射影空間が知られている.（Cayley 八元環上では，射影平面のみが存在するが，それ以外の場合は一般の次元に対して存在する.）実はそれらは，球面と共に，コンパクトなランク 1 対称空間と呼ばれている．連結なコンパクトなランク 1 対称空間は実はこれらの空間に限ることが E. Cartan [121]（1920 年代の仕事）により示されている．また，H.-C. Wang [488] (1952) の結果として，コンパクトなランク 1 対称空間は，コンパクトな 2 point homogeneous な空間であると特徴付けられることも知られている．この性質はグラフの場合の距離可移という性質に対応している．この距離可移という性質はすこし強い性質ではあるが，距離正則という性質，したがって P-多項式スキームに近い性質である．また，コンパクトなランク 1 対称空間は Q-多項式スキームであるという性質と見なすことができるのである．したがってコンパクトなリーマン空間においては，P-多項式スキームという性質と Q-多項式スキームであるという性質が互いに他を導くと考えられるのである．このことはアソシエーションスキームの場合と比較して，非常に興味深い.

これらの空間をより一般的な枠組みから見ようという試みはいくつかなされており，Neumaier [364] (1981) は Delsarte space という概念を導入して，Q-多項式スキーム，アソシエーションスキームおよびコンパクトなランク 1 対称空間上の t-デザインを考えている．Hoggar [223] (1982) は射影空間上の有限集合について，詳しい一般論および具体例の研究を行い，そこで球面上で見たような類似の議論が射影空間上で成り立つことを示した．また tight な t-デザインの分類も球面上と似た形でなされることも示した (Bannai-Hoggar [56] (1989), Hoggar [224] (1989), [225] (1990))．ここではこれらのことを詳しくは述べないが，Hoggar の原論文，あるいは日本語で短く解説されたものとしては [32, 第 13 章] を参照されたい.

Levenshtein はこれらの空間を polynomial space と呼んでいる．この定式化は，Neumaier [364] および Godsil [189] (1988) のものとも本質的に同じものと思われる．Levenshtein はこれらの空間上の有限集合の研究を非常に詳細に，また非常に有用な形で行っている．詳しくは Levenshtein [302, 304] などを参照されたい．それ以後のこの方向の仕事としては，Boyvalenkov のグループによるもの ([104], [105], [106])，Lyubich-Vaserstein [310]，Lyubich [311] などによるものなどもある．以上のように，射影空間，すなわちコンパクトなランク 1 対称空間の有限部分集合については，状況はかなりよく理解されてきていると思う．例えば，複素射影空間の tight な 2-デザインの存在は SIC-POVM (Symmetric Informationary Complete Positive Operator Valued Measure) の存在と同値であり MUV (Mutually Umbiased Bases) の存在もある種の2-デザインの存在と密接に関係している．実際これらの存在・非存在は量子力学や量子情報理論と非常に密接に関係している．詳しくはScott [406]，Roy-Scott [397] などを参照されたい．

2.2　一般のランクのコンパクト対称空間上の有限集合

一般のランクのコンパクト対称空間も E. Cartin (1920) により分類されている．(Helgason，Wolf，数学辞典など参照．)

そこでの有限部分集合であるコード，デザインもいろいろと研究されている．ランクが1よりも大きいコンパクト対称空間の典型的な例は実Grassman空間である．そこでの有限集合の研究は，Shor, Sloane, Calderbank, Hardin, Rainsなどによりいろいろと研究されている．またそれは量子コンピューターにおける量子誤り修正符号との関係もあり非常に面白い研究である．詳しい内容については [415, 115] などを参照されたい．日本語の非常に簡単な解説としては [32, 第15章，特に §15.6] を見られたい．

代数的組合せ論の方向からの実 Grassman 空間の有限集合の研究は Bachoc-Coulangeon-Nebe [10] (2002) に始まり，Bachoc-Bannai-Coulangeon [9] (2004) でさらに進展する．例えばそこで t-デザインの概念，さらに tight な t-デザインなども定義され，球面の場合と似たような状況が展開する．ただし tight な t-デザインの分類については，まだ手が出ていない．コンパクトなランク1対称空間の場合は1変数の Jacobi 多項式が球関数として現れてきたが，この場合（実 Grassman）は多変数の直交多項式が現れる．一般のランク r のコンパクトな対称空間に対応する球関数は，r 変数の一般化された Jacobi 多項式が現れる．（Vretare [485] (1984)，あるいはさらに一般に，Koornwinder などの仕事を参照されたい．）

コンパクトな対称空間は2種類あり，一つは単純リー群 G の部分群 H による等質空間 G/H となっているものであり，もう一つは単純リー群 G そのものになっているものである．実 Grassman 空間などは前者の例である．実 Grassman 空間の有限部分集合の研究は，一般の前者の空間に拡張される．複素 Grassman 空間の場合は三浦桂子 [339]（九州大学修士論文）および Roy [396] でなされている．これは他の Grassman 空間の場合にも拡張される．（未発表ではあるが，安田貴徳による一般化もなされた．）

後者の単純リー群 G 自身の場合は，G の有限部分集合に対して t-デザインが定義される．特にユニタリー群 $U(n)$ の場合は Roy-Scott [397] で研究されている．tight な t-デザインの概念も定義されるが，分類に対応することはまだ手がついていない．一般に他の単純リー群 G に対してもこれらのことは拡張されるはずである．（それらがすでになされているのかどうかはっきりしない．）また，ユニタリー群 $U(n)$ の場合の t-デザインは Meyer [334] でも考えられている．先の Roy-Scott [397] などの定義と一致しているかどうかはチェックの必要がある（私見では違うと思う）．Meyers の仕事は格子の Hermite 定数などとの関連から，整数論的にも面白い．これらのユニタリー群の t-デザインはユニタリー群 $U(n)$ の特別な表現に対しての t-デザインと考えられるが，一般のコンパクト群の既約表現の部分集合に対するデザインを考える奥田隆幸の研究もある．これは Delsarte が一般のアソシエーションスキーム $\mathfrak{X} = (X, \{R_i\}_{0 \leq i \leq d})$ において $T \subset \{1, \ldots, d\}$ に対して T-デザインの概念を定義しているのと似ているとも言える．ただし非常に一般的であるので，どのような表現の部分集合をとったときのデザインが面白いかについて考えるのも重要な問題だと思う．

球面の有限部分集合の研究のもう一つの拡張は，複素球面上の有限部分集合の研究である．これは複素射影空間上の有限部分集合の研究，あるいはユニタリー群 $U(n)$ 上の有限部分集合の研究と密接に関係しているが，そっくり同じというわけではない．これについては，Roy-Suda [398] などの研究がある．この研究は MUB および量子力学や量子情報理論との密接な関係がある．

2.3　ユークリッド空間上の有限集合の研究

今までは，アソシエーションスキームの部分集合，球面上の，あるいは射影空間，さらには一般に，コンパクト対称空間の有限部分集合を考えてきた．ここではユークリッド空間の有限集合について考えたいと思う．ユークリッド空間が非コンパクトな空間であるということは，今までと著しい違いがある．これは，特に全体を有限集合で近似しようとするデザインを考えるときに大きな困難をもたらす．一方では，s-距離集合の研究のように，特に非コンパクト性が特別な障害にならないと思われる場合もある．ここではまず，違いの著しいデザインについて考えよう．

組合せ論において，ユークリッド空間における t-デザインの概念を最初に導入したのは，Neumaier-Seidel (1988) であると思われる．そこでは，$2e$-デザインに対する，Fisher 型不等式，したがって tight な $2e$-デザインの概念が導入された．一方，現在の時点に立ってユークリッド空間における t-デザインのことを見直すと，同様な概念は解析学（特に近似理論および数値解析の分野）における cubature formula の概念とほぼ同じであり，cubature formula についての優れた研究がほとんど組合せ論との関係を持たずに発展していた．統計学における rotatable デザインの研究も，ユークリッド空間における t-デザインそのものではないが，非常に類似した概念である．またその研究の歴史はある意味で，組合せ論におけるよりも遥かに古い．ただし個人的感想を言えば，現在では研究の深さの点で，解析学あるいは組合せ論における研究のほうが統計学の中での研究より進展しているのではないかと思う．そうでないという主張があれば傾聴したい．

ここでは，まず，Neumaier-Seidel (1988) に従って，$\mathbb{R}^n$ における t-デザインを定義しょう．ユークリッド空間のデザインは次の意味で球面上のデザインの2段階の拡張になっている．すなわち，

(1) $X \subset S^{n-1}$ という条件を緩める．
(2) X 上の重さ関数を考える．

まずいくつかの記号を導入する．X を $\mathbb{R}^n$ の有限部分集合とする．X は原点を中心とするいくつかの球面と交わっている．その個数を p とし，それらの半径を $r_1, r_2, \ldots, r_p$ とする．すなわち $\{r_1, r_2, \ldots, r_p\} = \{\|x\| \mid x \in X\}$ とする．X が $\mathbb{R}^n$ の原点を含む場合は $0 \in \{\|x\| \mid x \in X\}$ となるので $\{0\}$ 自身も球面の特別な場合として考える．これが上に述べた拡張の段階 (1) を意味する．次に拡張の段階 (2) については，ユークリッド空間の t-デザインは重み付き有限集合 (X, w) として定義される．すなわち X には正の重み関数 $w\colon X \longrightarrow \mathbb{R}_{>0}$ が定義されている．一般に原点を中心とする半径 r の球面を $S^{n-1}(r)$ とし，各 i に対して $X_i = X \cap S^{n-1}(r_i)$, $w(X_i) = \sum_{x \in X_i} w(x)$ と定義する．この原点を中心とする p 個の同心球面達の和集合 $S = S^{n-1}(r_1) \cup \cdots \cup S^{n-1}(r_p)$ を X のサポートと呼ぶことにする．以上の準備のもとでユークリッド空間のデザインは次のように定義される．

5.39 ［定義］(Neumaier-Seidel (1988))　　t を自然数とする．$\mathbb{R}^n$ の重み付き有限集合 (X, w) に対して次の条件が成り立つときに (X, w) はユークリッド空間の t-デザインであるという．

$$\sum_{i=1}^{p} \frac{w(X_i)}{|S^{n-1}(r_i)|} \int_{S^{n-1}(r_i)} f(x) d\sigma_i(x) = \sum_{x \in X} w(x) f(x)$$

が高々 t 次のすべての多項式 $f(x) = f(x_1, \ldots, x_n) \in \mathcal{P}(\mathbb{R}^n)$ に対して成立する．

定義 5.39 と同値な条件として以下のものが知られている．

(1) $1 \leq k$, $0 \leq j$, $k + 2j \leq t$ を満たす任意の整数 k, j および任意の k 次の調和多項式 $\varphi(x) \in \mathrm{Harm}_k(\mathbb{R}^n)$ に対して

$$\sum_{x \in X} w(x) \|x\|^{2j} \varphi(x) = 0$$

が成り立つ．

(2) X の高々 t 次までの任意のモーメントは直交変換によって不変である.

上記 (2) の条件を言い直すと次の条件と同値になる.

(2′) $\displaystyle\sum_{x\in X} w(x)f(x) = \sum_{x\in X} w(x)f(\sigma(x))$
が任意の高々 t 次の多項式 $f(x) = (x_1, \ldots, x_n)$ と任意の $\sigma \in O(n)$ に対して成り立つ.

5.40 [注意]

(1) 上に述べた (2′) による定義は，球面 S^{n-1} 上で考えたときにも t-デザインの定義としてそっくりそのまま成り立つ．したがってこの (2′) による定義は球面上の t-デザインとユークリッド空間における t-デザインの統一した定義を与える良い定義であると考えている.
(2) 一つの球面に乗っているユークリッド空間上の t-デザインは，重み付きの球面 t-デザインと考えられる．さらに，重みが一定のものは，通常の，球面 t-デザインと考えることができる．その意味で，ユークリッド空間の t-デザインは球面上の t-デザインの 2 段階の拡張と言えるのである．もちろん，重み付きでないユークリッド t-デザインだけでも十分面白い研究対象である．しかし，重みを付けるとより多くの例が現れるので，重み付きで考えるのも面白いと思う．解析学の cubature formula は通常重み付きのものを考える．特に重みが一定のものは，チェビシェフ型（Chebycheff 型）の cubature formula と呼ばれることがある.

球面上の t-デザインの場合と同様に，なるべく点の個数 $|X|$ の小さい t-デザインを求めようという試みはユークリッド空間の t-デザインを研究して行く上で基本的である．Neumaier-Seidel [366] および Delsarte-Seidel [159] は次の形の Fisher 型不等式を $t = 2e$ の場合に得た.

5.41 [定理]　(X, w) をユークリッド空間 $\mathbb{R}^n$ の $2e$-デザインとする．X のサポートを $S = S^{n-1}(r_1) \cup \cdots \cup S^{n-1}(r_p)$ とする．このとき次の不等式が成り立つ.

$$|X| \geq \dim(\mathcal{P}_e(S)). \tag{5.48}$$

ここで $\mathcal{P}_e(\mathbb{R}^n) = \oplus_{j=0}^{e} \mathrm{Hom}_j(\mathbb{R}^n)$, $\mathcal{P}_e(S) = \{f|_S \mid f \in \mathcal{P}_e(\mathbb{R}^n)\}$, である.

5.42 [注意]

(1) Delsarte-Seidel [159] においては奇数の $t = 2e + 1$ の場合に次の条件付きで $|X|$

の下界を求めている．すなわち X が対蹠的 (antipodal) であり重み関数が原点に関して対称である（$x \in X$ であれば $-x \in X$，かつ $w(-x) = w(x)$ が成り立つ）場合に次のような X の自然な下界を証明している．（彼らは $0 \notin X$ も仮定している．）

$$|X| \geq 2 \dim(\mathcal{P}_e^*(S)).$$

ここで $\mathcal{P}_e^*(\mathbb{R}^n) = \oplus_{j=0}^{[\frac{e}{2}]} \mathrm{Hom}_{e-2j}(\mathbb{R}^n)$.

(2) $\mathcal{P}_e(S)$ の次元は，同心球面 S を構成する球面の個数 p に依存している．$0 \in S$ であるときに $\varepsilon_S = 1$，$0 \notin S$ であるときに $\varepsilon_S = 0$ と定義する．このとき，よく知られているように $\dim(\mathcal{P}_e(\mathbb{R}^n)) = \binom{n+e}{e}$ である．また，$p \leq [\frac{e+\varepsilon_S}{2}]$ のときは

$$\dim(\mathcal{P}_e(S)) = \varepsilon_S + \sum_{i=0}^{2(p-\varepsilon_S)-1} \binom{n+e-i-1}{e-i} < \dim(\mathcal{P}_e(\mathbb{R}^n))$$

であり，$p \geq [\frac{e+\varepsilon_S}{2}] + 1$ のときは

$$\dim(\mathcal{P}_e(S)) = \sum_{i=0}^{e} \binom{n+e-i-1}{e-i} = \dim(\mathcal{P}_e(\mathbb{R}^n))$$

が成り立っていることもよく知られている（[159, 72] など参照）．

ユークリッド空間の tight なデザインの定義は後にきちんとした形で述べることにするが，Delsarte, Seidel, Neumaier 達は定理 5.41 あるいは注意 5.42 (1) において等号を満たすときに，(X, w) を tight なデザインと呼んだ．ここで非常に個人的な思い出になるが，筆者の一人，坂内英一は Seidel と個人的に親しく話し合う機会が何度もあった．会う度に，ユークリッド空間の tight な t-デザインの分類（非存在）を考えて貰えないかと言われた．それをするにはお前が最適任だろうとも言われたりもした．しかし，残念ながら当時はどうやってアプローチすればよいのかアイデアを思いつかなかった．いくつかの結果が得られたのは，彼の亡くなった (2001 年）後からであった．これらの結果を彼に知らせることができたら喜んで貰えたのにと非常に残念に思う．

筆者達のユークリッドデザインの研究は，ずっと研究の視野の中にはあったが，本格的に始めたのは，2002〜3 年頃からと思う．最初の結果が 2006 年に出版された論文 [35] であると言えるであろう．この論文はあまり読み易くないかもしれないが，まず手始めに $t = 4$ で $p = 2$ の場合に tight なものがどうなるかを詳しく研究して行くことを目的としていた．Delsarte, Seidel, Neumaier 達は tight なデザインの存在について悲観的であり，自明でない $t \geq 4$ の tight な t-デザインは存在しないであろうとも

予想として述べられていた．その予想に反して tight な 4-デザイン，tight な 5-デザインを発見することができたのである ([35, 72])．我々は，t が奇数の場合に原点に関して対称であるという条件を外しても $|X|$ に関する下界は注意 5.42 (1) と同じものを得るであろうと考えていたが証明に成功するにはいたらなかった．しかし，解析の研究者達（平尾・澤両氏）と交流することによって Möller による cubature formula に関する定理 (1979) [341] がすでに我々の問題を解決していたことを知ることができた．したがって t が奇数の場合も原点を含むか含まないかで少し細かい場合分けが必要であるが t が偶数の場合とほぼ同様に tight な $(2e+1)$-デザインの定義が可能になったのである．詳しい証明などは [341, 45] を参照していただくことにして，ユークリッド空間の $(2e+1)$-デザインの自然な下界に関する定理および tight な t-デザインの定義を以下に与える．

5.43 [定理] (Möller [341])　(X, w) をユークリッド空間 $\mathbb{R}^n$ の $(2e+1)$-デザインとする．X のサポートを $S = S^{n-1}(r_1) \cup \cdots \cup S^{n-1}(r_p)$ とする．このとき次の不等式が成り立つ．

$$|X| \geq \begin{cases} 2\dim(\mathcal{P}_e^*(S)) - 1, & e \text{ が偶数で，かつ } 0 \in X \text{ の場合} \\ 2\dim(\mathcal{P}_e^*(S)), & \text{その他の場合.} \end{cases}$$

ここで $\mathcal{P}_e^*(\mathbb{R}^n) = \oplus_{j=0}^{[\frac{e}{2}]} \mathrm{Hom}_{e-2j}(\mathbb{R}^n)$, $\mathcal{P}_e^*(S) = \{f|_S \mid f \in \mathcal{P}_e^*(\mathbb{R}^n)\}$, である．

Möller の定理は cubature formula に関するより一般的な定理であるがここではユークリッド空間の t-デザインに適用した形で述べてある．

5.44 [定義] (tight なデザイン [366, 159, 45])

(1) (X, w) をユークリッド空間 $\mathbb{R}^n$ の t-デザインとする．定理 5.41 または定理 5.43 の不等式のいずれかにおいて等号が成り立つときに (X, w) を p 個の同心球面上の tight な t-デザインと呼ぶ．

(2) さらに t が偶数か奇数かに応じて

$$\dim(\mathcal{P}_{[\frac{t}{2}]}(S)) = \dim(\mathcal{P}_{[\frac{t}{2}]}(\mathbb{R}^n)) \text{ または } \dim(\mathcal{P}^*_{[\frac{t}{2}]}(S)) = \dim(\mathcal{P}^*_{[\frac{t}{2}]}(\mathbb{R}^n))$$

が成り立つときに (X, w) をユークリッド空間 $\mathbb{R}^n$ の tight な t-デザインと呼ぶ．

5.45 [注意]　ここで少し解析の cubature formula を論ずる立場と組合せ論の対象としてユークリッド空間のデザインを論ずる立場の微妙な違いを，$\mathbb{R}^n$ 上の一番典型

的なガウス測度 (Gaussian measure) に関する cubature formula を例にとってお話ししておこう．$\mathbb{R}^n$ 上での多項式 $f(\boldsymbol{x})$ の積分を $\int_{\mathbb{R}^n} f(\boldsymbol{x})e^{-\|\boldsymbol{x}\|^2}d\boldsymbol{x}$ で定義したときに，$\boldsymbol{x}_1,\ldots,\boldsymbol{x}_N \in \mathbb{R}^n$ および正の実数 $w_1,\ldots,w_N$ が存在して高々 t 次の任意の多項式に対して次の式が成り立つときにガウス測度に関する $\mathbb{R}^n$ の t 次の cubature formula と呼ぶ.

$$\frac{1}{\int_{\mathbb{R}^n} e^{-\|\boldsymbol{x}\|^2}d\boldsymbol{x}}\int_{\mathbb{R}^n} f(\boldsymbol{x})e^{-\|\boldsymbol{x}\|^2}d\boldsymbol{x} = w_1 f(\boldsymbol{x}_1)+\cdots+w_N f(\boldsymbol{x}_N) \tag{5.49}$$

このガウス測度に関する $\mathbb{R}^n$ の t 次の cubature formula は 262 頁の定義 5.39 で与えた $\mathbb{R}^n$ の t-デザインであることがわかる．ガウス測度だけでなく radially symmetric な測度に関する次数 t の cubature formula はすべて $\mathbb{R}^n$ の t-デザインである．さて，Möller の定理より N に関する次の下界が成り立つ.

(1) $t = 2e$ のとき

$$N \geq \dim(\mathcal{P}_e(\mathbb{R}^n)) = \binom{n+e}{e} \tag{5.50}$$

(2) $t = 2e+1$ のとき

$$N \geq \begin{cases} 2\dim(\mathcal{P}_e^*(\mathbb{R}^n)) - 1 & e \text{ が偶数かつ点の中に原点があるとき，} \\ 2\dim(\mathcal{P}_e^*(\mathbb{R}^n)) & \text{上記以外のとき} \end{cases} \tag{5.51}$$

ユークリッド空間の tight なデザインの考え方を，例えば $\mathbb{R}^2$ の tight な 9-デザイン (X,w) の場合に説明すると，X のサポートが S が $\dim(\mathcal{P}_4^*(S)) = \dim(\mathcal{P}_4^*(\mathbb{R}^2)) = 9$ を満たす可能性は，例えば下図の左の場合の $S = \{0\} \cup S^1(r_1) \cup S^1(r_2)$ や右の場合の $S = S^1(r_1) \cup S^1(r_2) \cup S^1(r_3)$ など他にも色々あるわけである．この二つの場合はそれぞれ 17 点と 18 点が $\mathbb{R}^2$ の 9-デザインの自然な下界になっている．そこで両方とも $\mathbb{R}^2$ の tight な 9-デザインと呼ぶのであるが，Möller の立場で言うと左の 17 が cubature formula としての最小の点の個数であると定義している ([341]).

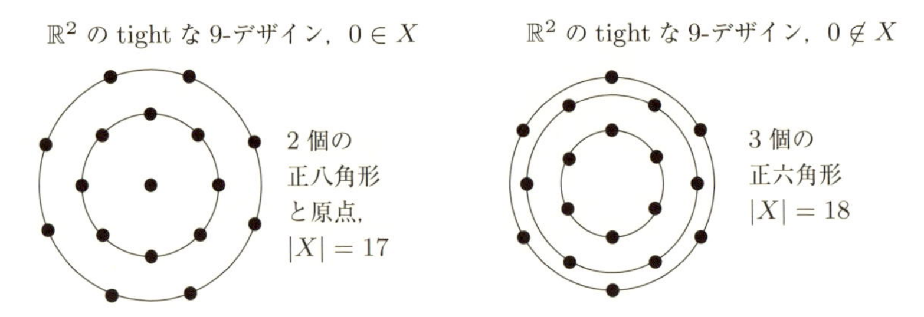

隣り合う正多角形はそれぞれ中心角の半分だけ回転した位置にある

さらに，Möller の結果を利用して次の定理が証明できる．

5.46 [定理] ([**341, 45**])　(X, w) が p 個の同心球面上の tight な $(2e+1)$-デザインであると仮定する．このとき次の (1)〜(3) が成り立つ．

(1) e が奇数であるならば，X は対蹠的で重み関数は原点に関して対称である．
(2) e が偶数でありかつ $0 \in X$ であれば，X は対蹠的で重み関数は原点に関して対称である．
(3) e が偶数，$0 \notin X$ かつ原点を通る任意の直線 ℓ に対して $X \cap \ell$ には互いに対蹠的でない点は高々 $\frac{e}{2}+1$ 個しか存在しない（すなわち $Y \subset X \cap \ell$ かつ任意の異なる 2 点 $x, y \in Y$ が $x \neq -y$ を満たしているならば $|Y| \leq \frac{e}{2}+1$ である）と仮定すると，X は対蹠的で，重み関数は原点に関して対称である．

5.47 [注意]

(1) 定理 5.46 によって e が偶数で $0 \notin X$ の場合も同心球面の個数 p が $p \leq \frac{e}{2}+1$ であれば tight な $(2e+1)$-デザインは対蹠的であり重み関数も原点に関して対称になっていることが判明したのである．したがって [72] の論文で得られた $t=5$ の例はすべて 2 個の同心球面上の tight な 5-デザインとなっていることが判明した．詳しくは [72] を参照していただきたい．
(2) 現在までに奇数の t に関する対蹠的でないユークリッド空間の，あるいは p 個の同心球面上の tight な t-デザインは見つかっていない．一般に p 個の同心球面の和集合 S に対して $p \leq [\frac{e}{2}]$ であれば $\dim(\mathcal{P}_e^*(S)) < \dim(\mathcal{P}_e^*(\mathbb{R}^n))$ であり，$p \geq [\frac{e}{2}]+1$ であれば $\dim(\mathcal{P}_e^*(S)) = \dim(\mathcal{P}_e^*(\mathbb{R}^n))$ が成り立っていることが知られているが，定理 5.46 (3) に加えられた条件を外しても同じ結果が証明できるのかどうかも面白い問題であろう．

研究の過程は時間的に前後したりするが，ユークリッド空間における t-デザインに関して以下のことが知られている．

まず，(X, w)，$0 \notin X$ がユークリッド空間における t-デザインであることと $(X \cup \{0\}, w)$（$w(0)$ は任意の正の実数）がユークリッド空間における t-デザインであることは同値であることが定義よりすぐわかる．したがって p 個の同心球面上の tight な t-デザインを考察するときに $0 \notin X$ を仮定して考えても，$(X \cup \{0\}, w)$ が $p+1$ 個の球面上の tight な t-デザインを与えるかどうかを慎重に判定すればよいという意味で一般性を失わない．

さらにここで記号を導入する．ユークリッドデザイン (X, w) の有限集合 X のサポートを $S = S^{n-1}(r_1) \cup \cdots \cup S^{n-1}(r_p)$ とする．各 $X_i = X \cap S^{n-1}(r_i) \neq \{0\}$, $X_j = X \cap S^{n-1}(r_j) \neq \{0\}$ に対して $A(X_i, X_j) = \{\frac{x \cdot y}{r_i r_j} \mid x \in X_i,\ y \in X_j, x \neq y\}$ と定義する．特に $i = j$ のときは簡単に $A(X_i, X_i) = A(X_i)$ と書くことにする．

5.48 [定理]（[35, 72]）　(X, w) を $\mathbb{R}^n$ の p 個の同心球面上の tight な t-デザインとする．$0 \notin X$ を仮定しておく．このとき次の (1) および (2) が成り立っている．

(1) $t = 2e$ とすると次の (i)〜(iv) が成り立つ．

(i) 重み関数 w は各 X_i 上で定数である．すなわち正の定数 w_i が存在して $w(x) = w_i$, $\forall x \in X_i$, $i = 1, 2, \ldots, p$, が成り立つ．

(ii) 各 X_i は高々 e-距離集合である，すなわち $|A(X_i)| \leq e$, $i = 1, 2, \ldots, p$ が成り立つ．

(iii) $|A(X_i, X_j)| \leq e$, $1 \leq i \neq j \leq p$ が成り立つ．

(iv) $e \geq p$ であれば各 X_i は球面上の $2(e - p + 1)$-デザインである．

(2) $t = 2e + 1$ とする．さらに，X が対蹠的であり w が原点に関して対称であると仮定すると次の (i)〜(iv) が成り立つ．

(i) 重み関数は各 X_i 上で定数である．すなわち正の定数 w_i が存在して $w(x) = w_i$, $\forall x \in X_i$, $i = 1, 2, \ldots, p$, が成り立つ．

(ii) $|A(X_i)| \leq e + 1$, $i = 1, 2, \ldots, p$ が成り立つ．

(iii) $|A(X_i, X_j)| \leq e$, $1 \leq i \neq j \leq p$ が成り立つ．

(iv) $e \geq p$ であれば各 X_i は球面上の $2(e - p + 1) + 1$-デザインである．

5.49 [注意]　　上記定理 5.46 より $p \leq \frac{e}{2} + 1$ を満たしているならば tight な $(2e+1)$-デザインに関して定理 5.48 (2) に加えた X と w に関する対蹠的（原点に関して対称）という条件は自動的に満たされることになることを注意しておく．

本章 1 節の定理 5.18 および定理 5.19 で見たように球面上の tight な t-デザインあるいは tight なものに近い t-デザインは Q-多項式スキームの構造を持っていることが知られている．それでは，ユークリッド空間の t-デザインについてはどのようなことが成り立つのであろうか？ 特に，2 個の同心球面上の tight な t-デザイン (X, w) は $X = X_1 \cup X_2$ とすると上記の定理 5.48 により X_1 および X_2 は球面上の $(t-2)$-デザインでありかつ高々 $[\frac{t+1}{2}]$-距離集合であることがわかる．したがって定理 5.18 および定理 5.19 より Q-多項式スキームの構造を持っている．また，定理 5.48 により $|A(X_1, X_2)| \leq [\frac{t}{2}]$ となっている．一方，代数的組合せ論の重要な研究対象である

アソシエーションスキームの一般化の一つに coherent configuration がある．D. G. Higman によって 1970 年頃に定義された概念である（[206, 207, 208, 209, 210] など参照）．coherent configuration の定義の与え方には色々な流儀があると思うが，ここではユークリッド空間のデザインとの関連を述べたいので次の形で定義しておく．

5.50 [定義] (coherent configuration)　X を有限集合とする．X は互いに共通部分を持たないちょうど p 個の部分集合に分割されている，すなわち $X = X_1 \cup \cdots \cup X_p$, かつ $X_\lambda \cap X_\mu = \emptyset$ $(1 \le \lambda \ne \mu \le p)$, とする．各 $1 \le \lambda, \mu \le p$ に対して $X_\lambda \times X_\mu$ は次のように分割されているとする．

$$X_\lambda \times X_\mu = \begin{cases} R_{\lambda,\lambda}^{(0)} \cup R_{\lambda,\lambda}^{(1)} \cup \cdots \cup R_{\lambda,\lambda}^{(s_{\lambda,\lambda})}, & \lambda = \mu \text{ のとき}, \\ R_{\lambda,\mu}^{(1)} \cup R_{\lambda,\mu}^{(2)} \cup \cdots \cup R_{\lambda,\mu}^{(s_{\lambda,\mu})}, & \lambda \ne \mu \text{ のとき}. \end{cases}$$

X および $X_\lambda \times X_\mu$ の分割 $\{R_{\lambda,\mu}^{(l)}\}_{1-\delta_{\lambda,\mu} \le l \le s_{\lambda,\mu}}$ が次の条件を満たしているときに $(X, \{R_{\lambda,\mu}^{(l)}\}_{1-\delta_{\lambda,\mu} \le l \le s_{\lambda,\mu}})$ の組を coherent configuration と呼ぶ．

(1) $R_{\lambda,\lambda}^{(0)} = \{(x,x) \mid x \in X_\lambda\}$, $1 \le \lambda \le p$.

(2) $s_{\lambda,\mu} = s_{\mu,\lambda}$ であり，${}^tR_{\lambda,\mu}^{(\ell)} = R_{\mu,\lambda}^{(\ell')}$, $1-\delta_{\lambda,\mu} \le \ell' \le s_{\lambda,\mu}$ となる ℓ' が存在する．ただし，${}^tR_{\lambda,\mu}^{(\ell)} = \{(x,y) \in X_\mu \times X_\lambda \mid (y,x) \in R_{\lambda,\mu}^{(\ell)}\}$ である．

(3) $1 \le \lambda, \mu, \nu \le p$, $1-\delta_{\lambda,\mu} \le k \le s_{\lambda,\mu}$ を満たす整数 λ, μ, ν, および k を任意に固定する．このとき $(x,y) \in R_{\lambda,\mu}^{(k)}$ に対して集合

$$\{z \in X_\nu \mid (x,z) \in R_{\lambda,\nu}^{(i)},\ (z,y) \in R_{\nu,\mu}^{(j)}\}$$

に含まれる点の個数は $(x,y) \in R_{\lambda,\mu}^{(k)}$ の選び方に依存せず，添字 $\lambda, \mu, \nu, i, j, k$ のみにより定まる定数である．

5.51 [注意]

(1) 定義からすぐわかるように各 λ $(1 \le \lambda \le p)$ に対して $(X_\lambda, \{R_{\lambda,\lambda}^{(l)}\}_{0 \le \ell \le s_{\lambda,\lambda}})$ はクラス $s_{\lambda,\lambda}$ のアソシエーションスキームである．特に $p = 1$ のときはアソシエーションスキームの定義そのものを与える．

(2) coherent configuration の本質は，集合 X 上に働く（必ずしも可移でない）置換群 G の $X \times X$ 上での軌道を関係と考えたときにできる純粋に組合せ論的対象である．G が可移の場合がアソシエーションスキームに対応していたわけである（第 2 章 1 節の例 2.3 参照）．この意味で，coherent configuration はアソシエーションスキームの拡張であると言える．Higman はアソシエーションスキームのこと

を homogeneous な coherent configuration であると呼んだ．今もその表現が使われることがある．

(3) $1 \leq \lambda, \mu \leq s_{\lambda,\mu}$, $1-\delta_{\lambda,\mu} \leq i \leq s_{\lambda,\mu}$ に対して $X \times X$ で添字付けられた行列 $A^{(i)}_{\lambda,\mu}$ を

$$A^{(i)}_{\lambda,\mu}(x,y) = \begin{cases} 1 & (x,y) \in R^{(i)}_{\lambda,\mu} \text{ のとき}, \\ 0 & (x,y) \notin R^{(i)}_{\lambda,\mu} \text{ のとき}, \end{cases}$$

と定義する．$\{A^{(i)}_{\lambda,\mu} \mid 1 \leq \lambda, \mu \leq s_{\lambda,\mu},\ 1-\delta_{\lambda,\mu} \leq i \leq s_{\lambda,\mu}\}$ の張るベクトル空間 $\mathfrak{A}$ は普通の行列の積に関して閉じており，したがって必ずしも可換でない代数となっている．この代数は coherent algebra と呼ばれている．

(X, w) をユークリッド空間 $\mathbb{R}^n$ の t-デザインとし，半径が正の p 個の同心球面 $S = S^{n-1}(r_1) \cup \cdots \cup S^{n-1}(r_p)$ でサポートされているとする．また，重み関数 w が各 $\nu = 1, \ldots, p$ に対して X_ν 上で定数値 $w_\nu > 0$ をとっていると仮定する．このとき，各 X_ν は球面上の $t-2(p-1)$-デザインとなっている．$A(X_\lambda, X_\mu) = \{\alpha^{(i)}_{\lambda,\mu} \mid 1-\delta_{\lambda,\mu} \leq i \leq s_{\lambda,\mu}\}$ とおくことにする．このとき $\frac{\boldsymbol{x}\cdot\boldsymbol{y}}{r_\lambda r_\mu} = \alpha^{(k)}_{\lambda,\mu}$ を満たす $(\boldsymbol{x}, \boldsymbol{y}) \in X_\lambda \times X_\mu$ をとってきたときに各 $\nu(=1,\ldots,p)$, $\alpha^{(i)}_{\lambda,\nu} \in A(X_\lambda, X_\nu)$, および $\alpha^{(j)}_{\nu,\mu} \in A(X_\nu, X_\mu)$ について，集合

$$\{\boldsymbol{z} \in X_\nu \mid \frac{\boldsymbol{x}\cdot\boldsymbol{z}}{r_\lambda r_\nu} = \alpha^{(i)}_{\lambda,\nu},\quad \frac{\boldsymbol{z}\cdot\boldsymbol{y}}{r_\nu r_\mu} = \alpha^{(j)}_{\nu,\mu}\}$$

に含まれる点の個数が添字 $\lambda, \mu, \nu, i, j, k$ 達のみに依存していれば有限集合 X に coherent configuration の構造が付随することになる．残念ながら p 個の同心球面上の tight な t-デザインに関しては $p \geq 3$ である場合には一般にはこのような状況になることは難しく実際 $\mathbb{R}^4$ の 3 個の球面上の tight な 5-デザインで coherent configuration の構造を持たない例が知られている [220]．しかし，2 個の球面上の tight な t-デザインの場合には常に coherent configuration の構造を持つことが証明されている [39]．このことは，2 個の球面上の tight な t-デザインの分類問題解決の可能性を大きくしている．

次にユークリッド空間 $\mathbb{R}^n$ の tight な t-デザインの分類問題についての現状に触れて本小節を終わることにする．

$t = 1, 2, 3$ に対するユークリッド空間上の tight な t-デザイン X の分類問題は一般的に解決している（[72, 50] 参照）．

(1) $\mathbb{R}^n$ の tight な 1-デザインは $X = \{\boldsymbol{x}, -\boldsymbol{x}\}$ である．$\boldsymbol{x}$ は任意の $\mathbb{R}^n$ のベクトル．

(2) $\mathbb{R}^n$ の tight な 2-デザインは次の性質を満たす (X, w) と相似である．すなわち，$|X| = n+1$, $\{\boldsymbol{x}\cdot\boldsymbol{y} \mid \boldsymbol{x}, \boldsymbol{y} \in X,\ \boldsymbol{x} \neq \boldsymbol{y}\} = \{-1\}$（すなわち X は 1-内積集合であ

る）かつ $w(\boldsymbol{x}) = \frac{1}{1+\|\boldsymbol{x}\|^2}$ となる．任意の $p \leq n+1$ に対して $|\{\|\boldsymbol{x}\| \mid \boldsymbol{x} \in X\}| = p$ を満たすこのような集合 X が存在する（[50] 参照．1-内積集合の Fisher 型不等式は Deza-Frankl [163] により得られている．また，より代数的組合せ論的方法による別証を Nozaki [374] が与えている．）

(3) $\mathbb{R}^n$ の tight な 3-デザインは次の性質を満たす (X, w) と相似である．すなわち，$|X| = 2n$,

$$X = \{\pm r_i \boldsymbol{e}_i \mid 1 \leq i \leq n\},$$

かつ $w(\pm r_i \boldsymbol{e}_i) = \frac{1}{nr_i^2}$ $(1 \leq i \leq n)$ である．ここで $\boldsymbol{e}_1, \ldots, \boldsymbol{e}_n$ は $\mathbb{R}^n$ の標準基底であり $r_1, \ldots, r_n$ は任意の正の実数である（[72, 16] 参照）．

$t \geq 4$ の場合，特に p が小さくないときの完全な分類は非常に難しくなると思われる．[50] で示されているように，一般にはそのような tight な t-デザインがかなり豊富にあるのではないかと予想される．このことは，[366, 159] などで存在しないであろうと予想されていたことに比べると新しい展開である．特に $n = 2$ の場合は Cools-Schmid [145]，Bajnok [16, 17] などに $p \leq [\frac{e}{2}] + 1$ となる知られている例はすべて与えられており，本質的に分類も可能な状況にあった．証明は [45] に譲るが，結果のみを述べると次のようになる．

(4) $\mathbb{R}^2$ の p 個の同心円周上の tight な t-デザインは $p \leq [\frac{t}{4}] + 1$ のときは次のどれかと相似である．

(i) $0 \in X$ の場合：$X = \{0\} \cup X_1 \cup \cdots \cup X_{p-1}$，各 X_i は原点中心の半径 $r_i > 0$ の円周上の正 $(t-2p+5)$ 角形．$r_1 > r_2 > \cdots > r_{p-1} > r_p = 0$ とすると隣り合う X_i と X_{i+1} は中心角の $\frac{1}{2}$ だけ回転した位置にある．$w_i = w(\boldsymbol{x})$, $\boldsymbol{x} \in X_i$ とすると $\frac{w_i}{w_1}$ は $r_1, \ldots, r_{p-1}$ にのみ依存する定数である．$p = [\frac{t}{4}] + 1$ の場合に $\mathbb{R}^2$ の tight な t-デザインとなっている．

(ii) $0 \notin X$ の場合：$X = X_1 \cup \cdots \cup X_p$，各 X_i は原点中心の半径 $r_i > 0$ の円周上の正 $(t-2p+3)$ 角形．$r_1 > r_2 > \cdots > r_p > 0$ とすると隣り合う X_i と X_{i+1} は中心角の $\frac{1}{2}$ だけ回転した位置にある．$w_i = w(\boldsymbol{x})$, $\boldsymbol{x} \in X_i$ とすると $\frac{w_i}{w_1}$ は $r_1, \ldots, r_p$ にのみ依存する定数である．$p = [\frac{t}{4}] + 1$ の場合に $\mathbb{R}^2$ の tight な t-デザインとなっている．

(5) $\mathbb{R}^2$ の tight な t-デザイン X が原点 0 を含むなら $t = 4k$，または $t = 4k+1$ のいずれかでありさらに $p = k+1$ を満たす（これは一般に $\mathbb{R}^n$ の tight な t-デザインについて成り立つ事実である）．原点を含まない場合で $p \geq [\frac{t}{4}] + 2$ となる tight な t-デザインは沢山存在すると思われるが $n = 2$, $t = 4$ の場合以外は今のところあまり調べられていない（$n = 2, t = 4$ の場合は [45] で無数に存在することを示している）．

(6) $n \geq 3$ の場合にはサポートする球面の個数 p が $p \geq 4$ を満たす $\mathbb{R}^n$ の tight な t-デザインの存在はまだ知られていない．$p = 3$ の例は $\mathbb{R}^3$ の tight な 7-デザイン（$X = X_1 \cup X_2 \cup X_3$，$|X_1| = 6$，$|X_2| = 8$，$|X_3| = 12$，$X_1$ は正八面体，X_2 は正六面体，X_3 は正六面体の 12 個の辺の中点のなす集合，詳しくは [17] 参照）および $\mathbb{R}^4$ の tight な 5-デザイン（$X = X_1 \cup X_2 \cup X_3$，$|X_1| = 2$，$|X_2| = 8$，$|X_3| = 12$，詳しくは [220] 参照）の二つだけが知られている．

以下，主に，$t \geq 4$ に対して二つの球面上の tight な t-デザイン (X, w) について考察する．$0 \in X$ の場合は $X \backslash \{0\}$ が球面上の tight な t-デザインの問題に帰着される．したがって $0 \notin X$ の場合を考える．$t = 4, 5, 6, 7$ の場合は $\dim(\mathcal{P}_{[\frac{t}{2}]}(S) = \dim(\mathcal{P}_{[\frac{t}{2}]}(\mathbb{R}^n)$，$\dim(\mathcal{P}^*_{[\frac{t}{2}]}(S) = \dim(\mathcal{P}^*_{[\frac{t}{2}]}(\mathbb{R}^n)$ となるので $\mathbb{R}^n$ の tight な t-デザインとなっている．二つの球面上の tight な t-デザインは coherent configuration の構造を持つことが証明されており（[39]）以下の分類問題や具体例の発見に大いに役立っている．

(X, w) を二つの球面上の t-デザインとする．$X = X_1 \cup X_2$, $2 \leq |X_1| \leq |X_2|$ と仮定する．

(1) $t = 4$ の場合はジョンソンスキームやハミングスキーム上の tight なデザインが関係するなど注目に値する事実がわかっている．まだ tight な 4-デザインの完全な分類には至っていないが，現在（2015 年末）の時点での最善の結果は次の通りである（[73, 39] 参照）．（$t = 4$, とすると，$|X_1| \geq n + 1$ である．）

(a) (X, w) が tight でかつ $|X_1| = n + 1$ であれば $n = 2, 4, 5, 6, 22$ に限る．$n = 4, 5, 6$ の場合は X_2 はジョンソンスキーム $J(n+1, 2)$ の構造を持つ．特に $n = 22$ の場合は X_2 はジョンソンスキーム $J(23, 7)$ の tight な 4-$(23, 7, 1)$ デザインの構造を持つ（[73]）．

(b) (X, w) が tight でかつ $|X_1| = n + 2$ であれば $n = 4$ に限る．このとき X_2 はハミングスキーム $H(2, 3)$ の構造を持つ（[73]）．

(c) (X, w) が tight でかつ $|X_1| \geq n + 3$ の場合はまだ分類問題は未解決であるが $n = 22$, $|X_1| = 33$ の場合に例が存在することが示されている．この場合は X_2 はハミングスキーム $H(11, 3)$ 上の tight な 4-デザインとなっている（[73]）．

(d) tight な 4-デザインの候補となる一連のパラメーターが存在する．それは $n = (6k^2 - 3)^2 - 3$ $(k \geq 1)$ に対してであり $|X_i|$, $A(X_i, X_j)$ $(i, j = 1, 2)$ の数値は k（したがって n）にのみ依存する．$k = 1$ の場合は上記 (a) の $n = 6$ の場合

であり実際に存在しているが一般には存在・非存在はまだ未解決な問題である ([39]).

(e) (X,w) の重み関数 w が各 X_i $(i=1,2)$ 上で定数になるならば X は coherent configurarion の構造を持ち，(X,w) は tight な 4-デザインであるか，$n=2$, または $n=(2k-1)^2-4$ $(k\geq 2)$ でなければならない．$n=2$ のときは二つの正方形からなる tight な 5-デザインの場合である．$n=(2k-1)^2-4$, $k\geq 2$ の場合は $|X_i|$, $A(X_i,X_j)$ $(i,j=1,2)$ の数値は k にのみ依存する．これらのパラメーターは coherent configuration の整数条件をすべて満たしているが，存在するかどうかはまだわかっていない ([39]).

以上 (a), (b), (c) に与えた tight な 4-デザインの例および (d) にあげた tight な 4-デザインの候補のファミリーに付随する coherent configuration の構造はそれぞれ次元に対して一意的であり半径の比も定数である（自由度がない）．一方 (e) にあげた tight でない 4-デザインの候補のファミリーは coherent configuration の構造は一意的であるが半径の比は任意に選ぶことができ，適当に選べば重み関数を X 上で定数になるようにすることができる．

(2) 二つの球面上の tight な 5-デザインは分類が完了している．$n=2,3,5,6$ の場合にのみ存在しそれぞれ半径の比に自由度があるが coherent configuration の構造は一意的である ([72]).

(3) 二つの球面上の tight な 6-デザインの例は一つだけ $n=22$ の場合に見つかっている．$|X_1|=275$, $|X_2|=2025$ であり X_1 は球面 S^{21} 上の tight な 4-デザインである．X_1 と X_2 は McLaughlin 群（単純群）を $\mathbb{R}^{22}$ 上に直交変換として作用させたときのある二つの軌道になっている ([48])．この例においても半径の比は定数である（S^{21} 上の tight な 4-デザインは一意的に存在する．X_1 を S^{21} 上の tight な 4-デザインとすると X_2 は半径 $\sqrt{11}$ の球面上になければならないことがわかる.）二つの球面上の tight な 6-デザインがこの他に存在するかどうかは今のところわかっていない．

(4) 二つの球面上の tight な 7-デザインは $n=2,4,7$ のときのみ存在する．いずれの場合も半径の比に自由度があるが coherent configuration の構造は一意的に定まる．$n=4$ の場合は $|X_1|=|X_2|=24$ でともに kissing configuration を与える点集合である．$n=7$ の場合は $|X_1|=56$, $|X_2|=126$ で X_1 は球面上の tight な 5-デザインである．この場合は半径の比を適当に選ぶことで重み関数 w を X 上で一定にすることができる [37].

(5) 二つの球面上の tight な 9-デザインは $n\geq 3$ のときは存在しない ([40])．一方，

$\mathbb{R}^n$ の tight な 9-デザイン (X,w) は $0 \in X$ を満たすならば $p=3$ でなければならない．したがって $(X\backslash\{0\},w)$ は二つの球面上の tight な 9-デザインとならなければならない．このことは Möller の意味での radially symmetric な minimal cubature formula は $n \geq 3$ の場合には存在しないことを示している．

(6) $t \geq 11$ について二つの球面上の tight な t-デザインは $n=2$ の場合以外には存在しないと予想される．現在 coherent configuration の構造を持つことを利用して研究中であるがまだ最終的な結果には至っていない[5]．

Verlinden-Cools ([483]) は $\mathbb{R}^2$ の cubature formula に関して次数 $t=4k+1$ の場合に Möller の意味での minimal cubature formula が，非常に小さないくつかの k の値の例外を除いて，存在しないことを証明しているが，Hirao-Sawa ([219])，Bannai-Bannai-Hirao-Sawa ([46]) では，$\mathbb{R}^2$ の tight な t-デザインの性質を利用して彼らの定理を $t=4k+1$ 以外の場合にも拡張することに成功している．

$\mathbb{R}^n$ の tight な t-デザイン，p 個の同心球面上の tight な t-デザイン，あるいは tight に近いデザインなどを考えたときに一般にどのような状況のもとで coherent configuration が付随するかという問題も非常に興味深いものであろう．

2.4　解析学 (特に数値解析，近似理論，直交多項式，cubature formula) との関係

Cubature formulas

D を $\mathbb{R}^n$ の中の領域（あるいは部分集合）とする．X を D の有限部分集合，w を X の上の正の値をとる実数値関数とする．また，$\mu(x)$ を D の上の測度とする．

(X,w) が D 上の次数 t の cubature formula であるとは，

$$\frac{1}{\mu(D)}\int_D f(x)\mu(x)dx = \sum_{x\in X} w(x)f(x)$$

が次数 t 以下の任意の多項式 $f(x)=f(x_1,x_2,\ldots,x_n)$ に対して成り立つことと定義する．

（多項式の代わりに，別の関数の族を考える場合もある．また，$w(x)$ が正の値をとるという条件を弱めて場合によっては負の値も許す場合もある．ただしここでは，多項式のみを考え，$w(x)$ も正の値をとる場合のみを考える．$n=1$ の場合は cubature formula は quadrature formula とも呼ばれる．Cubature formula は通常は $n \geq 2$ の

---

[5] E. Bannai and E. Bannai, Tight t-designs on two concentric spheres, *Mosc. J. Comb. Number Theory* 4 (2014), no. 1, 52–77 を参照．

場合を言う.)

いずれにせよ, 領域 D 上の多項式の積分に対して, 有限個の点の上での重さを考えた平均で, それを近似する (t 次までの多項式に対しては正確に計算する) という意味を持つ. この状況は解析学 (近似理論, 数値解析, 直交多項式) などの分野で広汎に研究されてきた. また, そこでは深い理論が発展している. 球面デザイン, ユークリッドデザインなどは, それらの極めて特別な, ただし特別ではあるが非常に興味深い場合であると言える. 特に我々がここで考えたいのは, D および μ がともに radially symmetric な場合である. D が radially symmetric であるとは, $x \in D$ であれば $|x| = |y|$ となる任意の $y \in \mathbb{R}^n$ が D に入ることを言う. (すなわち D は同心球の和集合である. 無限個の同心球の和集合の場合も含む. ここで同心球はもちろん原点を中心とするものを考えている.) また, μ が radially symmetric であるとは, $\mu(x)$ は同じ同心球上で一定の値をとるものを言う.

$D = S^{n-1}$, $\mu(x) =$ 定数, の場合は (重み付き) 球面デザインに対応する. D が有限個の同心球, $\mu(x) =$ 各同心球上で定数, の場合がユークリッドデザインの場合に対応することに注意されたい. それら以外にも, 次のような $D, \mu(x)$ の重要な例もある.

$D = \mathbb{R}^n$, $\quad \mu(x) = e^{-||x||}$; $\qquad D = \mathbb{R}^n$, $\quad \mu(x) = e^{-||x||^2}$;

$D = \mathbb{R}^n$, $\quad \mu(x) = e^{-||x||^k}$;

$D = B^n$ (単位球体), $\quad \mu(x) =$ 定数; $\qquad D = B^n$, $\quad \mu(x) = (1 - \|x\|)^\alpha$;

などなど, である.

ここでは, $D = \mathbb{R}^n$, $\mu(x) = e^{-||x||^2}$ の場合を例にとって説明しよう. すなわち,

$$\frac{1}{\int_{\mathbb{R}^n} e^{-||x||^2} dx} \int_{\mathbb{R}^n} f(x) e^{-||x||^2} dx = \sum_{x \in X} w(x) f(x)$$

が次数 t 以下の任意の多項式 $f(x) = f(x_1, x_2, \ldots, x_n)$ に対して成り立つとする. このような (X, w) は $\mathbb{R}^n$ 上の Gaussian t-デザインと呼ばれている. [33] で示されているように, Gaussian $2e$-デザインに対して Fisher 型不等式

$$|X| \geq \binom{n+e}{e}$$

が成り立つ. 等号

$$|X| = \binom{n+e}{e}$$

が成り立つとき, (X, w) を $\mathbb{R}^n$ 上の tight な Gaussian $2e$-デザインと呼ぶ. このようなものは存在するであろうか? という問題を考える. 実は, この問題は, 一般にはまだ解決されていない. $w(x)$ が定数関数と仮定しても, 一般には未解決である. ただ

し，次のようなことはわかる．

(1) Gaussian $2e$-デザインはユークリッド $2e$-デザインである．
(2) X はすくなくとも $[e/2]+1$ 個の同心球面の上に乗っている．
(3) $w(x)$ は各同心球面上定数関数になる．
(4) 各 X_i（すなわち X の一つの同心球面上にある点の集合）は高々 e-距離集合である．

これらの情報を駆使して，二つの同心球面上の tight な Gaussian 4-デザインを分類したのが，坂内-坂内 [33] の論文である．

一般の tight な Gaussian t-デザインの完全な分類ができれば非常に望ましいが，現在の時点ではまだ具体的なアイデアが見つかっていない．何とか研究の手がかりが得られているのが，同心球の個数が $[e/2]+1$ あるいはそれに近い場合のみである．

解析的な cubature formula においても組合せ論的概念は非常に有効であることが多い．例えば Euclidean tight 4-デザインと，ジョンソンスキームあるいはハミングスキームにおける tight 4-デザイン，が密接に関係していることが知られている ([73])．また，Victoir ([484]) はある種の cubature formula の有限部分群の軌道となっている部分をアソシエーションスキームの t-デザインで置き換えるという方法で点の個数を小さくすることに成功している ([484])．ここでは詳しい解説は与えないが Nozaki-Sawa [376]，Sawa-Xu [402] なども参照されたい．比較的小さい t に対して，点の個数が比較的小さい cubature formula を具体的に与えることに多くの成果を得ている．この方向はまだ進展するであろうと期待される．ジョンソンスキームあるいはハミングスキームにおける t-デザインが用いられることもあるし，さらに regular t-wise balanced design （本章の 2.5 節も参照）についても有効に利用している．

2.5　ユークリッド空間および実双曲空間の t-デザインと，相対 t-デザインの類似性

前節で見たように，ユークリッド空間 $\mathbb{R}^n$ は非コンパクトなランクが 1 の対称空間である．そのような空間は分類されており（文献 [203, 504] 参照），次の実双曲空間 $\mathbb{H}^n$ も典型的な例の一つである．

$$\mathbb{H}^n = \{(x_0, x_1, \ldots, x_n) \in \mathbb{R}^{n+1} \mid x_0^2 - x_1^2 - \cdots - x_n^2 = 1,\ x_0 > 0\}.$$

$\mathbb{H}^n$ の二つの元 $x=(x_0, x_1, \ldots, x_n)$, $y=(y_0, y_1, \ldots, y_n)$ の間の距離は次のように定義される．

$$d(x, y) = \operatorname{arccosh}(x_0y_0 - x_1y_1 - \cdots - x_ny_n)$$

ここで $\cosh(z) = \frac{e^z + e^{-z}}{2}$ である．この空間は Bolyai-Lobachevskii 空間と呼ばれる有名な非ユークリッド空間として知られている．この空間は等質空間としては

$$\mathbb{H}^n = SO^1(n+1)/SO(n)(= O^1(n+1)/O(n))$$

と表記される（記号などについては [203, 504] などを参照）．この空間は球面やユークリッド空間と同様に，Riemann 対称空間であり，さらに 2 point homogeneous 空間になっている．大雑把に言って，右のように図に表される．[32] でも述べたように，筆者の一人は長い間 $\mathbb{H}^n$ において t-デザインが定義できないかと考えていた．Bannai-Blokhuis-Delsarte-Seidel [52] では $\mathbb{H}^n$ 上での調和解析の加法公式を見いだし，それを用いて $\mathbb{H}^n$ 上の s-距離集合 X については $|X| \le \binom{n+1}{s}$ という結果を得ることができた．そして，それが t-デザインの定義を導くことを期待していたのであるが，どうしてもうまく行かなかったのである．最近になって [41] において $\mathbb{H}^n$ における t-デザインの定義の提唱を行った．$\mathbb{H}^n$ の定義より $\mathrm{Isom}(\mathbb{H}^n) \cong O^1(n+1)$ であり，$z_0 = (1, 0, 0, \ldots, 0) \in \mathbb{H}^n$ に対して z_0 の固定部分群は $O(n)$ と同型であることがわかる．一方，$\mathrm{Isom}(\mathbb{R}^n) \cong E(n)(= \mathbb{R}^n \cdot O(n))$ であり，$z_0 = (0, 0, \ldots, 0) \in \mathbb{R}^n$ に対して z_0 の固定部分群は $O(n)$ と同型である．そこで次のような定義が $\mathbb{H}^n$ のデザインとして自然であると考えられる．

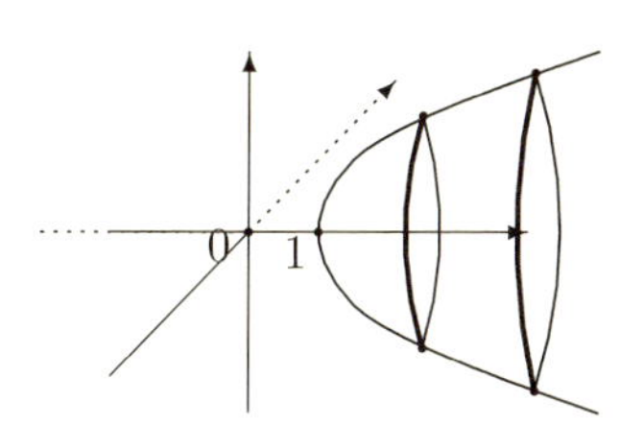

5.52 ［定義］（実双曲空間の t-デザイン）　X を $\mathbb{H}^n = \{(x_0, x_1, \ldots, x_n) \in \mathbb{R}^{n+1} \mid x_0^2 - (x_1^2 + \cdots + x_n^2) = 1\}$ の有限部分集合，$w:\ X \longrightarrow \mathbb{R}_{>0}$ を X 上の正値重み関数とする．$z_0 = (1, 0, \ldots, 0) \in \mathbb{H}^n$ を特別な点として固定する．変数 $x_1, x_2, \ldots, x_n$ に関する X の高々 t 次のモーメントが $x_1, x_2, \ldots, x_n$ に関する直交変換群 $O(n)$ (= $\mathrm{Isom}(\mathbb{H}^n)$ の中の z_0 の固定部分群）の任意の元 σ によって不変であるときに，すなわち，任意のそのような元 σ に対して

$$\sum_{\boldsymbol{x} \in X} f(x_1, \ldots, x_n) = \sum_{\boldsymbol{x} \in X^\sigma} f(x_1, \ldots, x_n)$$

が高々 t 次の任意の多項式 $f(x_1, \ldots, x_n)$ に対して成り立つときに (X, w) を z_0 に関する $\mathbb{H}^n$ の t-デザインと呼ぶ．

次にいくつかの注意をつけ加える．

(a) ユークリッド空間上の t-デザインとの類似は明らかであろう（特に 263 頁の条件 $(2')$ と比較されたい．）

(b) $S^n = \{(x_0, x_1, \ldots, x_n) \in \mathbb{R}^{n+1} \mid x_0^2 + x_1^2 + \cdots + x_n^2 = 1\}$ であることに注意すると S^n に関しても特別な点 $z_0 \in S^n$ に関する t-デザインが次のように定義できる．

X を S^n の有限部分集合，$w:\ X \longrightarrow \mathbb{R}_{>0}$ を X 上の正の重み関数とする．$z_0 = (1, 0, 0, \ldots, 0)$ を S^n の特別な点とする．変数 $x_1, x_2, \ldots, x_n$ に対する X の高々 t 次のモーメントが $x_1, x_2, \ldots, x_n$ に関する直交変換群 $O(n)$（すなわち $O(n+1)$ の中の z_0 の固定部分群）の任意の元 σ によって不変であるときに (X, w) を特別な点 z_0 に関する t-デザインであると呼ぶ（ここで，$\mathrm{Isom}(S^n) \cong O(n+1)$，$z_0 \in S^n$ の固定部分群 $\cong O(n)$ であることに注意）．

(c) この特別な z_0 に関する S^n 上の t-デザインの定義は S^n 上の通常の t-デザインの定義に比べて遥かに弱い性質を持っている．なぜならば，通常の t-デザインの定義では，変数 $x_0, x_1, \ldots, x_n$ に関する X の高々 t 次の任意のモーメントが $O(n+1)$ の任意の元によって不変であったからである．

(d) 三つの空間 S^n, $\mathbb{R}^n$ および $\mathbb{H}^n$ の上の t-デザインの間の関係について述べる．以下 X を上に挙げた三つの空間のうちのどれかの有限部分集合とし，正の重み関数 $w:\ X \longrightarrow \mathbb{R}_{>0}$ を考える．

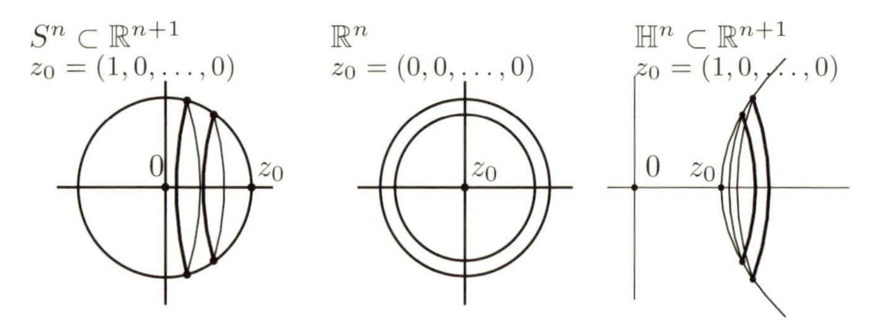

三つのうちのどれか一つの場合に t-デザインが存在すれば本質的に残り二つの場合にも存在する．このことは次の写像達を考えれば説明がつく．

$$x = (x_0, x_1, \ldots, x_n) \to (x_1, \ldots, x_n) \leftarrow x = (x_0, x_1, \ldots, x_n),$$

$$(\sqrt{1 - x_1^2 - \cdots - x_n^2}, x_1, \ldots, x_n)$$

$$\leftarrow (x_1, \ldots, x_n) \to x = (\sqrt{1 + x_1^2 + \cdots + x_n^2}, x_1, \ldots, x_n).$$

上で，本質的にという言葉を使ったのは，S^n においては $x_1^2 + x_2^2 + \cdots + x_n^2 \leq 1$ が成り立っていなければならないのであるが，上記の対応では必ずしもそれが成り立っていないからである．しかし $\mathbb{R}^n$ において拡大・縮小をしてもユークリッドデザインとして同型なので適当に縮小すればその条件が成り立つようにできる．

このことは，t-デザインに対する Fisher 型不等式とか tight な t-デザインの定義，tight な t-デザインの分類も含めてすべてのことがまったく同様であることを物語っている．このようにまったく同様になってしまうということは，ある意味では面白くないと考える人も居るかもしれないが，逆にこのデザインの定義が自然であり意味のあることを示唆しているとも考えられる．コンパクトでない，無限に広がる空間を，有限個の点で近似するという形で t-デザインを考えることはもともと無理なことなのかもしれないとはいえ，個人的にはこのことによってユークリッドデザインの定義が良いものであるということをここで初めて納得できたのである．ここで考えた $\mathbb{R}^n$ 上あるいは $\mathbb{H}^n$ 上の t-デザインは 1 点を特別視して全体を近似するという意味で，自己中心的あるいは天動説的なデザインの概念とも言えるであろう．

このデザインの考え方は第 4 章の定義 4.5 および定義 4.7 において定義した Q-多項式スキーム $\mathfrak{X} = (X, \{R_i\}_{0 \le i \le d})$ における t-デザインと相対 t-デザインの考え方と同様な観点にある．第 4 章では X 上の関数空間，すなわち X を基底とするベクトル空間 $V = \mathbb{R}^{|X|}$ の元に対して t-デザインおよび X の元 u_0 を一つ固定したときの u_0 に関する相対デザインを定義した．そこでは Q-多項式スキーム $\mathfrak{X} = (X, \{R_i\}_{0 \le i \le d})$ を与える有限集合 X を u_0 を基点として X を $X_i = \{x \in X \mid (x, u_0) \in R_i\}$, $0 \le i \le d$, の $d+1$ 個の層に分解した．Q-多項式スキーム $\mathfrak{X} = (X, \{R_i\}_{0 \le i \le d})$ に付随するベクトル空間 $V = \mathbb{R}^{|X|}$ を考えるということは X 上に重み関数 ϕ を定義することと同義である．非負の重み関数 ϕ に対して ϕ のサポートを $Y = \{x \in X \mid \phi(x) \neq 0\}$ とすると (Y, ϕ) はユークリッド空間で正の重み付き集合 (X, w) を考えたことに対応する．ユークリッド空間 $\mathbb{R}^n$ のデザインを考えたときにサポートする球面が S^{n-1} だけのときに球面デザインの概念と一致していたようにここでも Y をサポートする層が 1 個だけの場合，すなわち $Y \subset X_i$ を満たす i が存在する場合には似たような状況が生じている．すなわち補題 4.10 で述べたようにハミングスキーム $H(n, 2)$ においては $H(n, 2)$ の部分集合 $Y \subset X_k$ と Y の特性ベクトル ψ_Y を考えたときに (Y, ψ_Y) が $u_0 = (0, 0, \ldots, 0)$ に関する相対 t-デザインであることと Y が X_k の部分集合としてジョンソンスキーム $J(n, k)$ の t-デザイン（すなわち古典的な t-(n, k, λ) デザイン）であることは同値となっているのである．このように，Q-多項式スキーム $\mathfrak{X} = (X, \{R_i\}_{0 \le i \le d})$ の特別な点 $u_0 \in X$ はユークリッド空間 $\mathbb{R}^n$ の原点に対応し，u_0 により定まる各層は $\mathbb{R}^n$ の原点を中心とした同心球面達に対応すると考えるのは自然であろう．そこで，以下に Q-多項式スキーム $\mathfrak{X} = (X, \{R_i\}_{0 \le i \le d})$ の固定された特別な点 $u_0 \in X$ に関する相対 t-デザインの定義を関数空間の言葉を使って定義し直す．アソシエーションスキーム

の用語や記号はこれまで用いてきたものを使う．$L(X)$ を X 上の実数値関数全体の作るベクトル空間とする．$V=\mathbb{R}^{|X|}$ と $L(X)$ は同型でありこれまでも同一視してきたがここで便宜上この記号を導入することにした．$u \in X$ に対して $\{u\}$ の特性関数を $\psi_u=\psi_{\{u\}}$ とする（第3章2節で定義したときには「特性ベクトル」という言葉を用いたがここでは関数として考えるので特性関数という言葉を用いる）．$\{\psi_u \mid u \in X\}$ は $L(X)$ の基底になっている．各 j $(0 \le j \le d)$ に対して $L_j(X)$ を $\{E_j\psi_u \mid u \in X\}$ で張られる $L(X)$ の部分空間とする．V の部分空間として考えると $L_j(X)$ は E_j の列ベクトルの張る部分空間に一致している．$L(X)$ には自然な内積

$$f \cdot g = \sum_{x \in X} f(x)g(x), \quad f, g \in L(X)$$

を定義しておく．原始ベキ等行列 $E_0, E_1, \ldots, E_d$ の定義に戻れば次の命題が成り立つことがわかる．

5.53［命題］

(1) $\dim(L_j(X)) = m_j$, $j=0,1,\ldots,d$, が成り立つ．
(2) $L(X)$ は上記内積に関して次の直交分解を持つ．

$$L(X) = L_0(X) \perp L_1(X) \perp \cdots \perp L_d(X).$$

次にユークリッド空間のデザインの定義をなぞってQ-多項式スキームの相対デザインの定義を与えよう．まず記号を定義する．u_0 を中心とする層 X_i, $0 \le i \le d$ は上述の通りとする．$p=|\{\nu \mid Y \cap X_\nu \neq \emptyset\}|$ とし，$\{\nu_1, \nu_2, \ldots, \nu_p\} = \{\nu \mid Y \cap X_\nu \neq \emptyset\}$ と定義する．$S = X_{\nu_1} \cup \cdots \cup X_{\nu_p}$ を Y のサポートと呼ぶことにする．また $Y_{\nu_i} = Y \cap X_{\nu_i}$, $1 \le i \le p$, と定義しておく．Y には正の重み関数 w が定義されているとし，$w(Y_{\nu_i}) = \sum_{y \in Y_{\nu_i}} w(y)$, $0 \le i \le p$ とおく．

5.54［定義］　上述の記号の元に X の正の重み付き部分集合 (Y,w) は次の条件を満たすときに u_0 に関する相対 t-デザインと呼ぶ．

$$\sum_{i=1}^{p} \frac{w(Y_{\nu_i})}{|X_{\nu_i}|} \sum_{x \in X_{\nu_i}} f(x) = \sum_{y \in Y} w(y) f(y) \tag{5.52}$$

が任意の $f \in L_0(X) + L_1(X) + \cdots + L_t(X)$ に対して成り立つ．

第4章の定義4.7においては恒等的に0ではないような関数 $\psi \in L(X)$ に対して相

対デザインを定義したのであるが，ここでは正の重みを持った X の部分集合 Y に関して相対デザインを定義している．両者は同値な関係にあることが次の定理で与えられる．

5.55［定理］　$\psi \in L(X)$ を非負関数とし $\overline{\psi} \in L(X)$ を任意の i $(0 \le i \le d)$ および $x \in X_i$ に対して $\overline{\psi}(x) = \frac{1}{|X_i|}\sum_{y \in X_i}\psi(y)$ で定義する（すなわち $\overline{\psi}$ は各 X_i 上で定数関数）．また $Y = \{y \in X \mid \psi(y) \neq 0\}$, $w = \psi|_Y$ とする．このとき次の条件 (1) ∼(3) は互いに同値である．

(1) ψ は点 u_0 に関する定義 4.7 の意味での相対 t-デザインである．
(2) $1 \le j \le t$ を満たす任意の j に対して $E_j\psi$ と $E_j\overline{\psi}$ は互いに 1 次従属である．
(3) (Y, w) は点 u_0 に関する定義 5.54 の意味での相対 t-デザインである．

証明　u_0 および各層 X_i の特性関数をそれぞれ ψ_{u_0}, ψ_{X_i} とする．$x \in X_\ell$ とすると $(E_j\psi_{u_0})(x) = E_j(x, u_0) = \frac{1}{|X|}Q_j(\ell)$ であり，第 2 固有行列 Q は正則行列であるので $E_j\psi_{u_0} \neq 0$ であることに注意しておく．また，Y のサポートを $S = X_{\nu_1} \cup \cdots \cup X_{\nu_p}$ とする．

(1) ⇔ (2)：命題 4.9 で示したように ψ_{X_i} は相対 d-デザインでありその証明の中で $E_j\psi_{X_i} = P_i(j)\psi_{u_0}$ が $j = 1, 2, \ldots, d$ に対して成り立つことを示した．一方定義より

$$E_j\overline{\psi} = E_j\sum_{i=0}^{d}\frac{1}{|X_i|}\sum_{y \in X_i}\psi(y)\psi_{X_i} = \left(\sum_{i=0}^{d}\frac{1}{|X_i|}\sum_{y \in X_i}\psi(y)P_i(j)\right)E_j\psi_{u_0}$$

となる．したがって $j = 1, 2, \ldots, d$ に対して $E_j\overline{\psi}$ と $E_j\psi_{u_0}$ は 1 次従属である．

(1) ⇔ (3) を示す前に少し準備をしておく．(5.52) は $1 \le j \le t$ を満たす任意の整数 j および $f \in L_j(S)$ に関する条件である．しかし $L_j(X)$ は $\{E_j\psi_u,\ u \in X\}$ で生成されるので $f = E_j\psi_u|_S$ の場合に考察すればよい．$(x, u) \in X_\ell$ とする．定理 2.22 (8) を用いると

$$\begin{aligned}\sum_{x \in X_\nu}E_j(x, u) &= \frac{1}{|X|}\sum_{k=0}^{d}\sum_{\substack{x \in X_\nu \\ (x,u) \in R_k}}Q_j(\ell) = \frac{1}{|X|}\sum_{k=0}^{d}p_{\nu,k}^{\ell}Q_j(\ell) \\ &= \frac{1}{|X|}P_\nu(j)Q_j(\ell) \end{aligned} \tag{5.53}$$

となる．したがって (5.52) の左辺は

$$\sum_{i=1}^{p}\frac{w(Y_{\nu_i})}{|X_{\nu_i}|}\sum_{x\in X_{\nu_i}}(E_j\psi_u)(x)=\frac{1}{|X|}\sum_{i=1}^{p}\frac{w(Y_{\nu_i})}{|X_{\nu_i}|}P_{\nu_i}(j)Q_j(\ell)$$
$$=\sum_{i=1}^{p}\frac{w(Y_{\nu_i})}{|X_{\nu_i}|}P_{\nu_i}(j)E_j(u,u_0)$$
$$=\sum_{i=1}^{p}\frac{w(Y_{\nu_i})}{|X_{\nu_i}|}P_{\nu_i}(j)(E_j\psi_{u_0})(u) \tag{5.54}$$

と表される．$|X_{\nu_i}|=k_{\nu_i}$ および定理 2.22 (3) より

$$\sum_{i=1}^{p}\frac{w(Y_{\nu_i})}{|X_{\nu_i}|}P_{\nu_i}(j)=\frac{1}{m_j}\sum_{i=1}^{p}w(Y_{\nu_i})Q_j(\nu_i) \tag{5.55}$$

となる．$\nu\in\{\nu_1,\ldots,\nu_p\}$ を満たす ν については $y\in X_\nu$ であれば $\psi(y)\neq 0$ であり $x\notin Y$ であれば $\psi(x)=0$ が成り立っているので

$$\frac{1}{m_j}\sum_{i=1}^{p}w(Y_{\nu_i})Q_j(\nu_i)=\frac{1}{m_j}\sum_{i=1}^{p}\sum_{y\in Y_{\nu_i}}\psi(y)Q_j(\nu_i)$$
$$=\frac{1}{m_j}\sum_{\nu=0}^{d}\sum_{x\in X_\nu}\psi(x)Q_j(\nu)$$
$$=\frac{|X|}{m_j}\sum_{\nu=0}^{d}\sum_{x\in X_\nu}E_j(u_0,x)\psi(x)$$
$$=\frac{|X|}{m_j}\sum_{x\in X}E_j(u_0,x)\psi(x)=\frac{|X|}{m_j}(E_j\psi)(u_0) \tag{5.56}$$

(5.54), (5.55) および (5.56) より (5.52) の左辺は次の式に等しいことがわかる

$$\frac{|X|}{m_j}(E_j\psi)(u_0)(E_j\psi_{u_0})(u) \tag{5.57}$$

(1) ⇒ (3)：仮定より $0\leq j\leq t$ を満たす任意の整数 j に対して実数 α_j が存在して $E_j\psi=\alpha_jE_j\psi_{u_0}$ が成り立つ．したがって (5.57) により (5.52) の左辺は

$$\frac{|X|}{m_j}(\alpha_jE_j\psi_{u_0})(u_0)(E_j\psi_{u_0})(u)=\frac{|X|}{m_j}\alpha_jE_j(u_0,u_0)E_j(u_0,u)$$
$$=\frac{\alpha_j}{|X|}Q_j(\ell) \tag{5.58}$$

に等しくなる．(5.52) の右辺は

$$\sum_{y\in Y} w(y)(E_j\psi_u)(y) = \sum_{x\in X} \psi(x)E_j(x,u) = (E_j\psi)(u)$$
$$= (\alpha_j E_j \psi_{u_0})(u) = \alpha_j E_j(u,u_0) = \frac{\alpha_j}{|X|}Q_j(\ell) \tag{5.59}$$

となる．

(3) ⇒ (1)：(5.57) を使って等式 (5.52) を変形すると

$$\frac{|X|}{m_j}(E_j\psi)(u_0)(E_j\psi_{u_0})(u) = (E_j\psi)(u) \tag{5.60}$$

したがって $E_j\psi = (\frac{|X|}{m_j}(E_j\psi)(u_0))E_j\psi_{u_0}$ となり ψ は u_0 に関する相対 t-デザインであることがわかる．■

定理 5.55 と命題 4.9 より次の命題を得る．

5.56 [命題]　$u_0 \in X$ を固定した点とし $0 \le i \le d$ を満たす任意の整数 i に対して $X_i = \{u \in X \mid (u,u_0) \in R_i\}$，$X_i$ の特性関数を ψ_{X_i} とすると (X_i, ψ_{X_i}) は相対 d-デザインである．

(X_i, ψ_{X_i}) のことを自明な相対デザインと呼ぶ．球面上のデザインやユークリッド空間のデザインを考えたときに t-デザインとは高々 t 次の多項式に関する性質として記述された．本章で定義した相対 t-デザインは原始ベキ等行列の添字を使って定義している．次の命題は多項式の場合と似たような性質を持つことを示している．

5.57 [命題]　$0 \le j \le \frac{d}{2}$ と仮定する．このとき

$$f^2 \in \sum_{i=0}^{2j} L_i(X)$$

が任意の $f \in \sum_{i=0}^{j} L_i(X)$ に対して成り立つ．

証明　$\nu + \mu \le 2j$ を満たす任意の非負整数 ν, μ および X に含まれる任意の点 u, v について

$$(E_\nu\psi_u)(E_\mu\psi_v) \in \sum_{i=0}^{2j} L_i(X) \tag{5.61}$$

が成り立つことを示せば十分である．命題 5.53(2) にあるように各 $L_i(X)$ $(0 \leq i \leq d)$ は $L(X)$ の直交分解の因子になっている．したがって $(E_\nu \psi_u)(E_\mu \psi_v) \perp E_k \psi_z$ が $k > \nu + \mu$ を満たす任意の $0 \leq k \leq d$ および $z \in X$ に対して成り立っていることを示せば証明が完了する．

$$
\begin{aligned}
&|X| \sum_{x \in X} E_\nu(x,u) E_\mu(x,v) E_k(x,z) \\
&= |X| \sum_{i=0}^{d} \sum_{\substack{x \in X \\ (x,v) \in R_i}} E_\nu(x,u) E_\mu(x,v) E_k(x,z) \\
&= \sum_{i=0}^{d} \sum_{\substack{x \in X \\ (x,v) \in R_i}} E_\nu(x,u) Q_\mu(i) E_k(x,z) \\
&= \sum_{i=0}^{d} \sum_{x \in X} E_\nu(x,u) Q_\mu(i) E_i^*(x,x) E_k(x,z) \\
&= \sum_{x \in X} E_\nu(x,u) A_\mu^*(x,x) E_k(x,z) = (E_\nu A_\mu^* E_k)(u,z).
\end{aligned} \tag{5.62}
$$

が成り立つ．第 2 章 6 節の系 2.37 (2) より $E_\nu A_\mu^* E_k = 0$ と $q_{\nu,\mu}^k = 0$ は同値である．また Q-多項式スキームの性質 (第 2 章 9 節の命題 2.83 (1)) より $0 \leq \nu, \mu, k \leq d, \nu+\mu < k$ であれば $q_{\nu,\mu}^k = 0$ でなければならない．したがって $(E_\nu \psi_u)(E_\mu \psi_v) \perp E_k \psi_z$ が示される．■

命題 5.57 を用いると点 $u_0 \in X$ に関する相対 $2e$-デザイン (Y, w) の集合 Y に含まれる点の個数の自然な下界が以下のように示される．

5.58 ［定理］　Q-多項式スキーム $(X, \{R_i\}_{0 \leq i \leq d})$ の点 $u_0 \in X$ に関する相対 $2e$-デザイン (Y, w) に対して次の不等式が成り立つ．

$$
|Y| \geq \dim(L_0(S) + L_1(S) + \cdots + L_e(S)). \tag{5.63}
$$

ここで $S = X_{\nu_1} \cup \cdots \cup X_{\nu_p}$ は Y のサポートであり $L_i(S) = \{f|_S \mid f \in L_i(X)\}$, $(0 \leq i \leq d)$ である．

証明　$\rho:\ L_0(S) + L_1(S) + \cdots + L_e(S) \longrightarrow L(Y)$ を $\rho(f) = f|_Y$, $f \in L_0(S) + L_1(S) + \cdots + L_e(S)$ で定義する．このとき ρ が単射であることを示せば $|Y| = \dim(L(Y)) \geq \dim(L_0(S) + L_1(S) + \cdots + L_e(S))$ が成り立つことがわかる．そのた

めには $L_0(X)+L_1(X)+\cdots+L_e(X)$ の関数 f が任意の $y\in Y$ に対して $f(y)=0$ であれば任意の $x\in S$ に対して $f(x)=0$ となることを示せばよい．命題 5.57 より $f^2\in L_0(X)\perp L_1(X)\perp\cdots\perp L_{2e}(X)$ が成り立つので，定義式 (5.52) より

$$\sum_{i=1}^{p}\frac{w(Y_{\nu_i})}{|X_{\nu_i}|}\sum_{x\in X_{\nu_i}}(f(x))^2=\sum_{y\in Y}w(y)(f(y))^2=0 \tag{5.64}$$

を得る．したがって任意の $x\in X_{\nu_i}$ $(1\leq i\leq p)$ に対して $f(x)=0$ が成り立ち，$L_0(S)+L_1(S)+\cdots+L_e(S)$ の関数として $f\equiv 0$ である．したがって ρ は単射である．■

5.59 [定義]　定理 5.58 の不等式において等号が成り立つときに (Y,w) を点 u_0 に関する tight な相対 $2e$-デザインと呼ぶ.

ユークリッド空間のデザインの研究を続けるうちに Q-多項式スキームの相対デザインにその類似を見つけ再び調べ始めたのであるが次の定理は Q-多項式スキームの相対デザインにおいてもユークリッド空間のデザインのデザインが持つような性質を持つことを示している.

5.60 [定理] ([44])　$\mathfrak{X}=(X,\{R_i\}_{0\leq i\leq d})$ を Q-多項式スキームとし (Y,w) を $u_0\in X$ に関する tight な相対 $2e$-デザインとする．$\mathfrak{X}$ の自己同型群 G の u_0 安定部分群 G_{u_0} が各 X_i $(1\leq i\leq d)$ 上に可移に働いているならば weight 関数 w は各 $Y_{\nu_i}=X_{\nu_i}\cap Y$ $(1\leq i\leq p)$ 上で定数関数になっている.

証明はここでは述べない ([44] 参照)．ハミングスキーム $H(d,q)$，ジョンソンスキーム $J(v,d)$ などこの定理の条件を満たしているアソシエーションスキームは沢山ある．ユークリッド空間の tight なデザインの場合には特に球面の個数が 2 個の場合 coherent configuration の構造が付随していることが知られているが [73, 39] おそらく定理の条件を満たすような Q-多項式スキームにおいても tight な相対デザインは $p=2$ であれば coherent configuration の構造を持つことが予想される．実際 $H(n,2)$ の tight な相対 2-デザインはこの性質を持つことがわかっている [44]．Q-多項式スキームの相対デザインは Delsarte により 1970 年代後半に定義されたのであるが具体的な例に関する研究などまだ色々手つかずに残されている問題が沢山ある.

5.61 [注意]

(1) ハミングスキーム $H(n,2)$ において点 $u_0=(0,0,\ldots,0)$ を固定したときに X_k の

部分集合 Y とその特性関数 ψ_Y を考える．(Y, ψ_Y) が点 u_0 に関する tight な相対 $2e$-デザインであることと Y が古典的な tight な $2e$-(n, k, λ) デザインであることは同値である．

(2) ユークリッド空間のデザインについては Möller による方法で t が奇数 $2e+1$ の場合にもデザインに含まれる点の個数の自然な下界が証明されている．Q-多項式スキームの点 u_0 に関する相対 $2e+1$-デザインにも自然な下界が求められることが期待される．

5.62 [注意]　Delsarte-Seidel は [159] においてハミングスキーム $H(n,2)$ 上にユークリッド空間のデザインの類似としてブロックの大きさが一定であるという条件をはずした次のようなデザインの定義を与えている．$F_2 = \{0,1\}$ とし，$H(n,2)$ を $X = F_2^n$ 上のハミングスキームとする．$x = (x_1, x_2, \ldots, x_n) \in X$ に対し $\overline{x} = \{i \mid x_i = 1,\ 1 \leq i \leq n\}$ と書くことにする．

定義 (Delsarte-Seidel [159, Definition 6.1])　(Y, w) を X の正の重み w を持つ集合とする．次の条件が成り立つときに (Y, w) は添字 (index) j を許容 (admit) するという：$z \in X_j$ に対して

$$\sum_{\substack{y \in Y \\ \overline{z} \subset \overline{y}}} w(y)$$

は z のとり方には依存せず，j のみにより定まる値である．

添字 j を許容する (Y, w) は "j-wise balanced design" と呼ばれているデザインそのものである．(Y, w) が $0 \leq j \leq t$ を満たすすべての整数 j に対して添字 j を許容しているときに，(Y, w) を regular t-wise balanced design と呼ぶ．

さらに Delsarte-Seidel はユークリッド空間 $\mathbb{R}^n$ の次数 j の多項式空間に対応するものとして次の空間を用意した．まず各 $z \in X$ に対して関数 $f_z :\ X \longrightarrow \mathbb{R}$ を

$$f_z(x) = \begin{cases} 1 & \overline{z} \subset \overline{x} \text{ のとき}, \\ 0 & \text{それ以外のとき}, \end{cases}$$

で定義する（$|\overline{z}| = j$ とすると，第2章で定義した行列 M_j の列ベクトルが f_z に対応している）．各 j に対して X 上の実数値関数の作る部分空間を $\mathrm{Hom}_j(X) = \langle f_z \mid z \in X,\ |\overline{z}| = j \rangle$ と定義する．このとき補題 2.93 により $\dim(\mathrm{Hom}_j(X)) = \binom{n}{j}$ が成り立っている．Delsarte-Seidel は次の二つの定理を証明している．

定理（Delsarte-Seidel [159, Theorem 6.2]）　$H(n,2)$ において (Y,w) が添字 j を許容することと次の等式がすべての $f\in \mathrm{Hom}_j(X)$ に対して成り立つことは同値である：

$$\sum_{i=1}^{p}\frac{w(Y_{\nu_i})}{|X_{\nu_i}|}\sum_{x\in X_{\nu_i}}f(x)=\sum_{y\in Y}w(y)f(y). \tag{5.65}$$

定理（Delsarte-Seidel [159, Theorem 6.3]）　(Y,w) が $0\le j\le 2e$ を満たすすべての添字 j を許容するならば

$$|Y|\ge \dim(\mathrm{Hom}_0(S)+\mathrm{Hom}_1(S)+\cdots+\mathrm{Hom}_e(S)) \tag{5.66}$$

が成り立つ．ここで $S=X_{\nu_1}\cup X_{\nu_2}\cup\cdots\cup X_{\nu_p}$.

したがって (5.66) の右辺の次元を一般に求めることが非常に興味深い問題になる．本章の定義 5.54 においては Delsarte の相対 t-デザインの定義 4.7 と同値となる相対デザイン (Y,w) の定義を一般の Q-多項式スキーム上に与えた．すでに定理 5.58 で上記 (5.66) の下界と似た不等式 (5.63)

$$|Y|\ge \dim(L_0(S)+L_1(S)+\cdots+L_e(S)) \tag{5.63}$$

を見ていることに注意されたい．この二つの組合せ論的対象は見かけはそっくりに記述されているが不等式 (5.66) と (5.63) に現れる関数空間達は数学的に異なる対象である．第 4 章において正則な半束の最上断面 (top fiber) Ω はアソシエーションスキームの構造を持つことを解説した．例 4.36 で構成した半束は $q=2$ の場合はその最上断面が $H(n,2)$ になっている．w を $\Omega=F_2^n$ 上の非負関数とし $Y=\{y\mid w(y)\neq 0\}$ とおいたときに (Y,w) が点 $x_0=(0,0,\ldots,0)$ に関する相対 t-デザインであれば $w(y)$ は Ω における x_0 に関する幾何的な t-デザインになっている．したがって (4.32) で与えた関数を考えると $0\le j\le t$ を満たす任意の整数 j に対して (Y,w) が添字 j を許容することがわかる．すなわち (Y,w) は $0\le j\le t$ を満たす任意の整数 j に対して j-wise balanced design となっていることがわかる．以上の考察により，$H(n,2)$ においては一般には (5.66) の値の方が (5.63) の値より小さいことがわかる．現在 $H(n,2)$ の場合に (5.63) の右辺の次元の具体的な公式に関する考察また等号の成り立つ場合，すなわち tight な相対 $2e$-デザインに関する考察が進行中である．

5.63［注意］　Li-Bannai-Bannai の共同研究 [305] を出発点にして相対 $2e$-デザインに関する考察が再び始まったのであるが，2011 年春に本書の原稿を執筆していた時点では未解決であったいくつかのことは Ziqing Xiang（当時上海交通大学学部生で

あった）により著しい進展を見た ([506]). すなわち $H(n,2)$ に対しては (5.66) の右辺は自然な条件（例えば $e \leq \nu_i \leq n-e$）のもとで $\binom{n}{e} + \binom{n}{e-1} + \cdots + \binom{n}{e-p+1}$ に等しいことが証明された．さらに $H(n,2)$ においては空間として

$$
\begin{aligned}
&\mathrm{Hom}_0(X) + \mathrm{Hom}_1(X) + \cdots + \mathrm{Hom}_e(X) \\
&= L_0(X) + L_1(X) + \cdots + L_e(X) \qquad (5.67)
\end{aligned}
$$

が成り立つことが坂内-坂内-須田-田中 [49] により示され，Xiang [506] の結果は (5.63) の右辺も同じ値であることを導く．空間として等しくなるという (5.67) の式は $H(n,q)$ に対しては成り立つが他の P-かつ Q-多項式スキームに対しては，$P=Q$ を仮定しても，一般には成立していない（須田-田中による注意）．したがって (5.63) の右辺を一般の Q-多項式スキームに対して計算することが非常に望まれる．また (5.66) の右辺を一般の P-多項式スキームに対して計算することも興味ある問題であろう．上に述べたことは [49] を参照されたい．

$H(n,2)$ や $J(v,k)$ において二つの shell に乗っている場合の tight な相対 2-デザインに関する研究 ([44], [511])，$H(n,2)$ の二つの shell に乗っている場合の tight な相対 4-デザインに関する研究 [51] などによりいくつかの tight な相対 $2e$-デザインが構成され分類問題にも手がつけられ始めている．

6

P-かつQ-多項式スキーム

1. P-多項式/Q-多項式スキーム再訪

1.1 距離正則グラフ再訪

距離可移グラフの定義から始める．$\Gamma = (X, R)$ を有限な単純グラフとする（第1章1節参照）．ここで，X は点集合，R は辺集合である．$x, y \in X$ に対し，x と y を結ぶ最短路の長さを $\partial(x, y)$ で表す．最短路が存在しないときは $\partial(x, y) = \infty$ とする．X の 2 点間の距離の最大値を $d = \mathrm{Max}\{\partial(x, y) \mid x, y \in X\}$ とおき，d を Γ の**直径 (diameter)** と呼ぶ．以下直径は $d < \infty$ を満たしていると仮定する．すなわち Γ は連結グラフである．X 上の対称群を S^X で表す．$\sigma \in S^X$ は，任意の辺 $(x, y) \in R$ に対して $(x^\sigma, y^\sigma) \in R$ を満たすときに Γ の自己同型という．Γ の自己同型の全体を $\mathrm{Aut}(\Gamma)$ で表す．$\mathrm{Aut}(\Gamma)$ は S^X の部分群をなしグラフ Γ の**自己同型群 (automorphism group)** と呼ばれる．$\mathrm{Aut}(\Gamma)$ は $X \times X$ 上に $(x, y)^\sigma = (x^\sigma, y^\sigma)$ によって作用する $(\sigma \in S^X)$．ここで $0 \leq i \leq d$ に対して

$$R_i = \{(x, y) \in X \times X \mid \partial(x, y) = i\} \tag{6.1}$$

とおく．各 R_i は $\mathrm{Aut}(\Gamma)$ の作用に関して不変である．すなわち $\mathrm{Aut}(\Gamma)$ は各 R_i に作用している．$\mathrm{Aut}(\Gamma)$ の R_i への作用が**可移 (transitive)** であるとき，Γ を**距離可移グラフ (distance-transitive graph, DTG)** という．すなわち，$\partial(x, y) = \partial(x', y')$ を満たす任意の $x, y, x', y' \in X$ に対して $x' = x^\sigma, y' = y^\sigma$ を満たす $\sigma \in \mathrm{Aut}(\Gamma)$ が存在するときに，Γ を距離可移グラフと呼ぶ．

群の作用を忘れて，再び有限な連結単純グラフ $\Gamma = (X, R)$ に戻る．Γ の直径を d とする．$x, y \in X$, $i, j \in \{0, 1, \ldots, d\}$ に対し

$$p_{i,j}(x, y) = |\{z \in X \mid (x, z) \in R_i,\ (z, y) \in R_j\}| \tag{6.2}$$

とおく．Γ が DTG ならば各 $i, j, k \in \{0, 1, \ldots, d\}$ に対し定数 $p^k_{i,j}$ が存在して

$$p^k_{i,j} = p_{i,j}(x, y) \quad ((x, y) \in R_k) \tag{6.3}$$

が成り立つ．すなわち，$p_{i,j}(x,y)$ は $(x,y) \in R_k$ の選び方によらず i,j,k のみによって定まる．有限な連結単純グラフで (6.3) が成り立つものを**距離正則グラフ (distance-regular graph, DRG)** という．距離可移グラフであれば距離正則グラフである．距離正則グラフは通常 (6.3) よりも弱い条件

$$p^k_{1,j} = p_{1,j}(x,y) \quad ((x,y) \in R_k,\ |k-j| \leq 1) \tag{6.4}$$

により定義される．すなわち通常の定義では，$x_0 \in X$ に対し

$$\Gamma_i(x_0) = \{x \in X \mid \partial(x_0, x) = i\}$$

なる表記法を用い，

$$\begin{aligned} b_i &= |\Gamma_{i+1}(x_0) \cap \Gamma_1(x)| \quad (0 \leq i \leq d-1) \\ a_i &= |\Gamma_i(x_0) \cap \Gamma_1(x)| \quad (0 \leq i \leq d) \\ c_i &= |\Gamma_{i-1}(x_0) \cap \Gamma_1(x)| \quad (1 \leq i \leq d) \end{aligned} \tag{6.5}$$

が $x_0 \in X, x \in \Gamma_i(x_0)$ の選び方によらず一定であるとき ($b_i = p^i_{1,i+1} = p_{1,i+1}(x,x_0)$, $a_i = p^i_{1,i} = p_{1,i}(x,x_0)$, $c_i = p^i_{1,i-1} = p_{1,i-1}(x,x_0)$ のとき)，Γ を距離正則グラフであると定義する．

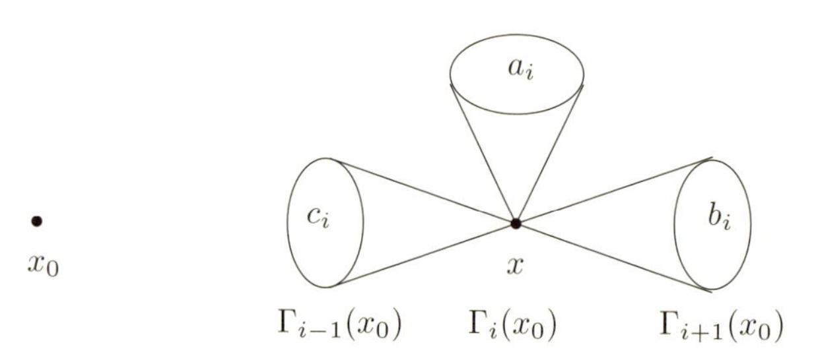

距離正則グラフは次数 $k = |\Gamma_1(x_0)| = b_0$ の正則グラフで

$$k = a_0 + b_0 = c_i + a_i + b_i = c_d + a_d \quad (1 \leq i \leq d-1) \tag{6.6}$$

が成り立つ．また明らかに $a_0 = 0$, $c_1 = 1$ である．以下条件 (6.4) から条件 (6.3) が導かれることを見る．

条件 (6.4) を仮定する．R_i の隣接行列を A_i とする：

$$A_i(x,y) = \begin{cases} 1 & \partial(x,y) = i \text{ のとき,} \\ 0 & \text{それ以外のとき.} \end{cases} \tag{6.7}$$

条件 (6.4) を A_i の言葉で書くと，距離関数 $\partial(x,y)$ の三角不等式より

(i) $$A_1A_j = b_{j-1}A_{j-1} + a_jA_j + c_{j+1}A_{j+1} \quad (0 \le j \le d),$$

$b_{i-1}c_i \neq 0$ $(1 \le i \le d)$ となる．ただし b_i, a_i, c_i は (6.5) のとおりであり，b_{-1} は不定元，$c_{d+1} = 1$, $A_{-1} = 0$, $A_{d+1} = 0$ とする．i 次の多項式 $v_i(x)$ $(0 \le i \le d+1)$ を 3 項漸化式

$$xv_j(x) = b_{j-1}v_{j-1}(x) + a_jv_j(x) + c_{j+1}v_{j+1}(x) \tag{6.8}$$

によって定める．ただし $v_{-1}(x) = 0$, $v_1(x) = 1$ とする．すると

(ii) $$A_i = v_i(A_1) \quad (0 \le i \le d)$$

が成り立つ．(ii) より

$$J = v_0(A_1) + v_1(A_1) + v_2(A_1) + \cdots + v_d(A_1) \tag{6.9}$$

が成り立つ．ここで，J は各成分が 1 の行列である．$v_0(A_1) = I, v_1(A_1), v_2(A_1), \ldots,$ $v_d(A_1)$ は 1 次独立，したがって $A_1^0 = I, A_1, A_1^2, \ldots, A_1^d$ も 1 次独立である．A_1 は次数 k のグラフ Γ の隣接行列なので A_1 の行和は k であり，したがって $(A_1 - kI)J = 0$ が成り立つ．ゆえに

$$(x-k)(v_0(x) + v_1(x) + v_2(x) + \cdots + v_d(x)) \tag{6.10}$$

は A_1 の最小多項式（の定数倍）である．特に A_1 の最小多項式の次数は $d+1$ である．以上の議論において (ii) の多項式 $v_i(x)$ が i 次の多項式であるという条件しか必要でないことに注意する．このことは後に P-多項式スキームの定義の仕方に関わってくるので大切である．$v_i(x)$ が (6.8) で与えられることを用いれば $v_{d+1}(A_1) = 0$ は明らかであるから，A_1 の最小多項式の次数が $d+1$ であることは直ちにわかる．実際 $v_{d+1}(x)$ は (6.10) の多項式と一致する．$\mathfrak{A}$ を A_1 で生成される $M_X(\mathbb{C})$ の部分代数とする．A_1 の最小多項式の次数は $d+1$ であるから，$\mathfrak{A}$ の次元は $d+1$ であり，$\{A_i = v_i(A_1) \mid 0 \le i \le d\}$ は $\mathfrak{A}$ の基底である．したがって

(iii) $$A_iA_j = \sum_{k=0}^{d} p_{i,j}^k A_k$$

が成り立つような非負整数 $p_{i,j}^k$ が存在する．(6.7) で定義したように A_i は R_i の隣接行列であるから (iii) と (6.3) は同値である．したがって (6.4) から (6.3) が導き出され

る．組合せ論的条件 (6.4), (6.3) は代数的条件 (i), (iii) にそれぞれ対応し，代数的には (i) $\Longrightarrow$ (ii) $\Longrightarrow$ (iii) $\Longrightarrow$ (i) が成立するからである．

組合せ論的条件 (6.3) あるいはそれと同値な代数的条件 (iii) は $\mathfrak{X} = (X, \{R_i\}_{0 \le i \le d})$ が対称なアソシエーションスキームであることを意味する．すなわち組合せ論的条件 (6.4) あるいはそれと同値な代数的条件 (i) で定義された距離正則グラフから対称なアソシエーションスキーム (iii) が生じる．(iii) の交叉数は，(6.7) の隣接行列を定める距離関数 $\partial(x, y)$ の三角不等式より，$i, j, k \in \{0, 1, \ldots, d\}$ に対して

$$\text{(iii)}' \qquad p^k_{i,j} \begin{cases} = 0 & (i < |k-j| \text{ または } i > k+j \text{ のとき}) \\ \neq 0 & (i = |k-j| \text{ または } i = k+j \text{ のとき}), \end{cases}$$

を満たす．(i) の交叉数は，$j, k \in \{0, 1, \ldots, d\}$ に対し

$$\text{(i)}' \qquad p^k_{1,j} \begin{cases} = 0 & (1 < |k-j| \text{ のとき}) \\ \neq 0 & (1 = |k-j| \text{ のとき}), \end{cases}$$

を満たす．対称なアソシエーションスキーム $\mathfrak{X} = (X, \{R_i\}_{0 \le i \le d})$ が条件 (i)′ を満たすと仮定する．(i) から (ii) を導いたのと同じ議論で

$$\text{(ii)}' \qquad A_i \text{ は } A_1 \text{ の } i \text{ 次の多項式} \quad (0 \le i \le d)$$

が成り立つ．(ii)′ から明らかに，$i, j, k \in \{0, 1, \ldots, d\}$ に対して

$$\text{(iii)}'' \qquad p^k_{i,j} \begin{cases} = 0 & (i + j < k \text{ のとき}), \\ \neq 0 & (i + j = k \text{ のとき}), \end{cases}$$

が従う．一方 $k_\gamma p^\gamma_{\alpha,\beta} = k_\beta p^\beta_{\gamma,\alpha} = k_\alpha p^\alpha_{\beta,\gamma}$（第2章命題 2.17）であるので，(iii)″ から (iii)′ が従う．したがって (i)′ $\Rightarrow$ (ii)′ $\Rightarrow$ (iii)′ $\Rightarrow$ (i)′ が成り立つ．対称なアソシエーションスキーム $\mathfrak{X} = (X, \{R_i\}_{0 \le i \le d})$ は，$\{R_i\}_{0 \le i \le d}$ 達のある並べ方 $R_0, R_1, \ldots, R_d$ に関して前述の条件 (i)′, (ii)′, (iii)′ のうちの一つを満たすときに P-多項式スキームという．このとき (ii)′ の i 次の多項式は (6.8) で与えられる多項式 $v_i(x)$ であり，A_1 の最小多項式は $v_{d+1}(x)$（の定数倍）である．また $v_{d+1}(x)$ は (6.10) の多項式 $(x-k)(v_0(x) + v_1(x) + \cdots + v_d(x))$ と一致する．

以上のようにして距離正則グラフから P-多項式スキームが生じる．逆に $\mathfrak{X} = (X, \{R_i\}_{0 \le i \le d})$ を $\{R_i\}_{0 \le i \le d}$ 達の並べ方 $R_0, R_1, \ldots, R_d$ に関する P-多項式スキームとすると，グラフ $\Gamma = (X, R_1)$ において，R_i が (6.1) で与えられる（距離 i の関係となる）ことは (i)′ より明らかである．したがって Γ は距離正則グラフである．この意

味で距離正則グラフとP-多項式スキームはしばしば同一視される．P-多項式スキームの定義には，Terwilliger 代数の枠組みによるもう一つの定義がある．Terwilliger 代数が登場するのは 1992 年の論文 [458, 459, 460] であるが，Terwilliger はこの代数の構想を 80 年代後半から温めていた．[58] の影響による構想であり，Terwilliger は [58] をこう読んだという解答のようなものが [458] と言ってよいのではないかと思う．Terwilliger 自身は Terwilliger 代数のことを **subconstituent algebra** と呼んでいる．Terwilliger が興味を抱いたのは距離正則グラフあるいはP-かつ Q-多項式スキームであり，それを調べるために subconstituent algebra を考え出したと言ってよい．そしてそのことがこの理論の成功の鍵であったと思われる．subconstituent algebra の概念は自然であり，それ以前にも何人かの人達がそれに類したことを考えたに違いないが，距離正則グラフあるいはP-かつ Q-多項式スキームという対象を欠いていたために，理論として実りあるものとはならず日の目を見なかったのだと思われる．

次に $\mathfrak{X} = (X, \{R_i\}_{0 \le i \le d})$ を対称なアソシエーションスキームとし $\mathfrak{X}$ の Terwilliger 代数の復習をしておこう．関係 R_i の隣接行列を A_i とし，ボーズ・メスナー代数 $\mathfrak{A}$ の標準加群を $V = \bigoplus_{x \in X} \mathbb{C}x$ とする．基点 $x_0 \in X$ を固定して，

$$V_i^* = V_i^*(x_0) = \bigoplus_{x \in \Gamma_i(x_0)} \mathbb{C}x \tag{6.11}$$

とおく．ここで $\Gamma_i(x_0) = \{x \in X \mid (x_0, x) \in R_i\}$ である．直和分解 $V = \sum_{j=0}^{d} V_j^*$ の定める V_i^* への射影を

$$E_i^* = E_i^*(x_0):\ V \longrightarrow V_i^* \tag{6.12}$$

とおく．$\{E_i^* \mid 0 \le i \le d\}$ で生成される $\mathrm{End}(V)$ の部分代数

$$\mathfrak{A}^* = \mathfrak{A}^*(x_0) = \langle E_0^*, E_1^*, \ldots, E_d^* \rangle \tag{6.13}$$

を**双対ボーズ・メスナー代数**といい，$\{\mathfrak{A}^*, \mathfrak{A}\}$ で生成される $\mathrm{End}(V)$ の部分代数

$$T = T(x_0) = \langle \mathfrak{A}^*, \mathfrak{A} \rangle \tag{6.14}$$

を Terwilliger 代数と定義したのであった．第 2 章の系 2.37 により

$$p_{\alpha,\beta}^{\gamma} = 0 \Longleftrightarrow E_\alpha^* A_\beta E_\gamma^* = 0 \tag{6.15}$$

が成り立つ．したがって条件 (i)$'$ は $p_{1,j}^k = p_{j,1}^k$ に注意すれば

(iv)
$$E_j^* A E_k^* \begin{cases} = 0 & (1 < |k-j| \text{ のとき}), \\ \neq 0 & (1 = |k-j| \text{ のとき}), \end{cases}$$

と同値である．ここで $A = A_1$ である．すなわち (iv) を $\mathfrak{X}$ が P-多項式スキームであることの第4番目の定義としてもよい．$V_i^* = E_i^* V$ であるから，P-多項式スキームにおいては

$$AV_i^* \subseteq V_{i-1}^* + V_i^* + V_{i+1}^* \quad (0 \leq i \leq d) \tag{6.16}$$

が成り立つ．ただし $V_{-1}^* = V_{d+1}^* = 0$ とする．これを距離正則グラフの定義の (6.5) あるいは (i) と比べれば，内容は同じであるが，$\mathfrak{A}$ から T の表現論へと枠組みがはっきり移行していることがわかる．

以下 $\mathfrak{X} = (X, \{R_i\}_{0 \leq i \leq d})$ を P-多項式スキームとする．$\mathfrak{X}$ のボーズ・メスナー代数 $\mathfrak{A} = \langle A_0, A_1 \ldots, A_d \rangle$ について，いくつかの事柄を本章1.4小節において直交多項式の枠組みの中でより形式的に見直すことになる．そのために，ここで，その観点からの復習をしておく．R_i の隣接行列 A_i は (6.8) の多項式 $v_i(x)$ により (ii) の式 $A_i = v_i(A_1)$ によって与えられている．$\mathfrak{A}$ の標準加群 $V = \bigoplus_{x \in X} \mathbb{C}x$ は A_1 の固有空間 V_i 達の直和に分解する：

$$V = \bigoplus_{i=0}^{d} V_j, \quad A_1|_{V_i} = \theta_i. \tag{6.17}$$

A_1 は実対称行列であるので，固有値 θ_i $(0 \leq i \leq d)$ は実数であることに注意する．この直和分解が定める V_i への射影を E_i：$V \longrightarrow V_i$ とすれば

$$E_i = \prod_{j \neq i} \frac{A_1 - \theta_j}{\theta_i - \theta_j} \tag{6.18}$$

が成り立つ．$\mathfrak{A}$ は二つの基底 $\{A_0, A_1, \ldots, A_d\}$ と $\{E_0, E_1, \ldots, E_d\}$ を持つ．これらの基底の間の変換行列（第1固有行列）を $P = (P_j(i))$ とする：

$$A_j = \sum_{i=0}^{d} P_j(i) E_i. \tag{6.19}$$

すなわち $P_j(i)$ は A_j の V_i における固有値である．A_1 の V_i における固有値は $P_1(i) = \theta_i$ であり，$A_j = v_j(A_1)$ であるから

$$P_j(i) = v_j(\theta_i) \tag{6.20}$$

が成り立つ．ここで

$$k_i = |\Gamma_i(x_0)| \tag{6.21}$$

とおく．ただし $\Gamma_i(x_0) = \{x \in X \mid (x_0, x) \in R_i\}$ である．k_i は隣接行列 A_i の行和である．第2章の命題2.21により $k_i = P_i(0)$ であるから (6.20) より

$$k_i = v_i(\theta_0) \tag{6.22}$$

が成り立つ．特に距離正則グラフ $\Gamma=(X,R_1)$ の次数を k とすれば

$$k=k_1=\theta_0 \tag{6.23}$$

である．次に m_i を固有値 θ_i の A_1 における重複度とする：

$$m_i=\dim V_i=\operatorname{tr}E_i. \tag{6.24}$$

第 2 章の定理 2.22 の指標の第 1 直交関係，第 2 直交関係を (6.20) を用いて書くと

$$\sum_{\nu=0}^{d} v_\nu(\theta_i)v_\nu(\theta_j)\frac{1}{k_\nu}=\delta_{i,j}\frac{n}{m_i} \tag{6.25}$$

$$\sum_{\nu=0}^{d} v_i(\theta_\nu)v_j(\theta_\nu)m_\nu=\delta_{i,j}nk_i \tag{6.26}$$

が成り立つ．ただし $n=|X|=\sum_{i=0}^{d}k_i=\sum_{i=0}^{d}m_i$ である．ここで $P_j(i)=v_j(\theta_i)$ は実対称行列 A_j の固有値であるから，実数であることに注意する．(6.25) において $i=j$ とし m_i について書き直すと次の Biggs の重複度公式を得る．

6.1 ［定理］（重複度公式）

$$m_i=\frac{n}{\sum_{\nu=0}^{d}v_\nu(\theta_i)^2/k_\nu}. \tag{6.27}$$

ボーズ・メスナー代数 $\mathfrak{A}$ の正則表現 $\mathfrak{A}\longrightarrow \operatorname{End}(\mathfrak{A})$ を $\mathfrak{A}$ の基底 $A_0,A_1,\ldots,A_d$ に関して行列表示したものを

$$\rho\colon\ \mathfrak{A}\longrightarrow M_{d+1}(\mathbb{C})\cong \operatorname{End}(\mathfrak{A}) \tag{6.28}$$

とおく．$\rho(A_i)={}^tB_i$ とおき，B_i を A_i の交叉数行列というのであった（第 2 章 5 節参照）．$A_iA_j=\sum_{k=0}^{d}p_{i,j}^kA_k$ であるから ${}^tB_i$ の (k,j) 成分は $p_{i,j}^k$ である．$\mathfrak{B}=\langle B_0,B_1,\ldots,B_d\rangle$ とおくと，$\mathfrak{A}$ は可換であるので対応 $A_i\mapsto B_i$ により

$$\mathfrak{A}\cong\mathfrak{B}\quad \text{（代数として同型）}$$

である．$B={}^tB_1$ とおくと，(i) より B は既約な 3 重対角行列

$$B=\begin{bmatrix} a_0 & b_0 & & & \\ c_1 & a_1 & b_1 & & \text{\Large 0} \\ & \ddots & \ddots & \ddots & \\ & & c_{d-1} & a_{d-1} & b_{d-1} \\ \text{\Large 0} & & & c_d & a_d \end{bmatrix}, \tag{6.29}$$

$b_{i-1}c_i \neq 0$ $(1 \leq i \leq d)$ である．A_1 と $B = {}^tB_1$ の最小多項式は一致しそれは (6.10) で与えられる $d+1$ 次の多項式であるから，B は $d+1$ 個の相異なる固有値 $\theta_0, \theta_1, \ldots, \theta_d$ を持つ．特に B は対角化可能である．また (6.6), (6.23) より B の行和は θ_0 で一定である．このような B，すなわち対角化可能な既約 3 重対角行列で行和が一定であるものは本章 1.4 小節で改めてとりあげられる．(6.21) の $k_i = |\Gamma_i(x_0)|$ は $k_{i-1}b_{i-1} = k_ic_i$ を満たすから

$$k_i = \frac{b_{i-1}}{c_i}k_{i-1} = \frac{b_0b_1\cdots b_{i-1}}{c_1c_2\cdots c_i} \quad (0 \leq i \leq d) \tag{6.30}$$

で与えられる．したがって $\{k_i\}_{i=0}^d$ は B のみによって定まる．また多項式 $\{v_i(x)\}_{i=0}^d$ は (6.8) により B にのみ依存し，$\{\theta_i\}_{i=0}^d$ も B の相異なる固有値である．以上のことより定理 6.1 の (6.27) により定まる重複度 $\{m_i\}_{i=0}^d$ も B にのみ依存して定まる定数である．

(6.29) の既約な 3 重対角行列 B が距離正則グラフの交叉数行列 ${}^tB_1$ に一致するためには，対角化可能かつ行和一定で，(6.27) の m_i $(0 \leq i \leq d)$ と (6.30) の k_i $(0 \leq i \leq d)$ が正の整数であることが必要である．この必要条件を**適合条件** (feasibility condition) と呼び，適合条件を満たす B を**可適** (feasible) という．既約な 3 重対角行列 B が距離正則グラフの交叉数行列（の転置行列）になるための必要条件はこの他にも様々ある ([91, 110, 449, 451])．これらの条件（あるいはその一部）も適合条件と呼ばれることがあり，適合条件が具体的に何を指すかは教科書によって異なる．次の命題でとりあげる条件はそれらのうちでよく用いられる代表的なものである．

6.2［命題］　距離正則グラフ $\Gamma = (X, R)$ の交叉数行列は次の (1)〜(4) を満たす．

(1) $k = b_0 \geq b_1 \geq \cdots \geq b_{d-1}$.
(2) $1 = c_1 \leq c_2 \leq \cdots \leq c_d$.
(3) $i + j \leq d$ であれば $c_i \leq b_j$.
(4) $a_1 \neq 0$ であれば $a_i \neq 0$ $(2 \leq i \leq d-1)$ が成り立つ．

注意：Terwilliger 代数 T が 1-thin であると仮定する．すなわち，endpoint 1 の既約 T-加群がすべて thin であると仮定する（2 節注意 6.27 参照）．このとき，$a_1 = 0$ であれば $a_i = 0$ $(2 \leq i \leq d-1)$ が成り立つ [165, 167].

上記命題の証明の準備として距離正則グラフ $\Gamma = (X, R)$ の**距離分布図（distance distribution diagram）**を定義する．距離 1 の 2 点 $x, y \in X$ を固定する．この 2 点 x, y と $i, j \in \{0, 1, \ldots, d\}$ に対して

$$D_i^j = \Gamma_i(x) \cap \Gamma_j(y) = \{z \in X \mid \partial(x, z) = i, \partial(y, z) = j\} \tag{6.31}$$

とおく．D_i^j が空集合でなければ明らかに $|j-i| \leq 1$ である（この不等式が成立しても空集合になる場合もある）．D_i^j の点と D_k^ℓ の点の間に辺が存在するのは D_i^j と D_k^ℓ が空でなく，かつ $|j-\ell| \leq 1, |i-k| \leq 1$ が成り立っている場合に限られる（この不等式が成立しても辺が存在しないこともある）．頂点集合を $\{D_i^j \mid |j-i| \leq 1\}$ とし辺集合を $\{D_i^j D_k^\ell \mid |j-\ell| \leq 1, |i-k| \leq 1\}$ とする無向グラフを距離分布図と呼ぶ．

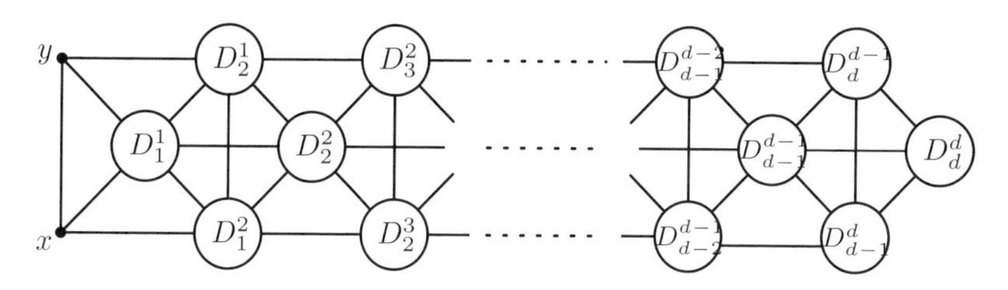

6.3［補題］　D_i^{i-1} $(1 \leq i \leq d)$ は空集合ではない．任意の点 $z \in D_i^{i-1}$ から D_{i+1}^i へ b_i 個の辺が出ており，任意の点 $z \in D_{i+1}^i$ から D_i^{i-1} へ c_i 個の辺が出ている．同様に D_{i-1}^i $(1 \leq i \leq d)$ は空集合ではなく，D_{i-1}^i の任意の点から D_i^{i+1} へ b_i 個の辺が出ており，D_i^{i+1} の任意の点から D_{i-1}^i へ c_i 個の辺が出ている．

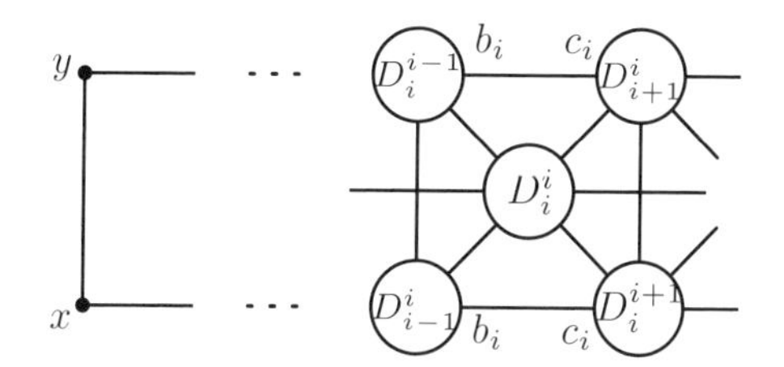

証明　i に関する帰納法を用いる．$i=1$ のとき，$D_1^0 = \{y\}$ は空ではない．x を基点とすれば $D_1^0 \subset \Gamma_1(x)$ であり $z = y \in D_1^0$ から $\Gamma_2(x)$ へは b_1 個の辺が出ているが，$\Gamma_2(x) = D_2^1 \cup D_2^2 \cup D_2^3$ であるからこれらの辺はすべて D_2^1 に終点を持つ．したがって $z \in D_1^0$ から D_2^1 へ b_1 個の辺が出ている．次に D_i^{i-1} は空集合ではなく，D_i^{i-1} の任意の点から D_{i+1}^i へ b_i 個の辺が出ていると仮定する．$b_i \neq 0$ であるから，D_{i+1}^i 空集合ではない．x を基点とすれば $z \in D_{i+1}^i \subset \Gamma_{i+1}(x)$ であり z から $\Gamma_{i+2}(x)$ へ b_{i+1} 個の辺が出ているが，$\Gamma_{i+2}(x) = D_{i+2}^{i+1} \cup D_{i+2}^{i+2} \cup D_{i+2}^{i+3}$ であるからこれらの辺はすべて D_{i+2}^{i+1} に終点を持つ．したがって $z \in D_{i+1}^i$ から D_{i+2}^{i+1} へ b_{i+1} 個の辺が出ている．補題の残りの主張も同様にして証明される．■

命題 6.2 の証明　(1) 点 $z \in D_i^{i-1}$ を固定すると，補題 6.3 より z から D_{i+1}^i へ b_i 個の辺が出ている．一方 y を基点とすると $z \in D_i^{i-1} \subset \Gamma_{i-1}(y)$ であり，z から D_{i+1}^i

へ向かう b_i 個の辺は z から $\Gamma_i(y)$ へ向かう b_{i-1} 個の辺の一部である．したがって $b_{i-1} \geq b_i$ を得る．同様にして (2) $c_i \leq c_{i+1}$ を得る．

(3) 補題 6.3 より，Γ における路 $y_0 = y, y_1, \ldots, y_{d-1}$ で $y_{i-1} \in D_i^{i-1}$ $(1 \leq i \leq d)$ なるものを選ぶことができる．$y_{i-1} \in \Gamma_{i-1}(y_0)$ であることに注意する．y_d として，y_{d-1} から $\Gamma_d(y_0) = D_{d-1}^d \cup D_d^d$ へ向かう辺の終点の一つを任意に選ぶ．このとき $\partial(y_0, y_d) = d$ であるから，$\partial(y_i, y_j) = |i-j|$ $(i, j = 0, 1, \ldots, d)$ が成り立つ．補題 6.3 により $y_i \in D_{i+1}^i$ から D_i^{i-1} へ c_i 個の辺が向かっているが，$\partial(y_d, y_i) = d - i$ であるから y_d を基点とすれば $y_i \in \Gamma_{d-i}(y_d)$ であり，これらの辺の終点は $\Gamma_{d-i+1}(y_d)$ に含まれることが距離分布図から容易に読みとれる．したがって $b_{d-i} \geq c_i$ を得る．$i + j \leq d$ なら (1) を用いて $b_j \geq b_{d-i} \geq c_i$ を得る．

(4) 上記 (3) の証明における路 $y_0 = y, y_1, \ldots, y_{d-1}$ を用いる．$a_1 \neq 0$ より辺 $y_{i-1}y_i$ の上に立つ三角形が存在するから，そのうちの一つを選び $y_{i-1}y_iw$ とする．頂点 w は y_{i-1}, y_i に隣接し，$y_{i-1} \in D_i^{i-1}$，$y_i \in D_{i+1}^i$ であるから，距離分布図より $w \in D_i^{i-1} \cup D_i^i \cup D_{i+1}^i$ でなければならない．もし $w \in D_i^{i-1} \cup D_i^i$ であれば x を基点として辺 $y_{i-1}w$ は $\Gamma_i(x)$ に属する．したがって $a_i \neq 0$ となる．もし $w \in D_{i+1}^i$ であれば y を基点として辺 y_iw は $\Gamma_i(y)$ に属する．したがって $a_i \neq 0$ となる．　■

交叉数 $p_{i,j}^\ell$ が非負整数であること，Krein 数 $q_{i,j}^\ell$ が非負実数であることも適合条件と呼んでよい．第 2 章定理 2.23 および定理 2.22 (3)，(6.20) より

$$p_{i,j}^\ell = \frac{1}{k_\ell |X|} \sum_{\nu=0}^{d} m_\nu v_i(\theta_\nu) v_j(\theta_\nu) v_\ell(\theta_\nu), \tag{6.32}$$

$$q_{i,j}^\ell = \frac{m_i m_j}{|X|} \sum_{\nu=0}^{d} \frac{1}{k_\nu^2} v_\nu(\theta_i) v_\nu(\theta_j) v_\nu(\theta_\ell) \tag{6.33}$$

であるから，(6.32), (6.33) の右辺は距離正則グラフの交叉数行列のみに依存して定まる定数である．したがって (6.32) の右辺が非負の整数であること，また (6.33) の右辺が非負の実数であることは，(6.29) の既約な 3 重対角行列 B が距離正則グラフの交叉数行列（の転置行列）になるための必要条件である．このように適合条件と呼び得るものには様々なものがあるが，通常は適合条件という用語を狭い意味で用い，(6.27) の m_i が整数になるという条件のみを指すことが多い．第 1 章 2 節の Moore グラフの非存在証明は，この狭い意味での適合条件 (6.27) によっている．m_i が整数になるという適合条件を用いる手法は，Feit-Higmann の generalized polygon の研究 [179]，D. G. Higman の置換群の研究 [205] により確立され，Bannai-Ito [57]，Damerell [151]

の Moore グラフの研究，Biggs の教科書 [91] 以降普及し，現在では標準的に用いられるようになっている．これらの研究の先には，直径の十分大きな距離正則グラフの分類という遥かなる目標がある．距離正則グラフの分類問題は，非常におおざっぱに言うと次の二つの部分に分かれる：

(A) 距離正則グラフのパラメーターの可能性の絞り込み．
(B) パラメーターによる距離正則グラフの特徴付け．

現時点の最新情報は van Dam-Koolen-Tanaka [150] のサーヴェイ論文を参照されたい．

最近 Bannai-Ito 予想（[58, 237 頁]）が解かれた [19]．

Bannai-Ito 予想　Γ を距離正則グラフとし，Γ の次数を k，直径を d とする ($k \geq 3$)．このとき Γ によらない k の関数 $f(k)$ が存在して $d \leq f(k)$ が成り立つ．特に次数 $k \geq 3$ を固定すると，その次数を持つ距離正則グラフは有限個しか存在しない．

詳しくは [59, 2 節]，および [19] を参照のこと．現在この予想が Bannai-Ito 予想と呼ばれているのは，この予想への本格的挑戦が Bannai-Ito による一連の論文 "On distance-regular graphs with fixed valency I, II, III, IV" ([61, 62, 60, 63]) によって始まったからであり，予想自体は 1970 年代にすでに Biggs [94] の中にあったと思われる（Terwilliger [448] 参照）．同じ予想が距離可移グラフに対してもあり，有限単純群の分類を用いて 1980 年代初頭に Cameron [118]，Cameron-Praeger-Saxl-Seitz [119] により解決されている．（有限単純群の分類を用いない証明は，その後 Weiss [499] により得られている．）距離可移グラフから距離正則グラフに対象を移すことにより，この予想に対する研究の様相がどのように変わってくるかは [59, 2 節] に詳しい解説がされている．

Bannai-Ito 予想の距離正則グラフに対する研究手法には二つの流れがある．一つは固有値の重複度による手法で，Ito [240] を源流として [61, 62, 60, 63] を経て [19] につながる流れであり，もう一つは距離分布図を用いる手法で，[251] を源流として [93] を経て Hiraki の一連の研究 [211, 212, 213, 214, 215, 216, 217, 218] へとつながる流れである．固有値の重複度による手法は [19] で一応の頂点に達した感があるが，距離分布図を用いる手法は，Hiraki の仕事の先にまだまだ様々な展開があるのではないかと思われる．

1.2 Q-多項式スキーム再訪

4節でP-かつQ-多項式スキームを取り扱うことを踏まえ，前小節におけるP-多項式スキームの取り扱いにならって，ここでQ-多項式スキームの定義をを簡単に復習しておく．特にTerwilliger代数による定義が後に重要な役割を担う．$\mathfrak{X}=(X,\{R_i\}_{0\le i\le d})$を対称なアソシエーションスキームとし，$\mathfrak{X}$のボーズ・メスナー代数$\mathfrak{A}$の原始ベキ等元を$E_0,E_1,\ldots,E_d$とする．第2章3節$(4'')$により，$\mathfrak{A}$のHadamard積に関して

$$E_i\circ E_j=\frac{1}{|X|}\sum_{k=0}^{d}q_{i,j}^kE_k$$

が成り立っている．ここでKrein数$q_{i,j}^k$は非負の実数であることに注意する（定理2.26，系2.37）．このとき$q_{i,j}^k$に関する以下の条件(i)′, (ii)′, (iii)′は同値であり，これらの同値な条件を満たす対称なアソシエーションスキームをQ-多項式スキームという．同値性の証明は，行列の通常の積をHadamard積に読み換え，交叉数$p_{i,j}^k$をKrein数$q_{i,j}^k$に読み替えれば，前の1.1小節のものがそのまま通用する．

(i)′
$$q_{1,j}^k\begin{cases}=0 & (1<|k-j|\text{ のとき}),\\ \neq 0 & (1=|k-j|\text{ のとき}).\end{cases}$$

(ii)′　E_iはHadamard積に関してE_1のi次の多項式$(0\le i\le d)$.

(iii)′
$$q_{i,j}^k\begin{cases}=0 & (i<|k-j|\text{ または }i>k+j\text{ のとき}),\\ \neq 0 & (i=|k-j|\text{ または }i=k+j\text{ のとき}).\end{cases}$$

ここで$b_i^*=q_{1,i+1}^i$, $a_i^*=q_{1,i}^i$, $c_i^*=q_{1,i-1}^i$, とおけば，(i)′は

(i)
$$E_1\circ E_j=\frac{1}{|X|}(b_{j-1}^*E_{j-1}+a_j^*E_j+c_{j+1}^*E_{j+1})\quad(0\le j\le d) \tag{6.34}$$

$b_{i-1}^*c_i^*\neq 0$ $(1\le i\le d)$と書き変えられることに注意する．ただしb_{-1}^*は不定元，$c_{d+1}^*=1$，$E_{-1}=0$，$E_{d+1}=0$とする．また$m=b_0^*=q_{1,1}^0$とおくと

$$m=a_0^*+b_0^*=c_i^*+a_i^*+b_i^*=c_d^*+a_d^*\quad(1\le i\le d-1) \tag{6.35}$$

が成り立っていることに注意する（命題2.24）．

P-多項式スキームとQ-多項式スキームの双対性については，後の1.4小節において直交多項式の観点からもう一度とり上げる．

ここでは Terwilliger 代数の枠組で P-多項式スキームと Q-多項式スキームの双対性を見ておく．アソシエーションスキーム $\mathfrak{X}$ の双対ボーズ・メスナー代数を $\mathfrak{A}^*$ とし，$\mathfrak{A}^*$ の原始べキ等元を $E_0^*, E_1^*, \ldots, E_d^*$ とする．第 2 章 6 節のように

$$A_i^* = \sum_{\alpha=0}^{d} Q_i(\alpha) E_\alpha^*$$

とおく．ただし $Q_i(\alpha)$ は $\mathfrak{X}$ の第 2 固有行列の (α, i) 成分である．$\mathfrak{X}$ の標準加群を $V = \bigoplus_{x\in X} \mathbb{C}x$ とし，ボーズ・メスナー代数 $\mathfrak{A}$ の原始べキ等元を E_i とし，E_i による V の像を V_i とおく $(0 \leq i \leq d)$：$V = \bigoplus_{i=0}^{d} V_i$，$V_i = E_i V$．$A^* = A_1^*$ とおく．このとき，対称なアソシエーションスキーム $\mathfrak{X}$ が Q-多項式スキームであることは，

$$A^* V_i \subset V_{i-1} + V_i + V_{i+1} \qquad (0 \leq i \leq d)$$

が成り立つことと同値である（ただし $V_{-1} = V_{d+1} = 0$）．より正確に言うと，Q-多項式スキームとなるための条件 (i)$'$ は

(iv) $$E_j A^* E_k \begin{cases} = 0 & (1 < |k-j| \text{ のとき}) \\ \neq 0 & (1 < |k-j| \text{ のとき}) \end{cases}$$

と同値である（これは系 2.37 より直ちに従う）．前小節において，P-多項式スキームであることの第 4 番目の定義として

$$A V_i^* \subset V_{i-1}^* + V_i^* + V_{i+1}^* \quad (0 \leq i \leq d)$$

を採用した（ただし $V_{-1}^* = V_{d+1}^* = 0$）．より正確に言えば

$$E_j^* A E_k^* \begin{cases} = 0 & (1 < |k-j| \text{ のとき}) \\ \neq 0 & (1 = |k-j| \text{ のとき}) \end{cases}$$

を採用した．この双対にあたるのが，上に与えた Q-多項式スキームであるための条件 (iv) である．

P-多項式スキームには，前の 1.1 小節で見たようにグラフ論的な解釈（距離正則性）があった．Q-多項式スキームに対してグラフ理論的な解釈は知られていない．Q-多項式スキームの出自が，コード理論の双対としてのデザイン理論（Delsarte 理論）にあったことを思い起こせば Q-多項式スキームをグラフ論的にとらえることにはそもそも無理があると思われる．Q-多項式スキームは球表現を通して球面上の幾何と自然に結びついており，球表現を介して様々の組合せ論的対象から Q-多項式スキームが生じるこ

とが知られている．例えば，球面上のタイトなデザイン，あるいはそれに近いものから Q-多項式スキームが生じる（例として定理 5.19）．第2章11節の議論により，球表現の均衡条件が（P-多項式スキームが）Q-多項式スキームとなるための条件を与えることは重要である．この議論は次節のL対の分類理論において，TD 関係式を導くための論証の原型をなしている．

第2章5節で見たように，アダマール積に関する代数 $\mathfrak{A}^\circ$ の正則表現 $\mathfrak{A}^\circ \longrightarrow \mathrm{End}(\mathfrak{A}^\circ)$ を $\mathfrak{A}^\circ$ の基底 $|X|E_0, |X|E_1, \ldots, |X|E_d$ に関して行列表示したものを

$$\rho^* : \mathfrak{A}^\circ \longrightarrow M_{d+1}(\mathbb{C}) \cong \mathrm{End}(\mathfrak{A}^\circ)$$

とし，$\rho^*(|X|E_i) = {}^tB_i^*$ とおく．${}^tB_i^*$ の (k,j) 成分は $q_{i,j}^k$ である．B_i^* を双対交叉数行列というのであった．$\mathfrak{B}^* = \langle B_0^*, B_1^*, \ldots, B_d^* \rangle$ とおくと，$\mathfrak{A}^\circ$ は可換なので対応 $|X|E_i \longrightarrow B_i^*$ により

$$\mathfrak{A}^\circ \cong \mathfrak{B}^* \quad 代数として同型$$

である．$B^* = {}^tB_1^*$ とおくと，(6.34) より B^* は既約な3重対角行列

$$B^* = \begin{bmatrix} a_0^* & b_0^* & & & \\ c_1^* & a_1^* & b_1^* & & 0 \\ & \ddots & \ddots & \ddots & \\ 0 & & c_{d-1}^* & a_{d-1}^* & b_{d-1}^* \\ & & & c_d^* & a_d^* \end{bmatrix}, \tag{6.36}$$

$b_{i-1}^* c_i^* \neq 0 \ (1 \leq i \leq d)$ であり，(6.35) より B^* の行和は $m = b_0^*$ で一定である．Krein 数 $q_{i,j}^k$ は非負の実数であるから行列 B^* は実行列であり，$b_{i-1}^* c_i^* > 0 \ (1 \leq i \leq d)$ が成立していることに注意する．特に B^* は対角化可能であり，相異なる $d+1$ 個の実の固有値を持つ（後の 1.4 小節の系 6.8，命題 6.9 参照）．

(6.36) の既約な3重対角行列 B^* が Q-多項式スキームの相対交叉数行列 ${}^tB_1^*$ に一致するためには何が必要であろうか．B^* の**可適性 (feasibility)** と呼ぶべきこの問題は，P-多項式スキームの場合のようには深く研究されていない．Q-多項式それ自体の研究が比較的最近始まったばかりだからである．

以下 (6.36) の既約な3重対角行列 B^* が Q-多項式スキームの相対交叉数行列 ${}^tB_1^*$ に一致すると仮定する．まず $a_0^* = q_{1,0}^0$, $c_1^* = q_{1,0}^1$ より，$a_0^* = 0$, $c_1^* = 1$ でなければならない．またすでに見たように，B^* の行和は $m = b_0^*$ で一定でなければならない．さらに

$$m_i = \frac{b_0^* b_1^* \cdots b_{i-1}^*}{c_1^* c_2^* \cdots c_i^*} \quad (1 \leq i \leq d) \tag{6.37}$$

とおくと，m_i $(1 \leq i \leq d)$ は正の整数でなければならないことが次のようにして確かめられる．

i 次の多項式 $v_i(x)$ $(0 \leq i \leq d+1)$ を 3 項漸化式

$$xv_j^*(x) = b_{j-1}^* v_{j-1}^*(x) + a_j^* v_j^*(x) + c_{j+1}^* v_{j+1}^*(x) \tag{6.38}$$

によって定める．ただし $v_{-1}^*(x) = 0$, $v_0^*(x) = 1$ とし，b_{-1}^* は不定元，$c_{d+1}^* = 1$ とする．B^* は Q-多項式スキームの双対交叉数行列 ${}^tB_1^*$ に一致すると仮定したので，(6.34) より Hadamard 積に関して

$$|X|E_j = v_j^*(|X|E_1) \quad (0 \leq j \leq d)$$

が成り立つ．この式と A_i との Hadamard 積をとることにより，第 2 固有行列の (i, j) 成分 $Q_j(i)$ について

$$Q_j(i) = v_j^*(\theta_i^*), \quad \theta_i^* = Q_1(i) \tag{6.39}$$

を得る（命題 2.31）．$\theta_i^* = Q_1(i)$, $(0 \leq i \leq d)$ は $B^* = {}^t B_1^*$ の固有値であり（命題 2.31），θ_0^* は B^* の Perron-Frobenius 根である（B^* の行和が b_0^* であり，$b_0^* = q_{1,1}^0 = Q_1(0) = \theta_0^*$ であることよりわかる）．したがって特に集合 $\{\theta_i^*\}_{i=0}^d$ および θ_0^* は B^* のみによって定まることに注意する．ここで (6.38) において $i = 0$ とおけば

$$m_j = Q_j(0) = \mathrm{tr}\, E_j \tag{6.40}$$

は正の整数である（命題 2.20，2.21）．(6.39) において $x = \theta_0^*$ とすると (6.39), (6.40) より

$$\theta_0^* m_j = b_{j-1}^* m_{j-1} + a_j^* m_j + c_{j+1}^* m_{j+1} \tag{6.41}$$

が得られる $(0 \leq j \leq d-1)$．ただし $m_{-1} = 0$, $m_0 = 1$．漸化式 (6.41) の解として (6.37) が得られるので（B^* 行和が $b_0^* = \theta_0^*$ であることを用いる），(6.37) の右辺は正の整数である．

次に (6.37) を用いて $n = \sum_{i=0}^d m_i$（ただし $m_0 = 1$）とおき，B^* の固有値 θ_i^* $(0 \leq i \leq d)$，および B^* によって (6.38) から定まる多項式 $v_\nu^*(x)$ $(0 \leq \nu \leq d)$ を用いて

$$k_i = \frac{n}{\sum_{\nu=0}^d v_\nu^*(\theta_i^*)^2 / m_\nu} \tag{6.42}$$

とおくと，k_i $(0 \leq i \leq d)$ は正の整数でなければならないことが以下のようにして確かめられる．

B^* は Q-多項式スキームの双対交叉数行列 ${}^tB_1^*$ に一致すると仮定したので (6.39) が成立していることに注意する．指標の第 2 直交関係（定理 2.22(5)）

$$\sum_{\nu=0}^{d} P_i(\nu)P_j(\nu)m_\nu = \delta_{i,j}|X|k_i$$

を $Q_j(i)/m_j = P_i(j)/k_i$ を用いて書き直すと

$$\sum_{\nu=0}^{d} Q_\nu(i)Q_\nu(j)\frac{1}{m_\nu} = \delta_{i,j}|X|\frac{1}{k_j}$$

である．ただし m_i は (6.40) で与えられ，したがって (6.37) で与えられ，k_i は

$$k_i = P_i(0) = \text{隣接行列 } A_i \text{ の行和} \tag{6.43}$$

で与えられる（命題 2.20，2.21）．さらに (6.39) を用いて，$|X| = \sum_{i=0}^{d} m_i = n$ に注意して，書き直すと，

$$\sum_{\nu=0}^{d} v_\nu^*(\theta_i^*)v_\nu^*(\theta_j^*)\frac{1}{m_\nu} = \delta_{i,j}\frac{n}{k_j} \tag{6.44}$$

が得られる．ここで $i=j$ とすると (6.42) が得られ，k_i は (6.43) より正の整数である．

また定理 2.23 より

$$p_{i,j}^{\ell} = \frac{k_i k_j}{|X|}\sum_{\nu=0}^{d}\frac{1}{{m_\nu}^2}v_\nu^*(\theta_i^*)v_\nu^*(\theta_j^*)v_\nu^*(\theta_\ell^*), \tag{6.45}$$

$$q_{i,j}^{\ell} = \frac{1}{m_\ell|X|}\sum_{\nu=0}^{d} k_\nu v_i^*(\theta_\nu^*)v_j^*(\theta_\nu^*)v_\ell^*(\theta_\nu^*) \tag{6.46}$$

であるから (6.45), (6.46) の右辺は Q-多項式スキームの双対交叉数行列のみに依存して定まる定数である．したがって (6.45) の右辺が非負の整数であること，また (6.46) の右辺が非負の実数であることは (6.36) の既約な 3 重対角行列 B^* が Q-多項式スキームの双対交叉数行列 ${}^tB_1^*$ になるための必要十分条件である．

しかしながらこれらの必要条件が実際にどれ程強い制約であるかはまだよくわかっていない．

P-多項式スキームの交叉数行列に対して命題 6.2 (1)〜(4) が成り立っていたが，その Q-多項式スキーム版は命題 6.2 (4) を除いて期待できない．命題 6.2 (4) の Q-多項式スキーム版として次が成り立つ ([165])．

6.4 [命題]　式 (6.36) で与えられる既約な 3 重対角行列 B^* が Q-多項式スキームの相対交叉数行列 ${}^tB_1^*$ に一致したとする．このとき $a_1^* \neq 0$ であれば $a_i^* \neq 0$ $(2 \leq i \leq d-1)$ が成り立つ．

注意：Terwilliger 代数 T が dual 1-thin であると仮定する．すなわち，dual endpoint 1 の既約 T 加群がすべて thin であると仮定する (2 節注意 6.27 参照)．このとき $a_1^* = 0$ であれば $a_i^* = 0$ $(2 \leq i \leq d-1)$ が成り立つ [165, 167].

命題 6.2 (1)〜(3) の主張を弱くして，その Q-多項式版を考えることにより次の予想に行き着く．

(1) Bannai-Ito の予想 ([58, III-1])：ある i $(1 \leq i \leq d)$ が存在して次が成り立つ．

$$m_0 = 1 < m_1 \leq m_2 \leq \cdots \leq m_i \geq m_{i+1} \geq \cdots \geq m_d.$$

(2) D. Stanton の予想：$i < \frac{d}{2}$ に対して次が成り立つ．

$$m_i \leq m_{i+1} \text{ かつ } m_i \leq m_{d-i}.$$

明らかに予想 (2) は (1) よりも強い予想である．予想 (2) への条件付アプローチについては [401, 382] を参照されたい．

距離正則グラフに対する Bannai-Ito 予想（本章 1.1 小節参照）の双対命題として，Q-多項式スキームに対して次の定理が成立する．

6.5 [定理] ([327]) 対称なアソシエーションスキーム $\mathfrak{X} = (X, \{R_i\}_{0 \leq i \leq d})$ が原始ベキ等元の順序 $E_0, E_1, \ldots, E_d$ に関して Q-多項式スキームをなすとする．$m = \mathrm{rank}(E_1)$ とおき，$m \geq 3$ を仮定する．このとき $\mathfrak{X}$ によらない m の関数 $f(m)$ が存在して $d \leq f(m)$ が成り立つ．特に $m \geq 3$ を固定すると，$\mathrm{rank}(E_1) = m$ となる Q-多項式スキームは有限個しか存在しない．

論文 [327] では，Q-多項式スキーム $\mathfrak{X}$ の最小分解体が有理数体上高々 2 次であることをまず示しており，このことが上の定理の証明の鍵となる．なお $\mathfrak{X}$ の最小分解体とは，$\mathfrak{X}$ の第 1 固有行列 P の成分 $P_j(i)$ をすべて有理数体に添加して得られる体のことである．

1.3 P-多項式スキームと Q-多項式スキーム

この小節では P-多項式スキームと Q-多項式スキームの各々に対して押さえておきたい事柄を証明抜きでもう少し付け加えておく．詳しいことは文献を参照されたい．

非原始的 P-多項式スキーム

$\mathfrak{X} = (X, \{R_i\}_{0 \le i \le d})$ を P-多項式スキームとする．R_i の隣接行列を A_i とすれば

$$A_1 A_i = b_{i-1} A_{i-1} + a_i A_i + c_{i+1} A_{i+1}, \quad (0 \le i \le d)$$

が成り立っており (ただし $A_{-1} = 0$, $A_{d+1} = 0$), $\mathfrak{X}$ の 1 番目の交叉数行列 $B_1 = (p^k_{1,j})$ は

$$^t B_1 = \begin{bmatrix} a_0 & b_0 & & & \\ c_1 & a_1 & b_1 & & 0 \\ & \ddots & \ddots & \ddots & \\ 0 & & c_{d-1} & a_{d-1} & b_{d-1} \\ & & & c_d & a_d \end{bmatrix}, \tag{6.47}$$

と表される．以下 $b_0 > 2$ とする．($b_0 = 2$ なら R_1 に関するグラフは n 角形である.)
以下 $\mathfrak{X}$ は非原始的であると仮定する．すなわち $\{0\} \subsetneq \Omega \subsetneq \{0, 1, \ldots, d\}$ なる Ω が存在して

$$A_i A_j = \sum_{k \in \Omega} p^k_{i,j} A_k \quad (\forall i, j \in \Omega)$$

が成り立つと仮定する (第 2 章 7.3 小節)．このとき次のいずれかが起きる：

Case 1
$$\Omega = \{0, 2, 4, \ldots, [d/2]\}. \tag{6.48}$$

Case 2
$$\Omega = \{0, d\}. \tag{6.49}$$

さらに，P-多項式スキーム $\mathfrak{X}$ が非原始的となり Case 1 が起きることと，(6.47) において

$$a_i = 0, \quad 0 \le i \le d \tag{6.50}$$

が成り立つことは同値である．また P-多項式スキーム $\mathfrak{X}$ が非原始的となり Case 2 が起きることと，(6.47) において

$$b_i = c_{d-i}, \quad 0 \le i \le d - 1 \quad (i \ne [d/2]) \tag{6.51}$$

が成り立つことは同値である．Case 1 のとき非原始的 P-多項式スキーム $\mathfrak{X}$ を **2 部的 (bipartite)** といい，Case 2 とき非原始的 P-多項式スキーム $\mathfrak{X}$ を**対蹠的 (antipodal)** という．

非原始的 P-多項式スキーム $\mathfrak{X} = (X, \{R_i\}_{0 \le i \le d})$ が 2 部的であるとする．(6.48) の Ω を用いて X 上の関係 $\sim$ を

$$x \sim y \Longleftrightarrow (x, y) \in \bigcup_{i=0}^{[\frac{d}{2}]} R_{2i}$$

によって定めれば，$\sim$ は同値関係となり，X はちょうど二つの同値類 X_1, X_2 に分割する：

$$X = X_1 \cup X_2, \quad X_1 \cap X_2 = \emptyset.$$

X_1, X_2 を**半截 (bipartite half)** と呼ぶ．$Y = X_1$ または $Y = X_2$ とおくと，半截 Y 上の部分スキーム $\mathfrak{Y} = (Y, \{R_{2i}\}_{0 \le i \le [\frac{d}{2}]})$ が生じる（第 2 章 7.4 小節）．このとき $\mathfrak{Y}$ は P-多項式スキームとなり（関係 R_2 による Y 上のグラフは距離正則となり），R_2 に関する $\mathfrak{Y}$ の交叉数行列を B'_1 とすれば，

$$
{}^tB'_1 = \begin{bmatrix}
a'_0 & b'_0 & & & \\
c'_1 & a'_1 & b'_1 & & 0 \\
 & \ddots & \ddots & \ddots & \\
0 & & c'_{d'-1} & a'_{d'-1} & b'_{d'-1} \\
 & & & c'_{d'} & a'_{d'}
\end{bmatrix}, \quad d' = \left[\frac{d}{2}\right]
$$

は (6.47) を用いて

$$b'_i = \frac{b_{2i}b_{2i+1}}{c_2}, \quad c'_{i+1} = \frac{c_{2i+1}c_{2i+2}}{c_2}, \quad 0 \le i \le d' - 1 \tag{6.52}$$

と書くことができる．半截 Y 上のこの部分スキーム $\mathfrak{Y}$ を $\frac{1}{2}\mathfrak{X}$ という記号で書き表す．

注意：$Y = X_1$ とおいても $Y = X_2$ とおいても，Y 上の部分スキーム $\mathfrak{Y}$ の交叉数行列 B'_1 は同じものが得られるが，対応する距離正則グラフが同型になるとは限らない．

次に非原始的 P-多項式スキーム $\mathfrak{X} = (X, \{R_i\}_{0 \le i \le d})$ が対蹠であるとする．(6.49) の Ω を用いて X 上の関係 $\sim$ を

$$x \sim y \Longleftrightarrow (x, y) \in R_0 \cup R_d$$

によって定めれば，$\sim$ は同値関係となり，X は r 個の同値類に分割する $(r = |X|/(1 + k_d))$：

$$X = X_1 \cup X_2 \cup \cdots \cup X_r, \quad X_i \cap X_j = \emptyset \ (i \ne j).$$

ここで $|X_i| = 1 + k_d \ (1 \le i \le r)$, $k_d = b_0 b_1 \cdots b_{d-1}/c_1 c_2 \cdots c_d$ であるが，(6.51) より

$$k_d = \frac{b_{d'}}{c_{d-d'}} \quad \left(d' = \left[\frac{d}{2}\right]\right) \tag{6.53}$$

が成り立つ．同値類の全体 $\Sigma = \{X_1, X_2, \ldots, X_r\}$ を非原始系というのであった．第2章命題 2.66 により，添字集合 $\{0, 1, \ldots, d\}$ の分割

$$\{0,1,\ldots,d\} = \Omega_0 \cup \Omega_1 \cup \cdots \cup \Omega_t, \quad \Omega_i \cap \Omega_j = \emptyset \ (i \neq j)$$

が存在して（$0 \in \Omega_0$ とする），

$$R_{\Omega_i} = \cup_{j \in \Omega_i} R_j$$

とおけば各々の R_{Ω_i} $(0 \leq i \leq t)$ はいくつかの $X_\alpha \times X_\beta = \{(x, y) \mid x \in X_\alpha,\ y \in X_\beta\}$ 達の和集合となる．したがって R_{Ω_i} を非原始系 Σ 上の関係とみなすことができる．このように見直すと $\overline{\mathfrak{X}} = (\Sigma, \{R_{\Omega_i}\}_{0 \leq i \leq t})$ はアソシエーションスキームとなる．すなわち $\overline{\mathfrak{X}}$ は $\mathfrak{X}$ の商スキームである（第2章 7.4 小節の定義 2.68）．$\mathfrak{X}$ が対蹠的な非原始的 P-多項式スキームの場合は商スキーム $\overline{\mathfrak{X}}$ もまた P-多項式スキームとなる（この場合 $\overline{\mathfrak{X}}$ のクラス数 t は $t = \left[\frac{d}{2}\right]$ である）．この商スキーム $\overline{\mathfrak{X}}$ を $\mathfrak{X}$ の**対蹠的商スキーム (antipodal quotient scheme)** と呼ぶ．対蹠的商スキーム $\overline{\mathfrak{X}} = (\Sigma, \{R_{\Omega_i}\}_{0 \leq i \leq \left[\frac{d}{2}\right]})$ の R_{Ω_1}（ただし $1 \in \Omega_1$ とする）に関する交叉数行列を $\tilde{B}_1$ とすれば，

$$ {}^t\tilde{B}_1 = \begin{bmatrix} \tilde{a}_0 & \tilde{b}_0 & & & \\ \tilde{c}_1 & \tilde{a}_1 & \tilde{b}_1 & & 0 \\ & \ddots & \ddots & \ddots & \\ 0 & & \tilde{c}_{d'-1} & \tilde{a}_{d'-1} & \tilde{b}_{d'-1} \\ & & & \tilde{c}_{d'} & \tilde{a}_{d'} \end{bmatrix}, \quad d' = \left[\frac{d}{2}\right]$$

は (6.47) を用いて

$$\begin{aligned} &\tilde{b}_i = b_i \ (0 \leq i \leq d'-1), \quad \tilde{c}_i = c_i \ (1 \leq i \leq d'-1), \\ &\tilde{c}_{d'} = \begin{cases} (1 + k_d) c_{d'} & d \text{ が偶数のとき}, \\ c_{d'} & d \text{ が奇数のとき}, \end{cases} \end{aligned} \tag{6.54}$$

と書くことができる．

以上は Biggs-Gardiner-Smith による結果である (c.f. [421])（証明は距離正則グラフの定義にもどって考えれば，比較的容易に行うことができる．演習問題として試みてみられることをお薦めする）．実際 Biggs が距離正則グラフの概念に考え到ったとき，それとほぼ同時に原始性，非原始性を問題にしたと思われる．それは距離可移グラフの上に働く置換群が距離正則グラフの原型としてあったからで，置換群の原始性，非原始性が問題になることは自然だからである．

非原始的 Q-多項式スキーム

$\mathfrak{X} = (X, \{R_i\}_{0 \le i \le d})$ を Q-多項式スキームとする．$\mathfrak{X}$ のボーズ・メスナー代数を $\mathfrak{A}$ とし，$\mathfrak{A}$ の原始ベキ等元を $E_0, E_1, \ldots, E_d$ とすれば，Hadamard 積に関して

$$E_1 \circ E_i = \frac{1}{|X|}(b^*_{i-1} E_{i-1} + a^*_i E_i + c^*_{i+1} E_{i+1}), \quad 0 \le i \le d$$

が成り立っており（ただし $E_{-1} = 0$, $E_{d+1} = 0$），$\mathfrak{X}$ の 1 番目の双対交叉数行列 $B^*_1 = (q^k_{1,j})$ は

$$ {}^t B^*_1 = \begin{bmatrix} a^*_0 & b^*_0 & & & \\ c^*_1 & a^*_1 & b^*_1 & & 0 \\ & \ddots & \ddots & \ddots & \\ 0 & & c^*_{d-1} & a^*_{d-1} & b^*_{d-1} \\ & & & c^*_{d'} & a^*_d \end{bmatrix} \tag{6.55}$$

と表される．以下 $b^*_0 > 2$ とする．

6.6 ［注意］　$b^*_0 = m_1 = \mathrm{rank}(E_1)$ であるから，第 2 章 11 節（定義 2.96）の球表現 ρ_{E_1} を考えれば，$b^*_0 = 1$ は起こりえず，$b^*_0 = 2$ のときは点の集合 $\{\rho_{E_1}(x) \mid x \in X\}$ は円周上に正 $(d+1)$ 角形として配置される（補題 2.97）．

以下 $\mathfrak{X}$ は非原始的であると仮定する．すなわち $\{0\} \subsetneq \Lambda \subsetneq \{0, 1, \ldots, d\}$ なる Λ が存在して

$$E_i \circ E_j = \frac{1}{|X|} \sum_{k \in \Lambda} q^k_{i,j} E_k \quad (\forall i, j \in \Lambda)$$

が成り立つと仮定する（第 2 章 7.3 小節）．このとき次のいずれかが起こる：

Case 1　$$\Lambda = \{0, 2, 4, \ldots, [d/2]\}. \tag{6.56}$$

Case 2　$$\Lambda = \{0, d\}. \tag{6.57}$$

さらに Q-多項式スキーム $\mathfrak{X}$ が非原始的となり Case 1 が起こることと (6.55) において

$$a^*_i = 0, \quad 0 \le i \le d \tag{6.58}$$

が成り立つことは同値である．また Q-多項式スキーム $\mathfrak{X}$ が非原始的となり Case 2 が起きることと，(6.55) において

$$b^*_i = c^*_{d-i}, \quad 0 \le i \le d-1 \quad (i \ne [d/2]) \tag{6.59}$$

が成り立つことは同値である．Case 1 のとき非原始的 Q-多項式スキーム $\mathfrak{X}$ を**双対 2**

部的 (dual bipartite) といい，Case 2 のとき非原始的 Q-多項式スキーム $\mathfrak{X}$ を**双対対蹠的 (dual antipodal)** という．

非原始的 Q-多項式スキーム $\mathfrak{X} = (X, \{R_i\}_{0 \le i \le d})$ が双対 2 部的であるとする．(6.56) を用いて $\mathfrak{X}$ のボーズ・メスナー代数 $\mathfrak{A}$ の部分代数 $\mathfrak{A}_\Lambda$ を

$$\mathfrak{A}_\Lambda = \langle E_{2i} \mid 0 \le i \le [d/2] \rangle$$

によって定める．$\mathfrak{A}_\Lambda$ は Hadamard 積に関しても閉じているから，Hadamard 積に関する $\mathfrak{A}_\Lambda$ の原始ベキ等元 $A_{\Omega_i} = \sum_{j \in \Omega_i} A_j \quad (0 \le i \le [d/2])$ に対応して，添字集合の分割

$$\{0, 1, \ldots, d\} = \Omega_0 \cup \Omega_1 \cup \cdots \cup \Omega_{[d/2]}, \quad \Omega_i \cap \Omega_j = \emptyset \ (i \ne j)$$

が生じる．$0 \in \Omega_0$ とすれば $R_{\Omega_0} = \cup_{j \in \Omega_0} R_j$ は X 上の同値関係となり（$\mathfrak{A}_\Lambda$ の単位元は A_{Ω_0} の定数倍とならなければならないことからこのことがわかる），同値類の全体を $\Sigma = \{X_1, X_2, \ldots, X_r\}$ とすれば，Σ は $\mathfrak{X}$ の非原始系をなす．$R_{\Omega_i} = \cup_{j \in \Omega_i} R_j$ とおけば，$\mathfrak{A}_\Lambda$ は Σ 上のアソシエーションスキーム $\overline{\mathfrak{X}} = (\Sigma, \{R_{\Omega_i}\}_{0 \le i \le [d/2]})$ のボーズ・メスナー代数と同型になる（第 2 章命題 2.66）．$\overline{\mathfrak{X}}$ は $\mathfrak{X}$ の商スキームである（第 2 章定義 2.68）．このとき $\overline{\mathfrak{X}}$ は Q-多項式スキームとなり，E_2 に関する $\overline{\mathfrak{X}}$ の双対交叉数行列を $\hat{B}_1^*$ とすれば

$$
{}^t\hat{B}_1^* = \begin{bmatrix}
\hat{a}_0^* & \hat{b}_0^* & & & \\
\hat{c}_1^* & \hat{a}_1^* & \hat{b}_1^* & & 0 \\
 & \ddots & \ddots & \ddots & \\
 & & \hat{c}_{d'-1}^* & \hat{a}_{d'-1}^* & \hat{b}_{d'-1}^* \\
 & 0 & & \hat{c}_{d'}^* & \hat{a}_{d'}^*
\end{bmatrix}, \quad d' = [d/2] \tag{6.60}
$$

は (6.55) を用いて

$$\hat{b}_i^* = \frac{b_{2i}^* b_{2i+1}^*}{c_2^*}, \quad \hat{c}_{i+1}^* = \frac{c_{2i+1}^* c_{2i+2}^*}{c_2^*}, \quad 0 \le i \le d' - 1 \tag{6.61}$$

と書くことができる．

次に非原始的 Q-多項式スキーム $\mathfrak{X} = (X, \{R_i\}_{0 \le i \le d})$ が双対対蹠的であるとする．(6.57) の Λ を用いて $\mathfrak{X}$ のボーズ・メスナー代数 $\mathfrak{A}$ の部分代数 $\mathfrak{A}_\Lambda$ を

$$\mathfrak{A}_\Lambda = \langle E_0, E_d \rangle$$

によって定める．$\mathfrak{A}_\Lambda$ は Hadamard 積に関して閉じているから，前と同じ考察により

添字集合の分割

$$\{0,1,\ldots,d\}=\Omega_0\cup\Omega_1,\quad \Omega_0\cap\Omega_1=\emptyset$$

が生じ，$0\in\Omega_0$ とすれば $R_{\Omega_0}=\cup_{j\in\Omega_0}R_j$ は X 上の同値関係となる（特に $A_{\Omega_0}=\sum_{j\in\Omega_0}A_j$ は $\mathfrak{A}_\Lambda$ の単位元 $E_\Lambda=E_0+E_d$ の定数倍である）．$Y\subsetneq X$ を一つの同値類とすれば Y 上の部分スキーム $\mathfrak{Y}=(Y,\{R_i\}_{i\in\Omega_0})$ が生じる．$\mathfrak{Y}$ のボーズ・メスナー代数は $\mathfrak{A}_{\Omega_0}=\langle A_i\mid i\in\Omega_0\rangle$ となり，$\mathfrak{X}$ のボーズ・メスナー代数 $\mathfrak{A}$ の部分代数である．$\mathfrak{A}_{\Omega_0}$ の原始ベキ等元 $E_{\Lambda_i}=\sum_{j\in\Lambda_i}E_j$ に対応して添字集合の分割

$$\{0,1,\ldots,d\}=\Lambda_0\cup\Lambda_1\cup\cdots\cup\Lambda_s,\quad \Lambda_i\cap\Lambda_j=\emptyset\ (i\neq j)$$

が生じる $(1+s=|\Omega_0|)$．$0\in\Lambda_0$ とすると $\Lambda_0=\Lambda=\{0,d\}$ でなければならない（これは，$\mathfrak{A}_{\Omega_0}$ の Hadamard 積に関する単位元 $A_{\Omega_0}=\sum_{j\in\Omega_0}A_j$ は $E_{\Lambda_0}=\sum_{j\in\Lambda_0}E_j$ $(E_0=\frac{1}{|X|}J)$ の定数倍とならなければならないことからわかる）．$\mathfrak{X}$ は Q-多項式スキームであったから

$$\Lambda_i=\{i,d-i\},\quad i=0,1,2,\ldots$$

としてよく，$s=\left[\frac{d}{2}\right]$ を得る．このとき Y 上の部分スキーム $\mathfrak{Y}=(Y,\{R_i\}_{i\in\Omega_0})$ は Q-多項式スキームとなり，E_{Λ_1} に関する $\mathfrak{Y}$ の双対交叉数行列を $\tilde{B}_1^*$ とすれば

$$ {}^t\tilde{B}_1^*=\begin{bmatrix} \tilde{a}_0^* & \tilde{b}_0^* & & & \\ \tilde{c}_1^* & \tilde{a}_1^* & \tilde{b}_1^* & & 0 \\ & \ddots & \ddots & \ddots & \\ & & \tilde{c}_{d'-1}^* & \tilde{a}_{d'-1}^* & \tilde{b}_{d'-1}^* \\ 0 & & & \tilde{c}_{d'}^* & \hat{a}_{d'}^* \end{bmatrix},\quad d'=[d/2]$$

は (6.55) を用いて，

$$\tilde{b}_i^*=b_i^*\ (0\le i\le d'-1),\quad \tilde{c}_i^*=c_i^*\ (1\le i\le d'-1)$$
$$\tilde{c}_{d'}^*=\begin{cases}(1+m_d)c_{d'}^* & (d\text{ が偶数のとき})\\ c_{d'}^* & (d\text{ が奇数のとき})\end{cases}\tag{6.62}$$

と書くことができる．ただし $m_d=\operatorname{tr}E_d$ である．

以上は [434] による結果である．証明は P-多項式スキームのときのようには易しくない．Krein 数 $q_{i,j}^k$ に関する Garth Dickie の学位論文の論法を精密化することが必要になる．また [434] では $d=4,6$ の例外的な場合が可能性として残っていたが後に [129]，[445] によってそれぞれ排除された．

2 重 P-多項式構造

$\mathfrak{X} = (X, \{R_i\}_{0 \le i \le d})$ を対称なアソシエーションスキームとする．$\mathfrak{X}$ が P-多項式スキームであることの定義には，関係 $\{R_i\}_{0 \le i \le d}$ 達の並べ方が関わっている．正確に言うと，$R_0, R_1, \ldots, R_d$ という並べ方に関して

$$A_1 A_i = b_{i-1} A_{i-1} + a_i A_i + c_{i+1} A_{i+1}, \quad 0 \le i \le d$$

が成り立つことが P-多項式スキームの定義であった（A_i は R_i の隣接行列で，$A_{-1} = 0$, $A_{d+1} = 0$ とする）．通常特に断らない限り，P-多項式スキームといえば $\{R_i\}_{0 \le i \le d}$ 達の並べ方は $R_0, R_1, \ldots, R_d$ に固定されており，この並べ方について P-多項式スキームとなることが暗黙の中に了解されている．しかしながら，同一の対称なアソシエーションスキーム $\mathfrak{X} = (X, \{R_i\}_{0 \le i \le d})$ が $R_0, R_1, \ldots, R_d$ に関して P-多項式スキームであり，それ以外の並べ方 $R_0, R_{i_1}, \ldots, R_{i_d}$ に関しても P-多項式スキームとなる場合がある．この場合 $\mathfrak{X}$ は **2 重 P-多項式構造 (double P-polynomial structure)** を持つという．ここで一つの並べ方 $R_0, R_1, \ldots, R_d$ は固定されているので，もう一つの並べ方 R_0, $R_{i_1}, \ldots, R_{i_d}$ を 2 重 P-多項式構造と呼ぶことにする．2 重 P-多項式構造には，次の四つのパターンがあり，それ以外にはない．また $\mathfrak{X}$ は 3 重 P-多項式構造を持ち得ない（すなわち $\{R_i\}_{0 \le i \le d}$ 達の三つの並べ方に関して $\mathfrak{X}$ が P-多項式スキームとなることは起きない）．

(I) $R_0, R_2, R_4, R_6, \ldots, R_5, R_3, R_1$.
(II) $R_0, R_d, R_1, R_{d-1}, R_2, R_{d-2}, R_3, R_{d-3} \ldots$.
(III) $R_0, R_d, R_2, R_{d-2}, R_4, R_{d-4}, \ldots, R_{d-5}, R_5, R_{d-3}, R_3, R_{d-1}, R_1$.
(IV) $R_0, R_{d-1}, R_2, R_{d-3}, R_4, R_{d-5}, \ldots, R_5, R_{d-4}, R_3, R_{d-2}, R_1, R_d$.

(I) の並べ方を基準にすると $R_0, R_1, \ldots, R_d$ はパターン (II) となり，(II) の並べ方を基準にすると $R_0, R_1, \ldots, R_d$ はパターン (I) となる．この意味でパターン (I) とパターン (II) は互いに双対の関係にある．同じ意味で (III), (IV) は自己双対である．すなわち (III) の双対は (III)，(IV) の双対は (IV) である．

P-多項式スキームが 2 重 P-多項式構造を持つかどうかということは交叉数によって判定できる．今，対称なアソシエーションスキーム $\mathfrak{X} = (X, \{R_i\}_{0 \le i \le d})$ が関係 $\{R_i\}_{0 \le i \le d}$ の並べ方 $R_0, R_1, \ldots, R_d$ に関して P-多項式スキームであるとし，R_i の隣接行列を A_i，$p^k_{i,j}$ を交叉数とする：

$$A_i A_j = \sum_{k=0}^{d} p^k_{i,j} A_k.$$

1 番目の交叉数行列 $B_1 = (p^k_{1,j})$ は (6.47) によって与えられている．このとき $\mathfrak{X}$ がパターン (I) の 2 重 P-多項式構造を持つためには

$$a_i = 0 \quad (0 \leq i \leq d-1) \quad \text{かつ} \quad a_d \neq 0 \tag{6.63}$$

であることが必要十分である $(a_i = p^i_{1,i})$．条件 (6.63) が成り立つ P-多項式スキームを**概 2 部的 (almost bipartite)** という．

$\mathfrak{X}$ がパターン (II) の 2 重 P-多項式構造を持つためには

$$p^d_{j,d} = 0 \quad (2 \leq j \leq d) \tag{6.64}$$

であることが必要十分である．

$\mathfrak{X}$ がパターン (III) の 2 重 P-多項式構造を持つためには，$d = 2\ell + 1 \geq 5$ のときは

$$a_i = 0 \quad (i \neq \ell + 1), \quad p^d_{j,d} = 0 \ (j \neq 0, 2) \quad \text{かつ} \quad p^d_{2,d} \neq 0 \tag{6.65}$$

であることが必要十分であり（$a_{\ell+1}$ は任意），$d = 2\ell \geq 6$ のときは.

$$\begin{aligned} &a_i = 0 \ (i \neq \ell, \ell+1), \quad a_\ell \neq 0, \quad a_{\ell+1} \neq 0, \\ &p^d_{j,d} = 0 \ (j \neq 0, 2) \quad \text{かつ} \quad p^d_{2,d} \neq 0 \end{aligned} \tag{6.66}$$

であることが必要十分であり，$d = 3$ のときは $p^3_{1,3} = 0$ かつ R_3 に関するグラフが連結であることが必要十分であり，$d = 4$ のときは $p^4_{1,4} = 0$, $p^3_{1,4}(p^1_{1,1} + p^2_{1,2} - p^3_{1,3}) = p^2_{1,2}$ かつ R_4 に関するグラフが連結であることが必要十分である．

$\mathfrak{X}$ がパターン (IV) の 2 重 P-多項式構造を持つためには，$d = 2\ell$ のときは

$$b_i = c_{d-i} \ (i \neq \ell) \quad \text{かつ} \quad a_i = 0 \ (i \neq \ell) \tag{6.67}$$

であることが必要十分であり（a_ℓ は任意），$d = 2\ell + 1$ のときは

$$b_i = c_{d-i} \ (i \neq \ell), \quad a_i = 0 \ (i \neq \ell, \ell+1) \quad \text{かつ} \quad a_\ell = a_{\ell+1} \neq 0 \tag{6.68}$$

であることが必要十分である．

以上は [31] による結果である．なお [58, III.4 の 2 重 P-多項式構造に関する Theorem 4.2] には若干の誤りがあった，ここではそれを修正したものを記載した．

P-多項式スキーム $\mathfrak{X}$ がパターン (I) の 2 重 P-多項式構造を持つときは，$\mathfrak{X}$ の **2 部拡大 (bipartite doubling)** が P-多項式スキームとなることに注意しておく．詳しくは [58, III.6 の Remark (5)] を参照のこと．

2重 Q-多項式構造

$\mathfrak{X} = (X, \{R_i\}_{0 \le i \le d})$ を対称なアソシエーションスキームとする．$\mathfrak{A}$ を $\mathfrak{X}$ のボーズ・メスナー代数とし，$\mathfrak{A}$ の原始ベキ等元を $\{E_i\}_{0 \le i \le d}$ とする．$\mathfrak{X}$ が Q-多項式スキームであることの定義には $\{E_i\}_{0 \le i \le d}$ 達の並べ方が関わっている．正確に言うと $E_0, E_1, \ldots, E_d$ という並べ方に関して

$$E_1 \circ E_i = \frac{1}{|X|}(b^*_{i-1}E_{i-1} + a^*_i E_i + c^*_{i+1}E_{i+1}), \quad 0 \le i \le d$$

が成り立つことが Q-多項式スキームの定義であった（$E_{-1} = E_{d+1} = 0$ とする）．しかしながら，それ以外の並べ方 $E_0, E_{i_1}, \ldots, E_{i_d}$ に関しても $\mathfrak{X}$ が Q-多項式スキームとなる場合がある．この場合 $\mathfrak{X}$ は**2重 Q-多項式構造**を持つといい，もう一つの並べ方 $E_0, E_{i_1}, \ldots, E_{i_d}$ を2重 Q-多項式構造と呼ぶ．2重 Q-多項式構造には次の四つのパターンがあり，それ以外にはない．また $\mathfrak{X}$ は3重 Q-多項式構造を持つことはない（すなわち $\{E_i\}_{0 \le i \le d}$ 達の三つの並べ方に関して $\mathfrak{X}$ が Q-多項式スキームとなることは起きない）．

(I) $E_0, E_2, E_4, , E_6, \ldots, E_5, E_3, E_1$.
(II) $E_0, E_d, E_1, E_{d-1}, E_2, E_{d-2}, E_3, E_{d-3}, \ldots$.
(III) $E_0, E_d, E_2, E_{d-2}, E_4, E_{d-4}, \ldots, E_{d-5}, E_5, E_{d-3}, E_3, E_{d-1}, E_1$.
(IV) $E_0, E_{d-1}, E_2, E_{d-3}, E_4, E_{d-5}, \ldots, E_5, E_{d-4}, E_3, E_{d-2}, E_1, E_d$.

(I) と (II) が互いに双対関係にあり，(III), (IV) が自己双対であることは2重 P-多項式構造の場合と同様である．

Q-多項式スキームがいつ2重 Q-多項式構造を持つかどうかは Krein 数によって判定できる．今，対称なアソシエーションスキーム $\mathfrak{X} = (X, \{R_i\}_{0 \le i \le d})$ がベキ等元 $\{E_i\}_{0 \le i \le d}$ 達の並べ方 $E_0, E_1, \ldots, E_d$ に関して Q-多項式スキームであるとし，$q^k_{i,j}$ をその Krein 数とする：$E_i \circ E_j = \frac{1}{|X|}\sum_{k=0}^{d} q^k_{i,j}E_k$．1番目の双対交叉数行列 $B^*_1 = (q^k_{1,j})$ は (6.55) によって与えられている．このとき $\mathfrak{X}$ がパターン (I) の2重 Q-多項式構造を持つためには

$$a^*_i = 0 \quad (0 \le i \le d-1) \quad かつ \quad a^*_d \ne 0 \tag{6.69}$$

であることが必要十分である ($a^*_i = q^i_{1,i}$)．条件 (6.69) が成り立つ Q-多項式スキームを**双対概2部的 (almost dual bipartite)** という．$\mathfrak{X}$ がパターン (II) の2重 Q-多項式構造を持つためには

$$q^d_{j,d} = 0 \ (2 \le j \le d) \quad かつ \quad q^d_{1,d} \ne 0 \tag{6.70}$$

が成り立つことが必要十分である．$\mathfrak{X}$ がパターン (III) の 2 重 Q-多項式構造を持つためには，$d \geq 5$ のときには

$$q_{j,d}^{d} = 0 \ (j \neq 0, 2) \quad \text{かつ} \quad q_{2,d}^{d} \neq 0 \tag{6.71}$$

が成り立つことが必要十分であり（このとき $d = 2\ell + 1$ であれば $a_j^* = 0$ $(j \neq \ell + 1)$ が成り立ち，$d = 2\ell$ であれば $a_j^* = 0$ $(j \neq \ell, \ell + 1)$, $a_\ell^* \neq 0$, $a_{\ell+1}^* \neq 0$ が成り立つ）．$d = 3$ のときは $q_{1,3}^3 = 0$, $q_{2,3}^3 \neq 0$ であることが必要十分であり，$d = 4$ のときは $q_{1,4}^4 = q_{3,4}^4 = 0$ かつ $q_{2,4}^4 \neq 0$, $q_{2,3}^4 \neq 0$ であることが必要十分である．$\mathfrak{X}$ がパターン (IV) の 2 重 Q-多項式構造を持つためには，$d \geq 4$ のときは

$$q_{j,d}^{d-1} = 0 \quad (j \neq 0, 1) \tag{6.72}$$

であることが必要十分であり（このとき $d = 2\ell$ ならば $a_j^* = 0$ $(j \neq \ell)$ が成り立ち，$d = 2\ell + 1$ ならば $a_j^* = 0$ $(j \neq \ell, \ell + 1)$ かつ $a_\ell^* \neq 0$, $a_{\ell+1}^* \neq 0$ が成り立つ），$d = 3$ のときは $q_{1,2}^2 \neq 0$, $q_{3,2}^2 = 0$ であることが必要十分である．

以上は [434] による結果である．[434] では $d = 5$ の例外的な場合が可能性として残っていたが [312] によって後に排除された．Q-多項式スキーム $\mathfrak{X}$ がパターン (I) の 2 重 Q-多項式構造を持つときは，$\mathfrak{X}$ の **2 部拡大 (bipartite doubling)** が Q-多項式スキームとなることを注意しておく．詳しくは [58, III.6 Remark (5)] を参照のこと．

1.4　直交多項式

本小節においては一般の既約 3 重対角行列

$$B = \begin{bmatrix} a_0 & b_0 & & & \\ c_1 & a_1 & b_1 & & 0 \\ & \ddots & \ddots & \ddots & \\ & & c_{d-1} & a_{d-1} & b_{d-1} \\ 0 & & & c_d & a_d \end{bmatrix}, \quad b_{i-1}c_i \neq 0 \ (1 \leq i \leq d) \tag{6.73}$$

の考察を行う．基礎体は複素数体 $\mathbb{C}$ とする，P-多項式スキームの交叉数行列 B_1 や Q-多項式スキームの双対交叉数行列 B_1^* は，このような既約 3 重対角行列である．P-多項式スキームや Q-多項式スキームだけを扱うのであれば B_1 や B_1^* は実行列で固有値も実数であるので基礎体は実数体で十分である．後に L-対を扱うときに，このような複素数行列が現れる．

B に対して i 次の多項式 $v_i(x)$ $(0 \leq i \leq d + 1)$ を 3 項漸化式

$$xv_i(x) = b_{i-1}v_{i-1}(x) + a_i v_i(x) + c_{i+1}v_{i+1}(x) \quad (0 \leq i \leq d) \tag{6.74}$$

により定める．ただし $v_{-1}(x)=0$, $v_0(x)=1$ とし，b_{-1} は不定元，$c_{d+1}=1$ とする．また数列 $k_0,k_1,\ldots,k_{d+1}$ を $k_0=1$,

$$k_i=\frac{b_{i-1}}{c_i}k_{i-1}=\frac{b_0b_1\cdots b_{i-1}}{c_1c_2\cdots c_i}\quad(1\le i\le d+1)\tag{6.75}$$

により定める．ただし $b_d=c_{d+1}=1$ とする．このとき

$$x\frac{v_i(x)}{k_i}=c_i\frac{v_{i-1}(x)}{k_{i-1}}+a_i\frac{v_i(x)}{k_i}+b_i\frac{v_{i+1}(x)}{k_{i+1}}\quad(0\le i\le d)\tag{6.76}$$

が成り立つ．ただし c_0, k_{-1} は不定元とする．$\{v_i(x)\}_{i=0}^{d+1}$，$\{k_i\}_{i=0}^{d+1}$ をそれぞれ B の定める**多項式系**，**次数列**と呼ぶ．逆に i 次の多項式 $v_i(x)$ $(0\le i\le d+1)$ が3項漸化式 (6.74) を $i=0,1,\ldots,d$ について満たすならば，対応する3重対角行列 B が一意的に定まる．

6.7 [命題]　B の最小多項式は $c_1c_2\cdots c_dv_{d+1}(x)$ である．

証明　$\boldsymbol{e}_0={}^t(1,0,\ldots,0),\boldsymbol{e}_1={}^t(0,1,\ldots,0),\ldots,\boldsymbol{e}_{d+1}={}^t(0,0,\ldots,0,1)$ を $\mathbb{C}^{d+1}$ の標準基底とすると

$$B\boldsymbol{e}_i=b_{i-1}\boldsymbol{e}_{i-1}+a_i\boldsymbol{e}_i+c_{i+1}\boldsymbol{e}_{i+1}\tag{6.77}$$

が成り立つ．ただし $\boldsymbol{e}_{-1}=\boldsymbol{0}$, $\boldsymbol{e}_{d+1}=\boldsymbol{0}$ とする．

多項式環 $\mathbb{C}[x]$ を考え，$v_{d+1}(x)$ が生成する**イデアル** (ideal) を $\mathcal{I}$ とおく．(6.74) と (6.77) を比べると，B の $\mathbb{C}^{d+1}$ 上への作用は商環 $\mathbb{C}[x]/\mathcal{I}$ 上への x の自然な作用と対応 $\boldsymbol{e}_i\mapsto v_i(x)$ $(0\le i\le d)$ により同型である．$v_{d+1}(x)$ の最高次の係数は $\frac{1}{c_1c_2\cdots c_d}$ であるから，$c_1c_2\cdots c_dv_{d+1}(x)$ が x の $\mathbb{C}[x]/\mathcal{I}$ 上への作用の最小多項式である．∎

$v_{d+1}(x)$ の零点を重複を許して $\theta_0,\theta_1,\ldots,\theta_d$ とする：

$$c_1c_2\cdots c_dv_{d+1}(x)=(x-\theta_0)(x-\theta_1)\cdots(x-\theta_d).\tag{6.78}$$

6.8 [系]　B が対角化可能であるための必要十分条件は $v_{d+1}(x)$ の零点 $\theta_0,\theta_1,\ldots,\theta_d$ が互いに相異なることである．このとき B の固有値は $\theta_0,\theta_1,\ldots,\theta_d$ である．すなわち B は $d+1$ 個の相異なる固有値を持つ．

以下 B について

(I) 対角化可能

を仮定する．このとき $\{v_i(x)\}_{i=0}^{d}$ を**直交多項式系** (system of orthogonal polynomials) という．$v_{d+1}(x)$ の零点を直交多項式系の**台** (support) という．$\theta_i \neq \theta_j$ $(i \neq j)$ に注意する．

6.9 [命題]　3 重対角行列 B について

(I)$'$ 実行列かつ $b_{i-1}c_i > 0 \quad (1 \leq i \leq d)$

を仮定する．このとき B は対角化可能であり固有値はすべて実数である．

証明　$\lambda_0 = 1, \lambda_i = \sqrt{\frac{c_i}{b_{i-1}}}\lambda_{i-1}$ $(1 \leq i \leq d)$ とおくと λ_i は実数で，$\frac{\lambda_i}{\lambda_{i-1}}b_{i-1} = \frac{\lambda_{i-1}}{\lambda_i}c_i$ $(1 \leq i \leq d)$ が成り立つ．対角成分が $(\lambda_0, \lambda_1, \ldots, \lambda_d)$ である対角行列を $\Lambda = \mathrm{diag}(\lambda_0, \lambda_1, \ldots, \lambda_d)$ とおくと，$\Lambda^{-1}B\Lambda$ は実対称行列となる．したがって $\Lambda^{-1}B\Lambda$ は対角化可能であり，固有値はすべて実数である．■

以下 v_{d+1} の零点の並べ方 $\theta_0, \theta_1, \ldots, \theta_d$ を固定して，対角行列 D および K を

$$D = \mathrm{diag}(\theta_0, \theta_1, \ldots, \theta_d), \quad K = \mathrm{diag}(k_0, k_1, \ldots, k_d), \tag{6.79}$$

とおき，(i,j)-成分が $v_j(\theta_i)$ で定義される行列を

$$P = (v_j(\theta_i)) \tag{6.80}$$

とおく．また

$$P' = \left(\frac{v_i(\theta_j)}{k_i}\right) = K^{-1\,t}P \tag{6.81}$$

とおく．ここで P' の (i,j)-成分は $\frac{v_i(\theta_j)}{k_i}$ である．

6.10 [命題]　P および P' は正則行列であり

(1) $PBP^{-1} = D$,
(2) $(P')^{-1}BP' = D$

を満たす．

証明　P の第 i 行 $(v_0(\theta_i), v_1(\theta_i), \ldots, v_d(\theta_i))$ は (6.74), (6.78) より，固有値 θ_i に属する B の左固有ベクトルである．したがって $PB = DP$ が成り立つ．また，$\theta_i \neq \theta_j$ $(i \neq j)$ より P の第 0 行，1 行，…，d 行は相異なる固有空間に属するので 1 次独立である．したがって P は正則行列であり (1) が成り立つ．P' の第 j 列 ${}^t(\frac{v_0(\theta_j)}{k_0}, \frac{v_1(\theta_j)}{k_0},$

$\ldots, \frac{v_d(\theta_j)}{k_0})$ は (6.76), (6.78) により，固有値 θ_j に属する B の右固有ベクトルである．したがって $BP' = P'B$ が成り立つ．また，(1) と同様に $\theta_i \neq \theta_j$ $(i \neq j)$ であるので P' の第 0 列，1 列，…，d 列は相異なる固有空間に属し，1 次独立である．したがって P' は正則行列であり (2) が成り立つ． ■

6.11 [定理]　ある正則な対角行列 $M = \mathrm{diag}(\mu_0, \mu_1, \ldots, \mu_d)$ $(\mu_i \neq 0, 0 \leq i \leq d)$ が存在して次の (1) と (2) が成り立つ．

(1) $M^{-1} = PK^{-1t}P$,
(2) $K = {}^tPMP$.

証明　命題 6.10 より $P^{-1}DP = B = P'D(P')^{-1}$ が成り立つ．したがって PP' と D は可換である．D は対角行列であり対角成分 $\theta_0, \theta_1, \ldots, \theta_d$ は互いに相異なるので，D と可換な行列は対角行列でなければならない．したがってある正則な対角行列 M が存在して $M^{-1} = PP'$ が成り立つ．(6.81) より $P' = K^{-1t}P$ であるから (1) を得る．(2) は (1) より直ちに従う． ■

定理 6.11 の (1) と (2) の両辺の (i, j)-成分を計算することにより次の直交関係を得る．

第 1 直交関係
$$\sum_{\nu=0}^{d} v_\nu(\theta_i) v_\nu(\theta_j) \frac{1}{k_\nu} = \delta_{i,j} \frac{1}{\mu_i}. \tag{6.82}$$

第 2 直交関係
$$\sum_{\nu=0}^{d} v_i(\theta_\nu) v_j(\theta_\nu) \mu_\nu = \delta_{i,j} k_i. \tag{6.83}$$

6.12 [定理]
$$\mu_i = \frac{k_d}{v'_{d+1}(\theta_i) v_d(\theta_i)} \quad (0 \leq i \leq d). \tag{6.84}$$
ただし $v'_{d+1}(x)$ は $v_{d+1}(x)$ の導関数である．

この μ_i は Christoffel 数と呼ばれる．定理 6.12 の証明の準備として次の命題で Christoffel-Darboux の公式を示す．

6.13 [命題] (Christoffel-Darboux の公式)　$i \in \{0, 1, \ldots, d\}$ に対し次の等式が成り立つ．

$$\sum_{\nu=0}^{i} v_\nu(x) v_\nu(y) \frac{1}{k_\nu} = \frac{c_{i+1}}{k_i} \frac{v_{i+1}(x) v_i(y) - v_i(x) v_{i+1}(y)}{x - y} \tag{6.85}$$

証明　(6.74) より

$$
\begin{aligned}
&v_{\nu+1}(x)v_\nu(y) - v_\nu(x)v_{\nu+1}(y) \\
&\quad = \frac{1}{c_{\nu+1}}\big((x-a_\nu)v_\nu(x) - b_{\nu-1}v_{\nu-1}(x)\big)v_\nu(y) \\
&\qquad - \frac{1}{c_{\nu+1}}\big((y-a_\nu)v_\nu(y) - b_{\nu-1}v_{\nu-1}(y)\big)v_\nu(x) \\
&\quad = \frac{1}{c_{\nu+1}}(x-y)v_\nu(x)v_\nu(y) + \frac{b_{\nu-1}}{c_{\nu+1}}\big(v_\nu(x)v_{\nu-1}(y) - v_{\nu-1}(x)v_\nu(y)\big).
\end{aligned}
$$

ここで (6.75) より $b_{\nu-1} = \frac{c_\nu}{k_{\nu-1}}k_\nu$ であるから

$$
\begin{aligned}
\frac{1}{k_\nu}(x-y)v_\nu(x)v_\nu(y) &= \frac{c_{\nu+1}}{k_\nu}\big(v_{\nu+1}(x)v_\nu(y) - v_\nu(x)v_{\nu+1}(y)\big) \\
&\quad - \frac{c_\nu}{k_{\nu-1}}\big(v_\nu(x)v_{\nu-1}(y) - v_{\nu-1}(x)v_\nu(y)\big)
\end{aligned}
$$

が成り立つ．$\nu = 0, 1, \ldots, i$ にわたる和をとることにより求める等式を得る．　■

6.14 [系]　$i \in \{0, 1, \ldots, d\}$ に対し次の等式が成り立つ．

$$
\sum_{\nu=0}^{i} v_\nu(x)^2 \frac{1}{k_\nu} = \frac{c_{i+1}}{k_i}\big(v'_{i+1}(x)v_i(x) - v'_i(x)v_{i+1}(x)\big) \tag{6.86}
$$

証明

$$
\begin{aligned}
&v_{i+1}(x)v_i(y) - v_i(x)v_{i+1}(y) \\
&\quad = \big(v_{i+1}(x) - v_{i+1}(y)\big)v_i(y) - \big(v_i(x) - v_i(y)\big)v_{i+1}(y)
\end{aligned}
$$

に注意して (6.85) の極限 $x - y \longrightarrow 0$ をとれば求める等式が得られる．　■

定理 6.12 の証明　(6.86) において $i = d$, $x = \theta_j$ とおく．$v_{d+1}(\theta_j) = 0$ より

$$
\sum_{\nu=0}^{d} v_\nu(\theta_j)^2 \frac{1}{k_\nu} = \frac{1}{k_d}v'_{d+1}(\theta_j)v_d(\theta_j)
$$

を得る（$c_{d+1} = 1$ であることに注意）．一方 (6.82) において $i = j$ とすると，

$$
\sum_{\nu=0}^{d} v_\nu(\theta_j)^2 \frac{1}{k_\nu} = \frac{1}{\mu_j}.
$$

したがって $\frac{1}{\mu_j} = \frac{1}{k_d}v'_{d+1}(\theta_j)v_d(\theta_j)$ を得る．　■

6.15 ［命題］ $\mu_0 + \mu_1 + \cdots + \mu_d = 1.$

証明　定理 6.11 より $P^{-1} = K^{-1t}PM$ が成り立つ．したがって P^{-1} の第 0 行は $K^{-1t}PM$ の第 0 行 $(\mu_0, \mu_1, \ldots, \mu_d)$ と一致する．一方 P の第 0 列は ${}^t(1, 1, \ldots, 1)$ であるから $(0, 0)$ 成分を比べることにより $1 = (P^{-1}P)(0, 0) = \mu_0 + \mu_1 + \cdots + \mu_d$ を得る． ∎

以上は，対角化可能な既約 3 重対角行列についての一般論である．次数 $d+1$ の対角化可能な既約 3 重対角行列全体の中で，非負の実行列のなす部分集合は応用上重要なクラスであるが，このクラスに属する行列は，Perron-Frobenius 根 θ_0 に属する固有空間（次元 1）の基底として各成分が正の実数となっている固有ベクトルを選べる．θ_0 に属する固有ベクトルは ${}^t\left(\frac{v_0(\theta_0)}{k_0}, \frac{v_1(\theta_0)}{k_1}, \ldots, \frac{v_d(\theta_0)}{k_d}\right)$ であるから，この性質は $v_i(\theta_0) > 0$ $(0 \leq i \leq d)$ と言い換えられる（逆に Perron-Frobenius 根 θ_0 は固有ベクトルの正値性で特徴付けられる）．一般の $d+1$ 次の対角化可能な既約 3 重対角行列に対しては，この性質を弱めて

$(\mathrm{II})_1$ ある固有値 θ_0 が存在して $v_i(\theta_0) \neq 0 \quad (0 \leq i \leq d)$

という条件を考える．

次数 $d+1$ の対角化可能な二つの既約 3 重対角行列 B と B' に対して正則な対角行列 $\Lambda = \mathrm{diag}(\lambda_0, \lambda_1, \ldots, \lambda_d)$ が存在して $B' = \Lambda^{-1}B\Lambda$ を満たすときに B と B' は同値であると定義する．θ_0 を B の固有値とすると，条件 $(\mathrm{II})_1$，すなわち θ_0 に属する B の固有ベクトルのどの成分も 0 でないことと，B の同値類の中に行和が θ_0 となる行列 B' が存在すること（すなわち ${}^t(1, 1, \ldots, 1)$ が B' の固有値 θ_0 に属する固有ベクトルとなること）は同値である．しかもこのとき，このような行列 B' は B の同値類の中にちょうど一つだけ存在する．したがって，同値な行列の中で置き換えることにより，上の条件 $(\mathrm{II})_1$ は

$(\mathrm{II})_2$ ある固有値 θ_0 が存在して $v_i(\theta_0) = k_i \quad (0 \leq i \leq d)$

で置き換えてよい．すなわち

$(\mathrm{II})_3$ 行和が θ_0 である．

で置き換えてよい．このとき θ_0 は B の固有値であり ${}^t(1, 1, \ldots, 1)$ は θ_0 に属する固有ベクトルである．以上の考察を踏まえ，以下においては (6.73) で与えられる一般の既約 3 重対角行列 B の中で

(I) 対角化可能,
(II) 行和が θ_0

を満たすものを考える.（条件 $(\mathrm{II})_3$ を (I) と独立な条件としてあらためて (II) と書く.）

6.16 ［命題］　次の条件は条件 (II) が成り立つための必要十分条件となっている.

$$v_{d+1}(x)=(x-\theta_0)(v_0(x)+v_1(x)+\cdots+v_d(x)). \tag{6.87}$$

証明　3 項漸化式 (6.74) を $i=0,1,\ldots,d$ にわたり足し上げると, 条件 (II) より (6.87) を得る. 逆に (6.87) から条件 (II) を得る. ∎

6.17 ［命題］

(1) $k_i=v_i(\theta_0)$ $(0\le i\le d)$,
(2) $n=k_0+k_1+\cdots+k_d$ とおくと, $n\neq 0$.

証明　(1) (6.76), (6.78) より ${}^t(\frac{v_0(\theta_0)}{k_0},\frac{v_1(\theta_0)}{k_1},\ldots,\frac{v_d(\theta_0)}{k_d})$ は θ_0 に属する B の右固有ベクトルである. 一方 (I) および系 6.8 より θ_0 に属する B の固有空間は 1 次元である. (II) より ${}^t(1,1,\ldots,1)$ は θ_0 に属する B の固有ベクトルであるから $v_0(\theta_0)=1$, $k_0=1$ に注意すれば $1=\frac{v_0(\theta_0)}{k_0}=\frac{v_1(\theta_0)}{k_1}=\cdots=\frac{v_d(\theta_0)}{k_d}$ を得る.

(2) 条件 (I) および系 6.8 により $v_{d+1}(x)=0$ は重根を持たない. したがって命題 6.16 より θ_0 は $v_0(x)+v_1(x)+\cdots+v_d(x)$ の零点ではない. (1) より $v_i(\theta_0)=k_i$ であるので $k_0+k_1+\cdots+k_d\neq 0$ を得る. ∎

(6.84) で与えた Christoffel 数 μ_i を正規化して

$$m_i=n\mu_i \quad (0\le i\le d) \tag{6.88}$$

とおく. m_i を**重複度 (multiplicity)** という. 次数 k_i と重複度 m_i を用いて, 改めて直交関係を書く.

第 1 直交関係
$$\sum_{\nu=0}^{d} v_\nu(\theta_i)v_\nu(\theta_j)\frac{1}{k_\nu}=\delta_{i,j}\frac{n}{m_i} \tag{6.89}$$

第 2 直交関係
$$\sum_{\nu=0}^{d} v_i(\theta_\nu)v_j(\theta_\nu)m_\nu=\delta_{i,j}nk_i \tag{6.90}$$

さらに (6.89) において $j=i$ とおき m_i を用いて (6.84) を改めて書くことにより次の重複度公式を得る.

6.18 ［定理］(重複度公式)

$$m_i = \frac{n}{\sum_{\nu=0}^{d} v_\nu(\theta_i)^2/k_\nu} = \frac{nk_d}{v'_{d+1}(\theta_i)v_d(\theta_i)} \tag{6.91}$$

6.19 ［命題］

(1) $m_0 = 1$,

(2) $m_0 + m_1 + \cdots + m_d = n$

証明　(1) (6.91) で $i = 0$ とおき $v_\nu(\theta_0) = k_\nu$ および $n = \sum_{\nu=0}^{d} k_\nu$ に注意すれば $m_0 = 1$ を得る.

(2) 命題 6.15 より $\mu_0 + \mu_1 + \cdots + \mu_d = 1$ であるので $m_i = n\mu_i$ に注意すれば直ちに従う. ■

(6.73) で与えられる既約な 3 重対角行列 B の他にもう一つの既約な 3 重対角行列

$$B^* = \begin{bmatrix} a_0^* & b_0^* & & & \\ c_1^* & a_1^* & b_1^* & & 0 \\ & \ddots & \ddots & \ddots & \\ & & c_{d-1}^* & a_{d-1}^* & b_{d-1}^* \\ 0 & & & c_d^* & a_d^* \end{bmatrix}, \quad b_{i-1}^* c_i^* \neq 0 \ (1 \leq i \leq d) \tag{6.92}$$

が与えられているとする. B および B^* は (I) 対角化可能, (II) 行和はそれぞれ θ_0 および θ_0^* と仮定する. B および B^* の定める多項式系, 次数系列をそれぞれ $\{v_i(x)\}_{i=0}^{d+1}$, $\{k_i\}_{i=0}^{d+1}$, および $\{v_i^*(x)\}_{i=0}^{d+1}$, $\{k_i^*\}_{i=0}^{d+1}$ とする. B および B^* はそれぞれ $d+1$ 個の相異なる固有値を持ち, それらはそれぞれ $v_{d+1}(x)$ および $v_{d+1}^*(x)$ の根であることに注意する. また行和 θ_0, θ_0^* はそれぞれ B, B^* の固有値であることに注意する. B の固有値達の並べ方 $\theta_0, \theta_1, \ldots, \theta_d$ と B^* の固有値達の並べ方 $\theta_0^*, \theta_1^*, \ldots, \theta_d^*$ が与えられているとき, $d+1$ 次の正方行列 P, P', Q, Q' を

$$\begin{aligned} P &= (v_j(\theta_i)), \quad P' = \left(\frac{v_i(\theta_j)}{k_i}\right), \\ Q &= (v_j^*(\theta_i^*)), \quad Q' = \left(\frac{v_i^*(\theta_j^*)}{k_i^*}\right) \end{aligned} \tag{6.93}$$

により定める. ただし i は行の添字, j は列の添字を表し, i, j は $0 \leq i, j \leq d$ の上を

わたる．命題 6.10 により P, P', Q, Q' は正則行列で，

$$P^{-1}DP = B = P'D(P')^{-1},\quad Q^{-1}D^*Q = B^* = Q'D^*(Q')^{-1} \tag{6.94}$$

が成り立つ．ただし D, D^* はそれぞれ対角行列

$$D = \mathrm{diag}(\theta_0, \theta_1, \ldots, \theta_d),\quad D^* = \mathrm{diag}(\theta_0^*, \theta_1^*, \ldots, \theta_d^*) \tag{6.95}$$

を表す．

6.20［定義］　B の固有値（$v_{d+1}(x)$ の零点）の並べ方 $\theta_0, \theta_1, \ldots, \theta_d$ と B^* の固有値（$v_{d+1}^*(x)$ の零点）の並べ方 $\theta_0^*, \theta_1^*, \ldots, \theta_d^*$ が存在して ${}^tP' = Q'$ が成り立つとき，すなわち

(III)
$$\frac{v_j(\theta_i)}{k_j} = \frac{v_i^*(\theta_j^*)}{k_i^*} \tag{6.96}$$

が $i, j \in \{0, 1, \ldots, d\}$ に対して成り立つとき，$\{v_i(x)\}_{i=0}^d$, $\{v_i^*(x)\}_{i=0}^d$ を**双対直交多項式系** (dual system of orthogonal polynomial) という．

$\{v_i(x)\}_{i=0}^d$, $\{v_i^*(x)\}_{i=0}^d$ が双対直交多項式系であるときは，(III) が成り立つような B の固有値（$v_{d+1}(x)$ の零点）の並べ方 $\theta_0, \theta_1, \ldots, \theta_d$ と B^* の固有値（$v_{d+1}^*(x)$ の零点）の並べ方 $\theta_0^*, \theta_1^*, \ldots, \theta_d^*$ が固定されているものとする．(6.87) により，$v_{d+1}(x)$ の零点は行和 θ_0 と直交多項式系 $\{v_i(x)\}_{i=0}^d$ によって定まり，$v_{d+1}^*(x)$ の零点は行和 θ_0^* と直交多項式系 $\{v_i^*(x)\}_{i=0}^d$ によって定まることに注意する．

直交多項式系 $\{v_i(x)\}_{i=0}^d$ の Christoffel 数，重複度をそれぞれ μ_i, m_i $(0 \le i \le d)$ とする．また，直交多項式系 $\{v_i^*(x)\}_{i=0}^d$ の Christoffel 数，重複度をそれぞれ μ_i^*, m_i^* $(0 \le i \le d)$ とする．(6.88)，命題 6.19 により

$$m_i = n\mu_i, \qquad n = \sum_{i=0}^d k_i = \sum_{i=0}^d m_i \neq 0,\quad m_i^* = n^*\mu_i^*, \quad n^* = \sum_{i=0}^d k_i^* = \sum_{i=0}^d m_i^* \neq 0 \tag{6.97}$$

である．$K = \mathrm{diag}(k_0, k_1, \ldots, k_d)$，$M = \mathrm{diag}(\mu_0, \mu_1, \ldots, \mu_d)$，$K^* = \mathrm{diag}(k_0^*, k_1^*, \ldots, k_d^*)$，$M^* = \mathrm{diag}(\mu_0^*, \mu_1^*, \ldots, \mu_d^*)$ とおくと，定理 6.11 より

$$M^{-1} = PK^{-1}{}^tP, \qquad K = {}^tPMP,\quad (M^*)^{-1} = Q(K^*)^{-1}{}^tQ, \quad K^* = {}^tQM^*Q \tag{6.98}$$

が成り立つ．また

$$P' = K^{-1\,t}P, \quad Q' = (K^*)^{-1\,t}Q \tag{6.99}$$

に注意する．

6.21［命題］　$\{v_i(x)\}_{i=0}^d$, $\{v_i^*(x)\}_{i=0}^d$ を双対直交多項式系とすると次の (1)〜(3) が成り立つ．

(1) $n = n^*$,

(2) $m_i = k_i^*, \quad m_i^* = k_i \quad (0 \leq i \leq d)$,

(3) $PQ = QP = nI$.

証明　双対条件 (III) ${}^tP' = Q'$ を (6.99) を用いて $PK^{-1} = (K^*)^{-1\,t}Q$, $KP^{-1} = {}^tQ^{-1}K^*$ と書きかえる．(6.98) より $KP^{-1} = {}^tPM$, ${}^tQ^{-1}K^* = M^*Q$ であるので

$${}^tPM = M^*Q \tag{6.100}$$

を得る．命題 6.17 より $k_i = v_i(\theta_0)$, $k_i^* = v_i^*(\theta_0^*)$ であるので

$$P = \begin{bmatrix} 1 & k_1 & \cdots & k_d \\ 1 & & & \\ \vdots & & * & \\ 1 & & & \end{bmatrix}, \quad Q = \begin{bmatrix} 1 & k_1^* & \cdots & k_d^* \\ 1 & & & \\ \vdots & & * & \\ 1 & & & \end{bmatrix}. \tag{6.101}$$

したがって ${}^tPM$ の第0行は $(\mu_0, \mu_1, \ldots, \mu_d)$, 第0列は ${}^t(\mu_0, \mu_0k_1, \ldots, \mu_0k_d)$ であり，M^*Q の第0行は $(\mu_0^*, \mu_0^*k_1^*, \ldots, \mu_0^*k_d^*)$, 第0列は ${}^t(\mu_0^*, \mu_1^*, \ldots, \mu_d^*)$ である．したがって (6.100) より $\mu_i = \mu_0^*k_i^*$, $\mu_0k_i = \mu_i^*$ $(0 \leq i \leq d)$ を得る．$i=0$ とすれば $\mu_0 = \mu_0^*$ であり命題 6.19 より $m_0 = 1 = m_0^*$. したがって $n\mu_0 = m_0 = 1 = m_0^* = n^*\mu_0^*$ となり，これより $n = n^*$ を得る．また $m_i = n\mu_i = n\mu_0^*k_i^* = n^*\mu_0^*k_i^* = m_0^*k_i^* = k_i^*$, $m_i^* = n^*\mu_i^* = n^*\mu_0k_i = n\mu_0k_i = m_0k_i = k_i$ を得る．

最後に $PQ = QP = nI$ を示す．今示したばかりの (1), (2) より

$$nM = K^*, \quad nM^* = K$$

が成り立つ．冒頭で述べたように双対条件 (III) ${}^tP' = Q'$ は $PK^{-1} = (K^*)^{-1\,t}Q$ と書き直せたが，$nM = K^*$ を用いてこれを $PK^{-1} = n^{-1}M^{-1\,t}Q$ とさらに書き直す．これを (6.98) の $M^{-1} = PK^{-1\,t}P$ に代入して $M^{-1} = n^{-1}M^{-1\,t}Q^tP$ を得る．したがって $PQ = nI$ が成り立つ．■

6.22 [定理]　B, B^* を (6.73), (6.92) で与えられる既約 3 重対角行列とし，(I) 対角化可能，(II) B の行和 θ_0，B^* の行和 θ_0^* を仮定する．B, B^* の定める直交多項式系をそれぞれ $\{v_i(x)\}_{i=0}^d$, $\{v_i^*(x)\}_{i=0}^d$ とする．このとき B の固有値の並べ方 $\theta_0, \theta_1, \ldots, \theta_d$ と B^* の固有値の並べ方 $\theta_0^*, \theta_1^*, \ldots, \theta_d^*$ に関して，

(i)　ある正則行列 S が存在して

$$SBS^{-1} = \mathrm{diag}(\theta_0, \theta_1, \ldots, \theta_d),$$
$$S^{-1}B^*S = \mathrm{diag}(\theta_0^*, \theta_1^*, \ldots, \theta_d^*)$$

が成り立つための必要十分条件は

(ii)
$$\frac{v_j(\theta_i)}{k_j} = \frac{v_i^*(\theta_j^*)}{k_i^*}$$

が任意の $i, j \in \{0, 1, \ldots, d\}$ に対して成り立つこと，すなわち $\{v_i(x)\}_{i=0}^d$, $\{v_i^*(x)\}_{i=0}^d$ が双対直交多項式系であることである．ただし $\{k_i\}_{i=0}^d$, $\{k_i^*\}_{i=0}^d$ は B, B^* の定める次数列である．(i) が成り立つとき，$P = (v_j(\theta_i))$, $Q = (v_j^*(\theta_i^*))$ とおくと，ある 0 でない定数 $\lambda \in \mathbb{C}$ が存在して，$S = \lambda P$, $S^{-1} = \frac{1}{\lambda n} Q$ $(n = \sum_{i=0}^d k_i = \sum_{i=0}^d k_i^*)$ が成り立つ．

証明　(6.93) に従い $P' = \left(\frac{v_i(\theta_j)}{k_i}\right)$, $Q' = \left(\frac{v_i^*(\theta_j^*)}{k_i^*}\right)$ とおく．

(i) ⇒ (ii)：$D = \mathrm{diag}(\theta_0, \theta_1, \ldots, \theta_d)$, $D^* = \mathrm{diag}(\theta_0^*, \theta_1^*, \ldots, \theta_d^*)$ とおく．(6.94) より $S^{-1}DS = B = P^{-1}DP$ であるので，SP^{-1} は D と可換である．系 6.8 より B の固有値 $\theta_0, \theta_1, \ldots, \theta_d$ は相異なるので，D と可換な行列は対角行列に限る．したがって 0 でない定数 λ_i $(0 \leq i \leq d)$ が存在して

$$S = \mathrm{diag}(\lambda_0, \lambda_1, \ldots, \lambda_d)P \tag{6.102}$$

が成り立つ．同様に (6.94) により $SD^*S^{-1} = B^* = Q'D^*(Q')^{-1}$ であるので，$(Q')^{-1}S$ は D^* と可換でありしたがって 0 でない定数 λ_i^* $(0 \leq i \leq d)$ が存在して

$$S = Q' \,\mathrm{diag}(\lambda_0^*, \lambda_1^*, \ldots, \lambda_d^*) \tag{6.103}$$

が成り立つ．(6.101) より，(6.102) の右辺 $\mathrm{diag}(\lambda_0, \lambda_1, \ldots, \lambda_d)P$ の第 0 行，第 0 列は $\lambda_0(1, k_1, \ldots, k_d)$, ${}^t(\lambda_0, \lambda_1, \ldots, \lambda_d)$ であり，(6.103) の右辺 $Q' \,\mathrm{diag}(\lambda_0^*, \lambda_1^*, \ldots, \lambda_d^*)$ の第 0 行, 第 0 列は $(\lambda_0^*, \lambda_1^*, \ldots, \lambda_d^*)$, $\lambda_0^* {}^t(1, 1, \ldots, 1)$ である．ゆえに $\lambda_0 k_i = \lambda_i^*$, $\lambda_i = \lambda_0^*$ $(0 \leq i \leq d)$ を得る．$\lambda = \lambda_0 = \lambda_0^*$ とおくと，$\lambda_i = \lambda$, $\lambda_i^* = \lambda k_i$ $(0 \leq i \leq d)$ であるか

ら (6.102), (6.103) より $\lambda P = S = \lambda Q'K$ を得る．ただし $K = \mathrm{diag}(k_0, k_1, \ldots, k_d)$ である．特に $P = Q'K$, $PK^{-1} = Q'$ を得る．一方 (6.99) より ${}^tP' = PK^{-1}$ であるから，${}^tP' = Q'$ すなわち (ii) が成り立つ．また命題 6.21 より $P^{-1} = \frac{1}{n}Q$ であるから $\lambda P = S$ より $S^{-1} = \frac{1}{\lambda n}Q$ を得る．

(ii) ⇒ (i)：仮定より $Q' = {}^tP'$ が成り立つ．(6.99) より $P' = K^{-1}{}^tP$ であるので $Q' = {}^tP' = PK^{-1}$ となる．(6.94) より $D^* = (Q')^{-1}B^*Q'$ が成り立つ．$Q' = PK^{-1}$ を代入して $D^* = KP^{-1}B^*PK^{-1}$，したがって $D^* = P^{-1}B^*P$ が成り立つ．一方 (6.94) より $D = PBP^{-1}$ であるので，$S = P$ として (i) が成り立つ．∎

6.23 ［注意］　定理 6.22 の B, B^*, $D = \mathrm{diag}(\theta_0, \theta_1, \ldots, \theta_d)$, $D^* = \mathrm{diag}(\theta^*_0, \theta^*_1, \ldots, \theta^*_d)$ で (i) を満たすものは L-対（正確には L-系付きの L-対）と呼ばれる（本章 3 節参照）．定理 6.22 によれば，L-対と双対直交多項式系は同じものの別の見方に他ならない．本章の後半の 3 節において L-対の分類を行い，双対直交多項式系は双対 Askey-Wilson 多項式系と一致することを示す．[58] では双対直交多項式系が Askey-Wilson 多項式系と一致することの直接的証明が与えられている．

2. TD-対 (tridiagonal pair)

前節において，P-かつ Q-多項式スキームの Terwilliger 代数 T の既約表現の持ついくつかの性質を述べた．本節ではそれらの性質の最も本質的な部分を公理化して TD-対 (TD-pair) という概念を導入する．T の既約表現から TD-対が生じるが，すべての TD-対が T の既約表現から生じるわけではない．しかしながら T の既約表現は，TD-対というより広い枠組で考察するのがよい．

TD-対を分類することは，T の既約表現がすべて決まることを意味する．TD-対の分類はほぼ完成しているが [249, 243]，本書で扱うのは，TD-対の中でも特別なクラスに属する L-対 (Leonard pair) の分類にとどめる．L-対の分類を用いて T の主表現 (principal representation) が決定される．そのことは，P-かつ Q-多項式スキームのボーズ・メスナー代数が（組合せ構造を無視すれば）代数のレベルで決定されることを意味する．

2.1 小節では TD-対のウェイト空間分解 (weight space decomposition) を，2.2 小節では TD-関係式を [245] に従って述べる．また AW-パラメーター (Askey-Wilson parameters) を導入する．L-対の分類はこの後に続く 3 節で扱う．

次に，本節で用いる記号を用意する．

V を複素数体 $\mathbb{C}$ 上の有限次元ベクトル空間，$\dim(V) \geq 1$，とし，$\mathrm{End}(V)$ を V の線形変換全体のなす $\mathbb{C}$ 上の代数とする．本節では A, A^* は対角化可能な V の線形変換を表し，A, A^* の固有値をそれぞれ θ_i $(0 \leq i \leq d)$, θ_i^* $(0 \leq i \leq d^*)$，θ_i に属する A の固有空間を V_i，θ_i^* に属する A^* の固有空間を V_i^* で表す．$\theta_i \neq \theta_j, \theta_i^* \neq \theta_j^*$ $(i \neq j)$ に注意する．また，V_i への射影を E_i，V_i^* への射影を E_i^* で表す：

$$E_i:\ V = \oplus_{j=0}^{d} V_j \longrightarrow V_i, \quad A|_{V_i} = \theta_i,$$

$$E_i^*:\ V = \oplus_{j=0}^{d^*} V_j^* \longrightarrow V_i^*, \quad A^*|_{V_i^*} = \theta_i^*.$$

このとき，

$$E_i = \prod_{j \neq i} \frac{A - \theta_j}{\theta_i - \theta_j}, \quad E_i^* = \prod_{j \neq i} \frac{A^* - \theta_j^*}{\theta_i^* - \theta_j^*}, \tag{6.104}$$

が成り立つことに注意する．特に E_i は A で生成される $\mathrm{End}(V)$ の部分代数 $\langle A \rangle$ に含まれ，E_i^* は A^* で生成される $\mathrm{End}(V)$ の部分代数 $\langle A^* \rangle$ に含まれる．A, A^* で生成される $\mathrm{End}(V)$ の部分代数を $\langle A, A^* \rangle$ で表す．本節においてはこれらの記号を断りなしに用いる場合がある．

6.24 [定義]（TD-対 (tridiagonal pair)）　次の (1), (2) および (3) が成り立つときに，A, A^* を TD-対 (tridiagonal pair) という．

(1) 次の条件を満たす A^* の固有空間 V_i^* 達の順序付け $V_0^*, V_1^*, \ldots, V_{d^*}^*$ が存在する：

$$AV_i^* \subseteq V_{i-1}^* + V_i^* + V_{i+1}^* \quad (1 \leq i \leq d^* - 1), \tag{6.105}$$

$$AV_0^* \subseteq V_0^* + V_1^*, \quad AV_{d^*}^* \subseteq V_{d^*-1}^* + V_{d^*}^*. \tag{6.106}$$

(2) 次の条件を満たす A の固有空間 V_i 達の順序付け $V_0, V_1, \ldots, V_d$ が存在する：

$$A^*V_i \subseteq V_{i-1} + V_i + V_{i+1} \quad (1 \leq i \leq d - 1), \tag{6.107}$$

$$A^*V_0 \subseteq V_0 + V_1, \quad A^*V_d \subseteq V_{d-1} + V_d. \tag{6.108}$$

(3) V は $\langle A, A^* \rangle$-加群として既約である．すなわち A-不変かつ A^*-不変な V の部分空間は $\{0\}$ と V に限る．

TD-対 $A, A^* \in \mathrm{End}(V)$ と TD-対 $B, B^* \in \mathrm{End}(V')$ は，ベクトル空間としての同型写像 $\varphi:\ V \longrightarrow V'$ が存在して $\varphi A = B\varphi, \varphi A^* = B^*\varphi$ が成り立つとき同型であるという．

$$\begin{array}{ccc} V & \xrightarrow{\varphi} & V' \\ {\scriptstyle A, A^*}\downarrow & \circlearrowright & \downarrow{\scriptstyle B, B^*} \\ V & \xrightarrow{\varphi} & V' \end{array}$$

6.25 [注意]　A, A^* を TD-対とする.

(1) A^* の固有空間 V_i^* 達の順序付けで定義 6.24 (1) を満たすものは $d^* \geq 1$ であればちょうど二通りあり，そのうちの一つが $V_0^*, V_1^*, \ldots, V_{d^*}^*$ であれば，もう一つはその逆順序 $V_{d^*}^*, \ldots, V_1^*, V_0^*$ である．同じことが A の固有空間 V_i 達の順序付けで定義 6.24 (2) を満たすものについて成立する.

(2) 次の，本章 2.1 小節の系 6.30 で証明するように，$d = d^*$ が成立する．d を TD-対 A, A^* の**直径 (diameter)** という．$d = 0$ であるものは自明な TD-対と呼ぶ.

$A, A^* \in \mathrm{End}(V)$ が TD-対であるとき，特に断らない限り，A の固有空間の順序 $V_0, V_1, \ldots, V_d$ と A^* の固有空間の順序 $V_0^*, V_1^*, \ldots, V_d^*$ は定義 6.24 の条件を満たすように与えられているものとする．このような四つ組 $(A, A^*; \{V_i\}_{i=0}^d, \{V_i^*\}_{i=0}^{d^*})$ を TD-系 (TD-system) と呼ぶ．固有空間 V_i, V_i^* の代わりに固有値 θ_i, θ_i^* または射影 E_i, E_i^* を用いて TD-系を $(A, A^*; \{\theta_i\}_{i=0}^d, \{\theta_i^*\}_{i=0}^{d^*})$ あるいは，$(A, A^*; \{E_i\}_{i=0}^d, \{E_i^*\}_{i=0}^{d^*})$ と書くこともある．また A, A^* を略して，TD-系を $(\{V_i\}_{i=0}^d, \{V_i^*\}_{i=0}^{d^*})$, $(\{\theta_i\}_{i=0}^d, \{\theta_i^*\}_{i=0}^{d^*})$, あるいは $(\{E_i\}_{i=0}^d, \{E_i^*\}_{i=0}^{d^*})$ と書くこともある.

TD-対 $A, A^* \in \mathrm{End}(V)$ には，上の注意 6.25 (1) により，四つの TD-系

$$(A, A^*; \{V_i\}_{i=0}^d,\ \{V_i^*\}_{i=0}^{d^*}), \qquad (A, A^*; \{V_{d-i}\}_{i=0}^d,\ \{V_i^*\}_{i=0}^{d^*}),$$
$$(A, A^*; \{V_i\}_{i=0}^d,\ \{V_{d^*-i}^*\}_{i=0}^{d^*}), \qquad (A, A^*; \{V_{d-i}\}_{i=0}^d,\ \{V_{d^*-i}^*\}_{i=0}^{d^*})$$

が付随する.

6.26 [注意]　$A, A^* \in \mathrm{End}(V)$ が TD-対であるとき，任意の複素数 $\lambda, \mu, \lambda^*, \mu^*$ $(\lambda \neq 0, \lambda^* \neq 0 \in \mathbb{C})$ に対して $\lambda A + \mu, \lambda^* A^* + \mu^* \in \mathrm{End}(V)$ も TD-対となる．$(A, A^*; \{V_i\}_{i=0}^d, \{V_i^*\}_{i=0}^{d^*})$ を TD-対 A, A^* に付随する TD-系とすると，$(\lambda A + \mu, \lambda^* A^* + \mu^*; \{V_i\}_{i=0}^d, \{V_i^*\}_{i=0}^{d^*})$ は TD-対 $\lambda A + \mu, \lambda^* A^* + \mu^*$ に付随する TD-系である.

6.27 [注意]　$\mathfrak{X} = (X, \{R_i\}_{0 \leq i \leq D})$ を直径 D の P-かつ Q-多項式スキームとする．$\mathfrak{X}$ のボーズ・メスナー代数 $\mathfrak{A}$ の隣接行列を P-多項式順序に従って $A_0, A_1, \ldots, A_D$, 原始ベキ等元を Q-多項式順序に従って $E_0, E_1, \ldots, E_D$ とする．また $\mathfrak{X}$ の双

対ボーズ・メスナー代数 $\mathfrak{A}^*$ の双対隣接行列を Q-多項式順序に従って $A_0^*, A_1^*, \ldots, A_D^*$，双対原始ベキ等元を P-多項式順序に従って $E_0^*, E_1^*, \ldots, E_D^*$ とする（ただし基点 $x_0 \in X$ を固定して $E_i^* = E_i^*(x_0)$ とする）．Terwelliger 代数は $A = A_1$ と $A^* = A_1^*$ によって生成される：

$$T = T(x_0) = \langle A, A^* \rangle \subset End(V), \quad V = \bigoplus_{x \in X} \mathbb{C}x$$

(V は標準 T-加群)．第 2 章 6 節の命題 2.39 により V は既約 T-加群達の直和に分解する．W を V の既約 T-加群とする．本章 1.1 小節，1.2 小節における P-多項式となる条件 (iv) および Q-多項式となる条件 (iv)，そして W の既約性より

$$\{i \mid E_i^* W \neq 0,\ 0 \leq i \leq D\} = \{i \mid r \leq i \leq r + d^*\}$$
$$\{i \mid E_i W \neq 0,\ 0 \leq i \leq D\} = \{i \mid t \leq i \leq t + d\}$$

を満たす整数 r, t, d, d^* が存在する．そして A, A^* の W への制限 $A|_W, A^*|_W \in \mathrm{End}(W)$ は TD 対となる．特に $d = d^*$ が成り立つ．また $W_i = E_i W$, $W_i^* = E_i^* W$ とおくと，後に示す TD 対の一般論から (系 6.34)，$\dim W_{r+i} = \dim W_{t+i}^*$ $(0 \leq i \leq d)$ が成り立つ．さらに後の定理 6.36 により次元の列 $\{\dim W_{r+i}^*\}_{i=0}^d$ は unimodal かつ symmetric である．$d = d^*$ を既約 T-加群 W の直径 (**diameter**)，r, t をそれぞれ W の端点 (**endpoint**)，双対端点 (**dual endpoint**) と呼ぶ．$\dim W_{r+i}^* = 1$ $(0 \leq i \leq d)$ が成り立つとき既約 T-加群 W を **thin** と呼ぶ．標準 T-加群 V の任意の既約 T-加群が thin のとき，T を **thin** と呼ぶ．このとき P-かつ Q-多項式スキーム $\mathfrak{X}$ は基点 x_0 に関して thin という．また任意の基点 x_0 に関して thin のとき，$\mathfrak{X}$ を thin という．既約 T-加群 W が thin の場合は，TD 対 $A|_W$，$A^*|_W$ は L 対となる（L 対の定義は次節で述べる）．主 T-加群は thin であることに注意する（第 2 章 6 節定義 2.41 参照)．主 T-加群に対しては，$r = t = 0, d = D$ が成り立つ．逆に $r = 0, t = 0, d = D$ のうちのいずれかが成り立つような既約 T-加群は主 T-加群と一致する．

2.1 ウェイト空間分解

以下 $A, A^* \in \mathrm{End}(V)$ を TD-対，$(A, A^*; \{V_i\}_{i=0}^d, \{V_i^*\}_{i=0}^{d^*})$ を付随する一つの TD-系とする．$0 \leq i \leq d^*, 0 \leq j \leq d$ を満たす整数の組 i, j に対して

$$U_{i,j} = (V_0^* + \cdots + V_i^*) \cap (V_j + \cdots + V_d) \tag{6.109}$$

とおく．$i \notin \{0, 1, \ldots, d^*\}$ または $j \notin \{0, 1, \ldots, d\}$ を満たす整数の組 i, j に対しては

$U_{i,j}=0$ とする.

6.28 [**補題**]

(1) $(A-\theta_j)U_{i,j}\subseteq U_{i+1,j+1}$, ただし θ_j は V_j 上の A の固有値である.
(2) $(A^*-\theta_i^*)U_{i,j}\subseteq U_{i-1,j-1}$, ただし θ_i^* は V_i^* 上の A^* の固有値である.

証明　(1) は $(A-\theta_j)(V_0^*+\cdots+V_i^*)\subseteq V_0^*+\cdots+V_{i+1}^*$, $(A-\theta_j)(V_j+\cdots+V_d)\subseteq V_{j+1}+\cdots+V_d$ より直ちに従う. (2) も同様にして示される. ∎

6.29 [**命題**]　$U_{i,j}=0 \quad (0\le i<j\le d)$.

証明　$W=U_{0,j-i}+U_{1,j-i+1}+\cdots+U_{i,j}+\cdots+U_{d^*,j-i+d^*}$ とおくと, 補題 6.28 より W は $\langle A,A^*\rangle$-不変である. 一方 $W\subseteq V_{j-i}+\cdots+V_d\neq V$ であるから, V の $\langle A,A^*\rangle$-加群としての既約性より $W=0$, 特に $U_{i,j}=0$ を得る. ∎

6.30 [**系**]　$d=d^*$.

証明　$d^*<d$ と仮定する. $U_{d^*,d}=(V_0^*+V_1^*+\cdots+V_{d^*}^*)\cap V_d=V\cap V_d=V_d$. したがって $U_{d^*,d}\neq 0$ である. これは命題 6.29 に矛盾する. したがって $d\le d^*$ を得る. 次に, A と A^* の役割を入れ換えて同じ議論を TD-系 $(A^*,A;\{V_i^*\}_{i=0}^{d^*},\{V_i\}_{i=0}^{d})$ に対して用いると $d^*\le d$ を得る. ∎

この d を TD-対 A,A^* の直径 (diameter) と呼ぶ.

6.31 [**定義**]　$U_i=U_{i,i}=(V_0^*+\cdots+V_i^*)\cap(V_i+\cdots+V_d)$ とおき, TD-系 $(A,A^*;\{V_i\}_{i=0}^{d},\{V_i^*\}_{i=0}^{d^*})$ のウェイト空間 (weight space) と呼ぶ. $i\notin\{0,1,\ldots,d\}$ のときは $U_i=0$ とする. 特に, $U_0=V_0^*$, $U_d=V_d$ となることに注意する.

補題 6.28 をウェイト空間 U_i に用いて次の補題を得る.

6.32 [**補題**]

(1) $(A-\theta_i)U_i\subseteq U_{i+1} \quad (0\le i\le d)$,
(2) $(A^*-\theta_i^*)U_i\subseteq U_{i-1} \quad (0\le i\le d)$.

6.33 [定理]

(1) $V = U_0 \oplus U_1 \oplus \cdots \oplus U_d$ 　(直和),

(2) $U_0 + U_1 + \cdots + U_i = V_0^* + V_1^* + \cdots + V_i^* \quad (0 \leq i \leq d)$,

$U_i + U_{i+1} + \cdots + U_d = V_i + V_{i+1} + \cdots + V_d \quad (0 \leq i \leq d)$.

直和分解 $V = U_0 \oplus U_1 \oplus \cdots \oplus U_d$ をウェイト空間分解と呼ぶ (split decomposition と呼ぶこともある).

証明　(1) $W = U_0 + U_1 + \cdots + U_d$ とおくと, 補題 6.32 より W は $\langle A, A^* \rangle$-不変である. 一方, $W \supseteq U_0 = V_0^* \neq 0$ より $W \neq 0$ であり, V は $\langle A, A^* \rangle$-加群として既約なので $W = V$ でなければならない. また, $U_0 + U_1 + \cdots + U_i \subseteq V_0^* + V_1^* + \cdots + V_i^*$, $U_{i+1} \subseteq V_{i+1} + \cdots + V_d$ より

$$(U_0 + U_1 + \cdots + U_i) \cap U_{i+1} \subseteq U_{i,i+1}$$

となる. 命題 6.29 より $U_{i,i+1} = 0$ であるから $V = U_0 + U_1 + \cdots + U_d$ は直和である.

(2) 前半の主張のみ証明する. 後半の主張も同様にして証明される. まず $U_0 + U_1 + \cdots + U_i \subseteq V_0^* + V_1^* + \cdots + V_i^*$ は明らかである. 一方

$$\begin{aligned} V_0^* + V_1^* + \cdots + V_i^* &= (A^* - \theta_{i+1}^*) \cdots (A^* - \theta_{d^*}^*) V \\ &= \sum_{j=0}^{d} (A^* - \theta_{i+1}^*) \cdots (A^* - \theta_{d^*}^*) U_j \end{aligned}$$

である. 補題 6.32 (2) より, $i+1 \leq j$ のときは $(A^* - \theta_{i+1}^*) \cdots (A^* - \theta_j^*) U_j \subseteq U_i$ であり, 一般の j に対しては $A^* U_j \subseteq U_{j-1} + U_j$ であるから, $j \leq i$ のときは任意の自然数 k に対して $A^{*k} U_j \subseteq U_0 + U_1 + \cdots + U_i$ が成り立つ. ゆえに任意の j に対して $(A^* - \theta_{i+1}^*) \cdots (A^* - \theta_{d^*}^*) U_j \subseteq U_0 + \cdots + U_i$ が成り立つ. したがって

$$V_0^* + V_1^* + \cdots + V_i^* \subseteq U_0 + U_1 + \cdots + U_i$$

を得る. ∎

写像 F_i を V からウェイト空間 U_i への射影とする：

$$F_i : \ V = \bigoplus_{j=0}^{d} U_j \longrightarrow U_i \tag{6.110}$$

6.34 [系]

(1) $E_i|_{U_i}: U_i \longrightarrow V_i$ と $F_i|_{V_i}: V_i \longrightarrow U_i$ はベクトル空間としての同型写像であり，一方が他方の逆写像となる．

(2) $E_i^*|_{U_i}: U_i \longrightarrow V_i^*$ と $F_i|_{V_i^*}: V_i^* \longrightarrow U_i$ はベクトル空間としての同型写像であり，一方が他方の逆写像となる．

(3) $\dim(V_i) = \dim(U_i) = \dim(V_i^*) \quad (0 \le i \le d)$,
$\dim(V_i) = \dim(V_{d-i}) \quad (0 \le i \le d)$, したがって
$\dim(V_i^*) = \dim(V_{d-i}^*), \quad \dim(U_i) = \dim(U_{d-i}) \quad (0 \le i \le d)$.

証明　(1) $W_j = V_j + \cdots + V_d \ (0 \le j \le d)$ とおく．定理6.33より $W_j = U_j + \cdots + U_d$ と直和分解されている．したがってベクトル空間としての同型 $V_i \cong W_i/W_{i+1} \cong U_i$ を得るが，この同型により $v \in V_i$ が $u \in U_i$ に対応するとすれば $v + W_{i+1} = u + W_{i+1}$ となり，$E_i u = v$, $F_i v = u$ を得る．

(2) 定理6.33より $V_0^* + \cdots + V_j^* = U_0 + \cdots + U_j$（直和）であるから (1) と同様にして示される．

(3) (1), (2) より $\dim(V_i) = \dim(U_i) = \dim(V_i^*)$ を得る．特に TD-系 $(A, A^*; \{V_i\}_{i=0}^d, \{V_i^*\}_{i=0}^d)$ として考えれば，$\dim(V_i) = \dim(V_i^*)$ が成立していることになる．TD-系 $(A, A^*; \{V_{d-i}\}_{i=0}^d, \{V_i^*\}_{i=0}^d)$ に対しても同じことが成り立たなければならない．すなわち $\dim(V_{d-i}) = \dim(V_i^*)$ が成立することになり (3) が証明される．■

6.35 [定義]　二つの写像 $R, F \in \mathrm{End}(V)$ を次のように定義する：

$$R = A - \sum_{i=0}^{d} \theta_i F_i, \quad L = A^* - \sum_{i=0}^{d} \theta_i^* F_i \tag{6.111}$$

R を昇射 (raising map)，L を降射 (lowering map) と呼ぶ．補題6.32より

$$RU_i \subseteq U_{i+1}, \quad LU_i \subseteq U_{i-1} \quad (0 \le i \le d) \tag{6.112}$$

が成り立つ．

6.36 [定理]　$0 \le i \le j \le d$ を満たす任意の整数 i, j に対して R, L は次の (1) および (2) を満たす．ただし d は TD-対の直径である．

(1) 写像 $R^{j-i}|_{U_i}: U_i \longrightarrow U_j$ は，$i + j \le d$ のとき単射，$i + j \ge d$ のとき全射，$i + j = d$ のとき全単射である．

(2) 写像 $L^{j-i}|_{U_j}: U_j \longrightarrow U_i$ は，$i+j \geq d$ のとき単射，$i+j \leq d$ のとき全射，$i+j=d$ のとき全単射である．

(3) $\dim(U_0) \leq \dim(U_1) \leq \cdots \leq \dim(U_{[\frac{d}{2}]})$, $\dim(U_d) \leq \dim(U_{d-1}) \leq \cdots \leq \dim(U_{d-[\frac{d}{2}]})$ であり，特に $U_i \cong U_{d-i}$, $i=0,1,\ldots,[\frac{d}{2}]$ が成り立つ．

証明　(1) のみを示す．(2) は同様に示すことができる．(3) は (1), (2) より明らか．初めに，$i+j \leq d$ のもとで R^{j-i} の単射性を示す．$u \in U_i$, $R^{j-i}u=0$ と仮定する．$R^{j-i}|_{U_i} = (A-\theta_{j-1})(A-\theta_{j-2})\cdots(A-\theta_i)|_{U_i}$ であるから，$u \in \mathrm{Ker}(A-\theta_{j-1})(A-\theta_{j-2})\cdots(A-\theta_i) = V_{j-1}+V_{j-2}+\cdots+V_i \subseteq V_{j-1}+V_{j-2}+\cdots V_0$ が成り立つ．一方定理 6.33 より $u \in U_i \subseteq V_0^*+V_1^*+\cdots+V_i^*$ であるので $u \in (V_0^*+V_1^*+\cdots+V_i^*)\cap(V_{j-1}+V_{j-2}+\cdots+V_0)$ となる．命題 6.29 を TD-系 $(A,A^*;\{V_{d-i}\}_{i=0}^d,\{V_i^*\}_{i=0}^d)$ に適用すれば $i<d-j+1$ であるので添字 $i, d-j+1$ に対するウェイト空間は $(V_0^*+V_1^*+\cdots+V_i^*)\cap(V_{d-(d-j+1)}+V_{d-(d-j+2)}+\cdots+V_{d-d})=0$ となる．したがって $u=0$ でなければならないことがわかる．すなわち $R^{j-i}|_{U_i}$ は単射である．

次に $i+j=d$ の場合を考える．このとき上記の証明より $R^{j-i}: U_i \longrightarrow U_j$ は単射である．また系 6.34 (3) より $\dim(U_i)=\dim(U_{d-i})=\dim(U_j)$ であるので $R^{j-i}|_{U_i}$ は全単射である．

最後に $i+j \geq d$ のもとで全射性を示す．このとき $d-j \leq i \leq j$ に留意して今示した議論を $d-j$ と j に適用する．$d-j+j=d$ であるから $R^{2j-d}: U_{d-j} \longrightarrow U_j$ は全単射である．したがって $U_j = R^{2j-d}(U_{d-j}) = R^{j-i}(R^{i+j-d}U_{d-j})$ となる．$R^{i+j-d}U_{d-j} \subseteq U_i$ であるから $U_j \subseteq R^{j-i}(U_i)$ となり $R^{j-i}: U_i \longrightarrow U_j$ の全射性が示される．∎

6.37 [補題]　以下において d は TD-対 A, A^* の直径とし，$i,j,k,\ell,m \in \{0,1,2,\ldots,d\}$ とする．

(1) $m<|i-j|$ であれば $E_i^*A^mE_j^*=0$ が成り立つ．

(2) $\ell+m=|i-j|$ とする．$i+\ell=k=j-m$ または $i-\ell=k=j+m$ のとき，$E_i^*A^\ell E_k^*A^mE_j^* = E_i^*A^{\ell+m}E_j^*$，それ以外のとき，$E_i^*A^\ell E_k^*A^mE_j^*=0$.

(3) $\ell+m=j-i$ のとき，$E_i^*A^\ell A^*A^mE_j^* = \theta_{i+\ell}^*E_i^*A^{\ell+m}E_j^*$.
$\ell+m=i-j$ のとき，$E_i^*A^\ell A^*A^mE_j^* = \theta_{i-\ell}^*E_i^*A^{\ell+m}E_j^*$.
$\ell+m<|i-j|$ のとき，$E_i^*A^\ell A^*A^mE_j^*=0$.

上の (1), (2) および (3) は A を A^* に，E_ν^* を E_ν に，θ_ν^* を θ_ν $(\nu \in \{0,1,\ldots,d\})$ に，

同時にとりかえても成り立つ．

証明　(1) は TD-対の定義より明らかである．

(2) 仮定 $\ell + m = |i - j|$ および (1) により $E_i^* A^\ell E_k^* A^m E_j^* \neq 0$ であれば $i + \ell = k = j - m$ または $i - \ell = k = j + m$ が成り立たなければならないことがわかる．$i+\ell = k = j-m$ または $i-\ell = k = j+m$ が成り立つときは任意の $\nu \neq k$ に対して $E_i^* A^\ell E_\nu^* A^m E_j^* = 0$ であることを利用する．すなわち，$\sum_{\nu=0}^d E_\nu^* = I$ が恒等写像であることより $E_i^* A^{\ell+m} E_j^* = E_i^* A^\ell (\sum_{\nu=0}^d E_\nu^*) A^m E_j^* = E_i^* A^\ell E_k^* A^m E_j^*$ を得る．

(3) (1) および (2) のそれぞれの場合に $A^* = \sum_{\nu=0}^d \theta_\nu^* E_\nu^*$ を代入することにより直ちに従う．

(1), (2) および (3) において，A を A^* に，E_ν^* を E_ν に，θ_ν^* を θ_ν $(\nu \in \{0, 1, \ldots, d\})$ に同時に置き換えた場合も証明は同様である．■

6.38 [命題]　$i, j, k \in \{0, 1, \ldots, d\}$ とする．$k = |i - j|$ であれば $E_i^* A^k E_j^* \neq 0$ および $E_i A^{*k} E_j \neq 0$ が成り立つ．

証明　$E_i^* A^k E_j^* \neq 0$ のみを示す．$E_i A^{*k} E_j \neq 0$ の証明も同様である．

$i \geq j$ のとき，$k = i - j$ であり，補題 6.37 より

$$\begin{aligned} E_d^* A^{d-i} (E_i^* A^k E_j^*) A^j E_0^* &= (E_d^* A^{d-i} E_i^* A^{i-j} E_j^*) A^j E_0^* \\ &= E_d^* A^{d-j} E_j^* A^j E_0^* = E_d^* A^d E_0^*. \end{aligned} \tag{6.113}$$

$i \leq j$ のとき，$k = j - i$ であり，上記と同様に補題 6.37 より

$$\begin{aligned} E_0^* A^i (E_i^* A^k E_j^*) A^{d-j} E_d^* &= E_0^* A^i (E_i^* A^{j-i} E_j^* A^{d-j} E_d^*) \\ &= E_0^* A^d E_d^*. \end{aligned} \tag{6.114}$$

したがって $E_d^* A^d E_0^* \neq 0$ および $E_0^* A^d E_d^* \neq 0$ を証明すれば十分である．$E_d^* A^d E_0^* \neq 0$ を示せば同様の議論を TD-系 $(A, A^*; \{V_i\}_{i=0}^d, \{V_{d-i}^*\}_{i=0}^d)$ に対して行うことにより $E_0^* A^d E_d^* \neq 0$ を証明できる．したがって $E_d^* A^d E_0^* \neq 0$ だけを証明する．補題 6.37 (1) により $0 \leq m \leq d-1$ を満たす任意の m に対して $E_d^* A^m E_0^* = 0$ が成り立つ．したがって $E_d^* A^d E_0^* = E_d^* (A - \theta_{d-1})(A - \theta_{d-2}) \cdots (A - \theta_0) E_0^*$ が成り立つ．また $E_0^* V = V_0^* = U_0$ であるから定理 6.36 (1) の $R^d|_{U_0}$: $U_0 \longrightarrow U_d$ が全単射であることを用いて

$$E^*_d(A-\theta_{d-1})(A-\theta_{d-2})\cdots(A-\theta_0)E^*_0V$$
$$= E^*_d(A-\theta_{d-1})(A-\theta_{d-2})\cdots(A-\theta_0)U_0 = E^*_dU_d \tag{6.115}$$

を得る．このとき，系 6.34 (2) より $E^*_dU_d = V^*_d$ が成り立つ．したがって $E^*_dA^dE^*_0 \neq 0$ を得る． ∎

6.39 [注意] (指標公式予想，Leonard 対)　$A, A^* \in \mathrm{End}(V)$ を TD-対とし，$V = U_0 \oplus U_1 \oplus \cdots \oplus U_d$ をそのウェイト空間分解とすると次の不等式が成立することが [246, 372, 373] で証明されている．

$$\dim(U_i) \leq \binom{d}{i} \quad (0 \leq i \leq d). \tag{6.116}$$

特に $\dim(U_0) = \dim(U_d) = 1$ である．さらに TD-対 A, A^* の指標 (character) を

$$ch(t) = \sum_{i=0}^{d} (\dim U_i)t^i \tag{6.117}$$

により定義する．このとき，自然数 $\ell_1, \ell_2, \ldots, \ell_n$ が存在して指標公式 (charactor formula)

$$ch(t) = \prod_{i=1}^{n} \frac{1-t^{\ell_i+1}}{1-t} \tag{6.118}$$

が成り立つことが予想されている [245]．次の 2.2 小節では TD 対を I 型，II 型，III 型の三つに分けるが，I 型に対する指標公式は [249] で証明されている．II 型，III 型に対する指標公式も証明できたことが [243] でアナウンスされている．

$0 \leq i \leq d$ を満たす任意の i に対してそのウェイト空間 U_i 達の次元が 1 であるような TD-対 A, A^* は L-対 (Leonard-pair) と呼ばれる．この条件，$\dim(U_0) = \dim(U_1) = \cdots = \dim(U_d) = 1$ は指標が

$$ch(t) = \frac{1-t^{d+1}}{1-t} \tag{6.119}$$

を満たすことと同値である．P-かつ Q-多項式スキームの Terwilliger 代数 T の主表現から生じる TD-対は L-対であることに注意する（注意 6.26）．

A, A^* を一般の TD-対とし，$\ell_1, \ell_2, \ldots, \ell_n$ を A, A^* の指標公式から定まる自然数とすると，各 i $(1 \leq i \leq n)$ に対して直径 ℓ_i の L-対 A_i, A^*_i が存在して，A, A^* は L-対 A_i, A^*_i 達のある種のテンソル積となることが予想されるが，実際この予想は I 型の TD 対に対しては [249] で証明され，II 型，III 型に対しても証明できたことが [243] でアナウンスされている．

2.2 TD-関係式

以下 $A, A^* \in \mathrm{End}(V)$ をTD-対とし，$(A, A^*; \{V_i\}_{i=0}^d, \{V_i^*\}_{i=0}^d)$ を付随する一つのTD-対とする．

6.40 [補題]　A で生成される $\mathrm{End}(V)$ の部分代数 $\langle A \rangle$ に対し $\langle A, A^* \rangle$ の部分空間 $\mathcal{L}$ を次のように定義する：

$$\mathcal{L} = \mathrm{Span}\{XA^*Y - YA^*X \mid X, Y \in \langle A \rangle\}.$$

このとき，次の集合 (1), (2) はいずれも $\mathcal{L}$ の基底をなす．

(1) $\{E_i A^* E_{i+1} - E_{i+1} A^* E_i \mid 0 \leq i \leq d-1\}$,
(2) $\{A^i A^* - A^* A^i \mid 1 \leq i \leq d\}$.

上の主張は，A を A^* と，E_i を E_i^* $(0 \leq i \leq d-1)$ と同時に入れ換えても成り立つ．

証明　第2章補題 2.104 と同様の証明であるので，要点のみをくり返す．$\langle A \rangle$ は $\{E_i \mid 0 \leq i \leq d\}$ で張られる．補題 6.37 (1) より $|i-j| > 1$ を満たす i, j に対して $E_i A^* E_j = 0$ であるから，集合 (1) が $\mathcal{L}$ を張ることは明らかである．したがって $\dim(\mathcal{L}) \leq d$ となることがわかる．集合 (2) が1次独立であることを示せば，$\dim(\mathcal{L}) \geq d$ となり，したがって $\dim(\mathcal{L}) = d$ すなわち集合 (1), (2) ともに $\mathcal{L}$ の基底となる．以下に集合 (2) が1次独立であることの証明を与える．集合 (2) が1次従属と仮定して矛盾を導く．このとき $\sum_{i=1}^r \lambda_i (A^i A^* - A^* A^i) = 0$, $\lambda_r \neq 0$ となる整数 r $(1 \leq r \leq d)$ が存在する．補題 6.37 より

$$\begin{aligned} E_r^* \left(\sum_{i=1}^r \lambda_i (A^i A^* - A^* A^i) \right) E_0^* &= \sum_{i=1}^r \lambda_i (E_r^* A^i A^* E_0^* - E_r^* A^* A^i E_0^*) \\ &= \lambda_r (\theta_0^* - \theta_r^*) E_r^* A^r E_0^* \end{aligned}$$

を得る．したがって $E_r^* A^r E_0^* = 0$ となるが，これは命題 6.38 に矛盾する．■

6.41 [定理]　複素数 $\beta, \gamma, \delta, \gamma^*, \delta^* \in \mathbb{C}$ が存在して次の関係式 (TD) が成り立つ．

$$(\mathrm{TD}) \quad \begin{cases} A^3 A^* - (\beta+1)(A^2 A^* A - A A^* A^2) - A^* A^3 \\ \qquad = \gamma (A^2 A^* - A^* A^2) + \delta (A A^* - A^* A), \\ A^{*3} A - (\beta+1)(A^{*2} A A^* - A^* A A^{*2}) - A A^{*3} \\ \qquad = \gamma^* (A^{*2} A - A A^{*2}) + \delta^* (A^* A - A A^*). \end{cases}$$

A の固有値 $\{\theta_i\}_{i=0}^d$ と A^* の固有値 $\{\theta_i^*\}_{i=0}^d$ は次の漸化式を満たす．

$$\begin{cases} \delta = \theta_{i+1}^2 - \beta\theta_{i+1}\theta_i + \theta_i^2 - \gamma(\theta_{i+1} + \theta_i)\ (0 \le i \le d-1) \\ \delta^* = {\theta^*}_{i+1}^2 - \beta\theta_{i+1}^*\theta_i^* + {\theta^*}_i^2 - \gamma^*(\theta_{i+1}^* + \theta_i^*)\ (0 \le i \le d-1) \end{cases} \tag{6.120}$$

$$\begin{cases} \gamma = \theta_{i+1} - \beta\theta_i + \theta_{i-1} \quad (1 \le i \le d-1) \\ \gamma^* = \theta_{i+1}^* - \beta\theta_i^* + \theta_{i-1}^* \quad (1 \le i \le d-1) \end{cases} \tag{6.121}$$

$$\beta = \frac{\theta_{i+1} - \theta_i + \theta_{i-1} - \theta_{i-2}}{\theta_i - \theta_{i-1}} = \frac{\theta_{i+1}^* - \theta_i^* + \theta_{i-1}^* - \theta_{i-2}^*}{\theta_i^* - \theta_{i-1}^*} \quad (2 \le i \le d-1) \tag{6.122}$$

$d \geq 3$ のとき，$\beta, \gamma, \gamma^*, \delta, \delta^*$ は一意的に定まる．$d = 2$ のとき，β は任意に選ぶことができ，そのとき $\gamma, \gamma^*, \delta, \delta^*$ は一意的に定まる．$d = 1$ のとき，β, γ, γ^* は任意に選ぶことができ，そのとき δ, δ^* は一意的に定まる．$d = 0$ のとき，$\beta, \gamma, \gamma^*, \delta$, δ^* は任意に選ぶことができる．

定理 6.41 の関係式 (TD) を **TD-関係式 (TD-relations)** と呼ぶ．また漸化式 (6.120) を満たす $\{\theta_i\}_{i=0}^d$，$\{\theta_i^*\}_{i=0}^d$ をそれぞれ (β, γ, δ) 列，$(\beta^*, \gamma^*, \delta^*)$ 列と呼ぶ．

証明　関係式 (TD) の第 1 式のみを導く．第 2 式も同様にして導くことができる．ただし第 2 式の β は一時的に β^* としておき後に $\beta = \beta^*$ を示す．

$A^2A^*A - AA^*A^2 \in \mathcal{L}$ であるので補題 6.40 の基底 (2) の 1 次結合として表すことができる．すなわち

$$A^2A^*A - AA^*A^2 = \sum_{i=1}^{r} \lambda_i(A^iA^* - A^*A^i) \quad (\lambda_r \neq 0) \tag{6.123}$$

なる表示が一意的に定まる．ここで $A^2A^*A - AA^*A^2 \neq 0$ に注意する．なぜなら補題 6.37 (3)，命題 6.38 より $E_3^*(A^2A^*A - AA^*A^2)E_0^* = (\theta_1^* - \theta_2^*)E_3^*A^3E_0^* \neq 0$ であるからである．ただし $d \geq 3$ とした．$d \leq 2$ の場合は別に扱う．補題 6.40 の証明と同様にして

$$E_r^*(A^2A^*A - AA^*A^2)E_0^* = \lambda_r(\theta_0^* - \theta_r^*)E_r^*A^rE_0^* \neq 0$$

であるが補題 6.37 (3) により $E_r^*(A^2A^*A - AA^*A^2)E_0^* \neq 0$ であるためには $r \leq 3$ でなければならない．

(6.123) の両辺に左から E_3^*，右から E_0^* を掛けると，もし $r \leq 2$ であれば補題 6.37 (3) により右辺は 0 にならなければならない．しかし，前にも注意したように，左辺

は $E_3^*(A^2A^*A - AA^*A^2)E_0^* = (\theta_1^* - \theta_2^*)E_3^*A^3E_0^* \neq 0$ となるので矛盾する．したがって $d \geq 3$ のときは $r = 3$ でなければならない．このとき (6.123) の右辺は $E_3^*(\sum_{i=1}^3 \lambda_i(A^iA^* - A^*A^i))E_0^* = \lambda_3(\theta_0^* - \theta_3^*)E_3^*A^3E_0^*$ となり，したがって $\lambda_3 = \frac{\theta_1^*-\theta_2^*}{\theta_0^*-\theta_3^*}$ を得る．

$$\beta + 1 = \frac{1}{\lambda_3}, \quad \gamma = -\frac{\lambda_2}{\lambda_3}, \quad \delta = -\frac{\lambda_1}{\lambda_3} \tag{6.124}$$

として関係式 (TD) の第 1 式が成り立つ．$\lambda_3, \lambda_2, \lambda_1$ は一意的に定まるので β, γ, δ も一意的に定まる．

$d = 2$ のとき：(TD) の第 1 式において任意に β を与えると，$A^2A^* - A^*A^2$, $AA^* - A^*A$ は $\mathcal{L}$ の基底であるので γ, δ は一意的に決まる．

$d = 1$，$d = 0$ の場合も同様である．

次に $\{\theta_i\}_{i=0}^d$ が (β, γ, δ) 列であることを導く．$0 \leq i \leq d-1$ とし，(TD) の第 1 式に左から E_{i+1} を，右から E_i を掛けると

$$\begin{aligned}&\left(\theta_{i+1}^3 - (\beta+1)(\theta_{i+1}^2\theta_i - \theta_{i+1}\theta_i^2) - \theta_i^3\right) E_{i+1}A^*E_i \\ &\quad = \left(\gamma(\theta_{i+1}^2 - \theta_i^2) + \delta(\theta_{i+1} - \theta_i)\right) E_{i+1}A^*E_i\end{aligned} \tag{6.125}$$

を得る．$E_{i+1}A^*E_i \neq 0$，$\theta_{i+1} - \theta_i \neq 0$ であるので

$$\theta_{i+1}^2 - \beta\theta_{i+1}\theta_i + \theta_i^2 = \gamma(\theta_{i+1} + \theta_i) + \delta \quad (0 \leq i \leq d-1)$$

が成り立つ．これら d 個の等式の i 番目と $i-1$ 番目の差をとって δ を消去すると，

$$\theta_{i+1} + \theta_{i-1} - \beta\theta_i = \gamma \quad (1 \leq i \leq d-1)$$

を得る．再びこれら $d-1$ 個の等式の i 番目と $i-1$ 番目の差をとって γ を消去すると

$$\theta_{i+1} - \theta_i + \theta_{i-1} - \theta_{i-2} - \beta(\theta_i - \theta_{i-1}) = 0 \quad (2 \leq i \leq d-1)$$

となり (6.122) の β の初めの等式を得る．

同様にして $\{\theta_i^*\}_{i=0}^d$ が $(\beta^*, \gamma^*, \delta^*)$ 列であることも (TD) の第 2 式から導くことができる．

最後に $\beta = \beta^*$ を示す．$d \leq 2$ であれば β も β^* も任意に選べるので $\beta = \beta^*$ としてよい．次に，$d \geq 3$ とする．(TD) の第 2 式から $\{\theta_i^*\}_{i=0}^d$ が $(\beta^*, \gamma^*, \delta^*)$ 列であることが導かれるのであるが，それは $\beta^* = \frac{\theta_{i+1}^*-\theta_i^*+\theta_{i-1}^*-\theta_{i-2}^*}{\theta_i^*-\theta_{i-1}^*}$ が $i = 2, 3, \ldots, d-1$ に対して成り立つことを意味する．特に $i = 2$ を代入すると $\beta^* + 1 = \frac{\theta_3^*-\theta_0^*}{\theta_2^*-\theta_1^*}$ を得る．一方 (6.124) において $\beta + 1 = \frac{\theta_0^*-\theta_3^*}{\theta_1^*-\theta_2^*}$ であったから $\beta^* = \beta$ が成り立つことがわかる．■

次に TD-対 A, A^* の固有値 $\{\theta_i\}_{i=0}^d$, $\{\theta_i^*\}_{i=0}^d$ を AW-パラメーター (Askey-Wilson parameters) によって表示するために一般の (β, γ, δ) 列の考察を行う．

数列 $\{x_i\}_{i=0}^d$ $(d \geq 3)$ が定数 $\beta \in \mathbb{C}$ に対して

$$\beta(x_i - x_{i-1}) = x_{i+1} - x_i + x_{i-1} - x_{i-2} \quad (2 \leq i \leq d-1)$$

を満たすとき β 列と呼ぶ． $\{x_i\}_{i=0}^d$ $(d \geq 3)$ が β 列であるとき

$$\gamma = x_{i+1} - \beta x_i + x_{i-1} \quad (1 \leq i \leq d-1)$$

は i によらない定数である．このような数列 $\{x_i\}_{i=0}^d$ $(d \geq 2)$ を (β, γ) 列と呼ぶ．逆に，$d \geq 3$ なら (β, γ) 列は β 列である．さらに $\{x_i\}_{i=0}^d$ が (β, γ) 列のとき

$$\delta = x_{i+1}^2 - \beta x_{i+1} x_i + x_i^2 - \gamma(x_{i+1} + x_i) \quad (0 \leq i \leq d-1)$$

は i によらない定数である．このような数列 $\{x_i\}_{i=0}^d$ $(d \geq 1)$ を (β, γ, δ) 列と呼ぶ．逆に $d \geq 2$ なら，$x_{i+1} \neq x_{i-1}$ $(1 \leq i \leq d-1)$ を満たす (β, γ, δ) 列は (β, γ) 列である．

6.42 [補題] 数列 $\{x_i\}_{i=0}^d$ を (β, γ) 列とすると次が成り立つ．

(1) $x_i^2 - \gamma x_i - \delta = x_{i+1} x_{i-1} \quad (1 \leq i \leq d-1)$.

(2) $(\beta - 2) x_i^2 + 2\gamma x_i + \delta = (x_{i+1} - x_i)(x_i - x_{i-1}) \quad (1 \leq i \leq d-1)$.

証明 (1) (2) に，$\delta = x_{i+1}^2 - \beta x_{i+1} x_i + x_i^2 - \gamma(x_{i+1} + x_i)$ を代入し，さらに $\beta x_i = x_{i+1} + x_{i-1} - \gamma$ を代入すれば等号が確かめられる． ∎

β 列 $\{x_i\}_{i=0}^d$ を

$$\beta(x_i - x_{i-1}) = x_{i+1} - x_i + x_{i-1} - x_{i-2}$$

により $\{x_i\}_{i \in \mathbb{Z}}$ に拡張しておく．複素数 $\beta \in \mathbb{C}$ を固定すると β 列の全体は通常の数列の和と定数倍に関して 3 次元ベクトル空間をなす．

$$\beta = q + q^{-1} \tag{6.126}$$

とおく．β 列は $q \neq \pm 1$ のとき I 型，$q = 1$ のとき II 型，$q = -1$ のとき III 型という．

I 型の β 列のなすベクトル空間は

$$\{1\}_{i \in \mathbb{Z}}, \{q^i\}_{i \in \mathbb{Z}}, \{q^{-i}\}_{i \in \mathbb{Z}}$$

を基底として持つ．II 型のときは

$$\{1\}_{i\in\mathbb{Z}}, \{i\}_{i\in\mathbb{Z}}, \{i^2\}_{i\in\mathbb{Z}}$$

を基底とし，III 型のときは

$$\{1\}_{i\in\mathbb{Z}}, \{(-1)^i\}_{i\in\mathbb{Z}}, \{(-1)^i i\}_{i\in\mathbb{Z}}$$

を基底とする．したがって β 列 $\{x_i\}_{i\in\mathbb{Z}}$ は次のように表される．

I 型：$x_i = a + bq^i + cq^{-i}$,

II 型：$x_i = a + bi + ci^2$,

III 型：$x_i = a + (-1)^i(b + ci)$.

このとき定数 γ, δ は次のように表される．

I 型	II 型	III 型
$\gamma = (2-\beta)a$	$\gamma = 2c$	$\gamma = 4a$
$\delta = (2-\beta)((2+\beta)bc - a^2)$	$\delta = b^2 - c^2 - 4ac$	$\delta = c^2 - 4a^2$

I 型は，必要なら q と q^{-1} を入れかえれば，次のような表示を持つ．

$$x_i = x_0 + h\frac{1}{q^i}(1-q^i)(1-sq^{i+1}),$$

ここで，$q \longrightarrow 1$, $(1-q)^2h \longrightarrow h'$, $\frac{1-s}{1-q} \longrightarrow s'$ なる極限をとり，h', s' をあらためて h, s とおくと次のような II 型の表示を得る．

$$x_i = x_0 + hi(i+1+s).$$

ここでさらに $h \longrightarrow 0$, $hs \longrightarrow h'$ なる極限をとり，h' をあらためて h とおくと，次のような II 型の表示を得る．

$$x_i = x_0 + hi.$$

これら二つの II 型の表示ですべての II 型が尽くされる．すなわちすべての II 型は I 型の極限の中に現れる．I 型において，$q \longrightarrow -1$, $(1+q)h \longrightarrow h'$, $\frac{1-s}{1+q} \longrightarrow s'$ なる極限をとり，h', s' をあらためて h, s とおくと次のような III 型の表示を得る．

$$x_i = \begin{cases} x_0 + 2hi & (i：偶数) \\ x_0 - 2h(i+1+s) & (i：奇数) \end{cases}$$

この表示ですべての III 型が尽くされる．すなわち III 型はすべて I 型の極限の中に現れる．以上を AW-パラメーター (Askey-Wilson parameters) による表示という．

6.43 [注意]

(1) I 型の AW-パラメーター表示において，$h \longrightarrow 0,\ hsq \longrightarrow h'$ なる極限をとり，あらためて h' を h とおくと次のような I 型の表示を得る．

$$x_i = x_0 - h(1-q^i).$$

これは I 型の AW-パラメーター表示において，q と q^{-1} を入れかえ，$s=0$ とおいたものと一致する．しかしながら，q と q^{-1} を入れかえることが許されない場合は，AW-パラメーター表示として

$$x_i = x_0 + h\frac{1}{q^i}(1-q^i)(1-sq^{i+1}),$$
$$x_i = x_0 - h(1-q^i)$$

の二つを用いる必要がある．これら二つの表示によりすべての I 型が尽くされる．

(2) 前に述べたように，β 列 $\{x_i\}_{i=0}^d$ $(d \geq 3)$ は β 列 $\{x_i\}_{i\in\mathbb{Z}}$ に拡張しておく．$d=2$ のときも数列 x_0, x_1, x_2 は β 列 $\{x_i\}_{i\in\mathbb{Z}}$ に拡張できる (β は任意に選べる)．$d=1$ のときは，数列 x_0, x_1 は (β,γ) 列 $\{x_i\}_{i\in\mathbb{Z}}$ に拡張できる (β, γ は任意に選べる)．$d=0$ のときは β 列 $x_i = x_0$ $(i \in \mathbb{Z})$ に拡張しておく．$i \in \mathbb{Z}$ に拡張された (β,γ) 列は β 列であり，逆に β 列は (β,γ) 列であるので，この意味で任意の $d \geq 0$ に対して β 列 $\{x_i\}_{i=0}^d$ あるいは (β,γ) 列 $\{x_i\}_{i=0}^d$ という用語を用いて AW-パラメーターで表示する．

(3) β 列 $\{x_i\}_{i=0}^d$ を AW-パラメーターで表示したときに $x_i = x_j$ となる条件は次のとおりである．

I 型で $h \neq 0$ のとき

$x_i = x_j \iff q^{i-j} = 1$ または $sq^{1+i+j} = 1$

I 型の極限 $h \longrightarrow 0,\ hsq \longrightarrow h'$ で $h' \neq 0$ のとき

$x_i = x_j \iff q^{i-j} = 1$

II 型で $h \neq 0$ のとき

$x_i = x_j \iff i = j$ または $s+1+i+j = 0$

II 型の極限 $h \longrightarrow 0,\ hs \longrightarrow h'$ で $h' \neq 0$ のとき

$x_i = x_j \iff i = j$

III 型で $h \neq 0$ のとき

$x_i = x_j \iff i = j$ または $s+1+i+j = 0$ で $1+i+j$ が偶数

$(A, A^*, \{V_i\}_{i=0}^d, \{V_i^*\}_{i=0}^d)$ をTD-系とすると，定理6.41により A, A^* の固有値 $\{\theta_i\}_{i=0}^d$, $\{\theta_i^*\}_{i=0}^d$ は β 列であるからAW-パラメーター表示を持つ．

$$\beta = q + q^{-1}$$

とおく．$\{\theta_i\}_{i=0}^d$, $\{\theta_i^*\}_{i=0}^d$ を同時にAW-パラメーター表示するので，I型の場合 q と q^{-1} をいれかえるのには制約がつくことに注意する．以下の表は $\{\theta_i\}_{i=0}^d$, $\{\theta_i^*\}_{i=0}^d$ の可能なすべての場合を尽くす．(I), (II), (III) はI型，II型，III型の最も一般的表示であり，(IA) は (I) の極限型，(IIA), (IIB), (IIC) は (II) の極限型である．Λ_{I}, Λ_{IA}, Λ_{II}, Λ_{IIA}, Λ_{IIB}, Λ_{IIC}, Λ_{III} はAW-パラメーターのセットを表す．最後に $\theta_i \neq \theta_j$ $(i \neq j)$, $\theta_i^* \neq \theta_j^*$ $(i \neq j)$ となる条件が書き加えられている．

(I)

$$\begin{cases} \theta_i = \theta_0 + h\dfrac{1}{q^i}(1-q^i)(1-sq^{i+1}) \quad (0 \leq i \leq d) \\ \theta_i^* = \theta_0^* + h^*\dfrac{1}{q^i}(1-q^i)(1-s^*q^{i+1}) \quad (0 \leq i \leq d) \end{cases}$$

$\Lambda_{\mathrm{I}} = (s, s^*;\ h, h^*, \theta_0, \theta_0^* \mid q, d)$

$h, h^* \neq 0;\ q^i \neq 1\ (1 \leq i \leq d);\ s, s^* \notin \{q^{-2}, q^{-3}, \ldots, q^{-2d}\}$

(IA) (I) において $s^* = 0$ とおき，極限 $h \longrightarrow 0$, $hsq \longrightarrow h'$ をとる

$$\begin{cases} \theta_i = \theta_0 - h(1-q^i) \quad (0 \leq i \leq d) \\ \theta_i^* = \theta_0^* - h^*(1-q^{-i}) \quad (0 \leq i \leq d) \end{cases}$$

$\Lambda_{\mathrm{IA}} = (-,-;\ h, h^*, \theta_0, \theta_0^* \mid q, d)$

$h, h^* \neq 0;\ q^i \neq 1\ (1 \leq i \leq d)$

(II) (I) において極限 $q \longrightarrow 1$, $(1-q)^2 h \longrightarrow h'$, $(1-q)^2 h^* \longrightarrow (h^*)'$, $\frac{1-s}{1-q} \longrightarrow s'$, $\frac{1-s^*}{1-q} \longrightarrow (s^*)'$ をとる

$$\begin{cases} \theta_i = \theta_0 + hi(i+1+s) \quad (0 \leq i \leq d) \\ \theta_i^* = \theta_0^* + h^*i(i+1+s^*) \quad (0 \leq i \leq d) \end{cases}$$

$\Lambda_{\mathrm{II}} = (s, s^*;\ h, h^*, \theta_0, \theta_0^* \mid d)$

$h, h^* \neq 0;\ s, s^* \notin \{-2, -3, \ldots, -2d\}$

(IIA) (II) において極限 $h^* \longrightarrow 0$, $h^*s^* \longrightarrow (h^*)'$ をとる．

$$\begin{cases} \theta_i = \theta_0 + hi(i+1+s) & (0 \leq i \leq d) \\ \theta_i^* = \theta_0^* + h^*i & (0 \leq i \leq d) \end{cases}$$

$$\Lambda_{\mathrm{IIA}} = (s, -;\ h, h^*, \theta_0, \theta_0^* \mid d)$$

$$h, h^* \neq 0;\ s \notin \{-2, -3, \ldots, -2d\}$$

(IIB) (II) において極限 $h \longrightarrow 0$, $hs \longrightarrow h'$ をとる．

$$\begin{cases} \theta_i = \theta_0 + hi & (0 \leq i \leq d) \\ \theta_i^* = \theta_0^* + h^*i(i+1+s^*) & (0 \leq i \leq d) \end{cases}$$

$$\Lambda_{\mathrm{IIB}} = (-, s^*;\ h, h^*, \theta_0, \theta_0^* \mid d)$$

$$h, h^* \neq 0;\ s^* \notin \{-2, -3, \ldots, -2d\}$$

(IIC) (II) において極限 $h \longrightarrow 0$, $h^* \longrightarrow 0$, $hs \longrightarrow h'$, $h^*s^* \longrightarrow (h^*)'$ をとる．

$$\begin{cases} \theta_i = \theta_0 + hi & (0 \leq i \leq d) \\ \theta_i^* = \theta_0^* + h^*i & (0 \leq i \leq d) \end{cases}$$

$$\Lambda_{\mathrm{IIC}} = (-, -;\ h, h^*, \theta_0, \theta_0^* \mid d)$$

$$h, h^* \neq 0$$

(III) (I) において極限 $q \longrightarrow -1$, $(1+q)h \longrightarrow h'$, $(1+q)h^* \longrightarrow (h^*)'$, $\frac{1-s}{1+q} \longrightarrow s'$, $\frac{1-s^*}{1+q} \longrightarrow (s^*)'$ をとる．

$$\theta_i = \begin{cases} \theta_0 + 2hi & (i : \text{偶数},\ 0 \leq i \leq d) \\ \theta_0 - 2h(i+1+s) & (i : \text{奇数},\ 0 \leq i \leq d) \end{cases}$$

$$\theta_i^* = \begin{cases} \theta_0^* + 2h^*i & (i : \text{偶数},\ 0 \leq i \leq d) \\ \theta_0^* - 2h^*(i+1+s^*) & (i : \text{奇数},\ 0 \leq i \leq d) \end{cases}$$

$$\Lambda_{\mathrm{III}} = (s, s^*;\ h, h^*, \theta_0, \theta_0^* \mid d)$$

$$h, h^* \neq 0;\ s, s^* \notin \{-2, -4, \ldots, -2(d-1), -2d\}$$

定理 6.41 により TD-対 $A, A^* \in \mathrm{End}(V)$ は TD-関係式を満たす．次の定理はこのことの逆を意味する [464].

6.44 [定理]　$A, A^* \in \mathrm{End}(V)$ を対角化可能な線形変換とし，V は $\langle A, A^*\rangle$-加群として既約であると仮定する．このとき複素数 $\beta, \gamma, \delta \in \mathbb{C}$ が存在して (TD) の第1式

$$\begin{aligned}&A^3A^* - (\beta+1)(A^2A^*A - AA^*A^2) - A^*A^3\\&= \gamma(A^2A^* - A^*A^2) + \delta(AA^* - A^*A)\end{aligned}$$

が成り立つならば，A の固有空間 V_i 達の順序付け $V_0, V_1, \ldots, V_d$ が存在して

$$A^*V_i \subseteq V_{i-1} + V_i + V_{i+1} \quad (0 \le i \le d)$$

が成り立つ．ただし $\beta = q + q^{-1}$, $q \neq \pm 1$, $q^{d+1} = 1$ のときは，$V_{-1} = V_d$, $V_{d+1} = V_0$ とし，それ以外のときは $V_{-1} = 0$, $V_{d+1} = 0$ とする．

A と A^* の役割をとりかえたときに同じことが成り立つ．

証明　$d = 0, 1$ なら定理の主張は自明なので $d \ge 2$ とする．$\theta \in \mathbb{C}$ に対し $V(\theta) = \{x \in V \mid Av = \theta v\}$ とおく．$V(\theta) \neq \{0\}$ であれば θ は A の固有値である．$v \in V(\theta)$ とし v に $A^3A^* - (\beta+1)(A^2A^*A - AA^*A^2) - A^*A^3 - \gamma(A^2A^* - A^*A^2) - \delta(AA^* - A^*A)$ を作用させると

$$(A - \theta)(A^2 - \beta\theta A + \theta^2 - \gamma(A + \theta) - \delta)A^*v = 0$$

を得る．ここで2次方程式 $x^2 - \beta\theta x + \theta^2 - \gamma(x + \theta) - \delta = 0$ の根を θ', θ'' とすると，

$$(A - \theta)(A - \theta')(A - \theta'')A^*v = 0$$

が任意の $v \in V(\theta)$ に対して成り立つ．したがって

$$A^*V(\theta) \subseteq V(\theta) + V(\theta') + V(\theta'') \tag{6.127}$$

を得る．次に A の異なる固有値全体の集合 $\{\theta_i\}_{i=0}^d$ の上に無向グラフを次の関係

$$\theta_i \sim \theta_j \iff \theta_i^2 - \beta\theta_i\theta_j + \theta_j^2 - \gamma(\theta_i + \theta_j) - \delta = 0, \quad i \neq j \tag{6.128}$$

で定義すると (6.127) より

$$A^*V(\theta_i) \subseteq V(\theta_i) + \sum_{\theta_j \sim \theta_i} V(\theta_j)$$

を得る．仮定より V は既約な $\langle A, A^*\rangle$-加群であるのでグラフは連結でなければならない．(6.128) よりグラフの各頂点から出る辺の個数は高々2である．したがってグラ

フは路かまたはサイクルとなる．すなわち固有値達の番号付け $\theta_0, \theta_1, \ldots, \theta_d$ が存在して，

$$\theta_i \sim \theta_{i+1} \quad (0 \leq i \leq d-1)$$
$$\theta_0 \sim \theta_d \quad (\text{グラフがサイクルのとき})$$

を満たしている．すなわち A の固有値 $\{\theta_i\}_{i=0}^d$ は (β, γ, δ) 列となる．$d \geq 2$ なので，(β, γ) 列 $\{\theta_i\}_{i=0}^d$ を (β, γ) 列 $\{\theta_i\}_{i \in \mathbb{Z}}$ に拡張する．このとき，(6.128) によりグラフも $\{\theta_i\}_{i \in \mathbb{Z}}$ 上に拡張すれば (β, γ) 列は (β, γ, δ) 列であることから

$$\theta_i \sim \theta_{i+1} \quad (i \in \mathbb{Z})$$

となる．したがってもし $\theta_0 \sim \theta_d$ であれば $\theta_{-1} = \theta_d$, $\theta_{d+1} = \theta_0$ が成り立つ．したがって注意 6.43 (3) より，$\theta_{-1} = \theta_d$, $\theta_{d+1} = \theta_0$ かつ $\theta_0, \theta_1, \ldots, \theta_d$ が相異なるためには $q \neq \pm 1$, $q^{d+1} = 1$ でなければならない． ■

6.45 ［注意］　$\mathfrak{X} = (X, \{R_i\}_{0 \leq i \leq d})$ を P-かつ Q-多項式スキーム，$\Gamma = (X, R_1)$ を付随する距離正則グラフとする．$T = T(x_0)$ を $\mathfrak{X}$ の Terwilliger 代数，A, A^* を T の標準的生成元とする（A はグラフ Γ の隣接行列）．$V = \bigoplus_{x \in X} \mathbb{C}x$ を標準加群，W $(\subset V)$ を Terwilliger 代数の主 T-加群とすれば（定義 2.41 参照），$A|_W, A^*|_W \in \mathrm{End}(V)$ は，TD-対の特別なクラスである L-対となることはすでに注意 6.39 で述べた．$A|_W$ の異なる固有値全体の集合を $\{\theta_i \mid 0 \leq i \leq d\}$ とする．$\{\theta_i \mid 0 \leq i \leq d\}$ は A の固有値全体の集合でもある（補題 2.40 参照）．

(1) $d \geq 5$ かつ Γ が n 角形ではないとすると，$\theta_0, \theta_1, \ldots, \theta_d$ はすべて有理数である [58, 165]．特に θ_i の AW-パラメーター表示における $\beta = q + q^{-1}$ は有理数である．

(2) $A|_W, A^*|_W \in \mathrm{End}(W)$ が III 型ならば，次のいずれかが成り立つ [453]（本章 4 節参照）．

  (i) Γ はハミンググラフ $H(d, 2)$．

  (ii) Γ は Odd グラフ O_{d+1}．

  (iii) Γ は $H(2d+1, 2)$ の antipodal quotient.

  なお II 型，IIA 型，IIB 型，IIC 型の場合も Γ の分類は終わっている [452]，[450]，[455]，[456]，[171]．

(3) 知られている P-かつ Q-多項式スキームでコアにあたる部分については，θ_i^* の AW-パラメーター表示における s^* は $s^* = 0$ を満たす（本章 4 節参照）．AW-パ

ラメーターは $s^* = 0$ のとき古典的 (classical) と呼ばれる．P-かつ Q-多項式スキームは，多角形の場合を除いて，古典的 AW-パラメーターを持つか，またはその「親類」であると予想されている（本章 4 節参照）．

3. L-対 (Leonard pair)

L-対の定義には注意 6.39 でも触れたが改めて定義を与える．

6.46 [定義]　$A, A^* \in \mathrm{End}(V)$ を TD-対，$(A, A^*; \{V_i\}_{i=0}^d, \{V_i^*\}_{i=0}^d)$ を付随する一つの TD-系とする．$\dim(V_i) = \dim(V_i^*) = 1$ が任意の i $(0 \leq i \leq d)$ に対して成り立っているとき，A, A^* を L-対 (L-pair, Leonard pair)，$(A, A^*; \{V_i\}_{i=0}^d, \{V_i^*\}_{i=0}^d)$ を L-系 (L-system, Leonard system) という．A, A^* が作用する空間を強調したいときは，V 上の L-対，V 上の L-系という．L-対の定義は付随する TD-系の選び方によらないことに注意する．L-対には $d \geq 1$ のとき四つの L-系が付随している．

本節では L-対の分類（厳密に言うと L-系の分類）を行う．3.1 小節で標準基底，双対直交多項式系を導入する．L-系と双対直交多項式系とは 1 対 1 に対応する．3.2 小節～3.5 小節で L-系の分類を行う．3.6 小節において双対直交多項式系は双対 AW-多項式系（Askey-Wilson 多項式系）と同じものであることが示される．歴史的には P-かつ Q-多項式スキームの指標表の代数的性質から双対直交多項式系の概念が生まれ（ただし基礎体は実数体 $\mathbb{R}$），その分類がなされた [299, 58]．L-系の概念はその後に，双対直交多項式系を Terwilliger 代数の枠組みで表現論的に理解するために導入されたものである [465]．

本節では L-対の分類が次のように行われる．まず 3.2 小節でプレ L-対 (pre L-pair) が導入される．L-対を構成することは，制約条件が強く，非常に困難である．プレ L-対は制約条件がなく自由に構成できるという利点を持つ．3.3 小節でプレ L-対が L-対となるための必要条件を導く．鍵となるのは Terwilliger の補題である（[465, Corollary 11.4]）．3.4 小節で L-対は AW-関係式（Askey-Wilson 関係式）を満たすことを示す．AW-関係式は TD-関係式よりも強い関係式である．3.5 小節で AW-関係式を介して，3.3 小節で求めた必要条件が L-対となるための十分条件でもあることを示す．これにより L-対の分類（正確には L-系付きの L-対の分類）が完成する．

最後に 3.6 小節で，L-対の分類を用いて双対直交多項式系を超幾何級数の q 類似 ${}_4\phi_3$（およびその極限）の言葉で記述する．このことから双対直交多項式系が双対 AW-多項式系と一致することがわかる．

始めに L-対に関してもう少し基礎的な準備を行う．次の定理により V 上の L-対 A, A^* は $\mathrm{End}(V)$ を生成することがわかる．(Burnside の定理により，実は任意の TD-対 $A, A^* \in \mathrm{End}(V)$ は $\mathrm{End}(V)$ を生成する．) L-対に関する次の定理の主張は Burnside の定理より遥かに強いことに注意する．

6.47 [定理]　$A, A^* \in \mathrm{End}(V)$ を L-対，$(A, A^*; \{V_i\}_{i=0}^d, \{V_i^*\}_{i=0}^d)$ を付随する一つの L-系とする．$E_i : V = \bigoplus_{j=0}^d V_j \longrightarrow V_i$, $E_i^* : V = \bigoplus_{j=0}^d V_j^* \longrightarrow V_i^*$ を固有空間への射影とする．このとき以下の (1)〜(4) はいずれも $\mathrm{End}(V)$ の線形空間としての基底をなす．

(1) $A^i E_0^* A^j \quad (0 \le i \le d,\ 0 \le j \le d)$.
(2) $(A^*)^i E_0 (A^*)^j \quad (0 \le i \le d,\ 0 \le j \le d)$.
(3) $E_i E_0^* E_j \quad (0 \le i \le d,\ 0 \le j \le d)$.
(4) $E_i^* E_0 E_j^* \quad (0 \le i \le d,\ 0 \le j \le d)$.

特に A, A^* は $\mathrm{End}(V)$ を代数として生成する：$\mathrm{End}(V) = \langle A, A^* \rangle$.

証明　(1) のみを示す．(2) は (1) と同様にして示される．(3) は (1) より，(4) は (2) より直ちに従う．

$\dim(\mathrm{End}(V)) = (d+1)^2$ であるので，$A^i E_0^* A^j$ $(0 \le i, j \le d)$ が 1 次独立であることを示せば十分である．L-対の定義より直ちに

$$E_k^* A^i E_0^* A^j E_\ell^* \begin{cases} = 0 & (k > i \text{ または } \ell > j \text{ のとき}), \\ \neq 0 & (k = i \text{ かつ } \ell = j \text{ のとき}). \end{cases}$$

が成り立つことに注意する（実はこれらは，一般の TD-対に対しても成り立つことが補題 6.37 および命題 6.38 の証明のようにして示すことができる）．

$\sum_{i,j=0}^d c_{i,j} A^i E_0^* A^j = 0$ と仮定する．k, ℓ を固定して E_k^*, E_ℓ^* をこの等式の両辺にそれぞれ左と右から掛ける．上に述べた注意より

$$c_{k,\ell} E_k^* A^k E_0^* A^\ell E_\ell^* + \sum_{\substack{k \le i \le d,\ \ell \le j \le d \\ (i,j) \neq (k,\ell)}} c_{i,j} E_k^* A^i E_0^* A^j E_\ell^* = 0 \qquad (6.129)$$

を得る．したがって $(i,j) \neq (k,\ell)$, $k \le i \le d$, $\ell \le j \le d$ を満たすすべての (i,j) に対して $c_{i,j} = 0$ であれば $c_{k,\ell} = 0$ を得る．$(k,\ell) = (d,d)$ とすると，条件を満たす (i,j) は存在しないので $c_{d,d} = 0$ である．したがって順に $c_{d,d-1} = 0, c_{d,d-2} = 0, \ldots, c_{d,0} = 0$ を得る．同様に $c_{d-1,d} = 0, c_{d-2,d} = 0, \ldots, c_{0,d} = 0$ を得る．以下同様に 2 重帰納法によりすべての k, ℓ に対して $c_{k,\ell} = 0$ を得る．∎

$A, A^* \in \mathrm{End}(V)$ を L-対，$(A, A^*; \{V_i\}_{i=0}^d, \{V_i^*\}_{i=0}^d)$ を付随する一つの L-系とする．$v_i^* \in V_i$, $v_i \in V_i^*$, $v_i^* \neq 0$, $v_i \neq 0$ となるベクトル v_i^*, v_i $(0 \leq i \leq d)$ を選ぶ．$v_0, v_1, \ldots, v_d$ は V の基底であり，$v_0^*, v_1^*, \ldots, v_d^*$ も V の基底である．基底 $v_0, v_1, \ldots, v_d$ に関する A の表現行列は既約な3重対角行列

$$B = \begin{bmatrix} a_0 & b_0 & & & \\ c_1 & a_1 & b_1 & & 0 \\ & \ddots & \ddots & \ddots & \\ & & c_{d-1} & a_{d-1} & b_{d-1} \\ 0 & & & c_d & a_d \end{bmatrix}, \quad b_{i-1}c_i \neq 0 \ (1 \leq i \leq d) \tag{6.130}$$

であり A^* の表現行列は対角行列

$$D^* = \begin{bmatrix} \theta_0^* & & & 0 \\ & \theta_1^* & & \\ & & \ddots & \\ 0 & & & \theta_d^* \end{bmatrix} \tag{6.131}$$

である．すなわち

$$Av_i = b_{i-1}v_{i-1} + a_i v_i + c_{i+1}v_{i+1} \quad (0 \leq i \leq d) \tag{6.132}$$

$$A^* v_i = \theta_i^* v_i \quad (0 \leq i \leq d) \tag{6.133}$$

が成り立つ．ただし $v_{-1} = 0, v_{d+1} = 0$，b_{-1} は不定元，$c_{d+1} = 1$ とする．同様に基底 $v_0^*, v_1^*, \ldots, v_d^*$ に関する A^* の表現行列は既約な3重対角行列

$$B^* = \begin{bmatrix} a_0^* & b_0^* & & & \\ c_1^* & a_1^* & b_1^* & & 0 \\ & \ddots & \ddots & \ddots & \\ & & c_{d-1}^* & a_{d-1}^* & b_{d-1}^* \\ 0 & & & c_d^* & a_d^* \end{bmatrix}, \quad b_{i-1}^*c_i^* \neq 0 \ (1 \leq i \leq d) \tag{6.134}$$

であり A の表現行列は対角行列

$$D = \begin{bmatrix} \theta_0 & & & 0 \\ & \theta_1 & & \\ & & \ddots & \\ 0 & & & \theta_d \end{bmatrix} \tag{6.135}$$

である．すなわち

$$A^* v_i^* = b_{i-1}^* v_{i-1}^* + a_i^* v_i^* + c_{i+1}^* v_{i+1}^* \quad (0 \leq i \leq d) \tag{6.136}$$

$$A v_i^* = \theta_i v_i^* \quad (0 \leq i \leq d) \tag{6.137}$$

が成り立つ．ただし $v_{-1}^* = 0, v_{d+1}^* = 0$，$b_{-1}^*$ は不定元，$c_{d+1}^* = 1$ とする．P を基底の変換行列

$$(v_0, v_1, \ldots, v_d) = (v_0^*, v_1^*, \ldots, v_d^*)P \tag{6.138}$$

とすると

$$PBP^{-1} = D, \qquad PD^*P^{-1} = B^* \tag{6.139}$$

が成り立つ．B, D^* は $\mathbb{C}^{d+1}$ 上の L-対であり，B^*, D は B, D^* と同型な L-対である．

逆に B, B^* を (6.130), (6.134) で与えられる既約な 3 重対角行列とし，D, D^* を (6.135), (6.131) で与えられる対角行列とする．さらにある正則行列 P が存在して (6.139) が成立すると仮定する．このとき次の命題が成立するので，B, D^* は $\mathbb{C}^{d+1}$ 上の L-対となり，B^*, D は B, D^* に同型な L-対となる．したがって抽象的な L-対はすべて，このような L-対 B, D^* と同型になる．実際，Terwilliger により与えられた最初の L-対の定義は，このような既約 3 重対角行列 B, B^* および対角行列 D, D^* によるものであった [465].

6.48 ［命題］　B, B^*, D, D^* および P を上記の条件を満たす行列とする．次の (1)〜(3) が成り立つ．

(1) B の固有値 $\{\theta_0, \theta_1, \ldots, \theta_d\}$ は相異なる．

(2) B^* の固有値 $\{\theta_0^*, \theta_1^*, \ldots, \theta_d^*\}$ は相異なる．

(3) $\mathbb{C}^{d+1}$ は $\langle B, D^* \rangle$-加群として既約である．すなわち $\mathbb{C}^{d+1}$ の部分空間 W が B-不変かつ D^*-不変であれば $W = \{0\}$ または $W = \mathbb{C}^{d+1}$.

証明　(1), (2) は系 6.8 から直ちに従うが，論点を明確にするためにもう一度議論する．$\mathbb{C}^{d+1}$ の基底として縦ベクトル達 $\boldsymbol{e}_0 = {}^t(1, 0, \ldots, 0), \boldsymbol{e}_1 = {}^t(0, 1, \ldots, 0), \ldots, \boldsymbol{e}_{d+1} = {}^t(0, 0, \ldots, 0, 1)$ を選ぶ．

$$B\boldsymbol{e}_i = b_{i-1}\boldsymbol{e}_{i-1} + a_i \boldsymbol{e}_i + c_{i+1}\boldsymbol{e}_{i+1} \quad (0 \leq i \leq d) \tag{6.140}$$

であることに注意する．ただし $\boldsymbol{e}_{-1} = \boldsymbol{e}_{d+1} = 0$ とする．

(1) と (2) の証明は同様である．(1) についてのみ行う．(6.140) より $0 \leq i \leq d$ に対して $B^i \boldsymbol{e}_0 - c_1 c_2 \cdots c_i \boldsymbol{e}_i$ は $\boldsymbol{e}_0, \boldsymbol{e}_1, \ldots, \boldsymbol{e}_{i-1}$ の 1 次結合であることがわかる．したがっ

て $\boldsymbol{e}_0, B\boldsymbol{e}_0, B^2\boldsymbol{e}_0, \ldots, B^d\boldsymbol{e}_0$ は1次独立である．全行列環 $M_{d+1}(\mathbb{C})$ の中で $I = B^0$, $B, B^2, \ldots, B^d$ は1次独立である (I は単位行列)．したがって B の最小多項式の次数は $d+1$ である．一方 B は対角化可能なので B の固有値 $\theta_0, \theta_1, \ldots, \theta_d$ は互いに相異なることがわかる．

(3) 各 i $(0 \leq i \leq d)$ に対して $M_{d+1}(\mathbb{C})$ の対角行列 E_i^* を次のように定義する：

$$E_i^*(i,i) = 1, \quad (\ell, j) \neq (i,i) \text{ のとき } E_i^*(\ell, j) = 0.$$

(2) より D^* の対角成分 $\theta_0^*, \theta_1^*, \ldots, \theta_d^*$ は互いに相異なる．したがって $E_i^* \in \langle D^* \rangle$ $(0 \leq i \leq d)$ となることがわかる．すなわち $W \neq \{0\}$ が D^* 不変であれば W は $i = 0$, $1, \ldots, d$ に対して E_i^* 不変である．したがって0でない $\boldsymbol{u} = \sum_{\ell=0}^{d} \alpha_\ell \boldsymbol{e}_\ell \in W$ をとってきて $\alpha_i \neq 0$ とすると，$E_i^*\boldsymbol{u} = \alpha_i \boldsymbol{e}_i \in W$ となる．すなわち $\boldsymbol{e}_i \in W$ となる $\boldsymbol{e}_i$ が存在する．一方 B について (6.140) が成り立っているので $\boldsymbol{e}_0, \boldsymbol{e}_1, \ldots, \boldsymbol{e}_d$ が W に含まれなければならないことが順次示され $W = \mathbb{C}^{d+1}$ を得る． ∎

3.1　標準基底，双対直交多項式

$A, A^* \in \mathrm{End}(V)$ を L-対，$(A, A^*; \{V_i\}_{i=0}^d, \{V_i^*\}_{i=0}^d)$ を付随する一つの L-系とする．すでに見たように $v_i \in V_i^*$, $v_i \neq 0$ を選ぶと $v_0, v_1, \ldots, v_d$ は V の基底であり，この基底に関する A の表現行列は (6.130) に与えた既約3重対角行列 B であり，A^* のそれは (6.131) に与えた対角行列 D^* である．また $v_i^* \in V_i$, $v_i^* \neq 0$ を選ぶと $v_0^*, v_1^*, \ldots, v_d^*$ は V の基底であり，この基底に関する A^* の表現行列は (6.134) に与えた既約3重対角行列 B^* であり，A のそれは (6.135) に与えた対角行列 D である．

6.49 ［定義］

(1) 行列 B の行和が θ_0 のとき，すなわち

$$a_0 + b_0 = c_i + a_i + b_i = c_d + a_d = \theta_0 \quad (1 \leq i \leq d-1) \tag{6.141}$$

が成り立つとき，$v_0, v_1, \ldots, v_d$ を**標準基底** (standard basis) という．θ_0 は A の V_0 上の固有値である．

(2) 行列 B^* の行和が θ_0^* のとき，すなわち

$$a_0^* + b_0^* = c_i^* + a_i^* + b_i^* = c_d^* + a_d^* = \theta_0^* \quad (1 \leq i \leq d-1) \tag{6.142}$$

が成り立つとき，$v_0^*, v_1^*, \ldots, v_d^*$ を**双対標準基底** (dual standard basis) という．θ_0^* は A^* の V_0^* 上の固有値である．

6.50［命題］　$E_i: V = \bigoplus_{j=0}^d V_j \longrightarrow V_i$, $E_i^*: V = \bigoplus_{j=0}^d V_j^* \longrightarrow V_i^*$ をそれぞれ固有空間 V_i および V_i^* への射影とする．

(1) $v \in V_0$, $v \neq 0$ に対して，$v_i = E_i^* v \in V_i^*$ $(0 \leq i \leq d)$ とおくと，$v_0, v_1, \ldots, v_d$ は標準基底である．また任意の標準基底 $v_0', v_1', \ldots, v_d'$ に対し，ある定数 $\lambda \in \mathbb{C}$, $\lambda \neq 0$ が存在して $v_i' = \lambda v_i$ $(0 \leq i \leq d)$ が成り立つ．この意味で標準基底は存在して一意的である．

(2) $v^* \in V_0^*$, $v^* \neq 0$ に対して，$v_i^* = E_i v^* \in V_i$ $(0 \leq i \leq d)$ とおくと，$v_0^*, v_1^*, \ldots, v_d^*$ は双対標準基底である．また任意の双対標準基底 $v_0^{*\prime}, v_1^{*\prime}, \ldots, v_d^{*\prime}$ に対し，ある定数 $\lambda^* \in \mathbb{C}$, $\lambda^* \neq 0$ が存在して $v_i^{*\prime} = \lambda^* v_i^*$ $(0 \leq i \leq d)$ が成り立つ．この意味で双対標準基底は存在して一意的である．

証明　(1) のみを示す．(2) の証明も同様である．まず $v_i \neq 0$ を示す．$I \in \mathrm{End}(V)$ を恒等写像とすると，$\sum_{j=0}^d E_j^* = I$ より $E_i^* E_0 = \sum_{j=0}^d E_i^* E_0 E_j^*$ である．定理 6.47 より $E_i^* E_0 E_j^*$ $(0 \leq j \leq d)$ は 1 次独立であるから $E_i^* E_0 \neq 0$ を得る．したがって $0 \neq E_i^* E_0 V = E_i^* V_0 \subseteq V_i^*$，$\dim(V_i^*) = 1$ であるから $V_i^* = E_i^* V_0$ が成り立つ．$V_0 = \mathbb{C}v$ を代入して $V_i^* = \mathbb{C}E_i^* v$，したがって $v_i = E_i^* v \neq 0$ を得る．次に基底 v_0, $v_1, \ldots, v_d$ に関する A の表現行列 B の行和が θ_0 となることを示す．$\sum_{j=0}^d E_j^* = I$ より $v = (\sum_{j=0}^d E_j^*) v = \sum_{j=0}^d E_j^* v$，したがって

$$v = \sum_{j=0}^{d} v_j \tag{6.143}$$

が成り立つ．$v \in V_0$ であるから $Av = \theta_0 v = \sum_{i=0}^d \theta_0 v_i$ が成り立つ．一方 $B = (b_{i,j})$ とおくと

$$Av = \sum_{j=0}^{d} A v_j = \sum_{j=0}^{d} \sum_{i=0}^{d} b_{i,j} v_i = \sum_{i=0}^{d} \left(\sum_{j=0}^{d} b_{i,j} \right) v_i \quad (0 \leq i \leq d)$$

を得る．したがって $\sum_{j=0}^d b_{i,j} = \theta_0$ が $i = 0, 1, \ldots, d$ に対して成り立つ．すなわち B の行和は θ_0 に等しい．最後に任意の標準基底 $v_0', v_1', \ldots, v_d'$ に対して $v_i' = \lambda v_i$ $(0 \leq i \leq d)$ を満たす $\lambda \neq 0$ が存在することを示す．各 i に対して $v_i' = \lambda_i v_i$ を満たす $\lambda_i \in \mathbb{C}$, $\lambda_i \neq 0$ が存在することは明らかである．$\lambda_0 = \lambda_i$ $(0 \leq i \leq d)$ を示す．基底 $v_0', v_1', \ldots, v_d'$ に関する A の表現行列を B' とすると

$$B' = \begin{bmatrix} a_0 & \frac{\lambda_1}{\lambda_0}b_0 & & & 0 \\ \frac{\lambda_0}{\lambda_1}c_1 & a_1 & \frac{\lambda_2}{\lambda_1}b_1 & & \\ & \ddots & \ddots & \ddots & \\ & & \frac{\lambda_{d-2}}{\lambda_{d-1}}c_{d-1} & a_{d-1} & \frac{\lambda_d}{\lambda_{d-1}}b_{d-1} \\ 0 & & & \frac{\lambda_{d-1}}{\lambda_d}c_d & a_d \end{bmatrix}$$

が成り立つ．$v'_0, v'_1, \dots, v'_d$ は標準基底であるので B' の行和は θ_0 である．したがって (6.141) より $1 = \frac{\lambda_1}{\lambda_0} = \frac{\lambda_2}{\lambda_1} = \cdots = \frac{\lambda_d}{\lambda_{d-1}}$ となる． ∎

以下 L-対 $A, A^* \in \mathrm{End}(V)$ に対し，付随する一つの L-系 $(A, A^*; \{V_i\}_{i=0}^d, \{V_i^*\}_{i=0}^d)$ を固定し，標準基底 $v_0, v_1, \dots, v_d$ および双対標準基底 $v_0^*, v_1^*, \dots, v_d^*$ をとる．標準基底 $v_0, v_1, \dots, v_d$ に関する A, A^* の表現行列をそれぞれ B, D^* とする．B は (6.130) の対角化可能な既約 3 重対角行列で行和一定の条件 (6.141) を満たす．D^* は (6.131) の対角行列である．一方，双対標準基底 $v_0^*, v_1^*, \dots, v_d^*$ に関する A, A^* の表現行列をそれぞれ D, B^* とすると，B^* は (6.134) の対角化可能な既約 3 重対角行列で行和一定の条件 (6.142) を満たし，D は (6.135) の対角行列である．標準基底および双対標準基底の一意性より B, D^*, D, B^* は一意的に定まる．このとき標準基底と双対基底の間の変換行列を (6.138) に従って P とすると，(6.139) より

$$PBP^{-1} = D, \quad P^{-1}B^*P = D^*$$

が成り立つ．B, B^* の定める直交多項式系を $\{v_i(x)\}_{i=0}^d$, $\{v_i^*(x)\}_{i=0}^d$, 次数列を $\{k_i\}_{i=0}^d$, $\{k_i^*\}_{i=0}^d$ とすると，定理 6.22 より任意の $i, j \in \{0, 1, \dots, d\}$ に対して

$$\frac{v_j(\theta_i)}{k_j} = \frac{v_i^*(\theta_j^*)}{k_i^*}$$

が成り立つ．すなわち $\{v_i(x)\}_{i=0}^d$, $\{v_i^*(x)\}_{i=0}^d$ は双対直交多項式系である．逆に双対直交多項式系から定理 6.22 により（L-系付きの）L-対が生じる．変換行列 P は定理 6.22 により

$$P = (v_j(\theta_i))$$

として一般性を失わない．また命題 6.21 より

$$Q = (v_j^*(\theta_i^*))$$

とおくと

$$PQ = QP = nI, \quad n = \sum_{i=0}^d k_i = \sum_{i=0}^d k_i^*$$

が成り立つ．

3.2 プレ L-対 (pre L-pair)

本小節ではプレ L-対を定義し，プレ L-対のパラメーターについて調べる．

V を $\mathbb{C}$ 上の有限次元ベクトル空間とし，直和分解 $V = \bigoplus_{i=0}^{d} U_i$ と，線形変換 $R\colon V \longrightarrow V$ と $L\colon V \longrightarrow V$ で

$$RU_i \subseteq U_{i+1}, \quad LU_i \subseteq U_{i-1} \ (0 \leq i \leq d) \tag{6.144}$$

を満たすものが与えられているとする．ただし $U_{-1} = U_{d+1} = 0$ である．さらに相異なる $\theta_0, \theta_1, \ldots, \theta_d \in \mathbb{C}$ と相異なる $\theta_0^*, \theta_1^*, \ldots, \theta_d^* \in \mathbb{C}$ が与えられているとする．このとき線形変換の組

$$A = R + \sum_{i=0}^{d} \theta_i F_i, \quad A^* = L + \sum_{i=0}^{d} \theta_i^* F_i \tag{6.145}$$

を**プレ TD-対 (pre TD-pair)** と呼ぶ．ただし F_i は射影

$$F_i\colon V = \bigoplus_{j=0}^{d} U_j \longrightarrow U_i \tag{6.146}$$

である．U_i をプレ TD-対 $A, A^* \in \mathrm{End}(V)$ のウェイト空間，$V = \bigoplus_{j=0}^{d} U_j$ をウェイト空間分解という．本章 2 節の定義 6.35 の (6.111), (6.112) により，TD-対はプレ TD-対であることに注意する．

$A, A^* \in \mathrm{End}(V)$ がプレ TD-対ならば，(6.145) より A も A^* も対角化可能であり，それぞれの固有値は $\{\theta_i\}_{i=0}^{d}$, $\{\theta_i^*\}_{i=0}^{d}$ である．A と A^* の固有空間分解をそれぞれ $V = \bigoplus_{i=0}^{d} V_i \ (A|_{V_i} = \theta_i)$, $V^* = \bigoplus_{i=0}^{d} V_i^* \ (A^*|_{V_i^*} = \theta_i^*)$, とし，$V = \bigoplus_{i=0}^{d} U_i$ をウェイト空間分解とすれば，

$$\begin{aligned} &U_0 + U_1 + \cdots + U_i = V_0^* + V_1^* + \cdots + V_i^* \\ &U_i + U_{i+1} + \cdots + U_d = V_i + V_{i+1} + \cdots + V_d \\ &U_i = (V_0^* + V_1^* + \cdots + V_i^*) \cap (V_i + \cdots V_{i+1} + \cdots + V_d) \end{aligned} \tag{6.147}$$

が成り立つ．また A, A^* の固有空間 V_i, V_i^* への射影を

$$\begin{aligned} E_i : V = \bigoplus_{j=0}^{d} V_j \longrightarrow V_i \\ E_i^* : V = \bigoplus_{j=0}^{d} V_j^* \longrightarrow V_i^* \end{aligned} \tag{6.148}$$

とすると，ベクトル空間としての同型

$$V_i \cong U_i \cong V_i^* \tag{6.149}$$

と互いに逆写像となる同型写像の組

$$F_i|_{V_i} :\ V_i \longrightarrow U_i, \quad E_i|_{U_i} :\ U_i \longrightarrow V_i, \tag{6.150}$$

および

$$F_i|_{V_i^*} :\ V_i^* \longrightarrow U_i, \quad E_i^*|_{U_i} :\ U_i \longrightarrow V_i^*, \tag{6.151}$$

が得られる．ただし F_i は (6.146) の射影である．プレ TD-対 $A, A^* \in \mathrm{End}(V)$ のウェイト空間分解は (6.147) により A の固有空間 $\{V_i\}_{i=0}^d$ と A^* の固有空間 $\{V_i^*\}_{i=0}^d$ で定まることに注意する．$(A, A^*; \{V_i\}_{i=0}^d, \{V_i^*\}_{i=0}^d)$ を**プレ TD-系 (pre TD-system)** という．A, A^* を略して $(\{V_i\}_{i=0}^d, \{V_i^*\}_{i=0}^d)$ をプレ TD-系と呼ぶこともある．いずれにせよ A, A^* の固有空間達の順序付けは，$V_0, V_1, \ldots, V_d$ および $V_0^*, V_1^*, \ldots, V_d^*$ に固定されている．

プレ TD-対 $A, A^* \in \mathrm{End}(V)$ のウェイト空間分解を $V = \bigoplus_{i=0}^d U_i$，プレ TD-系を $(\{V_i\}_{i=0}^d, \{V_i^*\}_{i=0}^d)$ とする．(6.149) より一般に $\dim(V_i) = \dim(U_i) = \dim(V_i^*)$ であるが $\dim(V_i) = \dim(U_i) = \dim(V_i^*) = 1$ $(0 \leq i \leq d)$ のとき A, A^* を**プレ L-対 (pre L-pair)**，$(\{V_i\}_{i=0}^d, \{V_i^*\}_{i=0}^d)$ を**プレ L-系 (pre L-system)** という．このとき各 U_i から 0 でないベクトル u_i を選ぶと $u_0, u_1, \ldots, u_d$ は V の基底であり，$u_0, u_1, \ldots, u_d$ に関する A, A^* の行列表示は

$$A = \begin{bmatrix} \theta_0 & & & 0 \\ x_1 & \theta_1 & & \\ & \ddots & \ddots & \\ 0 & & x_d & \theta_d \end{bmatrix}, \tag{6.152}$$

$$A^* = \begin{bmatrix} \theta_0^* & y_0 & & 0 \\ & \theta_1^* & \ddots & \\ & & \ddots & y_{d-1} \\ 0 & & & \theta_d^* \end{bmatrix}, \tag{6.153}$$

である．V_i^* の 0 でないベクトル v_i を選ぶと $v_0, v_1, \ldots, v_d$ は V の基底であり，$v_0, v_1,$

$\ldots, v_d$ に関する A の行列表示は

$$A = \begin{bmatrix} a_0 & & & * \\ c_1 & a_1 & & \\ & \ddots & \ddots & \\ 0 & & c_d & a_d \end{bmatrix}, \tag{6.154}$$

であり，A^* の行列表示は対角行列 $A^* = \mathrm{diag}(\theta_0^*, \theta_1^*, \ldots, \theta_d^*)$ である．ここで E_i^* を (6.148) の射影とすると

$$a_i = \mathrm{tr}(E_i^* A E_i^*) \quad (0 \leq i \leq d) \tag{6.155}$$

が成り立つ．また V_i の 0 でないベクトル v_i^* を選ぶと $v_0^*, v_1^*, \ldots, v_d^*$ は V の基底であり，$v_0^*, v_1^*, \ldots, v_d^*$ に関する A^* の行列表示は

$$A^* = \begin{bmatrix} a_0^* & b_0^* & & 0 \\ & a_1^* & \ddots & \\ & & \ddots & b_{d-1}^* \\ * & & & a_d^* \end{bmatrix} \tag{6.156}$$

となる．そして A の行列表示は対角行列 $A = \mathrm{diag}(\theta_0, \theta_1, \ldots, \theta_d)$ である．ここで E_i を (6.148) の射影とすると

$$a_i^* = \mathrm{tr}(E_i A^* E_i) \quad (0 \leq i \leq d) \tag{6.157}$$

が成り立つ．また

$$\begin{aligned} \sum_{i=0}^{d} a_i &= \sum_{i=0}^{d} \theta_i, \\ \sum_{i=0}^{d} a_i^* &= \sum_{i=0}^{d} \theta_i^* \end{aligned} \tag{6.158}$$

が成り立つ．ここで (6.152), (6.153) の x_{i+1}, y_i を用いて $\lambda_i = x_{i+1} y_i$ $(0 \leq i \leq d-1)$ とおけば (6.145) より

$$\lambda_i = \mathrm{tr}(LR|_{U_i}) = \mathrm{tr}(RL|_{U_{i+1}}) \quad (0 \leq i \leq d-1) \tag{6.159}$$

が成り立ち，λ_i は基底 $u_0, u_1, \ldots, u_d$ $(u_i \in U_i)$ の選び方によらないことがわかる．(6.159) により λ_i の定義を $i = -1, d$ にまで拡張し $\lambda_{-1} = \mathrm{tr}(RL|_{U_0}) = 0$, $\lambda_d =$

$\mathrm{tr}(LR|_{U_d}) = 0$ とする．三つ組 $\{\theta_i\}_{i=0}^d$, $\{\theta_i^*\}_{i=0}^d$, $\{\lambda_i\}_{i=0}^{d-1}$ をプレ L-対 A, A^* の**データ**という．プレ L-対の同型は TD-対の同型と同様に本章 2 節の定義 6.24 の可換なダイヤグラムで定義する．$\lambda_i \neq 0$ $(0 \leq i \leq d-1)$ ならば，データ $\{\theta_i\}_{i=0}^d$, $\{\theta_i^*\}_{i=0}^d$, $\{\lambda_i\}_{i=0}^{d-1}$ はプレ L-対の同型類を決定することに注意する．また $\{\theta_i\}_{i=0}^d$, $\{\theta_i^*\}_{i=0}^d$, $\{\lambda_i\}_{i=0}^{d-1}$ がプレ L-対のデータになるための必要条件は $\theta_i \neq \theta_j$ $(i \neq j)$, $\theta_i^* \neq \theta_j^*$ $(i \neq j)$ しかなく，この条件を満たす限り $\{\theta_i\}_{i=0}^d$, $\{\theta_i^*\}_{i=0}^d$, $\{\lambda_i\}_{i=0}^{d-1}$ をデータとするプレ L-対が構成できることに注意する．

以下 $A, A^* \in \mathrm{End}(V)$ をプレ L-対とし，$V = \bigoplus_{i=0}^d U_i$ をウェイト空間分解，$(\{V_i\}_{i=0}^d, \{V_i^*\}_{i=0}^d)$ をプレ L-系, $\{\theta_i\}_{i=0}^d$, $\{\theta_i^*\}_{i=0}^d$, $\{\lambda_i\}_{i=0}^{d-1}$ をデータとする．(6.144), (6.145), (6.146) で定まる線形変換 R, L をそれぞれ**昇射 (raising map)**，**降射 (lowering map)** と呼ぶ．

6.51 [補題]

(1) $u_i \in U_i$ に対して $u_{i+j} = R^j u_i \in U_{i+j}$ $(j = 1, 2, \ldots, d-i)$ とおくと，

$$\sum_{j=0}^{d-i} \frac{1}{(\theta_i - \theta_{i+1})(\theta_i - \theta_{i+2}) \cdots (\theta_i - \theta_{i+j})} u_{i+j} \tag{6.160}$$

は V_i に属する．

(2) $u_i \in U_i$ に対して $u_{i-j} = L^j u_i \in U_{i-j}$ $(j = 1, 2, \ldots, i)$ とおくと

$$\sum_{j=0}^{i} \frac{1}{(\theta_i^* - \theta_{i-1}^*)(\theta_i^* - \theta_{i-2}^*) \cdots (\theta_i^* - \theta_{i-j}^*)} u_{i-j} \tag{6.161}$$

は V_i^* に属する．

証明　(1) のみを示す．(2) も同様である．$v = \sum_{j=0}^{d-i} c_j u_{i+j}$ とおく．(6.145) より $Au_{i+j} = u_{i+j+1} + \theta_{i+j} u_{i+j}$ であるから $Av = \sum_{j=0}^{d-i} (c_{j-1} + \theta_{i+j} c_j) u_{i+j}$ を得る．ただし $c_{-1} = 0$．したがって $Av = \theta_i v$ となるための必要十分条件は $c_{j-1} + \theta_{i+j} c_j = \theta_i c_j$ $(0 \leq j \leq d-i)$ すなわち $c_j = \frac{1}{\theta_i - \theta_{i+j}} c_{j-1}$ $(1 \leq j \leq d-i)$ である．$c_0 = 1$ とおけば (6.160) を得る．∎

A, A^* の固有空間 V_i, V_i^* への射影 E_i, E_i^* を (6.148) のとおりとし (6.155) の $a_i = \mathrm{tr}(E_i^* A E_i^*)$ と (6.157) の $a_i^* = \mathrm{tr}(E_i A^* E_i)$ により $\{a_i\}_{i=0}^d$, $\{a_i^*\}_{i=0}^d$ を定める．

6.52 [定理]

(1)

$$\frac{\lambda_i}{\theta^*_{i+1}-\theta^*_i}-\frac{\lambda_{i-1}}{\theta^*_i-\theta^*_{i-1}}=\theta_i-a_i \quad (0\le i\le d)$$

が成り立つ．ただし $i=0,d$ に対しては

$$\frac{\lambda_{-1}}{\theta^*_0-\theta^*_{-1}}=0,\quad \frac{\lambda_d}{\theta^*_{d+1}-\theta^*_d}=0$$

と約束する．

(2)

$$\frac{\lambda_i}{\theta_{i+1}-\theta_i}-\frac{\lambda_{i-1}}{\theta_i-\theta_{i-1}}=\theta^*_i-a^*_i \quad (0\le i\le d)$$

が成り立つ．ただし $i=0,d$ に対しては

$$\frac{\lambda_{-1}}{\theta_0-\theta_{-1}}=0,\quad \frac{\lambda_d}{\theta_{d+1}-\theta_d}=0$$

と約束する．

特に

$$\frac{\lambda_i}{\theta^*_{i+1}-\theta^*_i}=\sum_{j=0}^{i}\theta_j-\sum_{j=0}^{i}a_j \quad (0\le i\le d)$$

$$\frac{\lambda_i}{\theta_{i+1}-\theta_i}=\sum_{j=0}^{i}\theta^*_j-\sum_{j=0}^{i}a^*_j \quad (0\le i\le d)$$

が成り立つ．

証明　(1) のみを示す．(2) も同様である．「特に」以下は，(1), (2) より直ちに従う．

U_i の 0 でないベクトル u_i を選ぶ．補題 6.51 に従って $u_{i+j}=R^ju_i\in U_{i+j}$ $(1\le j\le d-i)$, $u_{i-j}=L^ju_i\in U_{i-j}$ $(1\le j\le i)$ とおけば，

$$v=u_i+\frac{1}{\theta^*_i-\theta^*_{i-1}}u_{i-1}+\cdots \tag{6.162}$$

は V^*_i に属するから，a_i の定義により

$$E^*_iAE^*_iv=a_iv \tag{6.163}$$

が成り立つ．$E^*_iv=v$ であるので (6.163) の左辺は E^*_iAv に等しい．したがって (6.162) より

$$Av=Au_i+\frac{1}{\theta^*_i-\theta^*_{i-1}}Au_{i-1}+\cdots$$

であるが，(6.145) より

$$Au_i = Ru_i + \theta_i u_i = u_{i+1} + \theta_i u_i,$$
$$Au_{i-1} = Ru_{i-1} + \theta_{i-1}u_{i-1} = RLu_i + \theta_{i-1}u_{i-1} = \lambda_{i-1}u_i + \theta_{i-1}u_{i-1}$$

となるので

$$Av = u_{i+1} + \left(\theta_i + \frac{\lambda_{i-1}}{\theta_i^* - \theta_{i-1}^*}\right)u_i + \cdots \tag{6.164}$$

を得る．一方，(6.147) より $U_{i-1} + \cdots + U_0 = V_{i-1}^* + \cdots + V_0^*$ であるから，(6.164) における u_{i-1} 以下の項は E_i^* を施せば消える．したがって

$$E_i^*Av = E_i^*u_{i+1} + \left(\theta_i + \frac{\lambda_{i-1}}{\theta_i^* - \theta_{i-1}^*}\right)E_i^*u_i \tag{6.165}$$

を得る．ここで E_i^* は対角化可能行列 A^* の固有空間 V_i^* への射影であるから

$$E_i^* = \prod_{j\neq i}\frac{A^* - \theta_j^*}{\theta_i^* - \theta_j^*} \tag{6.166}$$

と書ける．(6.145) により

$$\frac{A^* - \theta_{i+1}^*}{\theta_i^* - \theta_{i+1}^*}u_{i+1} = \frac{1}{\theta_i^* - \theta_{i+1}^*}Lu_{i+1} = \frac{1}{\theta_i^* - \theta_{i+1}^*}LRu_i = \frac{\lambda_i}{\theta_i^* - \theta_{i+1}^*}u_i,$$
$$\frac{A^* - \theta_j^*}{\theta_i^* - \theta_j^*}u_i = \frac{A^* - \theta_i^* + \theta_i^* - \theta_j^*}{\theta_i^* - \theta_j^*}u_i = \frac{1}{\theta_i^* - \theta_j^*}Lu_i + u_i$$
$$= u_i + \frac{1}{\theta_i^* - \theta_j^*}u_{i-1},$$
$$\frac{A^* - \theta_j^*}{\theta_i^* - \theta_j^*}u_k = \frac{\theta_k^* - \theta_j^*}{\theta_i^* - \theta_j^*}u_k + \frac{1}{\theta_i^* - \theta_j^*}u_{k-1} \quad (k = i-1, \ldots, 0)$$

であるから (6.165), (6.166) より

$$E_i^*Av = \left(\frac{\lambda_i}{\theta_i^* - \theta_{i+1}^*} + \theta_i + \frac{\lambda_{i-1}}{\theta_i^* - \theta_{i-1}^*}\right)u_i + (u_{i-1}\text{ 以下の項}) \tag{6.167}$$

を得る．(6.163) より $E_i^*Av = a_iv$ であるから，u_i の係数を比べることにより

$$a_i = \frac{\lambda_i}{\theta_i^* - \theta_{i+1}^*} + \theta_i + \frac{\lambda_{i-1}}{\theta_i^* - \theta_{i-1}^*}$$

を得る．$i = 0$ のときは (6.162) で $u_{-1} = 0$，(6.164) で $\frac{\lambda_{-1}}{\theta_0^* - \theta_{-1}^*} = 0$ とすべきであり，$i = d$ のときは (6.165) で $u_{d+1} = 0$，(6.167) で $\frac{\lambda_d}{\theta_d^* - \theta_{d+1}^*} = 0$ とすべきである．■

$A, A^* \in \mathrm{End}(V)$ を L-対とする．A, A^* に付随する L-系は四つある．これらの L-系のそれぞれに関して A, A^* はプレ L-対となる．新たな記号 $\hat{\lambda}_i, \check{\lambda}_i, \tilde{\lambda}_i$ を用いてそれぞれのプレ L-対のデータを下の表のように表す．またそれぞれのプレ L-対について，(6.155) の $a_i = \mathrm{tr}(E_i^* A E_i^*)$ で定まる $\{a_i\}_{i=0}^d$ と (6.157) の $a_i^* = \mathrm{tr}(E_i A^* E_i)$ で定まる $\{a_i^*\}_{i=0}^d$ をあわせて表に載せる．

L-系	プレ L-対 A, A^* のデータ	
$(\{V_i\}_{i=0}^d, \{V_i^*\}_{i=0}^d)$	$\{\theta_i\}_{i=0}^d, \{\theta_i^*\}_{i=0}^d, \{\lambda_i\}_{i=0}^{d-1}$	$\{a_i\}_{i=0}^d, \{a_i^*\}_{i=0}^d$
$(\{V_{d-i}\}_{i=0}^d, \{V_i^*\}_{i=0}^d)$	$\{\theta_{d-i}\}_{i=0}^d, \{\theta_i^*\}_{i=0}^d, \{\hat{\lambda}_i\}_{i=0}^{d-1}$	$\{a_i\}_{i=0}^d, \{a_{d-i}^*\}_{i=0}^d$
$(\{V_i\}_{i=0}^d, \{V_{d-i}^*\}_{i=0}^d)$	$\{\theta_i\}_{i=0}^d, \{\theta_{d-i}^*\}_{i=0}^d, \{\check{\lambda}_i\}_{i=0}^{d-1}$	$\{a_{d-i}\}_{i=0}^d, \{a_i^*\}_{i=0}^d$
$(\{V_{d-i}\}_{i=0}^d, \{V_{d-i}^*\}_{i=0}^d)$	$\{\theta_{d-i}\}_{i=0}^d, \{\theta_{d-i}^*\}_{i=0}^d, \{\tilde{\lambda}_i\}_{i=0}^{d-1}$	$\{a_{d-i}\}_{i=0}^d, \{a_{d-i}^*\}_{i=0}^d$

A, A^* を上の表のような L-対とすると，A^*, A も L-対で $(\{V_i^*\}_{i=0}^d, \{V_i\}_{i=0}^d)$ は付随する L-系である．この L-系に関して A^*, A をプレ L-対と見なしたときのデータを $\{\theta_i^*\}_{i=0}^d$, $\{\theta_i\}_{i=0}^d$, $\{\lambda_i^*\}_{i=0}^{d-1}$ とおく：

L-系	プレ L-対 A^*, A のデータ	
$(\{V_i^*\}_{i=0}^d, \{V_i\}_{i=0}^d)$	$\{\theta_i^*\}_{i=0}^d, \{\theta_i\}_{i=0}^d, \{\lambda_i^*\}_{i=0}^{d-1}$	$\{a_i^*\}_{i=0}^d, \{a_i\}_{i=0}^d$

6.53 [補題]

$$\frac{\lambda_i - \hat{\lambda}_i}{\theta_{i+1}^* - \theta_i^*} = \sum_{j=0}^{i} (\theta_j - \theta_{d-j}) \qquad (0 \le i \le d-1).$$

証明　定理 6.52 より

$$\frac{\lambda_i}{\theta_{i+1}^* - \theta_i^*} = \sum_{j=0}^{i} \theta_j - \sum_{j=0}^{i} a_j$$
$$\frac{\hat{\lambda}_i}{\theta_{i+1}^* - \theta_i^*} = \sum_{j=0}^{i} \theta_{d-j} - \sum_{j=0}^{i} a_j$$

が成り立つ．これらの差をとれば求める結果を得る．∎

6.54 [補題]

(1) $\tilde{\lambda}_i = \lambda_{d-i-1} \quad (0 \le i \le d-1)$.

(2) $\check{\lambda}_i = \hat{\lambda}_{d-i-1} \quad (0 \le i \le d-1)$.

(3) $\lambda_i^* = \lambda_i \quad (0 \le i \le d-1)$.

証明　(1) 定理 6.52 より

$$\frac{\tilde{\lambda}_i}{\theta^*_{d-i-1}-\theta^*_{d-i}}=\sum_{j=0}^{i}\theta_{d-j}-\sum_{j=0}^{i}a_{d-j}=\sum_{j=d-i}^{d}\theta_j-\sum_{j=d-i}^{d}a_j.$$

ここで (6.158) より $\sum_{j=0}^{d}a_j=\sum_{j=0}^{d}\theta_j$ であるから,

$$\frac{\tilde{\lambda}_i}{\theta^*_{d-i-1}-\theta^*_{d-i}}=-\sum_{j=0}^{d-i-1}\theta_j+\sum_{j=0}^{d-i-1}a_j.$$

再び定理 6.52 より

$$\frac{\lambda_{d-i-1}}{\theta^*_{d-i}-\theta^*_{d-i-1}}=\sum_{j=0}^{d-i-1}\theta_j-\sum_{j=0}^{d-i-1}a_j$$

であるから $\tilde{\lambda}_i=\lambda_{d-i-1}$ が成り立つ.

(2) $\check{\lambda}_i=\tilde{\hat{\lambda}}_i$ であるので (1) より $\check{\lambda}_i=\hat{\lambda}_{d-i-1}$ が成り立つ.

(3) 定理 6.52 より

$$\frac{\lambda^*_i}{\theta_{i+1}-\theta_i}=\sum_{j=0}^{i}\theta^*_j-\sum_{j=0}^{i}a^*_j=\frac{\lambda_i}{\theta_{i+1}-\theta_i}.$$

■

3.3 Terwilliger の補題

以下 $A, A^*\in\mathrm{End}(V)$ をプレ L-対とし, $V=\bigoplus_{i=0}^{d}U_i$ をウェイト空間分解, 付随するプレ L-系を $(\{V_i\}_{i=0}^{d},\{V^*_i\}_{i=0}^{d})$, データを $\{\theta_i\}_{i=0}^{d}$, $\{\theta^*_i\}_{i=0}^{d}$, $\{\lambda_i\}_{i=0}^{d-1}$ とする. また E_i, E^*_i を (6.148) で与えた V_i, V^*_i への射影とする. 補題 6.53 に従って, $\{\hat{\lambda}_i\}_{i=0}^{d-1}$ を

$$\hat{\lambda}_i=\lambda_i-(\theta^*_{i+1}-\theta^*_i)\sum_{j=0}^{i}(\theta_j-\theta_{d-j})\tag{6.168}$$

により定義する. 本小節では $(A, A^*;\{V_i\}_{i=0}^{d},\{V^*_i\}_{i=0}^{d})$ が L-系となるための必要条件をいくつか考察する.

6.55 [命題]　$(A, A^*;\{V_i\}_{i=0}^{d},\{V^*_i\}_{i=0}^{d})$ が L-系となるためには次の (1), (2), (3), (4) が必要である.

(1) $\lambda_i \neq 0 \quad (0 \leq i \leq d-1)$.
(2) $\hat{\lambda}_i \neq 0 \quad (0 \leq i \leq d-1)$.
(3) $A(V_2^* + V_3^* + \cdots + V_d^*) \subseteq V_1^* + V_2^* + \cdots + V_d^*$.
(4) $A^*(V_0 + V_1 + \cdots + V_{d-2}) \subseteq V_0 + V_1 + \cdots + V_{d-1}$.

証明　(1) $\lambda_i = 0$ とすると，$\lambda_i = \mathrm{tr}(LR|_{U_i}) = \mathrm{tr}(RL|_{U_{i+1}})$ より $RU_i = 0$ または $LU_{i+1} = 0$ が成り立つ．$RU_i = 0$ であれば $U_0 + U_1 + \cdots + U_i$ は $\langle A, A^* \rangle$-不変となる．$LU_{i+1} = 0$ であれば $U_{i+1} + \cdots + U_d$ は $\langle A, A^* \rangle$-不変となる．どちらの場合も V が $\langle A, A^* \rangle$-加群として既約であることに反する．

(2) $(A, A^*; \{V_i\}_{i=0}^d, \{V_i^*\}_{i=0}^d)$ が L-系になるならば $(A, A^*; \{V_{d-i}\}_{i=0}^d, \{V_i^*\}_{i=0}^d)$ も L-系でなければならない．したがって (1) によりそのデータ $\{\theta_i\}_{i=0}^d, \{\theta_i^*\}_{i=0}^d, \{\hat{\lambda}_i\}_{i=0}^{d-1}$ は $\hat{\lambda}_i \neq 0$ を満たさなければならない．

(3), (4) L-系の定義より明らかである．■

次の補題は Terwilliger の論文 [465] では Lemma の Corollary 11.4 として登場する．L-対分類の鍵となるものであり，ここでは Terwilliger の補題と呼ぶ．

6.56 [補題] (Terwilliger の補題)

(1) 条件　$E_0^*(A - a_0)(A^* - \theta_1^*) = 0$ は

$$A(V_2^* + V_3^* + \cdots + V_d^*) \subseteq V_1^* + V_2^* + \cdots + V_d^*$$

が成り立つための必要十分条件である．ただし $a_0 = \mathrm{tr}(E_0^* A E_0^*)$.
(2) 条件　$E_d(A^* - a_d^*)(A - \theta_{d-1}) = 0$ は

$$A^*(V_0 + V_1 + \cdots + V_{d-2}) \subseteq V_0 + V_1 + \cdots + V_{d-1}$$

が成り立つための必要十分条件である．ただし $a_d^* = \mathrm{tr}(E_d A^* E_d)$.

証明　(1) のみを示す．(2) も同様である．

$$A(V_2^* + V_3^* + \cdots + V_d^*) \subseteq V_1^* + V_2^* + \cdots + V_d^*$$

と

$$E_0^* A E_i^* = 0 \quad (2 \leq i \leq d) \tag{6.169}$$

は同値であることに注意する．また

$$E_0^*(A - a_0)(A^* - \theta_1^*) = 0$$

と

$$E_0^*(A - a_0)(A^* - \theta_1^*)E_i^* = 0 \quad (0 \le i \le d) \tag{6.170}$$

は同値である．しかるに $(A^* - \theta_1^*)E_i^* = (\theta_i^* - \theta_1^*)E_i^*$ より

$$\begin{aligned} E_0^*(A - a_0)(A^* - \theta_1^*)E_i^* &= (\theta_i^* - \theta_1^*)E_0^*(A - a_0)E_i^* \\ &= (\theta_i^* - \theta_1^*)(E_0^* A E_i^* - a_0 \delta_{0,i} E_0^*) \end{aligned}$$

となるので (6.170) は $i = 0, 1$ に対しては常に成立する．したがって (6.170) は $\theta_i^* - \theta_1^* \neq 0$ $(2 \le i \le d)$ より

$$E_0^* A E_i^* = 0 \quad (2 \le i \le d)$$

と同値である．すなわち (6.170) は (6.169) と同値である． ■

6.57 [定理]　$A, A^* \in \mathrm{End}(V)$ をプレ L-対とし付随するプレ L-系を $(\{V_i\}_{i=0}^d$, $\{V_i^*\}_{i=0}^d)$，データを $\{\theta_i\}_{i=0}^d$, $\{\theta_i^*\}_{i=0}^d$, $\{\lambda_i\}_{i=0}^{d-1}$ とする．$d \ge 2$, $\lambda_i \neq 0$ $(0 \le i \le d-1)$ を仮定する．また $\{\lambda_i'\}_{i=0}^{d-1}$ を

$$\lambda_i' = \lambda_i - (\theta_i - \theta_d)(\theta_{i+1}^* - \theta_0^*) \tag{6.171}$$

により定め，$i = -1, d$ に対しては $\lambda_{-1}' = 0$, $\lambda_d' = 0$ とする．このとき次の (1), (2) が成り立つ．

(1) 条件

$$\lambda_{i-1}' = \frac{\theta_i^* - \theta_1^*}{\theta_{i+1}^* - \theta_0^*}\lambda_i' + \lambda_{d-1}' \quad (0 \le i \le d-1)$$

は $A(V_2^* + V_3^* + \cdots + V_d^*) \subseteq V_1^* + V_2^* + \cdots + V_d^*$ が成り立つための必要十分条件である．

(2) 条件

$$\lambda_i' = \frac{\theta_i - \theta_{d-1}}{\theta_{i-1} - \theta_d}\lambda_{i-1}' + \lambda_0' \quad (1 \le i \le d)$$

は $A^*(V_0 + V_1 + \cdots + V_{d-2}) \subseteq V_0 + V_1 + \cdots + V_{d-1}$ が成り立つための必要十分条件である．

証明　$V = \bigoplus_{i=0}^{d} U_i$ をウェイト空間分解とする．U_0 の 0 でないベクトル u_0 を選び，$u_i = R^i u_0$ $(0 \leq i \leq d)$ とおく．また $u_{-1} = u_{d+1} = 0$ とする．$Lu_{i+1} = \lambda_i u_i$ $(0 \leq i \leq d-1)$ である．$\lambda_i \neq 0$ $(0 \leq i \leq d-1)$ より $u_i \neq 0$ $(0 \leq i \leq d)$ が成り立っている．したがって $u_0, u_1, \ldots, u_d$ は V の基底である．

(1) のみを示す．(2) も同様である．Terwilliger の補題により (1) の条件が

$$E_0^*(A - a_0)(A^* - \theta_1^*)u_i = 0 \quad (0 \leq i \leq d) \tag{6.172}$$

が成り立つための必要十分条件となっていることを示せばよい．$Ru_j = u_{j+1}$, $Lu_j = LRu_{j-1} = \lambda_{j-1}u_{j-1}$ に注意すれば，(6.145) より

$$\begin{aligned} Au_j &= u_{j+1} + \theta_j u_j, \\ A^*u_j &= \theta_j^* u_j + \lambda_{j-1}u_{j-1} \end{aligned} \tag{6.173}$$

が成り立つ．したがって

$$\begin{aligned} (A - a_0)(A^* - \theta_1^*)u_i &= (A - a_0)\left((\theta_i^* - \theta_1^*)u_i + \lambda_{i-1}u_{i-1}\right) \\ &= (\theta_i^* - \theta_1^*)u_{i+1} + \left((\theta_i - a_0)(\theta_i^* - \theta_1^*) + \lambda_{i-1}\right)u_i \\ &\quad + \lambda_{i-1}(\theta_{i-1} - a_0)u_{i-1} \end{aligned} \tag{6.174}$$

を得る．(6.166) より

$$E_0^* = \prod_{j=1}^{d} \frac{A^* - \theta_j^*}{\theta_0^* - \theta_j^*}$$

であるから，

$$\begin{gathered} (A^* - \theta_1^*)\cdots(A^* - \theta_k^*)u_k = \lambda_0 \cdots \lambda_{k-1}u_0, \\ \frac{A^* - \theta_j^*}{\theta_0^* - \theta_j^*}u_0 = u_0 \end{gathered}$$

を用いて

$$E_0^* u_k = \frac{\lambda_0 \cdots \lambda_{k-1}}{(\theta_0^* - \theta_1^*)\cdots(\theta_0^* - \theta_k^*)}u_0 \tag{6.175}$$

が成り立つ．(6.174), (6.175) より

$$E_0^*(A-a_0)(A^*-\theta_1^*)u_i$$
$$= \frac{\lambda_0\cdots\lambda_{i-1}}{(\theta_0^*-\theta_1^*)\cdots(\theta_0^*-\theta_i^*)}\left\{\frac{\theta_i^*-\theta_1^*}{\theta_0^*-\theta_{i+1}^*}\lambda_i\right.$$
$$\left.+((\theta_i-a_0)(\theta_i^*-\theta_1^*)+\lambda_{i-1})+(\theta_{i-1}-a_0)(\theta_0^*-\theta_i^*)\right\}u_0$$

を得る．ゆえに

$$\frac{\theta_i^*-\theta_1^*}{\theta_0^*-\theta_{i+1}^*}\lambda_i+(\theta_i-a_0)(\theta_i^*-\theta_1^*)+\lambda_{i-1}+(\theta_{i-1}-a_0)(\theta_0^*-\theta_i^*)=0 \tag{6.176}$$

が $0\le i\le d$ を満たす任意の i に対して成り立つことは (6.172) が成り立つための必要十分条件である．ただし $i=0$ に対しては (6.174) において u_{-1} の項は現れないので (6.176) の第 3 項および第 4 項は現れない．また $i=d$ に対しては (6.174) において u_{d+1} の項は現れないので (6.176) の第 1 項は現れない．すなわち (6.176) において，θ_{d+1}^*, θ_{-1} は不定元として取り扱い，$\lambda_d=\lambda_{-1}=0$ とすればよい．この約束の下に (6.171) を $-1\le i\le d$ に拡張して

$$\lambda_i=\lambda_i'+(\theta_i-\theta_d)(\theta_{i+1}^*-\theta_0^*) \tag{6.177}$$

としてよい．(6.177) を (6.176) に代入すれば

$$\frac{\theta_i^*-\theta_1^*}{\theta_0^*-\theta_{i+1}^*}\lambda_i'+\lambda_{i-1}'+(\theta_d-a_0)(\theta_0^*-\theta_1^*)=0 \tag{6.178}$$

を得る．すなわち (6.172) は，(6.178) が $0\le i\le d$ を満たす任意の i に対して成り立つことと同値である．$i=0$ に対して (6.178) は

$$\lambda_0'=(\theta_d-a_0)(\theta_1^*-\theta_0^*) \tag{6.179}$$

となる．しかるに定理 6.52 (1) より

$$\lambda_0=(\theta_0-a_0)(\theta_1^*-\theta_0^*) \tag{6.180}$$

であるから，$\lambda_0'=\lambda_0-(\theta_0-\theta_d)(\theta_1^*-\theta_0^*)=(\theta_d-a_0)(\theta_1^*-\theta_0^*)$ となり (6.179) は常に成立している．ゆえに (6.178) は

$$\lambda_{i-1}'=\frac{\theta_i^*-\theta_1^*}{\theta_{i+1}^*-\theta_0^*}\lambda_i'+\lambda_0' \tag{6.181}$$

と同値である．(6.181) は，$i=0$ に対しては自明な等式であり，$i=d$ に対しては

$$\lambda_{d-1}'=\lambda_0' \tag{6.182}$$

となる．(6.181) の λ'_0 を λ'_{d-1} で置き換えると

$$\lambda'_{i-1} = \frac{\theta^*_i - \theta^*_1}{\theta^*_{i+1} - \theta^*_0}\lambda'_i + \lambda'_{d-1} \tag{6.183}$$

となるが，(6.183) は $i = d$ に対しては自明な等式であり，$i = 0$ に対しては (6.182) となる．ゆえに (6.181) が $1 \leq i \leq d$ を満たす任意の i に対して成立することと，(6.183) が $0 \leq i \leq d-1$ を満たす任意の i に対して成立することは同値である． ∎

プレ L-系 $(A, A^*; \{V_i\}_{i=0}^d, \{V_i^*\}_{i=0}^d)$ が L-系になるためには，データ $\{\theta_i\}_{i=0}^d$, $\{\theta^*_i\}_{i=0}^d$, $\{\lambda_i\}_{i=0}^{d-1}$ は極めて限られたものである必要がある．まず L-対は TD-対であるから本章 2 節の定理 6.41 より $\{\theta_i\}_{i=0}^d$, $\{\theta^*_i\}_{i=0}^d$ は β-列になり，本章 2.2 小節で見たような AW-パラメーター表示を持つ．さらに命題 6.55 と定理 6.57 により

$$\begin{cases} \lambda'_{i-1} = \dfrac{\theta^*_i - \theta^*_1}{\theta^*_{i+1} - \theta^*_0}\lambda'_i + \lambda'_{d-1} & (0 \leq i \leq d-1) \\[2ex] \lambda'_i = \dfrac{\theta_i - \theta_{d-1}}{\theta_{i-1} - \theta_d}\lambda'_{i-1} + \lambda'_0 & (1 \leq i \leq d) \end{cases} \tag{6.184}$$

が成り立つから，(6.184) を解くことにより $\{\lambda'_i\}_{i=0}^{d-1}$ したがって $\{\lambda_i\}_{i=0}^{d-1}$ は AW-パラメーターと λ'_0 によって書き表すことができる．以下それを具体的に実行する．

Case (I):

$$\begin{cases} \theta_i = \theta_0 + hq^{-i}(1-q^i)(1-sq^{i+1}) & (0 \leq i \leq d) \\ \theta^*_i = \theta^*_0 + h^*q^{-i}(1-q^i)(1-s^*q^{i+1}) & (0 \leq i \leq d) \end{cases} \tag{6.185}$$

$$h, h^* \neq 0; \quad q^i \neq 1 \ (1 \leq i \leq d); \quad s, s^* \notin \{q^{-2}, q^{-3}, \ldots, q^{-2d}\}.$$

この場合

$$\begin{cases} \theta_i - \theta_j = hq^{-i}(1-q^{i-j})(1-sq^{i+j+1}) \\ \theta^*_i - \theta^*_j = h^*q^{-i}(1-q^{i-j})(1-s^*q^{i+j+1}) \end{cases} \tag{6.186}$$

より (6.184) は

$$\begin{cases} \lambda'_{i-1} = \dfrac{q(1-q^{i-1})}{1-q^{i+1}}\lambda'_i + \lambda'_{d-1} & (0 \leq i \leq d-1) \\[2ex] \lambda'_i = \dfrac{q^{-1}(1-q^{i-d+1})}{1-q^{i-d-1}}\lambda'_{i-1} + \lambda'_0 & (1 \leq i \leq d) \end{cases} \tag{6.187}$$

となる．(6.187) を解くと，解として

$$\lambda'_i = \frac{(1-q^{d-i})(1-q^{i+1})}{(1-q)(1-q^d)}\lambda'_0 \quad (-1 \leq i \leq d) \tag{6.188}$$

を得る．(6.177) に (6.188) と (6.186) を代入して

$$\lambda_i = hh^*q^{-2i-1}(1-q^{i-d})(1-q^{i+1}) \times \left\{ -\frac{q^{d+i+1}\lambda'_0}{hh^*(1-q)(1-q^d)} + (1-sq^{i+d+1})(1-s^*q^{i+2}) \right\} \tag{6.189}$$

を得る．(6.189) で $i=0$ とすると

$$\lambda'_0 = \lambda_0 - hh^*q^{-1}(1-q^{-d})(1-q)(1-sq^{d+1})(1-s^*q^2) \tag{6.190}$$

である．(6.190) を (6.189) に代入して

$$\lambda_i = hh^*q^{-2i-1}(1-q^{i-d})(1-q^{i+1}) \times \left\{ -\frac{q^{d+i+1}\lambda_0}{hh^*(1-q)(1-q^d)} + (1-q^i)(1-ss^*q^{i+d+3}) \right\} \tag{6.191}$$

を得る．ここで i によらない定数 r_1, r_2 が存在して

$$(1-r_1q^{i+1})(1-r_2q^{i+1}) = (1-q^i)(1-ss^*q^{i+d+3}) - \frac{q^{d+i+1}\lambda_0}{hh^*(1-q)(1-q^d)} \tag{6.192}$$

が成り立つ．すなわち r_1, r_2 は

$$r_1r_2 = ss^*q^{d+1} \tag{6.193}$$

$$r_1 + r_2 = q^{-1} + ss^*q^{d+2} + \frac{q^d\lambda_0}{hh^*(1-q)(1-q^d)} \tag{6.194}$$

の解である．ここで見方を変えて，r_1, r_2 を (6.193) を満たすパラメーターとし，λ_0 は (6.194) で与えられると解釈する．このとき (6.191), (6.192) より λ_i は AW-パラメーターと r_1, r_2 により

$$\lambda_i = hh^*q^{-2i-1}(1-q^{i-d})(1-q^{i+1})(1-r_1q^{i+1})(1-r_2q^{i+1}), \quad (0 \le i \le d-1) \tag{6.195}$$

と表される．

次に (6.168) で与えられる $\hat{\lambda}_i$ $(0 \le i \le d-1)$ を求める．(6.186) と (6.195) を (6.168) に代入すると

$$\hat{\lambda}_i = hh^*q^{-2i-1}(1-q^{i+1})(1-q^{i-d}) \times \{(1-r_1q^{i+1})(1-r_2q^{i+1}) - (1-s^*q^{2i+2})(1-sq^{d+1})\}$$

を得る．(6.193) より $r_1 r_2 = ss^* q^{d+1}$ であるから

$$\begin{aligned}
&(1 - r_1 q^{i+1})(1 - r_2 q^{i+1}) - (1 - s^* q^{2i+2})(1 - sq^{d+1}) \\
&\quad = s^* q^{2i+2} - (r_1 + r_2) q^{i+1} + sq^{d+1} \\
&\quad = \begin{cases} \dfrac{1}{s^*}(s^* q^{i+1} - r_1)(s^* q^{i+1} - r_2) & (s^* \neq 0 \text{ のとき}), \\ -(r_1 + r_2) q^{i+1} + sq^{d+1} & (s^* = 0 \text{ のとき}) \end{cases}
\end{aligned}$$

となる．ゆえに $s^* \neq 0$ のときは

$$\hat{\lambda}_i = \frac{hh^*}{s^*} q^{-2i-1}(1 - q^{i+1})(1 - q^{i-d})(r_1 - s^* q^{i+1})(r_2 - s^* q^{i+1}) \qquad (0 \leq i \leq d-1) \tag{6.196}$$

また $s^* = 0$ のときは，(6.193) より $r_1 r_2 = ss^* q^{d+1} = 0$ なので，$r_2 = 0$ としても一般性を失うことはない．このとき

$$\hat{\lambda}_i = hh^* q^{-2i-1}(1 - q^{i+1})(1 - q^{i-d})(-r_1 q^{i+1} + sq^{d+1})$$

すなわち

$$\hat{\lambda}_i = hh^* q^{d-2i}(1 - q^{i+1})(1 - q^{i-d})(s - r_1 q^{i-d}), \qquad (0 \leq i \leq d-1) \tag{6.197}$$

を得る．

Case (IA): (I) において $s^* = 0$ とおき，極限 $h \to 0$, $hsq \to h'$ $(h' \neq 0)$ をとる．このとき (6.191) の極限は

$$\lambda_i = -h^* q^{-2i-1}(1 - q^{i-d})(1 - q^{i+1}) \frac{q^{d+i+1}\lambda_0}{h^*(1-q)(1-q^d)}$$

となる．ここで

$$r'_1 = \frac{q^d \lambda_0}{h' h^* (1-q)(1-q^d)}$$

とおくと

$$\lambda_i = -h' h^* r'_1 q^{-i}(1 - q^{i-d})(1 - q^{i+1}) \tag{6.198}$$

を得る．(6.193) より $r_1 r_2 = ss^* q^{d+1} = 0$ であるので (6.195) において $r_2 = 0$ として一般性を失うことはない．(6.195) で

$$hr_1 \to h' r'_1, \qquad r_2 = 0 \tag{6.199}$$

とすれば (6.198) が得られる．したがって (6.198), (6.197) より

$$\hat{\lambda}_i = h'h^* q^{d-2i-1}(1-q^{i+1})(1-q^{i-d})(1-r_1' q^{i-d+1}) \tag{6.200}$$

を得る．

Case (II): (I) において極限 $q \to 1$, $(1-q)^2 h \to h'$, $(1-q)^2 h^* \to (h^*)'$, $\frac{1-s}{1-q} \to s'$, $\frac{1-s^*}{1-q} \to (s^*)'$ をとる ($h' \neq 0$, $(h^*)' \neq 0$)．(6.191) の極限は

$$\lambda_i = h'(h^*)'(i-d)(i+1)\left\{-\frac{\lambda_0}{h'(h^*)'d} + i\,(i+d+3+s'+(s^*)')\right\} \tag{6.201}$$

となる．パラメーター r_1, r_2 の極限を

$$\frac{1-r_1}{1-q} \to r_1', \quad \frac{1-r_2}{1-q} \to r_2' \tag{6.202}$$

と解釈する．(6.193) は

$$\frac{1-r_1 r_2}{1-q} \to r_1' + r_2', \quad \frac{1-ss^*q^{d+1}}{1-q} \to s' + (s^*)' + d + 1$$

より

$$r_1' + r_2' = s' + (s^*)' + d + 1 \tag{6.203}$$

となる．(6.194) は (6.193) を用いて

$$q(q^{-1}-r_1)(q^{-1}-r_2) + \frac{q^d \lambda_0}{hh^*(1-q)(1-q^d)} = 0$$

と書けるから，$(1-q)^2$ で割ってから $q \to 1$ の極限をとると

$$(r_1'+1)(r_2'+1) + \frac{\lambda_0}{h'(h^*)'d} = 0$$

となり，(6.203) を用いると

$$r_1' r_2' = -s' - (s^*)' - d - 2 - \frac{\lambda_0}{h'(h^*)'d} \tag{6.204}$$

となる．すなわち (6.203) を満たす新しいパラメーター r_1', r_2' を導入し，λ_0 は (6.204) で与えられると解釈するのである．このとき (6.203), (6.204) より

$$(i+1+r_1')(i+1+r_2') = -\frac{\lambda_0}{h'(h^*)'d} + i\,(i+d+3+s'+(s^*)')$$

が成り立つから，(6.201) は

$$\lambda_i = h'(h^*)'(i-d)(i+1)(i+1+r_1')(i+1+r_2') \tag{6.205}$$

となる．実際 (6.205) は (6.202) のもとでの (6.195) の極限となっていることに注意する．したがって (6.168), (6.196) より (6.202) を用いて

$$\hat{\lambda}_i = h'(h^*)'(i+1)(i-d)(i+1+(s^*)'-r_1')(i+1+(s^*)'-r_2') \tag{6.206}$$

を得る．

Case (IIA): (II) において極限 $(h^*)' \to 0$, $(h^*)'(s^*)' \to (h^*)''$ をとる ($(h^*)'' \neq 0$).
(6.201) は

$$\lambda_i = h'(i-d)(i+1)\left\{-\frac{\lambda_0}{h'd} + i(h^*)''\right\} \tag{6.207}$$

となる．(6.203) を

$$(s^*)' + 1 - r_2' = r_1' - s' - d \tag{6.208}$$

と書き直し，極限 $(h^*)' \to 0$, $(h^*)'(s^*)' \to (h^*)''$ において (6.208) の両辺ともに有限と解釈する．すなわち $(h^*)'((s^*)' - r_2') \to 0$，したがって

$$(h^*)'r_2' \to (h^*)'' \tag{6.209}$$

とする．(6.204) の両辺に $(h^*)'$ を掛けて極限 $(h^*)' \to 0$ をとると

$$r_1' = -1 - \frac{\lambda_0}{h'(h^*)''d} \tag{6.210}$$

となる．(6.207), (6.210) より

$$\lambda_i = h'(h^*)''(i-d)(i+1)(i+1+r_1') \tag{6.211}$$

を得る．(6.205) において，極限 (6.209) $(h^*)'r_2' \to (h^*)''$ をとれば (6.211) が得られることに注意する．したがって (6.208) に注意すれば (6.168), (6.206) より

$$\hat{\lambda}_i = h'(h^*)''(i+1)(i-d)(i+r_1'-s'-d) \tag{6.212}$$

を得る．

Case (IIB): (II) において極限 $h' \to 0$, $h's' \to h''$ をとる ($h'' \neq 0$).

Case (IIA) と同様に $h'(s'-r_2') \to 0$，すなわち

$$h'r_2' \to h'' \tag{6.213}$$

とすると，Case (II) の極限として (6.205), (6.206) より

$$\begin{aligned} \lambda_i &= h''(h^*)'(i-d)(i+1)(i+1+r_1'), \\ \hat{\lambda}_i &= -h''(h^*)'(i+1)(i-d)(i+1+(s^*)'-r_1') \end{aligned} \tag{6.214}$$

を得る．

Case (IIC): (II) において極限 $h' \to 0$, $(h^*)' \to 0$, $h's' \to h''$ および $(h^*)'(s^*)' \to (h^*)''$ をとる ($h'' \neq 0$, $(h^*)'' \neq 0$).

(6.201) の極限は

$$\lambda_i = r(i-d)(i+1), \quad r = -\frac{\lambda_0}{d} \tag{6.215}$$

となる．(6.168) の定義に従って $\hat{\lambda}_i$ を求める．$\theta_i = \theta_0 + h''i$, $\theta_i^* = \theta_0^* + (h^*)''i$ より

$$\begin{aligned}\hat{\lambda}_i &= \lambda_i - (\theta_{i+1}^* - \theta_i^*)\sum_{j=0}^{i}(\theta_j - \theta_{d-j}) \\ &= \lambda_i - (h^*)''\sum_{j=0}^{i} h''(2j-d) \\ &= \lambda_i - h''(h^*)''(i+1)(i-d)\end{aligned}$$

であるから，(6.215) を用いて

$$\hat{\lambda}_i = (r - h''(h^*)'')(i+1)(i-d) \tag{6.216}$$

を得る．(6.215), (6.216) を (6.205), (6.206) の極限として次のように解釈する．すなわち r_1', r_2' の極限として

$$h'r_1' \to r_1'', \quad (h^*)'r_2' \to r_2''$$

が成り立っていると考える．(6.204) の両辺を $h'(h^*)'$ 倍して極限をとると

$$r_1''r_2'' = -\frac{\lambda_0}{d} = r$$

であるから (6.205) の極限として (6.215) が得られる．(6.203) を用いて (6.206) を次のように書き直す．

$$\begin{aligned}\hat{\lambda}_i &= h'(h^*)'(i+1)(i-d) \\ &\quad \times \left\{(i+1+(s^*)')^2 - (r_1'+r_2')(i+1+(s^*)') + r_1'r_2'\right\} \\ &= h'(h^*)'(i+1)(i-d) \\ &\quad \times \{(i+1+(s^*)')(i+1+(s^*)'-r_1'-r_2') + r_1'r_2'\} \\ &= h'(h^*)'(i+1)(i-d)\{(i+1+(s^*)')(i-s'-d) + r_1'r_2'\}.\end{aligned}$$

さらに極限をとれば

$$\hat{\lambda}_i = (i+1)(i-d)(-(h^*)''h'' + r_1''r_2'')$$

すなわち (6.216) を得る．

Case (III): (I) において極限 $q \to -1$, $(1+q)h \to h'$, $(1+q)h^* \to (h^*)'$, $\frac{1-s}{1+q} \to s'$, および $\frac{1-s^*}{1+q} \to (s^*)'$ をとる ($h' \neq 0$, $(h^*)' \neq 0$).

次に (6.191) を以下のように書く：

$$
\begin{aligned}
\lambda_i = {} & \frac{(1-q^{d-i})(1-q^{i+1})}{(1-q)(1-q^d)}\lambda_0 \\
& + hh^* q^{-2i-1}(1-q^{i-d})(1-q^{i+1})(1-q^i)(1-ss^*q^{i+d+3}).
\end{aligned}
\tag{6.217}
$$

ここで次の記号を導入する：

$$
\varepsilon(j) = \begin{cases} 1 & (j：偶数), \\ 0 & (j：奇数). \end{cases}
\tag{6.218}
$$

(6.217) の第 1 項の極限は

$$
\frac{(1-q^{d-i})(1-q^{i+1})}{(1-q)(1-q^d)}\lambda_0 \to \begin{cases} \dfrac{\lambda_0}{d}(d-i)^{\varepsilon(i)}(i+1)^{\varepsilon(i+1)} & (d：偶数), \\ \varepsilon(i)\lambda_0 & (d：奇数). \end{cases}
$$

(6.217) の第 2 項の極限は

$$
\begin{aligned}
& hh^* q^{-2i-1}(1-q^{i+1})(1-q^i)(1-q^{i-d})(1-ss^*q^{i+d+3}) \\
& \quad \to -4h'(h^*)'(i+1)^{\varepsilon(i+1)} i^{\varepsilon(i)} (i-d)^{\varepsilon(i-d)} \\
& \qquad \times (i+d+3+s'+(s^*)')^{\varepsilon(i-d+1)}
\end{aligned}
$$

である．ゆえに (6.217) の極限は

$$
\lambda_i = \begin{cases} (d-i)\left(\dfrac{\lambda_0}{d} + 4h'(h^*)'i\right) & (d：偶数,\ i：偶数), \\ (i+1)\left(\dfrac{\lambda_0}{d} - 4h'(h^*)'(i+d+3+s'+(s^*)')\right) & (d：偶数,\ i：奇数), \\ \lambda_0 - 4h'(h^*)'i(i+d+3+s'+(s^*)') & (d：奇数,\ i：偶数), \\ -4h'(h^*)'(i+1)(i-d) & (d：奇数,\ i：奇数) \end{cases}
\tag{6.219}
$$

となる．パラメーター r_1, r_2 の極限を

$$
\frac{1+r_1}{1+q} \to r_1', \quad \frac{1+r_2 q^{d+1}}{1+q} \to r_2' + d + 1
\tag{6.220}
$$

と解釈する．(6.193) を $r_1r_2q^{-d-1}=ss^*$ と書く．

$$\frac{1-r_1r_2q^{-d-1}}{1+q}\to r_1'+r_2'-d-1,$$
$$\frac{1-ss^*}{1+q}\to s'+(s^*)'$$

より (6.193) は

$$r_1'+r_2'=s'+(s^*)'+d+1 \tag{6.221}$$

となる．(6.193) を用いて，(6.194) を

$$(r_1-q^{-1})(r_2-q^{-1})(1-q^d)+\frac{q^{d-1}\lambda_0}{hh^*(1-q)}=0$$

と書き直す．

$$\frac{r_1-q^{-1}}{1+q}\to r_1'+1,$$
$$\frac{(r_2-q^{-1})(1-q^d)}{1+q}\to\begin{cases}2d & (d：偶数)\\ 2(r_2'+1) & (d：奇数)\end{cases}$$

であるから，(6.194) は

$$\frac{\lambda_0}{4h'(h^*)'}=\begin{cases}(r_1'+1)d & (d：偶数)\\ -(r_1'+1)(r_2'+1) & (d：奇数)\end{cases} \tag{6.222}$$

となる．したがって (6.221), (6.222) により (6.219) は

$$\lambda_i=\begin{cases}-4h'(h^*)'(i-d)(i+1+r_1') & (d：偶数,\ i：偶数),\\ -4h'(h^*)'(i+1)(i+1+r_2') & (d：偶数,\ i：奇数),\\ -4h'(h^*)'(i+1+r_1')(i+1+r_2') & (d：奇数,\ i：偶数),\\ -4h'(h^*)'(i+1)(i-d) & (d：奇数,\ i：奇数)\end{cases} \tag{6.223}$$

となる．(6.218) の記号を用いれば，(6.223) は

$$\begin{aligned}\lambda_i=&-4h'(h^*)'(i+1)^{\varepsilon(i+1)}(i-d)^{\varepsilon(i-d)}\\ &\times(i+1+r_1')^{\varepsilon(i)}(i+1+r_2')^{\varepsilon(i-d+1)}\end{aligned} \tag{6.224}$$

となる．実際 (6.224) は (6.220) のもとでの (6.195) の極限となっていることに注意する．したがって (6.220) を用いると (6.168), (6.196) により

$$\hat{\lambda}_i = (-1)^d 4h'(h^*)'(i+1)^{\varepsilon(i+1)}(i-d)^{\varepsilon(i-d)}$$
$$\times (i+1+(s^*)'-r_1')^{\varepsilon(i)}(i+1+(s^*)'-r_2')^{\varepsilon(i-d+1)} \tag{6.225}$$

を得る．以上を定理としてまとめる．

6.58 [定理]　プレ L-系 $(A, A^*; \{V_i\}_{i=0}^d, \{V_i^*\}_{i=0}^d)$ が L-系になるためには，データ $\{\theta_i\}_{i=0}^d$, $\{\theta_i^*\}_{i=0}^d$, $\{\lambda_i\}_{i=0}^{d-1}$ は次の表の AW-パラメーター表示を持つことが必要である．

表には，データ $\{\theta_i\}_{i=0}^d$, $\{\theta_i^*\}_{i=0}^d$, $\{\lambda_i\}_{i=0}^{d-1}$ の他に (6.168) の $\{\hat{\lambda}_i\}_{i=0}^{d-1}$ も載せた．Λ_{I}, Λ_{IA}, Λ_{II}, Λ_{IIA}, Λ_{IIB}, Λ_{IIC}, Λ_{III} はそれぞれの場合の AW-パラメーターの集合を表す．また最後にあるのは $\theta_i \neq \theta_j$, $\theta_i^* \neq \theta_j^*$ $(i \neq j)$, $\lambda_i \neq 0$, $\hat{\lambda}_i \neq 0$ $(0 \leq i \leq d-1)$ となる条件である．

(I)

$$\theta_i = \theta_0 - h(1-q^{-i})(1-sq^{i+1}) \qquad (0 \leq i \leq d)$$
$$\theta_i^* = \theta_0^* - h^*(1-q^{-i})(1-s^*q^{i+1}) \qquad (0 \leq i \leq d)$$
$$\lambda_i = hh^*q^{-2i-1}(1-q^{i+1})(1-q^{i-d})$$
$$\times (1-r_1q^{i+1})(1-r_2q^{i+1}) \qquad (0 \leq i \leq d-1)$$

$s^* \neq 0$ のとき

$$\hat{\lambda}_i = \frac{1}{s^*}hh^*q^{-2i-1}(1-q^{i+1})(1-q^{i-d})$$
$$\times (r_1-s^*q^{i+1})(r_2-s^*q^{i+1}) \qquad (0 \leq i \leq d-1)$$

$s^* = 0$ のとき

$$\hat{\lambda}_i = hh^*q^{d-2i}(1-q^{i+1})(1-q^{i-d})(s-r_1q^{i-d}) \qquad (0 \leq i \leq d-1)$$

$\Lambda_{\mathrm{I}} = (r_1, r_2, s, s^*;\ h, h^*, \theta_0, \theta_0^* \mid q, d)$,　$r_1r_2 = ss^*q^{d+1}$:
　$h, h^* \neq 0$; $q^i \neq 1$ $(1 \leq i \leq d)$; $s, s^* \notin \{q^{-2}, q^{-3}, \ldots, q^{-2d}\}$;
　$s^* \neq 0$ のとき　$r_1, r_2 \notin \{q^{-1}, q^{-2}, \ldots, q^{-d}\} \cup \{s^*q, s^*q^2, \ldots, s^*q^d\}$,
　$s^* = 0$ のとき　$r_2 = 0$, $r_1 \notin \{q^{-1}, q^{-2}, \ldots, q^{-d}\} \cup \{sq, sq^2, \ldots, sq^d\}$.

(IA)　(I) において $s^* = 0$, $r_2 = 0$ とおき，極限 $h \to 0$, $hsq \to h'$, $hr_1 \to h'r_1'$ をとる．

$$\begin{array}{ll}
\theta_i = \theta_0 - h(1-q^i) & (0 \le i \le d) \\
\theta^*_i = \theta^*_0 - h^*(1-q^{-i}) & (0 \le i \le d) \\
\lambda_i = -hh^* r_1 q^{-i}(1-q^{i+1})(1-q^{i-d}) & (0 \le i \le d-1) \\
\hat{\lambda}_i = hh^* q^{d-2i-1}(1-q^{i+1})(1-q^{i-d})(1-r_1 q^{i-d+1}) & (0 \le i \le d-1)
\end{array}$$

$\Lambda_{\mathrm{IA}} = (r_1, -, -, -;\ h, h^*, \theta_0, \theta^*_0 \mid q, d)$,
$h, h^* \neq 0$; $q^i \neq 1$ $(1 \le i \le d)$; $r_1 \neq 0, q^i$ $(0 \le i \le d-1)$.

(II)　(I) において極限 $q \to 1$, $(1-q)^2 h \to h'$, $(1-q)^2 h^* \to (h^*)'$, $\frac{1-s}{1-q} \to s'$, $\frac{1-s^*}{1-q} \to (s^*)'$, $\frac{1-r_1}{1-q} \to r'_1$, $\frac{1-r_2}{1-q} \to r'_2$ をとる.

$$\begin{array}{ll}
\theta_i = \theta_0 + hi(i+1+s) & (0 \le i \le d) \\
\theta^*_i = \theta^*_0 + h^* i(i+1+s^*) & (0 \le i \le d) \\
\lambda_i = hh^*(i+1)(i-d)(i+1+r_1)(i+1+r_2) & (0 \le i \le d-1) \\
\hat{\lambda}_i = hh^*(i+1)(i-d) & \\
\quad \times (i+1+s^*-r_1)(i+1+s^*-r_2) & (0 \le i \le d-1)
\end{array}$$

$\Lambda_{\mathrm{II}} = (r_1, r_2, s, s^*;\ h, h^*, \theta_0, \theta^*_0 \mid d)$, $r_1 + r_2 = s + s^* + d + 1$:
$h, h^* \neq 0$; $s, s^* \notin \{-2, -3, \ldots, -2d\}$;
$r_1, r_2 \notin \{-1, -2, \ldots, -d\} \cup \{s^*+1, s^*+2, \ldots, s^*+d\}$.

(IIA)　(II) において極限 $h^* \to 0$, $h^* s^* \to (h^*)'$, $h^* r_2 \to (h^*)'$ をとる.

$$\begin{array}{ll}
\theta_i = \theta_0 + hi(i+1+s) & (0 \le i \le d) \\
\theta^*_i = \theta^*_0 + h^* i & (0 \le i \le d) \\
\lambda_i = hh^*(i+1)(i-d)(i+1+r_1) & (0 \le i \le d-1) \\
\hat{\lambda}_i = hh^*(i+1)(i-d)(i+r_1-s-d) & (0 \le i \le d-1)
\end{array}$$

$\Lambda_{\mathrm{IIA}} = (r_1, -, s, -;\ h, h^*, \theta_0, \theta^*_0 \mid d)$,
$h, h^* \neq 0$; $s \notin \{-2, -3, \ldots, -2d\}$;
$r_1 \notin \{-1, -2, \ldots, -d\} \cup \{s+1, s+2, \ldots, s+d\}$.

(IIB)　(II) において極限 $h \to 0$, $hs \to h'$, $hr_2 \to h'$ をとる.

$$
\begin{array}{ll}
\theta_i = \theta_0 + hi & (0 \le i \le d) \\
\theta^*_i = \theta^*_0 + h^* i(i+1+s^*) & (0 \le i \le d) \\
\lambda_i = hh^*(i+1)(i-d)(i+1+r_1) & (0 \le i \le d-1) \\
\hat{\lambda}_i = -hh^*(i+1)(i-d)(i+1+s^*-r_1) & (0 \le i \le d-1)
\end{array}
$$

$\Lambda_{\mathrm{IIB}} = (r_1, -, -, s^*;\ h, h^*, \theta_0, \theta^*_0 \mid d)$,
　$h, h^* \ne 0$; $s^* \notin \{-2, -3, \ldots, -2d\}$;
　$r_1 \notin \{-1, -2, \ldots, -d\} \cup \{s^*+1, s^*+2, \ldots, s^*+d\}$.

(IIC)　(II) において極限 $h \to 0$, $h^* \to 0$, $hs \to h'$, $h^*s^* \to (h^*)'$, $hr_1 \to r'_1$, $h^*r_2 \to r'_2$ をとる．$r = r'_1 r'_2$ とおく．

$$
\begin{array}{ll}
\theta_i = \theta_0 + hi & (0 \le i \le d) \\
\theta^*_i = \theta^*_0 + h^* i & (0 \le i \le d) \\
\lambda_i = r(i+1)(i-d) & (0 \le i \le d-1) \\
\hat{\lambda}_i = (r - hh^*)(i+1)(i-d) & (0 \le i \le d-1)
\end{array}
$$

$\Lambda_{\mathrm{IIC}} = (r_1, r_2, -, -;\ h, h^*, \theta_0, \theta^*_0 \mid d)$, $r = r_1 r_2$,
　$h, h^* \ne 0$; $r \ne 0, hh^*$.

(III)　(I) において極限 $q \to -1$, $(1+q)h \to h'$, $(1+q)h^* \to (h^*)'$, $\frac{1-s}{1+q} \to s'$, $\frac{1-s^*}{1+q} \to (s^*)'$, $\frac{1+r_1}{1+q} \to r'_1$, $\frac{1+r_2 q^{d+1}}{1+q} \to r'_2 + d + 1$ をとる．$\varepsilon(i) = 1$（i：偶数），$\varepsilon(i) = 0$（i：奇数）とおく．

$$
\begin{array}{ll}
\theta_i = \theta_0 + (-1)^i 2h i^{\varepsilon(i)}(i+1+s)^{\varepsilon(i+1)} & (0 \le i \le d) \\
\theta^*_i = \theta^*_0 + (-1)^i 2h^* i^{\varepsilon(i)}(i+1+s^*)^{\varepsilon(i+1)} & (0 \le i \le d) \\
\lambda_i = -4hh^*(i+1)^{\varepsilon(i+1)}(i-d)^{\varepsilon(i-d)} & \\
\qquad \times (i+1+r_1)^{\varepsilon(i)}(i+1+r_2)^{\varepsilon(i-d+1)} & (0 \le i \le d-1) \\
\hat{\lambda}_i = (-1)^d 4hh^*(i+1)^{\varepsilon(i+1)}(i-d)^{\varepsilon(i-d)} & \\
\qquad \times (i+1+s^*-r_1)^{\varepsilon(i)}(i+1+s^*-r_2)^{\varepsilon(i-d+1)} & (0 \le i \le d-1)
\end{array}
$$

$\Lambda_{\mathrm{III}} = (r_1, r_2, s, s^*;\ h, h^*, \theta_0, \theta^*_o \mid d)$, $r_1 + r_2 = s + s^* + d + 1$,
　$h, h^* \ne 0$; $s, s^* \notin \{-2, -4, \ldots, -2(d-1), -2d\}$;
　$r_1 \ne -1-2j,\ s^*+1+2j\ (0 \le 2j \le d-1)$,
　$r_2 \ne -d+2j,\ s^*+d-2j\ (0 \le 2j \le d-1)$.

3.4 AW-関係式

End(V) の元 A, A^* に関する関係式

$$
\text{(AW)} \qquad \begin{cases} A^2A^* - \beta AA^*A + A^*A^2 \\ \qquad = \gamma(AA^* + A^*A) + \delta A^* + \gamma^* A^2 + \omega A + \eta^*, \\ (A^*)^2A - \beta A^*AA^* + A(A^*)^2 \\ \qquad = \gamma^*(A^*A + AA^*) + \delta^* A + \gamma(A^*)^2 + \omega A^* + \eta \end{cases}
$$

を **AW-関係式 (Askey-Wilson relations)** と呼ぶ．ここで β, γ, γ^*, δ, δ^*, ω, η, η^* は AW-関係式ごとに定まる複素数値の定数である．本小節ではまず，L-対が AW-関係式を満たすことを示す．次にプレ TD-対，プレ L-対が AW-関係式を満たす条件について考察する．一つの応用として TD-対が AW-関係式を満たすならば L-対となることを示す．

本論に入る前に AW-関係式 (AW) の形式的変形をいくつか見ておく．(AW) の第1式で ω を ω^* に置き換えたものを $(\text{AW})_1$ と書き，(AW) の第2式を $(\text{AW})_2$ と書く．すなわち

$$
C = A^2A^* - \beta AA^*A + A^*A^2 - \gamma(AA^* + A^*A) - \delta A^* \tag{6.226}
$$

$$
C^* = (A^*)^2A - \beta A^*AA^* + A(A^*)^2 - \gamma^*(A^*A + AA^*) - \delta^* A \tag{6.227}
$$

とおくと

$$
(\text{AW})_1: \qquad C = \gamma^* A^2 + \omega^* A + \eta^* \tag{6.228}
$$

$$
(\text{AW})_2: \qquad C^* = \gamma(A^*)^2 + \omega A^* + \eta \tag{6.229}
$$

である．(AW) は，$\omega = \omega^*$ として $(\text{AW})_1$ と $(\text{AW})_2$ が成立することと同値である．ブラケット積 $[\ ,\ ]$ を $[X, Y] = XY - YX$ で定めると，TD-関係式は

$$
\text{(TD)} \qquad \begin{cases} [A, C] = 0 \\ [A^*, C^*] = 0 \end{cases} \tag{6.230}
$$

と書き直せるから $(\text{AW})_1$ と $(\text{AW})_2$ が成り立てば (TD) が成り立つ．特に (AW)-関係式が成り立てば (TD)-関係式が成り立つ．

6.59 [補題]　$[A, A^*] \neq 0$ とする．このとき $(\text{AW})_1$ と $(\text{AW})_2$ が成り立てば $\omega = \omega^*$ である．すなわち (AW) が成り立つ．

証明　C, C^* の定義 (6.226), (6.227) に従えば

$$[C, A^*] + [C^*, A] = \gamma[(A^*)^2, A] + \gamma^*[A^2, A^*] \tag{6.231}$$

が成り立つ．一方 $(\mathrm{AW})_1$，$(\mathrm{AW})_2$ が成り立つとすると (6.228), (6.229) より

$$[C, A^*] + [C^*, A] = \gamma^*[A^2, A^*] + \gamma[(A^*)^2, A] + (\omega^* - \omega)[A, A^*] \tag{6.232}$$

が成り立つ．(6.231), (6.232) および $[A, A^*] \neq 0$ より $\omega^* - \omega = 0$ を得る．∎

次に補題は直接的計算によって確かめることができる．

6.60 ［補題］　$A, A^* \in \mathrm{End}(V)$ および $\alpha, \alpha^* \in \mathbb{C}$ に対して

$$\tilde{A} = A + \alpha, \quad \tilde{A}^* = A^* + \alpha^*$$

とおく．A, A^* が定数 $\beta, \gamma, \delta, \gamma^*, \omega^*, \eta^*$ に関して $(\mathrm{AW})_1$ を満たすならば，$\tilde{A}, \tilde{A}^*$ は定数 β および

$$\begin{aligned}
\tilde{\gamma} &= \gamma - \alpha(\beta - 2), \\
\tilde{\delta} &= \delta - \alpha(\gamma + \tilde{\gamma}), \\
\tilde{\gamma}^* &= \gamma^* - \alpha^*(\beta - 2), \\
\tilde{\omega}^* &= \omega^* - 2(\alpha^*\gamma + \alpha\tilde{\gamma}^*) = \omega^* - 2(\alpha^*\gamma + \alpha\gamma^* - (\beta - 2)\alpha\alpha^*), \\
\tilde{\eta}^* &= \eta^* - \alpha^*\delta - \alpha(\alpha\tilde{\gamma}^* + \tilde{\omega}^*) = \eta^* - \alpha^*\tilde{\delta} - \alpha(-\alpha\gamma^* + \omega^*)
\end{aligned}$$

に関して $(\mathrm{AW})_1$ を満たす．A, A^* が定数 $\beta, \gamma^*, \delta^*, \gamma, \omega, \eta$ に関して $(\mathrm{AW})_2$ を満たすならば，$\tilde{A}, \tilde{A}^*$ は定数 β および

$$\begin{aligned}
\tilde{\gamma}^* &= \gamma^* - \alpha^*(\beta - 2), \\
\tilde{\delta}^* &= \delta^* - \alpha^*(\gamma^* + \tilde{\gamma}^*), \\
\tilde{\gamma} &= \gamma - \alpha(\beta - 2), \\
\tilde{\omega} &= \omega - 2(\alpha\gamma^* + \alpha^*\tilde{\gamma}) = \omega - 2(\alpha\gamma^* + \alpha^*\gamma - (\beta - 2)\alpha^*\alpha), \\
\tilde{\eta} &= \eta - \alpha\delta^* - \alpha^*(\alpha^*\tilde{\gamma} + \tilde{\omega}) = \eta - \alpha\tilde{\delta}^* - \alpha^*(-\alpha^*\gamma + \omega)
\end{aligned}$$

に関して $(\mathrm{AW})_2$ を満たす．

$A, A^* \in \mathrm{End}(V)$ を L-対とし，$(\{V_i\}_{i=0}^d, \{V_i^*\}_{i=0}^d)$ を付随する一つの L-系とする．A の固有値を $\{\theta_i\}_{i=0}^d$，A^* の固有値を $\{\theta_i^*\}_{i=0}^d$ とする．また E_i, E_i^* を射影 $E_i : V = \bigoplus_{j=0}^d V_j \longrightarrow V_i$，$E_i^* : V = \bigoplus_{j=0}^d V_j^* \longrightarrow V_i^*$ とし $a_i = \mathrm{tr}(E_i^* A E_i^*)$，$a_i^* = \mathrm{tr}(E_i A^* E_i)$ $(0 \leq i \leq d)$ とおく．L-対は TD-対であるから本章 2 節の定理 6.41 により定数 β, γ, γ^*, δ, δ^* が存在して注意 6.43 (2) の意味で $\{\theta_i\}_{i\in\mathbb{Z}}$ は (β, γ, δ) 列であり $\{\theta_i^*\}_{i\in\mathbb{Z}}$ は $(\beta, \gamma^*, \delta^*)$ 列である．このとき次の定理が成り立つ [470].

6.61 [定理]　L-対 A, A^* は AW-関係式を満たす．すなわち定数 ω, η, $\eta^* \in \mathbb{C}$ が存在して，(6.226), (6.227) の C, C^* は

$$\text{(AW)} \qquad \begin{cases} C = \gamma^* A^2 + \omega A + \eta^* \\ C^* = \gamma (A^*)^2 + \omega A^* + \eta \end{cases}$$

を満たす．さらに

$$\gamma^* \theta_i^2 + \omega\theta_i + \eta^* = a_i^*(\theta_i - \theta_{i-1})(\theta_i - \theta_{i+1}) \quad (0 \leq i \leq d),$$
$$\gamma(\theta_i^*)^2 + \omega\theta_i^* + \eta = a_i(\theta_i^* - \theta_{i-1}^*)(\theta_i^* - \theta_{i+1}^*) \quad (0 \leq i \leq d),$$
$$\begin{aligned} \omega &= a_i^*(\theta_i - \theta_{i+1}) + a_{i-1}^*(\theta_{i-1} - \theta_{i-2}) - \gamma^*(\theta_i + \theta_{i-1}) \quad (1 \leq i \leq d) \\ &= a_i(\theta_i^* - \theta_{i+1}^*) + a_{i-1}(\theta_{i-1}^* - \theta_{i-2}^*) - \gamma(\theta_i^* + \theta_{i-1}^*) \quad (1 \leq i \leq d) \end{aligned}$$

が成り立つ．

証明　まず $\omega^*, \eta^* \in \mathbb{C}$ が存在して (6.228) の $(\mathrm{AW})_1$ が成り立つことを示す．L-対 $A, A^* \in \mathrm{End}(V)$ は TD-対の特別なものであるから，本章 2 節の定理 6.41 より TD-関係式 (6.230) を満たす．したがって C は A と可換である．A は対角化可能であり，かつ各固有空間の次元は 1 であるので A と可換な $\mathrm{End}(V)$ の元は A の多項式でなければならない．したがって $\alpha_0 \neq 0, \alpha_1, \ldots, \alpha_d \in \mathbb{C}$ が存在して

$$C = \alpha_0 A^n + \alpha_1 A^{n-1} + \cdots + \alpha_{n-1} A + \alpha_n \tag{6.233}$$

と書ける．ここで L-対 A, A^* の直径 d について $d \geq 2$ として一般性を失わない．なぜなら A の最小多項式の次数は $d+1$ であるから，$d \leq 1$ であれば (6.233) の右辺は A の高々 1 次の多項式となり，(6.228) の右辺も A の高々 1 次の多項式となるからである．

C の定義 (6.226) に従って $E_i^* C E_0^*$ $(i \geq 2)$ を求めると，本章 2 節の補題 6.37 により

$$E_i^* C E_0^* = \begin{cases} (\theta_0^* - \beta\theta_1^* + \theta_2^*) E_2^* A^2 E_0^* & (i = 2 \text{ のとき}) \\ 0 & (i \geq 3 \text{ のとき}) \end{cases} \tag{6.234}$$

となる．一方 (6.233) に従って $E_n^* C E_0^*$ を求めると本章 2 節の補題 6.37，命題 6.38 より

$$E_n^* C E_0^* = \alpha_0 E_n^* A^n E_0^* \neq 0 \tag{6.235}$$

となる．(6.234), (6.235) を比べて $n \leq 2$ を得る．したがって $\alpha^*, \omega^*, \eta^* \in \mathbb{C}$ が存在して

$$C = \alpha^* A^2 + \omega^* A + \eta^* \tag{6.236}$$

と書くことができる．(6.236) に従って $E_2^* C E_0^*$ を求めると

$$E_2^* C E_0^* = \alpha^* E_2^* A^2 E_0^* \tag{6.237}$$

である．命題 6.38 より $E_2^* A^2 E_0^* \neq 0$ であるから，(6.234), (6.237) より $\alpha^* = \theta_0^* - \beta\theta_1^* + \theta_2^*$ が成り立つ．しかるに $\{\theta_i^*\}_{i\in\mathbb{Z}}$ は (β, γ^*) 列であるから $\theta_0^* - \beta\theta_1^* + \theta_2^* = \gamma^*$ が成り立っている．したがって $\alpha^* = \gamma^*$ となり (6.228) の $(\mathrm{AW})_1$ が成り立つことがわかる．

同様にして $\omega, \eta \in \mathbb{C}$ が存在して (6.228) の $(\mathrm{AW})_2$ が成り立つ．$\omega = \omega^*$ を示す．L-対 A, A^* の直径 d は $d \geq 1$ として一般性を失わない．なぜなら $d = 0$ のときは A, A^* は定数であり，(6.228), (6.229) において η^*, η を適当に選ぶことにより $\omega = \omega^*$ としてよいからである．$d \geq 1$ とする．$E_1^*[A, A^*]E_0^* = (\theta_0^* - \theta_1^*)E_1^* A E_0^*$ であるが命題 6.38 より $E_1^* A E_0^* \neq 0$ であるので $E_1^*[A, A^*]E_0^* \neq 0$ が成り立つ．したがって $[A, A^*] \neq 0$ が成り立ち，補題 6.59 により $\omega = \omega^*$ を得る．以上により (AW) が成り立つことが示せた．

C の定義 (6.226) に従って $E_i C E_i$ を求める．$E_i C E_i = (\theta_i^2 - \beta\theta_i^2 + \theta_i^2 - 2\gamma\theta_i - \delta)E_i A^* E_i$ であるが，$\mathrm{tr}(E_i A^* E_i) = a_i^*$, $\dim(V_i) = 1$ より $E_i A^* E_i = a_i^* E_i$．また本章 2 節の補題 6.42 より (β, γ, δ) 列 $\{\theta_i\}_{i\in\mathbb{Z}}$ について $(\beta - 2)\theta_i^2 + 2\gamma\theta_i + \delta = (\theta_{i+1} - \theta_i)(\theta_i - \theta_{i-1})$ が成り立つので

$$E_i C E_i = -(\theta_{i+1} - \theta_i)(\theta_i - \theta_{i-1})a_i^* E_i \quad (0 \leq i \leq d) \tag{6.238}$$

を得る．一方 $C = \gamma^* A^2 + \omega A + \eta^*$ に従って $E_i C E_i$ を求めると

$$E_i C E_i = (\gamma^* \theta_i^2 + \omega\theta_i + \eta^*)E_i \quad (0 \leq i \leq d) \tag{6.239}$$

を得る．(6.238), (6.239) より

$$\gamma^* \theta_i^2 + \omega\theta_i + \eta^* = a_i^*(\theta_i - \theta_{i-1})(\theta_i - \theta_{i+1}) \quad (0 \leq i \leq d) \tag{6.240}$$

を得る．同様にして $E_i^*C^*E_i^*$ より

$$\gamma(\theta_i^*)^2 + \omega\theta_i^* + \eta = a_i(\theta_i^* - \theta_{i-1}^*)(\theta_i^* - \theta_{i+1}^*) \quad (0 \leq i \leq d) \tag{6.241}$$

を得る．(6.240) の i 番目の式から $i-1$ 番目の式を引いて η を消去すれば，ω に関する求める式が得られる．また (6.241) の i 番目の式から $i-1$ 番目の式を引いて η を消去すれば ω に関するもう一つの式が得られる． ■

次に $A, A^* \in \mathrm{End}(V)$ をプレ TD-対とする．本章 3.2 小節の定義 (6.145) に従って A, A^* を次のように表す．直和分解 $V = \bigoplus_{i=0}^d U_i$ と線形変換 $R, L \in \mathrm{End}(V)$ で

$$RU_i \subseteq U_{i+1}, \quad LU_i \subseteq U_{i-1} \quad (0 \leq i \leq d) \tag{6.242}$$

を満たすもの（ただし $U_{-1} = U_{d+1} = \{0\}$），および相異なる $\theta_0, \theta_1, \ldots, \theta_d \in \mathbb{C}$ と相異なる $\theta_0^*, \theta_1^*, \ldots, \theta_d^* \in \mathbb{C}$ が与えられている．射影 $F_i :\ V = \bigoplus_{j=0}^d U_j \longrightarrow U_i$ に対して

$$F = \sum_{i=0}^d \theta_i F_i, \quad F^* = \sum_{i=0}^d \theta_i^* F_i \tag{6.243}$$

とおく．このとき A, A^* は

$$A = R + F, \quad A^* = L + F^* \tag{6.244}$$

で与えられる．関係式 $(\mathrm{AW})_1$，$(\mathrm{AW})_2$ は次の補題のように書き替えられることが直接的計算によって確かめられる．

6.62 [補題]

(1) $A^2A^* - \beta AA^*A + A^*A^2 = X_2 + X_1 + X_0 + X_{-1}$．ただし

$$\begin{aligned}
X_2 &= R^2F^* - \beta RF^*R + F^*R^2,\\
X_1 &= R^2L + RFF^* + FRF^* - \beta(RLR + RF^*F + FF^*R)\\
&\quad + LR^2 + F^*FR + F^*RF,\\
X_0 &= RFL + FRL + F^2F^* - \beta(RLF + FLR + FF^*F)\\
&\quad + LFR + LRF + F^*F^2,\\
X_{-1} &= F^2L - \beta FLF + LF^2.
\end{aligned}$$

また

$$\gamma(AA^* + A^*A) + \delta A^* + \gamma^* A^2 + \omega^* A + \eta^* = Y_2 + Y_1 + Y_0 + Y_{-1}.$$

ただし

$$\begin{aligned}
Y_2 &= \gamma^* R^2,\\
Y_1 &= \gamma(RF^* + F^*R) + \gamma^*(RF + FR) + \omega^* R,\\
Y_0 &= \gamma(RL + LR + FF^* + F^*F) + \delta F^* + \gamma^* F^2 + \omega^* F + \eta^*,\\
Y_{-1} &= \gamma(FL + LF) + \delta L.
\end{aligned}$$

特に下記の (i)〜(iv) が成り立つことは条件

$$\begin{aligned}
&A^2A^* - \beta AA^*A + A^*A^2\\
&\quad = \gamma(AA^* + A^*A) + \delta A^* + \gamma^* A^2 + \omega^* A + \eta^*
\end{aligned}$$

が成り立つための必要十分条件である.

(i) $X_{-1}|_{U_i} = Y_{-1}|_{U_i} \quad (1 \le i \le d)$,
(ii) $X_2|_{U_i} = Y_2|_{U_i} \quad (0 \le i \le d-2)$,
(iii) $X_0|_{U_i} = Y_0|_{U_i} \quad (0 \le i \le d)$,
(iv) $X_1|_{U_i} = Y_1|_{U_i} \quad (0 \le i \le d-1)$.

(2)

$$\begin{aligned}
&(A^*)^2A - \beta A^*AA^* + A(A^*)^2 = X'_{-2} + X'_{-1} + X'_0 + X'_1,\\
&\gamma^*(A^*A + AA^*) + \delta^* A + \gamma(A^*)^2 + \omega A^* + \eta = Y'_{-2} + Y'_{-1} + Y'_0 + Y'_1.
\end{aligned}$$

ただし $X'_{-2}, X'_{-1}, X'_0, X'_1$; $Y'_{-2}, Y'_{-1}, Y'_0, Y'_1$ はそれぞれ X_2, X_1, X_0, X_{-1}; Y_2, Y_1, Y_0, Y_{-1} に入れ替え

$$(R, F) \leftrightarrow (L, F^*), \quad (\gamma, \delta, \omega^*, \eta^*) \leftrightarrow (\gamma^*, \delta^*, \omega, \eta)$$

をほどこすことにより得られる. 特に下記の (i′)〜(iv′) が成り立つことは

$$\begin{aligned}
&(A^*)^2A - \beta A^*AA^* + A(A^*)^2\\
&\quad = \gamma^*(A^*A + AA^*) + \delta^* A + \gamma(A^*)^2 + \omega A^* + \eta
\end{aligned}$$

が成り立つための必要十分条件である.

(i′) $X'_1|_{U_i} = Y'_1|_{U_i} \quad (0 \le i \le d-1)$,

(ii′) $X'_{-2}|_{U_i} = Y'_{-2}|_{U_i} \quad (2 \le i \le d)$,

(iii′) $X'_0|_{U_i} = Y'_0|_{U_i} \quad (0 \le i \le d)$,

(iv′) $X'_{-1}|_{U_i} = Y'_{-1}|_{U_i} \quad (1 \le i \le d)$.

6.63 [命題]　$d \ge 1$ とし $R^2U_i \ne 0$ $(0 \le i \le d-2)$, $L^2U_i \ne 0$ $(2 \le i \le d)$ を仮定する．ただし $d=1$ のときは $RU_0 \ne 0$, $LU_1 \ne 0$ を仮定する．このとき次の (1), (2) が成り立つ．

(1) 下記の条件 (i)〜(iv) が成り立つことは条件

$$\begin{aligned} &A^2A^* - \beta AA^*A + A^*A^2 \\ &\quad = \gamma(AA^* + A^*A) + \delta A^* + \gamma^* A^2 + \omega^* A + \eta^* \end{aligned}$$

が成り立つための必要十分条件である．

(i) $\delta = \theta_i^2 - \beta\theta_i\theta_{i-1} + \theta_{i-1}^2 - \gamma(\theta_i + \theta_{i-1}) \quad (1 \le i \le d)$,

$\gamma = \theta_i - \beta\theta_{i-1} + \theta_{i-2} \quad (2 \le i \le d)$.

すなわち $\{\theta_i\}_{i=0}^d$ は (β, γ, δ) 列である．

(ii) $\gamma^* = \theta_i^* - \beta\theta_{i-1}^* + \theta_{i-2}^* \quad (2 \le i \le d)$.

すなわち $\{\theta_i^*\}_{i=0}^d$ は (β, γ^*) 列である．

(iii) $((\theta_i - \theta_{i-1})LR - (\theta_{i+1} - \theta_i)RL)|_{U_i}$

$= (\theta_{i+1} - \theta_i)(\theta_i - \theta_{i-1})\theta_i^* + \gamma^*\theta_i^2 + \omega^*\theta_i + \eta^* \quad (0 \le i \le d)$.

(iv) $(R^2L - \beta RLR + LR^2)|_{U_i}$

$= \left((\theta_{i+2} - \theta_{i+1})\theta_{i+1}^* - (\theta_i - \theta_{i-1})\theta_i^* + \gamma^*(\theta_i + \theta_{i+1}) + \omega^*\right) R|_{U_i}$

$(0 \le i \le d-1)$.

ただし本章 2 節の注意 6.43 (2) の意味で θ_i 達は (β, γ) 列 $\{\theta_i\}_{i \in \mathbb{Z}}$ に拡張し，θ_i^* 達は (β, γ^*) 列 $\{\theta_i^*\}_{i \in \mathbb{Z}}$ に拡張して解釈する．

(2) 下記の条件 (i′)〜(iv′) が成り立つことは条件

$$\begin{aligned} &(A^*)^2A - \beta A^*AA^* + A(A^*)^2 \\ &\quad = \gamma^*(A^*A + AA^*) + \delta^* A + \gamma(A^*)^2 + \omega A^* + \eta \end{aligned}$$

が成り立つための必要十分条件である．

(i′) $\delta^* = (\theta_i^*)^2 - \beta\theta_i^*\theta_{i+1}^* + (\theta_{i+1}^*)^2 - \gamma^*(\theta_i^* + \theta_{i+1}^*) \quad (0 \le i \le d-1)$,

$\gamma^* = \theta_i^* - \beta\theta_{i+1}^* + \theta_{i+2}^* \quad (0 \le i \le d-2)$.

すなわち $\{\theta_i^*\}_{i=0}^d$ は $(\beta, \gamma^*, \delta^*)$ 列である．

(ii′) $\gamma = \theta_i - \beta\theta_{i+1} + \theta_{i+2} \quad (0 \le i \le d-2)$.

すなわち $\{\theta_i\}_{i=0}^{d}$ は (β, γ) 列である．

(iii′) $\left((\theta_i^* - \theta_{i+1}^*)RL - (\theta_{i-1}^* - \theta_i^*)LR\right)|_{U_i}$

$$= (\theta_{i-1}^* - \theta_i^*)(\theta_i^* - \theta_{i+1}^*)\theta_i + \gamma(\theta_i^*)^2 + \omega\theta_i^* + \eta \quad (0 \le i \le d).$$

(iv′) $(L^2R - \beta LRL + RL^2)|_{U_i}$

$$= \left((\theta_{i-2}^* - \theta_{i-1}^*)\theta_{i-1} - (\theta_i^* - \theta_{i+1}^*)\theta_i + \gamma(\theta_i^* + \theta_{i-1}^*) + \omega\right) L|_{U_i} \quad (1 \le i \le d).$$

ただし本章 2 節の注意 6.43 (2) の意味で θ_i 達は (β, γ) 列 $\{\theta_i\}_{i\in\mathbb{Z}}$ に拡張し，θ_i^* 達は (β, γ^*) 列 $\{\theta_i^*\}_{i\in\mathbb{Z}}$ に拡張して解釈する．

証明　(1) のみを示す．(2) も同様である．補題 6.62 (1) の条件 (i), (ii), (iii) および (iv) に対応して命題の (i), (ii), (iii) および (iv) が次のようにして得られる．

(i)

$$X_{-1}|_{U_i} = (\theta_{i-1}^2 - \beta\theta_{i-1}\theta_i + \theta_i^2)L|_{U_i}, \quad Y_{-1}|_{U_i} = (\gamma(\theta_{i-1} + \theta_i) + \delta)L|_{U_i}$$

であるから仮定 $L|_{U_i} \ne 0 \ (1 \le i \le d)$ より

$$\delta = \theta_i^2 - \beta\theta_i\theta_{i-1} + \theta_{i-1}^2 - \gamma(\theta_i + \theta_{i-1}) \quad (1 \le i \le d)$$

を得る．i 番目の式から $i-1$ 番目の式を引いて δ を消去すると

$$\gamma = \theta_i - \beta\theta_{i-1} + \theta_{i-2} \quad (2 \le i \le d)$$

を得る．$d = 1$ のときは $\gamma = \theta_1 - \beta\theta_0 + \theta_{-1}$ を θ_{-1} の定義とみなす．

(ii)

$$X_2|_{U_i} = (\theta_i^* - \beta\theta_{i+1}^* + \theta_{i+2}^*)R^2|_{U_i}, \quad Y_2|_{U_i} = \gamma^* R^2|_{U_i}$$

であるから，仮定 $R^2|_{U_i} \ne 0 \ (0 \le i \le d-2)$ より

$$\gamma^* = \theta_{i+2}^* - \beta\theta_{i+1}^* + \theta_i^* \quad (0 \le i \le d-2)$$

を得る．$d = 1$ のときは $\gamma^* = \theta_2^* - \beta\theta_1^* + \theta_0^*$ を θ_2^* の定義とみなす．

(iii)

$$X_0|_{U_i} = ((\theta_{i-1} + \theta_i - \beta\theta_i)RL + (\theta_{i+1} + \theta_i - \beta\theta_i)LR + (2-\beta)\theta_i^2\theta_i^*)\,|_{U_i},$$

$$Y_0|_{U_i} = \left(\gamma RL + \gamma LR + 2\gamma\theta_i\theta_i^* + \delta\theta_i^* + \gamma^*\theta_i^2 + \omega^*\theta_i + \eta^*\right)|_{U_i}$$

であるから

$$\begin{aligned}&((\theta_{i-1} + \theta_i - \beta\theta_i - \gamma)RL + (\theta_{i+1} + \theta_i - \beta\theta_i - \gamma)LR)\,|_{U_i}\\&\quad = \left((\beta - 2)\theta_i^2 + 2\gamma\theta_i + \delta\right)\theta_i^* + \gamma^*\theta_i^2 + \omega^*\theta_i + \eta^* \quad (0 \le i \le d)\end{aligned}$$

を得る．(i) より $\{\theta_i\}_{i\in\mathbb{Z}}$ は (β, γ, δ) 列であるので，$\gamma + \beta\theta_i = \theta_{i+1} + \theta_{i-1}$ である．また本章 2 節の補題 6.42 より

$$(\beta - 2)\theta_i^2 + 2\gamma\theta_i + \delta = (\theta_{i+1} - \theta_i)(\theta_i - \theta_{i-1})$$

が成り立つ．したがって求める (iii) 式が成り立つ．

(iv)

$$\begin{aligned}X_1|_{U_i} &= \big(R^2L - \beta RLR + LR^2\\&\qquad + ((\theta_i + \theta_{i+1} - \beta\theta_i)\theta_i^* + (\theta_i + \theta_{i+1} - \beta\theta_{i+1})\theta_{i+1}^*)R\big)\,|_{U_i},\\Y_1|_{U_i} &= \left(\gamma(\theta_i^* + \theta_{i+1}^*) + \gamma^*(\theta_i + \theta_{i+1}) + \omega^*\right)R|_{U_i}\end{aligned}$$

であるから $\gamma + \beta\theta_j = \theta_{j+1} + \theta_{j-1}$ に注意すれば求める (iv) 式を得る．

∎

6.64［定理］　$A, A^* \in \mathrm{End}(V)$ をプレ L-対，そのデータを $\{\theta_i\}_{i=0}^d$，$\{\theta_i^*\}_{i=0}^d$，$\{\lambda_i\}_{i=0}^{d-1}$ とする．$d \ge 1$, $\lambda_i \ne 0$ $(0 \le i \le d-1)$ を仮定する．このとき次の (1), (2), および (3) が成り立つ．

(1) 下記の条件 (i), (ii), (iii) および (iv) が成り立つことは関係式 $(\mathrm{AW})_1$

$$\begin{aligned}&A^2A^* - \beta AA^*A + A^*A^2\\&\quad = \gamma(AA^* + A^*A) + \delta A^* + \gamma^*A^2 + \omega^*A + \eta^* \qquad (6.245)\end{aligned}$$

が成り立つための必要十分条件である．

(i) $\delta = \theta_i^2 - \beta\theta_i\theta_{i-1} + \theta_{i-1}^2 - \gamma(\theta_i + \theta_{i-1}) \quad (1 \le i \le d)$,
$\gamma = \theta_i - \beta\theta_{i-1} + \theta_{i-2} \quad (2 \le i \le d)$.
すなわち $\{\theta_i\}_{i=0}^d$ は (β, γ, δ) 列である．

(ii) $\gamma^* = \theta_i^* - \beta\theta_{i-1}^* + \theta_{i-2}^* \quad (2 \le i \le d)$.
すなわち $\{\theta_i^*\}_{i=0}^d$ は (β, γ^*) 列である．

(iii) $(\theta_i - \theta_{i-1})\lambda_i - (\theta_{i+1} - \theta_i)\lambda_{i-1}$
$= (\theta_{i+1} - \theta_i)(\theta_i - \theta_{i-1})\theta_i^* + \gamma^*\theta_i^2 + \omega^*\theta_i + \eta^* \quad (0 \le i \le d).$

(iv) $\lambda_{i-1} - \beta\lambda_i + \lambda_{i+1} = (\theta_{i+2} - \theta_{i+1})\theta_{i+1}^*$
$- (\theta_i - \theta_{i-1})\theta_i^* + \gamma^*(\theta_i + \theta_{i+1}) + \omega^* \quad (0 \le i \le d-1).$

ただし本章2節の注意6.43 (2) の意味で θ_i 達は (β, γ) 列 $\{\theta_i\}_{i\in\mathbb{Z}}$ に拡張し，θ_i^* 達は (β, γ^*) 列 $\{\theta_i^*\}_{i\in\mathbb{Z}}$ に拡張して解釈する．また $\lambda_{-1} = 0$, $\lambda_d = 0$ とする．

さらに，条件 (i) のもとで，(iii) がある $\eta^* \in \mathbb{C}$ に対して成り立つことと (iv) が成り立つことは同値である．

(2) 下記の条件 (i′), (ii′), (iii′) および (iv′) が成り立つことは関係式 $(\mathrm{AW})_2$

$$(A^*)^2A - \beta A^*AA^* + A(A^*)^2$$
$$= \gamma^*(A^*A + AA^*) + \delta^*A + \gamma(A^*)^2 + \omega A^* + \eta \tag{6.246}$$

が成り立つための必要十分条件である．

(i′) $\delta^* = (\theta_i^*)^2 - \beta\theta_i^*\theta_{i+1}^* + (\theta_{i+1}^*)^2 - \gamma^*(\theta_i^* + \theta_{i+1}^*) \quad (0 \le i \le d-1),$
$\gamma^* = \theta_i^* - \beta\theta_{i+1}^* + \theta_{i+2}^* \quad (0 \le i \le d-2).$
すなわち $\{\theta_i^*\}_{i=0}^d$ は $(\beta, \gamma^*, \delta^*)$ 列である．

(ii′) $\gamma = \theta_i - \beta\theta_{i+1} + \theta_{i+2} \quad (0 \le i \le d-2).$
すなわち $\{\theta_i\}_{i=0}^d$ は (β, γ) 列である．

(iii′) $(\theta_i^* - \theta_{i+1}^*)\lambda_{i-1} - (\theta_{i-1}^* - \theta_i^*)\lambda_i$
$= (\theta_{i-1}^* - \theta_i^*)(\theta_i^* - \theta_{i+1}^*)\theta_i + \gamma(\theta_i^*)^2 + \omega\theta_i^* + \eta \quad (0 \le i \le d).$

(iv′) $\lambda_i - \beta\lambda_{i-1} + \lambda_{i-2} = (\theta_{i-2}^* - \theta_{i-1}^*)\theta_{i-1}$
$- (\theta_i^* - \theta_{i+1}^*)\theta_i + \gamma(\theta_i^* + \theta_{i-1}^*) + \omega \quad (1 \le i \le d).$

ただし本章2節の注意6.43 (2) の意味で θ_i 達は (β, γ) 列 $\{\theta_i\}_{i\in\mathbb{Z}}$ に拡張し，θ_i^* 達は (β, γ^*) 列 $\{\theta_i^*\}_{i\in\mathbb{Z}}$ に拡張して解釈する．また $\lambda_{-1} = 0$, $\lambda_d = 0$ とする．

さらに，条件 (i′) のもとで，(iii′) がある $\eta \in \mathbb{C}$ に対して成り立つことと (iv′) が成り立つことは同値である．

(3) (6.245) の関係式 $(\mathrm{AW})_1$ が成り立てば，(6.246) の関係式 $(\mathrm{AW})_2$ が $\omega = \omega^*$ として成り立つ．逆に (6.246) の関係式 $(\mathrm{AW})_2$ が成り立てば，(6.245) の関係式 $(\mathrm{AW})_1$ が $\omega^* = \omega$ として成り立つ．また $(\mathrm{AW})_1$ と $(\mathrm{AW})_2$ が成立すれば $\omega = \omega^*$ でなければならない．

証明　$\lambda_i \ne 0$ $(0 \le i \le d-1)$ より命題6.63の仮定 $R^2U_i \ne 0$ $(0 \le i \le d-2)$, $L^2U_i \ne 0$ $(2 \le i \le d)$ が成り立つことに注意する．

(1) $RL|_{U_i} = \lambda_{i-1}$, $LR|_{U_i} = \lambda_i$ であるので，命題 6.63 (1) の条件 (i), (ii), (iii), (iv) は定理の条件 (i), (ii), (iii), (iv) となる．

条件 (i) を仮定する．条件 (iii) を i 番目の等式と $i+1$ 番目の等式に分けて

$$(\theta_{i+1}-\theta_i)\lambda_{i-1}-(\theta_i-\theta_{i-1})\lambda_i = -(\theta_{i+1}-\theta_i)(\theta_i-\theta_{i-1})\theta^*_i \\ -\gamma^*\theta_i^2-\omega^*\theta_i-\eta^* \quad (0\le i\le d-1) \tag{6.247}$$

$$(\theta_{i+1}-\theta_i)\lambda_{i+1}-(\theta_{i+2}-\theta_{i+1})\lambda_i = (\theta_{i+2}-\theta_{i+1})(\theta_{i+1}-\theta_i)\theta^*_{i+1} \\ +\gamma^*\theta_{i+1}^2+\omega^*\theta_{i+1}+\eta^* \quad (0\le i\le d-1) \tag{6.248}$$

と書く．条件 (i) より $\{\theta_i\}_{i\in\mathbb{Z}}$ は β 列であるので $(\theta_{i+1}-\theta_i)\beta = \theta_{i+2}-\theta_{i+1}+\theta_i-\theta_{i-1}$，したがって

$$\begin{aligned}&(\theta_{i+1}-\theta_i)(\lambda_{i-1}-\beta\lambda_i+\lambda_{i+1})\\ &\quad=(\theta_{i+1}-\theta_i)\lambda_{i-1}-(\theta_i-\theta_{i-1})\lambda_i+(\theta_{i+1}-\theta_i)\lambda_{i+1}-(\theta_{i+2}-\theta_{i+1})\lambda_i\end{aligned}$$

が成り立つ．したがって条件 (iv) の i 番目の等式は

$$\begin{aligned}&((\theta_{i+1}-\theta_i)\lambda_{i-1}-(\theta_i-\theta_{i-1})\lambda_i)\\ &\qquad+((\theta_{i+1}-\theta_i)\lambda_{i+1}-(\theta_{i+2}-\theta_{i+1})\lambda_i)\\ &\quad=(\theta_{i+1}-\theta_i)\big((\theta_{i+2}-\theta_{i+1})\theta^*_{i+1}\\ &\qquad-(\theta_i-\theta_{i-1})\theta^*_i+\gamma^*(\theta_i+\theta_{i+1})+\omega^*\big)\quad(0\le i\le d-1)\end{aligned} \tag{6.249}$$

と書くことができる．したがって (6.247), (6.248), (6.249) のうちの二つが成り立てば，残りの一つも成り立つ．特に (iii) が成り立てば (iv) が成り立つ．また (iv) が成り立つと仮定すると，$0\le i\le d-1$ を満たす i に対して (iii) の i 番目の等式が成立することと $i+1$ 番目の等式が成立することは同値である．したがって $i=0$ に対して (iii) が成り立つように η^* を定めれば，$0\le i\le d$ を満たす i に対して (iii) が成り立つ．

(2) (1) と同様にして確かめられる．

(3) (β,γ) 列は (β,γ,δ) 列であり，(β,γ^*) 列は $(\beta,\gamma^*,\delta^*)$ 列であるから，(i), (ii) が成り立つことと (i′), (ii′) が成り立つことは同値である．(iv), (iv′) を

$$\lambda_{i+1}-\beta\lambda_i+\lambda_{i-1}-\omega^* = (\theta_{i+2}-\theta_{i+1})\theta^*_{i+1} \\ -(\theta_i-\theta_{i-1})\theta^*_i+\gamma^*(\theta_i+\theta_{i+1}) \quad (0\le i\le d-1), \tag{6.250}$$

$$\lambda_{i+1} - \beta\lambda_i + \lambda_{i-1} - \omega = (\theta^*_{i+2} - \theta^*_{i+1})\theta_{i+1} - (\theta^*_i - \theta^*_{i-1})\theta_i + \gamma(\theta^*_i + \theta^*_{i+1}) \quad (0 \le i \le d-1) \tag{6.251}$$

と書く．(6.250) と (6.251) の右辺の差を求めると，$\{\theta_i\}_{i\in\mathbb{Z}}$ が (β,γ) 列であり $\{\theta^*_i\}_{i\in\mathbb{Z}}$ が (β,γ^*) 列であることに注意すれば

$$\begin{aligned}
&(\theta_{i+2} - \gamma)\theta^*_{i+1} + (\theta_{i-1} - \gamma)\theta^*_i - (\theta^*_{i+2} - \gamma^*)\theta_{i+1} - (\theta^*_{i-1} - \gamma^*)\theta_i \\
&\quad = (\beta\theta_{i+1} - \theta_i)\theta^*_{i+1} + (\beta\theta_i - \theta_{i+1})\theta^*_i \\
&\qquad - (\beta\theta^*_{i+1} - \theta^*_i)\theta_{i+1} - (\beta\theta^*_i - \theta^*_{i+1})\theta_i = 0
\end{aligned}$$

を得る．したがって (6.250) と (6.251) の右辺は一致する．$\omega = \omega^*$ のときかつそのときに限り，(iv) と (iv′) は同値である．■

6.65 [定理]　$A, A^* \in \mathrm{End}(V)$ を TD-対とする．このとき A, A^* が AW-関係式を満たすことは A, A^* が L-対となるための必要十分条件である．

証明　A, A^* が L-対であれば，定理 6.61 により A, A^* は AW-関係式を満たす．逆に A, A^* が AW-関係式を満たすと仮定する．A, A^* は TD-対であるから，$V = \bigoplus_{i=0}^d U_i$ をそれに付随するウェイト空間分解，R, L を付随する昇射，降射とすると命題 6.63 の条件 (iv) が成り立つ．特に $u \in U_i$ $(0 \le i \le d-1)$ に対して

$$LR^2u \in \mathrm{Span}\{R^2Lu, RLRu, Ru\} \tag{6.252}$$

が成り立つ．$u_0 \in U_0$ を LR の固有ベクトルとし，$u_i = R^i u_0$ $(0 \le i \le d)$ とおく．$u_i \in U_i$ に注意する．まず $Lu_0 = 0 \in \mathbb{C}u_{-1}$ $(u_{-1} = 0)$, $Lu_1 = LRu_0 \in \mathbb{C}u_0$ が成り立つ．$Lu_{i-1} \in \mathbb{C}u_{i-2}$, $Lu_i \in \mathbb{C}u_{i-1}$ $(i \ge 1)$ と仮定する．(6.252) より

$$Lu_{i+1} = LR^2u_{i-1} \in \mathrm{Span}\{R^2Lu_{i-1}, RLRu_{i-1}, Ru_{i-1}\}$$

となる．しかるに $R^2Lu_{i-1} \in \mathbb{C}R^2u_{i-2} \subseteq \mathbb{C}u_i$, $RLRu_{i-1} = RLu_i \in \mathbb{C}Ru_{i-1} = \mathbb{C}u_i$, $Ru_{i-1} = u_i$ であるので $Lu_{i+1} \in \mathbb{C}u_i$ を得る．帰納法により

$$W = \bigoplus_{i=0}^d \mathbb{C}u_i$$

とおくと，W は L-不変である．W はもちろん R-不変であり，射影 $F_i : V = \bigoplus_{j=0}^d U_j \longrightarrow U_i$ でも不変であるので A-不変，A^*-不変である．V は $\langle A, A^*\rangle$-加群として既約なので $W = V$ である．したがって A, A^* は L-対となる．■

3.5　分類

本小節では次の定理を証明する.

6.66 [定理]　プレ L-系 $(A, A^*; \{V_i\}_{i=0}^d, \{V_i^*\}_{i=0}^d)$ が L-系になるためにはデータ $\{\theta_i\}_{i=0}^d$, $\{\theta_i^*\}_{i=0}^d$, $\{\lambda_i\}_{i=0}^{d-1}$ が定理 6.58 の表の AW-パラメーター表示を持つことが必要十分である.

この定理により，L-系の同型類と定理 6.58 の表のデータとは 1 対 1 に対応し，この意味で L-系の分類は完了する. 与えられたデータ $\{\theta_i\}_{i=0}^d$, $\{\theta_i^*\}_{i=0}^d$, $\{\lambda_i\}_{i=0}^{d-1}$ を持つプレ L-対は $\lambda_i \neq 0$ $(0 \leq i \leq d-1)$ のとき，同型を除いて唯一つ存在することに注意する.

定理 6.66 を示すためには，次の命題を示せば十分であることをまず見ておく.

6.67 [命題]　プレ L-系 $(A, A^*; \{V_i\}_{i=0}^d, \{V_i^*\}_{i=0}^d)$ のデータ $\{\theta_i\}_{i=0}^d$, $\{\theta_i^*\}_{i=0}^d$, $\{\lambda_i\}_{i=0}^{d-1}$ が定理 6.58 の表の AW-パラメーター表示を持つと仮定すると，次の (1), (2) が成り立つ.

(1) A, A^* は AW-関係式を満たす.
(2) $V = \bigoplus_{i=0}^d V_i = \bigoplus_{i=0}^d V_i^*$ は $\langle A, A^* \rangle$-加群として既約である.

プレ L-系 $(A, A^*; \{V_i\}_{i=0}^d, \{V_i^*\}_{i=0}^d)$ が L-系になるためには，データが定理 6.58 の表の AW-パラメーター表示を持たなければならないことはすでに定理 6.58 で示した. 逆にプレ L-系 $(A, A^*; \{V_i\}_{i=0}^d, \{V_i^*\}_{i=0}^d)$ のデータが定理 6.58 の表の AW-パラメーター表示を持つと仮定する. 命題 6.67 (1) により A, A^* は AW-関係式を満たすから，(6.230) により A, A^* は TD-関係式を満たす. したがって本章 2 節の定理 6.44 により

$$\begin{aligned} AV_i^* &\subseteq V_{i-1}^* + V_i^* + V_{i+1}^* \quad (0 \leq i \leq d), \\ A^*V_i &\subseteq V_{i-1} + V_i + V_{i+1} \quad (0 \leq i \leq d) \end{aligned} \tag{6.253}$$

が成り立つ. ただし，$V_{-1}^* = 0$ または $V_{-1}^* = V_d^*$, $V_{d+1}^* = 0$ または $V_{d+1}^* = V_0^*$, $V_{-1} = 0$ または $V_{-1} = V_d$, $V_{d+1} = 0$ または $V_{d+1} = V_0$ である. (6.253) において $V_{-1}^* = V_{d+1}^* = V_{-1} = V_{d+1} = 0$ としてよいことを示せば，A, A^* は本章 2 節の定義 6.24 の条件 (1), (2) を満たすことになり，さらに命題 6.67 (2) より定義 6.24 の条件 (3) も満たすことがわかり，したがって A, A^* は TD-対となることがわかる. さらに $\dim(V_i) = 1$ $(0 \leq i \leq d)$ より A, A^* は L-対となる.

まず，$d = 0, 1$ のときは，$V_{-1}^* = V_{d+1}^* = V_{-1} = V_{d+1} = 0$ としてよいことは明ら

かである．$d \geq 2$ とする．A, A^* はプレ L-対であるから，$V = \bigoplus_{i=0}^{d} U_i$ をウェイト空間分解とすると，$V_0^* = U_0, V_d = U_d$ であり

$$AV_0^* = AU_0 \subseteq U_0 + U_1 = V_0^* + V_1^*,$$
$$A^*V_d = A^*U_d \subseteq U_{d-1} + U_d = V_{d-1} + V_d$$

が成り立つ．したがって (6.253) において $V_{-1}^* = V_{d+1} = 0$ としてよい．一方定理 6.58 の表のデータは定理 6.57 の条件を満たすから

$$A(V_2^* + V_3^* + \cdots + V_d^*) \subseteq V_1^* + V_2^* + \cdots + V_d^*,$$
$$A^*(V_0 + V_1 + \cdots + V_{d-2}) \subseteq V_0 + V_1 + \cdots + V_{d-1}$$

が成り立つ．特に

$$AV_d^* \subseteq V_1^* + V_2^* + \cdots + V_d^*,$$
$$A^*V_0 \subseteq V_0 + V_1 + \cdots + V_{d-1}$$

である．一方 (6.253) より明らかに

$$AV_d^* \subseteq V_0^* + V_{d-1}^* + V_d^*,$$
$$AV_0 \subseteq V_0 + V_1 + V_d$$

であるから，(6.253) において $V_{d+1}^* = V_{-1} = 0$ としてよい．このようにして定理 6.66 は命題 6.67 に帰着する．

命題 6.67 (1) の証明　$d \geq 1$ とし，定理 6.64 の条件 (i), (ii), (iv) を確かめればよい．仮定によりデータは定理 6.58 の表の AW-パラメーターを持つ．したがって，ある定数 $\beta, \gamma, \gamma^*, \delta, \delta^*$ が存在して $\{\theta_i\}_{i=0}^{d}$ は (β, γ, δ) 列であり，$\{\theta_i^*\}_{i=0}^{d}$ は $(\beta, \gamma^*, \delta^*)$ 列である．よって条件 (i), (ii) は成り立っている．したがってある定数 ω^* が存在して条件 (iv)

$$\begin{aligned}\lambda_{i-1} - \beta\lambda_i + \lambda_{i+1} &= (\theta_{i+2} - \theta_{i+1})\theta_{i+1}^* \\ &\quad - (\theta_i - \theta_{i-1})\theta_i^* + \gamma^*(\theta_i + \theta_{i+1}) + \omega^* \quad (0 \leq i \leq d-1)\end{aligned}$$

が成り立つことを確かめれば十分である．すなわち

$$\lambda_{i-1} - \beta\lambda_i + \lambda_{i+1} \\ - (\theta_{i+2} - \theta_{i+1})\theta^*_{i+1} + (\theta_i - \theta_{i-1})\theta^*_i - \gamma^*(\theta_i + \theta_{i+1}) \tag{6.254}$$

が添字 i $(0 \leq i \leq d-1)$ によらない定数であることを確かめればよい．ここで θ_i，および θ^*_i 達はそれぞれ (β, γ) 列 $\{\theta_i\}_{i\in\mathbb{Z}}$ および (β, γ^*) 列 $\{\theta^*_i\}_{i\in\mathbb{Z}}$ に拡張してある．データの AW-パラメーター表示は (I) 型と仮定して一般性を失わない．なぜなら他のパラメーター表示は (I) 型の極限として得られるからである．以下 $\beta = q + q^{-1}$, $q \neq \pm 1$ とおく．(6.171), (6.188) より

$$\lambda_i = \lambda'_i + (\theta_i - \theta_d)(\theta^*_{i+1} - \theta^*_0) \quad (-1 \leq i \leq d),$$
$$\lambda'_i = \frac{\lambda'_0}{(1-q)(1-q^d)}(1 + q^{d+1} - q^{i+1} - q^{d-i}) \quad (-1 \leq i \leq d)$$

である．$q^{j-1} - \beta q^j + q^{j+1} = 0$ $(j \in \mathbb{Z})$ であるので

$$\lambda'_{i-1} - \beta\lambda'_i + \lambda'_{i+1} = \frac{(2-\beta)(1+q^{d+1})\lambda'_0}{(1-q)(1-q^d)}$$

は添字 i によらない定数である．また

$$\begin{aligned}
&(\theta_{i-1} - \theta_d)(\theta^*_i - \theta^*_0) - \beta(\theta_i - \theta_d)(\theta^*_{i+1} - \theta^*_0) + (\theta_{i+1} - \theta_d)(\theta^*_{i+2} - \theta^*_0) \\
&= \theta_{i-1}\theta^*_i - \beta\theta_i\theta^*_{i+1} + \theta_{i+1}\theta^*_{i+2} - (\theta_{i-1} - \beta\theta_i + \theta_{i+1})\theta^*_0 \\
&\quad - \theta_d(\theta^*_i - \beta\theta^*_{i+1} + \theta^*_{i+2} - (2-\beta)\theta^*_0) \\
&= \theta_{i-1}\theta^*_i - \beta\theta_i\theta^*_{i+1} + \theta_{i+1}\theta^*_{i+2} - \gamma\theta^*_0 - \theta_d(\gamma^* - (2-\beta)\theta^*_0)
\end{aligned}$$

であるから

$$\lambda_{i-1} - \beta\lambda_i + \lambda_{i+1} = \theta_{i-1}\theta^*_i - \beta\theta_i\theta^*_{i+1} + \theta_{i+1}\theta^*_{i+2} + c,$$
$$c = \frac{(2-\beta)(1+q^{d+1})\lambda'_0}{(1-q)(1-q^d)} - \gamma\theta^*_0 - \theta_d(\gamma^* - (2-\beta)\theta^*_0)$$

を得る．したがって (6.254) が添字 i によらない定数であることを確かめるためには

$$\theta_{i-1}\theta^*_i - \beta\theta_i\theta^*_{i+1} + \theta_{i+1}\theta^*_{i+2} \\ - (\theta_{i+2} - \theta_{i+1})\theta^*_{i+1} + (\theta_i - \theta_{i-1})\theta^*_i - \gamma^*(\theta_i + \theta_{i+1}) \tag{6.255}$$

が i によらない定数であることを確かめればよい．ここで $\beta\theta^*_{i+1} = \theta^*_i + \theta^*_{i+2} - \gamma^*$ を代入すると (6.255) は

$$(\theta_{i+1} - \theta_i)\theta^*_{i+2} - (\theta_{i+2} - \theta_{i+1})\theta^*_{i+1} - \gamma^*\theta_{i+1} \tag{6.256}$$

に等しい．(6.256) の i 番目の式から $i-1$ 番目の式を引くと $\theta_{i+2}-\theta_{i+1}+\theta_i-\theta_{i-1}=(\theta_{i+1}-\theta_i)\beta$ を用いて

$$(\theta_{i+1}-\theta_i)(\theta^*_{i+2}-\beta\theta^*_{i+1}+\theta^*_i-\gamma^*)=0$$

を得る．したがって (6.256) ならびに (6.255) は i によらない定数である．■

以上によりプレ L-系 $(A,A^*;\{V_i\}_{i=0}^d,\{V_i^*\}_{i=0}^d)$ のデータ $\{\theta_i\}_{i=0}^d$, $\{\theta_i^*\}_{i=0}^d$, $\{\lambda_i\}_{i=0}^{d-1}$ が定理 6.58 の表の AW-パラメーター表示を持てば，A,A^* は AW-関係式を満たすことが示された．したがって (6.253) が $V^*_{-1}=V^*_{d+1}=V_{-1}=V_{d+1}=0$ として成り立つ．すなわち本章 2 節の定義 6.24 の条件 (1), (2) が成り立つ．以下定義 6.24 の条件 (3) が成り立つことを示す．定義 6.24 の条件 (1), (2), および (3) が成立するならば，A,A^* は L-対であり，特に $(A,A^*;\{V_{d-i}\}_{i=0}^d,\{V_i^*\}_{i=0}^d)$ もプレ L-系であり，そのデータを $\{\theta_{d-i}\}_{i=0}^d$, $\{\theta_i^*\}_{i=0}^d$, $\{\hat{\lambda}_i\}_{i=0}^{d-1}$ とすると $\hat{\lambda}_i$ は補題 6.53 により (6.168) で与えられる．V が $\langle A,A^*\rangle$-加群として既約であるためには，$\lambda_i\neq 0$, $\hat{\lambda}_i\neq 0$ $(0\leq i\leq d-1)$ が必要であり，実際この条件は定理 6.58 の表の AW-パラメーター表示に組み込まれていることに注意する．

以下 $V=\bigoplus_{i=0}^d U_i$ をウェイト空間分解，R,L を付随する昇射，降射とする．U_0 の 0 でないベクトル u_0 を選び，$u_i=R^iu_0$ とおく．このとき $\lambda_i\neq 0$ $(0\leq i\leq d-1)$ より帰納的に

$$Lu_i=\lambda_{i-1}u_{i-1}\neq 0 \quad (1\leq i\leq d) \tag{6.257}$$

が成り立つ．特に $u_i\neq 0$, $U_i=\mathbb{C}u_i$ $(0\leq i\leq d)$ である．E_0^* を射影 $V=\bigoplus_{i=0}^d V_i^*\longrightarrow V_0^*$ とすると次の命題が成り立つ．

6.68 ［命題］　V が $\langle A,A^*\rangle$-加群として既約となるためには，$E_0^*V_0\neq 0$ であることが必要十分である．

証明　（十分性）　$E_0^*V_0\neq 0$ を仮定する．$W\neq 0$ を V の $\langle A,A^*\rangle$-部分加群と仮定して $W=V$ を導く．A は対角化可能であるので，W は A の固有空間の直和となる．$W\cap V_i\neq 0$ となる最小の i を選ぶ．$\dim(V_i)=1$ であるから $V_i\subseteq W$ である．$i=0$ を示す．$i\geq 1$ と仮定して矛盾を導く．補題 6.51 により

$$v=u_i+\frac{1}{\theta_i-\theta_{i+1}}u_{i+1}+\cdots$$

は V_i に属する．このとき (6.257) より

$$(A^* - \theta_i^*)v = \lambda_{i-1}u_{i-1} + (u_i, \ldots, u_d \text{ の項})$$
$$\notin U_i + \cdots + U_d = V_i + \cdots + V_d$$

であるが，一方でその i の最小性より

$$(A^* - \theta_i^*)v \in W \subseteq V_i + \cdots + V_d$$

でなければならず，矛盾が生じる．以上より $i = 0$, $V_0 \subseteq W$ が得られる．$E_0^* V_0 \neq 0$ および $\dim(V_0^*) = 1$ より $E_0^* V_0 = V_0^*$ が成り立つ．したがって $V_0^* \subseteq W$ が得られる．しかるに

$$V_0^* = U_0, \quad U_i = (A - \theta_{i-1}) \cdots (A - \theta_0) U_0$$

であるから $U_i \subseteq W$ $(0 \leq i \leq d)$ を得る．したがって $W = V$ が成り立つ．

(必要性)　V は $\langle A, A^* \rangle$-加群として既約であると仮定する．$E_0^* V_0 = 0$ として矛盾を導く．V の部分空間 $V_{i,i+1}$ $(0 \leq i \leq d-1)$ を

$$V_{i,i+1} = (V_0 + \cdots + V_i) \cap (V_{i+1}^* + \cdots + V_d^*)$$

によって定める．また $V_{-1,0} = 0$, $V_{d,d+1} = 0$ とおく．A, A^* は本章 2 節の定義 6.24 の条件 (1) と (2) を満たすことがすでに示されているので，

$$(A - \theta_i) V_{i,i+1} \subseteq V_{i-1,i},$$
$$(A^* - \theta_i^*) V_{i,i+1} \subseteq V_{i+1,i+2}$$

が成り立つ．したがって

$$W = V_{0,1} + V_{1,2} + \cdots V_{d-1,d}$$

とおくと W は $\langle A, A^* \rangle$-不変である．一方 $E_0^* V_0 = 0$ より $V_0 \subseteq V_1^* + \cdots + V_d^*$ であるから

$$V_0 \subseteq V_0 \cap (V_1^* + \cdots + V_d^*) = V_{0,1}$$

となる．特に $W \supseteq V_0 \neq 0$ が成り立つ．また

$$V_{i,i+1} \subseteq V_{i+1}^* + \cdots + V_d^* \subseteq V_1^* + \cdots + V_d^* \quad (0 \leq i \leq d-1)$$

より $W \subseteq V_1^* + \cdots + V_d^* \neq V$ である．これは V の $\langle A, A^* \rangle$-加群としての既約性に反する．■

6.69 [補題]　次の条件は $E_0^* V_0 \neq 0$ となるための必要十分条件である：

$$\sum_{i=0}^{d} \frac{\lambda_0 \lambda_1 \cdots \lambda_{i-1}}{(\theta_0 - \theta_1) \cdots (\theta_0 - \theta_i)(\theta_0^* - \theta_1^*) \cdots (\theta_0^* - \theta_i^*)} \neq 0.$$

証明　補題 6.51 より

$$v = \sum_{i=0}^{d} \frac{1}{(\theta_0 - \theta_1) \cdots (\theta_0 - \theta_i)} u_i$$

は V_0 に属する．$\dim(V_0) = 1$ より $V_0 = \mathbb{C}v$ である．

$$E_0^* = \prod_{j=1}^{d} \frac{A^* - \theta_j^*}{\theta_0^* - \theta_j^*}$$

であるから，

$$\frac{A^* - \theta_j^*}{\theta_0^* - \theta_j^*} u_0 = u_0 \quad (1 \leq j \leq d),$$

$$(A^* - \theta_j^*) u_j = \lambda_{j-1} u_{j-1} \quad (1 \leq j \leq d)$$

に注意すれば

$$\begin{aligned} E_0^* u_i &= \frac{(A^* - \theta_{i+1}^*) \cdots (A^* - \theta_d^*)}{(\theta_0^* - \theta_{i+1}^*) \cdots (\theta_0^* - \theta_d^*)} \frac{(A^* - \theta_1^*) \cdots (A^* - \theta_i^*)}{(\theta_0^* - \theta_1^*) \cdots (\theta_0^* - \theta_i^*)} u_i \\ &= \frac{\lambda_0 \cdots \lambda_{i-1}}{(\theta_0^* - \theta_1^*) \cdots (\theta_0^* - \theta_i^*)} u_0 \end{aligned}$$

が成り立つ．したがって

$$E_0^* v = \sum_{i=0}^{d} \frac{\lambda_0 \cdots \lambda_{i-1}}{(\theta_0 - \theta_1) \cdots (\theta_0 - \theta_i)(\theta_0^* - \theta_1^*) \cdots (\theta_0^* - \theta_i^*)} u_0$$

を得る．■

次の定理を使うと以下に述べるように命題 6.67 (2) の証明が完了する．

6.70 [定理]

$$\begin{aligned} &\sum_{i=0}^{d} \frac{\lambda_0 \cdots \lambda_{i-1}}{(\theta_0 - \theta_1) \cdots (\theta_0 - \theta_i)(\theta_0^* - \theta_1^*) \cdots (\theta_0^* - \theta_i^*)} \\ &\quad = \frac{\hat{\lambda}_0 \cdots \hat{\lambda}_{d-1}}{(\theta_0 - \theta_1) \cdots (\theta_0 - \theta_d)(\theta_0^* - \theta_1^*) \cdots (\theta_0^* - \theta_d^*)} \end{aligned}$$

命題 6.67 (2) の証明　$\hat{\lambda}_i \neq 0$ $(0 \leq i \leq d-1)$ であるので定理 6.70 より

$$\sum_{i=0}^{d} \frac{\lambda_0 \cdots \lambda_{i-1}}{(\theta_0 - \theta_1) \cdots (\theta_0 - \theta_i)(\theta_0^* - \theta_1^*) \cdots (\theta_0^* - \theta_i^*)} \neq 0$$

が成り立つ．補題 6.69 により $E_0^* V_0 \neq 0$ である．したがって命題 6.68 により V は $\langle A, A^* \rangle$-加群として既約である．∎

定理 6.70 の証明はデータが (I) 型の AW-パラメーター表示を持つときに行えば十分である．なぜならば，他の場合は (I) の極限として得られるからである．準備として新しく記号を導入し，補題を二つ与える．$a, a_1, \ldots, a_r \in \mathbb{C}$ に対して

$$(a; q)_i = \begin{cases} (1-a) \cdots (1 - aq^{i-1}) & (i = 1, 2, \ldots), \\ 1 & (i = 0), \end{cases}$$

$$(a_1, \ldots, a_r; q)_i = (a_1; q)_i \cdots (a_r; q)_i$$

とおく．***q*-超幾何級数 (basic hypergeometric series)** ${}_{r+1}\phi_r$ を

$${}_{r+1}\phi_r \left(\begin{matrix} a_1, \ldots, a_{r+1} \\ b_1, \ldots, b_r \end{matrix} ; q, x \right) = \sum_{i=0}^{\infty} \frac{(a_1, \ldots, a_{r+1}; q)_i}{(b_1, \ldots, b_r; q)_i} \frac{x^i}{(q; q)_i} \tag{6.258}$$

によって定義する．

6.71 [補題]　データが (I) 型の AW-パラメーター表示を持つとき

$$\sum_{i=0}^{d} \frac{\lambda_0 \cdots \lambda_{i-1}}{(\theta_0 - \theta_1) \cdots (\theta_0 - \theta_i)(\theta_0^* - \theta_1^*) \cdots (\theta_0^* - \theta_i^*)} = {}_3\phi_2 \left(\begin{matrix} r_1 q, r_2 q, q^{-d} \\ sq^2, s^* q^2 \end{matrix} ; q, q \right)$$

が成り立つ．

証明

$$\theta_0 - \theta_j = -hq^{-j}(1 - q^j)(1 - sq^{j+1}),$$

$$(\theta_0 - \theta_1) \cdots (\theta_0 - \theta_i)(\theta_0^* - \theta_1^*) \cdots (\theta_0^* - \theta_i^*)$$
$$= (hh^*)^i q^{-i(i+1)} (q; q)_i (q; q)_i (sq^2; q)_i (s^* q^2; q)_i,$$

$$\lambda_j = hh^* q^{-2j-1}(1 - q^{j+1})(1 - q^{j-d})(1 - r_1 q^{j+1})(1 - r_2 q^{j+1}),$$

$$\lambda_0 \cdots \lambda_{i-1} = (hh^*)^i q^{-i^2} (q;q)_i (q^{-d};q)_i (r_1 q;q)_i (r_2 q;q)_i$$

であるから

$$\frac{\lambda_0 \cdots \lambda_{i-1}}{(\theta_0 - \theta_1)\cdots(\theta_0 - \theta_i)(\theta_0^* - \theta_1^*)\cdots(\theta_0^* - \theta_i^*)} = \frac{q^i (q^{-d};q)_i (r_1 q;q)_i (r_2 q;q)_i}{(q;q)_i (sq^2;q)_i (s^* q^2;q)_i}$$

を得る．$(q^{-d};q)_i = 0$ $(i = d+1, d+2, \ldots)$ より ${}_3\phi_2$ の和は $i = 0, 1, \ldots, d$ にわたるので補題が成り立つ． ∎

6.72 [補題]

$$\begin{aligned} &{}_3\phi_2\left(\begin{matrix} r_1 q, r_2 q, q^{-d} \\ sq^2, s^* q^2 \end{matrix} ; q, q\right) \\ &= (-1)^d q^{-\frac{1}{2}d(d-1)} \frac{(r_1 - s^* q)\cdots(r_1 - s^* q^d)(r_2 - s^* q)\cdots(r_2 - s^* q^d)}{(s^*)^d (sq^2;q)_d (s^* q^2;q)_d} \end{aligned}$$

証明　$s^* \neq 0$ として証明する．$s^* = 0$ のときは $(r_1 - s^* q^i)(r_2 - s^* q^i)/s^* = sq^{d+1} - (r_1 + r_2)q^i + s^* q^{2i}$ に注意して，極限 $s^* \to 0$ をとる．

Pfaff-Saalschütz 公式の q 類似 [184]

$${}_3\phi_2\left(\begin{matrix} a, b, q^{-n} \\ c, abc^{-1}q^{1-n} \end{matrix} ; q, q\right) = \frac{(c/a, c/b;\ q)_n}{(c, c/ab;\ q)_n}, \quad (n = 0, 1, 2, \ldots) \tag{6.259}$$

において $a = r_1 q$, $b = r_2 q$, $c = s^* q^2$ とおくと $r_1 r_2 = ss^* q^{d+1}$ より

$${}_3\phi_2\left(\begin{matrix} r_1 q, r_2 q, q^{-d} \\ sq^2, s^* q^2 \end{matrix} ; q, q\right) = \frac{(s^* q/r_1, s^* q/r_2;\ q)_d}{(s^* q^2, s^*/r_1 r_2;\ q)_d}$$

を得る．ここで

$$(s^* q/r_i;\ q)_d = \frac{1}{r_i^d}(r_i - s^* q)\cdots(r_i - s^* q^d) \quad (i = 1, 2),$$

$$(s^*/r_1 r_2;\ q)_d = (-1)^d \left(\frac{s^*}{r_1 r_2}\right)^d q^{\frac{1}{2}d(d-1)} (sq^2;q)_d$$

であるから求める式が得られる． ∎

定理 6.70 の証明　データが (I) 型でかつ $s^* \neq 0$ の場合に定理を示す．前にも述べたように，他の場合は極限をとればよい．

$$\hat{\lambda}_i = \frac{hh^*}{s^*} q^{-2i-1} (1 - q^{i+1})(1 - q^{i-d})(r_1 - s^* q^{i+1})(r_2 - s^* q^{i+1}),$$

$$\begin{aligned}\hat{\lambda}_0\cdots\hat{\lambda}_{d-1} &= \left(\frac{hh^*}{s^*}\right)^d q^{-d^2}(q;q)_d(q^{-d};q)_d \\ &\qquad \times \prod_{i=0}^{d-1}(r_1-s^*q^{i+1})(r_2-s^*q^{i+1}) \\ &\qquad \times (\theta_0-\theta_1)\cdots(\theta_0-\theta_d)(\theta_0^*-\theta_1^*)\cdots(\theta_0^*-\theta_d^*) \\ &= (hh^*)^d q^{-d(d+1)}(q;\ q)_d(q;\ q)_d(sq^2;\ q)_d(s^*q^2;\ q)_d\end{aligned}$$

であるから

$$(q^{-d};\ q)_d = (-1)^d q^{-\frac{1}{2}d(d+1)}(q;\ q)_d$$

に注意すれば

$$\begin{aligned}&\frac{\hat{\lambda}_0\cdots\hat{\lambda}_{d-1}}{(\theta_0-\theta_1)\cdots(\theta_0-\theta_d)(\theta_0^*-\theta_1^*)\cdots(\theta_0^*-\theta_d^*)} \\ &\quad = (-1)^d q^{-\frac{1}{2}d(d-1)}\frac{(r_1-s^*q)\cdots(r_1-s^*q^d)(r_2-s^*q)\cdots(r_2-s^*q^d)}{(s^*)^d(sq^2;\ q)_d(s^*q^2;\ q)_d}\end{aligned}$$

を得る．補題 6.71，補題 6.72 により定理が成り立つことがわかる． ∎

6.73［注意］

(1) $a\in\mathbb{C}$ に対して

$$(a)_i = \begin{cases} a(a+1)\cdots(a+i-1) & (i=1,2,\ldots) \\ 1 & (i=0) \end{cases}$$

とおく．超幾何級数 ${}_{r+1}F_r$ を

$${}_{r+1}F_r\left(\begin{matrix} a_1,\ldots,a_{r+1} \\ b_1,\ldots,b_r \end{matrix}\ ;\ x\right) = \sum_{i=0}^{\infty}\frac{(a_1)_i\cdots(a_{r+1})_i}{(b_1)_i\cdots(b_r)_i}\frac{x^i}{i!} \tag{6.260}$$

により定義する．${}_{r+1}\phi_r$ は ${}_{r+1}F_r$ の q 類似である．(6.259) は **Pfaff-Saalschütz 公式**

$${}_3F_2\left(\begin{matrix} a,b,-n \\ c,1+a+b-c-n \end{matrix}\ ;\ 1\right) = \frac{(c-a)_n(c-b)_n}{(c)_n(c-a-b)_n}, \quad (n=0,1,\ldots) \tag{6.261}$$

の q 類似である．

(2) 補題 6.72 の等式の右辺について

$$\frac{(r_1 - sq)\cdots(r_1 - sq^d)(r_2 - sq)\cdots(r_2 - sq^d)}{s^d}$$
$$= \frac{(r_1 - s^*q)\cdots(r_1 - s^*q^d)(r_2 - s^*q)\cdots(r_2 - s^*q^d)}{(s^*)^d}$$

が成り立つ.

証明 $r_1r_2 = ss^*q^{d+1}$ より

$$\frac{r_1r_2}{s} - (r_1q^{d-i+1} + r_2q^i) + sq^{d+1} = \frac{r_1r_2}{s^*} - (r_1q^{d-i+1} + r_2q^i) + s^*q^{d+1}$$

が成り立つ. したがって

$$\frac{(r_1 - sq^i)(r_2 - sq^{d-i+1})}{s} = \frac{(r_1 - s^*q^i)(r_2 - s^*q^{d-i+1})}{s^*}$$

が成り立ち, 求める式を得る. ∎

(3) 定理 6.70 の証明は, 本書では前述のように Pfaff-Saalschütz 公式の q 類似を用いた. 実は TD-対には Drinfeld 多項式と呼ばれるものが対応しており, その積公式の特別な場合として定理 6.70 が成り立っていることがわかっている [249]. したがって逆に, Pfaff-Saalschütz 公式およびその q 類似は定理 6.70 から導くことができる.

3.6 双対 AW-多項式系

$(A, A^*; \{V_i\}_{i=0}^d, \{V_i^*\}_{i=0}^d)$ を L-系としそのデータを $\{\theta_i\}_{i=0}^d$, $\{\theta_i^*\}_{i=0}^d$, $\{\lambda_i\}_{i=0}^{d-1}$ とする. 標準基底を $v_0, v_1, \ldots, v_d$, 双対標準基底を $v_0^*, v_1^*, \ldots, v_d^*$ とすると, 定数 b_{i-1}, a_i, c_{i+1}; $b_{i-1}^*, a_i^*, c_{i+1}^*$ $(0 \le i \le d)$ が存在して

$$Av_i = b_{i-1}v_{i-1} + a_iv_i + c_{i+1}v_{i+1} \qquad (0 \le i \le d), \tag{6.262}$$
$$A^*v_i^* = b_{i-1}^*v_{i-1}^* + a_i^*v_i^* + c_{i+1}^*v_{i+1}^* \qquad (0 \le i \le d) \tag{6.263}$$

が成り立つ. ただし $v_{-1} = v_{d+1} = 0$, $v_{-1}^* = v_{d+1}^* = 0$ とし b_{-1}, b_{-1}^* は不定元, $c_{d+1} = c_{d+1}^* = 1$ とする. ここで標準基底, 双対標準基底を選んでいるので

$$a_i + b_i + c_i = \theta_0, \tag{6.264}$$
$$a_i^* + b_i^* + c_i^* = \theta_0^* \tag{6.265}$$

が成り立っていることに注意する (定義 6.49 参照). ただし, $c_0 = c_0^* = 0$, $b_d = b_d^* = 0$

とする．i 次多項式 $v_i(x)$, $v_i^*(x)$ $(-1 \leq i \leq d+1)$ を $v_{-1}(x) = v_{-1}^*(x) = 0$, $v_0(x) = v_0^*(x) = 1$,

$$xv_i(x) = b_{i-1}v_{i-1}(x) + a_iv_i(x) + c_{i+1}v_{i+1}(x) \qquad (0 \leq i \leq d), \tag{6.266}$$

$$xv_i^*(x) = b_{i-1}^*v_{i-1}^*(x) + a_i^*v_i^*(x) + c_{i+1}^*v_{i+1}^*(x) \qquad (0 \leq i \leq d) \tag{6.267}$$

により定めると $\{v_i(x)\}_{i=0}^d$, $\{v_i^*(x)\}_{i=0}^d$ は双対直交多項式系となり（本章 1.4 小節の定理 6.22 参照），

$$c_1c_2\cdots c_dv_{d+1}(x) = (x-\theta_0)(x-\theta_1)\cdots(x-\theta_d), \tag{6.268}$$

$$c_1^*c_2^*\cdots c_d^*v_{d+1}^*(x) = (x-\theta_0^*)(x-\theta_1^*)\cdots(x-\theta_d^*) \tag{6.269}$$

が成り立つ（本章 1.4 小節の (6.78) 参照）．本小節ではまず次の二つの定理の証明を与える．

6.74［定理］

(1)

$$b_i = \lambda_i \frac{(\theta_i^* - \theta_{i-1}^*)\cdots(\theta_i^* - \theta_0^*)}{(\theta_{i+1}^* - \theta_i^*)\cdots(\theta_{i+1}^* - \theta_0^*)} \qquad (0 \leq i \leq d-1),$$

$$c_i = \hat{\lambda}_{i-1} \frac{(\theta_i^* - \theta_{i+1}^*)\cdots(\theta_i^* - \theta_d^*)}{(\theta_{i-1}^* - \theta_i^*)\cdots(\theta_{i-1}^* - \theta_d^*)} \qquad (1 \leq i \leq d).$$

ただし L-系 $(A, A^*; \{V_{d-i}\}_{i=0}^d, \{V_i^*\}_{i=0}^d)$ のデータを $\{\theta_{d-i}\}_{i=0}^d$, $\{\theta_i^*\}_{i=0}^d$, $\{\hat{\lambda}_i\}_{i=0}^{d-1}$ とする．また a_i $(0 \leq i \leq d)$ は (6.264) により求まる．

(2)

$$b_i^* = \lambda_i \frac{(\theta_i - \theta_{i-1})\cdots(\theta_i - \theta_0)}{(\theta_{i+1} - \theta_i)\cdots(\theta_{i+1} - \theta_0)} \qquad (0 \leq i \leq d-1),$$

$$c_i^* = \check{\lambda}_i \frac{(\theta_i - \theta_{i+1})\cdots(\theta_i - \theta_d)}{(\theta_{i-1} - \theta_i)\cdots(\theta_{i-1} - \theta_d)} \qquad (1 \leq i \leq d).$$

ただし L-系 $(A, A^*; \{V_i\}_{i=0}^d, \{V_{d-i}^*\}_{i=0}^d)$ のデータを $\{\theta_i\}_{i=0}^d$, $\{\theta_{d-i}^*\}_{i=0}^d$, $\{\check{\lambda}_i\}_{i=0}^{d-1}$ とする．また a_i^* $(0 \leq i \leq d)$ は (6.265) により求まる．

6.75［注意］

(1) 補題 6.54 (2) により $\check{\lambda}_i = \hat{\lambda}_{d-i-1}$ $(0 \leq i \leq d-1)$ である．

(2) L-系 $(A^*, A; \{V^*_{d-i}\}_{i=0}^d, \{V_i\}_{i=0}^d)$ のデータは $\{\theta^*_{d-i}\}_{i=0}^d$, $\{\theta_i\}_{i=0}^d$, $\{\check{\lambda}_i\}_{i=0}^{d-1}$ である（補題 6.54 (3) 参照).

6.76 ［定理］

(1)

$$\frac{v_i(x)}{k_i} = \sum_{j=0}^{i} \frac{(\theta^*_i - \theta^*_0)\cdots(\theta^*_i - \theta^*_{j-1})}{\lambda_0 \cdots \lambda_{j-1}}(x-\theta_0)\cdots(x-\theta_{j-1}), \quad (0 \le i \le d).$$

ただし $k_i = \dfrac{b_0 \cdots b_{i-1}}{c_1 \cdots c_i} \quad (0 \le i \le d)$.

(2)

$$\frac{v^*_i(x)}{k^*_i} = \sum_{j=0}^{i} \frac{(\theta_i - \theta_0)\cdots(\theta_i - \theta_{j-1})}{\lambda_0 \cdots \lambda_{j-1}}(x-\theta^*_0)\cdots(x-\theta^*_{j-1}), \quad (0 \le i \le d).$$

ただし $k^*_i = \dfrac{b^*_0 \cdots b^*_{i-1}}{c^*_1 \cdots c^*_i} \quad (0 \le i \le d)$.

これらの定理を証明した後に，これらの定理を用いて定数 b_i, c_i, b^*_i, c^*_i と多項式 $\frac{v_i(x)}{k_i}$, $\frac{v^*_i(x)}{k^*_i}$ を定理 6.58 と定理 6.66 の AW-パラメーターで表示する．(I) 型の場合，双対直交多項式系 $\{v_i(x)\}_{i=0}^d$, $\{v^*_i(x)\}_{i=0}^d$ は双対な AW-多項式系 (Askey-Wilson polynomials) となる．その他の場合は (I) 型の極限として得られる．

定理 6.74 の証明　(1) 標準基底 $v_0, v_1, \ldots, v_d$ を選んだので命題 6.50 より V_0 の零でないベクトル v が存在して

$$v_i = E^*_i v \in V^*_i \tag{6.270}$$

と書ける．ただし E^*_i は射影 $V = \bigoplus_{j=0}^d V^*_j \longrightarrow V^*_i$ であり次のように表される：

$$E^*_i = \frac{A^* - \theta^*_0}{\theta^*_i - \theta^*_0} \cdots \frac{A^* - \theta^*_{i-1}}{\theta^*_i - \theta^*_{i-1}} \frac{A^* - \theta^*_{i+1}}{\theta^*_i - \theta^*_{i+1}} \cdots \frac{A^* - \theta^*_d}{\theta^*_i - \theta^*_d}. \tag{6.271}$$

ここで L-系 $(A, A^*; \{V_{d-i}\}_{i=0}^d, \{V^*_i\}_{i=0}^d)$ を考え，そのウェイト空間分解を $V = \bigoplus_{i=0}^d \hat{U}_i$ とする：

$$\hat{U}_i = (V^*_0 + \cdots + V^*_i) \cap (V_{d-i} + \cdots + V_0).$$

ここで $V_0 = \hat{U}_d$ であることに注意する．$\hat{F}_i$ を射影 $V = \bigoplus_{j=0}^{d} \hat{U}_j \longrightarrow \hat{U}_i$ とすると

$$\hat{R} = A - \sum_{i=0}^{d} \theta_{d-i} \hat{F}_i, \quad \hat{L} = A^* - \sum_{i=0}^{d} \theta_i^* \hat{F}_i$$

はそれぞれ付随する昇射，降射であり

$$\hat{R}\hat{U}_i \subseteq \hat{U}_{i+1}, \quad \hat{L}\hat{U}_i \subseteq \hat{U}_{i-1} \quad (0 \leq i \leq d)$$

が成り立つ．ただし $\hat{U}_{-1} = \hat{U}_{d+1} = 0$ とする．$\hat{U}_0$ の零でないベクトル $\hat{u}_0$ を選び $\hat{u}_i = \hat{R}^i \hat{u}_0$ とおくと $\hat{u}_i \in \hat{U}_i$ であり，

$$\hat{L}\hat{u}_i = (A^* - \theta_i^*)\hat{u}_i = \hat{\lambda}_{i-1}\hat{u}_{i-1} \in \hat{U}_{i-1} \tag{6.272}$$

が成り立つ．$\hat{\lambda}_{i-1} \neq 0$ $(1 \leq i \leq d)$ であるから帰納的に $\hat{u}_i \neq 0$ $(0 \leq i \leq d)$ を得る．特に $\hat{u}_d \neq 0$ である．$\hat{U}_d = V_0$ であり $\dim(\hat{U}_d) = 1$ であるから，(6.270) において $v = \hat{u}_d$ として一般性を失わない．したがって (6.270), (6.271) および (6.272) より

$$v_i = E_i^* \hat{u}_d = \frac{A^* - \theta_0^*}{\theta_i^* - \theta_0^*} \cdots \frac{A^* - \theta_{i-1}^*}{\theta_i^* - \theta_{i-1}^*} \frac{\hat{\lambda}_i \cdots \hat{\lambda}_{d-1}}{(\theta_i^* - \theta_{i+1}^*) \cdots (\theta_i^* - \theta_d^*)} \hat{u}_i$$

を得る．ここで (6.272) より $j \neq i$ に対して

$$\frac{A^* - \theta_j^*}{\theta_i^* - \theta_j^*} \hat{u}_i = \hat{u}_i + \frac{\hat{\lambda}_{i-1}}{\theta_i^* - \theta_j^*} \hat{u}_{i-1}$$

が成り立つことに注意すれば

$$v_i - \frac{\hat{\lambda}_i \cdots \hat{\lambda}_{d-1}}{(\theta_i^* - \theta_{i+1}^*) \cdots (\theta_i^* - \theta_d^*)} \hat{u}_i \in \hat{U}_{i-1} + \cdots + \hat{U}_0 \tag{6.273}$$

を得る．ただし $i = d$ のときは $\frac{\hat{\lambda}_i \cdots \hat{\lambda}_{d-1}}{(\theta_i^* - \theta_{i+1}^*) \cdots (\theta_i^* - \theta_d^*)} = 1$ とする．

$$A\hat{u}_i = \hat{R}\hat{u}_i + \theta_{d-i}\hat{u}_i = \hat{u}_{i+1} + \theta_{d-i}\hat{u}_i$$

であるから (6.273) より

$$Av_i - \frac{\hat{\lambda}_i \cdots \hat{\lambda}_{d-1}}{(\theta_i^* - \theta_{i+1}^*) \cdots (\theta_i^* - \theta_d^*)} \hat{u}_{i+1} \in \hat{U}_i + \cdots + \hat{U}_0 \tag{6.274}$$

が成り立つことがわかる．一方 (6.262) の右辺の v_{i-1}, v_i, v_{i+1} に (6.273) をあてはめれば

$$Av_i - c_{i+1} \frac{\hat{\lambda}_{i+1} \cdots \hat{\lambda}_{d-1}}{(\theta_{i+1}^* - \theta_{i+2}^*) \cdots (\theta_{i+1}^* - \theta_d^*)} \hat{u}_{i+1} \in \hat{U}_i + \cdots + \hat{U}_0 \tag{6.275}$$

が成り立つ．(6.274) と (6.275) における $\hat{u}_{i+1}$ の係数を比較して

$$c_{i+1}=\hat{\lambda}_i\frac{(\theta^*_{i+1}-\theta^*_{i+2})\cdots(\theta^*_{i+1}-\theta^*_d)}{(\theta^*_i-\theta^*_{i+1})\cdots(\theta^*_i-\theta^*_d)}\quad(0\le i\le d-1)\tag{6.276}$$

を得る．ただし $i=d-1$ のときは $(\theta^*_{i+1}-\theta^*_{i+2})\cdots(\theta^*_{i+1}-\theta^*_d)=1$ とする．

次に L-系 $(A,A^*;\{V_i\}_{i=0}^d,\{V^*_{d-i}\}_{i=0}^d)$ を考えそのデータを $\{\theta_i\}_{i=0}^d$, $\{\theta^*_{d-i}\}_{i=0}^d$, $\{\check{\lambda}_i\}_{i=0}^{d-1}$ とする．V_0 の零でないベクトル v に対して $\check{v}_i=E^*_{d-i}v$ とおくと，$\check{v}_0,\check{v}_1,\ldots,\check{v}_d$ はこの L-系の標準基底である．

$$A\check{v}_i=\check{b}_{i-1}\check{v}_{i-1}+\check{a}_i\check{v}_i+\check{c}_{i+1}\check{v}_{i+1}\tag{6.277}$$

とおけば，(6.276) より

$$\check{c}_{i+1}=\tilde{\lambda}_i\frac{(\theta^*_{d-i-1}-\theta^*_{d-i-2})\cdots(\theta^*_{d-i-1}-\theta^*_0)}{(\theta^*_{d-i}-\theta^*_{d-i-1})\cdots(\theta^*_{d-i}-\theta^*_0)}\quad(0\le i\le d-1)\tag{6.278}$$

を得る．ただし $\tilde{\lambda}_i=\hat{\check{\lambda}}_i$ とする．すなわち L-系 $(A,A^*;\{V_{d-i}\}_{i=0}^d,\{V^*_{d-i}\}_{i=0}^d)$ のデータを $\{\theta_{d-i}\}_{i=0}^d$, $\{\theta^*_{d-i}\}_{i=0}^d$, $\{\tilde{\lambda}_i\}_{i=0}^{d-1}$ とする．しかるに (6.270) より $\check{v}_i=E^*_{d-i}v=v_{d-i}$ であるから (6.277) は

$$Av_{d-i}=\check{b}_{i-1}v_{d-i+1}+\check{a}_iv_{d-i}+\check{c}_{i+1}v_{d-i-1}$$

となり，(6.262) と比べると $\check{c}_{i+1}=b_{d-i-1}$ を得る．したがって (6.278)，および補題 6.54 (1) の $\tilde{\lambda}_i=\lambda_{d-i-1}$ より

$$b_{d-i-1}=\lambda_{d-i-1}\frac{(\theta^*_{d-i-1}-\theta^*_{d-i-2})\cdots(\theta^*_{d-i-1}-\theta^*_0)}{(\theta^*_{d-i}-\theta^*_{d-i-1})\cdots(\theta^*_{d-i}-\theta^*_0)}\quad(0\le i\le d-1)$$

を得る．

(2) L-系 $(A^*,A;\{V^*_i\}_{i=0}^d,\{V_i\}_{i=0}^d)$ を考える．補題 6.54 (3) によりこの L-系のデータは $\{\theta^*_i\}_{i=0}^d$, $\{\theta_i\}_{i=0}^d$, $\{\lambda_i\}_{i=0}^{d-1}$ である．一方，L-系 $(A^*,A;\{V^*_{d-i}\}_{i=0}^d,\{V_i\}_{i=0}^d)$ のデータは補題 6.54 (3) により $\{\theta^*_{d-i}\}_{i=0}^d$, $\{\theta_i\}_{i=0}^d$, $\{\check{\lambda}_i\}_{i=0}^{d-1}$ である．したがって θ_i と θ^*_i をとりかえ，$\hat{\lambda}_{i-1}$ を $\check{\lambda}_{i-1}$ にかえて，上に述べたこの定理の証明の前半部分 (1) を適用すれば，b^*_i, c^*_i を求める式が得られる．■

定理 6.76 を証明するために，命題を一つ準備する．$v_0,v_1,\ldots,v_d$ を標準基底，v^*_0, $v^*_1,\ldots,v^*_d$ を双対標準基底とし，$v_i(x)$, $v^*_i(x)$ を (6.262), (6.263) で定まる i 次の多項式とすると次の命題が成り立つ．

6.77 [命題]

(1) $v_i(A)v_0 = v_i \quad (0 \leq i \leq d)$,

(2) $v_i^*(A^*)v_0^* = v_i^* \quad (0 \leq i \leq d)$,

証明　(1) のみを示す．(2) も同様に示すことができる．(6.266) より

$$Av_i(A) = b_{i-1}v_{i-1}(A) + a_iv_i(A) + c_{i+1}v_{i+1}(A) \tag{6.279}$$

が成り立つ．まず，$v_{-1}(A) = 0$, $v_0(A) = I$（単位行列）であるので (1) は $i = -1, 0$ に対して成立する．次に (1) が $0 \leq i \leq k$ を満たす整数に対して成立していると仮定すると，(6.279) の両辺を標準基底のベクトル v_0 に作用させ $v_i(A)v_0 = v_i$ $(0 \leq i \leq k)$ を代入すると

$$Av_k = b_{k-1}v_{k-1} + a_kv_k + c_{k+1}v_{k+1}(A)v_0 \tag{6.280}$$

を得る．$c_{k+1} \neq 0$ であるので (6.262) と (6.280) より $v_{k+1}(A)v_0 = v_{k+1}$ を得る．■

定理 6.76 の証明　(1) i 次の多項式 $\frac{v_i(x)}{k_i}$ を

$$\frac{v_i(x)}{k_i} = \sum_{j=0}^{i} t_j(x-\theta_0)\cdots(x-\theta_{j-1}) \tag{6.281}$$

とおいて，係数 $t_j \in \mathbb{C}$ を求める．ただし $j = 0$ に対しては $(x-\theta_0)\cdots(x-\theta_{j-1}) = 1$ とする．命題 6.17 により $k_i = v_i(\theta_0)$ であるから

$$t_0 = \frac{v_i(\theta_0)}{k_i} = 1 \tag{6.282}$$

が成り立つ．ウェイト空間分解を $V = \bigoplus_{j=0}^{d} U_j$, $U_j = (V_0^* + \cdots + V_j^*) \cap (V_j + \cdots + V_d)$，$R$ を昇射とする．標準基底 $v_0, v_1, \ldots, v_d$ に対して $u_j = R^jv_0$ とおく．$v_0 \in V_0^* = U_0$ であるから $u_0 = v_0 \in U_0$,

$$u_j = R^jv_0 = (A-\theta_{j-1})\cdots(A-\theta_0)v_0 \in U_j$$

が成り立っている．したがって

$$\sum_{j=0}^{i} t_ju_j = \sum_{j=0}^{i} t_j(A-\theta_{j-1})\cdots(A-\theta_0)v_0$$

となるが，右辺は (6.281) により $\frac{v_i(A)}{k_i}v_0$ に等しい．したがって

$$\sum_{j=0}^{i} t_ju_j = \frac{v_i(A)}{k_i}v_0$$

が成り立つ．一方命題 6.77 より $v_i(A)v_0 = v_i$ であるので

$$\sum_{j=0}^{i} t_j u_j = \frac{1}{k_i} v_i \in V_i^*,$$

したがって

$$(A^* - \theta_i^*) \sum_{j=0}^{i} t_j u_j = 0 \tag{6.283}$$

が成り立つ．L を降射とすれば，$Lu_j = \lambda_{j-1} u_{j-1}$, $Lu_j = (A^* - \theta_j^*) u_j$ であるから

$$(A^* - \theta_i^*) u_j = \left(L + (\theta_j^* - \theta_i^*)\right) u_j = \lambda_{j-1} u_{j-1} + (\theta_j^* - \theta_i^*) u_j$$

である．したがって (6.283) より

$$\sum_{j=0}^{i} t_j \left(\lambda_{j-1} u_{j-1} + (\theta_j^* - \theta_i^*) u_j\right) = 0,$$

すなわち

$$\sum_{j=0}^{i} \left(\lambda_j t_{j+1} + (\theta_j^* - \theta_i^*) t_j\right) u_j = 0$$

が成り立つ．ただし $t_{i+1} = 0$ とする．したがって

$$\lambda_j t_{j+1} + (\theta_j^* - \theta_i^*) t_j = 0 \quad (0 \le j \le i-1)$$

を得る．ここで (6.282) より $t_0 = 1$ であるから

$$t_{j+1} = \frac{\theta_i^* - \theta_j^*}{\lambda_j} t_j = \frac{(\theta_i^* - \theta_j^*) \cdots (\theta_i^* - \theta_1^*)(\theta_i^* - \theta_0^*)}{\lambda_j \cdots \lambda_1 \lambda_0}$$

が成り立つ．

(2) L-系 $(A^*, A; \{V_i^*\}_{i=0}^d, \{V_i\}_{i=0}^d)$ のデータは補題 6.54 (3) より $\{\theta_i^*\}_{i=0}^d$, $\{\theta_i\}_{i=0}^d$, $\{\lambda_i\}_{i=0}^{d-1}$ であるから，この定理の (1) を用いれば $\frac{v_i^*(x)}{k_i^*}$ に対する式が直ちに得られる．

■

定理 6.22，命題 6.48 および命題 6.50 より双対多項式系と L-系は同一視できるから，L-系の分類（定理 6.66）および定理 6.76 より双対直交多項式系の分類が得られる．

以下，定理 6.74 の b_i, c_i, b_i^*, c_i^* および定理 6.76 の多項式 $\frac{v_i(x)}{k_i}$, $\frac{v_i^*(x)}{k_i^*}$ を，定理 6.58

の表の AW-パラメーター表示を用いて書き表す．b_0, b_0^*, c_d, c_d^* を特別扱いする場合があるのは $i = 0, d$ のときに b_i, b_i^*, c_i, c_i^* の一般公式の分子，分母に 0 が現れることがあるからである．このようなことが起こるのは，定理 6.74 においては，$i = 0$ のときには $(\theta_i^* - \theta_{i-1}^*)\cdots(\theta_i^* - \theta_0^*) = 1$, $(\theta_i - \theta_{i-1})\cdots(\theta_i - \theta_0) = 1$ とし，$i = d$ のときには $(\theta_i^* - \theta_{i+1}^*)\cdots(\theta_i^* - \theta_d^*) = 1$, $(\theta_i - \theta_{i+1})\cdots(\theta_i - \theta_d) = 1$ としているが，一般公式において $i = 0, d$ とおくと必ずしもそうならない場合があるからである．

下記の定理で与える表において ${}_{r+1}\phi_r$ は (6.258) の q-超幾何級数 (basic hypergeometric series) であり，${}_{r+1}F_r$ は (6.260) の超幾何級数である．また θ_i, θ_i^* は $\theta_i = \xi(i)$, $\theta_i^* = \xi^*(i)$ によって与えられる．ただし，(III) 型に対しては，i が偶数のとき $\theta_i = \xi(i)$, $\theta_i^* = \xi^*(i)$ であり，i が奇数のとき $\theta_i = \xi(-i-1-s)$, $\theta_i^* = \xi^*(-i-1-s^*)$ である．

6.78 ［定理］　$\{v_i(x)\}_{i=0}^d, \{v_i^*(x)\}_{i=0}^d$ を定義 6.20 の意味で双対直交多項式系とすると，これらは下記に与える表の多項式の組のいずれかと一致する．逆に，下記に与える表のどの多項式の組 $\{v_i(x)\}_{i=0}^d, \{v_i^*(x)\}_{i=0}^d$ も双対直交多項式系である．

(I)(1)

$$\frac{v_i(x)}{k_i} = {}_4\phi_3\left(\begin{matrix} q^{-i}, s^*q^{i+1}, q^{-y}, sq^{y+1} \\ q^{-d}, r_1 q, r_2 q \end{matrix} ; q,\ q\right) \quad (0 \le i \le d),$$

ここで

$$x = \xi(y) = \theta_0 + h\frac{1}{q^y}(1-q^y)(1-sq^{y+1}).$$

$$b_i = \frac{h(1-q^{i-d})(1-s^*q^{i+1})(1-r_1q^{i+1})(1-r_2q^{i+1})}{(1-s^*q^{2i+2})(1-s^*q^{2i+1})} \quad (1 \le i \le d-1),$$

$$b_0 = h(1-q^{-d})(1-r_1q)(1-r_2q)/(1-s^*q^2).$$

$s^* \ne 0$ のとき，

$$c_i = \frac{hq}{s^*}\frac{(1-q^i)(q^{-d-1}-s^*q^i)(r_1-s^*q^i)(r_2-s^*q^i)}{(1-s^*q^{2i})(1-s^*q^{2i+1})} \quad (1 \le i \le d-1),$$

$$c_d = h(1-q^d)(r_1-s^*q^d)(r_2-s^*q^d)/s^*q^d(1-s^*q^{2d}).$$

$s^* = 0$ のとき，

$$c_i = hq(1-q^i)(s-r_1q^{i-1-d}) \quad (1 \le i \le d).$$

(2)

$$\frac{v_i^*(x)}{k_i^*} = {}_4\phi_3\left(\begin{matrix} q^{-i}, sq^{i+1}, q^{-y}, s^*q^{y+1} \\ q^{-d}, r_1q, r_2q \end{matrix} ; q, q\right) \quad (0 \leq i \leq d),$$

ここで

$$x = \xi^*(y) = \theta_0^* + h^*\frac{1}{q^y}(1-q^y)(1-s^*q^{y+1}).$$

$$b_i^* = \frac{h^*(1-q^{i-d})(1-sq^{i+1})(1-r_1q^{i+1})(1-r_2q^{i+1})}{(1-sq^{2i+2})(1-sq^{2i+1})} \quad (1 \leq i \leq d-1),$$

$$b_0^* = h^*(1-q^{-d})(1-r_1q)(1-r_2q)/(1-sq^2).$$

$s \neq 0$ のとき,

$$c_i^* = \frac{h^*q}{s}\frac{(1-q^i)(q^{-d-1}-sq^i)(r_1-sq^i)(r_2-sq^i)}{(1-sq^{2i})(1-sq^{2i+1})} \quad (1 \leq i \leq d-1),$$

$$c_d^* = h^*(1-q^d)(r_1-sq^d)(r_2-sq^d)/sq^d(1-sq^{2d}).$$

$s = 0$ のとき,

$$c_i^* = h^*q(1-q^i)(s^*-r_1q^{i-1-d}) \quad (1 \leq i \leq d).$$

(IA)(a)

$$\frac{v_i(x)}{k_i} = {}_2\phi_1\left(\begin{matrix} q^{-i}, q^{-y}, \\ q^{-d} \end{matrix} ; q, \frac{hq^y}{r_1}\right) \quad (0 \leq i \leq d),$$

ここで

$$x = \xi(y) = \theta_0 - h(1-q^y).$$

$$b_i = -r_1q^{i+1}(1-q^{i-d}) \quad (0 \leq i \leq d-1),$$

$$c_i = (1-q^i)(h-r_1q^{i-d}) \quad (1 \leq i \leq d).$$

(b)

$$\frac{v_i^*(x)}{k_i^*} = {}_2\phi_1\left(\begin{matrix} q^{-i}, q^{-y}, \\ q^{-d} \end{matrix} ; q, \frac{hq^i}{r_1}\right) \quad (0 \leq i \leq d),$$

ここで

$$x = \xi^*(y) = \theta_0^* - h^*(1-q^{-y}).$$

$$b_i^* = \frac{h^* r_1}{h} q^{-2i}(1-q^{i-d}) \quad (0 \le i \le d-1),$$
$$c_i^* = h^* q^{-2i}(1-q^i)\left(\frac{qr_1}{h} - q^i\right) \quad (1 \le i \le d).$$

(II)(a)

$$\frac{v_i(x)}{k_i} = {}_4F_3\left(\begin{matrix} -i, i+1+s^*, -y, y+1+s \\ -d, r_1+1, r_2+1 \end{matrix} ; 1\right) \quad (0 \le i \le d),$$

ここで

$$x = \xi(y) = \theta_0 + hy(y+1+s).$$
$$b_i = \frac{h(i-d)(i+1+s^*)(i+1+r_1)(i+1+r_2)}{(2i+2+s^*)(2i+1+s^*)} \quad (1 \le i \le d-1),$$
$$b_0 = -hd(1+r_1)(1+r_2)/(2+s^*).$$
$$c_i = \frac{hi(i+s^*+d+1)(i+s^*-r_1)(i+s^*-r_2)}{(2i+s^*)(2i+1+s^*)} \quad (1 \le i \le d-1),$$
$$c_d = hd(d+s^*-r_1)(d+s^*-r_2)/(2d+s^*).$$

(b)

$$\frac{v_i^*(x)}{k_i^*} = {}_4F_3\left(\begin{matrix} -i, i+1+s, -y, y+1+s^* \\ -d, r_1+1, r_2+1 \end{matrix} ; 1\right) \quad (0 \le i \le d),$$

ここで

$$x = \xi^*(y) = \theta_0^* + h^* y(y+1+s^*).$$
$$b_i^* = \frac{h^*(i-d)(i+1+s)(i+1+r_1)(i+1+r_2)}{(2i+2+s)(2i+1+s)} \quad (1 \le i \le d-1),$$
$$b_0^* = -h^* d(1+r_1)(1+r_2)/(2+s).$$
$$c_i^* = \frac{h^* i(i+s+d+1)(i+s-r_1)(i+s-r_2)}{(2i+s)(2i+1+s)} \quad (1 \le i \le d-1),$$
$$c_d^* = h^* d(d+s-r_1)(d+s-r_2)/(2d+s).$$

(IIA)(a)

$$\frac{v_i(x)}{k_i} = {}_3F_2\left(\begin{matrix} -i, -y, y+1+s \\ -d, r_1+1 \end{matrix} ; 1\right) \quad (0 \le i \le d),$$

ここで

$$x = \xi(y) = \theta_0 + hy(y+1+s).$$

$$b_i = h(i-d)(i+1+r_1) \quad (0 \le i \le d-1),$$
$$c_i = hi(i+r_1-s-d-1) \quad (1 \le i \le d).$$

(b)

$$\frac{v_i^*(x)}{k_i^*} = {}_3F_2\left(\begin{matrix} -i, i+1+s, -y \\ -d, r_1+1 \end{matrix} ; 1\right) \quad (0 \le i \le d),$$

ここで

$$x = \xi^*(y) = \theta_0^* + h^*y.$$
$$b_i^* = \frac{h^*(i-d)(i+1+s)(i+1+r_1)}{(2i+2+s)(2i+1+s)} \quad (1 \le i \le d-1),$$
$$b_0^* = -h^*d(1+r_1)/(2+s).$$
$$c_i^* = -\frac{h^*i(i+s+d+1)(i+s-r_1)}{(2i+s)(2i+1+s)} \quad (1 \le i \le d-1),$$
$$c_d^* = -h^*d(d+s-r_1)/(2d+s).$$

(IIB)(a)

$$\frac{v_i(x)}{k_i} = {}_3F_2\left(\begin{matrix} -i, i+1+s^*, -y \\ -d, r_1+1 \end{matrix} ; 1\right) \quad (0 \le i \le d),$$

ここで

$$x = \xi(y) = \theta_0 + hy.$$
$$b_i = \frac{h(i-d)(i+1+s^*)(i+1+r_1)}{(2i+2+s^*)(2i+1+s^*)} \quad (1 \le i \le d-1),$$
$$b_0 = -hd(1+r_1)/(2+s^*).$$
$$c_i = -\frac{hi(i+s^*+d+1)(i+s^*-r_1)}{(2i+s^*)(2i+1+s^*)} \quad (1 \le i \le d-1),$$
$$c_d = -hd(d+s^*-r_1)/(2d+s^*).$$

(b)

$$\frac{v_i^*(x)}{k_i^*} = {}_3F_2\left(\begin{matrix} -i, -y, y+1+s^* \\ -d, r_1+1 \end{matrix} ; 1\right) \quad (0 \le i \le d),$$

ここで

$$x = \xi^*(y) = \theta_0^* + h^*y(y+1+s^*).$$

$$b_i^* = h^*(i-d)(i+1+r_1) \quad (0 \le i \le d-1),$$
$$c_i^* = h^* i(i+r_1-s^*-d-1) \quad (1 \le i \le d).$$

(IIC)(a)

$$\frac{v_i(x)}{k_i} = {}_2F_1\left(\begin{matrix} -i, -y \\ -d \end{matrix} ; \frac{hh^*}{r}\right) \quad (0 \le i \le d),$$

ここで

$$x = \xi(y) = \theta_0 + hy.$$
$$b_i = \frac{r}{h^*}(i-d) \quad (0 \le i \le d-1),$$
$$c_i = \frac{r-hh^*}{h^*} i \quad (1 \le i \le d).$$

(b)

$$\frac{v_i^*(x)}{k_i^*} = {}_2F_1\left(\begin{matrix} -i, -y \\ -d \end{matrix} ; \frac{hh^*}{r}\right) \quad (0 \le i \le d),$$

ここで

$$x = \xi^*(y) = \theta_0^* + h^* y.$$
$$b_i^* = \frac{r}{h}(i-d) \quad (0 \le i \le d-1),$$
$$c_i^* = \frac{r-hh^*}{h} i \quad (1 \le i \le d).$$

(III) 実数 t に対して，t を超えない最大の整数を $\lfloor t \rfloor$ で表す．すなわち $\lfloor t \rfloor = j$ は $j \le t < j+1$ を満たす整数である．また整数 j に対して j が偶数のとき $\varepsilon(j)=1$，j が奇数のとき $\varepsilon(j)=0$ と定義する．

(a)

$$\begin{aligned}\frac{v_i(x)}{k_i} = {}&{}_4F_3\left(\begin{matrix} -\lfloor \frac{i}{2} \rfloor, \lfloor \frac{i+2}{2} \rfloor + \frac{s^*}{2}, -\frac{y}{2}, \frac{y+2+s}{2} \\ -\lfloor \frac{d}{2} \rfloor, \frac{1+r_1}{2}, \frac{\varepsilon(d)+1+r_2}{2} \end{matrix} ; 1\right) \\ &+ (-1)^{i-d} \frac{i^{\varepsilon(i)}(i+1+s^*)^{\varepsilon(i+1)}}{d^{\varepsilon(d)}(1+r_2)^{\varepsilon(d+1)}} \frac{y}{1+r_1} \\ &\times {}_4F_3\left(\begin{matrix} -\lfloor \frac{i-1}{2} \rfloor, \lfloor \frac{i+3}{2} \rfloor + \frac{s^*}{2}, \frac{2-y}{2}, \frac{y+2+s}{2} \\ -\lfloor \frac{d-1}{2} \rfloor, \frac{3+r_1}{2}, \frac{-\varepsilon(d)+3+r_2}{2} \end{matrix} ; 1\right) \\ &\qquad (0 \le i \le d),\end{aligned}$$

ただし

$$x = \xi(y) = \theta_0 + 2hy.$$

$$b_i = \frac{2h(i-d)^{\varepsilon(i-d)}(i+1+s^*)^{\varepsilon(i+1)}(i+1+r_1)^{\varepsilon(i)}(i+1+r_2)^{\varepsilon(i-d+1)}}{2i+2+s^*} \quad (0 \le i \le d-1),$$

$$c_i = \frac{-2hi^{\varepsilon(i)}(i+s^*+d+1)^{\varepsilon(i-d+1)}(i+s^*-r_1)^{\varepsilon(i+1)}(i+s^*-r_2)^{\varepsilon(i-d)}}{2i+s^*} \quad (1 \le i \le d).$$

(b)

$$\begin{aligned}\frac{v_i^*(x)}{k_i^*} &= {}_4F_3\left(\begin{matrix} -\lfloor \frac{i}{2} \rfloor, \lfloor \frac{i+2}{2} \rfloor + \frac{s}{2}, -\frac{y}{2}, \frac{y+2+s^*}{2} \\ -\lfloor \frac{d}{2} \rfloor, \frac{1+r_1}{2}, \frac{\varepsilon(d)+1+r_2}{2} \end{matrix} ; 1\right) \\ &\quad + (-1)^{i-d} \frac{i^{\varepsilon(i)}(i+1+s)^{\varepsilon(i+1)}}{d^{\varepsilon(d)}(1+r_2)^{\varepsilon(d+1)}} \frac{y}{1+r_1} \\ &\quad \times {}_4F_3\left(\begin{matrix} -\lfloor \frac{i-1}{2} \rfloor, \lfloor \frac{i+3}{2} \rfloor + \frac{s}{2}, \frac{2-y}{2}, \frac{y+2+s^*}{2} \\ -\lfloor \frac{d-1}{2} \rfloor, \frac{3+r_1}{2}, \frac{-\varepsilon(d)+3+r_2}{2} \end{matrix} ; 1\right) \quad (0 \le i \le d),\end{aligned}$$

ただし

$$x = \xi^*(y) = \theta_0^* + 2h^*y.$$

$$b_i^* = \frac{2h^*(i-d)^{\varepsilon(i-d)}(i+1+s)^{\varepsilon(i+1)}(i+1+r_1)^{\varepsilon(i)}(i+1+r_2)^{\varepsilon(i-d+1)}}{2i+2+s} \quad (0 \le i \le d-1),$$

$$c_i^* = \frac{-2h^*i^{\varepsilon(i)}(i+s+d+1)^{\varepsilon(i-d+1)}(i+s-r_1)^{\varepsilon(i+1)}(i+s-r_2)^{\varepsilon(i-d)}}{2i+s} \quad (1 \le i \le d).$$

6.79 [注意]

(1) (I) 型の $\{v_i(x)\}_{i=0}^{d}$, $\{v_i^*(x)\}_{i=0}^{d}$ を双対 AW-多項式系と呼ぶ. $v_i(x)$, $v_i^*(x)$ を AW-多項式 (Askey-Wilson polynomial) と呼ぶ.

(2) AW-パラメーターは極限型の場合に記号を [58] で用いたものとは若干変えてある. 現表記法における $\theta_0, \theta_0^*, h, h^*$ を**アフィン・パラメーター (affine parameter)** と呼ぶ. A, A^* が L-対のとき, $h^{-1}(A-\theta_0), (h^*)^{-1}(A^*-\theta_0^*)$ も L-対となるから, 一般の L-対は $\theta_0 = \theta_0^* = 0$, $h = h^* = 1$ なる L-対にアフィン変換 (affine transformation) を施して得られることに注意する. また (III) 型の AW-パラメーターの記号も, 他の極限型の記号との比較がしやすくなるように [58] で用いたものを修正してある.

4. 既知の P-かつ Q-多項式スキーム

本節では既知の P-かつ Q-多項式スキーム $\mathfrak{X} = (X, \{R_i\}_{0\le i\le d})$ の中で**直径 d が十分大きな**ものの表を与える. パラメーターは主 T-加群に対するものであり, AW-パラメーターを用いる. $\mathfrak{X}$ の交叉数 $p_{i,j}^k$ および Krein 数 $q_{i,j}^k$ は $\mathfrak{X}$ の主 T-加群により決定されることに注意する (命題 2.43). また, $\mathfrak{X}$ の主 T-加群は L-対により記述でき (命題 2.43), L-対は双対直交多項式系により与えられる (注意 6.23). したがって定理 6.78 の双対直交多項式系に定理 6.58 の AW-パラメーターを代入することにより, $\mathfrak{X}$ の第 1 固有行列 $P = (v_j(\theta_i))$, 第 2 固有行列 $Q = (v_j^*(\theta_i^*))$ および $b_i = p_{1,i+1}^i$, $a_i = p_{1,i}^i$, $c_i = p_{1,i-1}^i$, $b_i^* = q_{1,i+1}^i$, $a_i^* = q_{1,i}^i$, $c_i^* = q_{1,i-1}^i$ が求まるのである.

アソシエーションスキームが与えられたとき, それが P-多項式であるかどうかを調べるのは比較的容易である. なぜなら本章 1.1 小節で論じたように関係 R_1 が距離正則グラフを定めるかどうかを調べればよいからである. 与えられた P-多項式スキームが Q-多項式スキームとなるかどうかは次の命題より判定できる.

6.80 [命題]　交叉数 $b_i = p_{1,i+1}^i$, $a_i = p_{1,i}^i$, $c_i = p_{1,i-1}^i$ を持つ P-多項式スキームが Q-多項式スキームとなるためには, b_i, c_i が定理 6.78 の AW-パラメーター表示を持つことが必要十分である.

証明　P-かつ Q-多項式スキームであれば, 定理 6.78 により b_i, c_i は AW-パラメーター表示を持つ. 逆に P-多項式スキームの b_i, c_i が定理 6.78 の AW-パラメーター表示を持つと仮定する. この AW-パラメーターを用いて形式的に定理 6.78 に従って b_i^*, c_i^*

を定める．すると行和一定の既約3重対角行列 B, B^* が定まり，双対直交多項式系 $\{v_i(x)\}_{i=0}^d$, $\{v_i^*(x)\}_{i=0}^d$ が定まる．ここで定理 6.78 の記号を踏襲して $P=(v_j(\theta_i))$, $Q=(v_j^*(\theta_i^*))$ とおくと $PQ=QP=nI$ が成立する．一方，初めに与えられている P-多項式スキームの交叉数行列は ${}^tB$ と一致し，$A_j=v_j(A_1)$ により第1固有行列は $P=(v_j(\theta_i))$ で与えられる．第2固有行列を Q' とすると，$PQ'=Q'P=nI$ であるから $Q'=Q=(v_j^*(\theta_i^*))$ を得る．このことはアソシエーションスキームが Q-多項式スキームの順序を持つことを意味する．AW-パラメーターによる固有値 θ_i 達の表示が原始ベキ等元 E_i 達の順序を定め，この順序に関して Q-多項式スキームとなるのである． ∎

6.81［注意］　b_i, c_i が定理 6.78 の AW-パラメーターを持つ場合に，直径 d が十分大きいとしてもパラメーターが一意的に定まらずに2種類の AW-パラメーター表示を持つことがある（n 角形でなければ，3種類以上になることはない）．このときは，命題 6.80 の証明からもわかるように Q-多項式の順序を2種類持つことになる．

ここで距離正則グラフの b_i, c_i からどのようにして AW-パラメーターが決まるかを (I) 型を例にとって具体的に見ておく．まず b_i が次に与える (I) 型の AW-パラメーター表示（定理 6.78）

$$b_i=\frac{h(1-q^{i-d})(1-s^*q^{i+1})(1-r_1q^{i+1})(1-r_2q^{i+1})}{(1-s^*q^{2i+2})(1-s^*q^{2i+1})} \qquad (1\le i\le d-1),$$

$$b_0=h(1-q^{-d})(1-r_1q)(1-r_2q)/(1-s^*q^2)$$

を持つことを確かめる．（パラメーター q, r_1, r_2, s^*, h が決まる．）このパラメーターに関して c_i が (I) 型の AW-パラメーター表示と一致することを確かめる．$s^*=0$ のときは c_i のパラメーター表示から s が定まり，$s^*\neq 0$ のときは $r_1r_2=ss^*q^{d+1}$ より s が定まる．この時点で，Q-多項式スキームになることが命題 6.80 によりわかる．次に P-多項式スキームの性質 $c_1=1$, $b_0=k_1=\theta_0$ および Q-多項式スキームの性質 $c_1^*=1$, $b_0^*=m_1=\theta_0^*$ を用いてアフィンパラメーター $h, h^*, \theta_0, \theta_0^*$ を次のようにして決める．h はすでに得られている．h^* は c_i^* の AW-パラメーター表示において $c_1^*=1$ とおけば求まる．以上で b_i^*, c_i^* が具体的に求まったことになる．残りの θ_0, θ_0^* は $\theta_0=b_0$, $\theta_0^*=b_0^*$ により定まる．

P-かつ Q-多項式スキームの表はコアになる部分（中核部分）とコアから派生する部分に分けて表示する．さらにコアからの派生の仕方は次の四つの場合に分けてある：

(a) 非原始的な場合，
(b) 第 2 の P または Q-多項式順序を持つ場合，
(c) extended bipartite double またはフュージョンスキームを持つ場合，
(d) パラメーターは同じだが非同型なものがある場合．

コアに属する P-かつ Q-多項式スキームは 4.1 小節で扱い，そこから派生する P-かつ Q-多項式スキームについては 4.2 小節で解説する．(d) に関わる問題として，パラメーターによる特徴付けという古くからある重要な問題がある．この問題についても 4.2 小節で触れる．最後に 4.3 小節で既約 T-加群の研究の現状について述べる．

表の記述に入る前に，以上に述べたことと重複する部分も込めて表の見方をまとめておく．各々の P-かつ Q-多項式スキーム $\mathfrak{X} = (X, \{R_l\}_{0 \le i \le d})$ の P-多項式の関係の順序は特に断らない限り $R_0, R_1, \ldots, R_d$ である．関係 R_1 に関する距離正則グラフの $b_i = p^i_{1,i+1}$，$c_i = p^i_{1,i-1}$ をまず記載する．関係 R_i はこの距離正則グラフの距離 i の関係と一致する．第 2 の P-多項式順序を持つことが稀にある（n-角形の場合を除いて第 3 の順序を持つことはない）．第 2 の P-多項式順序は 4.2 小節で扱う．

次に AW-パラメーターを型とともに記載する（定理 6.58）．AW-パラメーター表示は，命題 6.80 の証明で見たように Q-多項式順序を定める．AW-パラメーターの順序が一意的に定まらず第 2 の Q-多項式順序を持つことが稀にある（注意 6.81）．第 2 の Q-多項式順序は 4.2 小節で扱う．

表の最後にその他のパラメーターとして次にあげるものを記載する：

θ_i：交叉数行列 B_1 の固有値，Q-多項式順序に対応する．

θ^*_i：双対交叉数行列 B^*_1 の固有値，P-多項式順序に対応する．

$\lambda_i, \hat{\lambda}_i$：プレ L-対のデータ（定理 6.58）．

b^*_i, c^*_i：双対交叉数行列 B^*_1 の成分，$b^*_i = q^i_{1,i+1}$，$c^*_i = q^i_{1,i-1}$．

k_i：交叉数行列 B_1 の次数，$k_i = b_0 b_1 \cdots b_{i-1}/c_1 c_2 \cdots c_i$．

m_i：固有値 θ_i の重複度，双対交叉数行列 B^*_1 の次数 k^*_i に一致する．

$k^*_i = b^*_0 b^*_1 \cdots b^*_{i-1}/c^*_1 c^*_2 \cdots c^*_i$（命題 6.21）．

なお 2 項係数とその q-類似をそれぞれ $\binom{n}{i}$ および $\binom{n}{i}_q$ で表す：

$$\binom{n}{i} = \frac{n(n-1)\cdots(n-i+1)}{i(i-1)\cdots 1},$$
$$\binom{n}{i}_q = \frac{(q^n-1)(q^{n-1}-1)\cdots(q^{n-i+1}-1)}{(q^i-1)(q^{i-1}-1)\cdots(q-1)}.$$

またアソシエーションスキーム $\mathfrak{X} = (X, \{R_i\}_{0 \le i \le d})$ の自己同型とは X の置換で各関係 R_i を保つものを言い，自己同型の全体を $\mathrm{Aut}(\mathfrak{X})$ で表す．$\mathfrak{X}$ が P-多項式スキームのときは $\mathrm{Aut}(\mathfrak{X})$ は関係 R_1 から定まる距離正則グラフの自己同型の全体と一致する．

P-かつ Q-多項式スキームが (I) 型で $s = s^* = r_2 = 0$ の場合は，**形式的に自己双対な古典的パラメーター (formally self-dual classical parameters)** を持つという．この場合は，$b_i = b_i^*$, $c_i = c_i^*$, $h = h^*$, $\theta_0 = \theta_0^*$ が成り立っていることに注意する．ちなみに古典的なパラメーターとは (I) 型の AW-パラメーターで $s^* = 0$ を満たすものを言うのであった（注意 6.45 (3)）．既知の P-かつ Q-多項式スキームにおいては (I) 型の場合，n 角形を除けば古典的パラメーターを持ち，さらに既約 T-加群に non-thin なもの（すなわち，TD-対ではあるが L-対ではないもの）が現れるならば，Twisted Grassmann Scheme の場合を除いて，形式的に自己双対な古典的パラメーターを持つ（実は代数的な形式的双対性を持つだけではなく，幾何学的な双対性を持つ）．この点については 4.1 小節でもう一度触れる．

最後に (a)～(d) の派生するものの説明に際して，用いる記号をここで与えておく．非原始的なものの中で $R_0 \cup R_d$ が同値関係になる $\mathfrak{X}$ は**対蹠的 (antipodal)** と呼ばれる．このとき $R_0 \cup R_d$ に関してできる商スキームは $\mathfrak{X}$ の**対蹠商 (antipodal quotient)** と呼ばれる．対蹠的な $\mathfrak{X}$ の対蹠商を $\overline{\mathfrak{X}}$ で表すことにする．また P-多項式スキーム $\mathfrak{X}$ の関係 R_1 に関する距離正則グラフが **2 部グラフ (bipartite graph)** となるときに **2 部的 (bipartite)** であると言うことにする．2 部グラフも非原始的である．その**半截 (bipartite half)** の作るアソシエーションスキームを $\frac{1}{2}\mathfrak{X}$ で表すことにする．P-かつ Q-多項式スキーム $\mathfrak{X}$ の $\overline{\mathfrak{X}}$ と $\frac{1}{2}\mathfrak{X}$ は，また P-かつ Q-多項式スキームとなることに注意する（本章 1.3 小節参照）．

4.1　コアとなる P-かつ Q-多項式スキーム

本小節では既知の P-かつ Q-多項式スキーム $\mathfrak{X} = (X, \{R_i\}_{0 \le i \le d})$ のうちコアとなるものの表を与える．コアは二つの系列に分けた．形式的に自己双対な古典的パラメーターを持つものを第 2 系列とし，それ以外のものを第 1 系列とした．第 1 系列および第 2 系列にまとめた P-かつ Q-多項式スキーム $\mathfrak{X}$ は例外を除けばほとんどの場合に自己同型群 $\mathrm{Aut}(\mathfrak{X})$ が各関係 R_i 上に可移に働いている（したがって関係 R_1 の定めるグラフは距離可移グラフ (DTG) である）．表には距離可移に働く群を記載したが，一般には $\mathrm{Aut}(\mathfrak{X})$ はそれよりやや大きくなる場合がある．ここではこの点にはいちいち触れない．詳しいことは [110] を参照されたい．

第 2 系列に属するものは，X 自身がアーベル群の構造を持ち $\mathrm{Aut}(\mathfrak{X})$ の部分群とし

て X 上に正則に作用する．このことは，アーベル群 X の指標群 $\hat{X}$ 上にアソシエーションスキームの構造が入り（$\hat{X}$ は Schur ring となる），その $\hat{X}$ 上のアソシエーションスキームの第1固有行列は $\mathfrak{X}$ の第2固有行列と一致することを意味する．第2系列においては，$\mathfrak{X}$ の第2固有行列と第1固有行列は一致しているので，（X と $\hat{X}$ の群としての同型対応を通して）$\hat{X}$ 上のアソシエーションスキームは $\mathfrak{X}$ と同型となる．この点についての詳細は [58] を参照のこと．

このようにして第2系列にまとめたアソシエーションスキームは，形式的な双対性を持っているだけではなく，実際に双対性を持つのである．Delsarte 理論におけるコードとデザインの双対性は，一般には代数的に形式的に成立しているのであるが，第2系列にまとめた P-かつ Q-多項式スキームにおいてはコードはデザインとみなすことができ逆にデザインはコードとみなすことができるという意味での幾何的な双対性が成立しているのである．

第1系列にまとめた P-かつ Q-多項式スキームは既約 T-加群がすべて thin である（L-対で記述できる）という際立った特徴を持つ．この点については 4.3 節でもう一度触れる．

以下，表の記述に入る．

第1系列　(i)　ジョンソンスキーム (Johnson scheme) $J(v,d)$**,** $1 \leq d \leq \frac{v}{2}$**.**

V を v 個の元からなる集合とし $X = \binom{V}{d}$ を V の d 元部分集合全体の全体とする．ただし $1 \leq d \leq \frac{v}{2}$ を仮定しておく．X 上の関係 R_i を

$$(x,y) \in R_i \Longleftrightarrow |x \cap y| = d - i$$

により定義する（第2章 10.3 小節参照）．対称群 S_v が各 R_i 上に可移に働く．R_0, $R_1, \ldots, R_d$ はアソシエーションスキーム $J(v,d) = (X, \{R_i\}_{0 \leq i \leq d})$ の P-多項式順序を与える．関係 R_1 の定める距離正則グラフの $b_i = p^i_{1,i+1}$, $c_i = p^i_{1,i-1}$ は

$$b_i = (d-i)(v-d-i), \quad 0 \leq i \leq d-1,$$
$$c_i = i^2, \quad 1 \leq i \leq d$$

で与えられる．$J(v,d)$ は Q-多項式スキームでもあり，次の AW-パラメーターを持つ．

$$\Lambda_{\mathrm{IIA}} = (r_1, -, s, -;\ h, h^*, \theta_0, \theta^*_0 \mid d):$$
$$r_1 = -v + d - 1, \quad s = -v - 2;$$
$$h = 1, \quad h^* = -v(v-1)/d(v-d);$$

$$\theta_0 = d(v-d), \quad \theta_0^* = v-1.$$

このとき他のパラメーターは以下の通りである.

$$\begin{aligned}
\theta_i &= d(v-d) + i(i-v-1), \quad 0 \le i \le d, \\
\theta_i^* &= (v-1)\left(1 - \frac{v}{d(v-d)} i\right), \quad 0 \le i \le d, \\
\lambda_i &= -\frac{v(v-1)}{d(v-d)}(i+1)(i-d)(i-v+d), \quad 0 \le i \le d-1, \\
\hat{\lambda}_i &= -\frac{v(v-1)}{d(v-d)}(i+1)^2(i-d), \quad 0 \le i \le d-1, \\
b_i^* &= \frac{v(v-1)}{d(v-d)} \frac{(d-i)(v+1-i)(v-d-i)}{(v-2i)(v+1-2i)}, \quad 0 \le i \le d-1, \\
c_i^* &= \frac{v(v-1)}{d(v-d)} \frac{i(d+1-i)(v+1-d-i)}{(v+2-2i)(v+1-2i)}, \quad 1 \le i \le d, \\
k_i &= \binom{d}{i}\binom{v-d}{i}, \quad 0 \le i \le d, \\
m_i &= \frac{v+1-2i}{v+1-i}\binom{v}{i} = \binom{v}{i} - \binom{v}{i-1}, \quad 0 \le i \le d.
\end{aligned}$$

(a) $v = 2d$ のとき $J(v,d)$ は非原始的, 対蹠的 (antipodal) である.

(b) $v = 2d+1$ のとき $J(v,d)$ は第 2 の P-多項式順序 $R_0, R_d, R_1, R_{d-1}, R_2, R_{d-2}, \ldots$ を持つ. R_d に関する距離正則グラフは Odd グラフ O_{d+1} である.

(ii) q-ジョンソンスキーム (q-Johnson scheme) $J_q(v,d)$, $1 \le d \le \frac{v}{2}$.

グラスマンスキーム (Grassmann scheme) とも呼ばれる.

V を有限体 $\mathbb{F}_q$ 上の v 次元ベクトル空間とし, $X = \binom{V}{d}_q$ を V の d 次元部分空間全体のなす集合とする. $1 \le d \le \frac{v}{2}$ を仮定しておく. X 上の関係 R_i を

$$(x,y) \in R_i \iff \dim(x \cap y) = d-i$$

により定義する. 射影一般半線形群 (full projective collineation group) $P\Gamma L(v,q)$ が各 R_i 上に可移に働く. $R_0, R_1, \ldots, R_d$ はアソシエーションスキーム $J_q(v,d) = (X, \{R_i\}_{0 \le i \le d})$ の P-多項式順序を与えている. 関係 R_1 の定める距離正則グラフの $b_i = p^i_{1,i+1}$, $c_i = p^i_{1,i-1}$ は

$$\begin{aligned}
b_i &= q^{2i+1}(q^{d-i}-1)(q^{v-d-i}-1)/(q-1)^2, \quad 0 \le i \le d-1, \\
c_i &= (q^i-1)^2/(q-1)^2, \quad 1 \le i \le d
\end{aligned}$$

で与えられる．$J_q(v,d)$ は Q-多項式スキームでもあり，次の AW-パラメーターを持つ．

$$\begin{aligned}
&\Lambda_{\mathrm{I}} = (r_1, r_2, s, s^*;\ h, h^*, \theta_0, \theta_0^* \mid q, d):\\
&r_1 = q^{-v+d-1}, \quad r_2 = 0, \quad s = q^{-v-2}, \quad s^* = 0;\\
&h = q^{v+1}/(q-1)^2,\\
&h^* = q(q^v - 1)(q^{v-1}-1)/(q-1)(q^{v-d}-1)(q^d-1);\\
&\theta_0 = q(q^{v-d}-1)(q^d-1)/(q-1)^2, \quad \theta_0^* = q(q^{v-1}-1)/(q-1).
\end{aligned}$$

このとき他のパラメーターは以下の通りである．

$$\begin{aligned}
\theta_i &= \frac{1}{(q-1)^2}\left(q(q^{v-d}-1)(q^d-1) - (q^i-1)(q^{v+1-i}-1)\right),\\
&\qquad\qquad\qquad\qquad\qquad\qquad 0 \le i \le d,\\
\theta_i^* &= h^*\left(\frac{(q^{v-d}-1)(q^d-1)}{q^v-1} - 1 + q^{-i}\right), \quad 0 \le i \le d,\\
\lambda_i &= hh^* q^{-v-1}(1-q^{i+1})(q^{d-i}-1)(q^{v-d-i}-1), \quad 0 \le i \le d-1,\\
\hat{\lambda}_i &= hh^* q^{-i-v-2}(q^{i+1}-1)^2(q^{d-i}-1), \quad 0 \le i \le d-1,\\
b_i^* &= h^*\frac{(q^{d-i}-1)(q^{v+1-i}-1)(q^{v-d-i}-1)}{q^i(q^{v-2i}-1)(q^{v+1-2i}-1)}, \quad 0 \le i \le d-1,\\
c_i^* &= h^*\frac{(q^i-1)(q^{v-d+1-i}-1)(q^{d+1-i}-1)}{q^i(q^{v+2-2i}-1)(q^{v+1-2i}-1)}, \quad 1 \le i \le d,\\
k_i &= q^{i^2}\binom{d}{i}_q\binom{v-d}{i}_q, \quad 0 \le i \le d,\\
m_i &= q^i\frac{q^{v+1-2i}-1}{q^{v+1-i}-1}\binom{v}{i}_q = \binom{v}{i}_q - \binom{v}{i-1}_q, \quad 0 \le i \le d.
\end{aligned}$$

q-ジョンソンスキーム $J_q(v,d)$ はジョンソンスキーム $J(v,d)$ の q-類似であり，(ii) の冒頭にも記載したようにグラスマンスキームとも呼ばれる．次にあげる (iii) の例と対比して $A_{v-1}(q)$ 型と呼ばれることもある．

(d) $J_q(2d+1,d)$ と同じパラメーターを持つが $J_q(2d+1,d)$ とは非同型な P-かつ Q-多項式スキームが存在する（Twisted Grassmann Scheme, 4.2 小節 (d) 参照）．

(iii)　デュアル・ポーラースキーム (Dual Polar Scheme)

V を有限体 $\mathbb{F}_q$ 上の非退化な計量ベクトル空間とする．V の非退化な計量を，V の次元 $\dim(V)$，計量から定まる群，後に用いる記号などとともに以下のような表にして記載しておく.

名前	$\dim(V)$	計量	e	群
$B_d(q)$	$2d+1$	直交計量	0	$P\Gamma O(2d+1,q)$
$C_d(q)$	$2d$	シンプレクティック計量	0	$P\Gamma Sp(2d,q)$
$D_d(q)$	$2d$	直交計量 ヴィット指数 (Witt index) d	-1	$P\Gamma O^+(2d,q)$
${}^2D_{d+1}(q)$	$2d+2$	直交計量 ヴィット指数 (Witt index) d	1	$P\Gamma O^-(2d+2,q)$
${}^2A_{2d}(r)$	$2d+1$	エルミート計量	$\frac{1}{2}$	$P\Gamma U(2d+1,r)$
${}^2A_{2d-1}(r)$	$2d$	エルミート計量	$-\frac{1}{2}$	$P\Gamma U(2d,r)$

上記の表においてエルミート計量の場合は, 体の位数 2 の自己同型が必要なので $q=r^2$ とおいている ($r=p^f$, p : 素数). また上の表のどの場合においても, V の**極大全等方的部分空間 (maximal totally isotropic subspace)** の次元は d であることに注意する.

上記表のそれぞれの場合に X を V の極大全等方的部分空間全体のなす集合とする. 基礎体の標数が 2 のときは, 直交計量の取り扱いに注意を要する. 双線形形式 (u,v) は $(u,v)=(v,u)$ $(u,v\in V)$ を満たすときに対称的といい $(u,u)=0$ $(u\in V)$ を満たすときに交代的という. 対称的な双線形形式 (,) に付随する 2 次形式 $Q:\ V\longrightarrow \mathbb{F}_q$ は, 定義より $Q(\lambda v)=\lambda^2 Q(v)$, $Q(u+v)=Q(u)+Q(v)+(u,v)$, $(\lambda\in\mathbb{F}_q,\ u,v\in V)$ であるから, 指標が 2 でなければ $Q(v)=\frac{1}{2}(v,v)$ が成立し, 一意的に存在する. 標数が 2 のときは一意的には定まらず沢山存在する. 逆に 2 次形式 Q に付随する対称的な双線形形式 (,) は

$$(u,v)=Q(u+v)-Q(u)-Q(v) \tag{6.284}$$

によって標数にかかわらず Q から一意的に定まる. 標数が 2 の場合は直交計量は 2 次形式 Q によって定められていると定義しなければならない所以である. 標数が 2 のときは, 直交計量が非退化であることを次のように定義する. すなわち

$$\mathrm{rad}(V)=\{v\in V\mid (u,v)=0,\ {}^{\forall}u\in V\}, \tag{6.285}$$

$$V(Q)=\{v\in \mathrm{rad}(V)\mid Q(v)=0\} \tag{6.286}$$

とおいて

$$\text{直交計量が非退化} \Longleftrightarrow V(Q)=0$$

により定義する. (この意味で非退化であれば $\mathrm{rad}(V)$ の次元は $\dim(V)$ の偶奇に従って 0 または 1 であるから, $D_d(q)$ および ${}^2D_{d+1}(q)$ に対しては非退化性を

$\mathrm{rad}(V)=0$ によって定義しても実質は変わらない.）また V の部分空間 U が**全等方的 (totally isotropic)** であることを $Q(u)=0$ ($^\forall u\in U$) によって定義する．特に (6.284) により U が全等方的ならば任意の $u,v\in U$ に対して $(u,v)=0$ が成立する．さて次にアソシエーションスキームの定義を与える．それぞれの場合に X 上の関係 R_i $(0\le i\le d)$ を

$$(x,y)\in R_i \iff \dim(x\cap y)=d-i$$

により定義する．このとき表に記載した群が各 R_i 上に可移に働いている．$R_0, R_1,\ldots,R_d$ はアソシエーションスキーム $\mathfrak{X}=(X,\{R_i\}_{0\le i\le d})$ の P-多項式順序を与える．R_1 の定める距離正則グラフの $b_i=p^i_{1,i+1}$, $c_i=p^i_{1,i-1}$ は

$$\begin{aligned}
&b_i=q^{i+e+1}(q^{d-i}-1)/(q-1),\quad 0\le i\le d-1,\\
&c_i=(q^i-1)/(q-1),\quad 1\le i\le d
\end{aligned}$$

で与えられる．$\mathfrak{X}$ は Q-多項式スキームでもあり，次の AW-パラメーターを持つ．

$$\begin{aligned}
&\Lambda_{\mathrm{I}}=(r_1,r_2,s,s^*;\ h,h^*,\theta_0,\theta^*_0\mid q,d):\\
&r_1=r_2=0,\quad s=-q^{-d-e-2},\quad s^*=0;\\
&h=\frac{q^{d+e+1}}{q-1},\quad h^*=\frac{q(q^{d+e}+1)(q^{d+e-1}+1)}{(q-1)(q^e+1)};\\
&\theta_0=\frac{q^{e+1}(q^d-1)}{q-1},\quad \theta^*_0=\frac{q^{e+1}(q^d-1)(q^{d+e-1}+1)}{(q-1)(q^e+1)}.
\end{aligned}$$

このとき他のパラメーターは以下の通りである．

$$\begin{aligned}
&\theta_i=\theta_0-\frac{1}{q-1}(q^i-1)(q^{d+e+1-i}+1),\quad 0\le i\le d,\\
&\theta^*_i=\theta^*_0+h^*(q^{-i}-1),\quad 0\le i\le d,\\
&\lambda_i=-hh^*q^{-i-1-d}(q^{i+1}-1)(q^{d-i}-1),\quad 0\le i\le d-1,\\
&\hat{\lambda}_i=hh^*q^{-i-e-2-d}(q^{i+1}-1)(q^{d-i}-1),\quad 0\le i\le d-1,\\
&b^*_i=h^*\frac{q^e(q^{d-i}-1)(q^{d+e+1-i}+1)}{q^{2i}(q^{d+e-2i}+1)(q^{d+e+1-2i}+1)},\quad 0\le i\le d-1,\\
&c^*_i=h^*\frac{q^{e+1}(q^i-1)(q^{i-e-1}+1)}{q^{2i}(q^{d+e+2-2i}+1)(q^{d+e+1-2i}+1)},\quad 1\le i\le d,\\
&k_i=q^{i(2e+i+1)/2}\binom{d}{i}_q,\quad 0\le i\le d,
\end{aligned}$$

$$m_i = q^i \binom{d}{i}_q \frac{q^{d+e+1-2i}+1}{q^{d+e+1-i}+1} \prod_{j=0}^{i-1} \frac{q^{d+e-j}+1}{q^{j-e}+1}, \quad 0 \le i \le d.$$

(a) $D_d(q)$ は非原始的である（**2 部的 (bipartite)**）.

(b) ${}^2A_{2d-1}(q)$ は第 2 の Q-多項式順序 $E_0, E_d, E_1, E_{d-1}, E_2, E_{d-2}, \ldots$ を持つ.

(d) $B_d(q)$ と $C_d(q)$ は同じパラメーターを持つが非同型である. $B_d(q)$ も $C_d(q)$ も extended bipartite double（4.2 小節 (c) 参照）およびフュージョンスキーム（$R_1 \cup R_2$ が距離正則グラフを定める（4.2 小節 (c) 参照））を持つ. $B_d(q)$ の extended bipartite double は $D_{d+1}(q)$ と同型になり, $B_d(q)$ のフュージョンスキームは $\frac{1}{2}D_{d+1}(q)$ と同型になる. 一方, $C_d(q)$ の extended bipartite double は $D_{d+1}(q)$ と同じパラメーターを持つが, 標数が 2 でないとき $D_{d+1}(q)$ と同型にはならない. この P-かつ Q-多項式スキームを Hemmeter scheme と呼び $\mathrm{Hem}_{d+1}(q)$ で表す（4.2 小節 (c) 参照）. また, $C_d(q)$ のフュージョンスキームは $\frac{1}{2}D_{d+1}(q)$ と同じパラメーターを持つが, 標数が 2 でないとき $\frac{1}{2}D_{d+1}(q)$ と同型にはならない. この P-かつ Q-多項式スキームを Ustimenko scheme と呼び $\mathrm{Ust}_{[\frac{d+1}{2}]}(q)$ で表す（4.2 小節 (c) 参照）. $\mathrm{Hem}_{d+1}(q)$ は 2 部的であり, $\frac{1}{2}\mathrm{Hem}_{d+1}(q)$ は $\mathrm{Ust}_{[\frac{d+1}{2}]}(q)$ と同型である.

第 2 系列　(o) n **角形 (n-gon).**

$X = \{0, 1, 2, \ldots, n-1\}$ をアーベル群 $\mathbb{Z}/n\mathbb{Z}$ とみなし, X 上の関係 R_i を

$$(x, y) \in R_i \Longleftrightarrow x - y = \pm i \bmod n$$

により定義する. 位数 $2n$ の 2 面体群が各 R_i 上に可移に作用する. $d = [\frac{n}{2}]$ とおく. アソシエーションスキーム $\mathfrak{X} = (X, \{R_i\}_{0 \le i \le d})$ は P-多項式スキームであり $R_0, R_1, \ldots, R_d$ は P-多項式順序を与える. 関係 R_1 の定める距離正則グラフの $b_i = p^i_{1,i+1}$, $c_i = p^i_{1,i-1}$ は

$$b_0 = 2, b_i = 1 \ (1 \le i \le d-1), \quad c_i = 1 \ (1 \le i \le d-1),$$
$$c_d = \begin{cases} 2 & (n: \text{偶数}), \\ 1 & (n: \text{奇数}). \end{cases}$$

で与えられる. $\mathfrak{X}$ は Q-多項式スキームでもあり次の AW-パラメーターを持つ.

$$\Lambda_{\mathrm{I}} = (r_1, r_2, s, s^*;\ h, h^*, \theta_0, \theta^*_0 \mid q, d):$$
$$q = e^{2\pi k\sqrt{-1}/n}, (n, k) = 1 \ (q \text{ は } 1 \text{ の原始 } n \text{ 乗根});$$

$$\{r_1, r_2, q^{-d-1}\} = \{q^{-\frac{1}{2}}, -q^{-\frac{1}{2}}, -q^{-1}\}, \quad s = s^* = q^{-1};$$
$$h = h^* = 1, \quad \theta_0 = \theta_0^* = 2.$$

このとき他のパラメーターは以下の通りである．

$$\theta_i = \theta_i^* = q^i + q^{-i}, \quad 0 \le i \le d,$$
$$\lambda_i = q^{-2i-1}(1+q^i)(1-q^{i+1})(1-q^{2i+1}), \quad 0 \le i \le d-1,$$
$$\hat{\lambda}_i = \begin{cases} -q^{-2i-1}(1+q^i)(1-q^{i+1})(1-q^{2i+1}), & 0 \le i \le d-1 \\ & (n：偶数) \\ q^{-2i-1+d}(1-q^{2i+2})(1-q^{2i+1}), & 0 \le i \le d-1 \\ & (n：奇数), \end{cases}$$
$$b_i^* = b_i \ (0 \le i \le d-1), \quad c_i^* = c_i \ (1 \le i \le d),$$
$$k_i = m_i = 2 \ (1 \le i \le d-1), \quad k_0 = m_0 = 1,$$
$$k_d = m_d = \begin{cases} 1 & (n：偶数), \\ 2 & (n：奇数). \end{cases}$$

(a) n が素数のとき，そのときに限り原始的である．

(b) $(n, \ell) = 1$ なる ℓ に対し，P-多項式順序 $R_0, R_\ell, R_{2\ell}, R_{3\ell}, \ldots$ を持つ．ただし添字は n を法とする．$E_0, E_1, E_2, \ldots, E_d$ を $\mathfrak{X}$ の Q-多項式順序とすると，$(n, k) = 1$ となる k に対し，$\mathfrak{X}$ は Q-多項式順序 $E_0, E_k, E_{2k}, E_{3k}, \ldots$ を持つ．ただし添字は n を法とする．

(i) ハミングスキーム (Hamming Scheme) $H(d, q)$.

F を q 個の元からなる集合とし，$X = F^d$ とする．$x \in X$ を $x = (x_1, \ldots, x_d)$ $(x_j \in F)$ と表記する．X 上の関係 R_i を

$$(x, y) \in R_i \iff |\{j \mid x_j \neq y_j\}| = i$$

により定義する（第2章10.2小節参照）．対称群 S_q の対称群 S_d によるリース積 $S_q \wr S_d$ が各 R_i 上に可移に働く（例2.6参照）．$R_0, R_1, \ldots, R_d$ は $H(d, q)$ の P-多項式順序を与える．関係 R_1 の定める距離正則グラフの $b_i = p^i_{1,i+1}$, $c_i = p^i_{1,i-1}$ は

$$b_i = (q-1)(d-i), \quad 0 \le i \le d-1,$$
$$c_i = i, \quad 1 \le i \le d$$

で与えられる．$H(d,q)$ は Q-多項式スキームでもあり次の AW-パラメーターを持つ．

$$\begin{aligned}&\Lambda_{\mathrm{IIC}} = (r, -, -;\ h, h^*, \theta_0, \theta_0^* \mid d):\\ &\quad r = q(q-1);\quad h = h^* = -q,\quad \theta_0 = \theta_0^* = (q-1)d.\end{aligned}$$

このとき他のパラメーターは以下の通りである．

$$\begin{aligned}&\theta_i = \theta_i^* = (q-1)d - qi,\quad 0 \le i \le d,\\ &\lambda_i = q(q-1)(i+1)(i-d),\quad 0 \le i \le d-1,\\ &\hat{\lambda}_i = -q(i+1)(i-d),\quad 0 \le i \le d-1,\\ &b_i^* = b_i\ (0 \le i \le d-1),\quad c_i^* = c_i\ (1 \le i \le d),\\ &k_i = m_i = (q-1)^i \binom{d}{i},\quad 0 \le i \le d.\end{aligned}$$

(a) (4.2 小節 (a) 参照) $H(d,2)$ は 2 部的かつ対蹠的である．d が奇数のとき，$\frac{1}{2}H(d,2)$ と $\overline{H(d,2)}$ は同型である．d が偶数のとき，$\frac{1}{2}H(d,2)$ は対蹠的，$\overline{H(d,2)}$ は 2 部的である．そして $\overline{\frac{1}{2}H(d,2)}$ と $\frac{1}{2}\overline{H(d,2)}$ は同型である．

(b) (4.2 小節 (b) 参照) $H(d,2)$ は d が偶数のとき，第 2 の P-多項式順序

$$R_0, R_{d-1}, R_2, R_{d-3}, R_4, R_{d-5}, \ldots, R_1, R_d$$

および第 2 の Q-多項式順序

$$E_0, E_{d-1}, E_2, E_{d-3}, E_4, E_{d-5}, \ldots, E_1, E_d$$

を持つ．d が奇数のとき $d = 2d'+1$ とおくと $\frac{1}{2}H(d,2) \cong \overline{H(d,2)}$ は第 2 の P-多項式順序

$$R_0, R_{d'}, R_1, R_{d'-1}, R_2, R_{d'-2}, \ldots$$

と第 2 の Q-多項式順序

$$E_0, E_2, E_4, \ldots, E_3, E_1$$

を持つ．

(d) $H(d,4)$ と同じパラメーターを持ち $H(d,4)$ とは非同型な P-かつ Q-多項式スキームが存在する (Doob Scheme, 4.2 小節 (d) 参照)．

6.82 ［注意］　$H(n,2)$ において $x_0 \in X$ を固定し

$$Y = \Gamma_d(x_0) = \{x \in X \mid (x_0, x) \in R_d\}, \quad 1 \le d \le \frac{n}{2}$$

とおく．$\mathcal{Y} = (Y, \{R_{2i}\}_{0 \le i \le d})$ はジョンソンスキーム $J(n,d)$ と同型である．

(ii) 双線形形式スキーム (Bilinear Forms Scheme) $\mathrm{Bil}_{d\times n}(q)$**,** $d \le n$.

X を有限体 $\mathbb{F}_q$ 上の $d \times n$ 行列全体のなす集合とする．ただし $d \le n$ を仮定しておく．$0 \le i \le d$ に対して X 上の関係 R_i を

$$(x, y) \in R_i \Longleftrightarrow \mathrm{rank}(x - y) = i$$

により定義する．X は行列の和に関してアーベル群をなす．アーベル群 X は加法により自然に X 自身に働き，その作用は関係 R_i を保つ．一般線形群 $\mathrm{GL}(d,q)$ と $\mathrm{GL}(n,q)$ の直積を $H = \mathrm{GL}(d,q) \times \mathrm{GL}(n,q)$ とおくと，H は X に

$$x^{(a,b)} = a^{-1}xb, \quad x \in X,\ (a,b) \in H$$

によって働き，関係 R_i を保つ．これらの X 上の作用を合わせると，X の H による半直積 $G = HX \rhd X$ が得られる：群 G において，$(a,b) \in H$ による $x \in X$ の共役は $(a,b)^{-1}x(a,b) = x^{(a,b)} = a^{-1}xb$ で与えられる．群 G は各関係 R_i 上に可移に働く．アソシエーションスキーム $\mathfrak{X} = (X, \{R_i\}_{0 \le i \le d})$ の R_0, $R_1, \ldots, R_d$ は $\mathfrak{X}$ の P-多項式順序を与える．関係 R_1 の定める距離正則グラフの $b_i = p^i_{1,i+1}$, $c_i = p^i_{1,i-1}$ は

$$b_i = q^{2i}(q^{d-i} - 1)(q^{n-i} - 1)/(q - 1), \quad 0 \le i \le d - 1,$$
$$c_i = q^{i-1}(q^i - 1)/(q - 1), \quad 1 \le i \le d$$

で与えられる．$\mathfrak{X}$ は Q-多項式スキームでもあり，次の AW-パラメーターを持つ．

$$\Lambda_{\mathrm{I}} = (r_1, r_2, s, s^*;\ h, h^*, \theta_0, \theta^*_0 \mid q, d):$$
$$r_1 = q^{-n-1}, \quad r_2 = 0, \quad s = s^* = 0;$$
$$h = h^* = q^{d+n}/(q - 1), \quad \theta_0 = \theta^*_0 = (q^d - 1)(q^n - 1)/(q - 1).$$

このとき他のパラメーターは以下の通りである．

$$\theta_i = \theta^*_i = (q^{d+n-i} - q^d - q^n + 1)/(q - 1), \quad 0 \le i \le d,$$
$$\lambda_i = q^{d+n-1}(1 - q^{i+1})(q^{d-i} - 1)(q^{n-i} - 1)/(q - 1)^2,$$
$$0 \le i \le d - 1,$$

$$\hat{\lambda}_i = q^{d+n-1}(q^{i+1}-1)(q^{d-i}-1)/(q-1)^2, \quad 0 \le i \le d-1,$$
$$b_i^* = b_i \ (0 \le i \le d-1), \quad c_i^* = c_i \ (1 \le i \le d),$$
$$k_i = m_i = q^{i(i-1)/2}\binom{d}{i}_q\binom{n}{i}_q (q-1)(q^2-1)\cdots(q^i-1), \quad 0 \le i \le d.$$

このP-かつQ-多項式スキーム $\mathfrak{X}$ は**双線形形式スキーム (Bilinear Forms Scheme)** と呼ばれ記号 $\mathrm{Bil}_{d\times n}(q)$ を用いて表記される．以下 $\mathrm{Bil}_{d\times n}(q)$ と q-ジョンソンスキーム $J_q(d+n,d)$ との関連について述べる（[58, 311 頁]，[110, 280 頁] 参照）．すでに見たように $\mathrm{Bil}_{d\times n}(q)$ においては群 $G = HX$ が $\mathrm{Bil}_{d\times n}(q)$ の自己同型の群として各 R_i 上に可移に働く ($H = \mathrm{GL}(d,q) \times \mathrm{GL}(n,q)$)．したがって $\mathrm{Bil}_{d\times n}(q)$ は群 G の X への可移な作用から定まるアソシエーションスキームに一致する（例 2.3 参照）．X の零行列を 0 とすると G の X への作用における 0 の固定部分群 G_0 は H に一致する：$H = G_0$．したがって G の X 上の作用は，G の $H\backslash G$ 上の作用と同型である．すなわち G と G の部分群 H の組がアソシエーションスキーム $\mathrm{Bil}_{d\times n}(q)$ を決めているのである．

一方群 $G = HX$ は一般線形群 $\mathrm{GL}(d+n,q)$ の**極大放物型部分群 (maximal parabolic subgroup)**

$$P_J = \left\{ \begin{pmatrix} a & x \\ 0 & b \end{pmatrix} \middle| \ x \in X, \ (a,b) \in H \right\}$$

と自然な対応 $x \mapsto \left(\begin{smallmatrix} 1 & x \\ 0 & 1 \end{smallmatrix}\right)$, $(a,b) \mapsto \left(\begin{smallmatrix} a & 0 \\ 0 & b \end{smallmatrix}\right)$ によって同型である．すなわち P_J の**レヴィ分解 (Levi decomposition)** を $P_J = L_J U_J \rhd U_J$,

$$L_J = \left\{ \begin{pmatrix} a & 0 \\ 0 & b \end{pmatrix} \middle| \ (a,b) \in H \right\}$$
$$U_J = \left\{ \begin{pmatrix} 1 & x \\ 0 & 1 \end{pmatrix} \middle| \ x \in X \right\}$$

とすれば次の同型が成立している．

$$G \cong P_J, \quad H \cong L_J, \quad X \cong U_J.$$

このことは $\mathrm{Bil}_{d\times n}(q)$ が極大放物型部分群 P_J とそのレヴィ部分群 L_J の組によって定まることを意味する．このとき，P_J が働く等質空間 $L_J\backslash P_J$ は q-ジョンソンスキーム $J_q(d+n,d)$ の枠組みの中で次のように解釈することができる．

有限体 $\mathbb{F}_q$ 上の $d+n$ 次元数ベクトル空間を

$$V = \mathbb{F}_q^{d+n} = \{v = (v_1, \ldots, v_{d+n}) \mid v_1, \ldots, v_{d+n} \in \mathbb{F}_q\}$$

とおく．V の n 次元部分空間

$$x_0 = \{v \in V \mid v_1 = \cdots = v_d = 0,\ v_{d+1}, \ldots, v_{d+n} \in \mathbb{F}_q\}$$

を選び，V の d 次元部分空間の族 Y を

$$Y = \left\{ y \in \binom{V}{d}_q \,\middle|\, y \cap x_0 = \{\mathbf{0}\} \right\}$$

によって定める．さらに Y 上の関係 S_i を

$$(y, y') \in S_i \iff \dim(y \cap y') = d - i$$

により定めると，$\mathfrak{Y} = (Y, \{S_i\}_{0 \le i \le d})$ は $\mathrm{Bil}_{d \times n}(q)$ と同型なアソシエーションスキームとなるのである．$\mathfrak{Y}$ は q-ジョンソンスキーム $J_q(d+n, d)$ を Y に制限したものであることに注意する．この Y には **attenuated space** という名前がついている．制限スキームとでも意訳すればよいのだろうか．

$\mathfrak{Y}$ が $\mathrm{Bil}_{d \times n}(q)$ と同型になることは，群の同型 $G \cong P_J$ を通して次のように確かめられる．まず一般線形群 $\mathrm{GL}(d+n, q)$ は自然に右から V に働き，この作用を通して V の n 次元部分空間全体の集合 $\binom{V}{n}_q$ 上に可移に働く．$\mathrm{GL}(d+n, q)$ の $\binom{V}{n}_q$ 上へのこの作用における x_0 の固定部分群は極大放物型部分群 P_J と一致する：$\mathrm{GL}(d+n, q)_{x_0} = P_J$．$P_J$ は x_0 を固定するから Y 上に働く．しかもこの作用は Y 上可移であり，さらに各関係 S_i 上可移である．すなわち群 P_J の Y 上への作用から定まるアソシエーションスキームは $\mathfrak{Y}$ と一致するのである．一方 Y の元

$$y_0 = \{v \in V \mid v_1, \ldots, v_d \in \mathbb{F}_q,\ v_{d+1} = \cdots = v_{d+n} = 0\}$$

を選ぶと，P_J の Y 上への作用における y_0 の固定部分群は L_J に一致する：$(P_J)_{y_0} = L_J$．すなわち P_J の Y への作用は，P_J の $L_J \backslash P_J$ への作用と同型である．群の同型 $G \cong P_J$ を通せば，置換群の同型

$$(G, X) \cong (G, H \backslash G) \cong (P_J, L_J \backslash P_J) \cong (P_J, Y)$$

が得られるので $\mathrm{Bil}_{d \times n}(q)$ と $\mathfrak{Y}$ はアソシエーションスキームとして同型である．

この同型における X と Y の対応は具体的には以下のように記述できる．同型 $(G, H\backslash G) \cong (P_J, L_J\backslash P_J)$ において H は $\mathbf{0} \in X$ の固定部分群であり，L_J は $y_0 \in Y$ の固定部分群であるから，同型 $(G, X) \cong (P_J, Y)$ において X の元 $x = \mathbf{0} + x$ には Y の元 $y_x = y_0 \left(\begin{smallmatrix} 1 & x \\ 0 & 1 \end{smallmatrix}\right)$ が対応する：$Y = \{y_x \mid x \in X\}$．ここで $y_0 = \{(u, \mathbf{0}) \mid u \in {\mathbb{F}_q}^d\}$ に注意すれば

$$y_x = \{(u, ux) \mid u \in {\mathbb{F}_q}^d\}$$

であるから，

$$\dim(y_x \cap y_{x'}) = \dim(\{u \in {\mathbb{F}_q}^d \mid ux = ux'\})$$

したがって

$$d - \dim(y_x \cap y_{x'}) = \mathrm{rank}(x - x')$$

が成り立つ．すなわち q-ジョンソンスキーム $J_q(d+n, d)$ の $\binom{V}{d}_q$ 上の関係を Y に制限すれば $\mathrm{Bil}_{d\times n}(q)$ と同型なアソシエーションスキームが得られるのである．

(iii)　アフィンスキーム (Affine Scheme)

（古典形式スキーム (Classical Forms Scheme) とも呼ばれる．）

以下の (iii-1), (iii-2), (iii-3) においてそれぞれ定義される X と X 上の関係 R_0, $R_1, \ldots, R_d$ によりアソシエーションスキーム $\mathfrak{X} = (X, \{R_i\}_{0\leq i\leq d})$ が 3 種類得られる．それぞれ $\mathrm{Alt}_n(r)$, $\mathrm{Her}_d(r)$, $\mathrm{Quad}_n(r)$ と表記し，**交代双線形形式スキーム (Alternating Bilinear Forms Scheme)**，**エルミート形式スキーム (Hermitean Forms Scheme)** および **2 次形式スキーム (Quadratic Forms Scheme)** と呼ぶ．(ii) で定義した $\mathrm{Bil}_{d\times n}(r)$ とこれから (iii) で定義する $\mathrm{Alt}_n(r)$, $\mathrm{Her}_d(r)$, $\mathrm{Quad}_n(r)$ をひとまとめにして**アフィンスキーム (Affine Scheme)** または**古典形式スキーム (Classical Forms Scheme)** と呼ぶ（このような総称が従来からあって流布しているわけではない）．

(iii-1)　交代双線形形式スキーム $\mathrm{Alt}_n(r)$ (Alternating Bilinear Forms Scheme)

V を有限体 $\mathbb{F}_r$ 上の n 次元ベクトル空間，X を V 上の交代双線形形式の全体がなす集合とする（基礎体の標数が 2 でなければ，X は n 次歪対称行列の全体がなす集合とみなせる）．$d = [\frac{n}{2}]$ とおき，X 上の関係 R_i を

$$(x, y) \in R_i \iff \mathrm{rank}(x - y) = 2i$$

により定義する（交代双線形形式の rank は常に偶数であることに注意する）．

(iii-2) エルミート形式スキーム $\mathrm{Her}_d(r)$ (Hermitean Forms Scheme)

V を有限体 $\mathbb{F}_{r^2}$ 上の d 次元ベクトル空間，X を V 上のエルミート形式の全体がなす集合とする（X は d 次エルミート行列の全体がなす集合とみなせる）．X 上の関係 R_i を

$$(x, y) \in R_i \iff \mathrm{rank}(x - y) = i$$

により定義する．

(iii-3) 2 次形式スキーム $\mathrm{Quad}_n(r)$ (Quadratic Forms Scheme)

V を有限体 $\mathbb{F}_r$ 上の n 次元ベクトル空間，X を V 上の 2 次形式の全体がなす集合とする（基礎体の標数が 2 でなければ，X は n 次の対称行列全体がなす集合とみなせる）．$d = [\frac{n+1}{2}]$ とおく．X 上の関係 R_i を

$$(x, y) \in R_i \iff \mathrm{rank}(x - y) = 2i - 1, 2i$$

により定義する．ただし rank は (6.286) の記号を用いて $\mathrm{rank}(x) = \dim(V/V(x))$ により定める（基礎体の階数が 2 でなければ通常の rank，すなわち $\mathrm{rank}(x) = \dim(V/\mathrm{rad}(x))$ に一致する）．

アフィンスキーム $\mathfrak{X} = (X, \{R_i\}_{0 \le i \le d})$ を後に用いるパラメーターと共に表にする．いずれも直径は d である．

名前	dim(V)	体	q	ε	e	形式
$\mathrm{Bil}_{d\times n}(r)$	$d \times n$ $(d \le n)$	$\mathbb{F}_r$	r	1	$n-d$	双線形形式
$\mathrm{Alt}_{2d}(r)$	$2d$	$\mathbb{F}_r$	r^2	1	$-\frac{1}{2}$	交代双線形形式
$\mathrm{Alt}_{2d+1}(r)$	$2d+1$	$\mathbb{F}_r$	r^2	1	$\frac{1}{2}$	交代双線形形式
$\mathrm{Her}_d(r)$	d	$\mathbb{F}_{r^2}$ $(r > 0)$	$-r$	-1	0	エルミート形式
$\mathrm{Quad}_{2d-1}(r)$	$2d-1$	$\mathbb{F}_r$	r^2	1	$-\frac{1}{2}$	2 次形式
$\mathrm{Quad}_{2d}(r)$	$2d$	$\mathbb{F}_r$	r^2	1	$\frac{1}{2}$	2 次形式

$\mathfrak{X} = (X, \{R_i\}_{0 \le i \le d})$ を上の表のパラメーター q, ε, e を持つ直径 d のアソシエーションスキームとする．$R_0, R_1, \ldots, R_d$ は $\mathfrak{X}$ の P-多項式順序を与える．関係 R_1 の定める距離正則グラフの $b_i = p^i_{1,i+1}$，$c_i = p^i_{1,i-1}$ は

$$b_i = \varepsilon q^{2i}(q^{d-i} - 1)(q^{d+e-i} - \varepsilon)/(q - 1), \quad 0 \le i \le d - 1,$$
$$c_i = q^{i-1}(q^i - 1)/(q - 1), \quad 1 \le i \le d$$

で与えられる．$\mathfrak{X}$ は Q-多項式スキームでもあり，次の AW-パラメーターを持つ．

$$\Lambda_{\mathrm{I}} = (r_1, r_2, s, s^*;\ h, h^*, \theta_0, \theta^*_0 \mid q, d) :$$

$$r_1 = \varepsilon q^{-d-e-1}, \quad r_2 = 0, \quad s = s^* = 0;$$
$$h = h^* = \varepsilon q^{2d+e}/(q-1), \quad \theta_0 = \theta_0^* = \varepsilon(q^d - 1)(q^{d+e} - \varepsilon)/(q-1).$$

このとき他のパラメーターは以下の通りである.

$$\theta_i = \theta_i^* = \bigl(\varepsilon q^{d+e}(q^{d-i} - 1) - q^d + 1\bigr)/(q-1), \quad 0 \le i \le d,$$
$$\lambda_i = q^{2d+e-1}(1 - q^{i+1})(q^{d-i} - 1)(q^{d+e-i} - \varepsilon)/(q-1)^2, \quad 0 \le i \le d-1,$$
$$\hat{\lambda}_i = \varepsilon q^{2d+e-1}(q^{i+1} - 1)(q^{d-i} - 1)/(q-1)^2, \quad 0 \le i \le d-1,$$
$$b_i^* = b_i \ (0 \le i \le d-1), \quad c_i^* = c_i \ (1 \le i \le d),$$
$$k_i = m_i = \varepsilon^i q^{i(i-1)/2} \binom{d}{i}_q \prod_{j=0}^{i-1} (q^{d+e-j} - \varepsilon), \quad 0 \le i \le d.$$

アフィンスキーム $\mathrm{Alt}_n(r)$, $\mathrm{Her}_n(r)$, $\mathrm{Quad}_n(r)$ と双対極空間スキーム $D_n(r)$, ${}^2A_{2n-1}(r)$, $C_n(r)$ との関連について述べる([58, 311 頁], および [110, 286, 287 頁] 参照). 以下有限体 $\mathbb{F}$ 上の $2n$ 次元数ベクトル空間を

$$\mathbb{F}^{2n} = \{v = (v_1, v_2) \mid v_1, v_2 \in \mathbb{F}^n\}$$

と表記し, V の n 次元部分空間

$$x_0 = \{v = (0, v_2) \in V \mid v_2 \in \mathbb{F}^n\},$$
$$y_0 = \{v = (v_1, 0) \in V \mid v_1 \in \mathbb{F}^n\}$$

を固定する.

(iii-1)　$\mathrm{Alt}_n(r)$ と $D_n(r)$ は以下のように関連する. $|\mathbb{F}| = r$ とし, 体 $\mathbb{F}$ の**標数は 2 でないと仮定する**. V 上の非退化な直交形式を

$$\langle u, v \rangle = u \begin{pmatrix} 0 & 1 \\ 1 & 0 \end{pmatrix} {}^t v$$

により定める. ここで 1 は n 次単位行列を表す. この直交形式により定まる直交群を $O^+(2n, r)$ とする. すなわち

$$O^+(2n, r) = \left\{ \begin{pmatrix} a & b \\ c & d \end{pmatrix} \in \mathrm{GL}(2n, r) \;\middle|\; \begin{pmatrix} a & b \\ c & d \end{pmatrix} \begin{pmatrix} 0 & 1 \\ 1 & 0 \end{pmatrix} {}^t\begin{pmatrix} a & b \\ c & d \end{pmatrix} = \begin{pmatrix} 0 & 1 \\ 1 & 0 \end{pmatrix} \right\}.$$

$O^+(2n,r)$ は V 上に等長に働き，この作用を通して V の極大全等方的部分空間の全体のなす集合 $\binom{V}{n}'_r$ の上に可移に働く．$O^+(2n,r)$ の $\binom{V}{n}'_r$ 上への作用によって定まるアソシエーションスキームが $D_n(r)$ である．$\binom{V}{n}'_r$ の元 $x_0 = \{(0,v_2) \mid v_2 \in \mathbb{F}^n\}$ に対し

$$\Gamma_n(x_0) = \left\{ y \in \binom{V}{n}'_r \;\middle|\; x_0 \cap y = \{0\} \right\}$$

とおくと，$O^+(2n,r)$ における x_0 の固定部分群 $O^+(2n,r)_{x_0}$ は $\Gamma_n(x_0)$ 上に可移に働く．$P = O^+(2n,r)_{x_0}$ とおくと，P は $O^+(2n,r)$ の極大放物型部分群で Levi 分解 $P = LU \rhd U$ を持つ．ここで

$$L = \left\{ \begin{pmatrix} a & 0 \\ 0 & {}^t a^{-1} \end{pmatrix} \;\middle|\; a \in \mathrm{GL}(n,r) \right\},$$
$$U = \left\{ \begin{pmatrix} 1 & x \\ 0 & 1 \end{pmatrix} \;\middle|\; x \in X \right\}$$

である．ただし X は n 次歪対称行列全体のなす集合である．Levi 部分群 L は, $\Gamma_n(x_0) \ni y_0 = \{(v_1,0) \mid v_1 \in \mathbb{F}^n\}$ の P における固定部分群に一致するから，P の $\Gamma_n(x_0)$ 上の作用は P の $L\backslash P$ 上の作用と同型である：

$$(P, \Gamma_n(x_0)) \cong (P, L\backslash P).$$

P の $\Gamma_n(x_0)$ 上の作用が定めるアソシエーションスキームはアフィンスキーム $Alt_n(r)$ と同型であることが次のようにして確かめられる．まず $\mathbb{F}^n$ 上の交代双線形形式の全体は n 次歪対称行列の全体 X と同一視できることに注意する．X は行列の和によりアーベル群となり，一般線形群 $H = \mathrm{GL}(n,r)$ が X 上へ

$$x^a = a^{-1} x \, {}^t a^{-1}$$

によってアーベル群の自己同型として作用する．したがって X の H による半直積 $G = HX \rhd X$（$a \in H$ による $x \in X$ の共役は x^a）が定まり，G は X 上に

$$y^{ax} = a^{-1} y \, {}^t a^{-1} + x \quad (y \in X,\ a \in H,\ x \in X)$$

によって可移に働く．この作用によって定まるアソシエーションスキームはアフィンスキーム $\mathrm{Alt}_n(r)$ である．X の零行列を 0 とすれば，G における 0 の固定部分群は H と一致するから，G の X 上への作用は G の $H\backslash G$ 上への作用と同型である：$(G,X) \cong (G, H\backslash G)$．すなわち群 G とその部分群 H の組が $\mathrm{Alt}_n(r)$ を定めるのであ

る．一方自然な同型 $H \cong L$ $\left(a \mapsto \left(\begin{smallmatrix} a & 0 \\ 0 & {}^t a^{-1} \end{smallmatrix}\right)\right)$, $X \cong U$ $(x \mapsto \left(\begin{smallmatrix} 1 & x \\ 0 & 1 \end{smallmatrix}\right))$ は同型 $G \cong P$ $\left(ax \mapsto \left(\begin{smallmatrix} a & 0 \\ 0 & {}^t a^{-1} \end{smallmatrix}\right)\left(\begin{smallmatrix} 1 & x \\ 0 & 1 \end{smallmatrix}\right)\right)$ に拡張されるから，置換群としての同型

$$(G, X) \cong (G, H \backslash G) \cong (P, L \backslash P) \cong (P, \Gamma_n(x_0))$$

が得られる．すなわち P の $\Gamma_n(x_0)$ 上の作用が定めるアソシエーションスキームは $\mathrm{Alt}_n(r)$ に同型となるのである．

この同型における X と $\Gamma_n(x_0)$ の対応は (ii) の場合と同様にして以下のように具体的に記述できる．同型 $(G, H \backslash G) \cong (P, L \backslash P)$ において H は 0 $(\in X)$ の固定部分群であり，L は y_0 $(\in \Gamma_n(x_0))$ の固定部分群であるから，同型 $(G, X) \cong (P, \Gamma_n(x_0))$ において X の元 $x = 0 + x = 0^x$ には $\Gamma_n(x_0)$ の元

$$y_x = y_0 \begin{pmatrix} 1 & x \\ 0 & 1 \end{pmatrix}$$

が対応する：$\Gamma_n(x_0) = \{y_x \mid x \in X\}$．ここで $y_0 = \{(v, 0) \mid v \in \mathbb{F}^n\}$ に注意すれば

$$y_x = \{(v, vx) \mid v \in \mathbb{F}^n\}$$

であるから

$$\dim(y_x \cap y_{x'}) = \dim(\{v \in \mathbb{F}^n \mid vx = vx'\})$$

したがって

$$n - \dim(y_x \cap y_{x'}) = \mathrm{rank}(x - x')$$

が成り立つ．すなわち $D_n(r)$ の $\binom{V}{n}'_r$ 上の関係 $R_0, R_1, \ldots, R_n$ を $\Gamma_n(x_0)$ に制限すれば $R_0, R_2, R_4, \ldots, R_{2d}$ $(d = [\frac{n}{2}])$ のみが現れ，これらの関係により定まる $\Gamma_n(x_0)$ 上のアソシエーションスキームは $\mathrm{Alt}_n(r)$ と同型になるのである．

(iii-2)　$\mathrm{Her}_n(r)$ と ${}^2A_{2n-1}(r)$ は以下のように関連する．

$|\mathbb{F}| = r^2$ とし，体 $\mathbb{F}$ の位数 2 の自己同型を $\lambda \mapsto \overline{\lambda}$ で表す．$\mathbb{F}$ 上のベクトル v，行列 a に対して，上記の自己同型を成分ごとに施したものを $\overline{v}, \overline{a}$ で表す．$\overline{\xi} = -\xi$ となる $\mathbb{F}$ の元 $\xi \neq 0$ を固定し，$V = \mathbb{F}^{2n}$ 上の非退化なエルミート形式を

$$\langle u, v \rangle = \xi u \begin{pmatrix} 0 & 1 \\ -1 & 0 \end{pmatrix} {}^t\overline{v}$$

により定める．ここで 1 は n 次の単位行列を表す．このエルミート形式により定まる

ユニタリー群

$$U(2n,r)=\left\{\begin{pmatrix}a&b\\c&d\end{pmatrix}\in \mathrm{GL}(2n,r^2)\;\middle|\;\begin{pmatrix}a&b\\c&d\end{pmatrix}\begin{pmatrix}0&1\\-1&0\end{pmatrix}{}^t\overline{\begin{pmatrix}a&b\\c&d\end{pmatrix}}=\begin{pmatrix}0&1\\-1&0\end{pmatrix}\right\}$$

は V 上に等長に働き，この作用を通して V の極大全等方的部分空間のなす集合 $\binom{V}{n}'_{r^2}$ の上に可移に働く．$U(2n,r)$ の $\binom{V}{n}'_{r^2}$ 上へのこの作用によって定まるアソシエーションスキームが ${}^2A_{2n-1}(r)$ である．$\binom{V}{n}'_{r^2}$ の元 $x_0=\{(0,v)\mid v\in\mathbb{F}^n\}$ に対し

$$\Gamma_n(x_0)=\left\{y\in\binom{V}{n}'_{r^2}\;\middle|\;x_0\cap y=\{0\}\right\}$$

とおくと，$U(2n,r)$ における x_0 の固定部分群 $U(2n,r)_{x_0}$ は $\Gamma_n(x_0)$ 上に可移に働く．$P=U(2n,r)_{x_0}$ とおくと P は $U(2n,r)$ の極大放物型部分群で Levi 分解 $P=LU\rhd U$ を持つ．ここで

$$L=\left\{\begin{pmatrix}a&0\\0&{}^ta^{-1}\end{pmatrix}\;\middle|\;a\in\mathrm{GL}(n,r^2)\right\},$$

$$U=\left\{\begin{pmatrix}1&x\\0&1\end{pmatrix}\;\middle|\;x\in X\right\}$$

である．ただし X は n 次エルミート行列の全体のなす集合である．Levi 部分群 L は $y_0=\{(v,0)\mid v\in\mathbb{F}^n\}\in\Gamma_n(x_0)$ の P における固定部分群に一致するから，P の $\Gamma_n(x_0)$ 上の作用は P の $L\backslash P$ 上への作用と同型である：$(P,\Gamma_n(x_0))\cong(P,L\backslash P)$.

一方，$H=\mathrm{GL}(n,r^2)$ とおき，H を（行列の和に関するアーベル群 X の自己同型として）X 上に

$$x^a=a^{-1}x\,{}^t\overline{a}^{-1}$$

によって働かせ，X の H による半直積 $G=HX\rhd X$ を作ると，対応 $a\mapsto\left(\begin{smallmatrix}a&0\\0&{}^t\overline{a}^{-1}\end{smallmatrix}\right)$, $x\mapsto\left(\begin{smallmatrix}1&x\\0&1\end{smallmatrix}\right)$ により半直積 G は P と同型である：$G\cong P$, $H\cong L$, $X\cong U$．群 G の X 上への可移な作用

$$y^{ax}=a^{-1}y\,{}^t\overline{a}^{-1}+x\quad(y\in X,\ a\in H,\ x\in X)$$

により定まるアソシエーションスキームは $\mathrm{Her}_n(r)$ である．X の零行列を 0 とすれば，G における 0 の固定部分群は H と一致するから，置換群としての同型 $(G,X)\cong(G,H\backslash G)$

を得る．群の同型 $G \cong P$ を通して置換群としての同型

$$(G, X) \cong (G, H\backslash G) \cong (P, L\backslash P) \cong (P, \Gamma_n(x_0))$$

が成り立つから，P の $\Gamma_n(x_0)$ 上の作用が定めるアソシエーションスキームは $\mathrm{Her}_n(r)$ に同型である．

この同型における X と $\Gamma_n(x_0)$ の対応は，(iii-1) の場合と同様にして以下のように具体的に記述できる．$x \in X$ に対して

$$y_x = y_0 \begin{pmatrix} 1 & x \\ 0 & 1 \end{pmatrix} = \{(v, vx) \mid v \in \mathbb{F}^n\}$$

とおけば，

$$\Gamma_n(x_0) = \{y_x \mid x \in X\}$$

ただし，今の場合は，X として n 次のエルミート行列全体をとっている．このとき

$$n - \dim(y_x \cap y_{x'}) = \mathrm{rank}(x - x')$$

が成り立つから，${}^2A_{2n-1}(r)$ における $\binom{V}{n}'_{r^2}$ 上のアソシエーションスキームの関係を $\Gamma_n(x_0)$ に制限すれば，$\mathrm{Her}_n(r)$ と同型なアソシエーションスキームが得られるのである．

(iii-3)　$\mathrm{Quad}_n(r)$ と $C_n(r)$ は以下のように関連する．

$|\mathbb{F}| = r$ とし，体 $\mathbb{F}$ の**標数は 2 でないと仮定する**．$V = F^n$ 上の非退化な交代双線形形式を

$$\langle u, v \rangle = u \begin{pmatrix} 0 & 1 \\ -1 & 0 \end{pmatrix} {}^t v$$

により定める．ここで 1 は n 次の単位行列を表す．この交代双線形形式により定まる斜交群 (symplectic group)

$$S_p(2n, r) = \left\{ \begin{pmatrix} a & b \\ c & d \end{pmatrix} \in \mathrm{GL}(2n, r) \;\middle|\; \begin{pmatrix} a & b \\ c & d \end{pmatrix} \begin{pmatrix} 0 & 1 \\ -1 & 0 \end{pmatrix} {}^t\!\begin{pmatrix} a & b \\ c & d \end{pmatrix} = \begin{pmatrix} 0 & 1 \\ -1 & 0 \end{pmatrix} \right\}$$

は V 上に等長に働き，この作用を通して V の極大等方的部分空間の全体のなす集合 $\binom{V}{n}'_r$ の上に可移に働く．$S_p(2n, r)$ の $\binom{V}{n}'_r$ 上へのこの作用によって定まるアソシエー

ションスキームが $C_n(r)$ である．$x_0 = \{(0,v) \mid v \in \mathbb{F}^n\} \in \binom{V}{n}'_r$ に対して

$$\Gamma_n(x_0) = \left\{ y \in \binom{V}{n}'_r \;\middle|\; x_0 \cap y = \{0\} \right\}$$

とおくと，$S_p(2n,r)$ における x_0 の固定部分群 $S_p(2n,r)_{x_0}$ は $\Gamma_n(x_0)$ 上に可移に働く．$P = S_p(2n,r)_{x_0}$ とおくと P は $S_p(2n,r)$ の極大放物型部分群で Levi 分解 $P = LU \rhd U$ を持つ．ここで

$$L = \left\{ \begin{pmatrix} a & 0 \\ 0 & {}^t a^{-1} \end{pmatrix} \;\middle|\; a \in \mathrm{GL}(n,r) \right\},$$

$$U = \left\{ \begin{pmatrix} 1 & x \\ 0 & 1 \end{pmatrix} \;\middle|\; x \in X \right\}$$

である．ただし X は n 次対称行列の全体のなす集合である．Levi 部分群 L は $y_0 = \{(v,0) \mid v \in \mathbb{F}^n\} \in \Gamma_n(x_0)$ の P における固定部分群に一致するから，P の $\Gamma_n(x_0)$ 上の作用は P の $L\backslash P$ 上の作用と同型である：$(P, \Gamma_n(x_0)) \cong (P, L\backslash P)$．一方 $H = \mathrm{GL}(n,r)$ とおき，H を（行列の和に関するアーベル群として）X 上に

$$x^a = a^{-1} x \, {}^t a^{-1}$$

によって働かせ，X の H による半直積 $G = HX \rhd X$ を作ると，対応 $a \mapsto \left(\begin{smallmatrix} a & 0 \\ 0 & {}^t a^{-1} \end{smallmatrix}\right)$，$x \mapsto \left(\begin{smallmatrix} 1 & x \\ 0 & 1 \end{smallmatrix}\right)$ により半直積 G は P と同型である：

$$G \cong P, \ H \cong L, \ X \cong U.$$

群 G の X 上への可移な作用

$$y^{ax} = a^{-1} y \, {}^t a^{-1} + x \quad (y \in X, \ a \in H, \ x \in X)$$

を考える．X の零行列を 0 とすれば，G のこの作用における 0 の固定部分群は H と一致するから，置換群としての同型 $(G,X) \cong (G, H\backslash G)$ を得る．群の同型 $G \cong P$ を通して置換群としての同型

$$(G,X) \cong (G, H\backslash G) \cong (P, L\backslash P) \cong (P, \Gamma_n(x_0))$$

を得る．すなわち P の $\Gamma_n(x_0)$ 上の作用と G の X 上の作用は同型である．

この同型における X と $\Gamma_n(x_0)$ の対応は，(iii-1), (iii-2) の場合と同様にして以下のように具体的に記述できる．$x \in X$ に対して

$$y_x = y_0 \begin{pmatrix} 1 & x \\ 0 & 1 \end{pmatrix} = \{(v, vx) \mid v \in \mathbb{F}^n\}$$

とおけば,

$$\Gamma_n(x_0) = \{y_x \mid x \in X\}.$$

ただし，今の場合は，X として n 次対称行列全体をとっている．このとき

$$n - \dim(y_x \cap y_{x'}) = \mathrm{rank}(x - x')$$

が成り立つことも (iii-1), (iii-2) と同様である．しかしながら (iii-1), (iii-2) の場合とは異なり，G の X 上への作用において，零行列 0 の固定部分群 $H = \mathrm{GL}(n, r)$ は

$$X_i = \{x \in X \mid \mathrm{rank}(x) = i\}$$

上に可移ではなく，X_i は二つの H-軌道に分かれる（i が奇数のときは，$\mathbb{F}$ の非平方数による定数倍によりこれら二つの H-軌道は融合するが，i が偶数のときは本質的に異なる二つのタイプの対称行列のクラスに分かれる）．このような事情のために，G の X 上の作用（したがって P の $\Gamma_n(x_0)$ 上への作用）が定めるアソシエーションスキームは P-多項式スキームとはならない．rank が $2i-1$ と $2i$ の関係を（H-軌道としては四つの軌道を）融合して一つの関係とすると P-多項式スキームとなり $\mathrm{Quad}_n(r)$ が得られるのである [172]．したがって，$C_n(r)$ における $\binom{V}{n}_r$ 上のアソシエーションスキームの関係を $\Gamma_n(x_0)$ に制限し，関係 R_{2i-1}, R_{2i} を融合すれば $\mathrm{Quad}_n(r)$ と同型なアソシエーションスキームが得られるのである．

(d) $\mathrm{Quad}_n(r)$ と $\mathrm{Alt}_{n+1}(r)$ は同じパラメーターを持つが，非同型なアソシエーションスキームである．$\mathrm{Quad}_n(r)$ の自己同型群は関係 R_i に可移には働かない（三つの軌道に分かれる）．一方 $\mathrm{Alt}_{n+1}(r)$ の自己同型群は各々の関係 R_i 上に可移である．

4.2　コアから派生する P-かつ Q-多項式スキーム

本小節では既知の P-かつ Q-多項式スキーム $\mathfrak{X} = (X, \{R_i\}_{0 \le i \le d})$ のうちで，4.1 小節のコアから派生するものを表にする．コアからの派生の仕方に応じて，表は次の四つの場合に分かれる．

(a) 非原始的なコアから派生する場合,
(b) 第 2 の P-または Q-多項式順序に関してコアから派生する場合,
(c) extended bipartite double またはフュージョンスキームとしてコアから派生する場合,
(d) パラメーターは同じだが非同型なものとして（cospectral scheme として）コアから派生する場合.

(a) 非原始的なコアから派生する場合

$\mathfrak{X} = (X, \{R_i\}_{0 \le i \le d})$ を P-かつ Q-多項式スキームとする．$\mathfrak{X}$ がアソシエーションスキームとして非原始的ならば，P-多項式スキームとしては 2 部的であるかまたは対蹠的となり，Q-多項式スキームとしては双対 2 部的であるかまたは双対対蹠的となる（本章 1.3 小節参照）．P-多項式スキームとして $\mathfrak{X}$ が 2 部的ならば Q-多項式スキームとしては双対対蹠的であり，半截の作るアソシエーションスキーム $\frac{1}{2}\mathfrak{X}$ は P-かつ Q-多項式スキームとなる．また P-多項式スキームとして $\mathfrak{X}$ が対蹠的ならば，Q-多項式スキームとしては双対 2 部的であり，対蹠的商の作るアソシエーションスキーム $\overline{\mathfrak{X}}$ は P-かつ Q-多項式スキームとなる．

$\mathfrak{X}$ が P-多項式スキームとして 2 部的となる条件は，$a_i = 0$ $(0 \le i \le d)$ と書け，対蹠的となる条件は，$b_i = c_{d-i}$ $(0 \le i \le d,\ i \ne [\frac{d}{2}])$ と書けることに注意する．ただし $a_i = p^i_{1,i}$, $b_i = p^i_{1,i+1}$, $c_i = p^i_{1,i-1}$ は $\mathfrak{X}$ の交叉数である．このとき $\frac{1}{2}\mathfrak{X}$ の P-多項式スキームとしての交叉数は $b'_i = b_{2i}b_{2i+1}/c_2$ $(0 \le i \le [\frac{d}{2}]-1)$, $c'_i = c_{2i-1}c_{2i}/c_2$ $(1 \le i \le [\frac{d}{2}])$ となる．また $\overline{\mathfrak{X}}$ の P-多項式スキームとしての交叉数は $\tilde{b}_i = b_i$ $(0 \le i \le [\frac{d}{2}]-1)$, $\tilde{c}_i = c_i$ $(1 \le i \le [\frac{d}{2}]-1)$, $\tilde{c}_{[\frac{d}{2}]} = (1+k_d)c_{[\frac{d}{2}]}$（$d$ が偶数のとき），$c_{[\frac{d}{2}]}$（d が奇数のとき）となる．ただし d が偶数のとき $k_d = b_{[\frac{d}{2}]}/c_{[\frac{d}{2}]}$ である．

$\mathfrak{X}$ が Q-多項式スキームとして双対 2 部的となる条件は $a^*_i = 0$ $(0 \le i \le d)$ と書け，双対対蹠的となる条件は $b^*_i = c^*_{d-i}$ $(0 \le i \le d-1,\ i \ne [\frac{d}{2}])$ と書けることに注意する．ただし $a^*_i = q^i_{1,i}$, $b^*_i = q^i_{1,i+1}$, $c^*_i = q^i_{1,i-1}$ は $\mathfrak{X}$ の双対交叉数である．このとき $\frac{1}{2}\mathfrak{X}$ の Q-多項式スキームとしての双対交叉数は $\tilde{b}^*_i = b^*_i$ $(0 \le i \le [\frac{d}{2}]-1)$, $\tilde{c}^*_i = c^*_i$ $(1 \le i \le [\frac{d}{2}]-1)$, $\tilde{c}^*_{[\frac{d}{2}]} = (1+m_d)c^*_{[\frac{d}{2}]}$（$d$ が偶数のとき），$c^*_{[\frac{d}{2}]}$（d が奇数のとき）となる．ただし d が偶数のとき $m_d = b^*_{[\frac{d}{2}]}/c^*_{[\frac{d}{2}]}$ である．また $\overline{\mathfrak{X}}$ の Q-多項式スキームとしての双対交叉数は，$\hat{b}^*_i = b^*_{2i}b^*_{2i+1}/c^*_i$ $(0 \le i \le [\frac{d}{2}]-1)$, $\hat{c}^*_i = c^*_{2i-1}c^*_{2i}$ $(1 \le i \le [\frac{d}{2}])$ となる．

(i) $\overline{J(2d,d)}$：ジョンソンスキーム $J(v,d)$ $(v=2d)$ の対蹠商

ジョンソンスキーム $J(2d,d)$ の交叉数 $b_i = p^i_{1,i+1}$, $c_i = p^i_{1,i-1}$ は $b_i = (d-i)^2$, $0 \le i \le d-1$, $c_i = i^2$, $1 \le i \le d$ であるから，$b_i = c_{d-i}$, $0 \le i \le d-1$ が成り立ち，$J(2d,d)$ は対蹠的である．また $J(2d,d)$ の双対交叉数 $b^*_i = q^i_{1,i+1}$, $c^*_i = q^i_{1,i-1}$ は $b^*_i = (2d-1)(2d+1-i)(d-i)/d(2d+1-2i)$, $0 \le i \le d-1$, $c^*_i = (2d-1)i(d+1-i)/d(2d+1-2i)$, $1 \le i \le d$ であるから $a^*_i = 0$, $0 \le i \le d$ が成り立ち，したがって $J(2d,d)$ は双対 2 部的になっていることに注

意する．$J(2d,d)$ の対蹠商 $\overline{J(2d,d)}$ の P-多項式スキームとしての交叉数を改めて $b_i = p^i_{1,i+1}$, $c_i = p^i_{1,i-1}$ と書けばそれらは

$$b_i = (d-i)^2, \quad 0 \le i \le \left[\frac{d}{2}\right] - 1$$

$$c_i = i^2, \quad 1 \le i \le \left[\frac{d}{2}\right] - 1$$

$$c_{[\frac{d}{2}]} = \begin{cases} 2\left[\dfrac{d}{2}\right]^2, & (d\text{ が偶数のとき}), \\ \left[\dfrac{d}{2}\right]^2, & (d\text{ が奇数のとき}) \end{cases}$$

で与えられる．$\overline{J(2d,d)}$ は Q-多項式スキームでもあり次の AW-パラメーターを持つ．

$$\Lambda_{\mathrm{II}} = \left(r_1, r_2, s, s^*;\ h, h^*, \theta_0, \theta^*_0 \;\middle|\; \left[\frac{d}{2}\right] \right):$$

$$r_1 = -d-1, \quad r_2 = \begin{cases} -\dfrac{d}{2} - \dfrac{1}{2} & (d\text{ が偶数のとき}), \\ -\dfrac{d}{2} - 1 & (d\text{ が奇数のとき}), \end{cases}$$

$$s = -d - \frac{3}{2}, \quad s^* = -d-1;$$

$$h = 4, \quad h^* = \frac{2(2d-1)(2d-3)}{d(d-1)},$$

$$\theta_0 = d^2, \quad \theta^*_0 = d(2d-3).$$

このとき他のパラメーターは以下の通りである．

$$\theta_i = d^2 + 2i(2i-2d-1), \quad 0 \le i \le \left[\frac{d}{2}\right],$$

$$\theta^*_i = d(2d-3) + \frac{2(2d-1)(2d-3)}{d(d-1)} i(i-d), \quad 0 \le i \le \left[\frac{d}{2}\right],$$

$$\lambda_i = hh^*(i+1)(i - \frac{d-1}{2})(i - \frac{d}{2})(i-d), \quad 0 \le i \le \left[\frac{d}{2}\right] - 1,$$

$$\hat{\lambda}_i = hh^*(i+1)^2 \left(i - \left[\frac{d}{2}\right]\right)\left(i + \frac{1}{2} - \left[\frac{d}{2}\right]\right), \quad 0 \le i \le \left[\frac{d}{2}\right] - 1,$$

$$b^*_i = \frac{h^*}{2} \frac{(2d+1-2i)(d-2i)(d-i)(d-2i-1)}{(2d+1-4i)(2d-1-4i)},$$

$$0 \le i \le \left[\frac{d}{2}\right] - 1,$$

$$c_i^* = \frac{h^*}{2}\frac{i(2i-1)(d+2-2i)(d+1-2i)}{(2d+3-4i)(2d+1-4i)}, \quad 0 \le i \le \left[\frac{d}{2}\right],$$

$$k_i = \binom{d}{i}^2, \quad 0 \le i \le \left[\frac{d}{2}\right]-1,$$

$$k_{[\frac{d}{2}]} = \begin{cases} \frac{1}{2}\binom{d}{d/2}^2, & (d\text{ が偶数のとき}), \\ \binom{d}{\frac{d-1}{2}}^2, & (d\text{ が奇数のとき}) \end{cases}$$

$$m_i = \frac{2d+1-4i}{2d+1-2i}\binom{2d}{2i}, \quad 0 \le i \le \left[\frac{d}{2}\right].$$

(ii) $\frac{1}{2}D_d(q)$：デュアル・ポーラースキーム $D_d(q)$ の半截

デュアル・ポーラースキーム $D_d(q)$ の交叉数 $b_i = p^i_{1,i+1}$, $c_i = p^i_{1,i-1}$ は $b_i = q^i(q^{d-i}-1)/(q-1)$, $0 \le i \le d-1$, $c_i = (q^i-1)/(q-1)$, $1 \le i \le d$ であるから $a_i = 0$, $0 \le i \le d$, が成り立ち $D_d(q)$ は 2 部的である．また $D_d(q)$ の双対交叉数 $b_i^* = q^i_{1,i+1}$, $c_i^* = q^i_{1,i-1}$ は

$$b_i^* = h^*(q^{d-i}-1)(q^{d-i}+1)/q^{2i+1}(q^{d-1-2i}+1)(q^{d-2i}+1),$$
$$0 \le i \le d-1,$$
$$c_i^* = h^*(q^i-1)(q^i+1)/q^{2i}(q^{d+1-2i}+1)(q^{d-2i}+1), \quad 1 \le i \le d$$

であるから $b_i^* = c_{d-i}^*$ が成り立ち，$\frac{1}{2}D_d(q)$ は双対対蹠的であることに注意する．$D_d(q)$ の半截 $\frac{1}{2}D_d(q)$ の P-多項式スキームとしての交叉数を改めて $b_i = p^i_{1,i+1}$, $c_i = p^i_{1,i-1}$ と書けば，それらは

$$b_i = \frac{q^{4i+1}(q^{d-2i}-1)(q^{d-2i-1}-1)}{(q-1)(q^2-1)}, \quad 0 \le i \le \left[\frac{d}{2}\right]-1,$$
$$c_i = \frac{(q^{2i-1}-1)(q^{2i}-1)}{(q-1)(q^2-1)}, \quad 1 \le i \le \left[\frac{d}{2}\right]$$

で与えられる．$\frac{1}{2}D_d(q)$ は Q-多項式スキームでもあり，次の AW-パラメーターを持つ．

$$\Lambda_{\mathrm{I}} = \left(r_1, r_2, s, s^*;\ h, h^*, \theta_0, \theta_0^* \,\middle|\, q^2, \left[\frac{d}{2}\right]\right):$$

$$r_1 = \begin{cases} q^{-d-1} & (d\text{ が偶数のとき}), \\ q^{-d-2} & (d\text{ が奇数のとき}), \end{cases} \qquad r_2 = 0,$$

$$s = q^{-2(d+1)}, \quad s^* = 0;$$

$$h = \frac{q^{2d}}{(q-1)(q^2-1)}, \quad h^* = \frac{q^2(q^{d-1}+1)(q^{d-2}+1)}{q^2-1},$$
$$\theta_0 = \frac{q(q^d-1)(q^{d-1}-1)}{(q-1)(q^2-1)}, \quad \theta_0^* = \frac{q(q^{d-2}+1)(q^d+1)}{q^2-1}.$$

このとき他のパラメーターは以下の通りである.

$$\theta_i = \theta_0 - \frac{(q^{2i}-1)(q^{2d-2i}-1)}{(q-1)(q^2-1)}, \quad 0 \le i \le \left[\frac{d}{2}\right],$$
$$\theta_i^* = \theta_0^* - h^*(1-q^{-2i}), \quad 0 \le i \le \left[\frac{d}{2}\right],$$
$$\lambda_i = -hh^* q^{-2d-1}(q^{2i+2}-1)(q^{d-2i}-1)(q^{d-2i-1}-1), \quad 0 \le i \le \left[\frac{d}{2}\right]-1,$$
$$\hat{\lambda}_i = hh^* q^{-2d-2-2i}(q^{2i+2}-1)(q^{2i+1}-1)(q^{2[\frac{d}{2}]-2i}-1), \quad 0 \le i \le \left[\frac{d}{2}\right]-1,$$
$$b_i^* = h^* \frac{q^{2(d-i)}-1}{q^{2i+1}(q^{d-1-2i}+1)(q^{d-2i}+1)}, \quad 0 \le i \le \left[\frac{d}{2}\right]-1,$$
$$c_i^* = h^* \frac{q^{2i}-1}{q^{2i}(q^{d+1-2i}+1)(q^{d-2i}+1)}, \quad 1 \le i \le \left[\frac{d}{2}\right]-1,$$
$$c_{[\frac{d}{2}]}^* = \begin{cases} \dfrac{(q^d-1)(q^{d-1}+1)(q^{d-2}+1)}{q^{d-2}(q+1)(q^2-1)} & (d\text{ が偶数のとき}), \\[2ex] \dfrac{(q^{d-1}-1)(q^{d-1}+1)(q^{d-2}+1)}{q^{d-3}(q+1)(q^4-1)} & (d\text{ が奇数のとき}), \end{cases}$$
$$k_i = q^{i(2i-1)} \binom{d}{2i}_q, \quad 0 \le i \le [\frac{d}{2}],$$
$$m_i = q^i \binom{d}{i}_q \frac{q^{d-2i}+1}{q^{d-i}+1} \prod_{j=0}^{i-1} \frac{q^{d-1-j}+1}{q^{j+1}+1}, \quad 0 \le i \le \left[\frac{d}{2}\right]-1,$$
$$m_{[\frac{d}{2}]} = \begin{cases} q^{\frac{d}{2}} \dbinom{d}{\frac{d}{2}}_q \dfrac{1}{q^{\frac{d}{2}+1}} \displaystyle\prod_{j=0}^{\frac{d}{2}-1} \dfrac{q^{d-1-j}+1}{q^{j+1}+1} & (d\text{ が偶数のとき}), \\[2ex] q^{\frac{d-1}{2}} \dbinom{d}{\frac{d-1}{2}}_q \dfrac{q+1}{q^{\frac{d+1}{2}+1}} \displaystyle\prod_{j=0}^{\frac{d-1}{2}-1} \dfrac{q^{d-1-j}+1}{q^{j+1}+1} & (d\text{ が奇数のとき}). \end{cases}$$

(iii) $\frac{1}{2}H(d,2)$ と $\overline{H(d,2)}$：ハミングスキーム $H(d,q)$, $(q=2)$ の半載と対蹠商

ハミングスキーム $H(d,2)$ の交叉数 $b_i = p^i_{1,i+1}$, $c_i = p^i_{1,i-1}$ と双対交叉数 $b^*_i = q^i_{1,i+1}$, $c^*_i = q^i_{1,i-1}$ について，$b_i = b^*_i = d-i, 0 \le i \le d-1, c_i = c^*_i = i$, $1 \le i \le d$ が成り立つ．したがって $H(d,2)$ は2部的かつ双対対蹠的であり，また対蹠的かつ双対2部的である．

$H(d,2)$ の半載 $\frac{1}{2}H(d,2)$ の P-多項式スキームとしての交叉数を改めて $b_i = p^i_{1,i+1}$, $c_i = p^i_{1,i-1}$, と書けば，それらは

$$b_i = \frac{1}{2}(d-2i)(d-2i-1), \quad 0 \le i \le \left[\frac{d}{2}\right] - 1,$$
$$c_i = i(2i-1), \quad 1 \le i \le \left[\frac{d}{2}\right]$$

で与えられる．$\frac{1}{2}H(d,2)$ は Q-多項式スキームでもあり，次の AW-パラメーターを持つ．

$$\Lambda_{\mathrm{IIA}} = \left(r_1, -, s, -;\ h, h^*, \theta_0, \theta^*_0 \;\middle|\; \left[\frac{d}{2}\right]\right):$$
$$r_1 = \begin{cases} -\dfrac{d}{2} - \dfrac{1}{2} & (d \text{ が偶数のとき}), \\ -\dfrac{d}{2} - 1 & (d \text{ が奇数のとき}), \end{cases} \qquad s = -d-1;$$
$$h = 2, \quad h^* = -4, \quad \theta_0 = \frac{1}{2}d(d-1), \quad \theta^*_0 = d.$$

このとき他のパラメーターは以下の通りである．

$$\theta_i = \frac{1}{2}d(d-1) - 2i(d-i), \quad 0 \le i \le \left[\frac{d}{2}\right],$$
$$\theta^*_i = d - 4i, \quad 0 \le i \le \left[\frac{d}{2}\right],$$
$$\lambda_i = hh^*(i+1)\left(i - \frac{d}{2}\right)\left(i - \frac{d-1}{2}\right), \quad 0 \le i \le \left[\frac{d}{2}\right] - 1,$$
$$\hat{\lambda}_i = hh^*(i+1)\left(i + \frac{1}{2}\right)\left(i - \left[\frac{d}{2}\right]\right), \quad 0 \le i \le \left[\frac{d}{2}\right] - 1,$$
$$b^*_i = d - i, \quad 0 \le i \le \left[\frac{d}{2}\right] - 1,$$
$$c^*_i = i, \quad 1 \le i \le \left[\frac{d}{2}\right] - 1, \quad c^*_{[\frac{d}{2}]} = \begin{cases} d & (d \text{ が偶数のとき}), \\ \dfrac{d-1}{2} & (d \text{ が奇数のとき}), \end{cases}$$
$$k_i = \binom{d}{2i}, \quad 0 \le i \le \left[\frac{d}{2}\right],$$

$$m_i = \binom{d}{i}, \quad 0 \le i \le \left[\frac{d}{2}\right] - 1, \quad m_{[\frac{d}{2}]} = \begin{cases} \frac{1}{2}\binom{d}{\frac{d}{2}} & (d\text{ が偶数のとき}), \\ \binom{d}{\frac{d-1}{2}} & (d\text{ が奇数のとき}). \end{cases}$$

次に $H(d,2)$ の対蹠商 $\overline{H(d,2)}$ の P-多項式スキームとしての交叉数を改めて $b_i = p^i_{1,i+1}$, $c_i = p^i_{1,i-1}$, と書けば，それらは

$$b_i = d - i, \quad 0 \le i \le \left[\frac{d}{2}\right] - 1,$$

$$c_i = i, \quad 1 \le i \le \left[\frac{d}{2}\right] - 1, \quad c_{[\frac{d}{2}]} = \begin{cases} d & (d\text{ が偶数のとき}), \\ \frac{d-1}{2} & (d\text{ が奇数のとき}) \end{cases}$$

で与えられる．$\overline{H(d,2)}$ は Q-多項式スキームでもあり，次の AW-パラメーターを持つ．

$$\Lambda_{\mathrm{IIB}} = \left(r_1, -, -, s^*;\ h, h^*, \theta_0, \theta^*_0 \ \middle|\ \left[\frac{d}{2}\right]\right):$$

$$r_1 = \begin{cases} -\frac{d}{2} - \frac{1}{2} & (d\text{ が偶数のとき}), \\ -\frac{d}{2} - 1 & (d\text{ が奇数のとき}), \end{cases} \qquad s^* = -d - 1;$$

$$h = -4, \quad h^* = 2, \quad \theta_0 = d, \quad \theta^*_0 = \frac{1}{2}d(d-1)$$

このとき他のパラメーターは以下の通りである．

$$\theta_i = d - 4i, \quad 0 \le i \le \left[\frac{d}{2}\right],$$

$$\theta^*_i = \frac{1}{2}d(d-1) - 2i(d-i), \quad 0 \le i \le \left[\frac{d}{2}\right],$$

$$\lambda_i = hh^*(i+1)\left(i - \frac{d}{2}\right)\left(i - \frac{d-1}{2}\right), \quad 0 \le i \le \left[\frac{d}{2}\right] - 1,$$

$$\hat{\lambda}_i = hh^*(i+1)\left(i - \left[\frac{d}{2}\right]\right)\left(i - \left[\frac{d}{2}\right] + \frac{1}{2}\right), \quad 0 \le i \le \left[\frac{d}{2}\right] - 1,$$

$$b^*_i = \frac{1}{2}(d-2i)(d-2i-1), \quad 0 \le i \le \left[\frac{d}{2}\right] - 1,$$

$$c^*_i = i(2i-1), \quad 1 \le i \le \left[\frac{d}{2}\right],$$

$$k_i = \binom{d}{i}, \quad 0 \le i \le \left[\frac{d}{2}\right] - 1, \quad k_{[\frac{d}{2}]} = \begin{cases} \frac{1}{2}\binom{d}{\frac{d}{2}} & (d\text{ が偶数のとき}), \\ \binom{d}{\frac{d-1}{2}} & (d\text{ が奇数のとき}), \end{cases},$$

$$m_i = \binom{d}{2i}, \quad 0 \le i \le \left[\frac{d}{2}\right].$$

$\frac{1}{2}H(d,2)$ の P-多項式スキームとしての構造は $\overline{H(d,2)}$ の Q-多項式スキームとしての構造と同じであり，$\frac{1}{2}H(d,2)$ の Q-多項式スキームとしての構造は $\overline{H(d,2)}$ の P-多項式スキームとしての構造と同じであることに注意する．

d が奇数のとき $\frac{1}{2}H(d,2)$ と $\overline{H(d,2)}$ はアソシエーションスキームとして同型である．これらは二つの P-多項式順序と二つの Q-多項式順序を持ち，同型対応によって自然な P-多項式順序が第 2 の P-多項式順序に，自然な Q-多項式順序が第 2 の Q-多項式順序に対応する（本小節 (b) 参照）．

$\frac{1}{2}H(d,2)$，$\overline{H(d,2)}$ はともに，d が偶数のとき，そのときに限り非原始的になる．その場合は $\frac{1}{2}H(d,2)$ は P-多項式スキームとして対蹠的（Q-多項式スキームとして双対 2 部的）となり，$\overline{H(d,2)}$ は P-多項式スキームとして 2 部的（Q-多項式スキームとして双対対蹠的）となる．このことは交叉数 b_i, c_i（双対交叉数 b_i^*, c_i^*）から読み取ることができる．

ここで直径の d（偶数）を改めて $2d$ と書くことにする．このとき

$$\overline{\frac{1}{2}H(2d,2)} \cong \frac{1}{2}\,\overline{H(2d,2)}$$

が成り立つ．すなわち $\frac{1}{2}H(2d,2)$ の対蹠商と $\overline{H(2d,2)}$ の半載は同型となる．この事実は $H(2d,2)$ の半載において対蹠関係 $R_0 \cup R_{2d}$ が閉じていることに注意すれば，容易に確かめることができる．$\overline{\frac{1}{2}H(2d,2)} \cong \frac{1}{2}\,\overline{H(2d,2)}$ の交叉数を改めて $b_i = p^i_{1,i+1}$, $c_i = p^i_{1,i-1}$ と書けばそれらは

$$b_i = (d-i)(2d-2i-1), \quad 0 \le i \le \left[\frac{d}{2}\right] - 1,$$

$$c_i = i(2i-1), \quad 1 \le i \le \left[\frac{d}{2}\right] - 1,$$

$$c_{[\frac{d}{2}]} = \begin{cases} d(d-1) & (d\text{ が偶数のとき}), \\ \dfrac{(d-1)(d-2)}{2} & (d\text{ が奇数のとき}) \end{cases}$$

で与えられる．$\overline{\frac{1}{2}H(2d,2)} \cong \frac{1}{2}\,\overline{H(2d,2)}$ は Q-多項式スキームでもあり，次の AW-パラメーターを持つ．

$$\Lambda_{\mathrm{II}} = \left(r_1, r_2, s, s^*;\ h, h^*, \theta_0, \theta_0^* \;\middle|\; \left[\frac{d}{2}\right]\right):$$

$$r_1 = \begin{cases} -\dfrac{d}{2} - \dfrac{1}{2} & (d \text{ が偶数のとき}), \\ -\dfrac{d}{2} - 1 & (d \text{ が奇数のとき}), \end{cases} \qquad r_2 = -d - \frac{1}{2},$$

$$s = s^* = -d - 1;$$

$$h = h^* = 8, \quad \theta_0 = \theta_0^* = d(2d-1).$$

このとき他のパラメーターは以下の通りである.

$$\theta_i = \theta_i^* = d(2d-1) - 8i(d-i), \quad 0 \le i \le \left[\frac{d}{2}\right],$$

$$\lambda_i = 8(i+1)(2i-d)(2i-d+1)(2i-2d+1), \qquad 0 \le i \le \left[\frac{d}{2}\right] - 1,$$

$$\hat{\lambda}_i = 8(i+1)(2i+1)\left(2i - 2\left[\frac{d}{2}\right]\right)\left(2i - 2\left[\frac{d}{2}\right] + 1\right), \qquad 0 \le i \le \left[\frac{d}{2}\right] - 1,$$

$$b_i^* = b_i, \quad 0 \le i \le \left[\frac{d}{2}\right] - 1,$$

$$c_i^* = c_i, \quad 1 \le i \le \left[\frac{d}{2}\right],$$

$$k_i = m_i = \binom{2d}{2i}, \quad 0 \le i \le \left[\frac{d}{2}\right] - 1,$$

$$k_{[\frac{d}{2}]} = m_{[\frac{d}{2}]} = \begin{cases} \dfrac{1}{2}\dbinom{2d}{d} & (d \text{ が偶数のとき}), \\ \dbinom{2d}{d-1} & (d \text{ が奇数のとき}). \end{cases}$$

(b) 第 2 の P-または Q-多項式順序に関してコアから派生する場合

本小々節では対称なアソシエーションスキーム $\mathfrak{X} = (X, \{R_i\}_{0 \le i \le d})$ が二つの P-多項式順序を持つ場合，それらの P-多項式スキームは別のものと考える．同様に二つの Q-多項式順序を持つ場合，それらの Q-多項式スキームは別のものと考える．

$\mathfrak{X} = (X, \{R_i\}_{0 \le i \le d})$ を P-かつ Q-多項式スキームとする．P-多項式順序を $R_0, R_1, \ldots, R_d$ とし R_1 の隣接行列を A_1 とする．このとき原始ベキ等元達 $\{E_i\}_{0 \le i \le d}$ は A_1 の固有値達 $\{\theta_i\}_{0 \le i \le d}$ と $A_1 = \sum_{i=0}^{d} \theta_i E_i$ によって対応付けられていることに注意する．P-多項式順序 $R_0, R_1, \ldots, R_d$ から交叉数 $b_i = p^i_{1,i+1}$, $0 \le i \le d-1$, $c_i = p^i_{1,i-1}$, $1 \le i \le d$ が定まるが，これらの交叉数はある AW-パラメーター Λ_Z による表示を持

つ（ただし Z はタイプ I, IA, II, IIA, IIB, IIC, III のうちのいずれかをとる）．AW-パラメーター Λ_Z は隣接行列 A_1 の固有値達の順序 $\theta_0, \theta_1, \ldots, \theta_d$ を定め，したがって Q-多項式スキーム順序 $E_0, E_1, \ldots, E_d$ を定める．それゆえ，P-かつ Q-多項式スキームが二つの Q-多項式順序を持つならば固定された P-多項式順序によって定まる交叉数 b_i, $0 \le i \le d-1$, c_i, $1 \le i \le d$ は，相異なる二つの AW-パラメーター表示を持たなければならない．

同様に，P-かつ Q-多項式スキーム $\mathfrak{X} = (X, \{R_i\}_{0 \le i \le d})$ が二つの P-多項式順序を持つならば，原始ベキ等元達の固定された Q-多項式順序 $E_0, E_1, \ldots, E_d$ によって定まる双対交叉数 b_i^*, $0 \le i \le d-1$, c_i^*, $1 \le i \le d$ は相異なる二つの AW-パラメーター表示を持たなければならない．

(i) ジョンソンスキーム $J(2d+1, d)$

ジョンソンスキーム $J(v, d)$, $1 \le d \le \frac{v}{2}$ はすでに見たように IIA 型の AW-パラメーター $\Lambda_{\mathrm{IIA}} = (r_1, -, s, -;\ h, h^*, \theta_0, \theta_0^* \mid d)$, $r_1 = -v+d-1$, $s = -v-2$; $h = 1$, $h^* = -v(v-1)/d(v-d)$; $\theta_0 = d(v-d)$, $\theta_0^* = v-1$ を持つところの P-かつ Q-多項式スキームである．$v = 2d+1$ のとき，双対交叉数 $b_i^* = q_{1,i+1}^i$, $c_i^* = q_{1,i-1}^i$ は

$$b_i^* = \frac{2d+1}{d+1}\frac{(d-i)(2d+2-i)}{2d+1-2i}, \quad 0 \le i \le d-1,$$
$$c_i^* = \frac{2d+1}{d+1}\frac{i(d+2-i)}{2d+3-2i}, \quad 1 \le i \le d$$

となり，$J(2d+1, d)$ のこれらの双対交叉数は，次のようなもう一つの AW-パラメーター表示を持つ．

$$\begin{aligned}
&\Lambda_{\mathrm{III}} = (r_1, r_2, s, s^*;\ h, h^*, \theta_0, \theta_0^* \mid d) : \\
&\quad r_1 = -2d-3, \quad r_2 = -d-1, \quad s = -2d-3, \quad s^* = -2d-2; \\
&\quad h = -\frac{1}{2}, \quad h^* = -\frac{2d+1}{2(d+1)}, \quad \theta_0 = d+1, \quad \theta_0^* = 2d.
\end{aligned}$$

このとき他のパラメーターは以下の通りである．

$$\theta_i = (-1)^i(d+1-i), \quad 0 \le i \le d$$
$$\begin{cases} \theta_{2i}^* = 2d - 2\dfrac{2d+1}{d+1}i, & 0 \le i \le \dfrac{d}{2}, \\ \theta_{2i+1}^* = 2d - 2\dfrac{2d+1}{d+1}(d-i), & 0 \le i \le \dfrac{d-1}{2}, \end{cases} \tag{6.287}$$

$$\lambda_i = -\frac{2d+1}{d+1}(i-d)(i+1)^{\varepsilon(i+1)}(i-2d-2)^{\varepsilon(i)}, \quad 0 \le i \le d-1,$$
$$\hat{\lambda}_i = (-1)^d \ \frac{2d+1}{d+1}(i-d)(i+1)^{\varepsilon(i+1)}(i+2)^{\varepsilon(i)}, \quad 0 \le i \le d-1,$$

(ただし j が偶数のとき $\varepsilon(j)=1$, j が奇数のとき $\varepsilon(j)=0$),

$$b_i = d+1-\left[\frac{i+1}{2}\right], \quad 0 \le i \le d-1,$$
$$c_i = \left[\frac{i+1}{2}\right], \quad 1 \le i \le d,$$
$$k_i = \binom{d}{i}\binom{d+1}{[\frac{i+1}{2}]}, \quad 0 \le i \le d,$$
$$m_i = \frac{2(d+1-i)}{2d+2-i}\binom{2d+1}{i}, \quad 0 \le i \le d.$$

ジョンソンスキーム $J(2d+1,d)$ において Q-多項式順序 $E_0, E_1, \ldots, E_d$ は固定されておりこの Q-多項式順序によって定まる双対交叉数 b_i^*, $0 \le i \le d-1$, c_i^*, $1 \le i \le d$ が IIA 型の AW-パラメーター表示と III 型の AW-パラメーター表示を持ったことになる．したがって原始ベキ等元 E_1 の双対固有値 $\{Q_1(i)\}_{0 \le i \le d}$ は，AW-パラメーター Λ_{IIA} から定まる表示 $\theta_i^*(\mathrm{IIA})$, $0 \le i \le d$ と AW パラメータ Λ_{III} から定まる表示 $\theta_i^*(\mathrm{III})$, $0 \le i \le d$ を持ったことになる．$\theta_i^*(\mathrm{IIA}) = 2d - 2\frac{2d+1}{d(d+1)}i$, $0 \le i \le d$ であったから (6.287) より

$$\theta_{2i}^*(\mathrm{III}) = \theta_i^*(\mathrm{IIA}), \quad 0 \le i \le \frac{d}{2},$$
$$\theta_{2i+1}^*(\mathrm{III}) = \theta_{d-i}^*(\mathrm{IIA}), \quad 0 \le i \le \frac{d-1}{2}$$

が成り立つ．このことは，IIA 型の AW-パラメーター表示によって定まる P-多項式順序を $R_0, R_1, \ldots, R_d$ とすると III 型の AW-パラメーターによって定まる P-多項式順序は

$$R_0, R_d, R_1, R_{d-1}, \ldots$$

となることを意味する．関係 R_1 が定める距離正則グラフはジョンソングラフ $J(2d+1,d)$ であり，関係 R_d が定める距離正則グラフは Odd グラフ O_d である．Odd グラフの P-多項式順序を基準とすればジョンソングラフ $J(2d+1,d)$ の P-多項式順序は

$$R_0, R_2, R_4, \ldots, R_3, R_1$$

となるが，これは Odd グラフ O_d が概 2 部的 ($a_i = 0$, $0 \le i \le d-1$, $a_d \ne 0$) であることによっても裏付けられる．

(ii) デュアル・ポーラースキーム ${}^2A_{2d-1}(r)$

デュアル・ポーラースキームはすでに見たようにI型の AW-パラメーター $\Lambda_{\mathrm{I}} = (r_1, r_2, s, s^*;\ h, h^*, \theta_0, \theta_0^* \mid d)$, $r_1 = r_2 = s^* = 0$, $s = -r^{-2d-3}$; $h = r^{2d+1}/(r^2-1)$, $h^* = r^3(r^{2d-1}+1)(r^{2d-3}+1)/(r^2-1)(r+1)$, $\theta_0 = r(r^{2d}-1)/(r^2-1)$, $\theta_0^* = r^2(r^{2d}-1)(r^{2d-3}+1)/(r^2-1)(r+1)$ を持つところの P-かつ Q-多項式スキームである．交叉数 $b_i = p^i_{1,i+1}$, $c_i = p^i_{1,i-1}$ は

$$\begin{aligned} b_i &= \frac{r^{2d+1}}{r^2-1}(1 - r^{2(i-d)}), \quad 0 \le i \le d-1, \\ c_i &= \frac{1}{r^2-1}(r^{2i}-1), \quad 1 \le i \le d \end{aligned}$$

となり，${}^2A_{2d-1}(r)$ のこれらの交叉数は，次のようなもう一つの AW-パラメーター表示を持つ．

$$\begin{aligned} &\Lambda_{\mathrm{I}} = (r_1, r_2, s, s^*;\ h, h^*, \theta_0, \theta_0^* \mid -r, d): \\ &r_1 = (-1)^d\, r^{-d-1}, \quad r_2 = 0, \quad s = r^{-2d-2}, \quad s^* = 0; \\ &h = \frac{r^{2d+1}}{r^2-1}, \quad h^* = \frac{r(r^{2d-1}+1)}{r+1}, \quad \theta_0 = \frac{r(r^{2d}-1)}{r^2-1}, \quad \theta_0^* = h^*. \end{aligned}$$

このとき他のパラメーターは以下の通りである．

$$\begin{cases} \theta_{2i} = \theta_0 - \dfrac{1}{r^2-1}(r^{2i}-1)(r^{2d+1-2i}+1), & 0 \le i \le \dfrac{d}{2}, \\ \theta_{2i+1} = \theta_0 - \dfrac{1}{r^2-1}(r^{2d-2i}-1)(r^{2i+1}+1), & 0 \le i \le \dfrac{d-1}{2}, \end{cases} \tag{6.288}$$

$$\begin{aligned} &\theta_i^* = \theta_0^* - h^*(1-(-r)^i), \quad 0 \le i \le d, \\ &\lambda_i = -hh^* r^{-2i-1}(1-r^{2i-2d})(1-(-r)^{i+1}), \quad 0 \le i \le d-1, \\ &\hat{\lambda}_i = (-1)^d hh^* r^{-d-2i-2}(1-r^{2i+2})(1-(-r)^{i-d}), \\ &\qquad\qquad\qquad 0 \le i \le d-1, \end{aligned}$$

$$\begin{cases} b^*_{2i} = h^* \dfrac{1+r^{2i-2d-1}}{1+r^{4i-2d-1}}, & 0 \le i \le \dfrac{d-1}{2}, \\ b^*_{2i+1} = h^* \dfrac{1-r^{2i-2d}}{1+r^{4i-2d+1}}, & 0 \le i \le \dfrac{d-2}{2}, \end{cases}$$

$$\begin{cases} c^*_{2i} = -h^* r^{2i-2d-1} \dfrac{1-r^{2i}}{1+r^{4i-2d-1}}, & 1 \le i \le \dfrac{d}{2}, \\ c^*_{2i+1} = h^* r^{2i-2d} \dfrac{1+r^{2i+1}}{1+r^{4i-2d+1}}, & 1 \le i \le \dfrac{d-1}{2}, \end{cases}$$

$$k_i = r^{i^2} \binom{d}{i}_{r^2}, \quad 0 \le i \le d,$$

$$\begin{cases} m_{2i} = r^{2i}\binom{d}{i}_{r^2} \dfrac{r^{2d+1-4i}+1}{r^{2d+1-2i}+1} \displaystyle\prod_{j=0}^{i-1} \dfrac{r^{2d-1-2j}+1}{r^{2j-1}+1}, \\ \qquad\qquad\qquad\qquad\qquad\qquad\qquad 0 \leq i \leq \dfrac{d}{2}, \\ m_{2i+1} = r^{2d-2i}\binom{d}{i}_{r^2} \dfrac{r^{4i+1-2d}+1}{r^{2i+1}+1} \displaystyle\prod_{j=0}^{d-i-1} \dfrac{r^{2d-1-2j}+1}{r^{2j-1}+1}, \\ \qquad\qquad\qquad\qquad\qquad\qquad\qquad 0 \leq i \leq \dfrac{d-1}{2}. \end{cases}$$

デュアル・ポーラースキーム $^2A_{2d-1}(r)$ において P-多項式順序 $R_0, R_1, \ldots, R_d$ は固定されており，この P-多項式順序によって定まる交叉数 b_i, $0 \leq i \leq d-1$, c_i, $1 \leq i \leq d$ が I 型の AW-パラメーター表示を 2 種類持ったことになる．したがって R_1 の隣接行列 A_1 の固有値 $\{P_1(i)\}_{0 \leq i \leq d}$ は第 1 番目の AW-パラメーター $\Lambda_{\text{I-1}}$ から定まる表示 $\theta_i(\text{I-1})$, $0 \leq i \leq d$ と第 2 番目の AW-パラメーター $\Lambda_{\text{I-2}}$ から定まる表示 $\theta_i(\text{I-2})$, $0 \leq i \leq d$ を持ったことになる．$\theta_i(\text{I-1}) = \frac{r(r^{2d}-1)}{r^2-1} - \frac{1}{r^2-1}(r^{2i}-1)(r^{2d+1-2i}+1)$, $0 \leq i \leq d$ であったから (6.288) より

$$\theta_{2i}(\text{I-2}) = \theta_i(\text{I-1}), \quad 0 \leq i \leq \frac{d}{2},$$
$$\theta_{2i+1}(\text{I-2}) = \theta_{d-i}(\text{I-1}), \quad 0 \leq i \leq \frac{d-1}{2}$$

が成り立つ．このことは，第 1 番目の AW-パラメーター $\Lambda_{\text{I-1}}$ によって定まる Q-多項式順序を $E_0, E_1, \ldots, E_d$ とすると，第 2 番目の AW-パラメーター $\Lambda_{\text{I-2}}$ によって定まる Q-多項式順序は

$$E_0, E_d, E_1, E_{d-1}, \ldots$$

となることを意味する．第 2 番目の Q-多項式順序を基準とすれば 1 番目の Q-多項式順序は

$$E_0, E_2, E_4, \ldots, E_3, E_1$$

となるが，これは 2 番目の Q-多項式順序が双対概 2 部的 ($a_i^* = 0$, $0 \leq i \leq d-1$, $a_d^* \neq 0$) であることによっても裏付けられる．

(iii) ハミングスキーム $H(2d, 2)$

直径 $2d$ の binary Hamming scheme $H(2d, 2)$ の P-多項式順序として自然なものを $R_0, R_1, \ldots, R_{2d}$ とする．すなわち R_i はハミング距離が i となる関係である（第 2 章例 2.6）．この P-多項式順序によって定まる交叉数 $b_i = 2d - i$,

$0 \le i \le 2d-1$, $c_i = i$, $1 \le i \le 2d$ は，AW-パラメーター

$$\Lambda_{\mathrm{IIC}} = (r, -, -, -;\ h, h^*, \theta_0, \theta_0^* \mid 2d), \tag{6.289}$$
$$r = 2; \quad h = h^* = -2, \quad \theta_0 = \theta_0^* = 2d$$

を持ち，$H(2d, 2)$ が Q-多項式スキームとなることは前に見た通りである．このAW-パラメーター Λ_{IIC} によって定まる Q-多項式順序を $E_0, E_1, \ldots, E_{2d}$ とする．このとき他のパラメーターは次のようになる．

$$\theta_i = \theta_i^* = 2(d-i), \quad 0 \le i \le 2d,$$
$$\lambda_i = -\hat{\lambda}_i = 2(i+1)(i-2d), \quad 0 \le i \le 2d-1,$$
$$b_i^* = b_i = 2d - i, \quad 0 \le i \le 2d-1,$$
$$c_i^* = c_i = i, \quad 1 \le i \le 2d,$$
$$k_i = m_i = \binom{2d}{i}, \quad 0 \le i \le 2d.$$

容易に見てとれるように $b_i = c_{2d-i}$, $0 \le i \le 2d-1$, $a_i = 0$, $0 \le i \le 2d$ であるから，$H(2d, 2)$ は第 2 の P-多項式順序

$$R_0, R_{2d-1}, R_2, R_{2d-3}, R_4, R_{2d-5}, \ldots, R_5, R_{2d-4}, R_3, R_{2d-2}, R_1, R_{2d}$$

を持つ (本章 1.3 小節参照)．また $b_i^* = c_{2d-i}^*$, $0 \le i \le 2d-1$, $a_i^* = 0$, $0 \le i \le 2d$ であるから $H(2d, 2)$ は第 2 の Q-多項式順序

$$E_0, E_{2d-1}, E_2, E_{2d-3}, E_4, E_{2d-5}, \ldots, E_5, E_{2d-4}, E_3, E_{2d-2}, E_1, E_{2d}$$

を持つ．したがって P-多項式順序と Q-多項式順序の組合せ方が 4 通りあり，それに応じて 4 通りの P-かつ Q-多項式スキームが $H(2d, 2)$ から生じる．

まず第 1 の Q-多項式順序を固定する．このとき双対交叉数 $b_i^* = 2d - i$, $0 \le i \le 2d-1$, $c_i^* = i$, $1 \le i \le 2d$ は，次のようなもう一つの AW-パラメーターを持つ．

$$\Lambda_{\mathrm{III}} = (r_1, r_2, s, s^*;\ h, h^*, \theta_0, \theta_0^* \mid 2d), \tag{6.290}$$
$$r_1 = r_2 = -d - \frac{1}{2}, \quad s = s^* = -2d - 1;$$
$$h = h^* = -1, \quad \theta_0 = \theta_0^* = 2d.$$

このとき他のパラメーターは以下の通りである．

$$\begin{cases} \theta_{2i} = \theta^*_{2i} = 2(d-2i), & 0 \le i \le d \\ \theta_{2i+1} = \theta^*_{2i+1} = 2(2i+1-d), & 0 \le i \le d-1 \end{cases}$$

$$\lambda_i = -\hat{\lambda}_i = \begin{cases} -4(i-d+\frac{1}{2})(i-2d), \\ \qquad 0 \le i \le 2d-1 \ (i \text{ が偶数のとき}), \\ -4(i-d+\frac{1}{2})(i+1), \\ \qquad 0 \le i \le 2d-1 \ (i \text{ が奇数のとき}), \end{cases}$$

$$b_i = b^*_i = 2d-i, \quad 0 \le i \le 2d-1,$$

$$c_i = c^*_i = i, \quad 1 \le i \le 2d,$$

$$k_i = m_i = \binom{2d}{i}, \quad 0 \le i \le 2d.$$

E_1 の双対固有値の AW-パラメーター Λ_{IIC} による表示を $\theta^*_i(\mathrm{IIC})$ と書き，AW-パラメーター Λ_{III} による表示を $\theta^*_i(\mathrm{III})$ と書けば

$$\begin{aligned} \theta^*_{2i}(\mathrm{III}) &= \theta^*_{2i}(\mathrm{IIC}), & 0 \le i \le d \\ \theta^*_{2i+1}(\mathrm{III}) &= \theta^*_{2d-2i-1}(\mathrm{IIC}), & 0 \le i \le d-1 \end{aligned} \tag{6.291}$$

という関係があるから，$\theta^*_i(\mathrm{III})$ の順序から確かに第 2 の P-多項式順序が生じている．

次に第 1 の P-多項式順序を固定する．このとき交叉数 $b_i = 2d-i, 0 \le i \le 2d-1$, $c_i = i, 1 \le i \le 2d$ は，(6.290) とまったく同じ III 型の AW-パラメーター Λ_{III} による表示を持つ．R_1 の隣接行列 A_1 の固有値の AW-パラメーター Λ_{IIC} による表示を $\theta_i(\mathrm{IIC})$ と書き，AW-パラメーター Λ_{III} による表示を $\theta_i(\mathrm{III})$ と書けば，やはり

$$\begin{aligned} \theta_{2i}(\mathrm{III}) &= \theta_{2i}(\mathrm{IIC}), & 0 \le i \le d \\ \theta_{2i+1}(\mathrm{III}) &= \theta_{2d-2i-1}(\mathrm{IIC}), & 0 \le i \le d-1 \end{aligned} \tag{6.292}$$

という関係があるから，$\theta_i(\mathrm{III})$ の順序から確かに第 2 の Q-多項式順序が生じている．

P-かつ Q-多項式スキーム $H(2d, 2)$ が第 2 の P-多項式順序と第 1 の Q-多項式順序で定義されている場合を考える．ここで第 2 の P-多項式順序を固定する．このとき，R_{2d-1} の隣接行列 A_{2d-1} の固有値は III 型の AW-パラメーター Λ_{III} による表示 (6.290) を持ち，それを $\theta_i(\mathrm{III}), 0 \le i \le 2d$ と書けば，$\theta_i(\mathrm{III})$ が第 1 の

Q-多項式順序に対応していることに注意する．第2の P-多項式順序による交叉数は (6.290) により $b_i = 2d-i,\ 0 \le i \le 2d-1,\ c_i = i,\ 1 \le i \le 2d$ であるから，(6.289) とまったく同じ IIC 型の AW-パラメーター Λ_{IIC} による表示を持つ．A_{2d-1} の固有値の (6.289) による表示を $\theta_i(\mathrm{IIC})$ と書けば関係 (6.292) が成立するので，$\theta_i(\mathrm{IIC})$ は第2の Q-多項式順序に対応する．

Λ_{IIC} においては，$h = h^*,\ \theta_0 = \theta_0^*$ が成り立っており Λ_{III} においては，$s = s^*$, $h = h^*,\ \theta_0 = \theta_0^*$ が成り立っていることに注意する．

$H(2d,2)$ の AW-パラメーターの表

Q　＼　P	$R_0, R_1, \ldots$	$R_0, R_{2d-1}, R_2, \ldots, R_1, R_{2d}$
$E_0, E_1, \ldots$	Λ_{IIC}, (6.289)	Λ_{III}, (6.290)
$E_0, E_{2d-1}, E_2, \ldots, E_1, E_{2d}$	Λ_{III}, (6.290)	Λ_{IIC}, (6.289)

(iv) $\frac{1}{2}H(2d+1,2)$：ハミングスキーム $H(2d+1,2)$ の半載

ハミングスキーム $H(2d+1,2)$ の半載 $\frac{1}{2}H(2d+1,2)$ は IIA 型の AW-パラメーター

$$\Lambda_{\mathrm{IIA}} = (r_1, -, s, -;\ h, h^*, \theta_0, \theta_0^* \mid d) \tag{6.293}$$
$$r_1 = -d - \frac{3}{2}, \quad s = -2d-2;$$
$$h = 2, \quad h^* = -4, \quad \theta_0 = d(2d+1), \quad \theta_0^* = 2d+1$$

を持ち，したがって P-かつ Q-多項式スキームとなることは前に見た通りである．この AW-パラメーター Λ_{IIA} によって定まる P-多項式順序を $R_0, R_1, \ldots, R_d$ とし，Q-多項式順序を $E_0, E_1, \ldots, E_d$ とする．このとき，交叉数および双対交叉数は

$$b_i = (d-i)(2d+1-2i), \quad 0 \le i \le d-1,$$
$$c_i = i(2i-1), \quad 1 \le i \le d,$$
$$b_i^* = 2d+1-i, \quad 0 \le i \le d-1,$$
$$c_i^* = i, \quad 1 \le i \le d$$

となる．他のパラメーターは以下の通りである．

$$\theta_i = d(2d+1) - 2i(2d+1-i), \quad 0 \le i \le d,$$
$$\theta_i^* = 2d+1-4i, \quad 0 \le i \le d,$$

$$\lambda_i = hh^*(i+1)\left(i-d-\frac{1}{2}\right)(i-d), \quad 0 \le i \le d,$$

$$\hat{\lambda}_i = hh^*(i+1)\left(i+\frac{1}{2}\right)(i-d), \quad 0 \le i \le d,$$

$$k_i = \binom{2d+1}{2i}, \quad 0 \le i \le d,$$

$$m_i = \binom{2d+1}{i}, \quad 0 \le i \le d.$$

まず Q-多項式順序 $E_0, E_1, \ldots, E_d$ を固定する．このとき双対交叉数 $b_i^* = 2d+1-i,\ 0 \le i \le d-1,\ c_i^* = i,\ 1 \le i \le d$ は次のようなもう一つの AW-パラメーター表示を持つ．

$$\Lambda_{\mathrm{III}} = (r_1, r_2, s, s^*;\ h, h^*, \theta_0, \theta_0^* \mid d), \tag{6.294}$$
$$r_1 = -2d-2, \quad r_2 = -d-1, \quad s = s^* = -2d-2;$$
$$h = h^* = -1, \quad \theta_0 = \theta_0^* = 2d+1.$$

このとき他のパラメーターは以下の通りである．

$$\begin{cases} \theta_{2i} = \theta_{2i}^* = 2d+1-4i, & 0 \le i \le \dfrac{d}{2} \\ \theta_{2i+1} = \theta_{2i+1}^* = 2d+1-4(d-i), & 0 \le i \le \dfrac{d-1}{2}, \end{cases}$$

$$\lambda_i = \begin{cases} -4(i-d)(i-2d-1), & 0 \le i \le d-1 \ (i \text{ が偶数のとき}), \\ -4(i+1)(i-d), & 0 \le i \le d-1 \ (i \text{ が奇数のとき}), \end{cases}$$

$$\hat{\lambda}_i = (-1)^d 4(i+1)(i-d), \quad 0 \le i \le d-1,$$

$$b_i = b_i^* = 2d+1-i, \quad 0 \le i \le d-1,$$

$$c_i = c_i^* = i, \quad 1 \le i \le d,$$

$$k_i = m_i = \binom{2d+1}{i}, \quad 0 \le i \le d.$$

E_1 の双対固有値の AW-パラメーター Λ_{IIA} による表示を $\theta_i^*(\mathrm{IIA})$ と書き，AW-パラメーター Λ_{III} による表示を $\theta_i^*(\mathrm{III})$ と書けば，

$$\begin{aligned} \theta_{2i}^*(\mathrm{III}) &= \theta_i^*(\mathrm{IIA}), & 0 \le i \le \frac{d}{2}, \\ \theta_{2i+1}^*(\mathrm{III}) &= \theta_{d-i}^*(\mathrm{IIA}), & 0 \le i \le \frac{d-1}{2} \end{aligned} \tag{6.295}$$

という関係があるから，$\theta^*(\mathrm{III})$ の順序から第 2 の P-多項式順序

$$R_0, R_d, R_1, R_{d-1}, R_2, R_{d-2}, \ldots$$

が生じる．このことは第2の P-多項式順序が概2部的 ($a_i = 0,\ 0 \le i \le d-1$, $a_d \ne 0$) であることによっても裏付けられる．

次に P-多項式順序 $R_0, R_1, \ldots, R_d$ を固定する．このとき交叉数 $b_i = (d-i)(2d+1-2i),\ 0 \le i \le d-1,\ c_i = i(2i-1),\ 1 \le i \le d$ は次のようなもう一つの AW-パラメーターを持つ．

$$\Lambda_{\mathrm{II}} = (r_1, r_2, s, s^*;\ h, h^*, \theta_0, \theta_0^* \mid d), \tag{6.296}$$
$$r_1 = -\frac{d}{2} - \frac{3}{4}, \quad r_2 = -\frac{d}{2} - \frac{5}{4}, \quad s = s^* = -d - \frac{3}{2};$$
$$h = h^* = 8, \quad \theta_0 = \theta_0^* = d(2d+1).$$

このとき他のパラメーターは以下の通りである．

$$\theta_i = \theta_i^* = d(2d+1) + 8i(i - d - \frac{1}{2}), \quad 0 \le i \le d,$$
$$\lambda_i = hh^*(i+1)(i-d)\left(i - \frac{d}{2} + \frac{1}{4}\right)\left(i - \frac{d}{2} - \frac{1}{4}\right), \quad 0 \le i \le d-1,$$
$$\hat{\lambda}_i = hh^*(i+1)(i-d)\left(i - \frac{d}{2} + \frac{1}{4}\right)\left(i - \frac{d}{2} + \frac{3}{4}\right), \quad 0 \le i \le d-1,$$
$$b_i^* = b_i = (d-i)(2d+1-2i), \quad 0 \le i \le d-1,$$
$$c_i^* = c_i = i(2i-1), \quad 1 \le i \le d,$$
$$k_i = m_i = \binom{2d+1}{2i}, \quad 0 \le i \le d.$$

R_1 の隣接行列 A_1 の固有値の AW-パラメーター Λ_{IIA} による表示を $\theta_i(\mathrm{IIA})$ と書き，AW-パラメーター Λ_{II} による表示を $\theta_i(\mathrm{II})$ と書けば，

$$\begin{cases} \theta_i(\mathrm{II}) = \theta_{2i}(\mathrm{IIA}), & 0 \le i \le \dfrac{d}{2}, \\ \theta_{d-i}(\mathrm{II}) = \theta_{2i+1}(\mathrm{IIA}), & 0 \le i \le \dfrac{d-1}{2} \end{cases} \tag{6.297}$$

という関係があるから，$\theta_i(\mathrm{II})$ の順序から第2の Q-多項式順序

$$E_0, E_2, E_4, E_6, \ldots, E_5, E_3, E_1$$

が生じる．このことは第1の Q-多項式順序が双対概2部的 ($a_i^* = 0, 0 \le i \le d-1$, $a_d^* \ne 0$) であることによっても裏付けられる．

すでに見たように，$\frac{1}{2}H(2d+1, 2)$ の III 型の AW-パラメーターによる表示 (6.294) には，第2の P-多項式順序と第1の Q-多項式順序が付随していたが，こ

こで第 2 の P-多項式順序を固定し，その交叉数 $b_i = 2d+1-i$, $0 \le i \le d-1$, $c_i = i$, $1 \le i \le d$ に注目すれば，これらの交叉数は次のようなもう一つの AW パラメーター表示を持つ．

$$\Lambda_{\mathrm{IIB}} = (r_1, -, -, s^*;\ h, h^*, \theta_0, \theta_0^* \mid d), \tag{6.298}$$
$$r_1 = -d - \frac{3}{2}, \quad s^* = -2d-2;$$
$$h = -4, \quad h^* = 2, \quad \theta_0 = 2d+1, \quad \theta_0^* = d(2d+1).$$

このとき他のパラメーターは以下の通りである．

$$\theta_i = 2d+1-4i, \quad 0 \le i \le d,$$
$$\theta_i^* = d(2d+1) + 2i(i-2d-1), \quad 0 \le i \le d,$$
$$\lambda_i = hh^*(i+1)(i-d)\left(i-d-\frac{1}{2}\right), \quad 0 \le i \le d-1,$$
$$\hat{\lambda}_i = -hh^*(i+1)(i-d)\left(i-d+\frac{1}{2}\right), \quad 0 \le i \le d-1,$$
$$b_i = 2d+1-i, \quad 0 \le i \le d-1,$$
$$c_i = i, \quad 1 \le i \le d,$$
$$b_i^* = (d-i)(2d+1-2i), \quad 0 \le i \le d-1,$$
$$c_i^* = i(2i-1), \quad 1 \le i \le d,$$
$$k_i = \binom{2d+1}{i}, \quad 0 \le i \le d,$$
$$m_i = \binom{2d+1}{2i}, \quad 0 \le i \le d.$$

R_d の隣接行列 A_d の固有値の AW-パラメーター Λ_{III} による表示を $\theta_i(\mathrm{III})$ と書き，AW-パラメーター Λ_{IIB} による表示を $\theta_i(\mathrm{IIB})$ と書けば，

$$\begin{aligned} \theta_i(\mathrm{IIB}) &= \theta_{2i}(\mathrm{III}), & 0 \le i \le \frac{d}{2}, \\ \theta_{d-i}(\mathrm{IIB}) &= \theta_{2i+1}(\mathrm{III}), & 0 \le i \le \frac{d-1}{2}, \end{aligned} \tag{6.299}$$

という関係があるから，$\theta_i(\mathrm{IIB})$ の順序から第 2 の Q-多項式順序

$$E_0, E_2, E_4, E_6, \ldots, E_5, E_3, E_1$$

が生じる．このことは第 1 の Q-多項式順序が双対概 2 部的 ($a_i^* = 0$, $0 \le i \le d-1$, $a_d^* \ne 0$) であることによっても裏付けられていた．また (6.299) が (6.295) の双対

であることに注意する．また，(6.298) は (6.296) からも次のようにして得られる．$\frac{1}{2}H(2d+1,2)$ の II 型の AW パラメータによる表示 (6.296) に付随する第 2 の Q-多項式順序を固定し，その双対交叉数 $b_i^* = (d-i)(2d+1-2i),\ 0 \leq i \leq d-1$, $c_i^* = i(2i-1),\ 1 \leq i \leq d$ に注目すれば，これらの双対交叉数は IIB 型のもう一つの AW-パラメーター表示 (6.298) を持つ．原始ベキ等元 E_2 の双対固有値の Λ_{II} による表示 $\theta_i^*(\mathrm{II})$ と Λ_{IIB} による表示 $\theta_i^*(\mathrm{IIB})$ の間には

$$\begin{aligned} \theta_{2i}^*(\mathrm{IIB}) &= \theta_i^*(\mathrm{II}), \qquad 0 \leq i \leq \frac{d}{2}, \\ \theta_{2i+1}^*(\mathrm{IIB}) &= \theta_{d-i}^*(\mathrm{II}), \quad 0 \leq i \leq \frac{d-1}{2}, \end{aligned} \tag{6.300}$$

という関係があるから，第 2 の P-多項式順序

$$R_0, R_d, R_1, R_{d-1}, R_2.R_{d-2}\ldots$$

が生じる．関係 (6.300) は (6.297) の双対であることに注意する．

$\frac{1}{2}H(2d+1,2)$ の AW-パラメーター表示においては，r_1 を固定し，s と s^*，h と h^*，θ_0 と θ_0^* を入れ換えると，Λ_{IIA} と Λ_{IIB} が入れ替わることに注意する．一方 $\Lambda_{\mathrm{II}}, \Lambda_{\mathrm{III}}$ においては，$s=s^*$, $h=h^*$, $\theta_0=\theta_0^*$ が成り立っていることに注意する．

$\frac{1}{2}H(2d+1,2)$ の AW-パラメーターの表

Q　＼　P	$R_0, R_1, \ldots$	$R_0, R_d, R_1, R_{d-1}, R_2, R_{d-2}\ldots$
$E_0, E_1, \ldots$	Λ_{IIA}, (6.293)	Λ_{III}, (6.294)
$E_0, E_2, E_4, \ldots, E_3, E_1$	Λ_{II}, (6.296)	Λ_{IIB}, (6.298)

(v) $\overline{H(2d+1,2)}$：ハミングスキーム $H(2d+1,2)$ の対蹠商

ハミングスキーム $H(2d+1,2)$ の対蹠商 $\overline{H(2d+1,2)}$ が IIB 型の AW-パラメーター

$$\begin{aligned} &\Lambda_{\mathrm{IIB}} = (r_1, -, -, s^*;\ h, h^*, \theta_0, \theta_0^* \mid d): \\ &\quad r_1 = -d-\frac{3}{2}, \quad s^* = -2d-2; \\ &\quad h=-4, \quad h^*=2, \quad \theta_0 = 2d+1, \quad \theta_0^* = d(2d+1) \end{aligned}$$

を持つことはすでに見た通りである．$\overline{H(2d+1,2)}$ のこの AW-パラメーター Λ_{IIB} は，(6.298) における $\frac{1}{2}H(2d+1,2)$ の AW-パラメーター Λ_{IIB} と一致すること

に注意する．この AW-パラメーター Λ_{IIB} の定める $\overline{H(2d+1,2)}$ の P-多項式順序を $R_0, R_1, \ldots, R_d$ とし，Q-多項式順序を $E_0, E_1, \ldots, E_d$ とする．このことは $\frac{1}{2}H(2d+1,2)$ の第 2 の P-多項式順序を改めて $R_0, R_1, \ldots, R_d$ と書き直し，第 2 の Q-多項式順序を改めて $E_0, E_1, \ldots, E_d$ と書き直すことに相当する．したがって，$\overline{H(2d+1,2)}$ は第 2 の P-多項式順序

$$R_0, R_2, R_4, R_6, \ldots, R_5, R_3, R_1,$$

第 2 の Q-多項式順序

$$E_0, E_d, E_1, E_{d-1}, E_2, E_{d-2}, \ldots$$

を持つ．これらの P-多項式順序と Q-多項式順序の組合せから生じるところの $\overline{H(2d+1,2)}$ の P-かつ Q-多項式スキームに対し AW-パラメーター表示は次の表の通りである．

$\overline{H(2d+1,2)}$ の AW-パラメーターの表

Q ＼ P	$R_0, R_2, R_4, \ldots, R_3, R_1$	$R_0, R_1, \ldots$
$E_0, E_d, E_1, E_{d-1}, E_2, E_{d-2}, \ldots$	Λ_{IIA}, (6.293)	Λ_{III}, (6.294)
$E_0, E_1, \ldots$	Λ_{II}, (6.296)	Λ_{IIB}, (6.298)

実際，$\frac{1}{2}H(2d+1,2)$ と $\overline{H(2d+1,2)}$ はアソシエーションスキームとして同型である．このことは次のようにして確かめることができる．$H(2d+1,2)$ を $\mathfrak{X} = (X, \{R_i\}_{0\le i\le 2d+1})$ とおくと，$\mathfrak{X}$ は 2 部的であり X の二つの半截 X_1 と X_2 が生じる：$X = X_1 \cup X_2$, $X_1 \cap X_2 = \emptyset$．$X \ni x$ に対してその対蹠点 x' $((x, x') \in R_{2d+1})$ が唯一つ定まり，同値関係 $R_0 \cup R_{2d+1}$ による X の商 $\overline{X}$ ができるが，$x \in X_1$ の対蹠点 x' は X_2 に属するから，半截 X_1 と商 $\overline{X}$ との間には 1 対 1 の関係がつく．この対応によりアソシエーションスキーム $\frac{1}{2}\mathfrak{X}$ と $\overline{\mathfrak{X}}$ は同型になる．

(c) Hemmeter scheme $\mathrm{Hem}_d(q)$ と Ustimenko scheme $\mathrm{Ust}_{[\frac{d}{2}]}(q)$

$\Gamma = (X, R)$ を距離正則グラフとし，Γ の直径を d，Γ により定まる P-多項式スキームを $\mathfrak{X} = (X, \{R_i\}_{0\le i\le d})$ とする．すなわち，$x, y \in X$ の Γ における距離 $\partial(x,y)$ が i のとき $(x,y) \in R_i$ とする．また Γ の交叉数を $b_i = p^i_{1,i+1}$, $0 \le i \le d-1$, $c_i = p^i_{1,i-1}$, $1 \le i \le d$ とする．

グラフ $\Gamma^{(1,2)} = (X, R_1 \cup R_2)$ を Γ の定める距離 1,2 グラフと呼ぶ．すなわち $\Gamma^{(1,2)}$ における $x, y \in X$ の隣接関係を $\partial(x,y) = 1, 2$ により定める．このとき $\Gamma^{(1,2)}$ が距離

正則グラフになるためには

$$b_{i-1}+c_{i+1}-a_i=b_0+c_2-a_1, \quad 2 \le i \le d-1$$

となることが必要十分である（[110, 150 頁] 参照）.

距離正則グラフ $\Gamma=(X,R)$ の隣接行列を A とし,

$$\tilde{A}=\begin{pmatrix} 0 & A+I \\ A+I & 0 \end{pmatrix}$$

とおく（I は単位行列）. $\tilde{A}$ を隣接行列に持つグラフを $\tilde{\Gamma}=(\tilde{X},\tilde{R})$ と書き, Γ の **extended bipartite double** と呼ぶ. $\tilde{\Gamma}$ は直径 $d+1$ の 2 部グラフであり, $\tilde{\Gamma}$ の半載 $\frac{1}{2}\tilde{\Gamma}$ は Γ の距離 1,2 グラフ $\Gamma^{(1,2)}$ と同型になる. $\tilde{\Gamma}$ が距離正則となるためには

$$b_i+c_{i+1}=b_0+1, \quad 1 \le i \le d-1$$

となることが必要十分である（[110, 26 頁] 参照）. この場合, $\tilde{\Gamma}$ の交叉数は

$$\begin{aligned} \tilde{b}_{i+1}&=b_i, & 0 \le i \le d-1, & \qquad \tilde{b}_0=b_0+1 \\ \tilde{c}_i&=c_i, & 1 \le i \le d, & \qquad \tilde{c}_{d+1}=b_0+1 \end{aligned}$$

となる.

デュアル・ポーラースキーム $B_d(q)$ と $C_d(q)$ は同じ交叉数を持ち, それらは

$$\begin{aligned} b_i&=\frac{q^{i+1}(q^{d-i}-1)}{q-1}, & 0 \le i \le d-1, \\ c_i&=\frac{q^i-1}{q-1}, & 1 \le i \le d \end{aligned}$$

である. したがって $B_d(q)$ も $C_d(q)$ も extended bipartite double を持ち, その交叉数は

$$\begin{aligned} \tilde{b}_i&=\frac{q^i(q^{d+1-i}-1)}{q-1}, & 0 \le i \le d, \\ \tilde{c}_i&=\frac{q^i-1}{q-1}, & 1 \le i \le d+1 \end{aligned}$$

となる. これはデュアル・ポーラースキーム $D_{d+1}(q)$ の交叉数と一致する. 実際 $B_d(q)$ の extended bipartite double は $D_{d+1}(q)$ と同型となる. しかしながら q が奇数のときには, $C_d(q)$ の extended bipartite double は $D_{d+1}(q)$ とは同型とならない（q が偶数

のときには $B_d(q)$ と $C_d(q)$ は同型になることに注意）（[112, 204]）．これを Hemmeter graph と呼び，対応する P-多項式スキームを Hemmeter scheme と呼んで $\mathrm{Hem}_{d+1}(q)$ と書く．$\mathrm{Hem}_{d+1}(q)$ は 2 部的であり，$D_{d+1}(q)$ と同じ交叉数を持つ．したがって Q-多項式スキームでもある．

$\mathrm{Hem}_{d+1}(q)$ の半截 $\frac{1}{2}\,\mathrm{Hem}_{d+1}(q)$ は，$D_{d+1}(q)$ の半截と同じ交叉数を持つが，同型とはならない（ただし q は奇数）．これを Ustimenko graph と呼び，対応する P-多項式スキームを Ustimenko scheme と呼んで，$\mathrm{Ust}_{[\frac{d+1}{2}]}(q)$ と書く．$\mathrm{Ust}_{[\frac{d+1}{2}]}(q)$ は $\frac{1}{2}D_{d+1}(q)$ と同じ交叉数を持つから Q-多項式スキームでもある．extended bipartite double $\tilde{\Gamma}$ の半截 $\frac{1}{2}\tilde{\Gamma}$ は距離 1, 2 グラフ $\Gamma^{(1,2)}$ と同型であるから $\frac{1}{2}D_{d+1}(q)$ は $B_d(q)$ の距離 1,2 グラフ（フュージョンスキーム）と同型であり，$\mathrm{Ust}_{[\frac{d+1}{2}]}(q)$ は $C_d(q)$ の距離 1,2 グラフ（フュージョンスキーム）と同型である．実際 $\mathrm{Ust}_{[\frac{d+1}{2}]}(q)$ は $C_d(q)$ のフュージョンスキームとして発見された（[252, 127]）．

$\Gamma = (X, R)$ が直径 n の距離正則グラフのときに，$x_0 \in X$ を固定して

$$X_n = X_n(x_0) = \{y \in X \mid \partial(x_0, y) = n\}$$

とおき，X_n 上に R を制限したグラフを Γ_n と書く：

$$\Gamma_n = \Gamma_n(x_0) = (X_n, R|_{X_n \times X_n}).$$

また，X 上の距離 2 の関係を R_2 とおき，R_2 を隣接関係とする X_n 上のグラフを $\Gamma_n^{(2)}$ と書く：

$$\Gamma_n^{(2)} = \Gamma_n^{(2)}(x_0) = (X_n, R_2|_{X_n \times X_n}).$$

すなわち $\Gamma_n^{(2)}$ における $x, y \in X_n$ の隣接関係を $\partial(x, y) = 2$ で定める．

本章 4.1 小節第 2 系列 (iii) で見たように，Γ がデュアル・ポーラースキーム $D_{d+1}(q)$ のときは，$\Gamma_{d+1}^{(2)}$ はアフィンスキーム $Alt_{d+1}(q)$ と同型になる．一方 Γ が Hemmeter scheme $\mathrm{Hem}_{d+1}(q)$ のときは，$\Gamma_{d+1}^{(2)}$ はアフィンスキーム $\mathrm{Quad}_d(q)$ と同型になる（[127]）．$\mathrm{Alt}_{d+1}(q)$ と $\mathrm{Quad}_d(q)$ は同じ交叉数を持つが，同型ではないことに注意する．また Γ が $\frac{1}{2}D_{d+1}(q)$ のときは $\Gamma_{[\frac{d+1}{2}]}$ が $\mathrm{Alt}_{d+1}(q)$ と同型となり，Γ が $\mathrm{Ust}_{[\frac{d+1}{2}]}(q)$ のときは，$\Gamma_{[\frac{d+1}{2}]}$ が $\mathrm{Quad}_d(q)$ と同型になる．

以上を図示すると次のようになる．

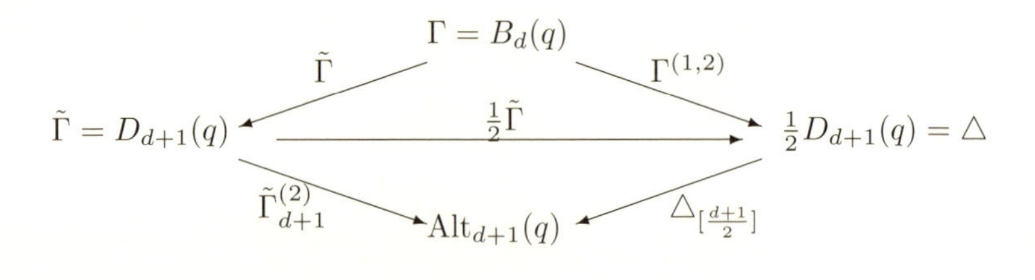

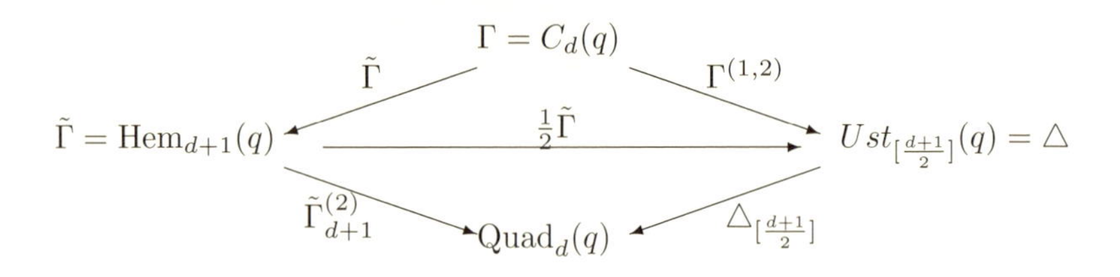

注意：距離正則グラフ Γ が2部的で，かつ Q-多項式でもあるときは，$\Gamma_n^{(2)}$（n は Γ の直径）は常に距離正則グラフとなる（[125]）.

注意：$\mathrm{Hem}_{d+1}(q)$ も $\mathrm{Ust}_{[\frac{d+1}{2}]}(q)$ も距離可移グラフではない．$Quad_d(q)$ も距離可移グラフではないことに注意する.

(d) Twisted Grassmann scheme と Doob scheme

交叉数は同じだが非同型な P-かつ Q-多項式スキームの例としてはこれまで見てきたものに，デュアル・ポーラースキーム $B_d(q)$ と $C_d(q)$，アフィンスキーム $\mathrm{Alt}_n(q)$ と $\mathrm{Quad}_{n-1}(q)$，また $D_d(q)$ と $\mathrm{Hem}_d(q)$，$\frac{1}{2}D_d(q)$ と $\mathrm{Ust}_{[\frac{d}{2}]}(q)$ があった．このような例で他に知られているものとして，q-ジョンソンスキーム $J_q(2d+1,d)$ (Grassmann scheme) と歪 q-ジョンソンスキーム (Twisted Grassmann scheme)，ハミングスキーム $H(d,4)$ と Doob scheme がある.

V を有限体 $\mathbb{F}_q$ 上の $2d+1$ 次元のベクトル空間とする ($d \geq 2$)．V の $2d$ 次元部分空間 H を選び固定する．V の $d+1$ 次元部分空間で H に含まれないものの全体を X_1，V の $d-1$ 次元部分空間で H に含まれるものの全体を X_2 とし $X = X_1 \cup X_2$ とおく.

$$X_1 = \{U \subset V \mid \dim(U) = d+1,\ U \not\subset H\},$$
$$X_2 = \{U \subset H \mid \dim(U) = d-1\}.$$

$U, U' \in X$ が次の条件のいずれかを満たすときに U と U' は隣接関係 $U \sim U'$ にあると定義する.

$$\begin{cases} U, U' \in X_1 \text{ かつ } \dim(U \cap U') = d \text{ が成り立つ}, \\ U \in X_1, U' \in X_2 \text{ かつ } U \text{ は } U' \text{ を含む}, \\ U, U' \in X_2 \text{ かつ } \dim(U \cap U') = d-2 \text{ が成り立つ}. \end{cases}$$

この隣接関係によって定まる X 上のグラフを Γ とすると，Γ は距離正則グラフとなり，q-ジョンソングラフ $J_q(2d+1,d)$ と同じ交叉数を持つが $J_q(2d+1,d)$ とは同型にならない (van Dam-Koolen [149])．この距離正則グラフ Γ を歪 q-ジョンソングラフ（歪グラスマングラフ）と呼び，Γ により定まる P-多項式スキームを歪ジョンソンスキーム（歪グラスマンスキーム）と呼んで，${}^2J_q(2d+1,d)$ と書く．${}^2J_q(2d+1,d)$ は $J_q(2d+1,d)$ と同じ交叉数を持つので Q-多項式スキームでもある．

${}^2J_q(2d+1,d)$ の自己同型群は，$P\Gamma L(2d+1,q)$ における H の固定部分群となる ([182])．特に ${}^2J_q(2d+1,d)$ は距離可移グラフとならないだけではなく，自己同型群は X 上可移にさえ働かない．

注意：

(1) 直径が十分大きな距離正則グラフで距離可移でないものは，${}^2J_q(2d+1,d)$ の他に $\mathrm{Quad}_{n-1}(q)$, $\mathrm{Hem}_d(q)$, $\mathrm{Ust}_{[\frac{d}{2}]}(q)$ および次に述べる Doob graph などが知られているがこれらはすべて自己同型群が点上可移に働いている．この意味で ${}^2J_q(2d+1,d)$ は特異な例である．

(2) A. Munemasa により $J_q(2d+1,d)$ に Godsil-Mckay switching [190] を適用すれば ${}^2J_q(2d+1,d)$ が得られることが示されている．

$\Gamma^{(i)}$ を点集合 X_i 上のグラフとする $(1 \le i \le r)$．直積集合 $X = X_1 \times \cdots \times X_r$ の 2 元 $x = (x_1, \ldots, x_r)$, $y = (y_1, \ldots, y_r)$ の隣接関係 $x \sim y$ をある i が存在して $j \neq i$ に対して $x_j = y_j$ が成り立ち，かつ $\Gamma^{(i)}$ においては x_i と y_i が隣接していること，と定める．この隣接関係による X 上のグラフを $\Gamma^{(i)}$ $(1 \le i \le r)$ 達の直積と呼び $\Gamma^{(1)} \times \cdots \times \Gamma^{(r)}$ と書く．

Γ を Shrikhande graph とする（第 2 章例 2.10)．Γ はハミンググラフ $H(2,4)$ と同じ交叉数を持つ距離正則グラフであるが $H(2,4)$ とは非同型である．Γ の m 個の直積を Γ^m と書けば，Γ^m はハミンググラフ $H(2m,4)$ と同じ交叉数を持つ距離正則グラフとなるが，$H(2m,4)$ とは非同型である．

さらにまた，Γ^m とハミンググラフ $H(n,4)$ との直積 $\Gamma^m \times H(n,4)$ はハミンググラフ $H(n+2m,4)$ と同じ交叉数を持つ距離正則グラフとなるが $H(n+2m,4)$ とは非同型である．$\Gamma^m \times H(n,4)$ $(m \ge 1,\ n \ge 0)$ を Doob graph と呼び，この距離正

則グラフにより定まるP-多項式スキームはDoob schemeと呼ばれる．Doob schemeはQ-多項式スキームでもある．自己同型群は点上可移であるが，距離可移ではない．$H(1,4)$は4点上の完全グラフK_4であり$H(n,4)$はK_4のn個の直積K_4^nに同型であることに注意する．Doob scheme $\Gamma^m \times H(n,4)$の1点の近傍は，m個の6角形とn個の3角形の合併集合であるから，$(m,n) \neq (m',n')$ならば$\Gamma^m \times H(n,4)$と$\Gamma^{m'} \times H(n',4)$は非同型である．

4.3　分類に向けて

P-かつQ-多項式スキームの登場の歴史から始め，その分類の現状と展望について私見を交えて述べる．

まずD. G. Higman, N. L. Biggsによる距離可移グラフの研究があった[205, 88, 94]．Higmanは距離可移グラフをpermutation groups with maximal diameterと呼び，Biggsはdistance-transitive graphと呼んでいる．これらの研究は，実質的に距離正則グラフの研究であり，群の作用は必要ない．実際その後，HigmanもBiggsも群をはずした枠組みに移行している．（ハミングスキームにおける）perfect codeに関するLoyd's Theoremは，Biggsによりこの枠組みで定式化された[90]．同じ頃（少なくとも1971年までには）Ray-Chaudhuriにより，（ジョンソンスキームにおける）tight designが定義され，Loyd型の定理が与えられている（発表はずっと遅れて1975年[388, 390]）．これらのLoyd型の定理をアソシエーションスキームの枠組みで一気に定式化したのがDelsarteである（Delsarte理論）[154]．そのためにDelsarteは，距離正則グラフをP-多項式スキームとして仕立て直し，その双対としてQ-多項式スキームを定義し，それぞれcode理論，design理論の基礎空間とした．

compact 2-point homogeneous spaceの有限版がP-多項式スキームであり，compact symmetric space of rank 1の有限版がQ-多項式スキームであると見抜いたのはBannaiである．（当時（1979年）Bannaiはオハイオ州立大学においてDelsarte理論を講義していた．）そう思ってみると，一方でÉlie Cartanによるcompact symmetric space of rank 1の分類があり，他方では「compact 2-point homogeneous spaceはcompact symmetric space of rank 1であり，その逆も成立する」というHsien Chung Wang [488]の結果があるから，これらの有限版としてどのような例があるのか類推することができる．こうしてBannaiによるP-かつQ-多項式スキームの一覧表ができ上がった．（ちょうどその頃D. Stantonにより，有限Chevallay群がある種の極大放物型部分群による等質空間に働く場合に，球関数が計算されていたことも役だった[425, 426, 427]．）この一覧表をもとにBannaiは次の予想を立てP-かつQ-多項式スキームの分類を提唱した：

(1) 直径が十分大きければ P-かつ Q-多項式スキームはこの一覧表の中にあるか，あるいは一覧表の中にあるものの「親類」である．
(2) 直径が十分大きくかつ原始的ならば，P-多項式スキームは Q-多項式であり，Q-多項式スキームは P-多項式である．

「親類」の意味は様々の解釈の仕様があるが（例えば前小節のコアから (a), (b), (c), (d) の仕方で派生するもの），ここでは「一覧表の中にあるものと同じパラメーターを持つもの」と狭い意味にとっておく．

その後，新しい P-かつ Q-多項式スキームが 4 系列見つかった：

本章 4.1 小節 アフィンスキーム $\mathrm{Quad}_n(r)$(Egawa [172]),
本章 4.2 小節 (c) Hemmeter scheme $\mathrm{Hem}_{d+1}(q)$ [112],
Ustimenko scheme $\mathrm{Ust}_{[\frac{d+1}{2}]}(q)$ [252],
(d) twisted Grassmann scheme ${}^2J_q(2d+1,d)$ [149].

そしてこれらのいずれに対しても予想 (1) は成立している．予想 (2) の反例も見つかっていない．ただし予想 (2) において原始的という仮定をはずすことはできない．非原始的な P-多項式スキームであって Q-多項式スキームでないもの，または非原始的な Q-多項式スキームであって P-多項式スキームでないものの例は，[58, 313 頁，Remark (5)]，[343] を参照のこと．予想 (2) が成立するということは，距離正則グラフの分類がほとんど予想 (1) に帰着することを意味しており，予想 (2) の証明は現状では絶望的に難しいと思われる．予想 (1) もまた一つの夢として提出されたのではあるが，その後いくつかの breakthrough があり，P-かつ Q-多項式スキームの分類が現実に挑戦可能な問題として考えられるようになった．以下そのことについて記す．ただし分類とは，**直径が十分大きな** P-かつ Q-多項式スキームの分類を意味する．

P-かつ Q-多項式スキームの分類問題は次の二つの部分に分かれる：

(A) 直径が十分大きい P-かつ Q-多項式スキームは，Bannai の表にあるもののいずれかと同じパラメーターを持つ．
(B) Bannai の表にある P-かつ Q-多項式スキームをパラメーターによって特徴付ける．

まず, Bannai のオハイオ州立大学における講義に出席していた Y. Egawa と D. Leonard による breakthrough があった．Egawa は (B) に関し，ハミングスキーム $H(d,q)$ のパラメーターによる特徴付けを完成させた [171]．また，新しい P-かつ Q-多項式ス

キームとして $\mathrm{Quad}_n(r)$ を構成して Bannai の表を更新した [172]．Leonard は (A) に関して P-かつ Q-多項式スキームのパラメーターを AW-パラメーターまで絞り込んだ [299, 300]．（詳しくは [58, 第3章3.5節，3.6節] を参照のこと．）

次に Bannai のオハイオ州立大学における講義 (1978〜1982) をもとにして P-かつ Q-多項式スキームの分類問題を主題とする本 [58] が出版された．（Bannai の講義は Delsarte 理論が主題であったが，その基礎空間としての P-かつ Q-多項式スキームについての部分が Part I としてまず出版された．）以後「代数的組合せ論」という分野名が定着し，その中で P-かつ Q-多項式スキームの分類問題が中心的位置を占めることになる．P-かつ Q-多項式スキームについて [58] に載っている重要なことはほとんど本書に収めたが，一つだけまだとりあげていないことがあるので，定理としてここに特記する．

6.83 [定理] ([58, 358頁，Theorem 7.11])　n 角形でない限り，直径が十分大きな P-かつ Q-多項式スキームの第1固有行列 P の各成分は有理整数である．

[58] においては，直径が 34 以上ならば定理 6.83 が成立することが示されていたが，[165] において直径が 5 以上で成立すると改善された．

$\mathfrak{X}$ を直径 d の P-かつ Q-多項式スキームとする．$\mathfrak{X}$ は n 角形でないとし，$d \geq 5$ とすれば，$\mathfrak{X}$ の交叉数行列の固有値 θ_i $(0 \leq i \leq d)$ は定理 6.83 により有理整数である．$\mathfrak{X}$ の Terwilliger 代数を T とし，T の主加群に定理 6.41 を適用すれば

$$\beta = \frac{\theta_{i+1} - \theta_i + \theta_{i-1} - \theta_{i-2}}{\theta_i - \theta_{i-1}}, \quad 2 \leq i \leq d-1$$

は i によらない定数で，有理数でなければならない．

$$\beta = q + q^{-1}$$

とおけば，q は $\mathfrak{X}$ の AW-パラメーター表示の型を決めるパラメーターである．$q \neq \pm 1$ とし，q が 1 の原始 ℓ 乗根と仮定してみる．β は有理数であったから，q は $\mathbb{Q}$ 上に高々 2 次であり，したがって $\ell = 3, 4, 6$ を得る．しかるに $\ell = 3$ ならば，$\beta + 1 = 0$ となり，これは (6.124) に矛盾する．また $\ell = 4, 6$ ならば注意 6.43 に続く固有値の表より $d \geq 6$ とはなりえない．以上より P-かつ Q-多項式スキームの直径が 6 以上ならば，n 角形でない限り，AW-パラメーターの型を決める q は (I) 型，(IA) 型においては 1 のベキ根とはなり得ないことがわかる．この事実は後に Terwilliger 代数の既約表現を考えるときに重要な意味を持つ．

やがて（短い間であったが）1982 年に Terwilliger がオハイオ州立大学の Bannai school に加わり，P-かつ Q-多項式スキームの分類は加速し一つのピークを迎える．この時期の主要な結果として，問題 (B) に関してはジョンソンスキーム $J(v,d)$ のパラメーターによる特徴付け (Terwilliger [450], Neumaier [365])，問題 (A) に関しては Terwilliger による (II) 型 [452]，(IIA) 型 [455]，(IIB) 型 [456]，(III) 型 [453] の分類がある（(II) 型については厳密には 1990 年代に入ってからの Bussemaker-Neumaier [114]，Metsch [333] の補助的な結果が必要）．(IIC) 型は Egawa [171] により分類済みであり，$J(v,d)$ は Moon [342] によりほぼ分類済みであったが，ルート系を用いる手法が開発されて，これらの分類が再証明されるとともに，(IIA) 型の分類も完成した．(IA) 型は存在しない（Terwilliger によるが未発表，[150] 参照）．また Hemmeter scheme [112]，Ustimenko scheme [252] の発見もこの時期の出来事である．Bannai が 1989 年に九州大学に移る前後の 1990 年代初頭までを，分類の第 1 期と呼んでよいと思う（Terwilliger は 1985 年に Wisconsin 大学に移っている）．[59] を参照されたい．Terwilliger 自身あと数年もあれば分類を終えると思ったようだが，残りの (I) 型は手強く，[58] が提唱した Bose-Mesner 代数の枠組みによる分類はここで頓挫する．

1990 年前後の出来事を二つ書く．一つは，ゴルバチョフのペレストロイカによる情報公開（グラスノスチ）およびそれに続く 8 月クーデター（1991 年）とソビエト連邦の崩壊により，多くの数学者がソビエト連邦から西側に出てきたことである．代数的組合せ論の分野でも，Bannai school と I. A. Faradzhev, M. H. Klin, A. A. Ivanov, M. E. Muzichuk, S. V. Shpectrov 達との交流が始まり，ソ連にも Schur の流れをくむ cellular ring（association scheme に近い概念）の研究があることを知ることになる．[181] を参照されたい．この論文は，始めは [58] のロシア語翻訳版（1987 年）に付録として付けられたもので，当時はそのような形でしか発表の機会がなかったとのことである．もう一つの出来事は [110] の出版である．この本には既知の距離正則グラフの詳細な記述，特に幾何学的な解説がある．これらのデータは問題 (B) を取り扱う上で欠かせないものである．この本は [133] をもとにして 1980 年代前半に構想されたものであるが出版されたのは 1989 年である．（Bannai の Oberwalfach 講演 (1980) に触発されてできたものが [133] である．）

分類の第 2 期は Terwilliger 代数（Terwilliger 自身は subconstituent 代数と呼んでいる）の登場によって始まる [458, 459, 460]．アソシエーションスキーム $\mathfrak{X} = (X, \{R_i\}_{0\le i\le d})$ が群 G の作用から来る場合は（すなわち各々の R_i 上に G が可移に作用する場合は)，ボーズ・メスナー代数は群 G の centralizer 代数 $\mathrm{Hom}_G(V,V)$ に一致する（ただし V は $\mathfrak{X}$ の標準加群 $V = \bigoplus_{x\in X}\mathbb{C}x$)．一方 Terwilliger 代数 T は 1

点の固定部分群 H の centralizer 代数 $\mathrm{Hom}_H(V,V)$ に含まれ，かつ $\mathrm{Hom}_G(V,V)$ を含む（$H=G_x$，$T=T(x)$，x は基点）．実際には T は $\mathrm{Hom}_H(V,V)$ に一致するかほぼ一致する場合が多い．アソシエーションスキームは必ずしも群の作用から来るとは限らないので，$\mathrm{Hom}_H(V,V)$ に相当するものを一般のアソシエーションスキームに対して定義しようとすれば，Terwilliger 代数の概念に到達するのは自然である．ただ Terwilliger による定義が subconstituent 代数の唯一の定義かといえば，そうではないように思う．例えば $\mathfrak{X}$ を P-かつ Q-多項式スキームに限っても，$\mathfrak{X}$ が双線形形式スキーム $\mathrm{Bil}_{d\times n}(q)$ の場合，T は $\mathrm{Hom}_H(V,V)$ より真に小さく，どの程度小さいのかという問い自体が重要な問題を含んでいるように思える．

論文 [458, 459, 460] が真に意図したところは，Lenoard system の概念の導入であり，この概念によって Leonard の定理（双対直交多項式系は，有限の台を持つ Askey-Willson 多項式であるという定理）を表現論的に書き換え分類に応用することにあった．そのための枠組みとして，P-かつ Q-多項式スキームに対して Terwilliger 代数 T を導入し，標準加群の中に Leonard system を実現することが必要となったのである．実際 Terwilliger は 1987 年に，Leonard pair と双対直交多項式に関する論文を書いている．しかしこの論文は発表されることはなかった．おそらく内容は本書の本章 1.4 小節の定理 6.22 に近いものであったと想像される．もしも標準加群に現れる既約 T-加群がすべて thin（注意 6.27 参照）であったならば，分類はここで終わっていたであろうし，おそらく Terwilleger もそれを期待していたのではないかと思う．[460] では，既知の P-かつ Q-多項式スキームが thin になる場合を詳しく調べている．Doob scheme, affine scheme を除けば，既知の P-かつ Q-多項式スキームはすべて thin である．ただし例外として，最近になって twisted Grassmann scheme ${}^2J_q(2d+1,d)$ が見つかり，基点の選び方によっては，${}^2J_q(2d+1,d)$ にも thin でない T-加群が現れることがわかっている [20]．これらのいずれの実例においても，endpoint 1 の T-加群にすでに thin でないものが現れる．

thin でない既約 T-加群の出現によって，分類は新しい局面を迎えたのである．そして [460] を完成すること，すなわち既知の P-かつ Q-多項式スキームについて，thin でないものを含めて既約 T-加群をすべて記述することが最重要課題となったのである．しかしこれは現在に至ってもほとんど何も進展していない．thin でない既約 T-加群の表現論が最近まで構築できなかったからである．thin でない既約 T-加群の表現論は，[245, 246, 247, 249, 243] によって一応 TD-対の分類のレベルで完成する（パラメーター q が 1 のベキ根の場合は，$q=\pm 1$ の場合を含めて未発表）．ここまでの 10 数年間を分類の第 2 期とすれば，やはり停滞感があるのは否めない．というのも，

[458, 459, 460] を始めとして，均衡条件（第 2 章定義 2.100，系 2.103，定理 2.107 参照）[454, 457, 462]，TD-対の概念および TD-関係式 [245] など，分類にとって重要なことのほとんどは 1980 年代に実質的に Terwilliger によって生み出されているからである．この時期に本当に見つかった革新的なことといえば，わずかに weight space decomposition（Terwilliger は split decomposition と呼んでいる）があげられる程度である．これは 1990 年代中頃の発見で，[245] から始まる一連の TD-対分類論につながってゆく．

とはいうものの，この時期にも分類の努力は着実に続けられていた．分類問題 (A) については，まず Terwilliger school (G. Dickie, B. Curtin, J. Caughman, M. MacLean および M. Lang ら）により almost dual bipartite [165]，dual bipartite [166]，almost bipartite [128, 293] な P-かつ Q-多項式スキームがそれぞれ分類された．bipartite な P-かつ Q-多項式スキームについては，分類は未完成であるが，深い研究 [124, 126] がある．また dual bipartite，almost dual bipartite な P-かつ Q-多項式スキームが分類された副産物として，二つの Q-多項式構造を持つ P-かつ Q-多項式スキームの分類がなされた [165]．これらの P-かつ Q-多項式スキームはいずれも thin である．また既約 T-加群の重複度公式 [124]，[128] は先駆的な結果であり，重要である．一方で Terwilliger による endpoint 1 の既約 T-加群の研究もこの時期に始まっているが ([466, 187, 258, 313])，その多くは彼の講義録の中にあり，未発表である．例えば classical parameter を持つ P-かつ Q-多項式スキームの thin でない既約 T-加群の構造は，endpoint 1 を持つ場合はこの時期に詳しく調べられている [221]．しかしこの論文 [221] は肝心な部分を Terwilliger の未発表の講義録に負っている．また，Terwilliger 多項式 [185] もこの時期のものであり，長いこと Terwilliger の講義録の中にのみあった．Tanabe による Doob scheme の既約 T-加群の決定 [438] もこの時期の結果である．既知の P-かつ Q-多項式スキームが thin でない場合に，既約 T-加群をすべて決定するという仕事がこの論文 [438] において初めて登場した．しかも現在の眼から見ると Onsager 代数の表現が現れるという極めて先駆的な仕事であった．

分類問題 (B) に関しては，アフィンスキーム $\mathrm{Her}_d(r)$ のパラメーターによる特徴付けがなされた [461]．それ以前に，Ivanov-Shpectrov による特徴付けがあったが [254, 255]，そこでは $r=2$ の場合を除き局所的な幾何学的条件を付加していた．[461] においては，均衡条件を用いることにより，その幾何学的条件をはずすことに成功している．q ジョンソンスキーム $J_q(v,d)$ $(3 \leq d \leq \frac{v}{2})$ のパラメーターによる特徴付けは，Metsch [331] により次の場合を除き完了した（$d=2$ の場合は，パラメーターによっては特徴付けられないことに注意する）：

$$q \geq 4, \qquad v = 2d, 2d+1;$$

$$q = 3, \qquad v = 2d, 2d+1, 2d+2;$$

$$q = 2, \qquad v = 2d, 2d+1, 2d+2, 2d+3.$$

$v = 2d+1$ の場合は twisted Grassmann scheme ${}^2J_q(2d+1, d)$ が $J_q(2d+1, d)$ と同じパラメーターを持つことに注意する．双線形形式スキーム $\mathrm{Bil}_{d\times n}(q)$ $(d \leq n)$ のパラメーターによる特徴付けも Metsch [332] により，次の場合を除き完了した：

$$q \geq 3, \qquad n = d, d+1, d+2;$$

$$q = 2, \qquad n = d, d+1, d+2, d+3.$$

1980年代中頃に T. Huang が局所的な幾何学的条件を付加して $\mathrm{Bil}_{d\times n}(q)$ をパラメーターにより特徴付けしていることに注意する [232]．Munemasa-Shpectrov [347, 346] はアフィンスキーム $\mathrm{Alt}_{2d}(r)$, $\mathrm{Alt}_{2d+1}(r)$ を局所的な幾何学的条件を付加した上でパラメーターにより特徴付けている．

ここで P-かつ Q-多項式スキームの分類の現状を整理する（ただし直径は十分大とする）．まず問題 (A) ついては，(I) 型を除いて分類が終わっている．また dual bipartite な場合，dual almost bipartite な場合，almost bipartite な場合に分類が終わっている．bipartite な場合には，もし未知のものが存在すれば，それはデュアル・ポーラースキーム $D_d(q)$ の（したがって Hemmeter スキーム $\mathrm{Hem}_d(q)$ の）パラメーターを含む1パラメーターの族であることがわかっている．二つの Q-多項式構造を持つ場合にも分類が終わっている（二つの P-多項式構造を持つものの分類は未解決である）．次に問題 (B) については，デュアル・ポーラースキーム（および $\mathrm{Hem}_d(q)$, $\frac{1}{2}D_q(d)$, $\mathrm{Ust}_{[\frac{d}{2}]}(q)$）とアフィンスキームのパラメーターによる特徴付けが未解決問題として残っている．ただしデュアル・ポーラースキーム ${}^2A_{2d-1}(r)$ [253] とアフィンスキーム $\mathrm{Her}_d(r)$ については解決済みである．その他のデュアル・ポーラースキームのパラメーターによる特徴付けには，いずれも何らかの幾何学的条件が付加されている（[110, 150, 117] 参照）．また q-ジョンソンスキーム $J_q(v, d)$，双線形形式スキーム $\mathrm{Bil}_{d\times n}(q)$ についても若干の（しかし深刻な）未解決部分が残っている（前段の Metsch の結果を参照）．

既知の P-かつ Q-多項式スキームの表を見ると問題 (A) に関して次のことに気づく．

(i) 表のコアの部分では，AW-パラメーターの s^* について $s^* = 0$ が成立している．$s^* \neq 0$ が起こるのは，コアから派生した場合に限る．

(ii) (I) 型の場合，表のコアの部分では，アフィンスキーム $\mathrm{Her}_d(r)$ を唯一つの例外として，AW-パラメーターの q について $q = p^f > 1$ が成立している（p は素数）．

（例外の $\mathrm{Her}_d(r)$ については，$q < -1$ なる理由で kite free となり，パラメーターによる特徴付けが済んでいることに注意する）．

さらに次のことが既知の P-かつ Q-多項式スキームについて成立している（ただし twisted Grassmann scheme ${}^2J(2d+1, d)$ は唯一の例外である）：

(iii) thin でない既約 T-加群が現れるのは $s = s^* = 0$ の場合に限る．

これらのことは，ボーズ・メスナー代数のレベルでは説明が困難である．Terwilliger 代数のレベルで説明がつくことを期待したい．

既約 T-加群からは TD-対が生じ，TD-対は L 対のテンソル積となる [243, 249]．endpoint 0 の T-加群は主 T-加群であり（唯一存在する），ボーズ・メスナー代数以上の情報は持たない（実際まったく同等の情報を持つ）．一方，endpoint 1 の既約 T-加群に対してはテンソル積構造に非常に強い制約が付く（一般論として証明可能である）．このテンソル積構造は，第 1 近傍 $\Gamma_1(x_0)$ (first subconstituent) の固有値を決める（多くの場合さらに強く幾何学的構造をも決める）．同じことが endpoint 2 の既約 T-加群に対しても成立するであろう．均衡条件と TD 関係式により，第 1 近傍 $\Gamma_1(x_0)$ と第 2 近傍 $\Gamma_2(x_0)$ (second subconstituent) は全体に延びて，大域的構造が決まるであろう．この大域的構造の整合性が上の (i)，(ii)，(iii) と関係していることが期待される．例えば，既約 T-加群の重複度公式が一般に得られるならば，そのことから多くの事実がわかってくるはずである．いずれにせよ，既知の P-かつ Q-多項式スキームについて，標準加群の既約 T-加群への分解を求め，[460] の表を完全なものにすることがまずもって必要である．([460] においては，P-かつ Q-多項式スキームが thin な場合だけが扱われており，しかも既約 T-加群の重複度は求められていない）．なお標準加群の分解については [468] を参照のこと．

問題 (A) では非存在を主に扱い，問題 (B) では一意性を扱う違いがあるにせよ，これらを扱う手法はほぼ同じである．一方が進展すれば，その手法は他方にも使える．問題 (B)（パラメーターによる特徴付け）は一般に，次のような手順で行われる．まず (1) 第 i 近傍 $\Gamma_i(x_0)$ $(i = 1, 2)$ の幾何学的構造を決める，次に (2) この局所的構造を全体に拡張する．$\mathrm{Her}_d(r)$ を扱った [255] においては (1) は $i = 1$ について仮定されており，(2) では一転して ${}^2A_{2d-1}(r)$ を持ち出し，${}^2A_{2d-1}(r)$ の $\Gamma_d(x_0)$ に $Her_d(r)$ を乗せて全体に拡張し，${}^2A_{2d-1}(r)$ のパラメーターによる特徴付け [253] に持ち込むという手法をとる（${}^2A_{2d-1}(r)$ の $\Gamma_d(x_0)$ は $\mathrm{Her}_d(r)$ に同型であることに注意）．そのつもりで読むと（表立っては現れないが）${}^2A_{2d-1}(r)$ の T-加群が背景にあり，T-加群の枠組みで見ると何をやっているのか理解しやすくなる．問題 (A) に対して開発された手法（T-加群の応用）は問題 (B) に対しても有用であるし，その逆も言える．

最後に (I) 型の TD-対について，q が 1 の冪根でない場合に分類の筋道を簡単に述べる．詳しくは一連の論文 [245, 246, 247, 249] を読んでいただくしかないが，読む際の一助になればと思う（[245] は本書の本章 2 節にあたる）．あわせて [242, 243] も読まれることをおすすめする．

$A, A^* \in \mathrm{End}(V)$ を (I) 型の TD-対とし，TD システム $(\{V_i\}_{i=0}^d, \{V_i^*\}_{i=0}^d)$ を固定する．$V = \bigoplus_{i=0}^d U_i$ をウェイト空間分解とする．ここで z, z^* で生成され次の (TD) 関係式によって定義される結合的 $\mathbb{C}$-代数を $\mathcal{A} = \langle z, z^* \rangle$ とする：

$$\text{(TD)}\qquad \begin{cases} [z,[z,[z,z^*]_q]_{q^{-1}}] = -\varepsilon(q^2-q^{-2})^2[z,z^*], \\ [z^*,[z^*,[z^*,z]_q]_{q^{-1}}] = -\varepsilon^*(q^2-q^{-2})^2[z,z^*]. \end{cases}$$

ただし $\varepsilon, \varepsilon^* \in \{1,0\}$, $[X,Y] = XY - YX$, $[X,Y]_q = qXY - q^{-1}YX$ である．$\mathcal{A}$ は無限次元代数となる．$\mathcal{A}$ を (I) 型の TD 代数と呼ぶ．A, A^* にアフィン変換 $\lambda A + \mu$, $\lambda^* A^* + \mu^*$ ($\lambda \neq 0$, $\lambda^* \neq 0$, $\lambda, \lambda^*, \mu, \mu^* \in \mathbb{C}$) をほどこしても，TD-対なので，適当な λ, λ^*, μ, μ^* を選んで改めて $\lambda A + \mu$, $\lambda^* A^* + \mu^*$ を A, A^* と思えば

$$\rho :\ \mathcal{A} \longrightarrow \mathrm{End}(V), \quad (z, z^* \longmapsto A, A^*) \tag{6.301}$$

は $\mathcal{A}$ の有限次元既約表現となる（定理 6.41）．ただし，ここでは AW-パラメーターの主パラメーターとして q の代わりに q^2 を選んでいる（$\beta = q^2 + q^{-2}$）．ここで q は 1 のベキ根ではないと仮定してよい（定理 6.83）．逆に $\mathcal{A}$ の有限次元既約表現 ρ が

$$A = \rho(z),\ A^* = \rho(z^*)\ \text{は対角化可能} \tag{6.302}$$

を満たすならば，A, A^* は TD-対となる（定理 6.44）．したがって (I) 型の TD-対の分類は，$\mathcal{A}$ の有限次元既約表現で (6.302) を満たすようなものの分類に帰着する．$\varepsilon = \varepsilon^* = 0$ のときは，$\mathcal{A}$ は quantam affine 代数 $U_q(\hat{\mathfrak{sl}}_2)$ の positive part と同型になる（このとき (TD) は q-Serre relation である）．$\varepsilon = \varepsilon^* = 1$ のとき，$\mathcal{A}$ を q-Onsager 代数という．（このときは $\mathcal{A}$ の有限次既約表現は自動的に (6.302) を満たしている．）以上を一言で言うと Onsager 代数の有限次元既約表現の理論を手本にして，その q 類似を作ることが我々の目標となる．

まず初めになすべきことは，zigzag basis と呼ばれる $\mathcal{A}$ の線形空間としての基底の構成である．zigzag basis の存在が示せると，shape 予想がその系として得られる．(shape 予想：表現 (6.301) に対応する TD-対 A, A^* のウェイト空間分解 $V = \bigoplus_{i=0}^d U_i$

において $\dim U_0 = 1$ が成立する). TD-対 A, A^* とウェイト空間分解 $V = \bigoplus_{i=0}^{d} U_i$ から得られる昇射を R, 降射を L とし,

$$L^i R^i|_{U_0} = \sigma_i \in \mathbb{C} \quad (i = 0, 1, \ldots, d) \tag{6.303}$$

とおく ($\sigma_d \neq 0$ が成立する). すると A, A^* の TD-システムとしての同型類は, $\{\sigma_i\}_{i=0}^{d}$ と A, A^* の固有値 $\{\theta_i\}_{i=0}^{d}$, $\{\theta_i^*\}_{i=0}^{d}$ によって決まる. このことは shape 予想の系として得られる,

次になすべきことは, $\mathcal{A}$ をループ代数 (loop algebra) の包絡代数 $U(L(\mathfrak{sl}_2))$ の q 類似 $U_q(L(\mathfrak{sl}_2))$ に埋め込み, $U_q(L(\mathfrak{sl}_2))$ の有限次既約表現を通して $\mathcal{A}$ の表現を構成することである. 実際には, 拡大 TD 代数 $\mathcal{T}$ への $\mathcal{A}$ の埋め込み ι_t (t は埋め込みのパラメーター), $\mathcal{T}$ の $U_q(L(\mathfrak{sl}_2))$ への埋め込み φ_s (s は埋め込みのパラメーター) を別々に作り, $\varphi_s \circ \iota_t$ によって $\mathcal{A}$ を $U_q(L(\mathfrak{sl}_2))$ に埋め込む. $U_q(L(\mathfrak{sl}_2))$ の有限次元既約表現を ρ とすれば, いつ $\rho \circ \varphi_s \circ \iota_t$ が $\mathcal{A}$ の既約表現となるのか, またその場合同型類は何によって決まるのか, そして $\mathcal{A}$ の有限次元既約表現はすべてこのようにして得られるのか, が問題となる. これらの問いに答えるのが Drinfeld 多項式 $P_V(\lambda)$ である:

$$P_V(\lambda) = \sum_{i=0}^{d} (-1)^i \frac{\sigma_i}{(q - q^{-1})^{2i}([i]!)^2} \prod_{j=i+1}^{d} (\lambda - \varepsilon s^{-2} q^{2(d-j)} - \varepsilon^* s^2 q^{-2(d-j)}). \tag{6.304}$$

ただし $[i] = \frac{q^i - q^{-i}}{q - q^{-1}}$, $[i]! = [i][i-1] \cdots [1]$. また s は埋め込み φ_s の埋め込みパラメーターで, $\{\sigma_i\}_{i=0}^{d}$ は (6.303) によって定まる $L^i R^i$ の U_0 上の固有値である.

いつ $\rho \circ \varphi_s \circ \iota_t$ が $\mathcal{A}$ の既約表現となるかという問いに対しては, s, t と $P_V(\lambda)$ の零点構造によって答えることができる. また $\rho \circ \varphi_s \circ \iota_t$ が既約な $\mathcal{A}$ の表現となる場合には, その同型類は $P_V(\lambda)$ と A の固有値 $\{\theta_i\}_{i=0}^{d}$, A^* の固有値 $\{\theta_i^*\}_{i=0}^{d}$ によって決まる (実は $P_V(\lambda)$ は A, A^* の固有値にはよらないことが示される). ただし

$$\begin{aligned} \theta_i &= stq^{2i-d} + \varepsilon s^{-1} t^{-1} q^{-2i+d}, \quad 0 \leq i \leq d, \\ \theta_i^* &= \varepsilon^* st^{-1} q^{2i-d} + s^{-1} tq^{-2i+d}, \quad 0 \leq i \leq d \end{aligned} \tag{6.305}$$

(s, t は埋め込み φ_s, ι_t の埋め込みパラメーターで, s は $P_V(\lambda)$ の定義 (6.304) に現れるが, 実際には (6.304) の右辺から s が消え, $P_V(\lambda)$ は s に依存しない). 最後に $\mathcal{A}$ の有限次元既約表現はすべてこのようにして $\rho \circ \varphi_s \circ \iota_t$ として得られることが示される. $U_q(L(\mathfrak{sl}_2))$ の有限次元既約表現は evaluation module のテンソル積であるから, このことは TD-対が L-対のテンソル積であることを意味する.

TD-対の分類は，(I) 型で q が 1 のベキ根である場合，または (II) 型，(III) 型の場合にも，[243] に分類結果の概要があるが，これらの場合の証明の詳細は未発表である．(II) 型，(III) 型の場合も TD-対の分類は TD 代数 $\mathcal{A}$ の有限次元既約表現で (6.302) を満たすものの分類に帰着する．しかし表現の構成には，今のところ (I) 型の極限を用いる以外に手段はなく，$\mathcal{A}$ の埋め込み先として $U_q(L(\mathfrak{sl}_2))$ に相当するものは見つかっていない．（$\mathcal{A}$ が (II) 型の中でもっとも退化した Onsagar 代数である場合は，$U(L(\mathfrak{sl}_2))$ に埋め込むことができる．）

q-Onsagar 代数は，P-かつ Q-多項式スキームの分類の過程で見つかったものであるが，現在では XXZ モデルなどの統計力学の分野でも注目されている ([75, 78, 79, 80, 81])．(II) 型，(III) 型の TD 代数 $\mathcal{A}$ の埋め込み先として，余積を持つものが見つかれば，$U(L(\mathfrak{sl}_2))$ や $q=-1$ における $U_q(L(\mathfrak{sl}_2))$ [476, 477, 478] より大きな代数であるはずで，様々な分野とつながりを持つことになるのではないかと思う．なお距離正則グラフと量子群の関連が初めて現れたのは [148] であり，ここでも統計力学（スピンモデル）と関係していた．

L-対には（有限の台を持つ）Askey-Wilson 多項式が対応している．L-対のテンソル積である TD-対にも，何らかの直交多項式が対応しているはずであるが，今のところそれが何であるかわかっていない．これを具体的に求めることは今後の重要な課題である．（こうしているうちにも進展があって，ごく最近，ある種の多変数版の Askey-Wilson 多項式が対応していることが見つかったようである [82].）また P-かつ Q-多項式スキームには部分集合として他の P-かつ Q-多項式スキームが含まれるという階層構造がしばしば生じ，このことは分類においても重要な意味を持つと思われる．これに関しては [463, 440, 442, 443, 444]，[111] などを参照されたい．また L 対の rank 2 版を定義しようという試みも始まっている [234].

P-かつ Q-多項式スキームの分類問題は，困難に出会うたびに新しい概念を生み出し，他の分野とのつながりを深めてきた．このことは，P-かつ Q-多項式スキームという数学的対象が豊かな土地を約束していることを示していると思う．P-かつ Q-多項式スキームの分類がいつどのような形で終わろうとするのか，あるいは終わろうとしないのか，今の時点で予測することは難しい．しかしこれからも，この問題において新たな困難に出会うたびに我々の数学が一段と深まるのは確かであろう．

参考文献

[1] K. Abdukhalikov, E. Bannai, and S. Suda, Association schemes related to universally optimal configurations, Kerdock codes and extremal Euclidean line-sets, *J. of Combinatorial Theory* (A) 116 (2009), 434–448.

[2] N. N. Andreev, An extremal property of the icosahedron, *East J. Approx.* 2 (1996), 459–462.

[3] N. N. Andreev, Location of points on a sphere with minimal energy (Russian), *Tr. Mat. Inst. Steklova* 219 (1997), 27–31; translation in *Proc. Steklov Inst. Math.* 219 (1997), 20–24.

[4] J. Arias de Reyna, A generalized mean-value theorem, *Monatsh. Math.* 106 (1988), no. 2, 95–97.

[5] K. Anstreicher, The thirteen spheres: A new proof, *Discrete Comput. Geom.* 31 (2004), 613-625.

[6] E. F. Assmus and H. F. Matson, Jr., New 5-designs, *J. Combin. Theory* 6 (1969), 122–151.

[7] M. Atiyah and P. Sutcliffe, Polyhedra in Physics, Chemistry and Geometry, *Milano J. math.* 71 (2003), 33–58.

[8] C. Bachoc, On harmonic weight enumerators of binary codes, *Des. Codes Cryptogr.*, 18 (1999), 11–28.

[9] C. Bachoc, E. Bannai and R. Coulangeon, Codes and designs in Grassmannian spaces, *Discrete Math.* 277, no. 1-3 (2004), 15–28.

[10] C. Bachoc, R. Coulangeon and G. Nebe, Designs in Grassmannian spaces and lattices, *J. Algebraic Combin.* 16, no. 1 (2002), 5–19.

[11] C. Bachoc and M. Ehler Tight p-fusion frames, *Appl. Comput. Harmon. Anal.* 35 (2013), no. 1, 1–15.

[12] C. Bachoc and G. Nebe, Extremal lattices of minimum 8 related to the Mathieu group M_{22}, *Dedicated to Martin Kneser on the occasion of his 70th birthday. J. Reine Angew. Math.* 494 (1998), 155–171.

[13] C. Bachoc and F. Vallentin, New upper bounds for kissing numbers from semidefinite programming, *J. Amer. Math. Soc.* 21, no. 3 (2008), 909–924.

[14] B. Bajnok, Construction of designs on the 2-sphere, *European J. Combin.* 12 (1991), 377–382.

[15] B. Bajnok, Construction of spherical t-designs, *Geom. Dedicata*, 43 (1992), 167–179.

[16] B. Bajnok, On Euclidean designs, *Adv. Geom.* 6, no. 3 (2006), 423–438.

[17] B. Bajnok, Orbits of the hyperoctahedral group as Euclidean designs, *J. Algebraic Combin.* 25, no. 4 (2007), 375–397.

[18] B. Ballinger, G. Blekherman, H. Cohn, N. Giansiracusa, E. Kelly, and A. Schürmann, Experimental Study of Energy-Minimizing Point Configurations on Spheres, *Experimental Mathematics* 18, Issue 3, (2009), 257–283.

[19] S. Bang, A. Dubickas, J. H. Koolen and V. Moulton, There are only finitely many distance-regular graphs of fixed valency greater than two, *Adv. Math.* 269 (2015), 1–55.

[20] S. Bang, T. Fujisaki, and J. H. Koolen, The spectra of the local graphs of the twisted Grassmann graphs, *European J. Combin.* 30 (2009), no. 3, 638–654.

[21] Ei. Bannai, On perfect codes in the Hamming schemes $H(n, q)$ with q arbitary, *J. of Comb. Theory* (A), 23 (1977), 52–67.

[22] Ei. Bannai, On tight designs, *Quart. J. Math.* (Oxford), 28 (1977), 433-448.

[23] Ei. Bannai, Codes in bipartite distance-regular graphs, *J. London Math. Soc.*, 16 (1977), 197–202.

[24] 坂内英一，代数的組合せ論，*Sugaku*（『数学』），31 (1979)，126–143.

[25] Ei. Bannai, Spherical t-designs which are orbits of finite groups, *J. of Math. Soc. Japan*, 36 (1984), 341–354.

[26] Ei. Bannai, Spherical t-designs and group representations, *Contemp. Math.* 34 (1984), 85–107.

[27] Ei. Bannai, Character tables of commutative association schemes, In: *Finite Geometries Buildings, and Related Topics*, (eds. W. M. Kantor et. al.), Oxford Sci. Publ., Oxford Univ. Press, New York (1990), 105–128.

[28] Ei. Bannai, Subschemes of some association schemes, *J. Algebra*, 144 (1991), 167–188.

[29] 坂内英一，代数的組合せ論—アソシエーションスキームの最近の話題—，*Sugaku*（『数学』），45 (1993)，55–75．(Algebraic combinatorics: recent topics on association schemes, *Sugaku Expositions*, 7 (1994), 181–207.)

[30] 坂内英一，純粋数学としての組合せ論—代数的組合せ論のめざすもの—，*Sugaku*（『数学』），62 (2010)，433–452．(Combinatorics as pure mathematics, *Sugaku Exposition*, American Math. Soc., 26 (2013), 225–246.

[31] Ei. Bannai and Et. Bannai, How many P-polynomial structures can an association scheme have?, *European J. Combin.*, 1 (1980), 289–298.

[32] 坂内英一・坂内悦子，『球面上の代数的組合せ理論』，シュプリンガー・フェアラーク東京 (1999)，xvi+367pp.

[33] Ei. Bannai and Et. Bannai, Tight Gaussian 4-designs, *J. Algebraic Combin.*, 22 (2005), 39–63.

[34] Ei. Bannai and Et. Bannai, A note on the spherical embeddings of strongly regular graphs, *European J. Combin.*, 26 (2005), 1177–1179.

[35] Ei. Bannai and Et. Bannai, On Euclidean tight 4-designs, *J. Math. Soc. Japan*, 58 (2006), 775–804.

[36] Ei. Bannai and Et. Bannai, On antipodal spherical t-designs of degree s with $t \geq 2s-3$, (Special volume honoring the 75th birthday of Prof. D. K. Ray-Chaudhuri), *Journal of Combinatorics, Information & System Sciences* 34, no. 1-4 Comb (2009), 33–50.

[37] Ei. Bannai and Et. Bannai, Spherical designs and Euclidean designs, in: *Recent Developments in Algebra and Related Areas* (Beijing, 2007), 1–37, *Adv. Lect. Math.* 8, Higher Education Press, Beijing; International Press, Boston, (2009).

[38] Ei. Bannai and Et. Bannai, A survey on spherical designs and algebraic combinatorics on spheres, *European J. Combin.*, 30 (2009), 1392–1425.

[39] Ei. Bannai and Et. Bannai, Euclidean designs and coherent configurations, *Contemporary Mathematics*, 531, (2010), 59–93.

[40] EI. BANNAI AND ET. BANNAI, Tight 9-designs on two concentric spheres, *J. Math. Soc. Japan*, 64 no.4 (2011), 1359–1376.

[41] EI. BANNAI AND ET. BANNAI, Remarks on the concepts of t-designs, *J. Appl. Math. Comput.* 40 (2012), no. 1-2, 195–207 (*Proceedings of AGC2010*).

[42] EI. BANNAI AND ET. BANNAI, Tight t-designs on two concentric spheres, *Moscow J. of Combinatorics and Number Theory*, 4 (2014) 52–77.

[43] EI. BANNAI, ET. BANNAI, AND H. BANNAI, Uniqueness of certain association schemes, *European J. Combin.*, 29 (2008), no. 6, 1379–1395.

[44] EI. BANNAI, ET. BANNAI, AND H. BANNAI, On the existence of tight relative 2-designs on binary Hamming association schemes, *Discrete Mathematics*, 314 (2014) 17–37.

[45] EI. BANNAI, ET. BANNAI, M. HIRAO, AND M. SAWA, Cubature formulas in numerical analysis and Euclidean tight designs, *European J. Combin.*, 31 (2010), 423–441.

[46] EI. BANNAI, ET. BANNAI, M. HIRAO, AND M. SAWA, On the existence of minimum cubature formulas for Gaussian measure on $\mathbb{R}^2$ of degree t supported by $[\frac{t}{4}]+1$ circles, *J. Algebraic Combin.*, 35 (2012), 109–119.

[47] EI. BANNAI, ET. BANNAI AND F. JAEGER, On spin models, modular invariance, and duality, *J. Algebraic Combin.*, 6 (1997), 203–228.

[48] EI. BANNAI, ET. BANNAI AND J. SHIGEZUMI, A new Euclidean tight 6-design, *Ann. Comb.* 16 (2012), no. 4, 651–659.

[49] EI. BANNAI, ET. BANNAI, S. SUDA AND H. TANAKA, On relative t-designs in polynomial association schemes, *Electron. J. Combin.*, 22 (4) (2015) ♯P4.47.

[50] EI. BANNAI, ET. BANNAI AND D. SUPRIJANTO, On the strong non-rigidity of certain tight Euclidean designs, *European Journal of Combinatorics*, 28 (2007), 1662–1680.

[51] EI. BANNAI, ET. BANNAI AND Y. ZHU, Relative t-designs in binary Hamming association $H(n, 2)$, *Designs, Codes and Cryptography*, DOI 10.1007/s10623-016-0200-0

[52] EI. BANNAI, A. BLOKHUIS, P. DELSARTE AND J. J. SEIDEL, An addition theorem for hyperbolic spaces, *J. of Combinatorial Theory, Ser. A*, 36 (1984), 332–341.

[53] Ei. Bannai and R. M. Damerell, Tight spherical designs I, *J. Math. Soc. Japan*, 31, no. 1 (1979), 199–207.

[54] Ei. Bannai and R. M. Damerell, Tight spherical designs II, *J. London Math. Soc.* (2) 21, no. 1 (1980), 13–30.

[55] Ei. Bannai, S. Hao, and S. Y. Song, Character tables of the association schemes of finite orthogonal groups acting on the nonisotropic points, *J. Combin. Theory, Ser. A*, 54 (1990), 164–200.

[56] Ei. Bannai and S. G. Hoggar, Tight t-designs and squarefree integers, *European J. Combin.*, 10 (1989), 113–135.

[57] Ei. Bannai and T. Ito, On finite Moore graphs, *J. Fac. Sci. Univ. Tokyo Sect. IA Math.*, 20 (1973), 191–208.

[58] Ei. Bannai and T. Ito, *Algebraic Combinatorics I: Association Schemes*, Benjamin/Cummings, Menlo Park, California, (1984).

[59] Ei. Bannai and T. Ito, Current research on algebraic combinatorics: supplements to our book, Algebraic combinatorics, I, *Graphs Combin.*, 2 (1986), 287–308.

[60] Ei. Bannai and T. Ito, On distance-regular graphs with fixed valency, III, *J. Algebra*, 107 (1987), no. 1, 43–52.

[61] Ei. Bannai and T. Ito, On distance-regular graphs with fixed valency, *Graphs Combin.*, 3 (1987), no. 2, 95–109.

[62] Ei. Bannai and T. Ito, On distance-regular graphs with fixed valency, II, *Graphs Combin.*, 4 (1988), no. 3, 219–228.

[63] Ei. Bannai and T. Ito, On distance-regular graphs with fixed valency, IV, *European J. Combin.*, 10 (1989), no. 2, 137–148.

[64] Ei. Bannai, M. Koike, M. Shinohara and M. Tagami, Spherical designs attached to extremal lattices and the modulo p property of Fourier coefficients of extremal modular forms, *Mosc. Math. J.*, 6 (2006), 225–264.

[65] Ei. Bannai and T. Miezaki, Toy models for D. H. Lehmer's conjecture, *J. Math. Soc. Japan*, 62, no. 3, (2010), 687–705.

[66] Ei. Bannai and T. Miezaki, On a property of 2-dimensional integral Euclidean lattices, *J. Number Theory*, 132 (2012), 371–378.

[67] Ei. Bannai and T. Miezaki, Toy models for D. H. Lehmer's conjecture, II, *Proceedings of Florida conference, Quadratic and Higher Degree Forms*, (ed. by K. Alladi, et al.), Developments in Mathematics, 31 (2013), 1–27.

[68] Ei. Bannai, T. Miezaki and V. A. Yudin An elementary approach to toy models for D. H. Lehmer's conjecture (Russian), *Izv. Ross. Akad. Nauk Ser. Mat.*, 75 (2011), no. 6, 3–16; translation in *Izv. Math.*

[69] Ei. Bannai, A. Munemasa and B. Venkov, The nonexistence of certain tight spherical designs, *Algebra i Analiz*, 16 (2004), 1-23. (translation in *St. Petersburg Math. J.*, 16 (2005), 609–625.)

[70] Ei. Bannai and N. J. A. Sloane, Uniqueness of certain spherical codes, *Canad. J. Math.*, 33, no. 2 (1981), 437–449.

[71] Ei. Bannai, S. Y. Song, S. Hao, and H. Z. Wei, Character tables of certain association schemes coming from finite unitary and symplectic groups, *J. Algebra*, 144 (1991), 189–213.

[72] Et. Bannai, On antipodal Euclidean tight $(2e+1)$-designs, *J. Algebraic Combin.*, 24 (2006), 391–414.

[73] Et. Bannai, New examples of Euclidean tight 4-designs, *European Journal of Combinatorics*, 30 (2009), 655–667.

[74] A. Barg and O Musin, Bounds on sets with few distances, *Journal of Combinatorial Theory, Series A*, 118 (2011), 1465–1474.

[75] P. Baseilhac, An integrable structure related with tridiagonal algebras, *Nuclear Phys. B*, 705 (2005), no. 3, 605–619.

[76] P. Baseilhac, Deformed Dolan-Grady relations in quantum integrable models, *Nuclear Phys. B*, 709 (2005), no. 3, 491–521.

[77] P. Baseilhac, The q-deformed analogue of the Onsager algebra: beyond the Bethe ansatz approach, *Nuclear Phys. B*, 754 (2006), no. 3, 309–328.

[78] P. Baseilhac, A family of tridiagonal pairs and related symmetric functions, *J. Phys. A*, 39 (2006) 11773

[79] P. Baseilhac and K. Koizumi, A new (in)finite-dimensional algebra for quantum integrable models, *Nuclear Phys. B*, 720 (2005), no. 3, 325–347.

[80] P. Baseilhac and K. Koizumi, A deformed analogue of Onsager's symmetry in the XXZ open spin chain, *J. Stat. Mech. Theory Exp.*, no. 10 (2005), P10005, 15 pp. (electronic).

[81] P. Baseilhac and K. Koizumi, Exact spectrum of the XXZ open spin chain from the q-Onsager algebra representation theory, *J. Stat. Mech.*, (2007), P09006.

[82] P. Baseilhac and X. Martin A bispectral q-hypergeometric basis for a class of quantum integrable modess, arXiv: 1506.06902v1

[83] S. N. Bernstein, On quadrature formulas with positive coefficients, *Izv. Akad. Nauk. SSSR, Ser. Mat.*, 1 (4) (1937), 479–503 (in Russian). (Reprinted in collected works, 2, *Izdat. Akad. Nauk SSSR, Moskow*, (1954), 205–2227) See also announcements in *C. R. Acad. Sci. Paris*, 204 (1937), 1294–1296; 1526–1526.

[84] S. N. Bernstein, Sur les formulas de quadrature de cotes et Tchebycheff, *C. R. Acad. Sci. URSS (Dokl. Akad. Nauk, SSSR), N. S.*, 14 (1937), 323–327.

[85] M. R. Best, *A contribution to the nonexistence of perfect codes*, (academisch proefschrift), Amsterdam, Math-Centrum, (1982). MR 0726757, (Mathematisch Centrum, Amsterdam, (1983). vi+99 pp.)

[86] K. Betsumiya, M. Harada and A. Munemasa, A complete classification of doubly even self-dual codes of length 40, Journal-ref: *Electronic J. Combin.*, 19, no. 3 (2012), ♯ P18 (12 pp.).
`http://www.math.is.tohoku.ac.jp/~munemasa/research/codes/sd2.htm`

[87] A. Bezdek and W. Kuperberg, Packing Euclidian space with congruent cylinders and with congruent ellipsoids, in: P. Gritzmann, B. Sturmfels (Eds.), *Victor Klee Festschrift, DIMACS, Ser. Discrete Math. Theoret. Comput. Sci.*, 4 (1991) 71–80.

[88] N. L. Biggs, Intersection matrices for linear graphs, In: *Combinatorial Mathematics and its applications* (Proc. Oxford, 7–10 July 1969) (ed. D. J. A. Welsh), Acad. Press, London, (1971), 15–23.

[89] N. L. Biggs, *Finite Groups of Automorphisms*, London Mathematical Society Lecture Note Series 6, Cambridge University Press (1971), iii+117 pp.

[90] N. L. Biggs, Perfect codes in graphs, *J. Combinatorial Theory, Ser. B*, 15 (1973), 289–296.

[91] N. L. Biggs, *Algebraic Graph Theory*, Cambridge Univ. Press, Cambridge (1974).

[92] N. L. Biggs, Automorphic graphs and the Krein condition, *Geometriae Dedicata*, 5 (1976), 117–127.

[93] N. L. Biggs, A. G. Boshier and J. Shawe-Taylor, Cubic distance-regular graphs, *J. London Math. Soc.*, (2) 33 (1986), no. 3, 385–394.

[94] N. L. Biggs and D. H. Smith, On trivalent graphs, *Bull. London Math. Soc.*, 3 (1971) 155–158.

[95] A. V. Bondarenko and M. S. Viazovska, New asymptotic estimates for spherical designs, *Journal of Approximation Theory*, 152 (2008), 101–106.

[96] A. V. Bondarenko and M. S. Viazovska, Spherical designs via Brouwer fixed point theorem, *Discrete Math.*, 24 (2010), 207–217.

[97] A. Bondarenko, D. Radchenko and M. Viazovska, Optimal asymptotic bounds for spherical designs, *Ann. of Math.*, (2) 178 (2013), no. 2, 443–452.

[98] A. Bondarenko, D. Radchenko and M. Viazovska, Well separated spherical designs, *Constr. Approx.*, 41 (2015), no. 1, 93–112.

[99] R. C. Bose, S. S. Shrikhande and E. T. Parker, Further results on the construction of mutually orthogonal Latin squares and the falsity of Euler's conjecture, *Canad. J. Math.*, 12 (1960) 189–203.

[100] K. Böröczky, The Newton-Gregory problem revisited, In: *Discrete Geometry*, A. Bezdek (ed.), Dekker, (2003), 103–110.

[101] S. Boumova, P. Boyvalenkov, H. Kulina and M. Stoyanova, Polynomial techniques for investigation of spherical designs, *Designs, Codes and Cryptography*, 51 (2009), 289–300.

[102] P. Boyvalenkov, Extremal polynomials for obtaining bounds for spherical codes and designs, *Discrete Comput. Geom.*, 14 (1995), 167–188.

[103] P. Boyvalenkov, D. Danev and P. Kazakov, Indices of spherical codes, *DIMACS Ser. Discrete Math. Comput. Sci.*, 58 (2001) 47–57.

[104] P. Boyvalenkov, D. Danev and I. Landgev, On maximal spherical codes, II, *J. Combin. Des.*, 7 (5) (1999), 316–326.

[105] P. Boyvalenkov, D. Danev and S. Nikova, Nonexistence of certain spherical designs of odd strengths and cardinalities, *Discrete Comput. Geom.*, 21 (1) (1999), 143–156.

[106] P. Boyvalenkov and S. Nikova, On lower bounds on the size of designs in compact symmetric spaces of rank 1, *Arch. Math.* (Basel), 68 (1) (1997), 81–88.

[107] M. Braun, A. Kerber and R. Laue, Systematic construction of q-analogs of t-(v,k,λ)-designs, *Des. Codes Cryptogr.*, 34 (2005), 55–70.

[108] A. Bremner, A Diophantine equation arising from tight 4-designs, *Osaka J. Math.*, 16 (1979), 353–356.

[109] M. Broué and M. Enguehard, Polynômes des poids de certains codes et fonctions thêta de certains réseaux (French), *Ann. Sci. École Norm. Sup.*, (4) 5 (1972), 157–181.

[110] A. E. Brouwer, A. M. Cohen and A. Neumaier, *Distance-regular graphs*, Ergebnisse der Mathematik und ihrer Grenzgebiete (3) [Results in Mathematics and Related Areas (3)], 18, Springer-Verlag, Berlin (1989), xviii+495 pp.

[111] A. E. Brouwer, C. D. Godsil, J. H. Koolen and W. J. Martin, Width and dual width of subsets in polynomial association schemes, *J. Combin. Th. (A)*, 102 (2003), 255–271.

[112] A. Brouwer and J. Hemmeter, A new family of distance-regular graphs and the $\{0,1,2\}$-cliques in dual polar graphs, *European J. Combin.*, 13 (1992), no. 2, 71–79.

[113] H. Bruck and H. J. Ryser, The nonexistence of certain finite projective planes, *Canad. J. Math.*, 1 (1949), 88–93.

[114] F. C. Bussemaker and A. Neumaier, Exceptional graphs with smallest eigenvalue -2 and related problems, With microfiche supplement, *Math. Comp.*, 59 (1992), 583–608.

[115] A. R. Calderbank, R. H. Hardin, E. M. Rains, P. W. Shor and N. J. A. Sloane, A group-theoretic framework for the construction of packings in Grassmannian spaces, *J. Algebraic Combin.*, 9 (1999), 129–140.

[116] P. J. Cameron and J. H, van Lint, *Graph Theory, Coding Theory and Block Designs*, London Math. Soc. Lecture Note Ser. 19, Cambridge Univ. Press, 1975.

[117] P. J. Cameron, Dual Polar spaces, *Geom. Dedicata*, 12 (1982), 75–85.

[118] P. J. Cameron, There are only finitely many finite distance-transitive graphs of given valency greater than two, *Combinatorica*, 2, no. 1 (1982), 9–13.

[119] P. J. CAMERON, C. E. PRAEGER, J. SAXL AND G. M. SEITZ, On the Sims conjecture and distance transitive graphs, *Bull. London Math. Soc.*, 15, no. 5 (1983), 499–506.

[120] P. J. CAMERON AND C. E. PRAEGER, Block-transitive t-designs, II, Large t, *Finite geometry and combinatorics* (Deinze, 1992), 103–119, London Math. Soc. Lecture Note Ser., 191, Cambridge Univ. Press, Cambridge, 1993.

[121] E. CARTAN, *Œuvres complètes, Partie I, Groupes de Lie*, Gauthier-Villars, Paris, 1592 (in French).

[122] B. CASSELMAN, The difficulties of kissing in three dimensions, *Notices Amer. Math. Soc.*, 51 (2004), 884–885.

[123] J. S. CAUGHMAN, IV, Spectra of bipartite P- and Q-polynomial association schemes, *Graphs Combin.*, 14 (1998), no. 4, 321–343.

[124] J. S. CAUGHMAN, IV, The Terwilliger algebras of bipartite P- and Q-polynomial schemes, *Discrete Math.*, 196 (1999), no. 1-3, 65–95.

[125] J. S. CAUGHMAN, IV, The last subconstituent of a bipartite Q-polynomial distance-regular graph, *European J. Combin.*, 24 (2003), 459–470.

[126] J. S. CAUGHMAN, IV, Bipartite Q-polynomial distance-regular graphs, *Graphs Combin.*, 20 (2004), no. 1, 47–57.

[127] J. S. CAUGHMAN, IV, E. J. HART AND J. MA, The last subconstituent of the Hemmeter graph, *Discrete Math.*, 308 (2008), 3056–3060.

[128] J. S. CAUGHMAN, IV, M. S. MACLEAN AND P. M. TERWILLIGER, The Terwilliger algebra of an almost-bipartite P - and Q -polynomial association scheme, *Discrete Math.*, 292 (2005), no. 1-3, 17–44.

[129] D. R. CERZO AND H. SUZUKI, Non-existence of imprimitive Q-polynomial schemes of exceptional type with $d = 4$, *European J. Combin.*, 30 (2009), 674–681.

[130] X. CHEN, A. FROMMER, AND B. LANG, Computational existence proofs for spherical t-designs, *Numerische Mathematik*, 117 (2011), 289–305.

[131] X. CHEN AND R. S. WOMERSLEY, Existence of solutions to systems of underdetermined equations and spherical designs, *SIAM Journal on Numerical Analysis*, 44, 6 (2006), 2326–2341.

[132] L. CHIHARA, On the zeros of the Askey-Wilson polynomials, with applications to coding theory, *SIAM J. Math. Anal.*, 18 (1987), 191–207.

[133] A. M. COHEN, A synopsis of known distance-regular graphs with large diameters, *Mathematisch Center Report ZW*, 168/81, Amsterdam, (1981)

[134] H. COHN, Order and disorder in energy minimization, *Proceedings of the International Congress of Mathematicians*, IV, Hindustan Book Agency, New Delhi, (2010), 2416–2443.

[135] H. COHN, J. H. CONWAY, N. ELKIES AND A. KUMAR, The D_4 Root System Is Not Universally Optimal, *Experimental Math.*, 16 (2006), 313–320.

[136] H. COHN AND N. ELKIES, New upper bounds on sphere packings I, *Annals of Math.*, 157 (2003), 689–714.

[137] H. COHN AND A. KUMAR, Universally optimal distribution of points on spheres, *J. Amer. Math. Soc.*, 20 (2007), 99–148.

[138] H. COHN AND A. KUMAR, Algorithmic design of self-assembling structures, *Proc. Natl. Acad. Sci. USA*, 106 (2009), 9570–9575.

[139] H. COHN AND A. KUMAR, Optimality and uniqueness of the Leech lattice among lattices, *Ann. of Math.*, 170 (2009), 1003–1050.

[140] H. COHN AND J. WOO, Three-point bounds for energy minimization, *J. Amer. Math. Soc.*, 25 (2012), 929–958.

[141] J. H. CONWAY AND V. PLESS, On the enumeration of self-dual codes, *Journal of Combinatorial Theory, Series A*, 28 (1980), 26–53.

[142] J. H. CONWAY, V. PLESS AND N. J. A. SLOANE, The binary self-dual codes of length up to 32: a revised enumeration, *J. Combin. Theory Ser. A*, 60 (1992), 183–195.

[143] J. H. CONWAY AND N. J. A. SLOANE, *Sphere Packings, Lattices and Groups*, Grundlehren Der Mathematischen Wissenschaften, Springer-Verlag, (1998), 703 pp.

[144] J. H. CONWAY AND D. A. SMITH, *On quaternions and octonions: their geometry, arithmetic, and symmetry*, A K Peters, Ltd., Natick, MA, (2003), xii+159 pp.

[145] R. COOLS AND H. J. SCHMID, A new lower bound for the number of nodes in cubature formulae of degree $4n+1$ for some cirularly symmetric integrals, *Numerical integration*, IV (Oberwolfach, 1992), 57–66, Internat. Ser. Numer. Math., 112, Birkhäuser, Basel, 1993.

[146] R. COULANGEON AND A. SCHÜRMANN, Energy minimization, periodic sets and spherical designs (English summary), *Int. Math. Res. Not. IMRN*, no. 4 (2012), 829–848.

[147] J. CRANN, R. PEREIRA AND D. W. KRIBS, Spherical designs and anticoherent spin states, *J. Phys. A: Math. Theor.*, 43 (2010), 255307.

[148] B. CURTIN AND K. NOMURA, Distance-regular graphs related to the quantum enveloping algebra of $sl(2)$, *J. Algebraic Combin*, 12, Issue 1 (2000), 25–36.

[149] E. R. VAN DAM AND J. H. KOOLEN, A new family of distance-regular graphs with unbounded diameter, *Invent. math*, 162 (2005), 189–193.

[150] E. R. VAN DAM, J. H. KOOLEN AND H. TANAKA, Distance-regular graphs, *Electronic J. Combin.* (2016) #DS22 (156 pp.)

[151] M. DAMERELL, On Moore graphs, *Proc. Camb. Phil. Soc.*, 74 (1973), 227–236.

[152] L. DANZER, Finite point-sets on S^2 with minimum distance as large as possible, *Discr. Math.*, 60 (1986), 3–66.

[153] P. DELSARTE, Four fundamental parameters of codes and their combinatorial significance, *Inform. Control*, 23 (1973), 407–438.

[154] P. DELSARTE, An algebraic approach to the association schemes of the coding theory, Thesis, Universite Catholique de Louvain (1973), *Philips Res. Repts Suppl.*, 10 (1973).

[155] P. DELSARTE, Association Schemes and t-Designs in Regular Semilattices, *Journal of Combinatorial Theory, Series A*, 20 (1976), 230–243.

[156] P. DELSARTE, Pairs of vectors in the space of an association scheme, *Philips Research Reports*, 32 (1977), 373–411.

[157] P. DELSARTE, J. M. GOETHALS AND J. J. SEIDEL, Bounds for systems of lines and Jacobi polynomials, *Philips Research Reports*, 30 (1975).

[158] P. DELSARTE, J. M. GOETHALS, AND J. J. SEIDEL, Spherical codes and designs, *Geom. Dedicata*, 6 (1977), no. 3, 363–388.

[159] P. DELSARTE AND J. J. SEIDEL, Fisher type inequalities for Euclidean t-designs, *Linear Algebra Appl.*, 114–115 (1989), 213–230.

[160] P. de la Harpe and C. Pache, Cubature formulas, geometrical designs, reproducing kernels, and Markov operators, In: *Infinite Groups: Geometric, Combinatorial and Dynamical Aspects*, In Progr. Math., 248, Birkhauser, Basel, (2005), 219–267.

[161] P. de la Harpe, C. Pache and B. Venkov, Construction of spherical cubature formulas using lattices, *Algebra Anal.*, 18(1) (2006) 162–186. Translation in *St. Petersburg Math. J.*, 18 (1) (2007), 119–139.

[162] P. Dembowski, *Finite geometries*, Ergebnisse der Mathematik und ihrer Grenzgebiete, Band 44, Springer-Verlag, Berlin-New York 1968 xi+375 pp.

[163] M. Deza and P. Frankl, Bounds on the maximum number of vectors with given scalar products, *Proc. Amer. Math. Soc.*, 95 (1985), 323–329.

[164] M. Detour Sictic, A. Schürmann, and F. Vallentin, personal communication.

[165] G. A. Dickie, Q-polynomial structures for association schemes and distance-regular graphs, Ph. D. Thesis, University of Wisconsin-Mdison, (1995).

[166] G. A. Dickie and P. M. Terwilliger, Dual bipartite Q-polynomial distance-regular graphs, *European J. Combin.*, 17 (1996), no. 7, 613–623.

[167] G. A. Dickie and P. M. Terwilliger, A note on thin P-polynomial and dual-thin Q-polynomial symmetric association schemes, *J. Algebraic Combin.*, 7 (1998), no. 1, 5–15.

[168] P. Dukes and J. Short-Gershman, Nonexistence results for tight block designs, *J. Algebraic Combin.*, 38 (2013), 103–119.

[169] C. F. Dunkl, Orthogonal functions on some permutation groups, *Relations between combinatorics and other parts of mathematics* (*Proc. Sympos. Pure Math.*, Ohio State Univ., Columbus, Ohio, 1978), 129–147, *Proc. Sympos. Pure Math.*, XXXIV, Amer. Math. Soc., Providence, R.I., 1979.

[170] W. Ebeling, *Lattices and codes*, Vieweg Wiesbaden, (1994), 188 pp.

[171] Y. Egawa, Characterization of $H(n, q)$ by the parameters, *J. Combin. Theory Ser. A*, 31 (1981), 108–125.

[172] Y. Egawa, Association schemes of quadratic forms, *Journal of Combinatorial Theory, Series A*, 38 (1985), 1–14.

[173] S. Eliahou, Enumerative combinatorics and coding theory, *Enseign. Math.*, (2) 40 (1994), no. 1-2, 171–185.

[174] H. Enomoto, N. Ito, R. Noda, Tight 4-designs, *Osaka J. Math.*, 16 (1979), 39–43.

[175] T. Ericson and V. Zinoviev, *Codes On Euclidean Spheres*, North-Holland Mathematical Studies, Elsevier Science & Technol (2001).

[176] T. Etzion, *On perfect codes in the Johnson scheme, DIMACS, Disc. Math. and Th. Comp. Sci.*, 56 (2001), 125–130.

[177] I. A. Faradjev, A. A. Ivanov, A. V. Ivanov, Distance-transitive graphs of valency 5, 6 and 7, *European J. Combin.*, 7 (1986), no. 4, 303–319.

[178] A. Fazeli, S. Lovett and A. Vardy, Nontrivial t-designs over finite fields exist for all t, *J. Combin. Theory Ser. A*, 127 (2014), 14–160.

[179] W. Feit and G. Higman, The non-existence of certain generalised polygons, *J. Algebra*, 1 (1964), 114–131.

[180] R. Feng, Y. Wang, C. Ma and J. Ma, Eigenvalues of association schemes of quadratic forms, *Discrete Math.*, 308 (2008), no. 14, 3023–3047.

[181] I. A. Faradzhev, N. H. Klin and A. A. Ivanov, Galois correspondence between permutation groups and cellular rings (association schemes), *Graphs and Combin.*, 6 (1990), 303–332.

[182] T. Fujisaki, J. Koolen M. Tagami, Some properties of the twisted Grassmann graphs, *Innov. Incidence Geom.*, 3 (2006), 81–87.

[183] P. Gaborit, Construction of new extremal unimodular lattices, *European J. Combin.*, 25 (2004), no. 4, 549–564.

[184] G. Gasper and M. Rahman, Basic hypergeometric series, With a foreword by Richard Askey, *Encyclopedia of Mathematics and its Applications*, 35. Cambridge University Press, Cambridge, 1990. xx+287 pp.

[185] A. L. Gavrilyuk and J. H. Koolen, The Terwilliger polynomial of a Q-polynomial distance-regular graph and its application to the pseudo-partition graphs, *Linear Algebra Appl.*, 466 (2015), 117–140.

[186] D. Gijswijt, A. Schrijver and H. Tanaka, New upper bounds for nonbinary codes based on the Terwilliger algebra and semidefinite programming, *J. of Combinatorial Theory, Series A*, 113 (2006),1719–1731.

[187] J. T. Go and P. M. Terwilliger, Tight distance-regular graphs and the subconstituent algebra, *European J. Combin.*, 23 (2002), no. 7, 793–816.

[188] C. D. Godsil, *Algebraic combinatorics*, Chapman & Hall, (1993), 362 pp.

[189] C. D. Godsil, Polynomial spaces, *Discrete Math.*, 73 (1988), 71–88.

[190] C. D. Godsil and B. McKay, Constructing cospectral graphs, *Aequationes Math.*, 25, no. 2-3, (1982), 257–268.

[191] C. D. Godsil and G. Royle, *Algebraic graph theory*, GTM 207, Springer (2001).

[192] J. M. Goethals and J. J. Seidel, Cubature formulae, polytopes and spherical designs, In: *The Geometric Vein: The Coxeter Festshrift* (C. Davis, B. Grünbaum, F. A. Sherk eds.), Springer-Verlag (1981) 203–218.

[193] D. H. Gottlieb, A certain class of incidence matrices, *Proc. AMS*, 17 (1966), 1233–1237.

[194] M. Gräf and D. Potts, On the computation of spherical designs by a new optimization approach based on fast spherical Fourier transforms, *Numer. Math.*, 119, (2011), 699–724.

[195] J. E. Graver and W. B. Jurkat, The module structure of integral designs, *J. Combinatorial Theory Ser. A*, 15 (1973), 75–90.

[196] R. L. Griess, Jr., Rank 72 high minimum norm lattices, *Journal of Number Theory*, 130, Issue 7 (2010), 1512–1519.

[197] T. C. Hales, A proof of the Kepler conjecture, *Ann. of Math.*, 162 (2005), 1063–1185.

[198] M. Hall, Jr., Hadamard matrices of order 16, *J. P. L. Research Summary*, no. 36-10, 1 (1961), 21–26.

[199] M. Hall, Jr., Hadamard matrices of order 20, *J. P. L. Technical Report*, 32–761, (1965).

[200] M. Hall, Jr., *Combinatorial Theory*, Blaisdell Publishing Co. Ginn and Co., Waltham, Mass.-Toronto, Ont.-London, (1967), x+310 pp.
Second edition: Wiley-Interscience Series in Discrete Mathematics, A Wiley-Interscience Publication, John Wiley & Sons, Inc., New York, (1986). xviii+440 pp.
岩堀信子翻訳,『組合せ理論』(数学叢書〈15〉), 吉岡書店 (1971). (第1版の翻訳)

[201] M. Harada, An extremal doubly even self-dual code of length 112 (generator matrix), *Electronic J. Combin.*, 15 (2008), #N33 (5 pp.).

[202] R. H. Hardin and N. J. A. Sloane, McLaren's Improved Snub Cube and Other New Spherical Designs in Three Dimensions, *Discrete Comput. Geom.*, 15 (1996), 429–441.

[203] S. Helgason, *Differential geometry and symmetric spaces*, Academic Press, New York (1962).

[204] J. Hemmeter, Distance-regular graphs and halved graphs, *European J. Combin.*, 7 (1986), 119–129.

[205] D. G. Higman, Intersection matrices for finite permutation groups, *J. Algebra*, 6 (1967), 22–42.

[206] D. G. Higman, Coherent configurations, I, *Rend. Sem. Mat. Univ. Padova*, 44 (1970), 1–25.

[207] D. G. Higman, Coherent configurations, I. Ordinary representation theory, *Geom. Dedicata*, 4 (1975), 1–32.

[208] D. G. Higman, Coherent configurations, II, Weights, *Geom. Dedicata*, 5 (1976), 413–424.

[209] D. G. Higman, Coherent algebras, *Linear Algebra Appl.*, 93 (1987), 209–239.

[210] D. G. Higman, Strongly regular designs and coherent configurations of type $\begin{pmatrix} 3 & 2 \\ & 3 \end{pmatrix}$, *European J. Combin.*, 9 (1988), 411–422.

[211] A. Hiraki, An improvement of the Boshier-Nomura bound, *J. Combin. Theory Ser. B*, 61 (1994), no. 1, 1–4.

[212] A. Hiraki, A constant bound on the number of columns $(1, k-2, 1)$ in the intersection array of a distance-regular graph, *Graphs Combin.*, 12 (1996), no. 1, 23–37.

[213] A. Hiraki, Distance-regular subgraphs in a distance-regular graph, VI, *European J. Combin.*, 19 (1998), no. 8, 953–965.

[214] A. Hiraki, Strongly closed subgraphs in a regular thick near polygon, *European J. Combin.*, 20 (1999), no. 8, 789–796.

[215] A. Hiraki, Retracing argument for distance-regular graphs, *J. Combin. Theory Ser. B*, 79 (2000), no. 2, 211–220.

[216] A. Hiraki, A distance-regular graph with strongly closed subgraphs, *J. Algebraic Combin.*, 14 (2001), no. 2, 127–131.

[217] A. Hiraki, A characterization of the doubled Grassmann graphs, the doubled odd graphs, and the odd graphs by strongly closed subgraphs, *European J. Combin.*, 24 (2003), no. 2, 161–171.

[218] A. Hiraki, A characterization of the Hamming graph by strongly closed subgraphs, *European J. Combin.*, 29, no. 7 (2008) 1603–1616.

[219] M. Hirao and M. Sawa, On minimal cubature formulae of odd degrees for circularly symmetric integrals, *Adv. Geom.*, 12 (2012), no. 3, 483–500.

[220] M. Hirao, M. Sawa and Y. Zhou, Some remarks on Euclidean tight designs, *J. Combin. Theory Ser. A*, 118, no. 2 (2011), 634–640.

[221] S. Hobart and T. Ito, The structure of nonthin irreducible T-modules of endpoint 1: ladder bases and classical parameters, *J. Algebraic Combin.*, 7 (1998), no. 1, 53–75.

[222] A. J. Hoffman and R. R. Singleton, On Moore graphs with diameters 2 and 3, *IBM J. of Res. and Develope*, 4 (1960), 497–504.

[223] S. G. Hoggar, t-designs in projective spaces, *European Journal of Combinatorics*, 3 (1982), 233–254.

[224] S. G. Hoggar, Tight 4 and 5-designs in projective spaces, *Graphs and Combinatorics*, 5, no 1 (1989), 87–94.

[225] S. G. Hoggar, t-designs in Delsarte spaces, In: *Coding Theory and Design Theory, Part II*, IMA Volumes in Mathematics and its Applications (Ray-Chaudhuri ed.), Springer-Verlag, 21 (1990), 144–165.

[226] G. Höhn, Conformal designs based on vertex operator algebras, *Adv. Math.*, 217 (5) (2008) 2301–2335.

[227] Y. Hong, On the nonexistence of unknown perfect 6- and 8-codes in Hamming schemes $H(n,q)$ with q arbitrary, *Osaka J. Math.*, 21, no. 3 (1984), 687–700.

[228] Y. Hong, On the nonexistence of nontrivial perfect e-codes and tight $2e$-designs in Hamming schemes $H(n,q)$ with $e \geq 3$ and $q \geq 3$, *Graphs Combin.*, 2 (1986), no. 2, 145–164.

[229] N. Horiguchi, T. Miezaki and Nakasora, On the support designs of extremal binary doubly even self-dual codes, *Des. Codes Cryptogr.*, 72 (2014) 529–537.

[230] W.-Y. HSIANG, *Least action principle of crystal formation of dense packing type and Kepler's conjecture*, World Scientific (2001).

[231] L,-K. HUA AND Z.-X. WAN, *Tien hsing shun*（古典群）(*Classical Groups*), Shanghai Science Technology Press, Shanghai (1963), 234 pp.

[232] T. Y. HUANG, A characterization of the association schemes of bilinear forms, *European J. Combin.*, 8 (1987), no. 2, 159–173.

[233] D. R, HUGHES AND F. C. PIPER *Projective planes*, Graduate Texts in Mathematics, 6, Springer-Verlag, New York-Berlin, (1973). x+291 pp.

[234] P. ILIEV AND P. TERWILLIGER, The Rahman polynomials and the Lie algebra $\mathfrak{sl}_3(C)$, *Trans. Amer. Math. Soc.*, 364 (2012), no. 8, 4225–4238.

[235] N. ITO, On tight 4-designs, *Osaka J. Math.*, 12 (1975), 493–522.

[236] N. ITO, Corrections and supplemente to "On tight 4-designs", *Osaka J. Math.*, 15 (1978), 693–697.

[237] N. ITO, On Hadamard groups, *J. of Algebra*, 168 (1994), 981–987.

[238] N. ITO, On Hadamard groups III, *Kyushu J. Math.*, 51 (1997), 369–379.

[239] N. ITO, J. S. LEON AND J. Q. LONGYEAR, Classification of 3-$(24, 12, 5)$ designs and 24-dimensional Hadamard matrices, *J. Comb. Theory (A)*, 27 (1979), 289–306.

[240] T. ITO, Bipartite distance regular graphs of valency three, *Linear Algebra Appl.*, 46 (1982), 195–213.

[241] T. ITO, Designs in a coset geometry: Delsarte theory revisited, *European J. Combin.*, 25 (2004), no. 2, 229–238.

[242] 伊藤達郎，TD 対と q-Onsager 代数，*Sugaku*（『数学』），65 (2013)，no. 1，69–92.

[243] T. ITO，The classification of TD-pairs，『RIMS 講究録』，no. 1926 (2014)，146–164.

[244] T. ITO, K. NOMURA AND P. TERWILLIGER, A classification of sharp tridiagonal pairs, *Linear Algebra Appl.*, 435 (2011), no. 8, 1857–1884.

[245] T. ITO, K. TANABE AND P. TERWILLIGER, Some algebra related to P- and Q-polynomial association schemes, *Codes and association schemes* (Piscataway, NJ, 1999), 167–192, *DIMACS Ser. Discrete Math. Theoret. Comput. Sci.*, 56, Amer. Math. Soc., Providence, RI, 2001.

[246] T. Ito and P. Terwilliger, The shape of a tridiagonal pair, *J. Pure Appl. Algebra*, 188 (2004), no. 1-3, 145–160.

[247] T. Ito and P. Terwilliger, Two non-nilpotent linear transformations that satisfy the cubic q-Serre relations, *J. Algebra Appl.*, 6 (2007), no. 3, 477–503.

[248] T. Ito and P. Terwilliger, Tridiagonal pairs of q-Racah type, *J. Algebra*, 322 (2009), no. 1, 68–93.

[249] T. Ito and P. Terwilliger, The augmented tridiagonal algebra, *Kyushu J. Math.*, 64 (2010), no. 1, 81–144.

[250] Y. Iwakata, Minimal subschemes of the group association schemes of Mathieu groups, *Graphs Combin.*, 6, no. 3 (1990), 239–244.

[251] A. A. Ivanov, Bounding the diameter of a distance-regular graph, *Soviet Math. Dokl.*, 28 (1983), 149–152.

[252] A. A. Ivanov, M. E. Muzichuk, V. A. Ustimenko, On a New Family of (P and Q)-polynomial Schemes, *European J. Combi.*, 10 (1989), 337–345.

[253] A. A. Ivanov and S. V. Shpectorov, The association schemes of dual polar space of type ${}^2A_{2d-1}(p^f)$ are characterized by their parameters if $d \geq 3$, *Linear Algebra and Appl.*, 114/115 (1989), 133–135.

[254] A. A. Ivanov and S. V. Shpectorov, Characterization of the association schemes of Hermitian forms over $GF(2^2)$, *Geom. Dedicata*, 30 (1989), no. 1, 23–33.

[255] A. A. Ivanov and S. V. Shpectorov, A characterization of the association schemes of Hermitian forms, *J. Math. Soc. Japan*, 43 (1991), no. 1, 25–48.

[256] G. J. Janusz, Overlap and covering polynomials with applications to designs and self-dual codes (English summary), *SIAM J. Discrete Math.*, 13 (2000), no. 2, 154–178 (electronic).

[257] P. Jenkins and J. Rouse, Bounds for coefficients of cusp forms and extremal lattices, *Bulletin LMS*, 43 (2011), 927–938.

[258] A. Jurišić, J. Koolen and P. M. Terwilliger, Tight distance-regular graphs, *J. Algebraic Combin.*, 12 (2000), no. 2, 163–197.

[259] G. A. Kabatiansky and V. I. Levenshtein, On Bounds for Packings on a Sphere and in Space, *Probl. Inform. Transm.*, 14 (1978), 3–25.

[260] W. M. Kantor, k-homogeneous groups, *Math. Z.*, 124 (1972), 261–265.

[261] W. M. KANTOR, On incidence matrices of finite projective and affine spaces, *Math. Z.*, 124, (1972), 315–318.

[262] P. KEEVASH, Counting designs, arXiv:1504.02909v1.

[263] H. KHARAGHANI AND B. TAYFEH-REZAIE, A Hadamard matrix of order 428, *J. Combin. Designs*, 13 (2005), 435–440.

[264] H. KHARAGHANI AND B. TAYFEH-REZAIE, Hadamard matrices of order 32, *J. Combin. Designs*, 21 (2013), no. 5, 212–221.

[265] G. B. KHOSROVSHAHI AND B. TAYFEH-REZAIE, A new proof of a classical theorem in design theory, *J. Combin. Theory Ser. A*, 93 (2001), no. 2, 391–396,

[266] H. KIMURA, New Hadamard matrix of order 24, *Graphs Combin.*, 5 (1989), no. 3, 235–242.

[267] H. KIMURA, Classification of Hadamard matrices of order 28, *Discrete Math.*, 133 (1994), no. 1-3, 171–180.

[268] O. D. KING, The mass of extremal doubly-even self-dual codes of length 40, *IEEE Trans. Inform. Theory*, 47 (2001), no. 6, 2558–2560.

[269] O. D. KING, A mass formula for unimodular lattices with no roots, *Math. Comp.*, 72 (2003), no. 242, 839–863.

[270] M. KITAZUME, T. KONDO AND I. MIYAMOTO, Even lattices and doubly even codes, *J. Math. Soc. Japan*, 43 (1991), no. 1, 67–87.

[271] H. KOCH, On self-dual, doubly even codes of length 32, *Journal of Combinatorial Theory, Series A*, 51 (1989), 63–76.

[272] A. V. KOLUSHOV AND V. A. YUDIN, On the Korkin-Zolotarev construction (Russian), *Diskret. Mat.*, 6 (1994), 155–157; translation in *Discrete Math. Appl.*, 4 (1994), 143–146.

[273] A. V. KOLUSHOV AND V. A. YUDIN, Extremal dispositions of points on the sphere, *Anal. Math.*, 23 (1997), 25–34.

[274] T. KOORNWINDER, The addition formula for Jacobi polynomials and spherical harmonics, *SIAM J. Appl. Math.*, 25 (1973), 236–246.

[275] T. H. KOORNWINDER, A note on the absolute bound for systems of lines, *Indag. Math.*, 38 (1976), 152–153.

[276] J. Korevaar and J. L. H. Meyers, Spherical Faraday cage for the case of equal point charges and Chebyshev-type quadrature on the sphere, *Integral Transforms Spec. Funct.*, 1 (1993), 105–117.

[277] M. Kotani and T. Sunada, Spectral geometry of crystal lattices, *Contemporary Math.*, 338, (2003), 271–305.

[278] N. O. Kottelina and A. B. Pevnyĭ, Extremal properties of spherical semidesigns, *Algebra i Analiz*, 22:5 (2010), 131–139. *St. Petersburg Math. J.*, 22 (2011), 795–801.

[279] A. B. Kuijlaars, The minimal number of nodes in Chebyshev type quadrature formulas, *Indag. Math.*, 4 (1993), 339–362.

[280] G. Kuperberg, Special moments, *Adv. in Appl. Math.*, 34 (2005), no. 4, 853–870.

[281] G. Kuperberg, L. Shachar and R. Peled, Probabilistic existence of rigid combinatorial structures, *Proceedings of the 2012 ACM Symposium on Theory of Computing*, ACM, New York, (2012), 1091–1105.

[282] G. Kuperberg, S. Lovett and R. Peled, Probabilistic existence of regular combinatorial structures, *SOTC'12–Proceedings of the 2012 ACM Symposium on Theory of Computing*, 1091–1105, ACM, N.Y., 2012.

[283] H. Kurihara, 2009 年度九州大学数理学府修士論文.

[284] H. Kurihara, Character tables of m-flat association schemes, *Advances in Geometry*, 11, no. 2 (2011), 293–301.

[285] H. Kurihara, Character tables of association schemes based on attenuated spaces, *Annals of Combinatorics*, 17 (2013), 525–541.

[286] H. Kurihara and H. Nozaki, A characterization of Q-polynomial association schemes, *Journal of Combinatorial Theory, Series A*, 119 (2012), no. 1, 57–62.

[287] H. Kurihara and H. Nozaki, A spectral equivalent condition of the P -polynomial property for association schemes, *Electron. J. Combin.*, 21 (2014), no. 3, Paper 3.1, 8 pp.

[288] Hannu Laakso, Nonexistence of nontrivial perfect codes in the case $q = p_1^a p_2^b p_3^c$, Ph. D. Thesis (1979), University of Turku, Finland.

[289] C. W. H. Lam, The search for a finite projective plane of order 10, *Amer. Math. Monthly*, 98 (1991), no. 4, 305–318.

[290] C. W. H. Lam, G. Kolesova and L. H. Thiel, The search for a finite projective planes of order 9,

[291] *C. W. H. Lam, L. H, Thiel and S. Swiercz,* The nonexistence of finite projective planes of order 10, *Canad. J. Math.*, 41 (1989), no. 6, 1117–1123.

[292] E. S. Lander, *Symmetric designs: an algebraic approach*, London Mathematical Society Lecture Note Series, 74, Cambridge University Press, Cambridge, 1983. xii+306 pp.

[293] M. S. Lang and P. M. Terwilliger, Almost-bipartite distance-regular graphs with the Q-polynomial property, *European J. Combin.*, 28 (2007), no. 1, 258–265.

[294] D. G. Larman, C. A. Rogers and J. J. Seidel, On two-distance sets in Euclidean space, *Bull London Math. Soc.*, 9 (1977), 261–267.

[295] R. Laue, S. S. Magliveras and A. Wassermann, New large sets of t-designs, *J. Combin. Des.*, 9 (2001), no. 1, 40–59.

[296] J. Leech, The problem of the thirteen spheres, *Math. Gazette*, 41 (1956), 22–23.

[297] J. Leech, Equilibrium of sets of particles on a shpere, *Math. Gazette*, 41 (1957), 81–90.

[298] D. H. Lehmer, The vanishing of Ramanujan's function $\tau(n)$, *Duke Math. J.*, 14 (1947), 429–433.

[299] D. A. Leonard, Orthogonal Polynomials, Duality and Association Schemes, *SIAM J. Math. Anal.*, 13 (4), (1982), 656–663.

[300] D. A. Leonard, Parameters of association schemes that are both P- and Q-polynomial, *J. Combin. Theory Ser. A*, 36 (1984), no. 3, 355–363.

[301] V. I. Levenshtein, On bounds for packings in n-dimensional Euclidean space, *Doklady Akademii Nauk SSR.*, 245 (1979), 1299–1303 = *Soviet Mathematics Doklady*, 20 (1979), 417–421.

[302] V. I. Levenshtein, Designs as maximum codes in polynomial metric spaces, Interactions between algebra and combinatorics, *Acta Appl. Math.*, 29 (12) (1992), 1–82.

[303] V. I. Levenshtein, On designs in compact metric spaces and a universal bound on their size, *Discrete Metric Spaces* (Villeurbanne, 1996), *Discrete Math.*, 192 (13) (1998), 252–271.

[304] V. I. Levenshtein, Universal bounds for codes and designs, in: *Handbook of Coding Theory*, I, II, North-Holland, Amsterdam (1998), 499–648.

[305] Z. Li, Ei. Bannai and Et. Bannai, Tight Relative 2- and 4-Designs on Binary Hamming Association Schemes, *Graphs and Combin.*, 30 (2014), 203–227.

[306] J. H, van Lint, *Coding Theory*, Lecture Notes in Math. 201, Springer-Verlag, (1971).

[307] J. van Lint, Recent results on perfect codes and related topics in Combinatorics I, *Math. Centre Tracts* 55, Amsterdam (1974), 158–178.

[308] J. H. van Lint and R. M. Wilson, *A course in combinatorics*, Cambridge University Press, Cambridge (1992), xii+530. (Second edition in 2001)

[309] D. Livingstone and A. Wagner, Transitivity of finite permutation groups on unordered sets, *Math. Z.*, 90 (1965), 393–403.

[310] Y. I. Lyubich and L. N. Vaserstein, Isometric embeddings between classical Banach spaces, cubature formulas, and spherical designs, *Geom. Dedicata*, 47 (1993), 327–362.

[311] Y. I. Lyubich, Lower bounds for projective designs, cubature formulas and related isometric embeddings, *European J. Combin.*, 30 (2009), no. 4, 841–852.

[312] J. Ma and K. Wang, Nonexistence of exceptional 5-class association schmes with two Q-polynomial structures, *Linear Algebra Appl.*, 440 (2014), 278–285.

[313] M. S. MacLean and P. Terwilliger, Taut distance-regular graphs and the subconstituent algebra, *Discrete Math.*, 306 (2006), no. 15, 1694–1721.

[314] M. S. MacLean and P. Terwilliger, The subconstituent algebra of a bipartite distance-regular graph; thin modules with endpoint two, *Discrete Math.*, 308 (2008), no. 7, 1230–1259.

[315] F. J. MacWiliams and N. J. A Sloane, *The Theory of Error-Correcting Codes*, North-Holland Mathematical Library, 16. North-Holland Publishing Co., Amsterdam-New York-Oxford, (1977), xv+369 pp.

[316] H. Maehara, Isoperimetric theorem for spherical polygons and the problem of 13 spheres, *Ryukyu Math. J.*, 14 (2001), 41–57.

[317] H. MAEHARA, The problem of thirteen spheres–a proof for undergraduates, *European J. of Comb.*, 28 (2007), 1770–1778.

[318] H. MAEHARA, On the number of concyclic points in planar lattices (Japanese), 平面格子における円周上の格子点数について，東海大学『教育開発』, 5 (2009), 3–16.

[319] S. S. MAGLIVERAS, Large sets of t-designs from groups, *Mathematica Slovaca*, 59, no 1, (2009), 1–20.

[320] A. A. MAKHNEV, On the nonexistence of strongly regular graphs with the parameters $(486, 165, 36, 66)$ (Russian), *Ukraïn. Mat. Zh.*, 54 (2002), 941–949; translation in *Ukrainian Math. J.*, 54 (2002), 1137–1146.

[321] C. L. MALLOWS, A. M. ODLYZKO AND N. J. A. SLOANE, Upper bounds for modular forms, lattices, and codes, *J. Algebra*, 36 (1975), 68–76.

[322] Y. I. MANIN, What is the maximum number of points on a curve over $\mathbb{F}_2$?, *J. Fac. Sci. Univ. Tokyo Sect. IA Math.*, 28 (1981), no. 3, 715–720.

[323] Y. I. MANIN, A computability challenge: asymptotic bounds for error-correcting codes, *Computation, physics and beyond*, 174–182, Lecture Notes in Comput. Sci., 7160, Springer, Heidelberg, (2012).

[324] W. J. MARTIN, M. MUZYCHUK AND J. WILLIFORD, Imprimitive cometric association schemes: constructions and analysis, *J. of Algebraic Comb.*, 25 (2007), 399–415.

[325] W. J. MARTIN AND J. S. WILLIFORD, There are finitely many Q-polynomial association schemes with given first multiplicity at least three, *European J. Combin.*, 30 (2009), no. 3, 698–704.

[326] W. J. MARTIN AND H. TANAKA, Commutative association schemes, *European J. Combin.*, 30 (2009), no. 6, 1497–1525.

[327] W. J. MARTIN AND J. WILLIFORD, There are finitely many Q-polynomial association schemes with given first multiplicity at least three, *European J. of Comb.*, 30, (2009), 698–704.

[328] A. MATSUO, Norton's trace formulae for the Griess algebra of a vertex operator algebra with larger symmetry, *Comm. Math. Phys.*, 224 (2001), 565–591.

[329] R. J. MCELIECE, E. R. RODEMICH, H. RUMSEY JR. AND L. R. WELCH, New upper bounds on the rate of a code via the Delsarte-MacWilliams inequalities, *IEEE Trans. Inform. Theory*, 23 (1977), 157–166.

[330] J. McKay, *A Setting for the Leech Lattice*, North-Holland Mathematics Studies, 7 (1973), 117–118, *Finite Groups '72, Proceedings of the the Gainesville Conference on Finite Groups.*

[331] K. Metsch, A characterization of Grassmann graphs, *European J. Combin.*, 16 (1995), 639–644.

[332] K. Metsch, On a Characterization of Bilinear Froms Graphs, *Europ. J. Combinatorics*, 20 (1999), 293–306.

[333] K. Metsch, On the characterization of the folded halved cubes by their intersection arrays, *Designs, Codes and Cryptgraphy*, 29 (2003), 215–225.

[334] B. Meyer, Extreme lattices and vexillar designs, *J. Algebra*, 322 (2009), 4368–4381.

[335] H. N. Mhaskar, F. J. Narcowich, and J. D. Ward, Spherical Marcinkiewicz-Zygmund inequalities and positive quadrature, *Math. Comp.*, 70 (2001), 1113–1130.

[336] 三枝崎剛，4 次直交群の有限部分群から構成される球面デザインについて，『第 27 回代数的組合せ論シンポジウム報告集』(2010).

[337] T. Miezaki, Conformal designs and D. H. Lehmer's conjecture, *J. Algebra*, 374 (2013), 59–65.

[338] T. Miezaki and M. Tagami, On Euclidean designs and the potential energy, *Electron. J. Combin.*, 19 (2012), no. 1, Paper 2, 18 pp.

[339] Y. Miura, Codes snd designs in complex grassmannian spaces，九州大学修士論文 (2004).

[340] T. Molien, Über die Invarianten der linear Substitutionsgruppe, *Sitzungsber. König. Preuss. Akad. Wiss.*, (1897), 1152–1156.

[341] H. M. Möller, Lower bounds for the number of nodes in cubature formulae, *Numerische Integration* (Tagung, Math. Forschungsinst., Oberwolfach, 1978), 221–230, Internat. Ser. Numer. Math., 45, Birkhäuser, Basel-Boston, Mass., (1979).

[342] A. Moon, The graphs G(n, k) of the Johnson schemes are unique for $n \geq 20$, *J. Combin. Theory Ser. B*, 37 (1984), 173–188.

[343] G. E. Moorhouse and J. Williford, Double Covers of Symplectic Dual Polar Graphs, *Discrete Math.* 339 (2016), 571–588.

[344] A. MUNEMASA, An analogue of t-designs in the association schemes of alternating bilinear forms, *Graphs Combin.*, 2 (1986), no. 3, 259–267.

[345] A. MUNEMASA, *The Geometry of Orthogonal Groups over Finite Fields*, Lecture Note in Mathematics, 3, Sophia University, Kioicho, Chiyoda-ku, Tokyo, Japan (1996).

[346] A. MUNEMASA, D. V. PASECHNIK AND S. V. SHPECTOROV, A local characterization of the graphs of alternating forms and the graphs of quadratic forms over GF(2), *Finite Geometry and Combinatorics*, F. De Clerck, et al., editors, Cambridge University Press, (1993), 303–317.

[347] A. MUNEMASA AND S. V. SHPECTOROV, A local characterization of the graph of alternating forms, *Finite Geometry and Combinatorics*, F. De Clerck, et al., editors, (1993), 289–302, Cambridge University Press.

[348] O. R. MUSIN, The kissing problem in three dimensions, *Discrete Comput. Geom.*, 35 (2006), 375–384.

[349] O. R. MUSIN, The kissing number in four dimensions, *Ann. of Math.*, (2) 168 (2008), 1–32.

[350] O. R. MUSIN, Spherical two-distance sets, *Journal of Combinatorial Theory, Series A*, 116 (2009), 988–995.

[351] O. R. MUSIN AND H. NOZAKI, Bounds on three- and higher-distance sets, *European J. Combin.*, 32 (2011), no. 8, 1182–1190.

[352] O. MUSIN AND A. TARASOV, The strong thirteen spheres problem, *Discrete Comput. Geom.*, 48 (2012), no. 1, 128–141.

[353] O. MUSIN AND A. TARASOV, The Tammes problem for $N = 14$, arXiv:1410.2536

[354] M. E. MUZICHUK, V-lings of the Permutation Groups with Invariant Metric, Ph. D. Thesis at Kiev State University (1987).

[355] 永尾汎,『群とデザイン』, 岩波書店 (1974), 274 pp.

[356] G. NEBE, Some cyclo-quaternionic lattices, *J. Algebra*, 199 (1998), 472–498.

[357] G. NEBE, An even unimodular 72-dimensional lattice of minimum 8, *J. Reine Angew. Math.*, 673 (2012), 237–247.

[358] G. NEBE, Boris Venkov's Theory of Lattices and Spherical Designs, Diophantine methods, lattices, and arithmetic theory of quadratic forms, *Contemp. Math.*, 587 (2013), 1–19.

[359] G. Nebe, A fourth extremal even unimodular, lattice of dimension 48, *Discrete Math.*, 331 (2014), 133–136.

[360] http://www.math.rwth-aachen.de/~Gabriele.Nebe/papers/aut5.pdf

[361] http://www.math.rwth-aachen.de/~Gabriele.Nebe/papers/nebeOW.pdf

[362] G. Nebe, E. M. Rains, and N. J. A. Sloane, *Self-dual codes and invariant theory*, Springer-Verlag New York, (2006), 430 pages.

[363] G. Nebe and B. Venkov, On tight spherical designs, *Algebra i Analiz*, 24 (2012), no. 3, 163–171; translation in *St. Petersburg Math. J.*, 24 (2013), no. 3, 485–491.

[364] A. Neumaier, Combinatorial configurations in terms of distances (mimeographed notes), *Memorandum*, 81-09 (Eindhoven Univ. of Technology) (1981).

[365] A. Neumaier, Characterization of a class of distance regular graphs, *J. Reine Angew. Math.*, 357 (1985), 182–192.

[366] A. Neumaier and J. J. Seidel, Discrete measures for spherical designs, eutactic stars and lattices, *Nederl. Akad. Wetensch. Proc. Ser. A*, 91 = *Indag. Math.*, 50 (1988), 321–334.

[367] S. Nikova and V. Nikov, Improvement of the Delsarte bound for τ-designs when it is not the best bound possible, *Des. Codes Cryptogr.*, 28 (2) (2003), 201–222.

[368] R. Noda, On orthogonal arrays of strength 4 achieving Rao's bound, *J. London Math. Soc.*, (2) 19 (1979), no. 3, 385–390.

[369] R. Noda, On orthogonal arrays of strength 3 and 5 achieving Rao's bound, *Graphs Combin.*, 2 (1986), no. 3, 277–282.

[370] R. Noda, Some Bounds for the Number of Blocks, *European Journal of Comb.*, 22 (2001), 91–94.

[371] R. Noda, Some Bounds for the Number of Blocks II, *European Journal of Comb.*, 22 (2001), 95–100.

[372] K. Nomura and P. Terwilliger, The structure of a tridiagonal pair, *Linear Algebra Appl.*, 429 (2008), 1647–1662.

[373] K. Nomura and P. Terwilliger, On the shape of a tridiagonal pair, *Linear Algebra Appl.*, 432 (2010), 615–636.

[374] H. NOZAKI, Inside s-inner product sets and Euclidean designs, *Combinatorica*, Springer, 31(6) (2011), 725–737.

[375] H. NOZAKI, A generalization of Larman-Rogers-Seidel's theorem, *Discrete Math.*, 311 (2011), 792–799.

[376] H. NOZAKI AND M. SAWA, Remarks on Hilbert identities, isometric embeddings, and invariant cubature, *Algebra i Analiz*, 25 (2013), no. 4, 139–181; translation in *St. Petersburg Math. J.*, 25 (2014), no. 4, 615–646.

[377] H. NOZAKI AND M. SHINOHARA, On a generalization of distance sets, *Journal of Combinatorial Theory, Series A*, 117 (2010), 810–826.

[378] A. M. ODLYZKO AND N. J. A. SLOANE, New bounds on the of numbers of unit spheres that can touch a unit sphere in n dimensions, *J. Comb. Theory A*, 26 (1979), 210–214.

[379] T. OKUDA, Relation between spherical designs through a Hopf map, arxiv:1506.08414, 14 pp.

[380] M. OZEKI, On the notion of Jacobi polynomials for codes, *Math. Proc. Cambridge Philos. Soc.*, 121, no. 1 (1997), 15–30.

[381] C. PACHE, Shells of selfdual lattices viewed as spherical designs, *Internat. J. Algebra Comput.*, 15 (5–6) (2005), 1085–1127.

[382] A. A. PASCASIO, On the multiplicities of the primitive idempotents of a Q-polynomial distance regular graph, *European J. Combin.*, 23 (2002), no. 8, 1073–1078.

[383] C. PETERSON, On tight 6-designs, *Osaka J. Math.*, 14 (1977), 417–435.

[384] A. JA. PETRENJUK, On Fisher's inequality for tactical configurations (Russian), *Mat. Zametki*, 4 (1968), 417–425.

[385] F. PFENDER AND G. M. ZIEGLER, Kissing numbers, sphere packings, and some unexpected proofs, *Notices Amer. Math. Soc.*, 51 (2004), 873–883.

[386] V. S. PLESS AND W. C. HUFFMAN EDITOR, *Handbook uf coding theory*, North Holland (1998), 2318 pp.

[387] P. RABAU AND B. BAJNOK, Bela Bounds for the number of nodes in Chebyshev type quadrature formulas, *J. Approx. Theory*, 67, no. 2 (1991), 199–214.

[388] RAY-CHAUDHURI AND WILSON, 1971, Notice of AMS

[389] D. K. Ray-Chaudhuri and R. M. Wilson, Solution of Kirkman's schoolgirl problem, *Combinatorics* (*Proc. Sympos. Pure Math.*, XIX, Univ. California, Los Angeles, Calif., 1968), 187–203. Amer. Math. Soc., Providence, R.I., 1971.

[390] D. K. Ray-Chaudhuri and R. M. Wilson, On t-Designs, *Osaka J. Math.*, 12 (1975), 737–744.

[391] J. M. Renes, R. Blume-Kohout, A. J. Scott and C. M. Caves, Symmetric informationally complete quantum measurements, *J. Math. Phys.*, 45 (2004), 2171–2180.

[392] H. F. H. Reuvers, Some Non-existence Theorems for Perfect Codes Over Arbitrary Alphabets, Dissertation: Ph. D. Technische Universiteit Eindhoven (1977). A non-existence proof for 3-error-corecting codes, *Memorandum*, no. 1974-13, Department of Mathematics.

[393] B. Reznick, Sums of even powers of real linear forms, *Mem. Amer. Math. Soc.*, 96, no. 463 (1992).

[394] R. M. Robinson, Arrangement of 24 Circles on a Sphere, *Math. Ann.*, 144 (1961), 17–48.

[395] C. Roos, A note on the existence of perfect constant weight codes, *Disc. Math.*, 47 (1983), 121–123.

[396] A. Roy, Bounds for codes and designs in complex subspaces, *J. Algebraic Combin.*, 31 (2010), 1–32.

[397] A. Roy and A. J. Scott, Weighted complex projective 2-designs from basea: Optimal state determination by orthgonal measurements, *J. Math. Phys.*, 48 072110 (2007).

[398] A. Roy and S. Suda, Complex spherical designs and codes, *J. Combin. Des.*, 22, no. 3 (2014), 105–148.

[399] B. Runge, Codes and Siegel modular forms, *Discrete Math.*, 148, no. 1-3 (1996), 175–204.

[400] E. B. Saff and A. B. J. Kuijlaars, Distributing many points on a sphere, *The Math, Intelligencer*, 19 (1997), 5–11.

[401] B. E. Sagan and J. S. Caughman, The multiplicities of a dual-thin Q-polynomial association schemes, *Electron. J. Combin.*, 8 (2001), no. 1, Note 4, 5 pp.

[402] M. SAWA AND Y. XU, On positive cubature rules on the simplex and isometric embeddings, *Math. Comp.*, 83 (2014), no. 287, 1251–1277.

[403] A. SCHRIJVER, New code upper bounds from the Terwilliger algebra and semidefinite programming, *IEEE Trans. Inform. Theory*, 51 (2005), 2859–2866.

[404] A. SCHÜRMANN, Dense ellipsoid packings (English summary), *Discrete Math.*, 247 (2002), no. 1-3, 243–249.

[405] L. L. SCOTT, Some properties of character products, *J. Algebra*, 45 (1977), no. 2, 259–265.

[406] A. J. SCOTT, Tight informationally complete quantum measurements, *J. Phys. A: Math. Gen.*, 39 (2006), 13507–13530.

[407] A. J. SCOTT AND M. GRASSL, Symmetric informationally complete positive-operator-valued measures: a new computer study, *J. Math. Phys.*, 51 (2010), 042203, 16 pp.

[408] J. P. SERRE, *A course in arithmetic* (Translated from the French), Graduate Texts in Mathematics, no. 7. Springer-Verlag, New York-Heidelberg, (1973).

[409] J. P. SERRE, Sur la lacunarite des puissances de η (French), *Glasgow Math. J.*, 27 (1985), 203–221.

[410] P. D. SEYMOUR AND T. ZASLAVSKY, Averaging sets: A generalization of mean values and spherical designs, *Adv. Math.*, 52 (3) (1984), 213–240.

[411] H. SHEN AND H. Z. WEI, The construction of PBIB designs from 2-dimensional nonisotropic subspaces in symplectic geometry (Chinese), An English summary appears in *Chinese Ann. Math. Ser. B*, 6 (1985), no. 4, 494. *Chinese Ann. Math. Ser. A*, 6 (1985), no. 5, 587–594.

[412] G. C. SHEPHARD AND J. A. TODD, Finite unitary reflection groups, *Canadian J. Math.*, 6, (1954), 274–304.

[413] J. SHIGEZUMI, A construction of spherical designs from finite graphs with the theory of crystal lattice, arXiv:0804.2956[math.CO] (2008).

[414] O. SHIMABUKURO, On the nonexistence of perfect codes in $J(2w+p^2,w)$, *Ars Combin.*, 75 (2005), 129–134.

[415] P. W. SHOR AND N. J. A. SLOANE, A family of optimal packings in Grassmannian manifolds, *J. Algebraic Combin.*, 7, no. 2 (1998), 157–163.

[416] K. Shütte and B. L. van der Waerden, Das Problem der dreizehn Zugeln, *Math. Ann.*, 125 (1953), 325–334.

[417] V. M. Sidelnikov, Spherical 7-designs in $2n$-dimensional Euclidean space, *J. Algebraic Combin.*, 10 (1999), 279–288.

[418] V. M. Sidelnikov, Orbital spherical 11-designs in which the initial point is a root of an invariant polynomial (Russian), *Algebra i Analiz*, 11 (1999), no. 4, 183–203; translation in *St. Petersburg Math. J.*, 11 (2000), no. 4, 673–686.

[419] V. M. Sidelnikov, Spherical 7-designs in 2n-dimensional Euclidean space, *J. Algebraic Combin.*, 10 (1999), no. 3, 279–288.

[420] S. Smale, Mathematical problems for the next century, *The Math. Intelligencer*, 20 (1998), 7–15.（日本語訳は『数学の基礎をめぐる論争』，シュプリンガー・フェアラーク東京，田中一之 編・監訳，に再録.）

[421] D. H. Smith, Primitive and imprimitive graphs, *Quart. J. Math. Oxford Ser.*, (2) 22 (1971), 551–557.

[422] D. H. Smith, An improved version of Lloyd's theorm, *Discrete Math.*, 15 (1976), 175–184.

[423] S. Y. Song and H. Tanaka, Group-case commutative association schemes and their character tables, *proceedings, Algebraic Combinatorics, An International Conference in Honor of Eiichi Bannai's 60th Birthday*, Sendai International Center, Sendai, Japan, June (2006), 204–213.

[424] R. P. Stanley, Invariants of finite groups and their applications to combinatorics, *Bull. Amer. Math. Soc. (N.S.)*, 1, no. 3 (1979), 475–511.

[425] D. Stanton, Some q-Krawtchouk polynomials on Chevalley groups, *Amer. J. Math.*, 102 (1980), no. 4, 625–662.

[426] D. Stanton, Three addition theorems for some q-Krawtchouk polynomials, *Geom. Dedicata*, 10 (1981), no. 1-4, 403–425.

[427] D. Stanton, Orthogonal polynomials and Chevalley groups, *Special functions: group theoretical aspects and applications*, 87–128, Math. Appl., Reidel, Dordrecht, (1984).

[428] D. Stanton, t-designs in classical association schemes, *Graphs Combin.*, 2 (1986), no. 3, 283–286.

[429] D. Stehlé and M. Watkins, On the Extremality of an 80-Dimensional Lattice, G. Hanrot, F. Morain, and E. Thomé (Eds.): ANTS-IX 2010, LNCS 6197, 340–356, (2010), Springer-Verlag, Berlin Heidelberg.

[430] R. J. Stroeker, On the Diophantine equation $(2y^2-3)^2 = x^2(3x^2-2)$ in connection with the existence of nontrivial tight 4-designs, *Nederl. Akad. Wetensch. Indag. Math.*, 43 (1981), no. 3, 353–358.

[431] S. Suda, Coherent configurations and triply regular association schemes obtained from spherical designs, *J. Combin. Theory Ser. A*, 117, no. 8 (2010), 1178–1194.

[432] 砂田利一,『ダイヤモンドはなぜ美しい？―離散調和解析入門―』, シュプリンガー・フェアラーク東京 (2006).

[433] T. Sunada, Crystals that nature might miss creating, *Notices of the AMS*, 55 (2008), 208–215.

[434] H. Suzuki, Association schemes with multiple Q-polynomial structures, *J. Algebraic Combin.*, 7 (1998), 181–196.

[435] G. Szegö, *Orthogonal polynomials*, American Math. Soc. Colloquium Publications 23 (2003)（初版：1939）.

[436] 高木貞治,『数学小景』（初版 1943 年）文庫版, 岩波書店 (2002), 190 pp.

[437] P. M. L. Tammes, On the origin of number and arrangement of places of exit on the surface of pollen grains, *Recueil des Travaux Botanique Neerlandais*, 27 (1930), 1–84.

[438] K. Tanabe, The irreducible modules of the Terwilliger algebras of Doob schemes, *J. Algebraic Combin.*, 6 (1997), no. 2, 173–195.

[439] K. Tanabe, A new proof of the Assmus-Mattson theorem for non-binary codes, *Designs, Codes and Cryptography*, 22 (2001), 149–155.

[440] H. Tanaka, Classification of subsets with minimal width and dual width in Grassmann, bilinear forms and dual polar graphs, *J. Combin. Theory Ser. A*, 113 (2006), no. 5, 903–910.

[441] H. Tanaka, New proofs of the Assmus-Mattson theorem based on the Terwilliger algebra, *European J. Combinatorics*, 30 (2009), 736–746.

[442] H. Tanaka, Vertex subsets with minimal width and dual width in Q-polynomial distance-regular graphs, *The Electronic Journal of Combinatorics*, 18 (1), (2011), 167 (32 pp.).

[443] H. Tanaka, The Erdös-Ko-Rado theorem for twisted Grassmann graphs, *Combinatorica*, 32 (2012), no. 6, 735–740.

[444] H. TANAKA, The Erdös-Ko-Rado basis for a Leonard system, *Contrib. Discrete Math.*, 8 (2013), no. 2, 41–59.

[445] H. TANAKA AND R. TANAKA, Nonexistence of exceptional imprimitive Q-polynomial association schemes with six classes, *European J. Combin.*, 32 (2011), 155–161.

[446] G. TARRY, Le Probléme des 36 Officiers, *Compte Rendu de l' Association Française pour l'Avancement de Science Naturel (Secrétariat de l'Association)* 2: 170–203.

[447] L. TEIRLINCK, Nontrivial t-designs without repeated blocks exist for all t, *Discrete Math.*, 65, no. 3 (1987), 301–311.

[448] P. TERWILLIGER, The diameter of bipartite distance-regular graphs, *J. Combin. Theory Ser. B*, 32 (1982), no. 2, 182–188.

[449] P. TERWILLIGER, Distance-regular graphs with girth 3 or 4. I, *J. Combin. Theory Ser. B*, 39 (1985), no. 3, 265–281.

[450] P. TERWILLIGER, The Johnson graph $J(d,r)$ is unique if $(d,r) \neq (2,8)$, *Discrete Math.*, 58 (1986), no. 2, 175–189.

[451] P. TERWILLIGER, A new feasibility condition for distance-regular graphs, *Discrete Math.*, 61 (1986), no. 2-3, 311–315.

[452] P. TERWILLIGER, A class of distance-regular graphs that are Q-polynomial, *J. Combin. Theory Ser. B*, 40 (1986), no. 2, 213–223.

[453] P. TERWILLIGER, P and Q polynomial schemes with $q = -1$, *J. Combin. Theory Ser. B*, 42 (1987), no. 1, 64–67.

[454] P. TERWILLIGER, A characterization of P- and Q-polynomial association schemes, *J. Combin. Theory Ser. A*, 45 (1987), no. 1, 8–26.

[455] P. TERWILLIGER, Root systems and the Johnson and Hamming graphs, *European J. Combin.*, 8 (1987), no. 1, 73–102.

[456] P. TERWILLIGER, The classification of distance-regular graphs of type IIB, *Combinatorica*, 8 (1988), no. 1, 125–132.

[457] P. TERWILLIGER, Balanced sets and Q -polynomial association schemes, *Graphs Combin.*, 4 (1988), no. 1, 87–94.

[458] P. TERWILLIGER, The subconstituent algebra of an association scheme I, *J. Algebraic Combinatorics*, 1 (1992), 363–388.

[459] P. TERWILLIGER, The subconstituent algebra of an association scheme II, *J. Algebraic Combinatorics*, 2 (1993), 73–103.

[460] P. TERWILLIGER, The Subconstituent Algebra of an Association Scheme III, *J. Algebraic Combinatorics*, 2 (1993), 177–210.

[461] P. TERWILLIGER, Kite-free distance-regular graphs, *European Journal of Combinatorics*, 16, Issue 4, July (1995), 405–414.

[462] P. TERWILLIGER, A new inequality for distance-regular graphs, *Discrete Math.*, 137 (1995), no. 1-3, 319–332.

[463] P. TERWILLIGER, Quantum matroid, *Progress in Algebraic Combinatorics*, 323–441, *Adv. Stud. Pure Math.*, 24, Math. Soc. Japan, Tokyo, (1996).

[464] P. TERWILLIGER, Two relations that generalize the q-Serre relations and the Dolan-Grady relations, In: *Physics and Combinatorics 1999, Proceedings of the International Workshop, Nagoya, 1999* (eds. A. N. Kirilov et al.), World Scientific, River Edge, NJ, (2001), 377–398.

[465] P. TERWILLIGER, Two linear transformations each tridiagonal with respect to an eigenbasis of the other, *Linear Algebra Appl.*, 330 (2001), no. 1-3, 149–203.

[466] P. TERWILLIGER, The subconstituent algebra of a distance-regular graph; thin modules with endpoint one, *Special issue on algebraic graph theory* (Edinburgh, 2001), *Linear Algebra Appl.*, 356 (2002), 157–187.

[467] P. TERWILLIGER, An inequality involving the local eigenvalues of a distance-regular graph, *J. Algebraic Combin.*, 19 (2004), no. 2, 143–172.

[468] P. TERWILLIGER, The displacement and split decompositions for a Q-polynomial distance-regular graph, *Graphs Combin.*, 21 (2005), no. 2, 263–276.

[469] P. TERWILLIGER, An algebraic approach to the Askey scheme of orthogonal polynomials, *Orthogonal polynomials and special functions*, 255–330, Lecture Notes in Math., 1883, Springer, Berlin, (2006).

[470] P. TERWILLIGER AND R. VIDUNAS, Leonard pairs and the Askey-Wilson relations, *J. Algebra Appl.*, 3 (2004), no. 4, 411–426.

[471] A. TIETÄVÄINEN, On the Nonexistence of Perfect Codes over Finite Fields, *SIAM J. Appl. Math.*, 24, Issue 1, 88–96 (January 1973).

[472] A. Tietäväinen, Nonexistence of nontrivial perfect codes in case $q = p_1^r p_2^s$, $e \geq 3$, *Discrete Math.*, 17 (1977), 199–205.

[473] A. Tietäväinen and A. Perko, There are no un-known perfect binary codes, *Ann. Univ. Turku., Ser. A*, 148 (1971), 3–10.

[474] M. A. Tsfasman, S. G. Vlădut, Algebraic-geometric codes (Translated from the Russian by the authors), *Mathematics and its Applications* (Soviet Series), 58, Kluwer Academic Publishers Group, Dordrecht, (1991), xxiv+667 pp.

[475] M. A. Tsfasman, S. G. Vlădut and Th. Zink, Modular curves, Shimura curves, and Goppa codes, better than Varshamov-Gilbert bound, *Math. Nachr.*, 109 (1982), 21–28.

[476] S. Tsujimoto, L. Vinet and A. Zhedanov, Jordan algebras and orthogonal polynomials, *Journal of Mathematical Physics*, 52, 103512, 8 pages (2011).

[477] S. Tsujimoto, L. Vinet and A. Zhedanov, From $sl_q(2)$ to a parabosonic Hopf algebra, *SIGMA*, 7, 093, 13 pages (2011).

[478] S. Tsujimoto, L. Vinet and A. Zhedanov, Dunkl shift operators and Bannai-Ito polynomials, *Advances in Mathematics*, 229, (2012), 2123–2158.

[479] W. T. Tutte, A family of cubical graphs, *Proc. Cambridge Philos. Soc.*, 43, (1947). 459–474.

[480] O. Veblen and J. W. Young, *Projective geometry*, 1, 2, Blaisdell Publishing Co. Ginn and Co., New York-Toronto-London (1965), x+511 pp.

[481] B. B. Venkov, Even unimodular extremal lattices, *Trudy Mat. Inst. Steklov.*, 165 (1984), 43–48.

[482] B. Venkov, Réseaux et designs sphériques, Réseaux euclidiens, designs sphériques et formes modulaires, *Monogr. Enseign. Math.*, 37, Enseignement Math., Geneva (2001), 10–86.

[483] P. Verlinden and R. Cools, On cubature formulae of degree $4k + 1$ attaining Mö11er's lower bound for integrals with circular symmetry, *Numer. Math.*, 61 (1992), 395–407.

[484] N. Victoir, Asymmetric Cubature Formulae with Few Points in High Dimension for Symmetric Measures, *SIAM J. Numer. Anal.*, 42 (2004), no. 1, 209–227.

[485] L. Vretare, Formulas for elementary spherical functions and generalized Jacobi polynomials, *SIAM J. Math. Anal.*, 15 (1984), no. 4, 805–833.

[486] Z.-X. Wan, *Geometry of Matrices*, Singapore: World Scientific (1996).

[487] Z.-X. Wan, *Geometry of Classical Groups over Finite Fields*, Science Press, Beijing, New York, 2002.

[488] H.-C. Wang, Two-point homogeneous spaces, *Ann. of Math.*, (2) 55 (1952), 177–191.

[489] Y. Wang, Y. Huo, C. Ma, *Association Schemes of Matrices*（中国語版 (2006)），Science Press, Beijing China. English translation by J. Ma (2010), 234 pp.

[490] K. Wang, F. Li, J. Guo and J. Ma, Association schemes coming from minimal flats in classical polar spaces, *Linear Algebra Appl.*, 435 (2011), no. 1, 163–174.

[491] Y. Wang and J. Ma, Association schemes of symmetric matrices over a finite field of characteristic two, *Shanghai Conference Issue on Designs, Codes, and Finite Geometries, Part 2* (Shanghai, 1993), *J. Statist. Plann. Inference*, 51 (1996), no. 3, 351–371.

[492] Y. Wang, C. Wang, C. Ma and J. Ma, Association schemes of quadratic forms and symmetric bilinear forms, *J. Algebraic Combin.*, 17 (2003), no. 2, 149–161.

[493] G. Wagner, On averaging sets, *Monatsh. Math.*, 111 (1991), no. 1, 69–78.

[494] H. N. Ward, Quadratic residue codes and symplectic groups, *J. of Algebra*, 29 (1974), 150–171.

[495] M. Watkins, Another 80-dimensional extremal lattice, *Journal de Theorie des Nombres de Bordeaux.* 24 (2012), no. 1, 237–255.

[496] H. Z. Wei and Y. Wang, Enumeration theorems for finite singular unitary geometries and the construction of PBIB designs (Chinese), *Acta Math. Sci.* (Chinese) 15 (1995), no. 2, 228–240.

[497] H. Z. Wei and Y. X. Wang, Suborbits of the set of m-dimensional totally isotropic subspaces under actions of pseudosymplectic groups over finite fields of characteristic 2 (Chinese), *Acta Math. Sinica*, 38 (1995), no. 5, 696–707.

[498] H. Wei and Y Wang, Suborbits of the transitive set of subspaces of type $(m, 0)$ under finite classical groups, *Algebra Colloq.*, 3 (1996), no. 1, 73–84.

[499] R. Weiss, On distance-transitive graphs, *Bull. London Math. Soc.*, 17 (1985), no. 3, 253–256.

[500] R. M. Wilson, The necessary conditions for t-designs are sufficient for something, *Utilitas Math.*, 4 (1973), 207–215.

[501] R. M. Wilson, An existence theory for pairwise balanced designs, I, Composition theorems and morphisms, *Journal of Combinatorial Theory, Series A*, 13 (1972), 220–245.

[502] R. M. Wilson, An existence theory for pairwise balanced designs, II, The structure of PBD-closed sets and the existence conjectures, *Journal of Combinatorial Theory, Series A*, 13 (1972), 246–273.

[503] R. M. Wilson, An existence theory for pairwise balanced designs, III, Proof of the existence conjectures, *Journal of Combinatorial Theory, Series A*, 18 (1975), 71–79.

[504] J. A. Wolf, *Spaces of Constant Curvature*, 5-th ed. University of California, Berkeley, CA (1984) (First edition: MacGraw-Hill Book Co., New York-London-Sydney 1967).

[505] W. K. Wootters, Quantum measurements and finite geometry, *Special issue of invited papers dedicated to Asher Peres on the occasion of his seventieth birthday, Found. Phys.*, 36 (2006), no. 1, 112–126.

[506] Z. Xiang, Fisher type inequality for regular t-wise balanced design, *Journal of Combinatorial Theory A*, 119 (2012), 1523–1527.

[507] 山本幸一,『組合せ数学』, 朝倉書店 (1989), 237 pp.

[508] V. A. Yudin, Minimum potential energy of a point system of charges (Russian), *Diskret. Mat.*, 4 (1992), 115–121; translation in *Discrete Math. Appl.*, 3 (1993), 75–81.

[509] V. A. Yudin, Lower bounds for spherical designs, *Izv. Ross. Akad. Nauk. Ser. Mat.*, 61 (3) (1997), 211–233. English transl., *Izv. Math.*, 61 (1997), 673–683.

[510] S. Zhang, On the nonexistence of extremal self-dual codes, *Discrete Appl. Math.*, 91 (1999), 277–286.

[511] Y. Zhu, Ei. Bannai and Et. Bannai, Tight relative 2-designs on two shells in Johnson association schemes, *Discrete Math.*, 339 (2016), 957–973.

索　引

【シ】

【ス】

【セ】

【ソ】

【タ】

【チ】

【ツ】

【テ】

【ト】

【ナ】

【ニ】

【ム】

【メ】

【モ】

【ヤ】

【ユ】

【ヨ】

【ラ】

【リ】

【ル】

【レ】

【ロ】

【ワ】

Memorandum

Memorandum

著者紹介

坂内英一（ばんないえいいち）

1970年　東京大学大学院理学系研究科修士課程修了
現　在　上海交通大学教授，九州大学名誉教授
　　　　理学博士（東京大学）
専　攻　数学
著　書　*Algebraic Combinatorics, I*（共著，Benjamin/Cummings Pub. Co.，1984）
　　　　『球面上の代数的組合せ理論』（共著，シュプリンガー・フェアラーク東京，1999）

坂内悦子（ばんないえつこ）

1988年　オハイオ州立大学大学院博士課程修了
現　在　元 九州大学准教授
　　　　Ph.D.（オハイオ州立大学）
専　攻　数学
著　書　『球面上の代数的組合せ理論』（共著，シュプリンガー・フェアラーク東京，1999）

伊藤達郎（いとうたつろう）

1974年　東京大学大学院理学系研究科数学専攻修士課程修了
現　在　安徽大学教授，金沢大学名誉教授
　　　　理学博士（東京大学）
専　攻　代数的組合せ論
著　書　*Algebraic Combinatorics, I*（共著，Benjamin/Cummings Pub. Co.，1984）

共立叢書 現代数学の潮流
代数的組合せ論入門

2016 年 7 月 25 日　初版 1 刷発行

著　者　坂内英一
坂内悦子
伊藤達郎

発行者　南條光章

発行所　**共立出版株式会社**
東京都文京区小日向 4-6-19
電話　東京 (03) 3947-2511 番（代表）
郵便番号 112-0006
振替口座 00110-2-57035
URL http://www.kyoritsu-pub.co.jp/

印　刷　加藤文明社

製　本　ブロケード

検印廃止

NDC 410.9, 411.62

ISBN 978-4-320-11147-9

一般社団法人
自然科学書協会
会員